Laien, Lektüren, Laboratorien

Matthias Schwartz • Wladimir Velminski • Torben Philipp (Hg.)

Laien, Lektüren, Laboratorien

Künste und Wissenschaften in Russland 1860–1960

PETER LANG
Frankfurt am Main · Berlin · Bern · Bruxelles · New York · Oxford · Wien

Bibliografische Information der Deutschen Nationalbibliothek
Die Deutsche Nationalbibliothek verzeichnet diese Publikation in der Deutschen Nationalbibliografie; detaillierte bibliografische Daten sind im Internet über <http://www.d-nb.de> abrufbar.

Lektorat: Tarek Münch
Layout: Roman Widder
Umschlaggestaltung: Dmitri Dergatchev

Gedruckt auf alterungsbeständigem, säurefreiem Papier.

ISBN 978-3-631-54832-5

Internationaler Verlag der Wissenschaften
Frankfurt am Main 2008

Printed in Germany 1 2 3 4 5 7

www.peterlang.de

Inhalt

Einleitung

Matthias Schwartz, Wladimir Velminski, Torben Philipp
Bazarovs Erben. Ästhetische Aneignungen von Wissenschaft und Technik in Russland und der Sowjetunion 9

1. Diskurse und Lektüren

Torsten Rüting
Disziplin in Körper, Laboratorium und Staat. Biologische Metaphern in Diskursen um die Modernisierung Russlands 39

Igor J. Polianski
Das Unbehagen der Natur. Sowjetische Populärwissenschaft als semiotische Lektüre 71

Torben Philipp
‚Etwa so, wie die Kanone und die Kanonenkugel ein Ganzes sein können.' Zoščenkos „Der Schlüssel des Glücks" als literarische Epistemologie 115

2. Experimentelle Transfigurationen

Riccardo Nicolosi
Das Blut der Karamazovs. Vererbung, Experiment und Naturalismus in Dostoevskijs letztem Roman 147

Susanne Strätling
Hirnschrift oder Handschrift? Die spiritistische Sematologie des Schreibens 181

Julia Kursell
Nikolaj Kulbin und die Notation der freien Musik 201

3. Mathematische Transkriptionen

Mirjam Goller
Nikolaj Bugaev und Kotik Letaev.
Wenn Mathematik (er)zählt 225

Anke Niederbudde
Geometrie als wissenschaftlich-argumentatives Hilfsmittel
in den kunsttheoretischen Schriften Pavel Florenskijs 267

4. Psychotechnische Laboratorien

Ute Holl
Die Bildung des Menschen im Kino-Experiment. Laboratorien,
Apparaturen und Dziga Vertovs Kinowahrheit als Medientheorie 299

Margarete Vöhringer
Professionalisiertes Laientum:
Nikolaj Ladovskijs Psychotechnisches Labor für Architektur 325

Barbara Wurm
Gastevs Medien.
Das „Foto-Kino-Labor" des CIT 347

5. Wissenschaftspopularisierung für Laien

Wladimir Velminski
Krieg der Gedanken.
Experimentelle Lesesysteme im Dienste der Telepathie 393

Matthias Schwartz
Im Land der undurchdringlichen Gräser.
Die sowjetische Wissenschaftliche Fantastik zwischen
Wissenschaftspopularisierung und experimenteller Fantasie 415

Anhang

Danksagung 459

Abbildungsverzeichnis 461

Namensindex 465

Autorinnen und Autoren 471

Matthias Schwartz, Wladimir Velminski, Torben Philipp

Bazarovs Erben. Ästhetische Aneignungen von Wissenschaft und Technik in Russland und der Sowjetunion

Sie las in den Zeitschriften ernsthafte Artikel in der Rubrik „Wissenschaften".

Ivan Turgenev: *Otcy i deti*[1]

Bazarov als Syndrom

Als im Jahr 1862 Ivan Sergeevič Turgenevs Roman *Väter und Söhne* (*Otcy i deti*) erschien, wurde dessen Hauptheld, Evgenij Bazarov, innerhalb kürzester Zeit zur Symbolfigur für eine Auseinandersetzung zwischen den schönen Künsten und den exakten Wissenschaften, die etwa seit Mitte des Jahrhunderts zum „ernsthaften" Thema in den russischen Salons und Zeitschriften avancierte. Als ausgebildeter Mediziner und Hobbyphysiologe, dessen Leidenschaft im Sezieren von Fröschen besteht, verkörpert die Figur eine radikale Negation aller bestehenden Werte, die selbst die Liebe für eine rein physiologische Funktion hält. „Ein Nihilist", heißt es über Bazarov in dem Roman, „das ist ein Mensch, der sich vor keinen Autoritäten beugt, der keinem einzigen Prinzip Glauben schenkt, so viel Achtung auch immer diesem Prinzip entgegengebracht wird."[2]

In dieser Verknüpfung eines gesellschaftspolitischen Aufbegehrens gegen bestehende Autoritäten und Prinzipien mit naturwissenschaftlicher

1 „Она в журналах читала серьезные статьи в отделе ‚Наук'." Turgenev, Ivan: Otcy i deti (1862), in: Ders.: *Sobranie sočinenij v desjati tomach.* Bd. 3, Moskva 1961, S. 123-275, S. 126.

2 „Нигилист - это человек, который не склоняется ни перед какими авторитетами, который не принимает ни одного принципа на веру, каким бы уважением ни был окружен этот принцип." Ebd., S. 139.

Empirie und Empathie wählte Turgenev ein Thema, das damals auch europaweit durch die exakten Wissenschaften verstärkt ins Zentrum der Aufmerksamkeit einer sich ausdifferenzierenden Öffentlichkeit rückte: Im Jahr 1854 löste der Göttinger Physiologe Rudolf Wagner mit seiner Behauptung, eine ätherische Seelensubstanz entdeckt zu haben, den so genannten Materialismusstreit aus. 1858 begründete Rudolf Virchow seine Zellularpathologie, die die medizinische Forschung und Praxis revolutionierte. Ein Jahr später erschien das bahnbrechende Werk Charles Darwins *On the Origin of Species*, mit dem er seine Evolutionslehre bekannt machte. Und in St. Petersburg sorgte ab 1860 der Prototyp des Turgenevschen Helden, der Physiologe Ivan Michajlovič Sečenov, mit seinen Versuchen für große Aufregung, Vorgänge in der menschlichen Psyche materialistisch zu erklären. Die Deutungskompetenz religiös oder humanistisch geprägter Welterklärungsmodelle, die eine prinzipielle Höherwertigkeit des menschlichen Geistes gegenüber seiner animalischen und materiellen Umwelt behaupteten, stand zunehmend in Frage.[3] Gleichzeitig brachte der Verlauf des Krimkriegs (1853-1856) den militärischen, ökonomischen und technologischen Reformbedarf der russischen Gesellschaft überdeutlich ins Bewusstsein der Öffentlichkeit. Die darauf folgenden grundlegenden Strukturreformen unter Aleksandr II. setzten zwar nicht die Standesgrenzen außer Kraft, lösten aber ein politisches „Tauwetter" aus, das in der Aufhebung der Leibeigenschaft 1861 ihren markantesten Ausdruck fand und erst mit dem brutal niedergeschlagenen zweiten polnischen Aufstand 1863 einen ersten massiven Dämpfer erfuhr.

Im Kontext dieser wissenschaftlichen und politischen Veränderungsdynamik drehte sich die Auseinandersetzung um den gesellschaftlichen Rang der aufstrebenden naturwissenschaftlichen Wissenskultur speziell um die Frage, inwieweit technische und naturwissenschaftliche Entwicklungen auch ästhetische Kategorien und allgemeiner das Selbstverständnis

---

3 Vgl. Lepenies, Wolf: *Das Ende der Naturgeschichte. Wandel kultureller Selbstverständlichkeiten in den Wissenschaften des 18. und 19. Jahrhunderts*, Wien 1976; McReynolds, Louise; Popkin, Cathy: The Objective Eye and the Common Good, in: Kelly, Catriona; Shepherd, David (Hg.): *Constructing Russian Culture in the Age of Revolution*, Oxford 1998, S. 57-105; Barsch, Achim; Hejl, Peter M. (Hg.): *Menschenbilder. Zur Pluralisierung der Vorstellung von der menschlichen Natur (1850-1914)*, Frankfurt a. M. 2000.

der Künste in der Gesellschaft berühren. Eine Konkurrenz zwischen unterschiedlichen Wissensordnungen gab es zwar schon länger, doch mit der Ausdifferenzierung der Wissenschaften vom Menschen und von der Natur und der gleichzeitigen massenhaften Rezeption dieser Wissensdispositive gewannen positivistische und materialistische Welterklärungsmodelle eine Relevanz, der sich die hohen Künste nicht mehr verschließen konnten.

Turgenev entfaltet dieses Spannungsverhältnis in seinem Roman als einen Generationskonflikt. Auf der einen Seite stehen der Sohn eines einfachen Landarztes, Evgenij Bazarov, und dessen Freund Arkadij Kirsanov, Sohn eines liberalen Gutsbesitzers, die beide soeben ihr Medizinstudium in St. Petersburg abgeschlossen haben und jetzt in die ländliche Provinz ihrer Väter zurückkehren. Hier vertreten sie die neuen naturwissenschaftlich-säkular inspirierten Vorstellungen, wobei sich insbesondere Bazarov hervortut, der die überkommenen Moralvorstellungen und religiösen Dogmen ablehnt, und selbst gegenüber konstruktiven Reformen des Bestehenden seine „nihilistischen" Ansichten hervorkehrt. Auf der anderen Seite des Konflikts finden sich die bei Turgenev als progressiv geltenden Anschauungen von Arkadij Kirsanovs Vater, der die Aufhebung der Leibeigenschaft und die zaristischen Landreformen unterstützt und über die Standesgrenzen hinweg mit seiner Dienstmagd liiert ist, die slawophilen Positionen von dessen Bruder, aber auch das konservativ-russischorthodoxe Engagement von Evgenij Bazarovs Vater, der als ehemaliger Militärarzt einen fast aussichtslosen Kampf gegen Epidemien und Krankheiten unter der medizinisch ungebildeten Bauernschaft führt. In der nach dem Muster eines negativen Bildungs- und Erziehungsroman komponierten Handlung bezieht Turgenev betreffs seiner Hauptfigur eine eindeutige Position, indem er dessen naturwissenschaftliches Interesse mit seinen gesellschaftspolitischen Ansichten in einen kausalen Zusammenhang bringt, eine Kombination, die nicht nur Bazarovs Umfeld, sondern letztlich auch ihn selber ins Unglück stürzt. So erweist sich am Ende des Romans die an idealistischen Werten und moralischen Prinzipien festhaltende Generation der Väter den Söhnen gegenüber als überlegen.

Zwar hatte die Rubrik „Wissenschaften" innerhalb der russischen Oberschicht schon immer einen „populären" Beigeschmack und taugte bestenfalls zur „ernsthaften“ Unterhaltung gelangweilter Damen.[4] Der Roman Turgenevs markiert jedoch eine neue Zäsur: Der rasante Aufstieg der säkularen naturwissenschaftlichen Deutungsmuster und die gleichzeitigen gesellschaftspolitischen Reformen, die verstärkt das Aufkommen einer neuen, nicht adligen Bildungsschicht – der so genannten „Raznočincy“ – beförderten, führten dazu, dass die humanistisch-literarisch gebildeten Eliten sich nunmehr ernsthaft herausgefordert fühlten, ihre privilegierten Positionen auch intellektuell und künstlerisch zu verteidigen. Die Beschäftigung mit den exakten Wissenschaften wurde in Folge dieses Konflikts zu einem pejorativen Inbegriff für eine Geisteshaltung zweifelhaften Charakters. Die genaue Beobachtung und das Wissen von der materiellen Beschaffenheit der Dinge erschienen als Gegensatz zur dichterischen Einfühlung in die spirituellen und geistigen Werte und Welten.

Auch wenn Turgenev sich in eine Vermittlerrolle zwischen den „zwei Kulturen“ setzen wollte, war seine Parteinahme unmissverständlich klar. Indem der Publizist und Kritiker Dmitrij Ivanovič Pisarev aber in einer der ersten Besprechungen des Romans 1862 diese Provokation Turgenevs gegen die Wissensdispositive der neuen Zeit polemisch aufnahm, und die Kritik an „überkommener“ Ideologie und Moral affirmativ zum Kennzeichen seines radikalen Materialismus gleichsam ontologisch aufwertete, machte er die „Bazarovščina“ und den „Nihilismus“ gleichzeitig zum Synonym für naturwissenschaftliches und experimentelles Denken, das sich dezidiert gegen den Zarismus sowie dessen adlige und klerikale Oberschichten positioniert:[5]

> Wenn die Bazarovščina eine Krankheit ist, dann ist es die Krankheit unserer Zeit, und man muss sie ertragen, ungeachtet aller Palliative und Amputationen. Welche Einstellung Sie gegenüber der Bazarovščina haben, ist Ihre

4 Vgl. zum Beispiel Polianski, Igor J.; Schwartz, Matthias: Petersburg als Unterwasserstadt. Geologie, Katastrophe und der Homo diluvii testis: Diskursive Ausgrabungen bei Senkovskij, Puškin und Odoevskij, in: *Wiener Slawistischer Almanach* 53 (2004), S. 5-42.

5 Pisarev, Dmitrij: Bazarov („Otcy i deti". Roman I. S. Turgeneva), in: *Russkoe slovo* 3:2 (1862), S. 1-54. Hier zitiert nach Ders.: *Sočinenija v četyrech tomach*, Bd. 2. Stat'i 1862-1864 gg., Moskva 1955, S. 7-50. Allgemein zu Pisarevs Aneignungen der Figur Bazarov vgl. Pozefsky, Peter C.: *The Nihilist Imagination. Dmitrii Pisarev and the Cultural Origins of Russian Radicalism (1860-1868)*, New York u.a. 2003, S. 49-71.

> Sache; aber sie aufzuhalten – Sie werden sie nicht aufhalten; es ist ja eben die Cholera.[6]

Der Vergleich Pisarevs hatte es in sich. Denn der Krankheitserreger der Cholera, die kürzlich schon den russischen Truppen im Krimkrieg stark zugesetzt hatte, war 1862 noch nicht entdeckt. Bis zur Entdeckung durch Robert Koch 1884 vermochte die Medizin gegen die tödliche Krankheit nichts auszurichten. Ähnlich ergehe es auch Turgenev mit seinem Roman, so der Vorwurf Pisarevs: Er versuche die „Krankheit des Jahrhunderts" („Болезнь века") aufzuhalten und die Schmerzen zu lindern, indem er den „wahren Charakter" Bazarovs amputiere, statt mit Hilfe der neuen Erkenntnisverfahren der Medizin und Physiologie nach den gesellschaftlichen Ursachen für die Bazarovščina zu fragen.[7]

Eine profunde literarische Anamnese könne man nach Pisarevs Ansicht aber nur stellen, wenn man die physiologische und psychologische Verfasstheit des Individuums als Ganzes im Kontext des gesellschaftlichen Umfelds betrachte:[8]

> Solche Menschen wie Bazarov lassen sich nicht vollständig aufgrund einer aus dem Leben gerissenen Episode bestimmen [...]; sie sind immer bereit das Gelehrtenkabinett und Laboratorium zu verlassen; das sind keine Arbeitstiere; wenn sie sich an die sorgfältige Erforschung von Spezialfragen der

---

6 „Если базаровщина - болезнь, то она болезнь нашего времени, и ее приходится выстрадать, несмотря ни на какие паллиативы и ампутации. Относитесь к базаровщине как угодно - это ваше дело; а остановить - не остановите; это та же холера." Pisarev: Bazarov, S. 11.

7 So lasse er seinen Helden völlig unmotiviert nach nur einem Sommer sterben und vermittle eine „verworrene Vorstellung" von ihm, dessen eigentliche Fähigkeiten in dem Roman überhaupt nicht zum Tragen kämen. Denn „darüber urteilen, was sich aus diesen Fähigkeiten entwickeln wird, kann man erst dann, wenn Bazarov und seine Altersgenossen fünfzig Jahre überschritten haben und an ihre Stelle eine neue Generation tritt, die ihrerseits kritisch gegenüber ihren Vorgängern ist." („[...] судить о том, что разовьется из этих задатков, можно будет только тогда, когда Базарову и его сверстникам минет лет пятьдесят и когда им на смену выдвинется новое поколение, которое в свою очередь отнесется критически к своим предшественникам.") Ebd., S. 44.

8 Pozefsky schreibt hierzu: „Pisarev recasts Turgenev's drama in his own vocabulary, replacing the lyrical prose with physiological jargon. In the proliferatioin of scientific metaphors by which he explains Bazarov's worldview and character, he transforms *Fathers and Sons* from a novel into a physiological study. Pozevsky: *The Nihilist Imagination*, S. 62.

> Wissenschaft machen, verlieren diese Menschen niemals jene große Welt aus dem Blick, die in sich ihr Laboratorium und sie selber mit all ihrer Wissenschaft und allen ihren Instrumenten und Apparaten vereint; wenn das Leben ernsthaft ihre Gehirnnerven bewegt, dann werfen sie das Mikroskop und das Skalpell fort, dann lassen sie irgendeine wissenschaftliche Untersuchung über Knochen oder Membrane ungeschrieben, Bazarov wird sich niemals zum Fanatiker machen, zu einem Priester der Wissenschaft, wird sie niemals zum Götzen erheben, wird ihrem Dienst niemals sein Leben opfern; indem er immer eine skeptische Einstellung gegenüber der Wissenschaft selber behält, erlaubt er ihr nicht eine eigenständige Bedeutung einzunehmen; er wird sich mit ihr entweder deshalb beschäftigen, um seinem eigenen Gehirn Arbeit zu geben oder um aus ihr unmittelbaren Nutzen für sich und andere zu ziehen.[9]

In dieser Lesart Pisarevs sind es gerade die Naturwissenschaftler in ihrem utilitaristischen Aktivismus, die aufgrund der durch die exakten Wissenschaften erworbenen Kulturtechniken und Wissensdispotive dazu befähigt sind, auch jenseits des eigenen Laboratoriums und Gelehrtenkabinetts erfolgreich und nutzbringend tätig zu werden. Bazarovs Erben – verstanden nicht als biologisch prädeterminierte Wissenschaftsfanatiker oder göttlich erwählte Priester, sondern als an experimenteller Empirie und exakter Beobachtung geschulte und von allen tradierten Vorurteilen und Prinzipien befreite Nachfolger – verkörpern hier die Krankheit der alten und gleichzeitig die Keime einer neuen Zeit. Damit ist aus dem Bazarovschen Nihilismus bei Turgenev als Symptom eines heilbaren gesellschaftlichen Verfalls bei Pisarev das Syndrom einer unheilbar kranken Gesellschaft geworden.

---

9 „Такие люди, как Базаров, не определяются вполне одним эпизодом, выхваченным из их жизни [...];они всегда готовы выйти из ученого кабинета и лаборатории; это не труженики; углубляясь в тщательные исследования специальных вопросов науки, эти люди никогда не теряют из виду того великого мира, который вмещает в себя их лабораторию и их самих, со всею их наукою и со всеми их инструментами и аппаратами; когда жизнь серьезно шевельнет их мозговые нервы, тогда они бросят микроскоп и скальпель, тогда они оставят недописанным какое-нибудь ученейшее исследование о костях или перепонках, Базаров никогда не сделается фанатиком, жрецом науки, никогда не возведет ее в кумир, никогда не обречет своей жизни на ее служение; постоянно сохраняя скептическое отношение к самой науке, он не даст ей приобрести самостоятельное значение; он будет ею заниматься или для того, чтобы дать работу своему мозгу, или для того, чтобы выжать из нее непосредственную пользу для себя и для других.“ Pisarev: Bazarov, S. 44f.

Gleichzeitig eröffnete die „Krankheit des Jahrhunderts" die Möglichkeit, dass alles „Alte" und „Überkommene" hinweggerafft würde.[10]

An der polemischen Polarisierung um die Figur Bazarov lassen sich in einer retrospektiven Lektüre damit jene Konfliktlinien nachzeichnen, die Gegenstand dieses Bandes sind und den Diskurs um das Wechselverhältnis von Künsten und Wissenschaften in Russland und der Sowjetunion entscheidend bestimmt haben. Das ist erstens der Konflikt zwischen den Topoi Geist und Materie, wie er auch in Turgenevs Roman auf vielfache Weise als Gegensatz von Leib und Seele, von Physiologie und Psychologie präsent ist, wobei ästhetische Texte wie *Väter und Söhne* sich meist auf die Seite des Geistigen schlagen. Insbesondere die Rezeption von Ludwig Büchners Werk *Kraft und Stoff* (1855) mit seiner zentralen These, alles Leben und selbst das menschliche Bewusstsein seien nichts anderes als in Bewegung gebrachte Materie, hat in Russland die materialistische Weltsicht populär gemacht.

Gerade in dieser Verknüpfung unterschiedlicher Prätexte ist Turgenevs Roman symptomatisch, macht doch die Debatte um dieses Werk deutlich, wie ästhetische Aneignung funktioniert: Sie ist nicht nur die Transposition von in Laboratorien oder Denkkollektiven gewonnenem, fest umrissenem

---

10 Aufgrund der Polemik gegen seine Darstellung der Generation der Söhne unter Rechtfertigungsdruck geraten, erklärte Turgenev in einer späteren Stellungsnahme zum Roman, er habe sich gerade bei der Figur Bazarov einer objektiven Herangehensweise bedient. So sei dessen Charakter einer „lebendigen Person", einem gewissen Doktor D. nachempfunden, zu der er „nach und nach die passenden Elemente beigemischt und hinzugefügt" habe. Dessen Darstellung, in der ein ernsthaft an der Rubrik „Wissenschaften" interessiertes Publikum unschwer den Physiologen Ivan Sečenov erkennen konnte, grenzte Turgenev ausdrücklich von der „mitfühlenden Überhohung" ab, wie sie im Falle von „Onegin und Pečorin" in der „Epoche der Idealisierung" noch üblich gewesen sei: „Gerade in dem Moment der Erscheinung des neuen Menschen – Bazarov – hat sich der Autor ihm gegenüber kritisch verhalten… objektiv." („В самый момент появления нового человека – Бацарова – автор отнесся к нему критически… объективно.") Diese Herangehensweise an die Romanfigur wie an ein „lebendiges Wesen" stellt den Roman post faktum auf Augenhöhe mit dem Wissenschaftsverständnis physiologischer und psychologischer Experimentalanordnungen seiner Zeit. Mit dieser Argumentationsweise aber hatte Turgenev gewissermaßen schon Bazarovs Erben das Feld überlassen. Turgenev, Ivan: Po povodu „Otcov i detej" (1868-1869), in: Ders.: *Sobranie sočinenij v desjati tomach.* Bd. 10, Moskva 1962, S. 131, S. 133f. Zu Sečenov und Bazarov vgl. Holquist, Michael: Bazarov and Sechenov. The Role of Scientific Metaphor in ‚Fathers and Sons', in: *Russian Literature* 16:4 (1984), S. 359-374.

Wissen in einen anderen Gesellschaftsbereich, sondern immer schon ein diskursiv vermittelter semiotischer Prozess. In der Usurpation der Begriffe Nihilismus und Bazarovščina durch Pisarev zeigt sich, dass jede gesellschaftliche Diffusion von Wissen einen metaphorischen Gebrauch von Begriffen und Zeichen erfordert. So macht Turgenev in seiner Polemik mit den Naturwissenschaften und einer materialistischen „Weltanschauung" eine weitere, zweite Konfliktlinie deutlich: nämlich dass die Naturwissenschaften niemals ohne ein „Leben in Metaphern"[11] zu haben sind. Der Wahrheitsanspruch der Wissenschaften ist zudem immer auch ästhetisch vermittelt, ja die Künste und die Literatur bilden häufig das Leitmedium, das ihn immer wieder als solchen formuliert, angefangen von Nikolaj Gavrilovič Černyševskijs Roman *Was tun?* (*Čto delat'?*, 1863) bis zu den ästhetiktheoretischen Dogmen des Sozialistischen Realismus. Auch wenn Turgenev, aus der Sicht der Raznočincy „überkommenen" ästhetischen Idealen treu bleibt, lenkt er doch mit seiner ideologischen Usurpation des Wissenschaftlerideals eines positivistischen Zeitalters, verkörpert in der Figur Bazarovs, die Aufmerksamkeit auf die metaphorische „Verunreinigung",[12] die diesen Diskurs determinierte.

Anhand dieses Metaphernverständnisses lässt sich zugleich eine dritte Nahtstelle aufzeigen, nämlich diejenige zwischen Experten und Laien, Professionellen und Dilletanten. Denn wenn Turgenev als bekennender Laie sich der medizinischen und physiologischen Wissenschaft literarisch bemächtigt, um ihre ideologischen Verirrungen in der Figur Bazarov sichtbar zu machen, stellt er gleichzeitig deren Deutungsanspruch auf absolute Wahrheit infrage, und versucht angesichts der wachsenden Autorität naturwissenschaftlicher Wissenssysteme die sozialpolitische und auch epistemologische Relevanz der Künste von Neuem zu rehabilitieren. Indem Pisarev Turgenevs Gegenüberstellung von tradierten ethischen und ästhetischen Prinzipien mit rational hergeleiteten funktionalen Kategorien polemisch aufnimmt und fordert, diese Dichotomie dadurch aufzulösen,

---

11 Vgl. Lakoff, George; Johnson, Mark: *Leben in Metaphern. Konstruktion und Gebrauch von Sprachbildern*, Heidelberg 2003.

12 Vgl. Sarasin, Philipp: Infizierte Körper, kontaminierte Sprachen. Metaphern als Gegenstand der Wissenschaftsgeschichte, in: Ders.: *Geschichtswissenschaft und Diskursanalyse*, Frankfurt a. M. 2003, S. 191-230, hier S. 215.

dass man Bazarov aus dem Feld der hohen Kunst wieder zurück ins ‚wahre' Leben verpflanze, situiert er aber auch die Funktion der Künste in der Gesellschaft neu: Die Künste sollen nicht als von den Wissenschaften isolierte Sphäre, sondern als eigentliches L a b o r a t o r i u m des Lebens fungieren, als ein ideologisch vorgelagerter Bereich, in dem die Trennung von Laien- und Expertentum wieder aufgehoben wird und Bazarovs Erben ihre wahren Fähigkeiten entwickeln und ‚erwachsen' werden können.

In der Polemik um Bazarov, den Sohn eines einfachen Militärarztes, wird zuletzt aber auch noch ein v i e r t e r, sozialer Konflikt deutlich, der gegen Ende des 19. Jahrhunderts in Russland immer stärker ins öffentliche Bewusstsein trat: und zwar der gesellschaftliche Widerspruch zwischen einer neuen nicht-adligen Bildungsschicht, die sich insbesondere der „populären" naturwissenschaftlich begründeten Argumentationsmuster bediente, um ihren Geltungsanspruch zu artikulieren, und der alten adligen Oberschicht, die zumeist im Rückgriff auf religiöse, slawophile oder humanistische Werte ihre Standesprivilegien und intellektuelle Deutungshoheit zu verteidigen versuchte. Dieser Standesunterschied zwischen dem ‚falschen' Sohn Bazarov und den ‚symbolischen' Vätern radikalisierte sich um die Jahrhundertwende zu einem Klassenkonflikt, in dem sich materialistische Erklärungsmodelle mit radikaler Gesellschaftskritik verbanden. Das populärwissenschaftliche Aufbegehren gegen die überkommenen Werte war nicht nur ein ästhetisches, sondern wurde auch ein politisches gegen die bestehende Herrschaftsordnung. Die Oktoberrevolution 1917 stellt in dieser Perspektivierung die Vollendung des epistemologischen, ästhetischen und politischen Projekts von Bazarovs Erben dar, die nun endgültig die Macht übernommen hatten, um im Laboratorium des Lebens und der Künste neue Gesellschaftsmodelle, ästhetische Prinzipien und wissenschaftliche Experimentalanordnungen auszuprobieren.

Laboratorien des Wissens

So sollen die Verbindungen von Wissen und Ästhetik auf der einen sowie spezialisierter Wissenskultur und popularisierendem Transfer auf der anderen Seite, welche sich um die Figur Bazarovs herausbilden, symptomatisch verstanden werden als die Signatur einer Epoche, die von der Mitte des 19. bis zur Mitte des 20. Jahrhunderts reicht und massiv von ideologisch aufgeladenen Korrespondenzen zwischen den Künsten und den Wissenschaften „infiziert" ist. Einige solcher semiotischen Wucherungen, die sich im Erbe des Bazarovschen Konfliktes in der Folgezeit verzweigen, möchte der vorliegende Band anhand von ästhetischem, poetisiertem und szientifischem Material in den Blick nehmen.

Ausgangspunkt solcher Überlegungen bilden die Veränderungen des sozialen Status von Wissen und Wissenschaft in der Moderne überhaupt: Mit der zunehmenden Ausdifferenzierung und Spezialisierung der Wissenschaften in den Einzeldisziplinen vollzieht sich seit Beginn des 19. Jahrhunderts eine sich verschärfende Trennung des Wissens von Experten und L a i e n . Der universale Bildungsanspruch der Aufklärung weicht einer universitären und hoch spezialisierten Fachausbildung, deren Forschungsergebnisse jedoch nur noch einem kleinen Kreis von Eingeweihten zugänglich sind. Gleichzeitig wächst mit dem aufkommenden Bildungsbürgertum und einer gesamtgesellschaftlichen Alphabetisierungsdynamik auch die Nachfrage nach modernen Welterklärungsmodellen. Diese erhofft man sich gerade von den neuen naturwissenschaftlichen Disziplinen mit ihren vermeintlich objektiv abgesicherten Erklärungsansätzen. So kommt der „Weltanschauungsliteratur" für ein breites Publikum erstrangige Bedeutung zu.[13] Das Forum hierfür stellen vornehmlich bildungsbürgerliche Periodika, illustrierte Journale (Groschenhefte, Familienzeitschriften usw.) oder die in Russland seit spätestens den 1880er Jahren blühenden populärwissenschaftlichen Publikationen und Organisationen bereit, die in dem Maße zu prosperieren beginnen, in dem die Etablierung und Ausdifferenzierung der Einzeldisziplinen voranschreitet.

Neben dezidiert popularisierenden Schriften bietet aber auch die „hohe" und ästhetisch stärker avancierte Literatur dem Leser vermehrt Texte an, die wissenschaftlich basierte Stoffe, Diskurse oder Erklärungsmodelle verhandeln oder interpretieren. Die modernen naturwissenschaftlichen Disziplinen, so lässt sich konstatieren, werden dabei in wachsendem

13 Zum Begriff der Weltanschauungsliteratur, vgl. Thomé, Horst: Weltanschauungsliteratur. Vorüberlegungen zu Funktion und Texttyp, in: Danneberg, Lutz; Vollhardt, Friedrich (Hg.): *Wissen in Literatur im 19. Jahrhundert*, Tübingen 2002, S. 338-380.

Maße ab dem letzten Drittel des 19. Jahrhunderts zu einer relevanten Bezugsgröße bei der poetologischen und ideologischen Selbstverortung der Künste. Spätestens mit dem Beginn des Naturalismus korrespondieren und konkurrieren ästhetische und naturwissenschaftliche Erzeugnisse offen in einem gemeinsamen, dynamischen epistemologischen Register. Ausschlaggebend ist hierbei, dass die Migration von textuellen, graphischen, piktorialen und anderen Inhalten keineswegs ungebrochen etwa im Sinne einer schlicht mimetischen Vereinnahmung verläuft, sondern innerhalb dieses Austauschprozesses werden immer auch schon diverse kulturelle Vorstellungen, Symbole oder Wissensdispositive der jeweiligen Felder mit transportiert. L e k t ü r e n der Wissenschaft funktionieren nicht nur als reaktives Transportmedium zur Vereinfachung schwieriger Wissensinhalte, sondern verorten und transformieren die neuen Erkenntnisse durch Vereinfachungen, Veranschaulichungen bzw. De- und Rekontextualisierungen. T r a n s p o s i t i o n e n v o n W i s s e n s c h a f t bedeuten ihrerseits immer auch schon T r a n s f o r m a t i o n e n v o n W i s s e n .[14] Sie vollziehen sich nicht in einem gesellschafts- oder kunstpolitisch neutralen Raum, sondern dienen der Profilierung, oft Instrumentalisierung ideologischer Positionen und ästhetischer Maximen, deren epistemologische Eigendynamik wirkungsmächtig ist. Gerade die empirischer Forschung zugeschriebene Autorität macht naturwissenschaftliche Theorien und Hypothesen daher zum idealen Instrument in den kulturpolitischen oder geschichtsphilosophischen Auseinandersetzungen sowie bei der Klärung der Grenzverläufe zwischen Natur und Kultur und insbesondere der scheinbaren Ausdifferenzierung von Geistes- und Naturwissenschaften. Gleichzeitig markieren diese Wissenstransformationen im Prozess einer gesamtgesellschaftlichen Säkularisierungsdynamik aber auch die Grenzmarkierung zu metaphysischen und religiösen Deutungsdispositiven neu, wobei gerade die grundlegende Infragestellung bisher unhinterfragt als gegeben angenommener Vorstellungen von den Naturgesetzen nicht automatisch gegen die Autorität der Kirche und religiöse Glaubensvorstellungen gerichtet sein musste, sondern durchaus auch umgekehrt als parawissenschaftliche

14 Vgl. hierzu allgemein Hagner, Michael (Hg.): *Ansichten der Wissenschaftsgeschichte*, Frankfurt a. M. 2001.

Argumentationshilfe für transzendentale und okkulte Erklärungsmodelle dienen konnte.[15]

Zugleich vollziehen sich derlei Übertragungs- und Affizierungsphänomene nicht nur vom Laboratorium der Experten hinab zu den Lektüren der Laien, sondern auch in umgekehrter Richtung. Insbesondere die in der Belletristik und Publizistik verhandelten populären Diskurse fungieren als Laboratorium zur Autorisierung oder Delegimitierung von naturwissenschaftlich begründeten Hypothesen sowie als Ausgangspunkt für neue Fragestellungen, Blickfelder und Begriffsinstrumentarien in den jeweiligen Einzeldisziplinen (bzw. überhaupt zu deren weiterer Ausdifferenzierung). Wissenschaftler, Popularisatoren und Öffentlichkeit erscheinen dabei nicht mehr als voneinander getrennte Pole der Wissenserzeugung, sondern als Akteure einer wechselseitigen Kommunikation, in der es keine passiven Wissensrezipienten gibt, sondern alle Beteiligten Wissen produzieren.

In diesem Sinne fragt der Band nach ästhetischen Aneignungen in dreifacher Hinsicht: Wie gewinnen angesichts einer zunehmenden Spezialisierung der exakten Wissenschaften die Lektüren insbesondere populärwissenschaftlicher und publizistischer Texte zunehmend an Einfluss nicht nur auf die Literatur, sondern auch auf die bildenden und darstellenden Künste sowie die Musik? Wie „reagieren" die Künstler als vordergründige „Laien" auf die epistemologischen Herausforderungen der modernen Disziplinen – welche Modi der Argumentation, welche Wissensinhalte, Metaphernressourcen und Experimentalanordnungen zirkulieren in ihrem Schaffensprozess zwischen Ästhetik und Wissenschaften? Und schließlich, wie kann ästhetische Produktion selber als experimentelles Laboratorium funktionieren, das wissenschaftliche Paradigmen transformiert und neue Wissensdispositive generiert, die ihrerseits in die einzelnen Disziplinen, aber auch in gesellschaftspolitische Bereiche und populärwissenschaftliche Debatten zurückwirken?

---

15 Vgl. Linse, Ulrich: *Geisterseher und Wunderwirker. Heilssuche im Industriezeitalter*, Frankfurt a.M. 1996; Rosenthal, Bernice Glatzer (Hg.): *The Occult in Russian and Soviet Culture*, New York 1997.

Forschungsansätze und -felder

Die oben beschriebenen wechselseitigen Stimulationen und Konkurrenzen zwischen „den" Naturwissenschaften, ihren populären Formen und ihren unterschiedlichen ästhetischen Durchkreuzungen sind erst in den letzten Jahren von der Wissenschaftstheorie verstärkt in den Blick genommen worden. Fragen nach Popularisierungen, Umarbeitungen, Aneignungen, Realisierungen, Metaphorisierungen, Repräsentation oder auch Antizipationen von „Spezialwissen" haben sich dabei als produktiv erwiesen, um die enge und historisch-dynamische Verzahnung von Ästhetiken und Naturwissenschaften zu beschreiben und zu hinterfragen. Ein solcher transitorischer Ansatz, der versucht, Wissenschaften und Künste, d.h. vordergründig subjektive und objektive, imaginäre und exakte Wissenskategorien aus ihrer scheinbaren Dichotomie in einem gemeinsamen diskursiven Raum zu verorten, kehrt sich damit explizit von einer einseitigen Einflussgeschichte der „hard sciences" auf das fiktionale Feld der Kunst ab.

Diese Annahme begreift die Konstitution von Wissen als einen konstruktiven Prozess, der als soziale Praktik nicht von seinen Verfahren der Beobachtung, Fixation, Repräsentation und Interpretation zu lösen ist. Insbesondere den vielfältigen Untersuchungen von Hans-Jörg Rheinberger zu den Experimentalsystemen und den „epistemischen Dingen",[16] also solchen Wissensgegenständen, auf die sich ein jeweiliges Erkenntnisinteresse richtet, ist die Einsicht geschuldet, dass derartige Objekte des Wissens etwa in experimentellen Versuchsanordnungen nicht einfach eine Stellvertretung von apriorischen Hypothesen darstellen, sondern dass wissenschaftliche Fakten unter Einsatz von Apparaturen und Institutionen, vagen Ideen und Symbolsystemen überhaupt nur performativ in einem spezifischen Repräsentationsraum hergestellt und formiert werden können. Eine solche Herangehensweise, die die Konstitution von Wissensobjekten und damit von sozialer Bedeutung an die Formen ihrer jeweiligen Inszenierung zurückbindet, öffnet damit den Blick für Prozesse der Reprä-

16 Vgl. grundlegend: Rheinberger, Hans-Jörg: *Experimentalsysteme und andere epistemische Dinge. Eine Geschichte der Proteinsynthese im Reagenzglas*, Göttingen 2001; Ders.; Hagner, Michael; Wahrig-Schmidt, Bettina (Hg.): *Räume des Wissens. Repräsentation, Codierung, Spur*, Berlin 1997.

sentation und Transformation von Wahrnehmung in Äußerungen, d.h. mithin für ästhetische und aisthetische Kategorien.

Diesbezüglich lassen sich vor allem vier Ansätze hervorheben, die für die Konzeptualisierung dieses Bandes zentral gewesen sind. Das sind an erster Stelle die Konzeptionen der Wissenspoetologien,[17] die die Herausbildung von epistemischen Ordnungen primär unter Aspekten der *Poiesis* wie etwa der Figurierung, Narrativierung oder Rhetorisierung von Objekten begreifen. Die Konstruktion eines Objekts, so Joseph Vogl, erfolgt dabei erst „über Äußerungsweisen verschiedener Ordnung und Art und erscheint etwa in einem literarischen Text, in einem wissenschaftlichen Experiment, in einer Verordnung oder in einem alltäglichen Satz gleichermaßen."[18] Eine solche Anbindung von Wissen an seine Darstellungsoptionen macht die Grenzen zwischen Fakten und Fiktion, laboratorischem Wissen und etwa literarischer Praxis fließend.[19]

In einer solchen sozialen Konzeption von Wissen spielt zweitens die Metapher eine zentrale Rolle, indem sie zwischen den Wissenskulturen wuchert, Bedeutungen dynamisiert, strukturiert oder auch polysemantisiert.[20] Nicht nur künstlerische, populäre oder politische Diskurse bedienen sich wie selbstverständlich strategisch oder unbewusst aus dem Metaphernreservoir der Wissenschaften, um Ordnungsmuster zu plausi-

---

17 Vgl. Vogl, Joseph (Hg.): *Poetologien des Wissens um 1800*, München 1999; Hülk, Walburga; Renner, Ursula (Hg.): *Biologie, Psychologie, Poetologie. Verhandlungen zwischen den Wissenschaften*, Würzburg 2005; Krause, Markus; Pethes, Nicolas (Hg.): *Literarische Experimentalkulturen. Poetologien des Experiments im 19. Jahrhundert*, Würzburg 2005; Mayer, Andreas; Métraux, Alexandre (Hg.): *Kunstmaschinen. Spielräume des Sehens zwischen Wissenschaft und Ästhetik*, Frankfurt a.M. 2005.

18 Vogl, Jospeh: Einleitung. In: Ders. (Hg.): *Poetologien*, S. 7-16, hier S. 11.

19 Vgl. Christie, John; Shuttleworth, Sally (Hg.): *Nature Transfigured. Science and Literature, 1700-1900,* Manchester u.a. 1989; Beer, Gillian: *Open Fields. Science in Cultural Encounter*, Oxford 1996; Dierig, Sven; Schmidgen, Henning (Hg.): *Physiologische und psychologische Praktiken im 19. Jahrhundert. Ihre Beziehungen zu Literatur, Kunst und Technik* (Max-Planck-Institut für Wissenschaftsgeschichte, Reprint 120), Berlin 1999; Small, Helen; Tate, Trudi (Hg.): *Literature, Science, Psychoanalysis, 1830-1970.* Essays in Honour of Gillian Beer, Oxford 2003; Elsner, Norbert; Frick, Werner (Hg.): *„Scientia poetica". Literatur und Naturwissenschaft*, Göttingen 2004; Schmidgen, Henning; Geimer, Peter; Dierig, Sven (Hg.): *Kultur im Experiment,* Berlin 2004.

20 Vgl. Lakoff; Johnson: *Leben in Metaphern*; Leary, David E.: *Metaphors in the History of Psychology*, Cambridge 1990; Sarasin: Infizierte Körper, kontaminierte Sprachen.

bilisieren oder zu stabilisieren, sondern auch wissenschaftliche Experimentalsysteme verwenden metaphorische Signifikanten zur „Formung" ihrer Objekte, wie etwa Philipp Sarasin an den Metaphoriken von Migration, Krieg und Kampf für die Bakteriologie des 19. Jahrhunderts dargelegt hat.[21]

Aus dem Wechselspiel dieser metaphorologischen und wissenschaftsgeschichtlichen Ansätze ergibt sich eng damit zusammenhängend eine dritte Perspektive, die nach dem speziellen Eigensinn und den Hypertrophien imaginärer Aneignungen und Rekodierungen von Wissen fragt, wie sie beispielsweise in Gedankenexperimenten oder auch in der Fantastik prominent vorgenommen werden.[22] Angefangen von der fantastischen Literatur der Romantik bis zur modernen Science Fiction sind es gerade die exakten Wissenschaften, die das größte Imaginationspotenzial freisetzen, die Grenzen des Denkbaren und Wissensmöglichen zu überschreiten, zu kompensieren oder zu hinterfragen.[23]

Eine vierte Perspektive berührt schließlich die aus den Popular Culture Studies kommende Frage nach der Kommunizierbarkeit und Distribution wissenschaftlicher Inhalte und zugleich nach dem transformierenden Mehrwert, der in der Darstellung von Fachwissen angelegt ist. Sie fragt danach, in welcher Weise die Populärwissenschaften und Wissenschaftspopularisierung seit der zweiten Hälfte des 19. Jahrhunderts ein diskursives Feld bilden, das nicht nur die Wissensdispositive, sondern auch das Aufkommen, den Gebrauch und die Rezeption neuer Kommu-

---

21 Solche Überlegungen aus neueren Theorien der Metapher lassen diese als ein Medium des Austausches zwischen materialen und nicht-materialen Signifikanten in einer Kontinuität erscheinen und verleiten Sarasin zu dem pointierten Fazit der nicht geschlossenen Labortür, durch die „fremde", rhetorisch und figural verfasste Einheiten eindringen, und etwa Hypothesenbildungen im Labor mitprägen. Vgl. Sarasin: Infizierte Körper, kontaminierte Sprachen.

22 Vgl. Macho, Thomas; Wunschel, Annette (Hg.): *Science & Fiction. Über Gedankenexperimente in Wissenschaft, Philosophie und Literatur*, Frankfurt a. M. 2004; Ruthner, Clemens; Reber, Ursula; May, Markus (Hg.): *Nach Todorov. Beiträge zu einer Definition des Phantastischen in der Literatur*, Tübingen 2006.

23 Vgl. Lachmann, Renate: *Erzählte Phantastik. Zur Phantasiegeschichte und Semantik phantastischer Texte,* Frankfurt a.M. 2002; Luckhurst, Roger; Partington, Gill (Hg.): Technoculture and Science Fiction (Special Issue), in: *Science Fiction Studies* 33:1 (2006), S. 1-148.

nikations- und Distributionsmedien entscheidend mit bestimmt haben.[24] Denn den Popularisierungsmechanismen kommt eine zentrale Schnarnierfunktion zwischen Laien und Experten zu. Sie machen nicht nur ein Spezialwissen für den Uneingeweihten verfügbar, sondern überhaupt erst sprachlich kommunikabel und produzieren damit „Überschüsse", die die Wissensinhalte mitstrukturieren. Dabei ist der epistemische Eigenwert popularisierender Texterzeugnisse keineswegs immer eindeutig oder eindimensional: Übersetzungsprozesse von Spezialwissen in populäre Formen bedeuten nicht die bloße Vereinfachung oder eine (politisch, ästhetisch, ökonomisch motivierte) Transformation stabiler Wissensinhalte, sondern beinhalten zugleich die Möglichkeit der Verselbständigung ihrer Qualitäten oder rekursiver Rückkoppelungen mit Spezialdiskursen.

Ausgehend von diesen vier Ansätzen beschäftigt sich der Band mit der Beschreibung und Neuverhandlung der Grenzlinien von Künsten und Wissenschaften. Diese Beschäftigung ist um so mehr angebracht, als bis zum Ende des Ost-West-Konflikts die in der Forschung sowohl an die Künste als auch an die Wissenschaften formulierten Fragestellungen noch stark im Zeichen des Kalten Krieges standen. So interessierte man sich bezogen auf Russland zum einen vor allem für die Politisierung und Ideologisierung der Wissenschaften. Dabei nahm man nicht nur die Sowjetunion generell in den Blick, sondern analysierte exponierte Beispiele wie die Akademie der Wissenschaften[25] oder Trofim Denisovič Lysenkos Rolle in Hinblick auf

---

24 Vgl. Shinn, Terry; Whitley, Richard (Hg.): *Expository Science, Forms and Functions of Popularisation,* Dordrecht 1985; Burnham, John C: *How Superstition Won and Science Lost. Popularizing Science and Health in the United States*, New Brunswick, London 1987; Sarasin, Philipp: „La science en famille". Populäre Wissenschaft im 19. Jahrhundert als bürgerliche Kultur – und als Gegenstand einer Sozialgeschichte des Wissens, in: Gyr, Ueli (Hg.): *Soll und Haben. Alltag und Lebensformen bürgerlicher Kultur,* Zürich 1995, S. 97-110; Daum, Andreas W.: *Wissenschaftspopularisierung im 19. Jahrhundert. Bürgerliche Kultur, naturwissenschaftliche Bildung und die deutsche Öffentlichkeit 1848-1914*, München 1998; Schwarz, Angela: *Der Schlüssel zur modernen Welt. Wissenschaftspopularisierung in Grossbritannien und Deutschland im Übergang zur Moderne (ca. 1870-1914)*, Stuttgart 1999; Wolfschmidt, Gudrun (Hg.): *Popularisierung der Naturwissenschaften*, Berlin 2002.

25 Vucinich, Alexander: *The Soviet Academy of Sciences*, Stanford 1956; Graham, Loren R.: *The Soviet Academy of Sciences and the Communist Party. 1927-1931*, Princeton 1967.

die realsozialistischen Herrschaftsmechanismen insgesamt.[26] Zum anderen begann im Zuge der Systemkonkurrenz aber auch eine genauere Untersuchung der Mechanismen und Spezifika der sowjetischen Wissenschaften, wobei insbesondere auch die von Charles Percy Snow 1959 ausgelöste Zwei-Kulturen-Debatte von zentraler Bedeutung war, der die Erfolge der östlichen Seite auf die dort angeblich fehlende Trennung von Geistes- und Naturwissenschaften zurückführte.[27] Sowohl vor als auch nach der politischen Wende um 1990 ist eine Vielzahl an wissenschaftsgeschichtlichen Untersuchungen zur Entwicklung einzelner Disziplinen wie der Psychoanalyse,[28] Psychologie,[29] Physiologie,[30] Medizin,[31] Biologie[32] oder Kybernetik[33]

---

26 Medvedev, Zhores: *Rise and Fall of T. D. Lysenko*, New York u.a. 1969; Joravsky, David: *The Lysenko Affair*, Chicago 1970; Soifer, Valerij N. : *Vlast' i nauka. Istorija razgroma genetiki v SSSR*, Moskva 1993.

27 Zu Snow, vgl.: Kreuzer, Helmut (Hg.): *Die zwei Kulturen. Literarische und naturwissenschaftliche Intelligenz. C. P. Snows These in der Diskussion*, München 1987. Einer der ersten, der sich diesem Thema wissenschaftsgeschichtlich widmete, war Loren R. Graham. Vgl. Caldwell, Oliver; Graham, Loren R.: *Moscow in May 1963. Education and Cybernetics. An Interchange of Soviet and American Ideas Concerning Education, Programmed Learning, Cybernetics, and Human Mind*, Washington 1964; Graham, Loren R.: *Moscow Stories*, Bloomington u.a. 2006.

28 Rice, James L.: *Freud's Russia. National Identity in the Evolution of Psychoanalysis*, New Brunswick 1993; Etkind, Alexander: *Eros des Unmöglichen. Die Geschichte der Psychoanalyse in Rußland*, Leipzig 1996; Miller, Martin: *Freud and the Bolsheviks: Psychoanalysis in Imperial Russia and the Soviet Union*, New Haven 1998.

29 Kozulin, Alex: *Psychology in Utopia. Towards a Social History of Soviet Psychology*, Cambridge (Mass.) u.a. 1984; Joravsky, David: *Russian Psychology. A Critical History*, Cambridge (Mass.) 1989.

30 Todes, Daniel Philip: *Pavlov's Physiology Factory. Experiment, Interpretation, Laboratory Enterprise*, Baltimore 2002.

31 Frieden, Nancy Mandelker: *Russian Physicians in Era of Reform and Revolution. 1856-1905*, Princeton 1981; Solomon, Susan Gross; Hutchinson, John F. (Hg.): *Health and Society in Revolutionary Russia*, Indiana 1990; Brown, Julie Vail: Heroes and Non-Heroes, Recurring Themes in the Historiography of Russian-Soviet Psychiatry, in: Micale, Marc S.; Porter, Roy (Hg.): *Discovering the History of Psychiatry*, New York 1994, S. 297-307; Renner, Andreas: Wissenschaftstransfer ins Zarenreich des 18. Jahrhunderts. Bemerkungen zum Forschungsstand am Beispiel der Medizingeschichte, in: *Jahrbücher für Geschichte Osteuropas* 53:1 (2005), S. 64-85.

32 Kolchinsky, Eduard I.: Biologists and the Ethics of Science During Early Stalinism, in: Engels, Eva-Marie (Hg.): *Ethik der Biowissenschaften. Geschichte und Theorie*, Tübingen 1997, S. 225-233.

33 Gerovitch, Slava: *From Newspeak to Cyberspeak. A History of Soviet Cybernetics*, Cambridge (Mass.) 2002.

erschienen.[34] Auch zur Genese und Geschichte von zentralen Institutionen, wissenschaftlichen Zeitschriften oder Universitäten[35] sowie zu exponierten Wissenschaftlern wie Dmitrij Ivanovič Mendeleev,[36] Vladimir Ivanovič Vernadskij,[37] Ivan Petrovič Pavlov,[38] Aleksej Kapitanovič Gastev[39] oder der Rezeption Charles Darwins in Russland[40] sind Studien publiziert worden.[41]

Aber erst in den 1980er Jahren begann man in den Science Studies und Cultural Studies vermehrt Fragen nach den Interferenzen zwischen kulturell kodierten Wissensdispositiven, wissenschaftlichen Paradigmenwechseln und neuen ästhetischen Konzepten in Russland und der Sowjetunion zu stellen.[42] Auch in den kulturwissenschaftlich entgrenzten

---

34 Graham, Loren R.: *Science, Philosophy, and Human Behaviour in the Soviet Union*, New York 1987; Ders. (Hg.): *Science and Soviet Social Order*, Cambridge (Mass.) u.a. 1990; Ders.: *Science in Russia and the Soviet Union. A Short History*, Cambridge (Mass.) 1993.

35 Lazarevič, Ėleonora A.: *S vekom naravne. Populjarizacija nauki v Rossii. Kniga. Gazeta, Žurnal*, Moskva 1984; Toren, Nina: *Science and Cultural Context. Soviet Scientists in Comparative Perspective*, New York u.a.1988; Beyrau, Dietrich (Hg.): *Im Dschungel der Macht. Intellektuelle Professionen unter Stalin und Hitler*, Göttingen 2000; Bastrakova, M.S.; Pavlova, G.E.: Nauka: „učenye sredstva" i „učenye sily", in: Košman, Lidija V. (Hg.): *Očerki russkoj kul'tury XIX veka*. Bd. 3. Kul'turnyj potencial obščestva, Moskva 2001, S. 252-307; Kolčinskij, Ėduard; Heinemann, Manfred (Hg.): *Za „železnym zanavesom". Mify i realii sovetskoj nauki*, Sankt-Peterburg 2002; Strekopytov, S.P.: *Istorija naučno-techničeskich učreždenij v Rossii (vtoraja polovina XIX-XX vv.)*, Moskva 2002.

36 Gordin, Michael D.: *A Well-Ordered Thing. Dmitrii Mendeleev and the Shadow of the Periodic Table*, New York 2004.

37 Bailes, Kendall E.: *Science and Russian Culture in an Age of Revolutions. V. I. Vernadsky and His Scientific School. 1863–1945*, Bloomington u.a. 1990.

38 Rüting, Torsten: *Pavlov und der neue Mensch. Diskurse über Disziplinierung in Sowjetrussland*, Oldenburg 2002.

39 Johansson, Kurt: *Aleksej Gastev. Proletarian Bard of the Machine Age* (Stockholm studies in Russian literature, Bd. 16), Stockholm 1983; Hellebust, Rolf: Aleksei Gastev and the Metallization of the Revolutionary Body, in: *Slavic Review* 56:3 (1997), S. 500-518.

40 Vucinich, Alexander: *Darwin in Russian Thought*, Berkeley 1988; Todes, Daniel P.: *Darwin without Malthus. The Struggle for Existence in Russian Evolutionary Thought*, New York u.a. 1989.

41 Zu weiteren Wissenschaftlern vgl. Lazarevič, Leonora A.: *Iskusstvo populjarizacii. Akademiki S. I. Vavilov, V. A. Obručev, A. E. Fersman – populjarizatory nauki*, Mosvka 1960; Henning, Aloys; Petersdorf, Jutta (Hg.): *Wissenschaftsgeschichte in Osteuropa*, Wiesbaden 1998.

42 Zuletzt haben Graham und Kantor für die unterschiedliche Entwicklung der Mathematik in Frankreich und Russland Anfang des 20. Jahrhunderts gezeigt, wie stark diese von gesellschaftlichen, künstlerischen und philosophischen Dispositiven geprägt gewesen ist, vgl. Graham, Loren; Kantor, Jean-Michel: „Soft" Area Studies versus „Hard"

Philologien und Kunstwissenschaften sind die Wechselwirkungen von naturwissenschaftlich spezialisierten Wissensformationen und ästhetischen und literarischen Diskursen oder populären Medien in den letzten Jahren vermehrt behandelt worden.[43] So liegen in den Literaturwissenschaften eine Reihe neuerer Arbeiten vor, die Bezüge insbesondere zwischen medizinischen Diskursen und der Belletristik, aber auch allgemeiner den Künsten und den Wissenschaften in den Blick nehmen.[44] Zur populären Literatur und Kultur des Zarismus und der Sowjetunion gibt es einige grundlegende Studien.[45] Besondere Aufmerksamkeit ist zuletzt den biopolitischen und gesellschaftstheoretischen Utopien Anfang des 20. Jahrhunderts gewidmet worden, die neue wissenschaftliche Konzeptionen des

---

Social Science. A False Opposition, in: *Slavic Review* 66:1 (2007), S. 1-19.

43 Vgl. hierzu einführend insbesondere McReynolds; Popkin: The Objective Eye, S. 57-105; Kelly, Catriona: New Boundaries for the Common Good. Science, Philosophy, and Objectivity in Soviet Russia, in: Ebd., S. 238-255.

44 Karpova, Tat'jana: Iskusstvo i nauka. Portret – ,priroda, vskrytaja umu čeloveka'. K istorii bytovanija scientiskich koncepcij v russkoj chudožestvennoj kul'ture vtoroj polovinoj XIX veka, in: Dies: *Smsyl lica. Russkij portret vtoroj poloviny XIX veka*, Sankt-Peterburg 2000, S. 91-108; Gordin, Michael D.: Loose and Baggy Spirits. Reading Dostoevskij and Mendeleev, in: *Slavic Review* 60:4 (2001), S. 756-780; Sirotkina, Irina E.: *Diagnosing Literary Genius. A Cultural History of Psychiatry in Russia, 1880-1930*, Baltimore u.a. 2002; Merten, Sabine: *Die Entstehung des Realismus aus der Poetik der Medizin. Die russische Literatur der 40er bis 60er Jahre des 19. Jahrhunderts*, Wiesbaden 2003; Gatrall, Jefferson J.A.: The Paradox of Melancholy Insight. Reading the Medical Subtext in Chekhov's A Boring Story, in: *Slavic Review* 62:2 (2003), S. 258-277; Bogdanov, Konstantin: *Vrači, pacienty, čitateli. Patografičeskie teksty russkoj literatury XVIII–XIX vekov*, Moskva 2005; Ders.; Murašov, Jurij; Nicolosi, Riccardo (Hg.): *Russkaja literatura i medicina. Telo, predpisanija, social'naja praktika*, Moskva 2006; Jekutsch, Ulrike: Der Krankheitsbegriff und seine Konstruktion in der russischen Literatur des 19. Jahrhunderts, in: Thiergen, Peter (Hg.): *Russische Begriffsgeschichte der Neuzeit. Beiträge zu einem Forschungsdesiderat*, Köln 2006, S. 171-187.

45 Vgl. u.a. Brooks, John: *When Russia Learned to Read. Literacy and Popular Literature 1861-1917*, Princeton 1985; Ders.: *Thank You, Comrade Stalin! Soviet Public Culture from Revolution to Cold War*, Princeton 2000; Geldern, James von; Stites, Richard (Hg.): *Mass Culture in Soviet Russia. Tales, Poems, Songs, Movies, Plays, and Folklore 1917-1953*, Bloomington 1995; Michaels, Paula: *Curative Powers. Medicine and Empire in Stalin's Central Asia*, Pittsburgh 2003; Petrone, Karen: *Life Has Become More Joyous, Comrades. Celebrations in the Time of Stalin*, Bloomington 2000; Stites, Richard: *Russian Popular Culture. Entertainment and Society since 1900*, Cambridge (Mass.) 1992; Stites, Richard (Hg.): *Culture and Entertainment in Wartime Russia*, Bloomington 1995; Venediktova, T. D. (Hg.): *Populjarnaja literatura. Opyt kul'turnogo mifotvorčestva v Amerike i Rossii*, Moskva 2003.

Menschen propagierten.[46] Bei übergreifenden Untersuchungen zur Affizierung der Ästhetik im Spannungsfeld von Produktion, Präsentation und Transformation von Wissen steht für den russischen Kulturraum allerdings noch weitestgehend der Zeitraum der Avantgarde im Mittelpunkt [47]

Von Bazarov zu Lysenko

Für den Referenzzeitraum des Bandes lassen sich die wechselseitigen Diskursaneignungen zwischen Kunst, Wissenschaft und Populärkultur selbstverständlich nur ansatzweise und keineswegs homogen skizzieren. Die meisten Beiträge in den einzelnen Abschnitten sind daher weniger auf Vollständigkeit bedacht als vielmehr darauf angelegt, anhand der Fallbeispiele neue Perspektiven auf die russischen Künste und insbesondere die Literatur jenseits etablierter Epochenbezeichnungen und ästhetischer Kategorisierungen zu eröffnen – in diesem Sinne ist auch der im Untertitel angegebene Zeitraum 1860 bis 1960 zu verstehen, der dezidiert weder auf exponierte politische noch wissenschafts- oder literaturhistorische Zäsuren rekurriert. Vielmehr sollen der Auftritt Evgenij Bazarovs in Turgenevs *Otcy i deti* sowie der Rücktritt Trofim Lysenkos 1964 als Präsident der Akademie für Landwirtschaft als paradigmatische Ereignisse gesetzt werden. Denn an Bazarovs erstmaligem Auftritt und Lysenkos endgültigem Rücktritt lässt sich mustergültig zeigen, wie solche wechselseitigen Aneignungen zwischen Künsten und Wissenschaften funktionieren. Ist doch die enthusiastische Aufnahme des Darwinschen Evolutionsgedankens in Russland vor allem durch eine mehrfache „Fehllektüre" bzw. Umkodierung auf die russischen Verhältnisse gekennzeichnet: angefangen von den Radikalen und „Nihilisten", die durch die Popularisierung biologischer Erkenntnisse eine gegen den Zarismus und die christliche Orthodoxie gerichtete Autorität gewinnen, über die Formalisten, die mit Hilfe biolo-

---

46 Siehe hierzu zuletzt ausführlich Hagemeister, Michael: Unser Körper muss unser Werk sein. Beherrschung der Natur und Überwindung des Todes in russischen Projekten des frühen 20. Jahrhunderts, in: Ders.; Groys, Boris (Hg.): *Die Neue Menschheit. Biopolitische Utopien in Russland zu Beginn des 20. Jahrhunderts*, Frankfurt a. M. 2005, S. 19- 67.

47 Stites, Richard: *Revolutionary Dreams. Utopian Vision and Experimental Life in the Russian Revolution*, New York 1989; Bowlt, John E.; Matich, Olga (Hg.): *Laboratory of Dreams. The Russian Avant-Garde and Cultural Experiment*, Stanford 1990.

gischer Metaphern die Literaturwissenschaften selbst revolutionieren, bis zu den Lysenkoisten, die von populären Wissensdispositiven ausgehend durch eine erzieherische Umgestaltung der genetischen Natur die irdische Evolution revidieren und steuern wollen.[48]

Als vorläufiger Endpunkt eines solchen, immer auch ambivalenten und höchst prekären wissenschaftsoptimistischen Diskurses ließe sich das Scheitern des kulturpolitischen Tauwetters und die einsetzende Stagnation der Brežnevzeit ab Mitte der 1960er Jahre betrachten. Denn gerade die unter Nikita Sergeevič Chruščev einsetzende kulturpolitische Liberalisierung ging einher mit einem wissenschaftspolitischen Aufbruch, der eine neue Wissenschaftlich-technische Revolution einleiten sollte und seinen markantesten Ausdruck in den ersten Sputnikflügen seit 1957, Jurij Alekseevič Gagarins Weltraumflug 1961 und der Propagierung der Kybernetik als neuer Leitwissenschaft fand.[49] Insbesondere aber die Reinthronisation von Lysenko zeigt die Kontinuitäten zur Stalinzeit und die hypertrophen gesellschaftspolitischen und ideologischen Hoffnungen, die man an diese Entwicklungen knüpfte. In der Debatte um die „Physiker und Lyriker", ausgelöst durch eine Replik Il'ja Ėrenburgs auf das gleichnamige Gedicht von Boris Abramovič Sluckij (*Fiziki i liriki*, 1959), traten die Naturwissenschaften und die Künste vorläufig ein letztes Mal in eine ideologische Konkurrenz um die Deutungshoheit über den Menschen und die Natur, ehe Bazarovs Erben allmählich das Feld räumten. In der Brežnevzeit zeichnete sich eine zunehmende Abkehr von einer wissenschaftlichen Durchdringung und Durchleuchtung der menschlichen und irdischen Natur ab, und man begann wieder den Menschen als rätselhaftes Zeichensystem und die Natur als zivilisations- und moderneternen Rückzugsraum des Individuums zu mystifizieren.[50]

---

48 Vgl. Pozefsky: *The Nihilist Imagination*; Vucinich: *Darwin in Russian Thought*; Todes: *Darwin without Malthus*; Gasparov, Boris: Development or Rebuilding. Views of Academician T. D. Lysenko in the Context of the Late Avant-Garde, in: Bowlt; Matich: *Laboratory of Dreams*, S. 133-150.

49 Vgl. Gerovich: *From Newspeak to Cyberspeak*; Ders.: Love-Hate for Man-Machine Metaphors in Soviet Physiology. From Pavlov to „Physiological Cybernetics", in: *Science in Context* 15:2 (2002), S. 339–374; Schwartz, Matthias: *Die Erfindung des Kosmos. Zur sowjetischen Science Fiction und populärwissenschaftlichen Publizistik vom Sputnikflug bis zum Ende der Tauwetterzeit*, Franfurt a. M. u.a. 2003.

50 Vgl. Adams, Mark B.: The Soviet Nature-Nurture Debate, in: Graham: *Science and the*

Den Anfang für die hier in den Blick genommenen Verschiebungen zwischen den einzelnen Wissensgebieten bilden die sich ab etwa 1860 in Russland im breiten Maße durchsetzenden sozial- und wissenshistorischen Modernisierungsprozesse, die in den westeuropäischen Staaten und den USA bereits vorher zu beobachten waren. Hier sind historisch grundlegende Faktoren wie die Bauernbefreiung von 1861, die allmähliche Industrialisierung des Landes, Mobilisierung und Urbanisierung der Unterschichten, der massive Ausbau von Transport- und Kommunikationsmedien sowie institutionelle, Wirtschafts- und Bildungsreformen zu nennen.[51] Für die neu entstehenden Bevölkerungsschichten entwickelt sich dabei eine eigene Publikationslandschaft, die auch und besonders populäre Unterhaltungs- und Aufklärungsliteratur umfasst. In diesen Publikationen kommt vornehmlich naturwissenschaftlich begründeten Welterklärungsmodellen eine zentrale Rolle zu, die sowohl für technisch-industrielle Neuerungen als auch für im Zuge der Mobilisierung der Gesellschaft auftretende Ängste und Unsicherheiten allgemein verständliche Antworten versprechen.[52]

Die Wirkungsmächtigkeit solcher Publikationen soll im ersten Abschnitt des Bandes „Diskurse und Lektüren" näher in den Blick genommen werden. Torsten Rüting zeigt in seinem Beitrag *Disziplin in Körper, Laboratorium und Staat. Biologische Metaphern in Diskursen um die Modernisierung Russlands*, wie seit den 1860-er Jahren insbesondere die Rezeption von Darwins Evolutionstheorie und Pavlovs Physiologie dazu führte, dass die Wissenschaften nicht nur einfach die Religion als letzte Autorität der Begründung von staatlicher Macht über die Körper der Menschen beerben konnten, sondern in der Sowjetunion auch die zen-

---

Soviet Social Order, S. 94-138; Schwartz, Matthias: „Krov' predkov' ne lžet". Biologičeskij diskurs v proizvedenijach Daniila Granina i Vladimira Dudinceva posvjaščenych sovetskoj genetike, in: Kolčinskij, Ėduard (Hg.): *Russko-nemeckie svjazi v biologii i medicine.* Vyp. IV, Sankt-Peterburg 2003, S. 33-45.

51 Vgl. Frieden: *Russian Physicians in Era of Reform and Revolution*; McReynolds; Popkin: The Objective Eye; Cvetkovsky, Roland: *Modernisierung durch Beschleunigung. Raum und Mobilität im Zarenreich*, Frankfurt a. M. u.a. 2006.

52 Vgl. Brooks: *When Russia Learned to Read*; Ders.: *Thank You, Comrade Stalin!*; Pozefsky, Peter C.: Love, Science, and Politics in the Fiction of the Shestidesiatnitsy N. P. Suslova and S. V. Kovalevskaia, in: *Russian Review* 58:3 (1999), S. 361-379; Andrews, James T.: *Science for the Masses. The Bolshevik State, Public Science, and the Popular Imagination in Soviet Russia, 1917-1934*, College Station (Texas) 2003.

tralen Metaphern für die fundamentale Umgestaltung der Gesellschaft bis über Stalins Tod hinaus zu liefern vermochten.[53] Igor J. Polianski knüpft an diese Diskursgeschichte an, indem er weniger die diachrone Kontinuität als vielmehr den diskursiven Bruch herausarbeitet, den die sowjetische Populärwissenschaft als revolutionärer Umsturz bestehender Wissenshierarchien und „Enterbrücke" zur „Verweltanschaulichung" der naturwissenschaftlichen Expertenkultur gegenüber ihren Vorläufern im zaristischen Russland oder vergleichbaren westlichen Phänomenen vollzog. Sein Beitrag *Das Unbehagen der Natur. Sowjetische Populärwissenschaft als semiotische Lektüre* verweist damit auch auf ein spezifisches sowjetisches Unbehagen gegenüber einer materiellen Welt, die sich nicht ihren disziplinären Umgestaltungsfantasien beugt. Torben Philipp hingegen spezifiziert die beiden eher auf größere Zusammenhänge konzentrierten Beiträge von Rüting und Polianski, indem er in seinem Beitrag *‚Etwa so, wie die Kanone und die Kanonenkugel ein Ganzes sein können.' Zoščenkos autobiographischer Roman „Der Schlüssel des Glücks" als literarische Epistemologie* anhand einer dichten Relektüre herausarbeitet, wie dieser den literarischen Text zu einem Schauplatz des Wissens stilisiert und den Versuch einer Anschließung literarischer Kommunikation an die experimentellen Praktiken der Pavlovschen Physiologie betreibt.

Ästhetik, Literatur und Populärwissenschaft reflektieren oder fiktionalisieren im Kontext von Positivismus, wissenschaftlichem Fortschrittsoptimismus und technisch-industriellen Veränderungen jedoch nicht einfach nur solche dominanten Diskurse der Zeit. Während in den populären Schriften der Aufklärungs- und Unterhaltungsliteratur Elektrizität, Hypnose, Medizin oder neue Transporttechniken (Eisenbahn, Dampfschiffe, Flugzeuge) meist ein rationales, gegen Aberglaube und Rückständigkeit gerichtetes Weltbild propagieren,[54] vollzieht sich die Aneignung in den intellektuellen Eliten sehr viel stärker ausdifferenziert. Diese reicht von medizinischen Heilungsrezepten, psychologischen Analysemethoden, phy

53 Vgl. hierzu auch Rüting: *Pavlov und der neue Mensch*; Bailes, Kendall E.: *Technology and Society under Lenin and Stalin. Origins of the Soviet Technical Intelligentsia, 1917-1941*, Princeton 1978.

54 Vgl. Brooks: *When Russia Learned to Read*; Steinberg, Mark D.: *Proletarian Imagination. Self, Modernity, and the Sacred in Russia, 1910-1925*, Ithaca u.a. 2002.

siologischen Deskriptionsverfahren, psychiatrischen Pathologisierungen, biologischen Degenerationsvorstellungen bis zu entropischen Endzeitvisionen, okkulten Überadaptionen oder eugenischen Züchtungsfantasien.[55] Solche „Experimentellen Transfigurationen" von Wissen werden im zweiten Abschnitt des Bandes am Beispiel so heterogener Felder wie der Belletristik, des Spiritismus und der Musik näher in den Blick genommen. Riccardo Nicolosi zeigt in *Das Blut der Karamazovs. Vererbung, Experiment und Naturalismus in Dostoevskijs letztem Roman*, wie sich ungeachtet Dostoevskijs expliziter Abgrenzung von Émile Zolas Poetik des Experimentalromans in den *Brüdern Karamazov* (*Brat'ja Karamazovy*, 1879/80) biologistisch-deterministische Konzepte unheilbarer Vererbungskrankheiten wieder finden lassen. Susanne Strätling geht in ihrem Beitrag *Hirnschrift oder Handschrift? Die spiritistische Sematologie des Schreibens* der Frage nach, wie in der spiritistischen Experimentalanordnung physisch dokumentierbarer Evidenzen zum Nachweis metaphysischer Phänomene nicht nur die Konkurrenz zwischen Geist und Materie neu ausgehandelt wird, sondern sich in der Transfiguration physikalischer Aufzeichnungsverfahren auch eine eigene acheirographische Schrifttechnik des Absenten und Jenseitigen herausbildet. Julia Kursell beschäftigt sich in *Nikolaj Kulbin und die Notation in der freien Musik* am Beispiel zweier Aufsätze des Militärarztes und Malers damit, wie dieser zur medizinischen Krankheitsdiagnose entwickelte Darstellungssysteme in seiner *Theorie des künstlerischen Schaffens* zur Notation der Freien Musik anwendete. Gerade die naturwissenschaftlichen Aufzeichnungsverfahren ermöglichen ihm experimentelle Codierungen und Notationen „dessen, was man noch nicht gehört hat."

Wenn diese experimentellen Aneignungen von sozialdarwinistischen, spiritistischen und medizinischen Wissenssystemen immer auch schon Fragen nach der medialen Spezifik des jeweiligen Notationssystems – sei

---

55 Vgl. zum Beispiel Goldt, Rainer: *Thermodynamik als Textem. Der Entropiesatz als poetologische Chiffre bei E. I. Zamjatin*, Mainz 1995; Hagemeister, Michael: Die Eroberung des Raums und die Beherrschung der Zeit. Utopische, apokalyptische und magisch-okkulte Elemente in den Zukunftsentwürfen der Sowjetzeit, in: Murašov, Jurij; Witte, Georg (Hg.): *Die Musen der Macht. Medien in der sowjetischen Kultur der 20er und 30er Jahre*, München 2003, S. 257-284; Zolotonosov, Michail: *Brat'ja Merežkovskie.* Kniga 1. Otščepenis Serebrjanogo veka, Moskva 2003.

es die Buchstaben-, Geister- oder Notenschrift – für die jeweilige Semantik aufwerfen, gilt dies im besonderen Maße für die im folgenden Abschnitt behandelten „Mathematischen Transkriptionen“, stand die Mathematik doch als vermeintlich exakteste Wissenschaft lange Zeit in dem Ruf, sich kultur- und wissenschaftsgeschichtlichen Relativierungen weitgehend zu entziehen. Mirjam Goller zeigt in ihrem Beitrag *Nikolaj Bugaev und Kotik Letaev. Wenn Mathematik (er)zählt* am Beispiel von Andrej Belyjs Roman *Kotik Letaev* (1922), wie arithmetische Denkfiguren zur kompositionellen und rhetorischen Anordnung eines Prosatextes beitragen. Während die Fiktionalisierung Belyj unter anderem zur Veranschaulichung und Versinnbildlichung mathematischer Zeichensysteme seines Vaters Nikolaj Vasil'evič Bugaev dient, zeigt Anke Niederbudde, wie *Geometrie als wissenschaftlich-argumentatives Hilfsmittel in den kunsttheoretischen Schriften Pavel Florenskijs* genutzt wird, um die spirituelle Perspektivik der russisch-orthodoxen Ikonen zu erklären. Die Kunst ist in beiden Fällen das Medium, um anhand einer nicht-euklidischen Mathematik metaphysischen Wissenskonzepten eine höhere Plausibilität und Prägnanz zu verleihen.

Nach der Oktoberrevolution ist es in der Sowjetunion dann gerade der Topos der „Wissenschaftlichkeit“, auf dessen Autorität und ingenieurstechnische Umsetzbarkeit der neue Staat seine Legitimität gründet. Der revolutionären Avantgarde der Partei treten die Künste zur Seite, die sich die technischen und wissenschaftlichen Innovationen programmatisch auf die Fahnen schreiben, während die Populärliteratur zunehmend fiktionale Handlungsanleitungen zur praktischen Umsetzung wissenschaftlicher Dispositive durchspielt. Gerade die systematische und laboratorische Analyse und Zurichtung von Körper, Denken und Wahrnehmung geraten hier auf dem Weg zum „Neuen Menschen“ in den Fokus psychophysischer Praktiken. Diesen Zusammenhängen ist der vierte Abschnitt des Bandes gewidmet, der sich die „Psychotechnischen Laboratorien“ der Avantgarde am Beispiel dreier Fallstudien zu den 1910-er und 20er Jahren anschaut. Ute Holl geht in ihrem Beitrag *Die Bildung des Menschen im Kino-Experiment. Laboratorien, Apparaturen und Dziga Vertovs Kinowahrheit als Medientheorie* der Frage nach, wie die in

Vladimir Bechterevs Psychoneurologischem Institut in Leningrad durchgeführten Experimente und Studien zur „kollektiven Reflexologie“ Dziga Vertovs Theorie einer neuen dokumentarischen Kinoästhetik beeinflussten, die den Kino-Apparat zu einem epistemologischen Speicher- und Übertragungsmedium zur Analyse, Synthese und Produktion von Signalen weiterentwickelte. *Professionalisiertes Laientum. Nikolaj Ladovskijs Psychotechnisches Labor für Architektur* ist Margarete Vöhringers Beitrag überschrieben, der sich den psychotechnischen Wahrnehmungsexperimenten an den Moskauer VChUTEMAS, den Höheren Künstlerisch-Technischen Werkstätten, widmet. Mit Hilfe spezieller Apparate und Instrumente wollte Ladovskij die räumliche Wahrnehmung objektiv bestimmen und gleichzeitig durch seine Architektur die Raumerfahrung der Benutzer definieren, die sich in seinen Gebäuden bewegen sollten „wie Apparate – automatisch, unbemerkt, unter Ausschaltung des Bewusstseins.“ Auch Barbara Wurm befasst sich mit der Organisation und Einstellung von Wahrnehmungsmechanismen anhand von *Gastevs Medien. Das „Foto-Kino-Labor“ des CIT*, des Moskauer Zentralinstituts für Arbeit. Sie zeigt, wie Anfang der 1920er Jahre dreißig Jahre nach der erstmaligen Präsentation des Kineskops das Kino noch einmal „voller Enthusiasmus und avantgardistischem Esprit“ zur neuen Wissenschaft ausgerufen wurde, um mit Hilfe der visuellen Einstellung Bewegungs- und Arbeitsabläufe exakt analysieren und instruieren zu können.

Mit der gewaltsamen Industrialisierung des Landes in der Stalinzeit setzt dann ein zweiter massiver Modernisierungsschub ein, der die zuvor recht heterogenen Konzepte zur Alphabetisierung, Disziplinierung und Umerziehung der Bevölkerung ästhetisch und ethisch normiert und einen grundlegenden technisch-industriellen Umbau des ganzen Landes in den 1930-er Jahren vorbereitet, propagiert und autoritär umsetzt. Den Schriftstellern – als „Ingenieuren der menschlichen Seele“ – kommt bei der ästhetischen und diskursiven Ausformulierung dieser Machtdispositive eine Schüsselfunktion zu. Eine besondere Obsession der Künste und der Wissenschaften bilden seit den 1920er Jahren diverse Sende- und Transporttechniken zur Kommunikation und Distribution von Nachrichten und Gegenständen über größere Entfernungen. Wobei vor allem die Einführung des Radios von zentraler Bedeutung ist, das für die wissenschaftseuphorischen Herrschereliten die Stimme Gottes ersetzte und wie kein anderes Medium die neue Macht repräsentierte.[56] Nach dem Krieg treten andere technische Innovationen hinzu, die von der Nutzung der Atomenergie über neue Raketen- und Radartechniken bis zu den ersten Kosmosflügen sowie der zivilen Luftfahrt und dem Fernsehen reichen. Doch die technischen Innovationen bieten nicht nur eine Fülle an Material zur Popularisierung der Naturwissenschaften und tragen so zur Reformulierung bisheriger Wissensparadigmen und Wissenschaftsfiktionen bei.[57] Deren politische Instrumentalisierung eröffnete gleichzeitig auch den Raum für spielerische und subversive Transkriptionen.

Diese riskante Ambivalenz wird im letzten Abschnitt des Bandes „Wissenschaftspopularisierung für Laien“ anhand zweier Fallstudien zur sowjetischen Science Fiction exemplarisch für so disparate Wissensfelder wie das der Telepathie und der Entomologie dargestellt. Wladimir Velminskis Beitrag *Krieg der Gedanken. Experimentelle Lesesysteme im Dienste der Telepathie* zeigt anhand zweier fantastischer Romane vom Ende der 1920-er Jahre, wie diese die den wissenschaftlichen Untersuchungen zur Telepathie innewohnenden Phantasmen zur Steuerung der Gedanken und staatlichen Manipulation der Bevölkerung fiktional umsetzen und damit die Machtfantasien der anschließenden Stalinzeit zum Teil schon antizipieren. Während sich die transgressive Potenz fiktionaler Schreibpraktiken hier als bewusste Thematisierung der utopischen und antiutopischen Potenziale telepathischer Kommunikation beschreiben lässt, beschäftigt sich Matthias Schwartz grundsätzlich mit dem

56 Vgl. Tsivian, Yuri: Media Fantasies and Penetrating Vision, Some Links Between X-Rays, the Microscope, and Film, in: Bowlt; Matich: *Laboratory of Dreams*, S. 81-99; Schramm, Caroline: Telemor und Hyperboloid, Strahlen, Geheimwissen und Phantastik in der postrevolutionären Literatur, in: Frank, Susi K. u.a. (Hg.): *Gedächtnis und Phantasma. Festschrift für Renate Lachmann*, München 2001, S. 319-339; Murašov, Jurij: Das elektrifizierte Wort. Das Radio in der sowjetischen Literatur und Kultur der 20er und 30er Jahre, in: Ders.; Witte: *Die Musen der Macht*, S. 81-112.

57 Vgl. Clark, Katerina: The Changing Image of Science and Technology in Soviet Literature, in: Graham: *Science and Soviet Social Order*, S. 259-298; Josephson, Paul R.: Rockets, Reactors, and Soviet Culture, in: Ebd., S. 168–191; Roth-Ey, Kristin: Finding a Home for Television in the USSR, 1950-1970, in: *Slavic Review* 66:2 (2007), S. 278-306.

prekären Status der Fantasie und Imagination in einem sich durch Rationalität und Wissenschaftlichkeit legitimierenden System. Speziell geht es am Beispiel eines Romans aus der Zeit des Spätstalinismus darum, wie die Science Fiction ungewollt wieder subversive Potenzen zurück gewinnt. *Im Land der undurchdringlichen Gräser. Die sowjetische Wissenschaftliche Fantastik zwischen Wissenschaftspopularisierung und experimenteller Fantasie* zeigt, wie die wiederholten Versuche, die fiktionale Wissenschaftspopularisierung für Laien verbindlich zu kodifizieren, seit Ende der 1920er Jahre nicht nur immer wieder die Grenzziehungen zwischen Fiktion und Faktum verschieben, sondern auch alternierende und allegorische Lektüren zusätzlich befördern.

So erscheint in einer kritischen Retrospektive der Zeitraum zwischen den Jahren 1860 und 1960 zwar nicht als abgeschlossene Epoche mit bestimmten einheitlichen ästhetischen, politischen und moralischen Leit-Paradigmen, so aber doch als eine Phase in der russischen und sowjetischen Kunst- und Kulturgeschichte, in der naturwissenschaftliche Dispositive als professionelles Laientum, populärwissenschaftliche Lektüre und wissenschaftlich-künstlerisches Laboratorium eine zentrale Rolle gespielt haben. In der Forschung ist dieses disparate Feld bislang nur ungenügend in den Blick genommen worden. Der vorliegende Band möchte einen Beitrag zur kritischen Aufarbeitung dieser Dispositive leisten, indem er erstmals eine größere Anzahl an Studien aus laufenden oder unlängst abgeschlossenen Forschungsprojekten zu diesem Thema versammelt.

1. Diskurse und Lektüren

Torsten Rüting

Disziplin in Körper, Laboratorium und Staat. Biologische Metaphern in Diskursen um die Modernisierung Russlands

Einleitung: Biologische Metaphern und die Ordnung der Gesellschaft

Seit Jahrtausenden ist der menschliche Körper die naheliegendste Quelle für Metaphern. Der allen Menschen gemeinsame physische Körper sowie die von allen erfahrbaren biologischen Vorgänge erwiesen sich als potentes Bezugssystem zur übertragenden Beschreibung und Erklärung von Natur, Kosmos und Gesellschaft. Während die Wahrnehmungs- und Bedeutungswelt des Menschen mit physisch-biologischen Metaphern und Analogien bestimmt wird, kann sie zugleich mit Wert- und Ordnungsvorstellungen verbunden werden. Die Begriffe „Kopf", „Haupt" und „Geist" wurden die beherrschenden Metaphern dieser Zivilisation und die Herstellung einer Dualität von Kopf und Bauch, Geist und Körper ging einher mit gesellschaftlichen Machtkämpfen. Die vertikale Anordnung des aufrechten menschlichen Körpers konnte helfen, gesellschaftliche Ordnung zu veranschaulichen und Herrschaftsverhältnisse zu legitimieren. In der Übertragung vom körperlichen Mikrokosmos auf den gesellschaftlichen Makrokosmos erhielt Hierarchie so den Anschein natürlicher Zweckmäßigkeit und Notwendigkeit. Durch eine Spaltung und moralisch wertende Unterordnung von Fleisch unter Geist, weiblich unter männlich, Beherrschte unter Herrscher konnten die subjektive Wahrnehmung und das Denken zum Kampf für die immer wieder nötige Aufrechterhaltung einer spannungsreichen Ordnung gewappnet werden. Es entstand das Bewusstsein eines ständigen Ringens des Individuums mit sich selbst. Die Disziplinierung des eigenen Körpers und seiner biologischen Funktionen wurde so mit dem Ringen um Herrschaft und Ordnung verbunden und geübt.[1]

Die Untersuchung der historischen Entwicklung der Begriffe und der deskriptiven Übertragung körperlicher Verhältnisse auf die menschlichen Beziehungen führt zu den Wurzeln unserer Kultur und beleuchtet deren Entwicklung.[2] Die Geschichte der Modernisierung Russlands kann als extremes Beispiel dienen, das besonders deutlich zeigt, wie biologische und medizinische Metaphern den Diskurs um die Entwicklung von Disziplin bestimmten und die Kultur einer Epoche formten. Modernisierung und Industrialisierung fielen in Russland zusammen mit der Institutionalisierung der Laborwissenschaften, die mit ihren Experimenten den exklusiven Zugang zur Wahrheit beanspruchten. Mit ihrer Expansion an den Universitäten und ihren Erfolgen in Medizin und Technik wuchs die Macht der empirischen Naturwissenschaften und die Übertragung ihrer Konzepte und Begriffe in andere gesellschaftliche Dimensionen. Metaphern aus Biologie und Medizin fanden in Russland eine besondere Popularität in politischen Diskursen um die Modernisierung des Landes und die Erneuerung seiner Menschen. Russland wurde zum „Laboratorium der Revolution“,[3] in dem die Grenzen zwischen biologischen und gesellschaftlichen Experimenten so sehr wie in keinem anderen Staat aufgelöst werden sollten.

---

1 Vgl. Foucault, Michel: *Der Gebrauch der Lüste. Sexualität und Wahrheit* (*Histoire de la sexualité*). Bd. 2, Frankfurt a.M. 1986. Foucault schreibt auf S. 110: „Im Zweikampf mit sich selber und im Kampf der Beherrschung der Begierden ist danach zu streben, dass das Verhältnis zu sich isomorph mit dem Herrschafts-, Hierarchie- und Autoritätsverhältnis wird, das man als Mann, als freier Mann, über seine Untergebenen herzustellen beansprucht.“ Zu Foucaults Forschungen zur Ethik der Selbstregierung des Individuums vgl. auch Davidson, Arnold I.: *Ethics as ascetics. Foucault, the history of ethics, and ancient thougt*, in: Gutting, Gary (Hg.): *The Cambridge Companion to Foucault*, Cambridge 1994, S. 115-140.

2 Einen Überblick zum Thema vermitteln Barnes, Barry; Shapin, Steven: *Natural Order. Historical Studies of Scientific Culture*, Beverly Hills u.a. 1979; Leary, David E. (Hg.): *Metaphors in the History of Psychology*, Cambridge 1990; Maasen, Sabine; Mendelsohn, Everett; Weingart; Peter (Hg.): *Biology as Society, Society as Biology. Metaphors*, Dordrecht 1995.

3 Stites, Richard: *Revolutionary Dreams. Utopian Vision and Experimental Life in the Russian Revolution*, Oxford u.a. 1989, S. 219 überschreibt ein Kapitel mit „The Laboratory of the Revolution“.

Im forcierten Modernisierungsprozess Russlands fand die im Westen bereits lange zuvor begonnene Naturalisierung des christlichen Disziplindiskurses während einer sehr kurzen Periode eine beschleunigte Rezeption. Die interdisziplinäre Analyse dieser extremen Phase der Wissenschafts- und Kulturgeschichte bietet nicht nur einen Zugang zur Erkenntnis eines diskursgrenzenüberschreitenden Verkehrs der Metaphern zwischen Wissenschaft, Politik und Laboratorium. Die Verfolgung der metaphorischen Beziehungen zwischen den politischen und wissenschaftlichen Diskursen während der Vorgeschichte und Geschichte der Sowjetunion verdeutlicht auch die bestimmende Rolle der experimentellen Naturwissenschaft für die Ordnung neuzeitlicher Gesellschaftssysteme. Gleichzeitig bietet die Analyse Erkenntnisse über die mit der Modernisierung Russlands erfolgte Säkularisierung der Religion. Die Analyse der Bedeutung biologischer Metaphern liefert damit auch neue Aspekte für die Diskussion um die Bedeutung der christlichen Religion für die Entwicklung der säkularen Kultur moderner totalitärer Systeme.[4]

Die 1860er - Naturwissenschaft erobert Diskursdomänen der Religion

Die 1860er Jahre wurden zum revolutionären Jahrzehnt und zum Symbol für die Popularisierung des naturwissenschaftlichen Denkens und des materialistischen Weltbildes in Russland. Naturwissenschaft und eine positivistische Philosophie erschienen den radikalen Reformkräften als Garant für die nötige „Durchleuchtung“[5] des russischen Dunkels. Dmitrij Ivanovič Pisarev (1840–1868), der Popularisator Darwins und Herausgeber der linken Zeitung *Russkoe Slovo* (*Russisches Wort*), brachte diese aufklärerische Mission auf die Formel: „Die Menschheit hat nur ein Übel – Ignoranz; und gegen dieses Übel gibt es nur eine Medizin – Naturwissenschaft.“[6]

4 Vgl. hierzu Maier, Hans: *Politische Religionen. Die totalitären Regime und das Christentum*, Freiburg u.a. 1995 ; Lübbe, Herrmann (Hg.): *Heilserwartung und Terror. Politische Religionen im 20. Jahrhundert*, Düsseldorf 1995.

5 Der russische Begriff für Aufklärung, „prosvešenie“, bedeutet wörtlich übersetzt Durchleuchtung.

6 Todes, Daniel P.: *Darwin without Malthus. The Struggle for Existence in Russian Evolutionary Thought*, New York u.a. 1989, S. 28.

Ähnlich positivistisch predigte der 1847 verbannte revolutionäre Schriftsteller und Journalist Aleksandr Ivanovič Gercen (1812–1870):

> [...] ohne diese Naturwissenschaft kann es keine Erlösung für den heutigen Menschen geben; ohne diese gesunde Nahrung, diese energische Erhöhung des Denkens, gestützt auf Fakten, und ohne diese Nähe zur Realität des Lebens [...] würde unsere Seele weiter eine Klosterzelle bleiben, verschleiert durch Mystizismus, der Dunkelheit über unsere Gedanken breitet.[7]

Naturwissenschaft und moderne Technik sollten Russland endlich aus seiner geistigen, wirtschaftlichen und technologischen Rückständigkeit befreien. Aufklärung, Säkularisierung und Modernisierung nahmen vor allem die aus dem religiösen Schulsystem rekrutierten neuen Studenten begeistert auf. Diese Phase des rasanten kulturellen Wandels wurde von den tief religiös geprägten ‚Intelligenzlern' in apokalyptischen Motiven gedeutet. Sie bekannten sich radikal zu den säkularisierten Ideen der Naturwissenschaften, in denen sie eine neue Heilslehre erblickten. Der Kampf zur Befreiung von orthodoxen Traditionen und zaristischer Herrschaft erhielt so den Charakter einer religiösen Erneuerung.[8]

Die alte Gesellschaftsordnung sollte von einer Generation „Neuer Menschen" überwunden werden, die nur auf Grund ihrer tief verinnerlichten Disziplin frei von äußerem Zwang sein konnten, weil sie sich im Einklang mit den Naturgesetzen einem auf naturwissenschaftlichen Erkenntnissen aufgebauten Gemeinwohl unterordneten. Auf der Suche nach einem neuen Ordnungs-, Moral- und Wertesystem waren die Schöpfer der neuen Kultur besonders empfänglich für die Begrifflichkeit der Medizin und Biologie, die im Westen über Diskurse zur Hygiene und Gesundheit des Körpers popularisiert worden war.[9]

---

7 Zitiert nach Vucinich, Alexander: *Darwin in Russian Thought*, Berkeley u.a. 1988, S. 8.

8 Vgl. Joravsky, David: *Russian Psychology. A Critical History*, Oxford 1989, S. 50 ff.; Pipes, Richard: *Rußland vor der Revolution*, München 1977, S. 220-289; Paperno, Irina: *Chernyshevsky and the Age of Realism. A Study in the Semiotics of Behavior*, Stanford 1988, S. 3-20; Graham: *Science in Russia*, S. 34 ff.

9 Vgl. Smith, Roger: *Inhibition. History and Meaning in the Sciences of Mind and Brain*, Berkeley 1992.

Nikolaj Černyševskij– Apostel physiologisch erneuerter Menschen

Der Publizist, Schriftsteller und Wissenschaftspopularisator Nikolaj Gavrilovič Černyševskij (1828-1889) wurde der einflussreichste Vertreter der Propheten einer Erneuerung Russlands. Als Sohn eines Geistlichen in Saratov war Černyševskij tief von orthodoxem Katechismus und paulinischer Mystik geprägt.[10] Er besuchte das Priesterseminar, verließ es aber mit 18 Jahren und ging nach St. Petersburg, um Philosophie zu studieren. Konfrontiert mit der sich schnell wandelnden Petersburger Gesellschaft zerbrach sein Glaubensgebäude und Weltbild. Auf der Suche nach neuem Halt, neuen Werten, neuer Ordnung und neuem Lebenssinn begann er, in seinem literarischen und publizistischen Werk einen neuen Glauben zu kreieren.[11]

Im Sommer 1862 machte man ihn als Herausgeber der Zeitschrift *Sovremennik* für Studentenunruhen und die Untergrabung der staatlichen Ordnung verantwortlich. Nach einem Jahr Untersuchungshaft in der Peter-Pauls-Festung in St. Petersburg wurde Černyševskij für mehr als zehn Jahre in sibirischer Gefangenschaft gehalten und geriet damit in der radikalen Bewegung zum Märtyrer. Berühmt machte ihn der in der Festungshaft geschriebene Roman *Was tun?* (*Čto delat?*, 1863), der den Untertitel *Aus Erzählungen von neuen Menschen.* (*Iz rasskazov o novych ljudjach*) trug.[12] Die Manuskripte wurden aus dem Gefängnis geschmuggelt und der Roman erschien 1863 in drei aufeinander folgenden Ausgaben des *Sovremennik.* Die Zensur schritt erst nach Erscheinen des Romans ein und trug mit ihrem Verbot zu dessen Erfolg bei. Die Lektüre der durch zahlreiche Hände gewanderten Exemplare des *Sovremennik* sowie illegaler, handgeschriebener Kopien prägte mehrere Generationen der russischen Jugend bei ihrer Suche nach neuen Idealen. Zeitgenossen sahen in dem Werk einen „Katechismus des neuen Glaubens", ein „sozialistisches Evan-

10 Vgl. Paperno: *Chernyshevsky*; Levin, Eve: *Sex and Society in the World of the Orthodox Slavs. 900 – 1700*, Ithaka u.a. 1989. Letztere sieht in *Was tun*? eine „orthodoxe Reaktion auf die übertriebene russische Romantik und den Idealismus, seltsam gepaart mit modernem Liberalismus". Ebd., S. 312.

11 Vgl. Paperno: *Chernyshevsky*, S. 4-11, S. 192-209.

12 Tschernyschewski: Nikolai Gawrilowitsch: *Was tun? Aus Erzählungen von neuen Menschen*, Hamburg 1988.

gelium". Der Roman wurde auch Lieblingslektüre Lenins, der sein Leben danach ausrichtete. Nach der Revolution wurde *Was tun?* zur Pflichtlektüre an sowjetischen Schulen und blieb es bis zum Ende der Sowjetunion. Černyševskijs Prototypen des Neuen Menschen spielten entsprechend für die Entwicklung der Kultur der Sowjetzivilisation eine zentrale Rolle.[13]

Černyševskijs „Neue Menschen" und Begründer einer besseren Ordnung erlangen geistige Erneuerung u.a. durch die naturwissenschaftliche Aufklärung der Beziehungen zwischen Mann und Frau. Sein neuer Katechismus lehrte eine modernisierte Formel zur Kontrolle der menschlichen Emotionen. Sexuelle Energien und Leidenschaften werden in *Was tun?* als Nervenkräfte naturalisiert der Kontrolle der Vernunft unterworfen, wodurch die rationale Gestaltung der Beziehungen zwischen den Geschlechtern möglich gemacht werden soll. So könnten sexuelle Energien und Emotionen, ihrer schädlichen Wirkungen beraubt, endlich zur Veränderung und zum Wohl der Gesellschaft genutzt werden. Černyševskij verschaffte sich mit einem ‚neurologisierten' Vokabular Zugang zum Diskurs über Sexualität und verband ihn mit den aktuellen Debatten um die Neuordnung der Gesellschaft, die damit eine bessere moralische Grundlage erhalten sollte. In seiner Schrift *Das anthropologische Prinzip in der Philosophie* (1860)[14] hatte Černyševskij deutlich gemacht, welcher Kampf seiner Meinung nach Naturwissenschaftler und Revolutionäre vereint:

> Indem Newton und Leibniz völlig jeder Liebe zu einer Frau entsagten, um all ihre Zeit, all ihre Gedanken uneingeschränkt der wissenschaftlichen Forschung widmen zu können, vollbrachten sie ihr ganzes Leben lang eine heldenhafte Leistung. Das Gleiche muss man von den politischen Kämpfern sagen, die gewöhnlich Fanatiker genannt werden.[15]

Wie die Leitfiguren der jungen Christenheit sollte die von Černyševskij beschriebene Avantgarde der Neuen Menschen ihre Bedürfnisse unterdrücken oder kontrollieren können, um asketisch und aufgeklärt der mora-

13 Vgl. Paperno: *Chernyshevsky*, S. 27-28. Zitat ebd., S. 195.

14 Anthropologisch steht bei Černyševskij für materialistisch, ein Begriff, der die Zensur auf den Plan gerufen hätte.

15 Tschernyschewski, Nikolaj: *Das Schöne ist das Leben. Ausgewählte Schriften*, Berlin 1989, S. 194.

lischen Erneuerung und gesellschaftlichen Neuordnung dienen zu können. Diese Idealfiguren wurden in der russischen Geschichte zu Vorbildern für viele Revolutionäre. Lenin bekannte, die Literatur Černyševskijs habe sein Leben „tief umgepflügt" und gestaltete auch seine Liebesbeziehungen entsprechend Černyševskijs Katechismus in *Was tun?*.[16]

Ivan Sečenov – Physiologe der neuen Disziplin

Das Eindringen der Naturwissenschaft in die Diskurse um eine neu geordnete Gesellschaft in Russland, die die Literatur der 1860er bestimmte erhielt eine besondere Anregung durch das Leben und Werk des Physiologen Ivan Michajlovič Sečenov (1829-1905). Sečenov hatte 1862 im Labor von Claude Bernard (1813-1878) in Paris ein Experiment entwickelt, mit dem er die Hemmung von Reflexen während der Reizung höherer Hirnzentren zeigen wollte. Er setzte hierfür Salzkristalle auf ein freipräpariertes Froschhirn und konnte durch diese Reize die Reflexe der Hinterbeine hemmen. Zurückgekehrt nach St. Petersburg, schrieb er 1863 im Auftrag von Černyševskijs Zeitschrift *Sovremennik* den berühmten Artikel *Reflexe des Gehirns* (*Refleksy golovnogo mozga*).[17] Die Quintessenz der Experimente zur Reflexhemmung am Froschpräparat formulierte Sečenov folgendermaßen:

> Nun wollen wir dem Leser den ersten und größten Vorteil, den der Mensch erringt, indem er lernt, die Endglieder [also die Muskeln, T.R.] seiner Reflexe zu hemmen, offenbaren: Hierdurch erhält er die Fähigkeit zu denken, zu entscheiden und zu urteilen.[18]

Sečenov glaubte, am aufgeschnittenen und aufgenadelten Frosch endlich naturwissenschaftlich beweisen zu können, dass die Freiheit zu entscheiden und bewusst zu handeln durch Unterdrückungsmechanismen innerhalb des Organismus entsteht – durch Hemmung der Nervenimpulse, die

---

16 Vgl. Paperno: *Chernyshevsky*, S. 29-31.

17 Sečenov, Ivan: Refleksy golovnogo mozga, in: *Medicinskij Vestnik* 10. Sankt Peterburg 1863. Als englische Übersetzung 1935 erschienen. Vgl. auch Koštojanc. Chrachatur: *Očerki po istorii fiziologii v Rossii*, Moskva u.a. 1946; Smith: *Inhibition*, S. 94-113.

18 Sečenov: *Refleksy*, zitiert nach Smith: *Inhibition*, S. 109.

Abb. 1: Der Physiologe Ivan Secenov (1829 -1905)
mit drei „gekreuzigten" Fröschen

ansonsten von den Sinnesorganen zu den Muskeln geleitet werden und zu ‚Akten des Fleisches' führen. Nach Sečenov werden die Sinnesenergien, anstatt reflexhaft die Muskeln zu bewegen, durch die zentrale Hemmung dem Gehirn zugeleitet. Hier kann der Impuls zum rational erfassbaren Gedanken werden und mit anderen zurückgehaltenen Reflexen assoziiert werden. Er fließt verzögert einer jetzt bewusst ausgewählten Handlung zu. Eine analoge Idee von der Befreiung des Neuen Menschen durch bewusste Inspiration der Sinne, nachfolgende Unterdrückung der spontanen Handlungen des Fleisches und die dadurch mögliche freie moralische Wahl der eigenen Akte vertrat auch eine Romanfigur in *Was tun?*, die nach dem Vorbild Sečenovs konstruiert scheint.[19]

Sečenovs Artikel sollte in Černyševskijs *Sovremennik* als Popularisierung neuester wissenschaftlicher Erkenntnisse erscheinen. Nach Černyševskijs Verhaftung im Dezember 1863 verschärften die Zensurbehörden die Kontrolle über das Journal und erkannten in dem Aufsatz Sečenovs, der den Titel *Versuch, die Entwicklung psychischer Erscheinungen auf physiologische Grundlagen zurückzuführen* tragen sollte, eine Gefahr für Moral und Ordnung. Sečenov hatte in seinem Artikel behauptet, seine Erkenntnisse könnten neue Grundlagen für Moral und Ordnung schaffen, aber die Behörde verfügte, dass der Artikel nur um diese Behauptung gekürzt und unter dem Titel „Reflexe des Gehirns" in einer medizinischen Fachzeitschrift erscheinen dürfe. Der Autor wurde in den kommenden Jahren von der Zensur und Geheimpolizei verschärft kontrolliert. Durch seinen Konflikt mit den verhassten zaristischen Ordnungsbehörden und die Popularisierung seiner am Nervensystem von Fröschen gewonnenen Erkenntnisse über den freien Willen geriet Sečenov zu einem (Märtyrer und) Helden der revolutionären Bewegung. Er schien empirische Beweise für eine materialistische Erklärung der Moral der Neuen Menschen zu liefern und diese Ethik durch sein eigenes Leben auch zu bestätigen.[20]

In der untergründig religiös motivierten Umbruchstimmung der 1860er geriet die Wissenschaft der Physiologie insgesamt zu einem neuen Glauben, der ungemein direkt mit Motiven und Symbolen der Religion verknüpft war. Auf einer Fotografie (Abb. 1), die Sečenov in seinem Laboratorium zeigt, steht vor ihm auf dem Tisch ein Ständer, an dem drei präparierte Frösche hängen. Dass dieses Bild als eine Ikone der neuen Ära und das Ensemble der Froschkörper als Kreuzigungsszene interpretiert werden können, wird durch das folgende Zitat des radikalen Wissenschaftspopularisators Pisarev unterstrichen:

19 Vgl. Koštojanc: *Očerki*, S. 222f. Es wurde eine viel diskutierte Frage der Literaturgeschichte, ob Sečenov tatsächlich zum Vorbild für Černyševskijs Romanfiguren wurde. Vgl. hierzu Paperno: *Chernyshevsky*, S. 17ff., die diese Wechselbeziehung von Fiktion und Realität zu einem besonderen Kennzeichen des „Zeitalters des Realismus" macht. Vgl. auch Joravsky: *Russian Psychology*, S. 59ff.

20 Vg. Paperno: *Chernyshevsky* S. 270 ff.

> Die jungen Menschen werden erfüllt sein von tiefem Respekt und leidenschaftlicher Liebe für den präparierten Frosch, der aufgenadelt vor ihnen auf dem Tisch liegt [...] Es ist hier, in diesem Frosch, wo die Erlösung und Erneuerung der russischen Menschen zu finden ist.[21]

Sečenovs popularisierte Physiologie sprach die christlich geprägte Generation der Intelligenzija an und wurde von radikalen Vertretern begierig aufgegriffen. Hier fanden sie, experimentell im Labor belegt, eine naturwissenschaftliche Grundlage für die materialistische Deutung geistiger Vorgänge, die ihnen die Befreiung von alten Moral- und Seelenvorstellungen versprach, die aber auch neue Richtlinien für eine rationale und zugleich moralische Lebensführung lieferte. Der Terminus „Reflexe des Gehirns“ wurde im Sprachgebrauch der radikalen Aufklärer zum Kampfbegriff gegen religiöse Konzepte von Geist und Seele. Sečenov selber äußerte sein Erstaunen darüber, dass er zum „Philosophen des Nihilismus – des neuen Glaubens“ erhoben wurde.[22]

Kritische Reaktionen

Ivan Sergeevič Turgenev (1818–1883) reagierte mit seinem Roman *Väter und Söhne* (*Otcy i deti*, 1862) auf den neuen Glauben an die Erlösung durch Froschpräparate, indem er ihn satirisch überzeichnet beschrieb. Bazarov, Turgenevs Held und Karikatur des Neuen Menschen, fängt und präpariert mit Vorliebe Frösche, an denen er physiologische Experimente anstellt und behauptet: „Ich nadele den Frosch auf und schaue, was in ihm vorgeht; und da wir auch Frösche sind, nur dass wir auf zwei Beinen gehen, werde ich auch wissen, was in uns vorgeht.“[23] Zeitgenossen wie heutige Literaturwissenschaftler machten auch hier den Physiologen Ivan Sečenov als Vorbild für die Literaturgestalt aus.[24]

Am Ende der 1860er Jahre kam es dann zu breiteren Reaktionen gegen die radikalen Aufklärer und ihre utilitaristische Weltsicht. Besonders die Reduktion des Menschen und seiner sozialen und emotionalen Welt rief

---

21 Pisarev, zitiert nach Paperno: *Chernyshevsky*, S. 272.

22 Sečenov in seiner Autobiografie, zitiert nach Paperno: *Chernyshevsky* S. 272.

23 Zitiert nach Smith: *Inhibition*, S. 66.

24 Vgl. Holquist, Michael: Bazarov and Sechenov. The Role of Scientific Metaphor in „Fathers and Sons“, in: *Russian Literature* 16:4 (1984), S. 359-374.

Kritiker auf den Plan. Aleksandr Gercen bat seinen Sohn, den Physiologen Aleksandr Aleksandrovič Gercen, im Sommer 1868, den Grenzüberschreitungen durch den Diskurs der Physiologie ein Ende zu setzen und den Gesellschaftswissenschaften wieder ihr Territorium zurückzugeben:

> Es scheint mir, dass Du ein Problem löst, welches die Grenzen der Physiologie in viel zu einfacher Weise überschreitet. Die Physiologie hat ihr Problem forsch realisiert und zerteilt den Menschen in endlose Aktionen und Reaktionen, reduziert ihn zu deren Kreuzung – zu einem Wirbel von Reflextätigkeiten. Gestehe nun der Soziologie zu, ihn wiederherzustellen als etwas Ganzes. Die Soziologie wird den Menschen aus dem anatomischen Theater herauszerren und ihn der Geschichte zurückgeben.[25]

Auch der Schriftsteller Fedor Michajlovič Dostoevskij (1821–1881), der wie Černyševskij zunächst revolutionären materialistischen Zirkeln nahe stand, fand angesichts der Visionen der 1860er wieder Zuflucht zu metaphysischen Ideen. Seine Romane entstanden in Auseinandersetzung mit den Ideen Černyševskijs und Pisarevs. Dostoevskij formulierte in *Aufzeichnungen aus dem Untergrund* (*Zapiski iz podol'ja*, 1864) seine Furcht vor der utilitaristischen Rationalität der disziplinierten Propheten der naturwissenschaftlichen Aufklärung und Erneuerung des Menschen:

> Ja sie sagen sogar noch: Dann wird die Wissenschaft selbst den Menschen belehren (obschon das meiner Meinung nach bereits Luxus wäre) und ihm sagen, dass er in Wirklichkeit weder Wille noch Laune besitze noch je besessen habe, und dass er selbst nichts anderes sei als eine Art Klaviertaste oder Drehorgelstiftchen, und dass auf der Welt außerdem noch Naturgesetze vorhanden wären: so dass alles, was er auch tun mag, nicht durch seinen Wunsch oder Willen getan werde, sondern ganz von selbst geschehe, einfach nach den Gesetzen der Natur.[26]

Dostoevskij entlarvte die geplante Funktionalisierung des Menschen im Diskurs um die Modernisierung Russlands und seine Reduzierung zu jenem willenlosen Objekt, als das er metaphorisch beschrieben wird.[27]

---

25 Zitiert nach Smith: *Inhibition*, S. 223.

26 Dostojewskij, Fjodor: Aufzeichnungen aus dem Untergrund. Eine Erzählung (1864), in: Ders.: *Der Spieler. Späte Romane und Novellen*, München 1996, S. 429-575, S. 455.

27 Lambeck, Barbara.: *Dostoevskijs Auseinandersetzung mit dem Gedankengut Cernyševskijs*

Ungeachtet dieser Reaktionen erlangte der von den 1860ern geführte Diskurs zur Erneuerung und Entwicklung der russischen Menschen weit über die Grenzen Russlands hinaus einen bestimmenden Einfluss auf die Gestaltung der Zukunft.[28] Politiker wie Lenin und Naturwissenschaftler wie Ivan Petrovič Pavlov (1849-1936), deren Ideen die Welt verändern sollten, trieben, motiviert und bestärkt durch den „neuen Glauben", die Säkularisierung und Naturalisierung des Diskurses um die Entwicklung von Disziplin voran und trugen zu seiner modernen Entfaltung im 20. Jahrhundert bei.[29]

Pavlov – Erbe und Erneuerer des Disziplindiskurses im 20. Jahrhundert

Der „Pavlovsche Hund", dem auf ein Signal hin der Speichel aus dem Maul fließt, wurde im 20. Jahrhundert zum geflügelten Wort. Er dient immer noch als anschauliches Modell zur Demonstration der biologischen Grundlagen des Lernens und Denkens. Pavlovs einfache Reflextheorie beeindruckte viele, die sich mit der Erklärung und Kontrolle von Verhalten und Denken beschäftigten: Sie faszinierte Biologen wie Psychologen, Pädagogen und Philosophen, aber auch Schriftsteller wie Maksim Gor'kij oder H.G. Wells und Politiker wie Nikolaj Ivanovič Bucharin (1888–1938) und Stalin.

Der spätere Nobelpreisträger für Medizin Pavlov kämpfte gegen die angeblich subjektiven Begriffe der Psychologie. In seinem Labor war es bei Geldstrafe verboten, alltagssprachliche psychologische Begriffe zu benutzen.[30] Andersherum überschritt Pavlov aber eifrig die Grenze zur Psychologie und Politik. So sprach er bei der Beschreibung der russischen

in „Aufzeichnungen aus dem Untergrund", Tübingen 1980.

28 Vgl. Paperno: Chernyshevsky, S. 221-222, die in ihrer „Studie zur Semiotik des Verhaltens" zu dem Schluss kommt, dass Černyševskijs Symbole und Modelle von den russischen Lesern trotz des schlechten literarischen Stils aufgegriffen und auf die Realität ihres Lebens übertragen wurden, während die Werke Dostoevskijs oder Turgenevs nicht diese praktische Wirkungsmacht besaßen.

29 Vgl. Paperno: Chernyshevsky, S. 109f.; Besançon, Alain: *The Intellectual Origins of Leninism*, Oxford 1981, S. 135–137.

30 Pavlov bekannte dies u.a. 1916 in seinem Vortrag „Physiologie und Psychologie beim Studium der höheren Nerventätigkeit der Tiere", vgl. Pawlow, Iwan: *Ausgewählte Werke*, (Ost-)Berlin 1955, S. 296.

Menschen vom Freiheits- und vom Sklavenreflex. Er deutete psychische Zustände als „bedingte Reflexe" und einfache Mechanismen der Nervenhemmung und der Nervenerregung.[31]

Pavlov dehnte sein neurophysiologisches Begriffssystem jedoch nicht nur auf die wissenschaftliche und klinische Psychologie aus. Als nach der Revolution die öffentliche Ordnung fast vollkommen im Chaos versank, fühlte Pavlov sich berufen, die Mauern seines Laboratoriums zu verlassen und die Grenze zur Politik zu überschreiten. Durch Übertragung seiner Begriffe und Experimente direkt auf die gesellschaftliche und politische Ebene kam er zu einer Art Massenpsychologie. Pavlov führte der Öffentlichkeit einen Hund vor, der sich aufgrund blockierter Nervenbahnen nur noch unkontrolliert bewegen oder in Krämpfen winden konnte, und dozierte:

> Dieses [Experiment der Zerstörung der Reflexhemmung, T.R.] ist eine wundervolle und schreckliche Veranschaulichung. Was ist denn im Allgemeinen Revolution? Es ist die Befreiung von allen Hemmungsmechanismen, über die ich eben gesprochen habe. Es ist die völlige Zügellosigkeit. Wir hatten Gesetz, Sitte usw. All dies ist zunichte gemacht worden. Das Alte ist vorbei und das Neue gibt es noch nicht. Die Hemmung wurde eliminiert, nur Erregung bleibt übrig. Und dies produziert alle möglichen Exzesse im Reich von Wünschen, Gedanken und Verhalten.[32]

Pavlovs Demonstration der Wirkung ungehemmter Erregung, die den individuellen wie den sozialen Organismus gefährdet, verdeutlicht die Potenz und Dimension des Begriffs Hemmung. Ursprünglich kam der Begriff aus dem gesellschaftlichen Disziplindiskurs, wurde dann in der Physiologie naturalisiert, und konnte, nachdem er im Experiment den Nimbus empirischer Gültigkeit und wertfreier Objektivität erhielt, erneut Bedingungen für Moral und Ordnung in der Gesellschaft beschreiben.[33]

---

31 Vgl. auch Todes, Daniel P.: Pavlov and the Bolsheviks. In: *History and Philosophy of the Life Sciences* 17 (1995), S. 379-418, hier S. 384ff.

32 Pavlov 1918, zitiert nach Todes: Pavlov and the Bolsheviks, S. 385.

33 Zur ordnungspolitischen Semiotik des Begriffs „Hemmung" oder „Inhibition" vgl. Smith: *Inhibition*.

Pavlovs Metaphorik übertrug seine Experimente und die Sprache seiner Theorie auf die Wahrnehmung der gesellschaftlichen Entwicklung. Mit seiner Veranschaulichung der Wirkung von entfesselter Erregung am tierischen Organismus erklärte Pavlov die Revolution zur pathologischen Erscheinung. Die Bolschewiki protestierten, doch unterstützten sie Pavlovs Projekte trotzdem großzügig.

Gefördert durch das persönliche Engagement der von Pavlov begeisterten Vordenker des Sowjetstaates, Nikolaj Bucharin und Maksim Gor'kij, erhielt das Pavlovsche Projekt eine Vormachtstellung gegenüber konkurrierenden Forschungsrichtungen.[34] Im Gegenzug versuchten die Ideologen des Sowjetstaates, Pavlov und seine Wissenschaft zu vereinnahmen. Bucharin verbat sich Pavlovs Kritik, aber er lobte dessen Wissenschaft. Er nannte sie eine „Waffe aus dem Eisenarsenal des Materialismus". Während der gewaltigen Anstrengungen zur Modernisierung Russlands Ende der 1920er Jahre fanden das Projekt Pavlovs und die Mächtigen des Sowjetstaates zu einer sehr erfolgreichen Wechselbeziehung. Die Pavlovsche Lehre wurde während des Stalinismus zum Dogma der Sowjetwissenschaft, und ihr Schöpfer erhielt einen Platz im Schrein der Ikonen der Sowjetunion.[35]

In Pavlovs Werk hatten Metaphern moderner industrieller Praxis und Technik sowie organische Metaphern zu neuer Anwendung gefunden. Pavlov organisierte seine schlecht ausgebildeten russischen Mitarbeiter nach dem Vorbild der industriellen Fabrikarbeit. In einem System von Versuchsabläufen sollten die Wissenschaftler, in feste Produktionsabläufe integriert, wie Fließbandarbeiter keine Chance zu Disziplinlosigkeit haben. Sie wurden zu präzisen Maschinisten erzogen, die eine zuverlässige und konstante Produktion von Fakten zu gewährleisten hatten. Das Labor wurde zur „Physiologie-Fabrik". In seiner Konzeption des Laboratoriums als Fabrik und des Organismus als Maschine wurden auch Hunde zu Produktionsapparaten zu- und abgerichtet. Diese Versuchs-Hunde soll-

---

34 Vgl. Todes: Pavlov and the Bolsheviks.

35 Bucharin, Nikolaj: *O mirovoj revoljucii, našej strane, kul'ture i pročem (otvet k professoru I. Pavlovu)* (*Über die Weltrevolution, unser Land, Kultur usw. [Eine Antwort auf Professor Pavlov]*), Moskva 1924, S. 4.

ten konstant Fakten und pharmazeutische Produkte produzieren. Pavlov beschrieb deren Organismus gleichzeitig als Maschine und als Fabrik. In seinen *Vorlesungen über die Arbeit der Hauptverdauungsdrüsen*, die er 1894 bis 1895 am Institut für Experimentelle Medizin und an der Militär-Medizinischen Akademie hielt und deren Veröffentlichung (1897) zu seiner Nobelpreisnominierung führte, beschreibt Pavlov den Verdauungskanal detailliert als chemische Fabrik mit einzelnen Abteilungen, Röhren und Apparaturen. Am Anfang seiner Nobelpreisrede vom 12. Dezember 1904 stellte er den Verdauungskanal und seine Organe als kompliziertes System einzelner chemischer Laboratorien dar.[36]

Pavlov befand sich in seiner „Physiologie-Fabrik" in einem ständigen Kampf mit der als Störfaktor gedeuteten Komplexität und Spontaneität des tierischen und menschlichen Verhaltens. Aus diesem Kampf gegen unberechenbare Antriebe, gegen die so genannten psychischen Phänomene ergab sich eine entscheidende Triebkraft für die weitere Entwicklung der gesamten Pavlovschen Wissenschaft.[37] Gleichzeitig lieferten die Mikrokosmen des Labors Metaphern, die auf den gesellschaftlichen Makrokosmos Russlands übertragen werden konnten.[38]

Die Einübung industrieller Organisation und Disziplin in Pavlovs „Physiologie-Fabrik" konnte für die Industrialisierung der Sowjetunion als vorbildlich gelten. Die Verbindung von industrieller Organisation mit der Zurichtung des Organismus war gleichzeitig Technik und Ziel des Forschungsprozesses im Laboratorium.

Die Bolschewiki – Disziplinierung im ‚Laboratorium Sowjetunion'

Die traditionelle Begrifflichkeit des Disziplindiskurses spielte in der jungen Sowjetunion eine wesentliche Rolle. Begriffe der experimentellen biologisch-physiologischen Wissenschaft und Technik fanden Eingang in

---

36 Pawlow: *Ausgewählte Werke*, S. 65f. Ausführlicher zu Pavlovs Fabrik- und Laboratoriums-Metaphern vgl. Todes, Daniel P.: Pavlov's Physiology Factory, in: *Isis* 88 (1997), S. 205-246, S. 211 Fn. 16.

37 Vgl. Todes: Pavlov's Physiology Factory, S. 214f.

38 Todes: Pavlov's Physiology Factory, S. 262. Dieser schreibt als Schlusssatz: „His small world proved remarkably successful in - even preadapted to - the larger world of twentieth century science."

politische Diskussionen über Experimente zur Schaffung des Neuen Menschen im „Laboratorium der Revolution".[39] Für die Bolschewiki war die Revolution eine apokalyptische Übergangsetappe auf dem Weg zur Errichtung der endgültig gerechten Ordnung – erreichbar nur durch bessere Disziplin – „proletarische eiserne Disziplin".[40]

Bei dem Versuch, Neue Menschen und eine Neue Welt zu schaffen, knüpften die Bolschewiki und die mit ihnen am Aufbau der sowjetischen Kultur und Politik Beteiligten an mächtige Diskurstraditionen an. Dies betraf insbesondere die Verwissenschaftlichung ihrer Sprache und Begriffe, durch die ihre Ideologie in modernem säkularem Gewande erschien. Andrej Donatovič Sinjavskij geht davon aus, dass die Verwissenschaftlichung der Diskurse auch die Wahrnehmung der Welt bestimmte. Eine neue Weltanschauung, die behauptete, der Realität gerechter zu werden und menschliche Lebenswelten aktiver und effektiver gestalten zu können, konnte kaum umhin, sich der Sprache der Wissenschaft zu bedienen.[41]

Im Gegensatz zu den Geistes- und Sozialwissenschaften wurden Naturwissenschaft und Technik sowie ihre Sprache und Metaphern von den Revolutionären nicht als Relikte der alten Gesellschaftsordnung angesehen und nicht als „Fäulnisse der Vergangenheit" verdammt. Sie meinten, dass nach der Revolution Naturwissenschaft und Technik von den ideologischen Fesseln und ihrem gesellschaftlichen Missbrauch befreit und endlich in den Dienst der Erlösung der Menschheit gestellt werden könnten. Im Sinne dieses Selbstverständnisses und Glaubens wurden die Naturwissenschaften und ihre Sprache Ausdruck des Geistes der neuen Zeit. Der fast religiös erscheinende Kult um Naturwissenschaft und Technik entfaltete

39 Stites: *Revolutionary Dreams*, S. 219

40 Lenin, Vladimir: Die nächsten Aufgaben der Sowjetmacht, in: *Pravda* 83 (18. April 1918), zitiert nach: Ders.: *Werke*. Bd. 27, Berlin 1972, S. 225-268, S. 262f.; Ders.: Über „linke" Kleinkinderei und über Kleinbürgerlichkeit., in: *Pravda* 88-90 (9-11. Mai 1918), zitiert nach: Ders.: *Werke*. Bd. 27, S. 315-347. Vgl. Fitzpatrick, Sheila: Stalin and the Making of a New Elite 1928–39, in: *Slavic Review* 38 (1979), S. 377–402.

41 „Die Wissenschaft ist inzwischen ein Bestandteil des Lebens, man schlüpft aus ihr genauso wenig heraus wie aus der eigenen Haut. Deshalb verkleiden sich die religiösen Stimuli des Kommunismus als wissenschaftliche Formen und Formeln." Sinjawskij, Andrej: *Der Traum vom neuen Menschen oder die Sowjetzivilisation*, Frankfurt a. M. 1989, S. 15.

sich während der „zyklopischen Industrialisierung“ des Landes unter Stalin in bis dahin ungekannten Dimensionen.[42]

Unter den Führern der Bolschewiki und ihren Unterstützern gab es unterschiedliche Vorstellungen über die geeigneten psychologischen und biologischen Techniken zur Schaffung, Erziehung und Heranzüchtung des Neuen Menschen. Gemeinsam ist ihnen aber die Verstrickung in die Logik und Tradition der Diskurse zur Disziplinierung und Höherentwicklung der russischen Menschen, wobei Černyševskij einen zentralen Referenzpunkt bildete.

Trockijs Mission gegen das „Elementar-Chaotische“

Lev Daviddovič Trockij (1879–1940) wurde als Organisator der *Roten Arbeiter- und Bauernarmee* zu einem politischen Führer, der die Debatten um Disziplinierung entschieden vorantrieb und maßgeblich bestimmte.[43]

Eine Analyse von Trockijs Schriften zeigt, dass für ihn hierbei insbesondere die Biologie und Psychologie eine große Rolle spielten. Konsequent forderte er Experimente zur Anwendung der neuesten naturwissenschaftlichen Technik auf die Gesellschaft. Das an die Intellektuellen und Künstler gerichtete Werk *Literatur und Revolution* (*Literatura i revoljucija*, 1924) ist auch ein Beispiel dafür, wie Trockij den über die Positivisten und die 1860er rezipierten Diskurs um Disziplinierung mit modernen naturwissenschaftlichen Konzepten weiter entwickelte. Er propagierte eine von der Sexualität befreite, hygienisch optimierte Reproduktion, Zucht und psycho-biologische Perfektionierung des Menschen:

> Der Mensch wird endlich daran gehen, sich selbst zu harmonisieren. Er wird es sich zur Aufgabe machen, der Bewegung seiner eigenen Organe – bei der Arbeit, beim Gehen oder im Spiel – höchste Klarheit, Zweckmäßigkeit, Wirtschaftlichkeit und damit Schönheit zu verleihen. Er wird den Willen verspüren, die halbbewussten und später auch die unterbewussten

42 Vgl. Rosenberg, William G.; Siegelbaum, Lewis H. (Hg.): *Social Dimensions of Soviet Industrialization*, Bloomington 1993; Gleason, Abbott; Kenez, Peter; Stites, Richard (Hg.): *Bolshevik Culture. Experiment and Order in the Russian Revolution*, Bloomington 1985; Stites: *Revolutionary Dreams*.

43 Vgl. Trotzki, Lev: *Mein Leben. Versuch einer Autobiographie*, Berlin 1930.

> Prozesse im eigenen Organismus: Atmung, Blutkreislauf, Verdauung und Befruchtung zu meistern, und wird sie in den erforderlichen Grenzen der Kontrolle durch Vernunft und Willen unterwerfen. Das Leben, selbst das rein physiologische, wird zu einem kollektiv experimentellen werden. Das Menschengeschlecht, der erstarrte Homo sapiens, wird erneut radikal umgearbeitet – und unter seinen eigenen Händen – zum Objekt kompliziertester Methoden der künstlichen Auslese und des psychophysischen Trainings werden. [...] Der Mensch wird sich zum Ziel setzen, seiner eigenen Gefühle Herr zu werden, seine Instinkte auf die Höhe des Bewusstseins zu heben, sie durchsichtig klar zu machen, mit seinem Willen bis in die letzten Tiefen des Unbewussten vorzudringen und sich so auf eine Stufe zu erheben – einen höheren gesellschaftlich-biologischen Typus, und wenn man will – den Übermenschen zu schaffen.[44]

Auch Trockijs Ideen waren begleitet von der Vorstellung der Rückständigkeit und Trägheit der russischen Menschen – einem Übel, in dessen Abschaffung Trockij seine Mission begründet sah. Im Unterschied zu Pavlov musste Trockij jedoch die Revolution anders beurteilen. Pavlov deutete Revolution als Disziplinlosigkeit, als Schwäche der Menschen – besonders der Russen – gegenüber den archaischen „dunklen Kräften [...], die in ihnen wirken". Für Trockij war die Menschheitsgeschichte hingegen ein naturgesetzmäßiger Entwicklungsprozess zu immer höheren Stufen der Herrschaft des lichten menschlichen Bewusstseins über die dunklen biologischen (tierischen) Bedürfnisse. Nach Überzeugung der Bolschewiki sollte die Entwicklung der Menschheit aber dadurch beschleunigt werden können, dass das h ö h e r e Bewusstsein einer kleinen Gruppe Neuer Menschen die Entwicklung der Bevölkerung beschleunigt, organisiert und lenkt. Nach ihrer Theorie sollten hierfür die „elementar-chaotischen"[45] Kräfte des Volkes in spontanen Aufständen entfesselt werden, aber durch strenge Organisation

---

44 Trotzki, Lev: *Literatur und Revolution.* (Deutsche Übersetzung nach der russischen Erstausgabe), Berlin 1968, S. 214f. Trockij war ebenso wie Gor'kij oder der Erziehungsminister Anatolij Lunačarskij von Nietzsche beeinflusst. Vgl. hierzu Günther, Hans: *Der sozialistische Übermensch. Maksim Gor'kij und der sowjetische Heldenmythos.* Stuttgart u.a. 1993; Gutkin, Irina: *The Legacy of the Symbolist Aesthetic Utopia. From Futurism to Socialist Realism.* In: Paperno, Irina; Delaney-Grossmann, Joan (Hg.): *Creating Life. The Aesthetic Utopia of Russian Modernism*, Stanford 1994, S. 167-196.

45 Im Russischen gibt es hierfür das viel benutzte Wort „stichijnyj", das sich nur näherungsweise mit „elementar-chaotisch" übersetzen lässt.

mittels der disziplinierten Avantgarde der Arbeiterklasse gebändigt und zu einer siegreichen Revolution geführt werden können. Die selbst ernannte Elite glaubte, durch „eiserne" Disziplin die gewaltigen chaotischen Kräfte in gerichtete Bahnen lenken und einem höheren Ziel zuführen zu können. Trockijs Schriften zeigen, dass er die Revolution als treibendes Element einer gesetzmäßigen zielgerichteten historischen u n d biologischen Evolution sah.[46] Hier findet sich auch deutlich ausgedrückt, dass „biologische Automatismen des Lebens" als unerwünschte Rückstände der Geschichte zum zu überwindenden Erbe und zum Feind der revolutionären Entwicklung der sowjetischen Gesellschaft erklärt werden.[47]

Trockijs Pläne zur Modernisierung und Disziplinierung Russlands – seine, wie er es nannte, „permanente Revolution" – dienten nach seiner Vertreibung ins Exil Stalin als Vorlage für eine „Revolution von oben", die mit dem ersten Fünfjahresplan (1928–1932) „zur Industrialisierung und zur Umgestaltung der Natur" vor allem auch die Bedingungen zur Transformation der Natur der Sowjetmenschen schaffen sollte.[48]

Trockij, inzwischen im Exil, hatte die schnelle revolutionäre Industrialisierung Russlands gefordert und hielt an seinen szientistischen Erlösungsvisionen fest:

> Anthropologie, Biologie und Physiologie haben ausreichend Datenmaterial gesammelt, um der Menschheit in voller Erhabenheit die Aufgabe ihrer eigenen physikalischen und spirituellen Perfektion und deren Wachstum zu stellen. [...] Wenn die Menschheit die Kontrolle über die anarchischen Kräfte ihrer eigenen Gesellschaft gewonnen hat, wird sie sich selber im Mörser und der Retorte des Chemikers zugänglich werden. Das erste Mal wird sich die Menschheit selber als Rohmaterial oder höchstens als physisch und psychisch halbfertiges Produkt ansehen.[49]

46 Vgl. hierzu Pomper, Philip: *Trotsky 's Notebooks. 1933–1935 (Writings on Lenin, Dialectics, and Evolutionism)*, New York 1966.

47 Vgl. hierzu auch Sinjawskij: *Der Traum*, S. 25–31.

48 Rosenberg; Siegelbaum: *Social Dimensions* beschreiben Stalins Industrialisierungsprojekt als „zyklopische Industrialisierung".

49 Trockij am 27. November 1932 in Kopenhagen vor Vertretern einer dänischen Studentenorganisation, zitiert nach Pomper: *Trotsky's Notebooks*, S. 67.

Ein in diesem Sinne konkretes Beispiel für die Nutzung von Begriffen aus der experimentellen Physiologie in Diskursen um Experimente zur Schöpfung des Neuen Menschen liefert der Genetiker Aleksandr Sergeevič Serebrovskij (1892–1948), der 1929 in seinem Artikel Anthropogenetik und Eugenik in der sozialistischen Gesellschaft die Anwendung neuester genetischer Erkenntnisse und Techniken künstlicher Befruchtung für die Züchtung von sowjetischen ‚Supermenschen' anpries und proklamierte:

> Die Lösung des Problems, wie die Auslese in der menschlichen Gesellschaft zu organisieren sei, wird zweifellos nur im Sozialismus möglich – nach der endgültigen Zerstörung der Familie, dem Übergang zur sozialistischen Erziehung und der Trennung von Liebe und Zeugung. [...] Biologisch ist Liebe die Summe unbedingter und bedingter Reflexe und wird begleitet von der Fortpflanzung.[50]

Pavlovs Terminologie wird benutzt, in Diskurse um Moral, zwischenmenschliche Beziehungen und Sexualität vorzudringen, um diese mit ‚gereinigter' Sprache der Debatte um die Entwicklung Neuer Menschen zuzuführen. Während Genetiker in der Sowjetunion an vorderster Front an der Verwirklichung der alten Idee der Synthese des perfekten Menschen arbeiteten,[51] hielt Trockij den Neuen Menschen noch für eine Utopie. Deswegen müsse das primitive menschliche Material vorerst noch mit den alten Techniken der Disziplinierung bearbeitet werden. In diesem Sinne hatte der Organisator der *Roten Arbeiter- und Bauernarmee* sowie der ersten Arbeitsarmeen den Ausbildern eingeschärft: „Der Mensch selber ist elementar-chaotisch", und sie dazu aufgefordert, sich an der Schaffung einer „neuen verbesserten Ausgabe des Menschen" zu beteiligen.[52]

---

50 Serebrovskij 1929, zitiert nach: Weß, Lutger (Hg.): *Die Träume der Genetik. Gentechnische Utopien von sozialem Fortschritt*, Nördlingen 1989, S. 126.

51 Vgl. ebd.

52 Zitiert nach Joravsky: *Russian Psychology*, S. 205.

Aleksej Gastev – der Barde des Mensch-Maschinenzeitalters

Die Diskurse um den Neuen Menschen wurden nicht nur von den politischen Führern der Bolschewiki, sondern vor allem auch von den Dichtern und Schriftstellern bestimmt. Diese entwarfen den Mythos vom sozialistischen Übermenschen. Neben Maksim Gor'kij war insbesondere der Dichter und Arbeitswissenschaftler Aleksej Kapitonovič Gastev (1882–1941) eine zentrale Figur der Nachrevolutionszeit, mit der die Grenzüberschreitung zwischen künstlerischen, politischen, technischen und physiologischen Diskursen exemplarisch verdeutlicht werden kann.

Der von Černyševskij und Gor'kij geprägte Gastev – genannt „der eiserne Gastev"[53] und „Barde des Maschinenzeitalters"[54] – wurde Anfang der 1920er Jahre Arbeitswissenschaftler. Als erster Sekretär des Gesamtrussischen Arbeiterverbandes und Leiter des von ihm begründeten Zentralen Institut der Arbeit (CIT) widmete er sich 1920–1938 wissenschaftlichen Studien zur Physiologie und Psychologie des Arbeiters und des Arbeitsprozesses im Rahmen der Neuorganisation der Industriearbeit. Seine „Biomechanik" experimentierte u.a. mit Pavlovs biologischen und psychologischen Verfahren und Taylors Methoden zur Steigerung von Präzision und Effizienz der Fabrikarbeiter.[55]

Der deutsche Schriftsteller Ernst Toller, der 1926 Gastev im CIT besuchte, gab eine eindrucksvolle Schilderung der dortigen Experimente zur maschinellen Konditionierung der Arbeiter an den Rhythmus der Fabrikarbeit:

> Man sieht keine Aufseher. An Stelle des Aufsehers steht auf dem Tische eine Maschine, die bestimmte Summ- und Knarr-Laute gibt, Wortbefehle ersetzend. In vier geschlossenen Reihen marschieren die Arbeiter in militärischer Ordnung auf, jeder bleibt vor seinem Tisch stehen. Das erste Knarrzeichen der Maschine ertönt. Jeder Arbeiter tritt an seinen Tisch. Ein zweites Knarrzeichen. Jeder Arbeiter ergreift sein Instrument. Das dritte Knarrzeichen. Jeder Arbeiter beginnt zu arbeiten. Am Anfang der folgende Rhythmus: eine Minute Arbeit, zwei Minuten Pause. Später zwei Minuten Arbeit, zwei Mi-

53 Lorenz, Richard (Hg.): *Proletarische Kulturrevolution in Sowjetrußland (1917–1921). Dokumente des Proletkults*, München 1969, S. 87.

54 Johannson, Kurt: *Aleksej Gastev. Proletarian Bard of the Machine Age*, Stockholm 1983.

55 Zu Gastevs bemerkenswerter Biografie vgl. ebd.

> nuten Pause. Auf der letzten Stufe: Fünfzehn Minuten Arbeit, drei Minuten Pause. Die Haltung des Arbeiters vor seinem Tisch ist genau festgelegt, die Fußstellung auf einem kleinen Arbeitspodium eingezeichnet. [...] In begeisterten Worten schildert mir Gastev, der Leiter des Instituts, die bisher erzielten Resultate. Man hat durch diese Mechanisierung die in einer Zeitspanne mögliche Zahl der Arbeitsbewegungen verdreißigfacht. Mir wird beklommen zu Mute. Das soll das Ziel sein: Mechanisierung des Menschen, Ertötung all dessen, was als Schöpferisches in ihm lebt?[56]

1923 wandte sich Gastev unter dem Titel *Ausrüstung der modernen Kultur* an die fortschrittliche sowjetische Jugend. Er entwarf den Typus eines vorbildlichen Kulturagenten, zu dessen Rüstzeug vor allem Disziplin und Körperbeherrschung gehören:

> Ein echter Kulturagent muss stets gut gelaunt sein. Nur dies kann die Leistungsfähigkeit garantieren, die man braucht, um ein seit drei Jahrhunderten dahindämmerndes Volk aufzuwecken. Auch wenn dreihundert Menschen deshalb Selbstmord begehen – sobald die Fabriksirene ertönt, mußt du hingehen und die Maschine in Gang setzen. [...] Wir müssen schlafen lernen. [...] Wenn wir uns erholen wollen, müssen wir aufs Bett sinken und in einem Augenblick die maximale Entspannung aller Muskeln erreichen[...][57]

Auch die von Gastev gegründete NOT-Bewegung[58] machte sich die Erforschung und Verbreitung von Grundlagen der Arbeits- und Muskelphysiologie sowie der Arbeitspsychologie zur Aufgabe. Der Neue Mensch sollte physiologisch und psychologisch diszipliniert „Übermenschliches“ vollbringen können. So formulierte man zum Beispiel Pünktlichkeit und Anpassung an den Zeittakt der Fabrikarbeit und Maschinen als deren politische Ziele. Mit Hilfe von Gastevs Institut wurden die so genannte Biomechanik – ein von Gastev geschaffener Begriff – und das Taylor-System in die Fabriken eingeführt.[59] Von der Methode, die Vsevolod Emilovič

---

56 Toller, Ernst: *Quer durch. Reisebilder und Reden*, Berlin 1926, S. 120f.

57 Zitiert nach Sinjawskij: *Der Traum*, S. 77.

58 „NOT“ – Abkürzung für „Naučnaja Organizacija Truda” (dt. „Wissenschaftliche Organisation der Arbeit“).

59 Vgl. Sirotkina, Irina: Istorija central'nogo instituta truda: Voploščenie utopii, in: *Voprosy istorii estestvoznannii i techniki* 2 (1991), S. 67-72.

Mejerchol'd im Theater anwendete, versprach man sich, die einzelnen Arbeiter in den nach dem Muster F.W. Taylors und Henry Fords neu geschaffenen Großbetrieben mit Produktionsorganisation und Fließbandtechnik unmittelbar disziplinieren und in das durch die Partei dirigierte staatliche „Ganze" anpassen und eingliedern zu können. Am drastischsten formuliert findet sich dieser Funktionalismus in den Gedichten Gastevs:

> In Maschinen und Instrumenten
> hat man alles berechnet und justiert.
> Wir werden das gleiche machen mit
> der lebenden Maschine – dem Menschen. [...][60]

> Die Menschheit hat gelernt Dinge industriell herzustellen. –
> Es ist Zeit, dass wir erlernen
> Die akkurate Fabrikation des MENSCHEN.[61]

In der stählernen Zweckrationalität dieser Produktionsstruktur fanden Disziplin-, Entwicklungs- und Revolutionsdiskurse ihre Synthese, die alle Widersprüche technischen Problemen oder vorübergehenden Schwierigkeiten bei der Reorganisation der Gesellschaft zuschrieb.[62]

Gor'kij – Förderer der Wissenschaft vom modernen Übermenschen

Bei der Vermittlung und Popularisierung naturwissenschaftlicher Diskurse und politischer Zielstellungen spielte aber auch Maksim Gor'kij eine wichtige Mittlerrolle, wobei er einem für seine Weltanschauung und seine Werke zentralen Motiv folgte: der Abschaffung des Leidens und der Leidenden durch die Bezwingung der Natur mittels Vernunft. Denn so wie Georgij Valentinovič Plechanov, Anatolij Vasil'evič Lunačarskij und viele andere Marxisten war auch Gor'kij geprägt von der Angst vor Degeneration,

60 „В машине-орудии – / все рассчитано и подогнано / Будем так же рассчитывать / И живую машину – человека." Gastev, Aleksej: Vistanie kul'tury, in: Ders.: *Poėzija rabočego udara*, Moskva 1971, S. 245.

61 „Человечество научилось обрабатывать вещи. – / Наступила пора / Тщательной обработки ЧЕЛОВЕКА." Gastev, Aleksej: *Kak nado rabotat'*, Moskva 1966, S. 95.

62 Vgl. Süß, Walter: *Die Arbeiterklasse als Maschine. Ein industriesoziologischer Beitrag zur Sozialgeschichte des aufkommenden Stalinismus*, Berlin 1985, S. 255ff.

wie sie sich bei Nietzsche und in Max Nordaus Schrift *Entartung* findet.[63] Er sah Russlands Menschen vom Leiden geprägt, verformt und sogar von rassischer Degeneration bedroht.[64]

In Gor'kijs aufklärerisch-positivistischer Haltung wird die Bezwingung der unbewussten Natur durch Rationalität zum einzig richtigen Weg der Vervollkommnung und Befreiung des Menschen und der Gesellschaft. Innerhalb dieses Diskurses befangen, schreibt Gor'kij, dass der Mensch nur durch Disziplin und Unterdrückung der Gefühle zum Sieg über die „asiatische Passivität" gelangen könne, um „böses Sklavenblut – das giftige Erbe der Tartaren und der Leibeigenschaft" sowie die „kleinbürgerliche Schwäche" zu überwinden.[65]

Beeinflusst von Max Nordaus damals in Russland sehr populärer Schrift *Entartung* (1892/93)[66] erkannte der Schriftsteller in der Undisziplinierheit ein Zeichen von Krankheit und Unterentwicklung bzw. ein Zurückfallen in die Primitivität im Sinne der Degeneration. Gor'kij spekulierte wie Nordau über die hirntopographische Lokalisation und die neurophysiologischen Mechanismen des undisziplinierten Verhaltens von Kleinbürgern und Anarchisten – ein nach Gor'kij entartetes Verhalten, das er als „Rowdytum" bezeichnete und folgendermaßen erklärte:[67]

> Wahrscheinlich ist dies eine chronische Krankheit der Großhirnrinde, hervorgerufen durch den Mangel an sozialer Nahrung, eine Krankheit des Wahrnehmungsapparates, der immer stumpfer und schlaffer wird und, da er die Eindrücke des Seins immer undeutlicher wahrnimmt, sozusagen eine allgemeine Anästhesie des Intellekts hervorruft.[68]

---

63 Nordau, Max: *Entartung*, Berlin u.a. 1892.

64 Vgl. Günther: *Der sozialistische Übermensch*; Glatzer Rosenthal, Bernice: *Nietzsche and Soviet Culture*, Cambridge 1994. Günther beschreibt eine Unterströmung des „nietzscheanischen Marxismus", die das Menschen- und Gesellschaftsbild vieler kulturell und politisch herausragender Persönlichkeiten der Sowjetunion geprägt oder beeinflusst habe.

65 Zitiert nach Gorki, Maxim: *Ausgewählte Werke*, Berlin 1947, S. 178.

66 Bereits 1894 als *Vyroždenie* übersetzt und in kurzer Zeit mehrmals neu aufgelegt, zeigte diese Kritik der kulturellen Entartung Nordaus einen großen Einfluss auf das geistige Leben in Russland. Vgl. Günther: *Der sozialistische Übermensch*, S. 53.

67 Ebd., S. 56ff.

68 Zitiert nach ebd., S. 58. Die hier zitierte Schrift Gor'kijs von 1909 sollte ursprünglich „Vom Prometheus zum Rowdy" heißen, erhielt dann aber den Titel „Von der Zerstö-

Im Sinne seiner aufklärerischen Mission und seines Kampfes gegen Innerlichkeit, zweifelhafte Gefühle und Leiden erkannte Gor'kij auch an Dostojevskij und seinem Werk den Ausdruck von Geisteskrankheit und Degeneration, dessen schwächender und zersetzender Einfluss zu bekämpfen sei. In seiner 1908/09 auf Capri verfassten *Geschichte der russischen Literatur* polemisierte Gor'kij vor allem gegen die krankhaften Ideen Dostojevskijs in den *Aufzeichnungen aus dem Untergrund* und erkannte in ihm nur den „Verkünder dunkler und menschenfeindlicher Kräfte."[69] Gor'kij stellte dem die Forderung nach einer sozial erzieherischen und aufklärerischen Literatur entgegen.[70]

Als Publizist war Gor'kij vor allem um die Popularisierung von naturwissenschaftlichen Artikeln bemüht. So bewegte er zahlreiche Wissenschaftler dazu, populärwissenschaftliche und wissenschaftshistorische Darstellungen zu schreiben. Seine Motive und Ideen stimmten dabei mit denen Pavlovs und Lenins überein. Differenzen zwischen Lenin und Gor'kij bestanden vor allem in Gor'kijs Ablehnung von Gewalt und Terror als Mittel der Politik. Am 7. (20.) November schrieb er 1917 in seiner Zeitung *Novaja Žizn'*:

> Lenin, Trockij und ihre Gefährten sind bereits vom faulen Gift der Macht infiziert, davon zeugt schon ihre schändliche Einstellung zur Redefreiheit, zur Person und zu allen Rechten, für deren Sieg die Demokratie gekämpft hat. [...] Die Arbeiterklasse wird begreifen müssen, dass Lenin auf ihrer Haut und mit ihrem Blut nur ein Experiment macht.[71]

Gor'kij erkannte in Lenin „den Sklaven des Dogmas" und sah, dass er mit seinen „ihm sklavisch ergebenen Helfern" zu grausamen, unwissenden Experimentatoren an den russischen Menschen wurde.

---

rung der Persönlichkeit". Vgl. ebd.

69 Vgl. ebd., S. 144ff. (Zitat, S. 146).

70 Gor'kijs Glaube an die Heilsbotschaft der Naturwissenschaft und seine aufklärerische Mission ließen ihn schon 1899 Kontakt zu Ivan Sečenov suchen, vgl. *Gor'kij i Nauka*. Moskva 1964, S. 144.

71 Gor'kij 1917, zitiert nach Gorkij, Maxim: *Unzeitgemäße Gedanken über Kultur und Revolution. Aufsätze und Zeitungsartikel 1917/18*, Frankfurt a. M. 1972, S. 88-89.

> Die Kompliziertheit des Lebens ist Lenin unbekannt [...] Für die Lenins ist die Arbeiterklasse dasselbe, was für den Metallurgen das Erz ist [...] Er arbeitet wie ein Chemiker im Labor. Während ein Chemiker aber totes Material benutzt, und dabei für das Leben wertvolle Resultate erzielt, operiert Lenin mit lebendem Material.[72]

1920 wiederholte Gor'kij in einer ersten Eloge an Lenin seine Beschreibung Russlands als Raum und Objekt des Leninschen Experimentes. Im Gegensatz zu Pavlov, der damals nicht bereit war, auch nur einen Frosch zu opfern, war Gor'kij inzwischen zu ungleich größeren Opfern bereit:

> Ich glaube immer noch, wie vor zwei Jahren, dass für Lenin Russland nur ein Versuchsfeld für ein Experiment bildet, das in weltweitem planetarischen Maßstab begonnen wurde. Damals weckte das Empörung in mir [... Jetzt, T.R.] bin ich zu der Ansicht gekommen, dass Russland in der Tat verurteilt ist, als Versuchsobjekt zu dienen.[73]

Anscheinend fasziniert von Lenins Härte, Grausamkeit und Disziplin, zu der es angesichts des entfesselten Chaos von Gewalt, Terror und Krieg keine Alternative zu geben schien, wollte Gor'kij inzwischen an den Sinn des Opfers und den guten Ausgang dieses Experiments glauben. Unter Lenins Herrschaft setzte sich Gor'kij in zahlreichen Kommissionen für vom Regime vernachlässigte und argwöhnisch beobachtete Wissenschaftler wie Pavlov ein. Er engagierte sich für die Naturwissenschaftler mindestens ebenso wie für Geisteswissenschaftler, denn: „Sowohl die Human- als auch die Naturwissenschaften könnten bei dem Werk der Veredelung der Instinkte eine große Rolle spielen.[74] Gor'kij erreichte, oft schon mit persönlichen Briefen an Lenin, die Befreiung von verhafteten Wissenschaftlern sowie deren dringende Versorgung mit Nahrung, Medikamenten, Heizmaterial und Wohnraum. Er hoffte damit, die intellektuellen Kräfte

72 Ebd., S. 98.

73 Gorkij, Maxim: Lenin, in: *Kommunistische Internationale* 12 (1920), zitiert nach Koenen, Gerd: Bolschewismus und Nationalsozialismus. Geschichtsbild und Gesellschaftsentwurf, in: Vetter, Matthias (Hg.): *Terroristische Diktaturen im 20. Jahrhundert. Strukturelemente der nationalsozialistischen und stalinistischen Herrschaft*, Opladen 1996, S. 172-207, S. 188.

74 Gor'kij 1917, zitiert nach: Gorkij: *Unzeitgemäße Gedanken*, S. 44.

des Landes vor den chaotischen Begleiterscheinungen der Revolution retten und für den Aufbau erhalten zu können. Metaphorisch beschrieb er die Intelligenzija als „Gehirn des Landes", und man solle bedenken, „dass dieses Gehirn noch nie so wertvoll und so notwendig war, wie in unseren Tagen."[75] Es kam darüber häufiger zu Auseinandersetzungen mit Lenin, der Gor'kijs „kindliche" Weichherzigkeit kritisierte.[76]

Auch in seinem selbstgewählten Exil änderte sich Gor'kijs Einstellung gegenüber dem sowjetischen Gesellschaftsexperiment nicht grundsätzlich.[77] Ende der 1920er Jahre begeisterte er sich für Stalins offensives Industrialisierungsprogramm und die mit der so genannten Vernichtung der Kulaken einhergehende Kollektivierung der Landwirtschaft sowie für die gigantischen Bauvorhaben zur Umgestaltung der Flüsse und der gesamten Landschaft der Sowjetunion. In seinem literarischen Werk vereinigte Gor'kij all diese Projekte unter der Überschrift des „Kampfes gegen die Natur". Die von ihm benutzten Metaphern und Motive deuteten die gewaltsamen Maßnahmen zur Neugestaltung von Mensch und Natur als ein riesiges Erziehungs- und Disziplinierungsprojekt. Gor'kij verherrlichte die neuen Arbeitslager auf den Großbaustellen, wo Hunderttausende inhaftierter Menschen mit meist primitivem Werkzeug bis zur tödlichen Erschöpfung Kanäle, Gruben, Hochöfen und Staudämme bauten. Hier entdeckte er die wahre Geburtsstätte und Schmiede des Neuen Menschen – erzogen und gehärtet durch die Arbeit und den Kampf gegen die Natur. Auch aus Gor'kij war inzwischen ein Neuer Mensch geworden, für den der Zweck die Mittel heiligte. Entsprechend änderten sich auch seine metaphorische Beschreibungen Lenins. Schrieb er 1918 noch vom „grausamen Experimentator", so formulierte er 1934: „Ein ausgezeichnetes Laboratorium revolutionärer Ideen waren Kopf und Herz dieses Menschen."[78]

---

75 Ebd., S. 218.

76 Vgl. *Gor'kij i Nauka*; Kosing, Eva; Mirowa-Florin, Edel (Hg.): *Lenin und Gorki. Eine Freundschaft in Dokumenten. Briefwechsel*, Berlin u.a. 1974.

77 Vgl. Weber, Hermann: *Lenin in Selbstzeugnissen und Bilddokumenten*, Reinbek bei Hamburg 1970; Pipes, Richard (Hg.): *The Unknown Lenin. From the Secret Archive*, New Haven u.a. 1996.

78 Gor'kij über Lenin 1934, zitiert nach Kosing; Mirowa-Florin: *Gorki und Lenin*, S. 353.

Gor'kijs Äußerungen Anfang der 1930er Jahre, als unter seiner Führung die Doktrinen des „Sozialistischen Realismus" ausgearbeitet wurden, zeigen eine Verschärfung der Polemik gegen Leid und Mitleid.[79] Gor'kij betonte im Dezember 1931: „Ich will nur auf die Notwendigkeit einer Revision der Beziehung der Poesie zur Natur und aller Hauptthemen der alten Literatur hinweisen [...]".[80] Wenige Tage später machte er unter dem Titel *Über den Kampf mit der Natur* in der *Pravda* deutlich, wogegen sich seine Revision sich richtet. Gor'kij rief auf zum Kampf gegen die „elementar-chaotische" Natur außerhalb und innerhalb des Menschen, und dieser Kampf sollte vor der Vernichtung „unnützen und schädlichen" Lebens nicht zurückschrecken.[81]

Gor'kij suchte im Winter 1931 den direkten Kontakt zu Pavlov, um ihn für die Umgestaltung der Menschen und der Gesellschaft zu gewinnen. Bei einem Gespräch in Pavlovs Wohnung versuchte Gor'kij dem Forscher zu erklären, dass dessen Ideen und Ziele durchaus mit denen des bolschewistischen Umbaus und der Erziehung des Neuen Menschen vereinbar wären. Das Gespräch, aus dem hier kurz zitiert werden soll, eröffnet Einblicke in das verwissenschaftlichte Menschenbild sowohl Pavlovs als auch Gor'kijs.

> Der 60-jährige Schriftsteller fragte den 81-jährigen Physiologen:
> „Stimmen Sie, Ivan Petrovič, etwa nicht damit überein, dass wir in der Masse das Streben nach dem Wissen erziehen und kultivieren sollten? Dieses Streben sollte ebenso stark sein wie beispielsweise der biologische Instinkt zur Fortpflanzung der menschlichen Rasse."
> Pavlov antwortete zustimmend:
> „Nun, das ist doch klar. Wie ich sagen würde; auf unserer Stufe des Lebens brauchen wir die Entwicklung des Zielreflexes."
> Gor'kij war begeistert von den folgenden Erläuterungen Pavlovs zum individuellen Streben nach höheren Zielen. Er wollte jedoch die Vorrangigkeit der gesellschaftlichen Entwicklung betonen:
> „Natürlich muss man zuerst den Boden bereiten, auf dem die Neuen Men-

79 Zitiert nach Günther: *Der sozialistische Übermensch*, S. 149.

80 Gor'kij in *Pravda* und *Izvestija* (6. Dezember 1931), zitiert nach *Gor'kij i Nauka*, S. 58.

81 Die Parallele zur Rhetorik der Nationalsozialisten, die in Deutschland gerade begannen, ihre Vernichtungsphantasien in die Tat umzusetzen, ist erschreckend. Zu den Parallelen der totalitären Systeme vgl. Vetter (Hg.): *Terroristische Diktaturen*, S. 7-15.

schen erblühen können. Denn Schurken werden nicht geboren, sondern von einer gemeinen Gesellschaft erst geschaffen. Bei uns aber, nachdem die Revolution den Boden bereitete, werden auf Tausenden von Großbaustellen Millionen von Menschen umerzogen."
Als es zum Abschied kam, fasste Pavlov das Gespräch in seiner naturwissenschaftlichen Terminologie zusammen:
„Ist es nicht erstaunlich, dass ein und dieselbe Gehirnmasse Eindrücke wahrnimmt und bei Ihnen und bei mir vollkommen verschieden darauf reagiert. Ich suche die Ursache in der Biologie, in der organischen Chemie, Sie aber suchen die Ursache der Ursachen in einer Art Sozialchemie.".[82]

Gor'kij, der Anfang der 1930er Jahre endgültig in die Sowjetunion zurückgekehrt war, wollte sich aber nicht auf die „Sozialchemie" beschränken. Er wandte sich an Pavlov-Schüler mit der Idee, auf der Basis der Pavlovschen Institute einen gewaltigen neuen Komplex biomedizinischer Großforschungseinrichtungen zu errichten. Gor'kij beteiligte sich dabei auch an der Diskussion zahlreicher Details der Forschung und der Propagierung von Versuchen an Menschen gegen den Widerstand von kritischen Kreisen, die von ihm der politischen Reaktion zugerechnet wurden.[83]

Gor'kij und Pavlovs Erben – „Ingenieure der menschlichen Seele"

Nach mehreren Treffen mit Wissenschaftlern zog Gor'kij Politiker hinzu. Am 2. Oktober 1932 versammelte er in seiner Moskauer Wohnung eine illustre Runde: Stalin, den Vorsitzenden des Rats der Volkskommissare Vjačeslav Michajlovič Molotovv (1890–1986), Marschall Kliment Efremovič Vorošilov (1881–1969) sowie Mediziner und Biologen der Pavlov-Schule, darunter Leon Abgarovič Orbeli (1892–1958) und den kommunistischen Aktivisten Lev Nikolaevič Fëdorov (1891–1952).[84] Fëdorov

82 Vgl. Vstreča Gor'kogo s Pavlovym, zitiert nach Kreps, Evgenij: Razvitie ėvoliucionnoj fiziologii i ėvoliucionnoj biochimii., in: *Žurnal ėvoliucionnoj biochimii i fiziologii* 3 (5) (1967), S. 373-393, S. 347-253. Eine Kopie der Gesprächsaufzeichnungen des ältesten Pavlovsohnes befindet sich im Petersburger Archiv der Akademie der Wissenschaften in der Akte K.M. Bykovs, ARAN/StPb. 890/6/251.

83 Vgl. Speranskij, A. D.: M. Gor'kij i organizacija BIEM, in: *Izvestija* (24.Juni 1963), nachgedruckt in: *Gor'kij i Nauka*, S. 262–264.

84 Fëdorov, 1927 von Pavlov zum stellvertretenden Direktor seines Instituts für Experimentelle Medizin vorgeschlagen und 1931 dessen erster kommunistischer Direktor, spielte eine wichtige Rolle als Agent der Parteiinteressen in Pavlovs Imperium, vgl. To-

stellte den Plan für die Organisation des neuen Instituts vor, dessen Direktor er, nicht der über 80-jährige Pavlov werden sollte. Es ging um den Aufbau eines riesigen Institutionskomplexes, der zahlreiche Institutionen vereinen und unter eine zentrale Leitung stellen sollte. Auf der Basis von Pavlovs *I*nstitut für Experimentelle Medizin sollte das neue Allunionsinstitut für Experimentelle Medizin (AIEM) entstehen, das nach Gor'kijs Tod dessen Namen tragen würde.[85]

Die Zeitungen beschrieben nach dem Dekret des Rats der Volkskommissare vom 15. Oktober 1932 diesen „Behemoth"[86] als gewaltiges Projekt zur „Gesamterforschung des Menschen". Die Journalisten verglichen das Vorhaben mit den gigantischen Industrieprojekten der Dnjepr-Staudämme und der Hüttenkombinate von Magnitogorsk – den von Gor'kij beschworenen Wahrzeichen des großen Stalinschen Plans zur Umgestaltung der Natur, den Geburtsstätten der Neuen Menschen.[87]

Schon am 26. Oktober 1932 war Stalin wieder zu Gast in Gor'kijsWohnung, um mit einigen Schriftstellern einen weiteren Apparat zur Erziehung der Neuen Menschen zu organisieren: Den Allunionsverband der Schriftsteller. Stalin benutzte den Ausdruck „Ingenieure der menschlichen Seele", um metaphorisch die Aufgabe der Schriftsteller zu definieren.[88]

Die großzügige Förderung der Forschung Pavlovs durch sowjetische Politiker trug dazu bei, dass dieser den industriell und militärisch erstarkenden Sowjetstaat anerkannte. Pavlov leistete so seiner eigenen Vereinnahmung durch die sowjetische Legendenbildung Vorschub. Der 15. Internationalen Physiologenkongress wurde auf Wunsch der sowjetischen Regierung in Moskau und Leningrad ausgerichtet. Der junge Staat hatte die Internationale Physiologengemeinde eingeladen. Man wollte

---

des: *Pavlov and the Bolsheviks*, S. 402.

85 Vgl. Lejbson, Lev: *Leon Abgarovič Orbeli*, Leningrad 1973, S. 177; Joravsky: *Russian Psychology*, S. 328; *Gor'kij i Nauka*, S. 243f. und 251f.

86 Vgl. Adams, Mark B.: Science, Ideology and Structure. The Kol'tsov Institute 1900–1970, in: Lubrano; Salomon (Hg.): *The Social Context of Soviet Science*, Boulder 1980, S. 173-204.

87 *Izvestija* (16./18. Oktober 1932).

88 Vgl. Joravsky: *Russian Psychology*, S. 329, der auch eine kurze Aufstellung früherer Benutzer der Metapher gibt.

einen Nobelpreisträger präsentieren, der unter dem Sozialismus kreativ arbeitet und die besten Bedingungen für die Forschung erhält. Dem eigenen Volk wollten die Bolschewiki die guten Beziehungen zu Pavlov demonstrieren. Im großen Kremlschloss, beim Regierungsempfang für die Teilnehmer des Kongresses am 17. August 1935, hob Pavlov sein Glas und ergriff das Wort:

> Wie Sie wissen, bin ich von Kopf bis Fuß ein Experimentator. Mein ganzes Leben bestand aus Experimenten. Unsere Regierung ist ebenfalls ein Experimentator, jedoch ein Experimentator unvergleichlich höherer Kategorie. Ich habe den leidenschaftlichen Wunsch zu leben, um den siegreichen Abschluss dieses historischen sozialen Experiments mitzuerleben. [Unter stürmischem Beifall der Anwesenden brachte Pavlov einen Trinkspruch „auf die großen sozialen Experimentatoren" aus.][89]

Noch 1922 hatte Pavlov gesagt, dass er für das soziale Experiment der Bolschewiki „keinen Frosch" hergeben würde.[90] Jetzt erkannte er das Experiment zur Neuordnung und Disziplinierung der russischen Gesellschaft als interessant an. Er hatte seine Meinung geändert – die Metaphern der Physiologie und des Laboratoriums aber blieben und bestimmten die weitere Entwicklung.[91]

Um das institutionelle und das geistige Erbe Pavlovs entstand nach seinem Tod 1936 ein Streit. Ende der 1940er Jahre wurde dieser Streit im Zuge der forcierten Disziplinierung von Kultur und Wissenschaft für die Revision des Pavlovschen Vermächtnisses genutzt. Unter der Regie Stalins inszenierte das ZK eine Tagung. Nach dieser so genannten Pavlov-Tagung wurde das Erbe von Pavlov-Schülern übernommen, die eine von vermeintlichen Fehlentwicklungen gesäuberte Version der Lehre vertraten und zum Dogma machten. Dieses Dogma sollte in den folgenden Jahren nicht nur für die Physiologie, sondern auch für die gesamte Psychologie, Biologie, Medizin und Pädagogik der Sowjetunion gelten. Eifrige Pavlovschüler hatten schon vorher begonnen, die Geschichte Pavlovs und sei-

89 Zitiert nach Pavlov: *Ausgewählte Werke*, S. 44 (ursprünglich in der Pravda vom 20.August 1935).

90 Zitiert nach Babkin, Boris: *Pavlov. A Biography*, London 1951, S. 161.

91 Vgl Rüting, Torsten: *Pavlov und der Neue Mensch*, München 2002, S. 263-286

ner Wissenschaft dem Zeitgeist entsprechend zu interpretieren. Sie halfen, Pavlov als Ikone und Propagandafigur der fortschrittlichen sowjetischen Wissenschaft zu nutzen und „in das bolschewistische Pantheon direkt unter Marx-Engels-Lenin zu befördern“.[92]

Nach Pavlovs Tod sollten so die naturwissenschaftlich geprägten asketischen Ideen und Metaphern des Disziplindiskurses, die eine Kontinuität in Pavlovs Lehre der höheren Nerventätigkeit gefunden hatten, als Leitlinie den gesamten Wissenschaften vom Leben vorgeschrieben werden. Die Pavlovsche Lehre bekam im totalitären Staat staatstragende und sinnstiftende Bedeutung und wurde in dieser Funktion mit der ehemaligen orthodoxen Staatsreligion vergleichbar. Die Festschreibung der dogmatischen Auslegung der Lehre der höheren Nerventätigkeit in den sowjetischen Nerven-, Seelen- und Erziehungswissenschaften kann somit auch als Restauration eines Religionsersatzes im säkularen „Kirchenstaat“ Stalins erklärt werden.[93]

92 Vgl. Joravsky: *Russian Psychology*, S.401ff. (Zitat, S. 473); Kremencov, Nikola: Ot sel'skogo chosjajstva do.... medicina, in: Jaroševskij, Michail G. (Hg.): *Repressirovannaja nauka. The oppressed science*, Bd. 1, Leningrad 1991, S. 91-103.

93 In Sinjawskij: *Der Traum*, S.117-162 wird Stalins Staat als „Kirchenstaat“ beschrieben.

Igor J. Polianski

Das Unbehagen der Natur: Sowjetische Populärwissenschaft als semiotische Lektüre

I. „Eingedrungen. Auf die Teppiche! Unter das goldne Gewölbe!"[1]

Fünf Jahre nach der Oktoberrevolution beschwerte sich der sowjetrussische Volksbildungskommissar Anatolij Vasil'evič Lunačarskij darüber, dass durch die Erstürmung des Winterpalastes manche Leute sich dazu berufen sähen, die Akademie der Wissenschaften ebenso zu besetzen.[2] In der Tat schien angesichts der „intellektuellen Armut"[3] im untergegangenen Zarenreich die Versuchung groß zu sein, sich über die Wissensschätze der herrschenden Klasse schnell her zu machen. Aber nicht dieser Wissenshunger der Volksmassen war der eigentliche Grund für die Bedenken Lunačarskijs. Nach der Erstürmung der Akademie hätte sich der dem aufklärerischen Bildungsideal verpflichtete Kommissar einen kollektiven Kniefall vor dem Altar des menschlichen Geistes gewünscht. Stattdessen kamen aber in Sowjetrussland Zweifel darüber auf, ob das „bürgerliche" Wissen ähnlich anstandslos Platz im Kopf eines Bauers fände, wie eine aus dem nahestehenden Herrenhaus verschleppte Venusstatue in seiner Hütte. Die Frage „Wie soll das Proletariat die Wissenschaft erobern?" – führe, so Aleksandr Aleksandrovič Bogdanov 1920, zwangsläufig zu der Frage der sozialistischen „Umwandlung" der Wissenschaft, ihrer Begriffe und ihrer Methoden.[4] Damit ist jenes große Dilemma umrissen, um deren Lösung das sowjetische Projekt der Wissenschaftspopularisierung über Jahrzehnte gerungen hat.

1 „Ворвались. На ковры! Под раззолоченный кров!" Majakovskij, Vladimir: *Chorošo! Oktjabr'skaja poėma* (1927), Moskva, 1987, S. 30.

2 Vgl. Lunačarskij, Anatolij in: *Izvestija VCIK* vom 3. November 1922.

3 Gorki, Maxim: Über das Recht auf das Wetter, in: Ders.: *Für Frieden und Demokratie. Skizzen, Pamphlete, Artikel, Reden, Briefe*, Berlin 1954, S. 227-230, hier S. 229.

4 Vgl. Bogdanow, Alexander: *Die Wissenschaft und die Arbeiterklasse*, Berlin 1920, S. 26.

Auf methodisch-theoretischer Ebene ergibt sich daraus auch die Ausgangsthese dieses Beitrages. Sein Ziel ist es, die Populärwissenschaft nach ihrem Ort, ihrer Struktur und ihrer Funktion in der sowjetischen Diskursordnung des Stalinismus zu bestimmen. An das bisher anhand von westeuropäischen Beispielen erarbeitete Interpretationsparadigma der (Natur)Wissenschaftspopularisierung kann aber unmittelbar nicht angeknüpft werden.[5] Die Populärwissenschaft in ihrer modernen Form ist nach allgemeiner Annahme in Folge der Aufklärung aus dem humanistischen Sendungsbewusstsein der Naturwissenschaften geborenen worden. Das unter gleichem Namen in der UdSSR geführte Unternehmen verdankte sich aber nicht einfach der verantwortungserfüllten Selbstenthermetisierung von Wissenseliten, sondern bedeutete auch und vor allem eine radikale Neuevaluierung und Umwertung von elitären Wissensarten, akademischen Verhaltenskonventionen und wissenschaftlichen Verifikationstechniken selbst. Eine historische Verortung des Phänomens ist dennoch, wenn auch von einer anderen Seite möglich. Es soll der Frage nachgegangen werden, inwieweit und mit welchen Erkenntniskonsequenzen sich das sowjetische Projekt der Wissenschaftspopularisierung Annahmen und Erwartungen zu verdanken hatte, die man mutatis mutandis als ein sozialkonstruktivistisches Aufbegehren gegen alle natürlichen Abhängigkeiten des Menschen qualifizieren könnte.

Sich nicht mehr mit der Welt abfinden wollen, wie sie ist – diese rebellische Hybris ist unter dem Signum der Utopie, der Wissenschaftsgläubigkeit oder des ersatzreligiösen Prometheismus für die russische/sowjetische

5 Es sei hier nur auf einige einschlägige Publikationen verwiesen: Cooter, Roger: *The Cultural Meaning of Popular Science. Phrenology and the Organization of Consent in Nineteenth-Century Britain*, Cambridge 1984; Shinn, Terry; Whitley, Richard (Hg.): *Expository Science*, Dordrecht 1985; Felt, Ulrike: *Wissenschaft auf der Bühne der Öffentlichkeit. Zur alltäglichen Popularisierung der Naturwissenschaften in Wien 1900-1938*, Wien 1997; Daum, Andreas W.: *Wissenschaftspopularisierung im 19. Jahrhundert. Bürgerliche Kultur, naturwissenschaftliche Bildung und die deutsche Öffentlichkeit 1848-1914*, München 1998; Speckenbach, Susanne: *Wissenschaft und Weltanschauung. Wissenschaftspopularisierung im 19. Jahrhundert – eine linguistische Untersuchung von Ludwig Büchners „Kraft und Stoff“*, Bremen 1999; Schwarz, Angela: *Der Schlüssel zur modernen Welt. Wissenschaftspopularisierung in Grossbritannien und Deutschland im Übergang zur Moderne*, Stuttgart 1999; Kretschmann, Carsten (Hg.): *Wissenschaftspopularisierung. Konzepte der Wissensverbreitung im Wandel*, Berlin 2003.

Kulturgeschichte der Natur bereits mehrfach diskutiert worden.[6] Mit ihrem kritischen Kontrastnarrativ zur bestehenden Weltordnung als einem Mythos im Sinne Roland Barthes ist die sozialkonstruktivistische, unhintergehbare Daseinsdeterminanten hinterfragende Haltung dem utopischen Denken durchaus verwandt. [7] Mythos und Utopie sind antithetische zeitbezogene Kampfbegriffe, die sich an der Kategorie der Möglichkeit voneinander scheiden.[8] Der erste negiert sie, die zweite beschwört sie. Sozialkonstruktivistisch wird sie zunächst durch einen „semiotischen Leser" kritisch hinterfragt. Nicht jede sozialkonstruktivistische Mythosentlarvung entführt dabei in die utopischen Fernen, genauso wie nicht jede antiutopische Ernüchterung einen auf die mythischen Urgründe zurückwirft. Deswegen erscheinen mir die weniger apodiktischen Ausdrücke „sozialkonstruktivistische Poetologie" und „semiotische Lektüre" geeigne-

---

6 Vgl. bspw. Heller, Leonid; Niqueux, Michel: *Geschichte der Utopie in Russland*, Bietigheim-Bissingen 2003; Groys, Boris; Hagemeister, Michel (unter Mitarbeit von Anne von der Heiden) (Hg.): *Die Neue Menschheit. Biopolitische Utopien in Russland zu Beginn des 20. Jahrhunderts*, Frankfurt a. M. 2005.

7 Speziell von der Fragestellung dieses Beitrages ausgehend wird hier der sozialkonstruktivistische Mythosbegriff von Roland Barthes verwendet. Bei der Formulierung seiner semiologischen Konzeption des Alltagsmythos beschreibt Barthes die Mythosbildung als einen „parasitären" Vorgang der Pseudonaturalisierung, bei dem Zeichen als Signifikanten anderer Zeichenkonfigurationen vereinnahmt werden. Die Aufgabe des Mythos bestehe darin, historisch bedingte Intentionen mit dem Status des Natürlichen und Ewigen zu nobilitieren, während der „semiotische Leser" diese Täuschungsvorgänge vereiteln soll. Vgl. Barthes, Roland: *Mythen des Alltags*, Frankfurt a. M. 1964. Utopie, die auf Weltveränderung abzielt und Mythos, der sie zu konservieren sucht, erscheinen bei Barthes geradezu als zwei antithetische Pole. Barthes beruft sich explizit auf Friedrich Engels und in der Tat ist sein Konzept von der marxistischen Mythoskritik stark inspiriert.

8 Leonid Heller und Michael Niqueux definieren die Utopie als Konstruktion einer „virtuellen" Welt mit innerer Kohärenz, die sich durch einen Bruch mit der Gegenwart realisiert und als radikal bessere präsentiert sowie umfassende Gültigkeit und kollektiven Anspruch behauptet. Ihr Ausgangspunkt ist dabei die Kritik an der jetzigen Welt. Vgl. Heller, Niqueux: *Geschichte der Utopie*, S. 13f. Begriffsgeschichtlich betrachtet handelt es sich um einen im 20. Jahrhundert pejorativ gebrauchten Terminus, der eine „illegitime Unterwerfung des Gangs der Dinge unter einen umfassenden Plan" impliziert. Vgl. *Metzler Lexikon. Kultur der Gegenwart*, Stuttgart u.a. 2000, S. 517. Für den Sozialkonstruktivismus ist nun aber gerade der Gedanke zentral, dass mit dem Utopismus-Vorwurf der gewöhnliche „Gang der Dinge" auf illegitime Weise naturalisiert werde. Vgl. Hacking, Ian: *Was heißt „soziale Konstruktion"? Zur Konjunktur einer Kampfvokabel in den Wissenschaften*, Frankfurt a. M. 1999, S. 19f.

ter. Im Gegensatz zum Utopiebegriff wird damit neben der diskursiven Zukunftsarbeit die Vergangenheitspolitik erfasst. Dabei gerät verstärkt in den Blick, dass das erwähnte populärwissenschaftliche Aufbegehren sich an der Wissenschaftskritik (Gegenwart/Vergangenheit) genauso wie an der Wissenschaftsgläubigkeit (Zukunft) entzündete. Mit dem sozialkonstruktivistischen Interpretationsansatz lässt sich die Entmythologisierungsarbeit darüber hinaus besser in ihrem speziellen Bezug auf das gesellschaftliche Wissenschaftsverständnis in seinem Wandel fassen, und zwar mit einem analytisch-generalisierenden Anspruch, während die „prometheisische" Rhetorik oft eine eher deskriptive Schreibweise und stark exotisierende Optik begünstigt.

Ansatzpunkte für eine solche Konzeptualisierung finden sich idealtypisch bei Maksim Gor'kij. Mit dem Enthusiasmus eines Autodidakten gehörte er zu den wichtigsten Initiatoren der sowjetischen Wissenschaftspopularisierung und beschrieb die naturkundliche Aufklärung der wissbegierigen „halbwilden" Volksmasse stets wie einen „erregenden" Akt mit fast erotischen Zügen.[9] Die Populärwissenschaft avancierte in seinen Schriften zu einer Wunschtraumvorstellung, die sich durch fünf prinzipielle Aspekte konstituierte. Erstens war dies ein empathischer Glaube an die Allmacht des Wissens: „Wissen ist diejenige fürchterliche Kraft, die immer siegt."[10] Zweitens stand für Gor'kij die dringend zu besiegende Instanz fest: die Natur als eine Unreinheit, Unrat und Parasitentum permanent produzierende Quelle. „Die zweibeinigen menschenähnlichen Blutsauger sind nicht dafür ausgerottet worden, damit sich die Wanzen weiterhin vom Blut der Arbeiter ernähren."[11] Die Beseitigung des unheilvollen Naturdrangs, „schädliches Gesindel" ständig zu vermehren, wäre aber ohne die Verbreitung naturwissenschaftlicher Kenntnisse unmöglich. Drittens stellte der Besitz einer „einfachen und klaren Lehre" nicht nur utilitaristisch ein Mittel zur Bekämpfung von Wanzen und anderen Erzfeinden der Armen und

9 Vgl. Gor'kij, Maksim: Bor'ba s negramotnost'ju, in: Ders.: *Sobranie sočinenij v tridcati tomach*, Moskva 1953, Bd. 24, S. 207-212, S. 208f.

10 „Знание – та страшная сила, которая всегда побеждает." Ebd., S. 208.

11 „Двуногие, человекоподобные паразиты уничтожены не для того, чтоб кровью рабочих питались клопы." Gor'kij, Maksim: O bor'be s prirodoj, in: Ders.: *Sobranie*, Bd. 26, S. 186-198, hier S. 198.

Unterdrückten, sondern auch das geistige Fundament für die Schaffung des Neuen Menschen dar.[12] Viertens meinte diese Einfachheitsmaxime keine didaktische Simplifizierung, sondern brachte den „esprit simpliste“, eine Sehnsucht nach der Einfachheit der Welt zum Ausdruck: „Das Leben wurde uns komplizierter und verwickelter dargestellt, als es in Wirklichkeit ist.“[13]

Schließlich implizierte dieses Lamento Gor'kijs die Unterstellung, der eigentliche Kern der „einfachen“ und „klaren“ Weltweisheit müsste erst hart erkämpft werden. Wenn also die aus diesem Geiste geborene Populärwissenschaft auch eine Simplifizierung betrieb, so handelte es sich in Wirklichkeit um eine dem Goldwaschen ähnelnde erkenntnisträchtige Enthüllung und somit um ein sozialkonstruktivistisches Emanzipationsprojekt. Den Vordenkern eines wissenssoziologisch gewendeten Konstruktivismus verdankt man die Einsicht, dass auch die scheinbare Objektivität der Erfahrungswissenschaften trügerisch sein könnte, da selbst ihre so genannten „harten Tatsachen“ sich als suspendierbare Produkte der gesellschaftlichen Wissensproduktion herausstellen.[14] Nun war es wiederum

---

12 Gorki, Maxim: Der alte und der neue Mensch, in: Ders.: *Aufsätze und Pamphlete*, Moskau 1950, S. 316-330, hier S. 329.

13 „Жизнь представляли сложнее и запутаннее, чем она есть на самом деле“ Gor'kij, Maksim: Zasucha budet uničtožena, in: Ders.: *Sobranie*, Bd. 26, S. 147-152, hier S. 148.

14 Als paradigmatische Beispielwerke sind hierzu folgende zu nennen: Berger, Peter L.; Luckmann, Thomas: *Die gesellschaftliche Konstruktion der Wirklichkeit*, Frankfurt a. M. 1980; Latour, Bruno; Woolgar, Steve: *Laboratory Life. The Social Construction of Scientific Facts*, Beverly Hills 1979; Knorr-Cetina, Karin: *The Manufacture of Knowledge. An Essay on the Constructivist and Contextual Nature of Science*, Oxford 1981. Besonders große emanzipatorische Empathie und politische Relevanz erreicht o.g. Position in jenen sozialkonstruktivistischen Projekten unserer Zeit, wo es sich um das feministische „Unbehagen der Geschlechter“ oder um umweltsoziologische Konzepte der Naturverschmutzung und Katastrophengefahr handelt. Vgl. z.B. Butler, Judith: *Das Unbehagen der Geschlechter*, Frankfurt a. M. 1990; Douglas, Mary; Wildavsky, Aaron: *Risk and Culture. An Essay on the Selection of Technological and Environmental Dangers*, Berkeley 1982. Auf die Studie Butlers, aber natürlich auch auf Freuds bekanntes Werk deutet der Begriff des „Unbehagens“ im Titel dieses Beitrages hin. Wenngleich mir die Freudsche Pathologisierung des „Unbehagens in der Kultur“ fern liegt, wurde in diesem Buch doch ein diskursives und sinnweltliches Phänomen von überragender historischer Wirkungsbreite diagnostiziert: das permanente bio- und körperpolitische Bemühen, die vermeintlichen naturalen Erblasten des Menschen los zu werden und so den Herrschaftsbereich der Kultur auszuweiten.

Gor'kij, der in sein Projekt einer umfassenden Wissenschaftspopularisierung den Gedanken der Fabrikation von „wissenschaftlichen Tatsachen" 1933 – zwei Jahre vor Ludwik Fleck – einbezogen hatte.[15] Von genannten Prämissen ausgehend, erfolgt nun die Untersuchung am Beispiel der stalinistischen Biopolitik. Sowohl diese Periodeneingrenzung als auch diese thematische Schwerpunktlegung werden im Textverlauf begründet. Die getroffene Quellenwahl hängt mit der methodisch-pragmatischen Bestimmung der Populärwissenschaft als einer Untersuchungssonde zusammen, die im nächsten Abschnitt diskutiert werden soll.

II. Was macht die Populärwissenschaft populär?

Die Populärwissenschaft als historiographisches Untersuchungsfeld ist lange Zeit ein Niemandsland gewesen. Aktuell verdichten sich aber die fachlichen natur- und geisteswissenschaftlichen Querlektüren zunehmend um diesen diffizilen Begriff. Wenn ich diffizil sage, so sind damit nicht etwa die gattungstheoretischen Definitionsschwierigkeiten gemeint, sondern die Tendenz, weitere naturwissenschaftszentrierte Repräsentationsformen in seinen Bann zu ziehen, was forschungsoperationelle Probleme bereiten kann.

Was macht nun die Populärwissenschaft populär? An erster Stelle scheint die gestiegene fachliche Sensibilität speziell gegenüber naturwissenschaftlichen Bestimmungen unserer Weltbilder damit zu tun zu haben. Spätestens mit der so genannten Sokal-Affäre 1996 ist die epistemologische Anspruchsasymmetrie zwischen Geistes- und Naturwissenschaften neu auf die Tagungsordnung gesetzt und seitdem intensiv verhandelt worden. Geschieht dies z.B. von Seiten der literarischen und historischen Anthropologie her, so entzündet sich das Hauptinteresse an der diskursiven Penetranz naturwissenschaftsverbundener Dispositive, während die Wissenschaftsgeschichte sich von deren heterodoxer Formbarkeit faszinieren lässt und die Sozialgeschichte u.a. die enormen ersatzreligiösen Bindungs- und Mobilisierungskräfte dieser Diskurse hervorhebt.

15 Vgl. Gor'kij, Maksim: O temach, in: Ders.: *Sobranie*, Bd. 27, S. 97-109, S. 97f.

Mit der Populärwissenschaft ist allerdings nur ein bestimmtes Segment genannter Dispositive abgedeckt. Das interdisziplinäre Engagement speziell diesbezüglich ist offenbar durch das wachsende Fachinteresse an einer historisch-dynamisch begriffenen „Geschichte des Sagbaren" in Gang gesetzt worden, was eine Abwendung von elitären Expertendiskursen und „höheren" Literaturgattungen zugunsten von massenkulturellen Textkorpora des Trivialwissens begünstigte. In Bezug auf die für breites Publikum schreibenden *Autoren und Wissenschaftler im 18. Jahrhundert* konnte Wolf Lepenies auf dem Umschlag seiner Studie noch ohne weiteres setzen lassen: „Über Buffon – Winckelmann – Georg Forster – Erasmus Darwin. Sie alle waren Schriftsteller und Gelehrte, die offen oder verschämt Wert auf die literarische Form legten."[16] Die Annahme einer fortschreitenden Spezialisierung und Abgrenzung akademischer Diskurse scheint solche Unbekümmertheit ab dem 19. Jahrhundert aber zu verbieten, weil die gestörte Kommunikation zwischen Wissenschaft und Öffentlichkeit nunmehr nach spezifischen Übersetzungsmechanismen verlangt. In der Populärwissenschaft wird nun jene besondere Kontaktfläche zwischen gesellschaftlichen Subsystemen lokalisiert, an der die naturwissenschaftlichen Erkenntnisse wie in einem Reagenzglas massenwirksam aufkochen und als eidetische Weltdeutungsangebote und „kulturelle Selbstverständlichkeiten" in die Welt von Laien und Fachfremden verdampfen. Zugleich befrachten sich die „wissenschaftlichen Tatsachen" in der Wissenschaftspopularisierung oder besser gesagt „Weltveranschaulichung" mit Metaphern, Analogien und Bildrhetoriken, um in die einzelnen Wissenschaftsdisziplinen gleichsam als epistemische Mutanten (re)importiert zu werden.

Blickt man auf die reale Forschungspraxis, so zeigt sich allerdings, dass die Populärwissenschaft als eine bestimmte Textsorte bzw. Form der Wissensrepräsentation in der Regel durch koordinierte Repräsentationen flankiert und teilweise überblendet wird. Auf der einen Seite rücken oft unter dem Signum „Populärwissenschaft" bahnbrechende Werke, die eher zu Zeitschriften- und Handbuchwissenschaft zuzurechnen sind,[17] in den

16 Lepenies, Wolf: *Autoren und Wissenschaftler im 18. Jahrhundert. Linné, Buffon, Winckelmann, Georg Forster, Erasmus Darwin,* München 1988.

17 Vgl. Ludwik Flecks Unterscheidung zwischen Zeitschriften-, Handbuch- und Populär-

Mittelpunkt.[18] Auf der anderen Diskursflanke werden Jules Vernes Abenteuerromane als Projektionen des „populärwissenschaftlichen Glaubens" an naturwissenschaftliche Innovationen in die Zukunft gewürdigt, und selbst auf die an Haeckels Radiolariendarstellungen angelehnte Architektur der Pariser Weltausstellung verwiesen.[19] Wenn aber Horst Bredekamp den „Kult" der Koralle, jenes populären Sammlungsobjektes der Kunstkammer kulturgeschichtlich nachzeichnet und dazu Meisterwerke der italienischen Malerei oder Populärliteratur wie Carl Vollmers *Das Wunder der Umwelt. Eine populaire Darstellung der Geschichte der Schöpfung* studiert, so wird er dazu nach eigenem Bekenntnis von der „elektrisierenden" Entdekkung verleitet, dass die „Sehschule" der Koralle selbst hinter Charles Darwins Ikonologie der Evolution gestanden habe, weshalb sich seine Studie doch um den Nachlass des großen Gelehrten zentriert.[20]

Geht man Emissionen, Permutationen, zirkulären Transpositionen und Transfunktionalisierungen naturwissenschaftlicher Erkenntnisse, Modelle und Phantasmen nach, so kommt man in der Tat nicht umhin, die massenwirksamen Repräsentationen der Naturwissenschaften in der Populärkultur als Ganzes in den Blick zu nehmen. Eine Reduktion auf die spezielle Vermittlungsinstanz Populärwissenschaft muss aber definitiv zum Zerschneiden vorgefundener Diskursstränge führen. Die Wissenschaftspopularisierung überwindet tendenziell die „Entgegensetzungen von Wissenschaftlichkeit und Fiktionalität" konstatiert ganz zurecht Andreas Daum.[21] Man hat es also mit einem paradoxen Entfokussierungsunternehmen zu tun, das, um den scharfen Kontrast zwischen angeblich getrennten Welten

---

wissenschaft als denksoziale Kategorien. Fleck, Ludwik: *Entstehung und Entwicklung einer wissenschaftlichen Tatsache. Einführung in die Lehre vom Denkstil und Denkkollektiv*, Frankfurt a. M. 1994, S. 148f.

18 Ebenso werden in der Literatur akademische Lehranstalten wie botanische Gärten oder Hygienemuseen herangezogen. Selbstverständlich hatten die letzteren einen Gesundheitsaufklärungsauftrag zu erfüllen, wurden aber doch in erster Linie für die Ärzteausbildung geschaffen. Vgl. Sarasin, Philipp: *Reizbare Maschinen. Eine Geschichte des Körpers 1765-1914*, Frankfurt a. M. 2001.

19 Vgl. ebd., S. 128.

20 Vgl. Bredekamp, Horst: *Darwins Korallen. Die frühen Evolutionsdiagramme und die Tradition der Naturgeschichte*, Berlin 2005.

21 Daum: *Wissenschaftspopularisierung*, S. 28.

von Experten und Laien sowie Kunst und Wissenschaft aufzuheben, das eigene Profil verwischen muss. Vor diesem Hintergrund schlagen Terry Shinn und Richard Whitley den weiter gefassten Begriff „expository science“ vor.[22] Philipp Sarasin spricht vom populärwissenschaftlichen Interdiskurs und Kurt Bayertz will die „gesellschaftlich wirksame Rationalität“ untersuchen.[23]

Besonders im russischen/sowjetischen Fall, wo sich bei dem relativ überschaubaren Milieu der Intelligenzija ein regelrechtes „Tummeln“ künstlerisch-wissenschaftlicher Diskursanleihen verschiedenster Art beobachten lässt, erscheint diese methodische Perspektivausweitung sinnvoll. Doch damit bahnt sich schon die nächste Gefahr an. Verwischt einmal die erkenntnisträchtige Differenz zwischen Texten, die allgemein als gesichertes Wissen, als ästhetisch-künstlerische Aneignungen, naturphilosophische Gedankenexperimente, sektiererische Weltanschauungsmanifeste oder amateurwissenschaftliche Ausschweifungen rezipiert werden, so lässt sich damit das „russische utopische Denken“ vielleicht besonders eindrucksvoll ausmahlen, eine tiefer gehende Analyse der naturwissenschaftlich zentrierten Diskursordnung kann darauf aber kaum aufbauen.[24]

Erst wenn man die jeweiligen Diskurse nach ihrem Status und Referenzrahmen differenziert, zeigt sich, dass die prinzipielle Handschrift des Stalinismus eben darin bestand, genannte Diskursgrenzen zu eliminieren, weshalb hier anders als etwa im frühsowjetischen Fall, eine Ausweitung des Popularisierungsbegriffs geradezu geboten erscheint. Selbst die „Wissenschaftliche Fantastik“ war in der Stalinzeit angehalten, sich an die Re-

---

22 Shinn; Whitley: *Expository Science.*

23 Vgl. Sarasin: *Reizbare Maschinen*, S. 132; Bayertz, Kurt: Naturwissenschaft und Sozialismus. Tendenzen der Naturwissenschafts-Rezeption in der deutschen Arbeiterbewegung des 19. Jahrhunderts, in: *Social Studies of Science* 13 (1983), S. 355-394, S. 363.

24 Während seinerzeit höchstens als Schwärmereien eines „Dorftrottels“ (Konstantin Ciolkovskij ist nur ein Beispiel hierfür) rezipierte Ansichten im Windschatten kommunistischer Selbststilisierungen vielfach in den Fokus geraten, werden ganz gewöhnliche gerontologische Arbeiten oder hydrotechnische Großprojekte oft reflexhaft unter „Utopie“ subsumiert. Boris Groys muss jedenfalls einschränkend konstatieren, dass die biopolitischen „Utopien“ zwar große Kreise der russischen Intellektuellen und Künstler inspiriert und mit dem Marxismus versöhnt hätten, der 1917 an die Macht gekommenen marxistischen Intelligenzija in der Regel aber fremd gewesen wären. Vgl. Groys, Boris: Unsterbliche Körper, in: Groys; Hagemeister: *Die Neue Menschheit*, S. 8-19, S. 9.

geln hoher „Wissenschaftlichkeit" und die Strategie des „nahen Ziels" zu halten.[25] Eine radikale Grenzüberschreitung zwischen gesellschaftlichen Subsystemen machte in der Sowjetunion als erklärtes Ziel der offiziellen Kultur- und Wissenschaftspolitik den Kern der Popularisierungsutopie aus. Unentwegt bemühte sie sich darum, einerseits Vertreter fiktionaler Genres (Künstler, Dichter, Filmemacher etc.) in die populärwissenschaftliche Massenarbeit einzubinden und andererseits den fachwissenschaftlichen Alltagsbetrieb dem Imperativ einer weltanschaulichen Durchdringung zu unterwerfen. Gor'kij dekretierte 1933: „In unserer Literatur darf es keinen scharfen Unterschied zwischen dem belletristischen und dem populärwissenschaftlichen Buch geben. [...] Nur durch unmittelbare Teilnahme wirklicher Wissenschaftler und Schriftsteller mit hoher literarischer Technik können wir an die Herausgabe von Büchern gehen, die der künstlerischen Popularisierung wissenschaftlicher Kenntnisse gewidmet sind".[26]

Methodisch erscheint es daher im Fall des Stalinismus berechtigt, die „Populärwissenschaft" an der Maxime festzumachen, Erkenntnisse der modernen Naturwissenschaften mit ästhetisch-künstlerischen Mitteln zu einer einheitlichen Zusammenschau der Welt zu komprimieren. In diesem Beitrag wird daher unter der Populärwissenschaft ein Dispositiv verstanden, das auch belletristische Werke, Lyrik und Spielfilm mit einschließt. Riskierten doch Autoren aller dieser Genres Kopf und Kragen, sollten sie einmal den verbindlichen Kanon hoher „Wissenschaftlichkeit" verletzen.

III. Populärwissenschaft als holistisch-ästhetisches Aufbegehren

Die prinzipielle Zwischenstellung der Wissenschaftspopularisierung im System des Wissens als eines intentional zu begreifenden Dispositivs ist bereits begründet worden. Die konkrete Beschaffenheit dieses Dispositivs klärt sich weiter auf, wenn man jenen politischen „Vorbelastungen" und diskursiven Tradierungen der Populärwissenschaft Rechnung trägt, die diese gerade in der Sowjetunion in eine privilegierte Stellung brach-

---

25 Vgl. Schwartz, Matthias: Wunder mit wissenschaftlicher Begründung. Verzauberter Alltag und entzauberte Ideologie in der sowjetischen Science Fiction der Nachkriegszeit, in: *Berliner Osteuropa Info* 23 (2005), S. 100-109, 103ff.

26 Gor'kij: O temach, S. 108f.

ten. Die von Andreas Daum am deutschen Beispiel als „postrevolutionäre Erscheinung“ definierte Populärwissenschaft hatte sich zunächst als Ausdruck einer weitgehenden Verbürgerlichung der Gesellschaft etabliert, indem sich in ihr eine „Ausweitung des Prinzips der Öffentlichkeit auf den Bereich von Wissenschaft und Bildung“ realisierte.[27] Gegen Ende des Jahrhunderts spielte sie aber auch für die ideologische Konsolidierung der Arbeiterbewegung und für linke kirchenkritische Strömungen wie bspw. das Freidenkertum eine Schlüsselrolle.[28] Vor dem Hintergrund der zunehmenden Säkularisierungsprozesse verband sich die klassenpolitisch gedeutete Asymmetrie zwischen Experten- und Laienwelt mit der wachsenden Ungleichwertigkeit von wissenschaftlicher und religiöser Wissensformation. Während die Teilhabe an naturwissenschaftlichen „Geheimnissen der Natur“ als Privileg und Machtquelle höherer Stände beneidet wurden, entwerte sich der religiöse Glaube zu einem minderwertigen Massenartikel für die Menschen dritter Sorte. Hatte die Religion für Karl Marx 1848 noch als relativ respektable Droge „Opium“[29] gegolten, betrachtete sie Lenin 1905 schon als ganz ungenießbaren „geistigen Fusel“.[30]

Unter diesen Umständen meinte die „Wissenschaftspopularisierung“ um 1900 fast nur noch die naturwissenschaftlichen Disziplinen und war mit dem Odium verhaftet, am rötesten Rand des Gesellschaftsspektrums verankert zu sein. Im Gegensatz zur „naturwissenschaftlichen Kultur“ fiel Aneignung von geisteswissenschaftlichem Allgemeinwissen unter die Kategorie „humanistisch-literarische Bildung“ der bürgerlichen Gesellschaftsschichten.[31] Auch in Sowjetrussland nach 1917 wurde

---

27 Vgl. Daum: *Wissenschaftspopularisierung*, S. 1.

28 Siehe hierzu: Bayertz: Naturwissenschaft, S. 355-394. Vgl. auch Hopwood, Nick: Producing a Socialist Popular Science in the Weimar Republic, in: *History Workshop Journal* 41 (1996), S. 117-153.

29 Vgl. Marx, Karl: Zur Kritik der Hegelschen Rechtsphilosophie, in: Marx, Karl; Engels, Friedrich: *Werke*, Bd. 1, Berlin 1976. S. 378-391, hier S. 378.

30 „Религия – род духовной сивухи“. Lenin, Vladimir: Socialism i religija, in: *Kommunističeskaja partija i sovetskoe pravitel'stvo o religii i cerkvi*, Moskva 1959, S. 12-16, S. 13.

31 Zwar ist der am deutschen Beispiel ausgearbeiteten Ansicht Andreas Daums zuzustimmen, dass die aufstrebenden Naturwissenschaften in ihrer populären Präsentation einen zentralen Platz in der bürgerlichen Deutungskultur der zweiten Hälfte des 19. Jahrhunderts eingenommen und dabei auch „zur Versöhnung von religiösem Bedürfnis und

die Wissenschaftspopularisierung vom antiklerikalen Impuls getragen. Im Spätstalinismus entwickelte sich die „Propaganda naturwissenschaftlicher Kenntnisse" allerdings zu einem Euphemismus, der einen „moderateren" Kurs gegenüber der Kirche signalisierte. Dahinter stand der von Stalin ausgesprochene Gedanke über eine „mittelbare" und „vorsichtige" Taktik der Klerusbekämpfung, die am besten mittels einer breiten naturwissenschaftlichen Propaganda realisierbar sei.[32] Doch entfaltete die Populärwissenschaft unter diesen Umständen eine Eigendynamik und wurde im Endeffekt zu jenem inhaltlichen Substitut der kirchlich vermittelten Schöpfungsgeschichte, mit dessen Hilfe die „strukturelle Religiosität" der Bevölkerung säkular ausgefüllt werden und gewissermaßen eine zivil- bzw. diesseitsreligiöse Transzendierung der kommunistischen Herrschaft vollzogen werden konnte.[33]

---

wissenschaftlichem Denken" beigetragen haben. Auch verweist Daum zurecht darauf, dass es in der bisherigen Historiographie eine gewisse Zentrierung auf die antiklerikalen „Entzauberer der Welt" wie Ludwig Büchner und Ernst Haeckel sowie auf den Darwinismus insgesamt gegeben habe (vgl. Daum: *Wissenschaftspopularisierung*, S. 9, 13). Dieses Interesse aber mit Daum als teleologisch im Sinne des Modernisierungstheorems grundsätzlich abzuqualifizieren, wäre m.E. angesichts der Quellenlage verfehlt. Die Vorstellung von „zwei Kulturen" gibt zwar gemessen an der realhistorischen Substanz ein zu wenig differenziertes Bild ab, entspricht aber durchaus politisch-ideologischen Etikettierungen und wissenschaftskritischen Diskursen in der zweiten Hälfte des 19. Jahrhunderts. Für den russischen Kontext ist diese Polarisierung um den naturkundlich inspirierten Nihilismus in Ivan Turgenevs *Väter und Söhne* (*Otcy i deti*, 1862) idealtypisch reflektiert. Für Deutschland vgl. dazu Kelly, Alfred: *The Descent of Darwin. The Population of Darwinism in Germany 1980-1914*, Chapel Hill 1981; Bayertz, Naturwissenschaft; Bayertz, Kurt: Spreading the Spirit of Science. Social Determinants of the Popularisation of Science in Nineteenth-Century Germany, in: Shinn; Whitley: *Expository science*; Hopwood: Producing a Socialist Popular Science; Tauber, Peter: „Die Leibesübungen sind eine besondere Art des Kampfes ums Dasein". Popularisierter Darwinismus in der Auseinandersetzung um die Körperkultur in Deutschland um die Jahrhundertwende, in: Kretschmann: *Wissenschaftspopularisierung*, S. 293-308; Weir, Todd H.: *The Fourth Confession: Atheism, Monism and Politics in the Freigeistig Movement in Berlin 1859-1924*, New York 2005.

32 Vgl. bspw. Die Analyse über das Verhältnis zur Kirche und Formen der antireligiösen Propaganda, 3. März 1943. Abteilung für Propaganda und Agitation des ZK der VKP(b), in: Rossijskij Gosudarstvennyj Archiv Social'noj i Političeskoj Istorii (GARF), Fond 17, Op. 125, Delo 242, Bl. 67.

33 Im Rahmen dieses Aufsatzes kann eine spezielle Auseinandersetzung mit dem Konzept der Zivilreligion nicht stattfinden. Als theoretischer Bezugsrahmen sei hier auf die folgenden Arbeiten mit weiterführender Literatur verwiesen: Thrower, James: *Marxism-*

Nun ging es im populärwissenschaftlichen Projekt nicht einfach um die Konkurrenz zwischen der naturwissenschaftlichen und religiösen Weltdeutungsinstanz. Damit ist neben dem antiklerikalen Impetus als zweiter wichtiger Aspekt die Frage nach der ästhetischen Aneignung naturwissenschaftlicher Erkenntnisse und nach dem Verhältnis der Populärwissenschaft zu den Fachwissenschaften selbst angesprochen. Wie erwähnt, stand hinter dem ästhetischen Anspruch der Populärwissenschaft keineswegs ein rein didaktischer Pragmatismus. Vielmehr ging es darum, im Medium einer populärwissenschaftlichen Ästhetisierung der Natur zu höherem Wissen vorzudringen, eine Zielsetzung, die in der Geschichte der Naturästhetiktheorie einen wichtigen Platz einnimmt und – auch wenn dieser Brückenschlag auf den ersten Blick etwas weit hergeholt erscheinen mag – den Gedanken der Wissenschaftspopularisierung mit der neuzeitlichen Erfindung der Naturlandschaft in genetischen Zusammenhang bringt.

Wie Ludwig Trepl in Anknüpfung an Joachim Ritter formuliert hat, stellte die Landschaft eine „paradoxe naturwissenschaftlich-geisteswissenschaftlich-ästhetische Mischfigur" des theoretischen Geistes dar, die „seit dem Entstehen der neuzeitlichen Naturwissenschaften die Funktion hatte, das zu leisten, was diesen nicht mehr möglich war: eben das G a n z e einer umgebenden Natur zu repräsentieren."[34] Führt man diesen Gedanken weiter, so kann vermutet werden, dass gerade diese kompensatorische Leistung der „Naturlandschaft" und mit ihr der englischen „Gartenrevo-

Leninism as the Civil Religion of Soviet Society, Lewiston 1992; Küenzlen, Gottfried: *Der Neue Mensch: eine Untersuchung zur säkularen Religionsgeschichte der Moderne*, München 1994; Hase, Thomas: *Zivilreligion. Religionswissenschaftliche Überlegungen zu einem theoretischen Konzept am Beispiel der USA*, Würzburg 2001; Hildebrandt, Mathias: *Politische Kultur und Zivilreligion*, Würzburg 1996.

34 Vgl. Trepl, Ludwig: Ökologie als konservative Naturwissenschaft, in: *Urbs et Regio* 65 (1997), Sonderband: Geographisches Denken, hg. v. Ulrich Eisel u. Hans-Dietrich Schultz., S. 468f. [Hervorhebung im Original]. Joachim Ritters Grundgedanke lautet: „Die ästhetische Natur als Landschaft hat so im Gegenspiel gegen die dem metaphysischen Begriff entzogene Objektwelt der Naturwissenschaft die Funktion übernommen, in ‚anschaulichen', aus der Innerlichkeit entspringenden Bildern das Naturganze und den ‚harmonischen Einklang im Kosmos' zu vermitteln und ästhetisch für den Menschen gegenwärtig zu halten". Ritter, Joachim: *Subjektivität. Sechs Aufsätze*, Frankfurt a. M. 1989, S. 153. Vgl. hierzu auch Hard, Gerhard: Geographie als Kunst. Zur Herkunft und Kritik eines Gedankens, in: *Erdkunde. Archiv für wissenschaftliche Geographie* 4 (1964), S. 336-341.

lution“, die im 18. Jahrhundert unter dem Motto „die Natur ist republikanisch“[35] stattgefunden hatte, die Populärwissenschaft im 19. Jahrhundert übernahm. Kein Wunder, dass man ihren „Übervater“ ausgerechnet im Erfinder der wissenschaftlichen Landschaft Alexander von Humboldt sieht, der unter Eindruck der englischen Gartenkunsttheorie und im regen Gedankenaustausch mit Goethe und Schiller bereits mit seiner Geographie der Pflanzen den „elenden Registratoren der Natur“ eine naturphysiognomisch konzipierte Metawissenschaft entgegenzusetzen suchte, die „etwas Höheres“, den „ästhetischen Sinn des Menschen“ Ansprechendes und eben deshalb zur wahren Naturerkenntnis Führendes anzubieten hätte.[36] Die „Popularisierung der realen Kenntnisse“ hätte auch nach Auguste Comte 1844 die Aufgabe, sowohl die „unklare theologisch-metaphysische Denkweise“ als auch die „drückende Empirie“ zugunsten des „wahrhaft positiven Geistes“ synthetisch zu überwinden. Das Publikum sei der „zerstreuenden Spezialisierung“ satt und verlange nach „Klarheit über alles“.[37] Wenn bei den späteren Wissenschaftspopularisatoren sich ihre literarischen Techniken auch modifizierten, so blieb bei ihnen, wie z.B. bei dem aus dem Fachwissenschaftmilieu ausgestoßenen Ludwig Büchner, der antiakademische Gestus erhalten.

Die Wissenschaftspopularisierung ist somit aus dem ambitionierten Projekt heraus geboren worden, die „geistlose“ akademische Gelehrsamkeit ebenso wie die religiöse Dogmatik holistisch-ästhetisch zu überbieten, worin sie untrennbar mit physikotheologisch inspirierten epistemischen Allmachtphantasien des 18. und 19. Jahrhunderts verbunden ist.[38] So lässt sich diesbezüglich als Zwischenfazit festhalten: Mit der Populärwis-

---

35 Vgl. Rückert, Joseph: *Bemerkungen über Weimar 1799*. Hg. und mit einem Nachwort versehen von Eberhard Haufe, Weimar 1969, S. 19.

36 Alexander von Humboldt an Friedrich Schiller, Brief vom 6. August 1794, in: Ders.: Studienausgabe. 7 Bde. Bd. 1: *Schriften zur Geographie der Pflanzen*. Hg. und kommentiert von Hanno Beck, Darmstadt 1989, S. 35.

37 Comte, Auguste: *Rede über den Geist des Positivismus*, Hamburg 1994, S. 85ff.

38 Zu Humboldts Landschaftsvorstellung sowie zum Konzept der Ästhetisierung der Natur um 1800 vgl. Polianski, Igor J.: *„Die Kunst, die Natur vorzustellen“. Die Ästhetisierung der Pflanzenkunde um 1800 und Goethes Gründung des botanischen Gartens zu Jena im Spannungsfeld kunsttheoretischer und botanischer Diskussionen der Zeit*, Köln 2004, S. 57f, S. 146-153ff.

senschaft des 20. Jahrhunderts setzt sich ein im 19. Jahrhundert tradiertes doppeltes Aufbegehren fort: ein rationalistisch-atheistisches gegen die kirchliche Scholastik und ein ästhetisch-antiakademisches gegen die scholastische Naturwissenschaft. In dieser Traditionslinie lässt sich auch die Populärwissenschaft in der UdSSR historisch verorten.

IV. Populärwissenschaft als antiszientistischer Umsturz

In den Aufklärungs- und Popularisierungsobsessionen, wie sie permanent Gor'kij umgetrieben haben, kam in der Sowjetunion immer wieder der subalterne Gestus eines Aufschauens zu den bürgerlichen Experten durch. Genau diese Wissenshierarchie zwischen Volk und „Elfenbeinturm" hatte die neue, genuin sowjetische Populärwissenschaft aber umzukehren. Man knüpfte an jene älteren Diskurse an, wo der Wissenschaftler gerade nicht als Repräsentant der lichten Zukunft, sondern – mit Philipp Sarasin gesprochen – als finsterer „mad scientist" erscheint. Bereits Voltaire lieferte dafür passende Vorbilder.[39] Während Voltaires Kritik aber auf politisch suspekte Wissenschaftspoetologien abzielte, erfuhr die Naturwissenschaft den stärksten Druck gerade umgekehrt von denjenigen, die ihr mit Humboldt und Büchner geistlose Kleinkrämerei und Flickschusterei vorwarfen.

In der sozialistischen Arbeiterbewegung folgte diese Wissenschaftskritik allerdings ihren besonderen Argumentationsmustern. Die abstrakte Form der esoterischen Wissenschaft wurde als eine bereits von den Priestern des Alten Ägyptens und Babyloniens praktizierte Strategie der Herrschaftssicherung abgewertet. Während die „bürgerliche Popularisierung"

39 1764 z.B. polemisierte Voltaire scharf gegen das biosystematische Prinzip der Stufenleiter der Natur: „Solche Hierarchie gefällt den braven Leuten, welche meinen, sie erkennten darin den Papst und seine Kardinäle, gefolgt von Erzbischöfen und Bischöfen, nach diesen von den Pfarrern, den Vikaren, den einfachen Priestern, den Diakonen und Subdiakonen, danach erscheinen die Mönche, und das ganze schließt mit den Kapuzinern." Voltaire: Chaîne des êtres créés, in: *Dictionnaire philosophique.* Présentation, notes et annexes Béatrice Didier, Paris 1994, S. 162. Der große Philosoph der Aufklärung bekämpfte gerade jenes biosystematische Ordnungsprinzip, mit dem ein Paradigmenwechsel hin zur Historisierung der Natur und zur Durchsetzung der Deszendenztheorie Charles Darwins eingeleitet worden war. Mit dieser Kritik war auch jenes Denkmuster angelegt, wonach die Naturwissenschaften im Hinblick auf ihre tatsächlichen oder vermeintlichen politischen oder religiösen Implikationen überwacht werden sollten.

wie die Brillanten im Schaufenster glänzte, ohne jedoch tiefere Einblicke in die Geheimnisse der Wissenschaft zu gewähren, werde die „ernste Fassung“ böswillig mit einer „an Barbarei grenzenden Fachsprache“ verschlüsselt. Es handelte sich nach Aleksandr Bogdanov um eine Verdunkelung, denn die „Kernideen“ der Wissenschaft an sich seien immer klar und einfach. Vor diesem Hintergrund konnte Bogdanov 1920 selbst die Kopernikanische Wende als eine befreiende Simplifizierung und somit gleichsam Popularisierung der Himmelsmechanik darstellen.[40]

Auch wenn die naturwissenschaftliche Kultur für die konservativen kirchennahen Kreise Russlands als politisch unzuverlässig gegolten hat, blieb sie aus der Sicht des Proletkults doch dem Überbau der kapitalistischen Gesellschaftsform verpflichtet. In seinem *Lobgesang an den Wissenschaftler* (*Gimn učenomu*, 1915) beschrieb Vladimir Vladimirovič Majakovskij den „Doktor der Wissenschaften“ symptomatischerweise als eine „zweibeinige Ohnmacht“, umgeben von Attributen eines mittelalterlichen Kuriositätenkabinetts.[41] Als diabolische Abgesandte der Dunkelheit bevölkern die „Doktoren der Wissenschaften“ auch den stalinistischen Wissenschaftsalltag. In der populärwissenschaftlichen Romanerzählung von Gennadij Semenovič Fiš *Die Volksakademie* (*Narodnaja Akademija*, 1948) über Trofim Denisovič Lysenko zucken „einige Doktoren der Wissenschaften“ permanent mit den Schultern: „Baut Lysenko da keine Luftschlösser?“[42] Auch gelehrte Bücher „scheinen sich direkt verschworen zu haben“, geringe Erträge mancher Akkerbaupflanzen als „etwas ein für allemal Gegebenes“ erscheinen zu lassen. „Das ist ja keine Wissenschaft mehr; ein einziger Trauermarsch ist das“, empört sich der Begründer der sowjetischen Agrobiologie.[43] Ähnlich ist in Fridrich Markovič Ėrmlers Spielfilm *Die große Kraft* (*Velikaja sila*, 1949) das Leningrader Akademieinstitut für Zoologie von den Agenten der „kosmopolitischen Weltwissenschaft“ regelrecht verseucht.

---

40 Vgl. Bogdanow: *Die Wissenschaft*, S. 15.

41 „Сердце девушки, вываренное в иоде. / Окаменелый обломок позапрошлого лета. / И еще на булавке что-то вроде / засушенного хвоста небольшой кометы.“ Majakovskij, Vladmir: Gimn učenomu, in: Ders.: *Revoljucionnaja poėzija (1890-1917)*, Leningrad 1954, S. 408.

42 Fisch, Gennadi: *Die Volksakademie*, Moskau 1949, S. 29.

43 Ebd., S. 23f, S. 28.

Das bürgerliche Wissen, einstmaliges Objekt der Begierde, sollte seiner Komplizenschaft mit der Kirche und dem Imperialismus überführt werden. Nicht nur die Bibel als die Enzyklopädie des Feudalismus, sondern auch die „weltliche Enzyklopädie" des Bürgertums galt es schnellstens zu ersetzen.[44] Diese Stoßrichtung kulminierte in den 1920er Jahren im so genannten „linksdoktrinaristischen" (oder „linksdoktrinären") „Antiszientismus" („Levodoktrinerskij antscientizm"). Noch in diesem Geiste forderte Gor'kij eine „Sozialisierung wissenschaftlicher Kenntnisse".[45] Auf den theoretischen Grundlagen der Philosophie Ernst Machs aufbauend agierte der „linksdoktrinaristische Antiszientismus" ursprünglich unter dem Signum des „Empiriomonismus", um sich später allerdings im Rahmen des dialektischen Materialismus neu zu entfalten. Die prominentesten Protagonisten dieser Bewegung waren die Ideologen des Proletkults Valerian Pletnev und der oben zitierte Aleksandr Bogdanov, zu deren Forderungen eine „Sozialisierung" und „Proletarisierung" der Wissenschaften gehörte.

Grundlegend war für diese Position, dass selbst naturwissenschaftliche Tatsachen sprachlich-ideologisch kontaminierte Produkte des Überbaus bzw. klassenstandpunktabhängige soziale Konstrukte darstellten. Zugleich wurde die Forderung formuliert, dass die proletarischen Experten neben ihrer wissenschaftlichen Tätigkeit einem Arbeiterberuf weiterhin nachgehen sollten, um ihre Klassenrückbindung nicht zu verlieren.[46] Untermauert wurden diese Ansichten durch die 1923 von Nikolaj Jakovlevič Marr formulierte „revolutionäre" Klassentheorie der Sprache, die die Möglichkeit einer klassenlosen und ideologiefreien Sprachkommunikation und somit eines klassenpolitisch unschuldigen Denkens negierte.[47] Diese Politisierung der Wissenschaftssprache implizierte bereits einen besonderen Stellenwert der populären Wissensvermittlung. Es überrascht daher nicht, dass in Bogdanovs Projekt der „Umstellung" der „bürgerlichen Wissen-

44 Vgl. Bogdanow: *Die Wissenschaft*, S. 29.

45 „великое дело поглощения мирового опыта общечеловеческого знания" Gor'kij: Bor'ba, S. 209.

46 Vgl. Ivanovskij, Vladimir: *Metodologičeskoe vvedenie v nauku i filosofiju*, Moskva 1923, S. XXXIV.

47 Vgl. Hierzu weiterführend: Alpatov, Vladimir: *Istorija odnogo mifa. Marr i marrizm*, Moskva 2004.

schaft“ der Populärwissenschaft eine Schlüsselrolle zukam. Es galt allerdings, sich zuerst von der „bürgerlichen“ Erwachsenenbildung mit ihren „armseligen popularisierten Brocken“ schnellstens zu verabschieden, um zu einer wahren Popularisierung zu gelangen.[48]

Zwar wurden die linken Abweichler in der Sowjetunion immer wieder unter starken Beschuss genommen und von Stalin 1950 gar als primitiv-anarchische „Trogloditen“ abgestempelt,[49] doch konnte diese Strömung in moderateren Formen davon profitieren, dass auf der anderen Seite eine vermeintlich noch größere ideologische Gefahr – das Schreckgespenst des „rechtsrevisionistischen Objektivismus“ bzw. „Antiideologismus“ lauerte. Mit dieser Kategorie wurden in der UdSSR alle Versuche stigmatisiert, die Naturforschung von der ideologischen Schusslinie fern zu halten. Im Prinzip handelte es sich beim „linksdoktrinaristischen Antiszientismus“ um eine radikale Version des sozialen Konstruktivismus mit dem Unterschied, dass als Subjekt des Wissens und Produzent des Mythos nicht die Gesellschaft insgesamt, sondern im Sinne des historischen Materialismus eine politische Klasse betrachtet wurde. In Bezug auf die soziale Rolle der Populärwissenschaft wurde diese Sichtweise von Gor’kij 1933 formuliert: „Man darf nicht vergessen, wie unterschiedlich Fakten und Prozesse auf das Denken einwirken. Das geschieht nicht nur im Alltag, sondern auch in der Wissenschaft, wo die so genannten „feststehenden Tatsachen“ nicht selten eine konservative Rolle spielen, das Denken im Banne der „Offensichtlichkeiten“ halten und damit das Tempo und die Freiheit des Erkenntnisprozesses behindern. [...] nur Marx hat genial die Prozesse der Schaffung von Tatsachen aufgedeckt“.[50]

Die „Tragödie“ der „Schaffung von Tatsachen“ hätte es nach Gor’kij allein in der Klassengesellschaft gegeben, wo eine unpassierbare Barriere

48 Vgl. Bogdanow: *Die Wissenschaft*, S. 10, 23.

49 Stalin, Iosif: Marksizm i voprosy jazykoznanija, in: *Pravda*, 20. Juni 1950.

50 „Не следует забывать о различии воздействия на мысль фактов и процессов. Это случается не только в быте, но и в науке, где так называемые ‚прочно учтановленные факты‘ нередко играют консервативную роль, держат мысль в плену ‚очевидностей‘ и этим задерживают темп и свободу познавательного процесса. [...] только Маркс гениально вскрыл процессы творчества фактов“. Gor’kij: O temach, S. 97f.

zwischen „kluger Arbeiterhand" und Wissenschaft bestünde und deren Überreste durch die sozialistische Populärwissenschaft überwunden werden müssten. Keineswegs verzichtete also die marxistische Variante des Sozialkonstruktivismus auf ihren absoluten Objektivitätsanspruch. Dieser wurde theoretisch im Prinzip der Parteilichkeit als einem quasi extramundanen Standpunkt verankert. Während vom Klassenstandpunkt des Marxismus-Leninismus eine absolute Klassenstandpunktabhängigkeit des jeweiligen Realitätsbildes postuliert wurde, konnte diese Relativität auf dreierlei Weise durchbrochen werden. Zum einen mit dem sozialpolitischen Argument, wonach erst die klassenlose Gesellschaft eine „interessenlose" und deshalb „objektive" Wahrheitssuche ermöglichte. Zum anderen mit einem zumeist implizit formulierten geschichtsphilosophischen Anspruch des proletarischen Denkens, jene privilegierte Bewegungsform der Materie zu repräsentieren, in der sich die Natur zur höchsten „Selbsterkenntnis" erhebt. Schließlich konnte das marxistisch erleuchtete Naturerlebnis ästhetisch verifiziert werden. Zwar blieb das marxistische Naturverständnis immer parteilich-subjektiv, doch fielen im Fall der kommunistischen Parteilichkeit der Ideologie-, Wahrheits- und Schönheitsbegriff zusammen.

V. Popularisierung als „Enterbrücke" des Antiszientismus

Welche Konsequenzen hatte nun die umrissene politisch-ideologische Disposition für die Wissenschaftspopularisierung? Die Hochschätzung dieser Propagandaform zeigte sich zunächst darin, dass rechtliche und institutionelle Weichenstellungen der naturwissenschaftlich-atheistischen Aufklärung im Sowjetrussland bereits früh installiert wurden. Auf staatlicher Ebene entwickelte sich die 1920 gegründete Hauptverwaltung zur politischen Aufklärung (Glavpolitprosvet) beim Volkskommissariat für Aufklärung und Erziehung (Narkompros) zum wichtigsten Träger der antireligiösen Wissenschaftspopularisierung.[51] Als ihr gesellschaftliches Pendant war 1925 aus der ein Jahr zuvor gegründeten „Gesellschaft der Freunde der Zeitung Bezbožnik" der „Verband der militanten Gottlo-

51 Resolution des X. Parteitages der RKP(b), März 1921, in: *Kommunističeskaja Partija Sovetskogo Sojuza v rezoljucijach i rešenijach s'ezdov, konferencij i plenumov CK*, Bd. 1, Moskva 1983, S. 551.

sen" hervorgegangen, die Vorläuferorganisation der ab Juli 1947 tätigen „Allunionsgesellschaft zur Verbreitung politischer und wissenschaftlicher Kenntnisse" (ab 1963 Allunionsgesellschaft „Znanie").

Bereits in den 1930er Jahren verfügte die Populärwissenschaft über ein breites institutionelles Netz, zu dem Staats- und Parteiorgane, gesellschaftliche Organisationen und vielfältige Erwachsenenbildungseinrichtungen gehörten. In die „Skylines" sowjetischer Städte hoben sich die Sternwarten und Planetarien als auratische Stätten der Sinnstiftung empor, deren architektonische Rhetorik die sakralen Architekturmotive geradezu provokativ neu kodifizierte.[52] In der Nachkriegszeit blühte in der Sowjetunion der naturwissenschaftliche Biopic als populäres Filmgenre auf. Zu nennen wären hier *Mičurin* (anderer Verleihtitel: *Zemlja v cvetu*, dt. *Die Welt soll blühen*) Aleksandr Petrovič Dovženkos von 1948 oder *Das Akademiemitglied Ivan Pavlov* (*Akademik Ivan Pavlov*) Grigorij Lvovič Rošal's von 1949. Als das zentrale Medium der wissenschaftlich-atheistischen Propaganda galt aber traditionell die populärwissenschaftliche Literatur. Zu ihrer Förderung wurde im Staatsverlag (Gosizdat) 1920 eine entsprechende Abteilung und 1946 bei der Akademie der Wissenschaften der UdSSR eine besondere Expertenkommission geschaffen.[53] In seinen unzähligen Beschlüssen, Erlassen, Aufrufen und Orientierungen hat das Zentralkomitee der Kommunistischen Partei die große „bewusstseinsbildende" Mission der Wissenschaftspopularisierung und der populärwissenschaftlichen Massenbuchproduktion dauernd hervorgehoben.[54] In den 1920er und 1930er Jahren hat sich eine ganze Reihe von Autoren hervorgetan, die sich speziell mit der Wissenschaftspopularisierung befassten, darunter Vladimir Afanas'evič Obručev, Michail Andreevič Il'in, Sergej Ivanovič Vavilov,

52 Das erste sowjetische Planetarium wurde 1929 in Moskau eröffnet. Der ersatzreligiöse Anspruch von Planetarien wurde besonders dort deutlich, wo dafür sakrale Bauten umfunktioniert worden waren, wie z.B. die ehemalige Alexander-Kirche in Kiev 1947 oder die Jaroslavler Gottesmutterkirche des Kazaner Frauenklöster 1948.

53 Vgl. Lasarevič, Eleonora: *Iskusstvo popularizacii*, Moskva 1960, S. 6f.

54 Vgl. bspw. den Beschluss des ZK der RKP(b) vom 6. Februar 1924 „Die wichtigsten aktuellen Aufgaben der Partei im Bereich des Pressewesens", in: *O partijnoj i sovetskoj pečati. Sbornik dokumentov*, Moskva 1954, S. 310. Siehe auch: Beschluss des ZK der VKP(b) vom 27. September 1944 „Über die Organisation der wissenschaftlich-aufklärerischen Propaganda", in: *Propagandist* 18 (1944), S. 6f.

Aleksandr Evgenevič Fersman, Jakov Isidorovič Perel'man, Lev Abramovič Kassil', Vitalij Valentinovič Bianki und Gennadij Fiš, um nur die bekanntesten Namen zu nennen.

Eine Panegyrik an die soziale Mobilisierungskraft der Populärwissenschaft erschien 1952 mit Vsevolod Anisimovič Kočetovs Roman *Die Schurbins* (*Žurbiny*). Der Produktionsroman handelt von einer Schiffbauersiedlung im weiten Norden der UdSSR, deren kulturelles Leben sich um den dortigen Arbeiterklub konzentriert. Wissen, das sich hier die Arbeiter und Arbeiterinnen aneignen, gilt in der Siedlung als soziales Kapital, welches selbst für die Liebesbeziehungen entscheidend ist. Die Populärwissenschaft beherrscht Träume und Sehnsüchte der von der rauen Natur bedrängten Menschen: „Ich weiß nicht, wann das kommt, aber ich glaube daran, dass es kommt – in unserer Stadt werden auf den Straßen tropische Pflanzen erblühen. [...] Der Lektor erzählte über die Arbeiten Mičurins [...], über die Pläne der Umgestaltung der Natur, über große Kanäle und Waldpflanzungen, und je weiter er redete, desto heiterer und gemächlicher wurde es in der Seele Gorbunovs".[55] Die Naturlandschaft – diese Wiege der Wissenschaftspopularisierung aus dem Humboldtschen Geiste kehrt so bei Kočetov als populärwissenschaftlicher Erlösungstraum sowjetischer Schiffswerftarbeiter zurück.

Die Erwartungen der Kommunistischen Partei an die Förderung der Populärwissenschaft waren sehr hoch. An dieser Stelle ist nun die Frage an jene Qualitäten der Populärwissenschaft wichtig, die sie unabhängig von der jeweiligen Vermittlungsform als eine spezifische Textsorte mit besonderer diskursiver Schlagkraft auszeichnen. Der popularisierende Wissenschaftstransfer setzte im Normalfall ein steiles Wissensgefälle zwischen dem Sender und dem Empfänger voraus und verfolgte explizit das Ziel, wissenschaftliche Inhalte allgemeinverständlich und massenwirksam zu präsentieren. Betrachtet man sich den persuasiv-hierarchischen Charakter dieser Kommunikationsform genauer, dann lässt sie sich wie folgt beschrei

55 „Не знаю, когда это будет, только верю, что будет, - в нашем городе зацветут на улицах тропические растения [...] Лектор рассказывал о работах Мичурина, [...] о планах преобразования природы, о великих каналах и лесных посадках, и чем больше он говорил, тем легче и спокойнее становилось на душе у Горбунова". Kočetov, Vsevolod: *Žurbiny*, Moskva 1960, S. 234.

ben. Erstens gehören zur Popularisierung textuelle Vereinfachungstechniken wie die Reduktion der Informationsfülle und Informationsdichte. Ein solcher Ausschluss von „Störfaktoren“ ist aber geradezu dazu prädestiniert, ideologische Bereinigung und Begradigung des zu präsentierenden Stoffes didaktisch zu legitimieren. Diesen Effekt vertieft noch die zweite ungeschriebene Selektions- bzw. Transformationsregel der Populärwissenschaft, wie sie sich seit dem 19. Jahrhundert einbürgerte, ausschließlich die als gesichert geltenden wissenschaftlichen Erkenntnisse darzustellen, um den Massenkonsumenten nicht zu „überfordern“. Dies bedeutete jedoch umgekehrt einen Ausschluss jeder kritisch-reflexiven Dimension von Wissenschaftsproduktion und konnte dazu führen, dass die bereits schematisierten Naturbilder als ein alternativloses Utopiegefüge erschienen.

Dies war andererseits auch erklärtes Ziel der Popularisatoren. Denn angesichts des weltanschaulichen Bedeutungsschwundes der Religion konnten die Naturwissenschaften sie nur unter der Bedingung erfolgreich ersetzen, dass sie die eigene Unfehlbarkeit behaupteten und trotz ihrer eigenen zunehmenden Spezialisierung eine abgerundete Zusammenschau der Welt apodiktisch erzeugten. Wie bereits oben dargelegt, verbindet sich daher mit beschriebenen Exklusions- und Idealisierungstechniken zugleich der holistische Anspruch, ein „höheres“ Wissen herausfiltern zu können. Die auf diese Weise produzierten „letzten Wahrheiten“ der Populärwissenschaft wurden schließlich einem vierten Transformationsschritt zugefügt, um sie hinsichtlich ihrer Anmutungsqualität, ihres Fesselungsvermögens und ihrer kommunikativen Impulswirkung massenwirksam aufzubereiten (Metaphernbildung, Personalisierung, Emotionalisierung usw.). Verzichtete der Verfasser auf die Herstellung gesellschaftlich-politischer Analogien und Verkündigung weltanschaulicher Schlussfolgerungen, riskierte er den Vorwurf der „bürgerlichen Deideologisierung“.

Die potentielle Virulenz der Populärwissenschaft kam erst im politischen System der Sowjetunion zur vollen Geltung. Überwog in ihren Austauschkanälen ursprünglich der induktive Wissensstrom von den Naturwissenschaften hin zu einem synthetischen Weltbild, so wurde diese Strömung durch den deduktiven Gegenfluss der marxistisch-leninistischen Weltanschauung in die einzelnen Wissenschaftszweige hinein unterdrückt.

Der populärwissenschaftliche Umsturz von Wissenschaftshierarchien beanspruchte dabei mehr als nur eine „gerechtere" Distribution und vorbehaltlose Konsumption der nunmehr eroberten Wissensschätze. Er folgte einem epochalen Wandel in den Tiefenstrukturen der Wissensordnung selbst und lebte von einer eigenständigen epistemischen Hybris. Das „gemeinverständlich" gewordene Wissen „für alle Stände" repräsentierte gleichsam diese Liberalisierung habituell als Empathie einer auf sinnlich-empirischer Erfahrung beruhenden, ästhetisch-anschaulich verbürgten, volkstümlich kodifizierten und deshalb angeblich „höheren" Erkenntnisform. Die von Lunačarskij monierte Erstürmung der Wissenschaft wäre allerdings nicht möglich gewesen, hätten dem Proletkult dazu keine entsprechenden diskursiven „Enterbrücken" zur Verfügung gestanden. Als jene „Enterbrücke" bzw. jenes „trojanische Pferd" der Arbeiter- und Bauernmacht erwies sich aber unter diesen Umständen die populärwissenschaftliche Tradition, in deren Rahmen ein fachexternes Sprechen über die Wissenschaft erst herbeigeschworen wurde.

Auf der Ebene der Wissensproduktion war davon die Auflösung jener Wissenschaftlichkeitsstandards die Folge, die die Karrieren solcher Protagonisten der science vulgarisée wie Ol'ga Borisovna Lepešinskaja verhindert hätten. Selbst das herkömmliche Vetorecht des Experiments wurde in Frage gezogen. In *Die große Kraft* wartet der Lepešinskaja-Anhänger Professor Lavrov auf Ergebnisse eines wichtigen Versuchs, der die Richtigkeit seiner bisherigen Arbeiten „bestätigen" müsse. Auf einer Sitzung der Bezirksleitung der Partei wird der „fortschrittliche" Hühnerzüchter vor die „Gretchenfrage" gestellt: „Bei einem Misserfolg werden Sie doch zugeben, dass sie Unrecht haben, Genosse Lavrov!?" An seiner Unbeirrbarkeit erkennt man aber sofort den wahren Marxisten: „Nein, ich werde zugeben, dass unsere Technik unvollkommen war. Ich werde zugeben, dass wir Fehler gemacht haben. Aber ich werde niemals zugeben, dass unsere Grundsätze falsch sind!" (Abb. 1)

Auf personaler Ebene entsprach der umrissenen Umpolung der Bauer im weißen Kittel, als welcher sich bspw. Trofim Lysenko selbst inszenierte. Der Habitus eines „elenden Registrators der Natur" sollte zugunsten einer marxistisch erleuchteten Wissenschaftspoetologie überwunden wer-

Abb. 1: Der fortschrittliche Hühnerzüchter Lavrov: „So sollten sie werden!" Filmszene aus *Die große Kraft* (1949)

den. Diente die Populärwissenschaft bei der Erstürmung der „bürgerlichen Wissenschaft" als eine Enterbrücke, auf die ihre Protagonisten wie Lysenko treten konnten, fand auf der anderen Seite eine schleichende Simulakrisierung gesellschaftlicher Subsysteme statt. Zum im wahrsten Sinne populärwissenschaftlichen Laboratorium in der Sowjetunion avancierte dabei die Kolchose. Entrüstet über die „Doktoren der Wissenschaften" fährt Lysenko bei Gennadij Fiš in die ukrainische Kolchose seines Vaters. Erst hier in direkter Nähe zum Volk findet er Inspiration, Unterstützung und gute Ratschläge für seine wissenschaftliche Arbeit.[56] In *Die große Kraft* rettet sich der von den Agenten der imperialistischen Weltwissenschaft umzingelte Lavrov auf eine Hühnerfarm, um dort mit Hilfe des Genossen Parasjuchin, eines Kolchosebauern, seine bahnbrechenden Experimente zur Schaffung einer neuen Hühnerrasse fortzuführen. „Den sowjetischen Gelehrten fällt der Weg zu den Fabriken und den Kolchoswirtschaften nicht schwer", konstatiert Michail Il'in. „Die sowjetischen Gelehrten sind Söhne des Volkes. Ist es da erstaunlich, daß sich die Wände unserer Laboratorien so geweitet haben, daß jedes Werk zu einem Laboratorium wurde?"[57]

56 Fisch: *Die Volksakademie*, S. 23f, S. 28.
57 Iljin, Michail: *Die Umgestaltung unseres Planeten*, Berlin 1952, S. 69f.

VI. Populärwissenschaft als sozialkonstruktivistische Unterstellung

Wir haben festgestellt, dass die Populärwissenschaft eine Enterbrücke zur Wissenschaftsdeformation zur Verfügung stellte. Im Rahmen des marxistisch-leninistischen Weltbildes in dessen Proletkultversion, aber auch im Anschluss an die älteren Diskurse der Naturästhetik (Humboldt) bedeutete die Populärwissenschaft eine dem wissenschaftlichen Erkenntnisprozess selbst inhärente ästhetisch-ideologische Durchdringung, die normativ dem Prinzip der Parteilichkeit unterzuordnen war. Während daher die einzelnen Naturwissenschaften zur Selbstpopularisierung aufgefordert waren, unterstellte man den bürgerlichen Konkurrenten eine ähnliche ästhetisch-ideologische Durchdringung der Naturwissenschaften.

Die Aufgabe der Populärwissenschaft war unter diesen Prämissen eine doppelte. Erstens galt es, die Einheit von Wissenschaft und Öffentlichkeit in der marxistisch-leninistischen Weltanschauung zu sichern, zweitens – die Parteilichkeit der bürgerlichen Naturforschung freizulegen, sie als klasseninteressengeleitete Mythologie bloßzustellen. Nun schien aber gerade diese „bürgerliche" Weltanschauung den Alltagserfahrungen der Menschen oft viel näher zu stehen als die Grundsätze des dialektischen Materialismus, als wäre sie der Natur gleichsam inskribiert. Bereits Friedrich Engels problematisierte diese „Schwierigkeit": „Diese [metaphysische] Denkweise erscheint uns auf den ersten Blick deswegen äußerst plausibel, weil sie diejenige des so genannten gesunden Menschenverstandes ist."[58] Gor'kij sprach von wissenschaftlichen „Offensichtlichkeiten" und „ewigen Gesetzen", die nichts anderes als Ausdruck der Machtverhältnisse gewesen seien, und zog deshalb selbst die physikalische „Hypothese" von der Entropie in Zweifel.[59]

Entsprechend gehörte zu den sowjetischen populärwissenschaftlichen Grundfiguren ein ständiges Zweifeln am allgemeingültigen Weltbild und anerkannten Erkenntnissen der „Weltwissenschaft". So wird dem „fortschrittlichen" Zoologen Lavrov aus *Velikaja sila*, der die Existenz der

---

58 Engels, Friedrich: Herrn Eugen Dühring's Umwälzung der Wissenschaft, in: Marx, Karl; Engels Friedrich: Werke. Bd. 20, hg. vom Institut für Marxismus-Leninismus beim ZK der SED, Berlin 1962, S. 20.

59 Gor'kij: O temach, S. 98.

Erbsubstanz vehement verneint, von den metaphysischen Volksfeinden vorgeworfen: „Ein merkwürdiger Trotz. Immer und gegen Alles zu opponieren. Obwohl viele amerikanische und europäische Institute einwandfreie Tatsachen festgestellt haben." Die soziale Rolle des Skeptikers setzt die Existenz des verführten Gläubigen voraus. Diese beunruhigende Existenz benötigt aber selber eine Erklärung. Damit rückt das Phänomen der Sprache, wie es Nikolaj Marr interpretierte, in den argumentativen Mittelpunkt. In der zählebigen Scheinwelt des wohlvertraut Naturwüchsigen, Überzeitlichen und mit dem Siegel des Gottgegebenen versehenen halte den Gläubigen in der kapitalistischen Gesellschaftsordnung sein klassenbedingtes Denken und seine Sprache gefangen.

So vielfältig die populärwissenschaftliche Enthüllungsarbeit auch war, lief sie in der Regel auf bestimmte zu dekonstruierende Kategorien hinaus, die man aufgrund ihrer prinzipiellen Zeitbezogenheit als Chronotope bezeichnen könnte. Vordergründig ging es um die Unterminierung des sprachlich vermittelten Konstanzgedankens, die zuerst auf theoretischer Ebene im dialektischen Materialismus umgesetzt wurde.[60] Das Insistieren auf der Vergänglichkeit alles Bestehenden erscheint eine derart ultimative weltanschauliche Säule zu sein, dass die marxistisch-leninistische Philosophie sich einen argumentationstechnisch riskanten Coup erlaubt, um sie zu festigen. Es ist die Verengung der philosophischen Fundamentaldisziplin Metaphysik auf reine Denkweise und Erkenntnisperspektive.[61] Mit „Metaphysik" wird nicht nur eine Weltanschauung konstruiert, die jegliche Bewegung und Veränderung in der Natur negiere, sondern auch eine Methode, die dem eidetischen Anspruch der Wissenschaftspopularisierung zuwiderlaufe. Eine „spezifische Borniertheit" zeichne Engels zufolge den Metaphysiker aus, da er vor lauter Bäumen den Wald nicht sehe.[62] Es handelt sich abermals um den Humboldtschen „Registratoren der Na-

---

60 Vgl. bspw. Stalin, Iosif: *O dialektičeskom i istoričeskom materializme*, Moskva 1952, S. 5f. Entsprechend galt die Bewegung als derjenige privilegierte Seinszustand im Universum, dem der dialektische Materialismus allein den Sonderstatus des Absoluten, Ursprünglichen und Unvergänglichen zuerkannte.

61 Vgl. bspw. *Kratkij Filosofskij Slovar' pod redakciej M. Rozentalja i P. Judina*, Moskva 1941, S. 167.

62 Vgl. Engels: Herrn Eugen Dühring's Umwälzung, S. 20.

tur", der nicht in der Lage sei, aus Acker, Wald und Feld eine Landschaft zusammenzudenken. Mit Metaphysik entsteht so eine massenwirksame, der Dialektik entgegengesetzte Unterstellungskategorie und eine soziale Habitualisierungsstrategie, die helfen soll, die gewohnte Welt der „Offensichtlichkeiten" zu destabilisieren.

Die marxistische Umdeutung der Metaphysik bringt mit dem „Metaphysiker" einen Antihelden hervor, der im sozialistischen Realismus zentral werden soll. Bereits im erwähnten Arbeitszimmer des Wissenschaftlers in Majakovskijs Gedicht begegnet uns eine metaphysische Attributesammlung: „Herz einer Jungfrau, in der Jodtinktur ausgekocht, ein versteinertes Bruchstück des vorvergangenen Sommers, und, auf einer Nadel aufgespießt, so etwas wie ein getrockneter Schweif eines mittelgroßen Kometen."[63] Während Herz, Sommer und Kometenschweif drei paradigmatische Objektivationen der Bewegungskategorien Rhythmus, Zeitenwechsel und Geschwindigkeit repräsentieren, fungiert hier die austrocknende Musealisierung als der Inbegriff der metaphysischen Entzeitlichung und Erstarrung. In *Die große Kraft* wird die „bürgerliche Wissenschaft" dementsprechend als „Propaganda des Unveränderlichen und Ewigen" gebrandmarkt.

Die Metaphysik ist daher allgegenwärtig. Sowohl nach außen als auch reflexiv hat die sowjetische Populärwissenschaft deshalb permanent auf der Hut zu sein. Bei jedem auch nur so unbedeutenden Gegenstand wird mit der Virtuosität eines „semiotischen Lesers" eine klassenpolitische Mythosbildung unterstellt. Mit der Theorie der schwindenden Bodenfruchtbarkeit etwa sollen Hunger und Armut und mit der Gentheorie Krieg und Epidemien gerechtfertigt werden. Die Zellularpathologie Rudolf Virchows versahe den bürgerlichen Föderalismus mit naturgesetzlichen Weihen, da sie die Bedeutung peripherer Steuerungssysteme im Organismus anerkenne und negiere zugleich mit ihrer Formel „Omne vivum ex ovo" („Alles Leben kommt aus dem Ei") die Möglichkeit des gesellschaftlichen Fortschritts. Die Resonanz- und Mesomerietheorie in der Strukturchemie untergrabe den optimistischen Glauben an die Erkennbarkeit der Welt.

63 Vgl. Anm. 41.

Die aus dem zweiten Hauptsatz der Thermodynamik abgeleitete Vorstellung von einem „Wärmetod" des Universums in einigen Milliarden Jahren will uns schließlich die Vorfreude auf die kommunistische Zukunft verderben.

Als der käufliche Kosmopolit mit dem vielsagenden Namen Rubljev in *Die große Kraft* sich von politischen Auslegungen seines Glaubens an die Existenz der Gene energisch distanziert, hält ihm Professor Lavrov entgegen: „Die Politik hat mit allem etwas zu tun. Und wenn Sie sich auf alle möglichen Geheimnisse und Grenzen berufen, so ist das auch Politik – die wir offen bekämpfen werden, ganz offen!" Bei ihrem Begehren, den kapitalistischen Betrugsmechanismus freizulegen, lässt es die stalinistische Utopie aber nicht bewenden. Die Unterstellung, der natürliche Status quo mit seinen „Grenzen" und „Geheimnissen" sei eine den Interessen der herrschenden Klasse dienende soziale Konstruktion, gleicht dem Appell, sie zu beseitigen. Die Demaskierung von Historie schlägt in die Vernictung von Utopie durch ihre Verwirklichung um.[64]

VII. Die Umgestaltung der Natur als populärwissenschaftliche Praxis

Wie bisher festgestellt, gründet die sowjetische Populärwissenschaft in der sozialkonstruktivistischen Prämisse, dass die naturwissenschaftlichen Kenntnisse ihrem Wesen nach ästhetisch-ideologisch durchdrungen seien, und zwar auch dann, wenn man es unter dem Deckmantel des „Objektivismus" und „Expertentums" verschleiere. Die Aufgabe der

64 Vor einigen Jahren hat sich der Kanadier Ian Hacking aus Sicht der analytischen Philosophie und Wissenschaftstheorie mit seinem Buch *Was heißt „soziale Konstruktion"? Zur Konjunktur einer Kampfvokabel in den Wissenschaften* in den so genannten „Krieg der Wissenschaften" eingeschaltet und darin dieses Demaskierungsmodell als eine universelle Denkfigur eingeführt. Nach Hacking kann der beschriebene Negationsvorgang nur unter der Grundvoraussetzung zustande kommen, dass beim gegenwärtigen Stand der Dinge ein Phänomen allgemein für etwas Selbstverständliches, Obligatorisches oder objektiv Wahrhaftiges gehalten wird. Konstitutiv für die sozial-konstruktivistische Entlarvung ist eine Unterstellung des blinden Glaubens an die essenzielle Gegebenheit dieses Phänomens. Je nach Dringlichkeit dieser enthüllungs-appellativen Rhetorik unterscheidet Hacking zwischen einer historischen, ironischen, entlarvenden, rebellischen und revolutionären Haltung. Im letzteren Fall schlägt die kognitive Dekonstruktion in eine materielle Rekonstruktion um. Vgl. Hacking: *Was heißt „soziale Konstruktion"?*, S. 39.

Wissenschaftspopularisierung war es deshalb zum einen, solche Durchdringung der „fortschrittlichen Wissenschaft" in marxistische Bahnen zu leiten, um so vom Mythos zur Wahrheit zu gelangen. Zum anderen fiel in ihre Kernkompetenz eine kritische Durchleuchtung und Dekonstruktion des noch „bürgerlich" imprägnierten Naturbildes. Dieser Enthüllungsvorgang hatte einen weiteren Schritt heraufzubeschwören: die radikale Umgestaltung der Natur.

Leitdiskurse der Umgestaltung der Natur und des Neuen Menschen bildeten den ultimativen Fluchtpunkt der geschichtsoptimistischen Fortschritts- und Zukunftsprogrammatik des Stalinismus. Mit dem populärwissenschaftlichen Dispositiv kann somit jenes Fundament erfasst werden, auf dem dieses sich als ästhetisch-weltanschaulich durchdrungene Wissenschaftlichkeit präsentierende Paradigma gründete. Schon bald nach 1917 zeigte dieses Dispositiv seine Wirkung, als in der Sowjetunion das ambitionierte Unternehmen begonnen wurde, die soziale Revolution durch eine „naturale" zu transzendieren. Mit revolutionärer Ungeduld wurde von Vertretern verschiedener Geistesströmungen, zumeist aus dem literarisch-künstlerischen Millieu, eine totale Befreiung des Menschen von den Zwängen der Natur gefordert. So trat 1922 das „Kreatorium der Russländischen und Moskauer Biokosmisten" an die Öffentlichkeit mit einem „Immortalismus und Interplanetarismus" überschriebenen Programm der „Verwirklichung persönlicher Unsterblichkeit" und Teilnahme „am Kosmischen Leben".[65] Zwar kam in der Aufbruchssituation der 1920er Jahre mit derartigen Phantastereien das russische utopische Denken voll zum Ausdruck, insgesamt blieben sie dennoch milieubeschränkte avantgardistische Experimente ohne große Breitenresonanz.

Auch unter Stalin reichten die Heilsversprechen der wissenschaftlich-technischen Revolution von der „Verschiebung des Südens in den Norden" und Züchtung von Lilien mit Veilchengeruch bis zur Wiederbelebung der Toten und zum Sieg selbst über den Zufall. Ihre Protagonisten, wie z.B.

---

65 Zum russischen Biokosmismus siehe: Hagemeister, Michael: Die „Biokosmisten". Anarchismus und Maximalismus in der frühen Sowjetzeit, in: *Studia Slavica in Honorem Viri Doctissimi Olexa Horbatsch*, Bd. 1, Tl. 1, München 1983, S. 61-76. Vgl. auch: Heller; Niqueux: *Geschichte der Utopie*, S. 200ff.

der Präsident der Landwirtschaftsakademie Lysenko, besetzten aber nun die wissenschaftspolitischen Schlüsselpositionen und konnten den Wissenschaftsdiskurs weitgehend bestimmen. In den Forschungsanstalten der Sowjetunion gingen Briefe einfacher Arbeiter und Bauern ein, die den brennenden Wunsch bekundeten, an der Umsetzung dieser mitreißenden Ziele mitzuwirken, sei es auch nur als Versuchsobjekte.[66]

Stand die „Umgestaltung der Natur" in den 1920ern und zu Beginn der 1930er Jahre noch im Zeichen ihrer revolutionären Erstürmung, zeichnete sich gegen Ende der 1930er ein idyllisches Bild der paradiesisch befriedeten, zahmen Natur ab. Daher konnte die Naturrevolution im Rückblick Jaroslav Vasil'evič Smeljakovs von 1949 in weniger kämpferischen Tönen gerühmt werden als bei Gor'kij: „Mit Musik und mit dem Lied, ohne sich zu verstecken, nehmen wir die Schätze von der Natur – wie wir die Macht nahmen und genommen hatten damals, im Oktober 1917."[67] Denn die Natur habe inzwischen von den Bolschewiken gelernt. Als eine bolschewistische Umerziehungsanstalt der Natur erscheint bei Smeljakov bereits 1939 der Mičurinsche Garten, ein Herzstück der Allunions-Landwirtschaftsaustellung (VSChV) in Moskau. Hier im sowjetischen Mičurin-Paradies wird selbst der Baum der Erkenntnis mit seinen verbotenen Früchten biopolitisch entmachtet. Der Apfelbaum „kriecht röchelnd und sich erniedrigend" zu Füßen Mičurins.[68] In *Die Volksakademie* von Gennadij Fiš, ist es die „störrische Pflanze" Hirse, die die Erfüllung der volkswirtschaftlichen Fünfjahrpläne systematisch sabotiert. Hier basiert die Mičurinsche Umerziehung schon unmissverständlich klar auf den

66 Vgl. Lepeschinskaja, Olga: *An den Quellen des Lebens*, Berlin 1954, S. 5.

67 „С музыкой/ и с песней,/ не таясь,/ мы берем богатство у природы –/ так, как брали/ и как взяли власть/ в октябре семнадцатого года." Smeljakov, Jaroslav: Bol'še net prirody ravnodušnoj, in: Ders.: *Sobranie sočinenij v trech tomach*, Bd. 1, Moskva 1977, S. 259f.

68 „Если это нужным он сочтет, яблоня хрипя и унижаясь у сапог властителя валяясь, по земле, как нищенка ползет." Smeljakov, Jaroslav: Mičurinskij sad, in: Ders.: *Sobranie*, Bd. 1, S. 146. Das Gedicht *Eine gleichgültige Natur existiert nicht mehr* (*Bol'še net prirody ravnodušnoj*), in dem Smeljakov mit Puškins berühmter Naturdarstellung von 1829 polemisiert, präsentiert nun eine neue, zum sozialistischen Bewusstsein umerzogene Natur, wo selbst kleine Sprösse auf dem Kolchosfeld um die Erfüllung der Fünfjahrpläne untereinander wettstreiten, und wo der sowjetische Wald wie eine Armee die sozialistische Volkswirtschaft von den südöstlichen Winden beschützt.

berüchtigten Methoden des NKVD: „Lyssenko aber blieb in Moskau, um die Hirse zu verhören. Er wollte in alle ihre Geheimnisse eindringen, indem er ihr eine schwere Beschuldigung nach der anderen entgegenschleuderte, indem er sie einem hochnotpeinlichen Verhör unterzog [...] Sie war widerspenstig, versuchte, ihm alles zu verschweigen, ihn von der rechten Spur abzubringen. [...] Verstünde die Hirse die menschliche Sprache, sie hätte die Worte des Gelehrten gehört: ‚Ich will dir helfen im Kampf gegen deine schlimmsten Feinde; ich komme dir zu Hilfe im harten Kampf der Arten untereinander. Sag mir, wie ich dir besser helfen kann...' Und die Hirse sagte es ihm. Alle ihre Geheimnisse vertraute sie ihm an..."[69]

Will man nun das Paradigma der Umgestaltung und Umerziehung der Natur nach ihren Zielobjekten ordnen, so lässt sich darin zunächst ein Doppelbezug – auf die äußere Natur und auf die innere Natur des Menschen – ausmachen. Durch die Lehre des Physiologen Ivan Petrovič Pavlov sollte der Neue Mensch nicht nur körperpolitisch hervorgebracht werden,[70] sondern unter der Schirmherrschaft des Nobelpreisträgers der biokosmistische Traum in Erfüllung gehen, das menschliche Leben zu verlängern. Auf der anderen Seite zielte die Naturumgestaltung auf die Schaffung einer „neuen Geographie" ab.[71] Diese Idee lief aber letztlich auf die Umrahmung des Neuen Menschen durch blühende Landschaften hinaus und bewegte sich weiterhin im Paradigma des „schöpferischen Darwinismus". Die Bezwingung des Raums schrieb sich auf dem Feld der Biowissenschaften als Überwindung der Zeit fort.

VIII. Das Unbehagen der Gene – Biologie/Pflanzenzucht

In seiner radikalsten Form negierte der „schöpferische Darwinismus" die Existenz einer besonderen Erbsubstanz und postulierte die auf den französischen Naturforscher Jean-Baptiste de Lamarck zurückgehende Hauptprämisse: Eigenschaften der Lebewesen, die während der Ontogenese, d.h.

69 Fisch: *Die Volksakademie*, S. 20, 27f.

70 Vgl. speziell hierzu Rüting, Torsten: *Pavlov und der neue Mensch. Diskurse über Disziplinierung in Sowjetrussland*, München u.a. 2002.

71 „Eine neue Geographie unseres Landes wird geboren vor unseren Augen." Fersman, Aleksandr: *Vospominanija o kamne*, Moskva 1953, S. 170.

während ihrer physischen Entwicklung seit der Geburt erworben worden sind, z.B. durch einen künstlichen Eingriff, Übung oder Erziehung, sind vererbbar. Die darauf basierende psycholamarckistische Transformationstheorie Ivan Pavlovs ging noch weiter. Sie behauptete, dass die Evolution des tierischen und menschlichen Verhaltens auf der genetischen Fixierung erlernter Verhaltensmuster (bedingter Reflexe) beruhe, was zumindest theoretisch die Möglichkeit eröffnete, die anerzogenen moralischen Qualitäten des Sowjetmenschen erblich zu perpetuieren.[72]

Auch die Kategorie der Vererbung stellt ein Chronotop dar. Denn sie arbeitet gegen die Zeit. Wenn nun der „schöpferische Darwinismus" sich der Vererbungslehre August Weismanns und Thomas H. Morgans widersetzte, so wurde ihr die essentialistische Annahme eines überzeitlich unhintergehbaren „ens naturale" unterstellt, die als eines der Mythen der bürgerlichen Meistererzählung zu entlarven gewesen sei. Diese würde das naturwüchsig Vorgegebene und erblich Fixierte verabsolutieren und die Entstehung des qualitativ Neuen leugnen, indem sie angeblich die natürliche Entwicklung und Formenvielfalt als eine bloße Rekombination bereits vorhandener ewiger Keimanlagen erklärte. Seit den 1930er Jahren wurde deshalb der „Mendelismus-Weismannismus-Morganismus" als eine „maskierte Pseudowissenschaft von der Unveränderlichkeit der Natur" schonungslos verfolgt, was mit Blick auf die Rassenbiologie in Nazi-Deutschland auch legitim zu sein schien.

Die revolutionäre Diskontinuität sollte auf die Keimbahn des Lebens selbst übertragen werden. Diese sowjetische Sehnsucht nach Kontingenz, die sich als Paraphrase Siegmund Freuds auch als Unbehagen der Gene bezeichnen lässt, entfaltete eine gewaltige Impulswirkung auf allen Kulturfeldern der UdSSR, insbesondere aber im populärwissenschaftlichen Dispositiv. Um neben Produktionsroman, Film, Lyrik und „konventioneller" Populärwissenschaft ein weiteres Segment dieses Dispositivs, die „Wissenschaftliche Fantastik", zu beleuchten, sei hier die Erzählung Alek-

72 Demnach eröffnete sich die Möglichkeit, dass sowohl die gesamte natürliche Umwelt, als auch die innere Natur des Menschen, welche man nach der marxistisch-leninistischen Doktrin als den „geronnenen" Extrakt seiner Umweltbedingungen definierte, jetzt auch auf wissenschaftlicher Basis radikal transformiert werden konnte.

sandr Nikolaevič Studitskijs *Die Bergschlucht Batyrlar-Džola* (*Uščel'e Batyrlar-džop*, 1948) als Beispiel angeführt.[73] Das Unbehagen der Gene zeigt sich in dem Text interessanterweise in einer Neukodifizierung der Wildnis, die fast freudianisch als Inbegriff der genetischen Verdammnis erscheint. In der Erzählung treffen Petrenko, ein glühender Mičurin-Anhänger, und Berezov, ein notorischer Skeptiker, aufeinander. Beide träumen davon, möglichst große Exemplare des „Taraxacum kok saghyz" zu erhalten, einer Kautschukpflanze aus dem Tjan-Shan-Gebirge, schlagen aber verschiedene Wege ein. Während Petrenko an eine „Umerziehung" von Kok Saghyz auf seiner Biostation im Gebirgstal glaubt, lässt sich Beresov von den Lagerfeuererzählungen der Eingeborenen begeistern, wonach irgendwo in der fernen und gefährlichen Bergschlucht Batyrlar-Džop gigantische Kok-Saghyz-Exemplare bereits im fertigen Zustand existierten. Somit ist eine Wettstreitdisposition angelegt, die zugleich eine gattungsreflexive Konkurrenzfigur darstellt, da die beiden Protagonisten die Abenteuergeschichte bzw. die Science-Fiction repräsentieren. Der romantischen Sehnsucht des Naturwüchsigen und überzeitlich Gegebenen steht der Realismus des kulturell Geformten als die wahre wissenschaftliche Phantastik gegenüber. Berezov, der eine Expedition in die geheimnisumwitterte Schlucht unternimmt, entgeht nur knapp dem Tod. Es ist das Unbehagen der Gene, das ihn in Gestalt von blutgierigen Mutanten die Flucht ergreifen lässt.[74]

Das Unbehagen der Gene kulminiert dann bei Studitskij in einer symbolträchtigen Szene, als Berezov auf dem Rückweg über die Berge ausrutscht und sich am Rande einer Steilwand über dem Abgrund festklammert. Der schwere Rucksack, in dem die eingesammelten Wurzeln des natürlichen Kok-Saghyz liegen, zieht den vom rechten Weg abgekommenen Naturforscher nach unten. In letzter Sekunde wird aber der Gurt abgerissen und das wilde Genmaterial im Rucksack stürzt in die Tiefe. Damit ist Berezov nicht einfach nur physisch gerettet, sondern erfährt selbst eine Mutation zu einem wahren sowjetischen Naturforscher. Dessen Labo-

73 Vgl. Studitskij, Aleksandr: Uščelje Batyrlar-džop, in: *Znanie – sila* 7 (1948), S. 29-34; 8 (1948), S. 29-36; 9 (1948), S. 27-36; 10 (1048), S. 30-37; 11 (1948), S. 27-35.

74 Die Antithese zur Michail Bulgakovs bekannter Erzählung *Die verhängnisvollen Eier* (*Rokovye jajca*, 1924) ist unübersehbar. Denn die Bulgakovschen Monstertiere sind eben keine wilde Natur, sondern Missgeburten menschlicher Laborwillkür gewesen.

ratorium ist nicht die unzivilisierte Wildnis, sondern die in der Biostation vollkommen beherrschbar gemachte Gartenlandschaft.

Die bei Studitskij beschriebene Befreiung vom Fatum der Vererbung setzte sich in der Sowjetunion in antimetaphysischen Motiven der Verzeitlichung und Destabilisierung fort. Auf dem fachwissenschaftlichen Feld führte Trofim Lysenko einen sehr plastischen Terminus technicus dafür ein: das „Losrütteln von Erbanlagen". Mit dieser Methode sollte das dialektisch-materialistische Prinzip der universellen Widersprüchlichkeit für die sowjetische Landwirtschaft fruchtbar gemacht werden. Durch Hybridisierung oder Pfropfung glaubte Lysenko unterschiedliche Erbanlagen in einem Crash-Kurs miteinander in Verbindung bringen zu können. In dem Moment, wenn die Erbsubstanzen aufeinander prallen und ins Wanken geraten, greift der Experimentator ein und lenkt ihre Entwicklung in die nötige Richtung.

IX. Das Unbehagen der Erinnerung – Physiologie/Schlaftherapie

Die „Umgestaltung der Natur" war als konstruktivistisches Aufbegehren eine temporale Kategorie, da sie auf Negation oder Dekonstruktion von „ewigen" Repräsentationen der Vergangenheit abzielte. Unter Berufung auf Engels erklärte Stalin die aufsteigende Linie statt kreisförmige Prozesse für das verbindliche Geschichtsverständnis.[75] Kein Zufall, dass Gor'kij seine Ausführungen zur Populärwissenschaft in der UdSSR 1933 mit der Zielformulierung eröffnete: Der Sowjetmensch müsste von klein auf lernen, sich „entschieden vom bewussten und unbewussten Hang zur Vergangenheit zu lösen." Ein Ziel, das auf dem Wege der populärwissenschaftlichen Entlarvung von „feststehenden Fakten" zu erreichen sei.[76]

Die Vergangenheit selbst in den Eingeweiden des Menschen zu tilgen, suchte der „schöpferische Darwinismus" mit dem „Losrütteln von Erbanlagen". Aber nicht Gene allein fungieren im menschlichen Körper als Speicher der Geschichte. Ins Visier der stalinistischen Biopolitik als Vergangenheitspolitik rückte daher früh auch das Gehirn des Menschen, aus

75 Stalin: *O dialektičeskom*, S. 6.
76 Gor'kij: O temach, S. 97f.

dem nach der psycholamarckistischen Version der Lehre von der höheren Nerventätigkeit die gespeicherten Informationen weiter in die Vererbungsträger wanderten. Für unseren Argumentationszusammenhang ist an dieser Lehre von Bedeutung, dass die Neurophysiologie Pavlovscher Provenienz den Grundsatz der „führenden Rolle der Großhirnrinde" formulierte, wonach alle inneren Organfunktionen des Menschen von der Großhirnrinde gesteuert würden. Aus diesem Prinzip des „radikalen Nervismus" folgerte wiederum die von Pavlov ausgearbeitete kortiko-viszerale Medizin, dass das lang gesuchte Geheimnis von Krankheit und Tod des Menschen in der „Überlastung" der Gehirnzellen und Störung des „höchsten Organs" liege.

Als die zweite Schlussfolgerung wurde angenommen, dass die Heilung nicht nur psychischer, sondern auch somatischer Erkrankungen ebenfalls via Bewusstsein möglich sein müsse, indem das Gehirn in einen entspannten Zustand der so genannten „Schutzhemmung" heruntergefahren wird. Ein solcher Zustand einer „generalisierten inneren Schutzhemmung" wurde im Schlaf ausgemacht. Wichtig ist nun, dass Pavlov auch das Vergessen mit demselben Schutz- und Hemmungsmechanismus im Gehirn erklärte und es im Gegensatz zur Freudschen „Verdrängung" positiv belegte. Dementsprechend erschien das tiefenpsychologische Abrufen und Bewusstmachen problematischer Gedächtnisinhalte als gesundheitsschädlich. Während also das Pavlovsche Hemmungskonzept als gemeinsame Interpretationsklammer fur Amnesie und Schlafzustand diente, ergab sich aus dieser normativen Umkehrung wiederum das zentrale Therapieverfahren der kortiko-viszeralen Medizin: die „Heilung durch Schlaf", bei der man die Patienten in einen wochenlangen bedingt-reflektorisch induzierten Schlafzustand versetzte. Schlafen als generalisierte innere Schutzhemmung des Gehirns bedeutet Vergessen und das Vergessen führt wiederum zur Heilung.[77]

77 Vgl. auch den die sowjetische Pavlov-Propaganda in der DDR speziell behandelnden Aufsatz: Polianski, Igor J.: Die „gehemmte" Stadt. Psychologie als Körper- und Gedächtnispolitik in der Berliner Systemkonkurrenz nach 1945, in: Lemke, Michael (Hg.): *Berlin-Brandenburg im Kalten Krieg 1948-1975: Wissenschaft, Technik, Kultur und Alltag im „Schaufenster"*, im Druck.

Abb.2: links: Der „Eherne Reiter" und die tobende Neva als Lethe: „Alle bedingten Reflexe sind durch Überschwemmung wie weggespült!"; rechts: Die Schlaftherapie: „Wie frisch, wie klar ist der Kopf geworden!" Filmszenen aus *Das Akademiemitlglied Ivan Pavlov* (1949)

Eben diese Therapiemethode stellt der Regisseur Grigorij Rošal' in seiner Pavlov-Filmbiographie als eine heilbringende Kunst des Vergessens in den Mittelpunkt. Interessant hieran ist auch, dass die Lethe, jener unterweltliche Strom, aus dem die Seelen der Verstorbenen das Wasser des Vergessens trinken, in seinem Film als Neva wiederkehrt, an deren Ufer sich das Pavlovsche St.-Petersburger Forschungsinstitut befindet. Während der verheerenden Neva-Überschwemmung von 1924 werden die Erinnerungen der Pavlovschen Hunde quasi weggeschwemmt, weil sie dabei einen schweren Schock erleiden und in einen tiefen Schutzschlaf fallen. Unmissverständlich klar und nicht nur ikonographisch, knüpft hier der Regisseur an die Diskurslinien des „Ehernen Reiters" an, wo sich die Newa-Überschwemmung von 1824 ebenso mit Naturunterwerfung, Wahnsinn und Erinnerungsverlust verbindet.[78] (Abb. 2, links)

Doch trägt dieser letzte Ausbruch der Wildnis gerade zu einem neuen Befreiungsschlag gegen die Natur der Metaphysiker bei, weil er Pavlov hilft, den Mechanismus der Schutzhemmung zu begreifen. Und so wird der Schutzschlaf in einer Filmszene gleichsam als ein heilendes Gehirnwäscheverfahren verklärt, mit dem die Erinnerungsüberlieferungen aus dem

78 Vgl. Polianski, Igor J; Schwartz, Matthias: Petersburg als (Unter)wasserstadt. Geologie, Katastrophe und Homo diluvii testis. Diskursive Ausgrabungen bei Senkovskij, Puškin und Odoevskij, in: *Wiener Slawistischer Almanach* 53 (2004), S. 5-42.

Zarenreich – religiöse Ängste, Mystizismus, Aberglaube – im Gehirn gehemmt und gelöscht würden. Der Neue Mensch stellt sich so in Fortschreibung folkloristischer Diskurse als ein gereinigter, ausgeschlafener Mensch dar. Die glücklich Schlaftherapierte fällt vor dem Gelehrten auf die Knie wie vor dem Heiland: „Wie frisch, wie klar ist der Kopf geworden! Mir wurde gesagt, ich hätte zwei Wochen geschlafen. Es ist mir, als sehe ich alles zum ersten Mal. Ich bin Ihnen so dankbar!" (Abb. 2. rechts)

X. Deus ex machina – Physiologie/Sprachtheorie

Der ausgeschlafene Neue Mensch als populärwissenschaftliches Produkt ist seiner genetischen und reflektorischen Determinanten entledigt. Sein Kopf ist frisch und klar. Wie lässt sich aber die so geschaffene Tabula rasa neu beschreiben und mit einem Objektivitätsanspruch ausstatten? Ebenso ist die äußere Natur aus ihrem metaphysischen Albtraum erwacht. Wie soll sie gestaltet werden? Im Bezug auf den „linksdoktrinären Antiszientismus" ist bereits die voluntaristische Sprachkonzeption des Proletkults erwähnt worden. Eine nicht weniger eminente Rolle nahm die Sprache in der sowjetischen Bioutopie ein. Bekanntlich gehörte zum Spätwerk Pavlovs seine Lehre vom so genannten zweiten Signalsystem, wonach das menschliche Denken und Sprechen auf bedingt-reflektorische Abläufe im Großhirn zurückzuführen wären. Ohne die Theorie hier im Einzelnen darlegen zu können, sei hier deren Grundmotiv formuliert. Es ist der Gedanke von der ungeheuren Macht des Wortes.

Mit dem Modewerden des sich auf Wilhelm Ostwalds naturphilosophische Spekulationen berufenden „Energetismus" um 1900 und der Visualisierung von „psychischer Energie" durch den Erfinder des „elektrischen Gedankenlesers" (Elekroenzephalographie), Hans Berger, in den 1920er Jahren hat die Vorstellung von der Materialität des menschlichen Bewusstseins die europäische Wissenschaft, Literatur und Kunst regelrecht elektrisiert.[79] Die vermeintliche Übersetzbarkeit des Denkens in Energie und weiter nach der speziellen Relativitätstheorie in Masse ließ sich in der

79 Vgl. hierzu weiterführend: Borck, Cornelius: *Hirnströme. Eine Kulturgeschichte der Elektroenzephalographie*, Göttingen 2005.

frühen sowjetischen Kultur materialistisch interpretieren. „Der Gedanke ist kein Idealismus, sondern harte mächtige Substanz", heißt es in Andrej Platonovič Platonovs Erzählung *Der Ätherstrom* (*Ėfirnyj trakt*, 1926/27), wo der „mad scientist" Isaak Matissen in der Psychokinese „ein neues Mittel der Weltbeherrschung" entdeckt.[80] Maksim Gor'kij schwärmt von der performativen Kraft der Denkmasse und der Sprachsubstanz und fordert 1932 „die gesamte Masse der latenten und passiven Nerven- und Hirnenergie in einen aktiven Zustand zu überführen, ihre schöpferischen Fähigkeiten zu wecken."[81] Seine bekannte Begeisterung für die Pavlovsche Lehre hing eng mit diesen Visionen einer weltpolitischen Psychokinese zusammen.

Das gesprochene Wort, nach Pavlov als universeller, alle anderen Signale stellvertretender Reizgeber erhält in den Nervenbahnen des Empfängers ein materiell fassbares Dasein. Die wirkungsmächtige Sprachsubstanz strömt in alle Enden des Körpers und bringt die inneren Organe unter ihre Kontrolle. „Das bloße Wort treibt den Speichel an!" Diese Entdeckung kommt in der Pavlov-Filmbiographie Grigorij Rošal's einer Neugeburt des Gelehrten gleich. Von Bedeutung ist, dass sich dabei die diskursive Grenze schnell verwischt. Aus der performativen Dominanz des Bewusstseins über den Körper geht eine sprachliche Beherrschung der materiellen Umwelt hervor, welche ihrerseits (im paradoxen Gegensatz zum marxistischen Dogma) im Primat des Bewusstseins vor der Materie mündet. Mit einer fast evangelistischen Innbrunst schreiben vor diesem Hintergrund der „schöpferische Darwinismus" in der Biologie, der Pavlovsche „Nervismus" in der Physiologie und der „Marrismus" in der Linguistik gemeinsam dem Wort ein ungeheuerliches physisch-materielles und imaginativ-ideelles Wirkungspotential zu.

Wenn auch nur analog im Sinne einer lebensweltlichen und denkstilistischen Präferenz, handelte es sich um eine sozialkonstruktivistische Grundhaltung. Der prinzipielle Unterschied besteht jedoch darin, dass der Wahrheitsanspruch der marxistisch-leninistischen Sprachauffassung

80 Platonov, Andrej: Ėfirnyj trakt, in: Ders.: *Sobranie Sočinenij v trech tomach*, Moskva 1984, Bd. 1, S. 190, 197.

81 Gorki: Der alte und der neue Mensch, S. 324.

dialektisch im Prinzip der Parteilichkeit gesichert war. In ihrer antimechanistischen Auslegung hat die Pavlovsche Lehre den Sowjetmenschen mit einem mächtigen „Willenszentrum" ausgestattet, der von den unteren, animalisch-subkortikalen ‚Etagen' des menschlichen Nervensystems durch eine unpassierbare Grenze des dialektischen ‚Qualitätsumschlags' prinzipiell getrennt sein sollte. Eben dieser dialektische Deus ex machina – die oberste Befehlsinstanz in der Großhirnrinde – stellte den Fluchtpunkt des stalinistischen Sozialkonstruktivismus dar: Die Welt ist eine Summe sprachlich erzeugter und deshalb historisch wandelbarer Meistererzählungen, die jedenfalls ungleichwertig sind. „Das Weltbild ist ein Bild dessen, wie sich die Materie bewegt und wie ‚die Materie denkt'", postuliert Lenin und zitiert Stalin.[82] Erst in der kommunistischen Gesellschaft als deren höchster Daseinsform kulminiert aber das Sich-ihrer-selbst-Bewußtwerden der Materie in uns in einer Identität von Subjektivität und Wahrheit.

XI. Resümee

Indem sie die subversiven Tendenzen der althergebrachten Wissenschaftspopularisierung bürgerlich-humanistischer Provenienz radikalisierte, avancierte die Populärwissenschaft in der UdSSR zu einem antiszientistischen Entmythologisierungsunternehmen auf sozialkonstruktivistisch-marxistischer Basis. Die populärwissenschaftliche Erstürmung des „Elfenbeinturms" – so lässt es sich hier abschließend festhalten – führte dabei zwei Traditionslinien fort. Erstens konnte der Druck auf die „elenden Registratoren der Natur" von der Seite der holistischen Ästhetik der Natur und die Poetologie der Naturerkenntnis unter marxistischen Vorzeichen verstärkt werden. Es wurde an jene verbreitete Geisteshaltung angeknüpft, die man bereits in den Anfängen der Wissenschaftspopularisierung als eine kritische Distanz zu empiriegeleiteten Erfahrungswissenschaften vorfindet. So waren es die ‚Überväter' der Populärwissenschaft Goethe und Humboldt, die einer fortschreitenden Spezialisierung und Fragmentierung des Naturwissens um 1800 eine ästhetische Metaphysik der Natur als holistische

82 Lenin, Vladimir: *Materialismus und Empiriokritizismus*, Berlin, 1952, S. 345. Vgl. auch Stalin: *O dialektičeskom*, S. 12.

Beseelung und Überbietung des sich ausbreitenden Expertentums gegenüberstellen wollten. In der Sowjetunion wurde diese Traditionslinie im Kampf gegen den „Positivismus“ als Forderung nach einer weltanschaulichen Klärung und Durchdringung der Erfahrungswissenschaften fortgeschrieben.

Zweitens konnte eine solche ästhetisch-weltanschauliche Durchdringung bereits von der Arbeiterbewegung am Ende des 19. Jahrhunderts klassenpolitisch umgepolt werden, indem die ästhetisch unbefangene Zugangsweise zur Natur in der naturverbundenen ‚Volkstümlichkeit‘ verortet wurde. Die ‚anschauende Urteilskraft‘ kehrte dann in der Sowjetunion als eine der akademischen ‚Haarspalterei‘ überlegene und allein in der väterlichen Kolchose wieder zu ‚tankende‘ Volksweisheit zurück. An die Stelle der „elenden Registratoren der Natur“ traten die bürgerlichen ‚Doktoren‘ und ihre heimlichen Komplizen, die ‚Pastoren‘, als die gegnerische Zielscheibe. Die Eroberung dieser Expertenwelt von innen konnte aber nur gelingen, weil die Wissenschaftspopularisierung dafür eine diskursive Enterbrücke zur Verfügung stellte.

Die unter der Parole der weltanschaulichen Durchdringung arbeitende Populärwissenschaft bemühte sich primär um eine Bewusstseinsmachung der akzidentellen Kreatürlichkeit der Welt. Mit ihrer Zerlegung und dem Wiederarrangement der Weltbilder unterschied sie sich jedoch vom „semiotischen Leser“ Roland Barthes, der die „gesellschaftliche Natur, die ganz einfach die Kultur ist“, ebenfalls durchschauen will, in einem prinzipiellen Punkt. Dieser „leiht sein Ohr dem Natürlichen in der Kultur und nimmt unablässig in ihr nicht so sehr feststehende, endgültige, ‚wahre‘ Bedeutungen als vielmehr den Schauer einer ungeheuren Maschine wahr, nämlich der Menschheit, die unermüdlich an der Schöpfung von Bedeutung arbeitet, ohne die sie nicht mehr menschlich wäre“.[83] Den Fluchtpunkt der marxistischen Naturlektüren und das Konstruktionsprinzip der Populärwissenschaft als Genre bildeten hingegen gerade solche entgültige Bedeutungen, die aber vom Hintergrundgeräusch der „ungeheuren Maschine“ zu befreien waren.

---

83 Barthes, Roland: Strukturalismus und Semiotik, in: Kimmich, Dorothee (Hg.): *Texte zur Literaturtheorie der Gegenwart*, Stuttgart 1996, S. 215-223, S. 222.

Dies umso mehr, da die Welt – so war die Botschaft – einfacher gebaut sei, als es die metaphysischen Mythologien wollten. Und gerade weil die Welt einfach ist, ist ihre im proletarischen Denken gipfelnde Selbstartikulation ebenso einfach wie populär. Mit diesen Annahmen wirkte die Populärwissenschaft mobilisierend und performativ. Ist die Welt einmal entmythologisiert, wird ihre prinzipielle technische Manipuliertheit evident, so dass die Utopien von gestern als machbar erscheinen. Konkret bestand nun der Popularisierungsauftrag in der praktischen Ausübung der stalinistischen Biomacht, deren Endziel die Herstellung des Neuen Menschen war. Als der wichtigste Produktionsschritt erwies sich dabei eine doppelte diskursive Ausradierung von Vergangenheitssignifikanten in den menschlichen Gehirn- und Fortpflanzungszellen auf dem Feld des „schöpferischen Darwinismus" und der Pavlovschen Neurophysiologie.

Hinter diesen Vergessensobsessionen stand das sozialkonstruktivistische Aufbegehren gegen das Fatum der Erinnerung und Vererbung. Die Entmachtung des Mythos radikalisierte sich so als erinnerungspolitischer Traum der sowjetischen „Erwartungsgesellschaft", sich vom Fluch der historischen Vergangenheit zu befreien und pelagianische, d.h. vergangenheitszugewandte Mythologien und primordiale kulturelle Kodierungen restlos auszulöschen. Während sich in der Wissenschaftspopularisierung im weiteren Sinne eine spezifische diskursive Form dieser Entmythologisierungssehnsucht manifestierte, stellte die stalinistische Bio- und Körperpolitik deren inhaltlichen Brennpunkt dar.

XII. Postskriptum

Abb.3: oben: Die Entmachtung der Populärwissenschaft. Professor Nikodimov zählt die Konjaksterne am Himmel; unten: „Fünf Minuten" ohne Wissenschaft als Signatur des Tauwetters, Filmszenen aus *Die Karnevalsnacht* (1956)

Auf die Geschichtsschreibung des sowjetischen Fortschrittsparadigmas färbt nicht selten die ungeheuerliche Emphase seiner Protagonisten ab. Selten kommen deshalb jene Antidiskurse der Sowjetzeit zur Darstellung, wo hinter den offiziellen Kulissen der ersatzreligiösen Wissensgläubigkeit, auch die subversiven Abgründe der sowjetischen Massenkultur und hinter dem „Primat der Umgestaltung" auch das „Pathos des Bewahrens"[84] sichtbar werden. Eben als ein solches subversives Intermezzo der Tauwetterzeit erscheint der berühmt gewordene Film Ėl'dar Aleksandrovič Rjazanovs *Die Karnevalsnacht* (*Karnaval'naja noč'*, dt. Verleihtitel *Nun schlägt's 13!*). Die Komödie aus dem Jahre 1956 handelt von einem Kulturklub, der eine ministeriale „Orientierung" erhält, das Neujahrsfest fröhlich zu gestalten. Die symbolische Verabschiedung der stalinistischen Unzeiten droht aber am „vorläufig die Aufgaben des Direktors ausführenden" Genossen Ogurcov zu scheitern, der die „grüne Trostlosigkeit" verkörpert, glücklicherweise aber absolut hirnlos ist. Der Plan dieses „falsus procurator" ist es, einen Lektor von der Gesellschaft zur Verbreitung wissenschaftlicher Kenntnisse zu engagieren, einen „ganz kurzen, circa vierzig Minuten dauernden" Vortrag über das Leben auf dem Mars zu halten, und das ganze Sujet des Films dreht sich darum, diese

84 Gestwa, Klaus: Primat der Umgestaltung und Pathos des Bewahrens. Literarische Landschafts- und Gesellschaftspanoramen im industriellen Wandel des zaristischen Russlands und der frühen Sowjetunion, in: *Zeitschrift für Geschichtswissenschaft* 12 (2003), S. 1068-1097.

grausame Perspektive zu vereiteln. Heimtückisch wird deshalb der arme Professor Nikodimov, wenn nicht mit „geistigem Fusel", so doch mit dem Fünfsternekognak „fertig" gemacht.

Der Auftritt des torkelnden Astronomieprofessors, dessen Vortrag mit dem Aufzählen der Kognaksterne am Himmel beginnt, um in einen ausgelassenen kaukasischen Tanz überzugehen, wird zur Kulmination des Maskenballs und – zur wahren Signatur des Tauwetters. (Abb. 3, oben) Nachdem die Populärwissenschaft von der Bühne endlich heruntergezerrt wurde, schlägt mit dem Erscheinen eines Magiers die Stunde einer mythischen Widerverzauberung der Welt, die sich nun eine Karnevalmaske anziehen darf. Als eine sentimentale Romanze verschlüsselt bricht die Erinnerung an das alte gute Russland in den Festsaal hinein. Die Hauptprotagonistin Krylova – deren Name zur Decodierung heimlicher Botschaften geradezu animiert – singt aber um fünf vor zwölf ein mahnendes Lied von fünf Minuten: „Mein lieber Freund beeile dich, alles noch nicht Gesagte zu sagen." (Abb. 3, unten) Die Zeit, alles zu sagen und über die Sterne besser mit einem Kognakglas im Zeichen der Liebe als der Astronomie zu plaudern, war in der Tat nur knapp bemessen. Schon in wenigen Monaten sollte der erste sowjetische Mondtrabant die karnevalistische Entmachtung der sowjetischen Populärwissenschaft abrupt beenden.

Torben Philipp

„Etwa so, wie die Kanone und die Kanonenkugel ein Ganzes sein können." Zoščenkos *Schlüssel des Glücks* als literarische Epistemologie

> Ich warf mich in meinem Bett herum. Meine Waffen – Papier und Bleistift – lagen neben mir.[1]
>
> Versuche am Menschen wurden nicht in dem Maße vorgenommen, wie es notwendig gewesen wäre.
>
> Michail Zoščenko[2]

1.

Begreift man das Wechselspiel von literarischen Texten und „den" Naturwissenschaften als eine Dynamik von laboratorisch etabliertem Fachwissen einerseits und einer aus vermittelnder Lektüre gespeister entgrenzend-aneignender Interpretation, Inszenierung oder Umschrift von Wissensobjekten durch den wissenschaftlichen Künstler-Laien, der sich strategisch aus einem offenen Metaphernreservoir der Wissenschaften bedient, andererseits, so figuriert wohl der immer noch reichlich erratische und kontrovers

---

1 Michail Michajlovič Zoščenko: Pered vochodom solnca, in: Ders.: *Sobranie sočinenij v 3 tomach*, Bd. 3, Leningrad 1987, S. 447-693. Der Roman erschien auf Deutsch unter dem von Zoščenko ursprünglich geplanten Titel: Michail Soschtschenko: *Schlüssel des Glücks*, Leipzig 1980. Nach dieser Ausgabe wird im Folgenden zitiert, hier: S.232; „С распоротым брюхом я валялся в постели. Мое оружие – бумага и карандаш лежали рядом со мной." Zoščenko: Pered, S. 626.

2 Zoščenko: *Schlüssel*, S.158: „Опыты над человеком не были произведены в той мере, как это надлежало сделать." Zošcenko: Pered, S. 567.

gedeutete autobiographische Roman *Schlüssel des Glücks* (*Pered voschodom solnca*) von Michail Michajlovič Zoščenko aus dem Jahre 1943 als ein Paradebeispiel an prominenter Stelle.[3]

Zoščenkos mehrteiliger, fragmentarischer Text, dessen nur erste Hälfte in der Zeitschrift *Oktober* (*Oktjabr'*) erscheinen durfte und dessen Rezeption ausdrücklich einen der Anlässe für die Ächtung des Autoren und Ausschluss aus dem Schriftstellerverband 1946 darstellte,[4] offenbart sich als eine programmatische Auseinandersetzung des autobiographischen Erzähler-Ichs mit zeitgenössischen populären und hochgradig spezifizierten anthropologischen Wissensdiskursen.

Der Text, der die gelungene Selbstheilung des autobiographischen Erzählers von einer ganzen Gruppe diffuser psychophysischer Krankheitssymptome mit Hilfe der aus den berühmten industriell-laboratorischen Hundeversuchen entwickelten Lehre vom „bedingten Reflex" des russischen Physiologen Ivan Petrovič Pavlov (1849-1936)[5] beschreibt, lässt sich geradezu musterhaft als eine Schnittstelle konkurrierender, aber auch sich

---

3 Vgl. hierzu die diversen Studien, die sich in den letzten Jahren im engeren oder weiteren Sinne mit den „wissenschaftlichen" Wurzeln des Romans befasst haben: Wiren-Garczyński, Vera: Zoščenko's Psychological Interests, in: *The Slavic and East European Journal* 11:1 (1967), S. 3-22; Nolda, Sigrid: Zwischen Pavlov und Freud. Anmerkungen zu Michail Zoščenkos Autobiographie, in: *Welt der Slaven* 32 (1987), S. 78-100; Masing-Delic, Irene: Biology, Reason and Literature in Zoščenkos Pered voschodom solnca, in: *Russian Literature* 8 (1980), S. 77-101; Hodge, Thomas P.: Freudian Elements in Zoshchenko's Pered voskhodom solntsa (1943), in: *The Slavonic and Eastern European Review* 67:1 (January 1989), S. 1-28; Witte, Georg: Therapeutische Geschichten. Ein autobiographischer und ein heterobiographischer Text Zoščenkos, in: Städtke, Klaus (Hg.): *Welt hinter dem Spiegel. Zum Status des Autors in der russischen Literatur der 1920er bis 1950er Jahre,* Berlin 1998, S. 61-76 und in jüngerer Zeit unter eher gegenläufiger Perspektive: Sasse, Sylvia: *Gift im Ohr. Zur Philosophie des Beichtens und Gestehens in der russischen Literatur.* Unveröff. Habilitationsschrift 2006, S. 216-228.

4 Die vollständige Publikation des Gesamttextes mit dem damals nicht erschienenen letzten Textabschnitt „Erzählung vom Verstand" („Povest' o razume") geschah daher erst Anfang der 70er Jahre. Zur Entstehung und zeitgenössischen Rezeptionsgeschichte sowie Diffamierung von Zoščenko durch Ždanov im Jahre 1946 vgl. Tomaševskij, Jurij V.: *Literatura – Proizvodstvo opasnoe ... ' M. Zoščenko. Žizn', tvorčestvo, sud'ba,* Moskva 2004, bes. S. 149-184 und Wiren-Garczyński: Psychological Interests.

5 Vgl. zu Pavlov in jüngerer Zeit grundlegend: Todes, Daniel P.: *Ivan Pavlov. Exploring the Animal Machine,* Oxford u.a. 2000, sowie Rüting, Torsten: *Pavlov und der Neue Mensch. Diskurse über Disziplinierung in Sowjetrussland,* München 2002.

stützender Wissensdiskurse über Heilung und Therapie begreifen, die zwischen fachlich fundierter psychophysiologischer Didaktik und literarischer Erzählprogrammatik schwanken.

Zoščenko inszeniert in seiner Autobiographie ein regelrechtes Diskurstheater therapeutischer Erklärungsmuster und Darstellungsformen. Neben dem Feld der Reflexlehre schließt er an den zeitgenössisch politisch prekären Bereich der Psychoanalyse an und bedient sich zudem noch literarischer Pathografien, einem klinischem Textgenre, mittels derer er literarische Texte und Schriftstellerbiographien einer Art Diagnose unterzieht. Angesiedelt zwischen Zoščenkos Enthusiasmus für die Pavlovsche Reflexlehre als Therapieform und einer zumindest auf der Textoberfläche aufgrund ihres vermeintlichen „Pansexualismus" empört abgewiesenen Freudschen Psychoanalyse, welche beide im Text breit verhandelt und gegeneinander abgewogen werden, entwickelt sich der Roman selbst zu einer Stätte des Experiments und einem Dokument zeitgenössischer Diskurse über Körper, Psyche, Geist und Verstand des Menschen, in dem Popularisierung und Ästhetisierung von anthropologischem Wissen Hand in Hand gehen.

Die Fragen danach, wie das Wissen vom Menschen zwischen Ästhetik und anthropologischen Wissenschaften zirkuliert, aber auch, wo und wie es produziert wird, bilden ein explizites Thema des Romans. Der Text liefert hierbei nicht nur eine inhaltliche Interpretation des kulturanthropologischen Status der Naturwissenschaften in der Sowjetunion der 30er und 40er Jahre, die über den brisanten Konflikt von Psychoanalyse und Physiologie entfaltet wird,[6] sondern reflektiert und positioniert zudem das literarische Schreiben selbst in seinen Möglichkeiten der Wissensproduktion. Damit formuliert er gewissermaßen in nuce eine Poetologie des Wissens, in der literarische Texte als Diskursräume begriffen werden, die nicht einfach einen Wissenschaftsdiskurs über den Menschen mimetisch abbilden, sondern – und dies scheint die literaturanthropologische Pointe des Textes zu sein – ein spezifisch literarisches Wissen angenommen wird, das ein Surplus zu den Wissenschaften vom Menschen liefern kann.

6 Vgl. zur Situation der Psychoanalyse in den 30er und 40er Jahren: Etkind, Alexander: *Eros des Unmöglichen. Die Geschichte der Psychoanalyse in Russland*, Leipzig 1996.

Die Grenzen zwischen therapeutischer Arbeit an Körper und Seele sowie dessen fiktionalisierter Rede darüber verschwimmen in einem autobiographischen Diskurs, der sich aus Erinnerungen, Assoziationen, archivierten Notizen, aber auch literarischen Vorbildern und der Einarbeitung und Referierung physiologischer und psychologischer Lektüren speist. Ganz offensichtlich geht es dem Autor dabei auch nicht bloß um ein unschuldiges „Herunterbrechen" von Spezialwissen über Pavlov für seine Leserschaft (etwa im Sinne eines repräsentationsvergessenen Begriffs von Wissenschaftspopularisierung),[7] sondern das „Wissen" wird eher zur Positionierung einer eigenen Poetik und eines literarischen Modells aufgerufen, indem konkurrierende Wissensmodelle zweckgerichtet gegeneinander ausgespielt und im literarischen Text interpretierend und transformierend ausbuchstabiert werden. Es geht um eine, man könnte sagen, Einverleibung von Psycho- und Körperwissen in die Strukturen des Textes oder noch eher, um die Etablierung eines (autobiographischen) Erzählmodells auf einer wissenschaftlich zugerichteten Grundlage, die eben diesen selbst zu einer Kategorie und Produktionsstätte von anthropologischem Wissen nobilitiert.

2.

Diese Blickrichtung auf Zoščenkos therapeutische Autobiographie als literarisch-experimentellen Ort der Wissensproduktion leitet sich dabei zunächst aus einer in den letzten Jahren statthabenden Verschiebung der analytischen Perspektive auf das Wechselspiel zwischen Humanwissenschaften und ästhetischem Erzeugnis ab. War die slawistische Forschungsliteratur zum Text seit den 60er Jahren in erster Linie mit der Frage nach einer Einflussgeschichte vordergründig antinomischer wissenschaftlicher Theorien, namentlich derer von Freud und Pavlov, auf den literarischen Text befasst und hatte es sich zur Aufgabe gesetzt, die bei

7 Vgl. zur jüngeren Theorie der Wissenschaftspopularisierung exemplarisch: Schwarz, Angela: *Der Schlüssel zur modernen Welt. Wissenschaftspopularisierung in Großbritannien und Deutschland im Übergang zur Moderne (ca. 1870-1914)*, Stuttgart 1999 und Daum, Andreas: *Wissenschaftspopularisierung im 19. Jahrhundert. Bürgerliche Kultur, naturwissenschaftliche Bildung und deutsche Öffentlichkeit, 1848-1914*, München 2002.

Zoščenko aufgeführten Verfahren als adaptierende Kopien und Narrativierungen von a priori existierenden Wissensinhalten und Prätexten zu rekonstruieren und voneinander abzugrenzen,[8] möchte ich hingegen eine Lesart vorstellen, die die Literatur selbst als einen Schauplatz des Wissens und den literarischen Text als eine kulturelle Wissenspraxis begreift.

Schlüssel des Glücks handelt ganz offensichtlich von einer solchen „poetischen Durchdringung" des Wissens, nicht von dessen nachträglicher Repräsentation, sondern von einer spezifisch literarischen Epistemologie, die aus einer bestimmten Wissensordnung heraus produziert wird und ihrerseits selbst Wissen produziert.

Solche Überlegungen sollen jüngeren Ansätzen innerhalb der Wissenschaftstheorie Rechnung tragen, die Wissenskonstitution als einen konstruktiven Prozess begreifen, dessen Erkenntnisobjekte als untrennbar von deren jeweiligen Strategien der Beobachtung und des Aufschreibens zu verstehen sind. Insbesondere Hans-Jörg Rheinberger hat in seinen kanonisch gewordenen Studien über die „epistemischen Dinge", also jenen materiellen wie nicht-materiellen Wissensgegenständen und wissenschaftlichen Tatsachen, auf die sich ein Erkenntnisinteresse innerhalb von Experimentalsystemen richtet, eindrücklich darauf verwiesen, dass solche Objekte im wissenschaftlichen Versuch nicht als ein Vorgang von Übertragung oder Stellvertretung eines „Außen" oder vorgelagerter Hypothesen schlichtweg abgebildet werden, sondern in einem diskursiv gefassten Repräsentationsraum in Prozessen der Poiesis als Figurierung, Narrativierung, Rhetorisierung etc. überhaupt erst zum Erscheinen kommen können. Oder anders formuliert: die Existenz eines Phänomens hängt in essenzieller Weise von Symbolsystemen und der schöpferischen Kombination von Zeichen, Erzählformen und Aufzeichnungstechniken ab, in denen sich Wissen überhaupt erst als etwas Neues eigendynamisch „verkörpern" kann.[9]

---

8 Vgl. etwa Nolda: Zwischen Pavlov und Freud, oder auch Hodge: Freudian Elements.

9 Vgl. Rheinberger, Hans-Jörg: *Experimentalsysteme und epistemische Dinge. Eine Geschichte der Proteinsynthese im Reagenzglas,* Göttingen 2001; Rheinberger, Hans-Jörg; Hagner, Michael; Wahrig-Schmidt, Bettina (Hg.): *Räume des Wissens. Repräsentation, Codierung, Spur,* Berlin 1997.

Sind aber Wissensordnungen nicht unabhängig von poetologischen Verfahrensweisen denkbar und kann gleichzeitig Poetik dann auch nicht ohne Epistemologie begriffen werden, so steckt dies zugleich einen Bereich ab, der die Grenzen zwischen fiktiver Literatur und Wissenschaft höchst durchlässig erscheinen lässt. In einem programmatischen Artikel über Wissenspoetologien hat Joseph Vogl diese transitorische Dynamik eines wechselseitigen Transfers, die auf die jeweiligen Formen der Repräsentation rekurriert, pointiert zusammengefasst. Ein Erkenntnisobjekt, so Vogl, zirkuliere über „Äußerungsweisen verschiedener Ordnung und Art und erscheint etwa in einem literarischen Text, in einem wissenschaftlichen Experiment, in einer Verordnung oder in einem alltäglichen Satz gleichermaßen."[10]

Eine solche Diagnose, die wissenschaftliche Fakten und literarische Fiktion in einer Art Chiasmus begreift, die sich aus einem gemeinsamen Archiv des Sagbaren bedienen können und müssen, verlegt den Bezug von experimenteller Science und imaginärer Fiction in ein und denselben Register, in welchen Wissen als kulturelle Bedeutung immer zunächst performativ und diskursiv hervorgebracht oder stabilisiert wird. Poesie und Wissenschaft teilen in dieser Auslegung die Möglichkeit, Wissbares zu fixieren und zu kommunizieren.[11]

In einer solchen chiastischen Perspektive spielen besonders die Praktiken der Wissenserzeugung eine Rolle und rücken so den Status des Experimentellen in den Vordergrund. Nicolas Pethes hat darauf hingewiesen, dass das Experiment in seiner Eigenschaft, Wissen nicht nur zu testen, zu beweisen und beobachtbar zu machen, sondern zugleich auch Möglichkeitsräume überhaupt erst zu schaffen und Latenzen durchzuspielen, einen genuinen Übergangsraum zwischen laboratorischen und literarischen

10 Vogl, Joseph: Einleitung, in: Ders. (Hg.): *Poetologien des Wissens um 1800*, München 1999, S. 7-16, hier: S. 11. Vgl. zur rhetorischen Verfasstheit von Wissen auch: Höcker, Arne; Moser, Jeannie; Weber, Philippe (Hg.): *Wissen. Erzählen. Narrative der Humanwissenschaften*, Bielefeld 2006.

11 Vgl. zu dieser Engführung von Wissen und Poesie einführend auch: Krause, Marcus; Pethes, Nicolas: Zwischen Erfahrung und Experiment. Literarische Experimentalkulturen im 19. Jahrhundert, in: Dies. (Hg.): *Literarische Experimentalkulturen. Poetologien des Experiments im 19.Jahrhundert*, Würzburg 2005, S. 7-18.

Kulturen einerseits und zwischen Materialkultur und Imaginärem andererseits indiziert:

> Die Haltung des Experimentierens – die Auswahl von Hypothesen, die Festlegung eines abgesteckten Laborbereichs, die Beobachtung von Prozessen, der Eingriff in die Versuchsordnung und das Protokollieren der Ergebnisse – hat damit eine wissenschaftliche u n d eine literarische Dimension.[12]

Diesen Übergang zwischen wissenschaftlicher Faktenproduktion und literarischer Experimentalität scheint nun eben der Ort zu sein, an dem Zoščenko seinen Text motivisch als auch performativ ansiedelt. Dabei ist weniger die Frage interessant, wie Wissen „von außen" in die Literatur hineinkommt, sondern die, welches Erkenntnispotential der Autor für die Literatur selbst reklamiert und in ihr als spezifisch literarische Kategorie inszeniert. Es geht ihm um die Anschlussfähigkeit einer ästhetischen Kommunikation an die laboratorischen und klinischen Praktiken Pavlovs. Auf einer epistemologischen Ebene bedeutet dies, die Definitionsansprüche im therapeutischen Diskurs um Psyche und Physis zwischen literarischem Medium und laboratorischer Technologie Pavlovscher Provenienz neu auszuhandeln. Zoščenko zielt dabei allerdings gerade nicht so sehr auf eine Konkurrenz zwischen experimentellen Praktiken und literarischer Schreibweise, sondern auf eine Koexistenz, um ein „Aufsetzen" der Literatur auf dem scheinbar mechanistischen und rationalen Wissen des Labors, auf eine Verkopplung diskursiver und nicht-diskursiver Elemente. Erzählen ist für ihn ein genuin epistemologisch-experimenteller Prozess, ein tastendes Weiterführen objektiv gesicherter Erkenntnisse in der Erforschung des Menschen. Im Prolog erörtert der Erzähler seine Poetik und das Schreibziel in einem Dialog mit einem befreundeten Physiologen. Dabei geht es um die Verhandlung der jeweiligen Zuständigkeitsbereiche bei der Beschreibbarkeit des menschlichen Bewusstseins und die dualistische Spannung von Geist und Körper. Über die jeweilige Reichweite künstlerischer (subjektiv-psychologischer) und wissenschaftlicher (objektiv-physiologischer) Erklärungsmodelle äußert er Folgendes:

12 Ebd., S. 15.

> Der Bereich des Bewusstseins, der Bereich der höchsten psychischen Tätigkeiten ist mehr unsere Sache [also die der Literaten, T.P.] als die ihre. Das Verhalten des Menschen kann und muß man mit Hilfe des Hundes und der Lanzette untersuchen. Doch kommt es beim Menschen (und auch beim Hund) gelegentlich zu ‚Phantasien', die selbst bei gleich bleibendem Reizerreger die Stärke der Reizempfindung auf ungewöhnliche Weise verändern. Und dann wird bisweilen das ‚Gespräch mit dem Hunde' notwendig, weil man sich über die ganze Kompliziertheit seiner Phantasie klar werden muss. Das Gespräch mit dem Hunde ist nun aber ganz und gar unser Revier.[13]

Zoščenko definiert in dieser Aussage anthropologisches Wissen als einen Cluster aus laboratorischen und genuin sprachlichen Erkenntnisleistungen. Nur das Zusammenspiel von literarischem Schreiben (als dialogisch-psychologiserende Qualität) und experimentell gesammelten Wissensinhalten (mit Hilfe der objektivierenden Lanzette) kann in *Schlüssel des Glücks* eine adäquate Bio-graphie erzeugen. Andersherum definiert er eine literarische Wissensästhetik, die zur Prämisse für den darauf folgenden Gesamttext lesbar wird: Physiologie und Literarizität sollen zu einer organischen Einheit aus diskursiven und apparativen Elementen, in einem „Gespräch mit dem Versuchstier" in einer Art totalen Wissensobjekt verschmolzen werden. Der literarische Text speist sich aus faktuell gesicherten (und somit allgemeingültigen) Erkenntnissen (die einen naturwissenschaftlich gebildeten Autor erfordern, wie Zoščenko an mehreren Stellen andeutet) und fügt diese in seine Strukturen ein. Die Erfahrbarmachung von „subjektiven" oder inneren (individuellen und exzeptionellen) Kategorien (also den „Phantasien") können zugleich aber auch nur in einem Medium des Imaginären ausbuchstabiert werden (als Besetzung von Latenzen und Leerstellen, die in der physiologischen Forschung nicht geleistet werden können).

---

13 Soschtschenko: *Schlüssel*, S. 8; „Я тоже так думаю. Область сознания, область высшей психической деятельности больше принадлежит нам, чем вам. Поведение человека можно и должно изучать с помощью собаки и ланцета. Однако у человека (и у собаки) иногда возникают «фантазии», которые необычайным образом меняют силу ощущения даже при одном и том же раздражителе. И тут иной раз нужен «разговор с собакой» для того, чтобы разобраться во всей сложности ее фантазии. А «разговор с собакой» — это уже целиком наша область." Zoščenko: Pered, S. 451.

Ein ganzheitliches Wissen über Körper und Geist kann in dieser Konzeption dann nur im Zusammenspiel aus experimentellem Eindringen und abhörendem Einfühlen gewährleistet werden. Dass es hierbei aber nicht einfach darum geht, dass der Autoren-Laie anhand von Fallgeschichten vorgelagerte Kenntnisse illustriert oder gar nur referiert, also hiervon auch eine formale Dimension von Literatur betroffen wird, macht Zoščenko im Anschluss deutlich. Wissenschaftliche Ergebnisse sollen vollendet im literarischen Diskurs „aufgeschmolzen" werden. Metaliterarisch markiert er bereits zu Beginn den Lektüremodus des Buchs: „Es wird ein literarisches Werk. Die Wissenschaft soll darin ihren Platz haben, wie ihn zuweilen die Geschichte im Roman hat. [...] Es wird ein Ganzes sein. Etwa so, wie die Kanone und die Kanonenkugel ein Ganzes sein können."[14]

Die martialische Kampfmetapher von der Kanone und Kanonenkugel lässt sich, neben ihren Implikationen für die literarische Form als einer Art hybriden Einheit von Wissen und Literarizität, in der das eine ja ohne das andere dysfunktional werden würde, aber auch noch unter einem anderen poetologischen Blickwinkel verstehen, nämlich als ein wirkungsästhetischer Aspekt. Denn offensichtlich zielt Zoščenko auf einen Text, der „einschlagen" soll wie ein Geschoss, der den Buchdeckel überschreitet und daraufhin konstruiert sein soll, in einen lebenspraktischen, außerliterarischen Kontext hineinzuragen. Damit würde es in diesem Projekt nicht lediglich um die pädagogische Popularisierung eines literarischen Erkenntnismodells gehen, sondern zudem, bedenkt man, dass der Text mitten im Krieg verfasst wurde, noch um ein explizit kriegerisches Ziel, eine zum Bollwerk stilisierte wissensästhetische Pointe gegen das faschistische Deutschland.

14 Soschtschenko: *Schlüssel*, S. 9; „Это будет литературное произведение. Наука войдет в него, как иной раз в роман входит история. (...) Это будет нечто целое. Подобно тому, как пушка и снаряд могут быть одним целым." Zoščenko: Pered, S. 451.

3.

Zoščenko konstruiert seine Biographie als die Geschichte einer Heilung von depressiven Zuständen, die er nach seiner Evakuation aus dem belagerten Leningrad im kasachischen Alma-Ata schreibt und die aus einer langjährigen, am Ende ausufernden Materialsammlung des Autoren und dessen obsessiver Auseinandersetzung mit der Medizin, den Wissenschaften, der Psychoanalyse und letztlich Selbstanalysen erwächst:

> Ich nahm zwanzig schwere Hefte mit. Um ihr Gewicht zu verringern, riß ich die Kalikoeinbände ab. Dennoch kosteten sie mich etwa acht von zwölf Kilogramm Gepäck, die man im Flugzeug mitnehmen durfte. Und es gab Minuten, in denen ich geradezu betrübt war, dass ich anstelle warmer Unterhosen und eines zusätzlichen Paar Stiefel diesen Plunder mitgenommen hatte. Aber die Liebe zur Literatur trug den Sieg davon.[15]

Zoščenko expliziert seine Therapiegeschichte als eine Geburt aus dem Geiste der Liebe zur Literatur. Und in der Tat stellt sich der Beschreibung des Heilungsweges als ein intertextuell hochgradig verdichtetes Dokument dar. Ganze Zitatteppiche besonders aus der russischen Klassik, von Nikolaj Gogol', Nikolaj Nekrasov oder Maksim Gorkij erscheinen im Wechsel mit referierenden Ausführungen aus der zeitgenössischen physiologischen Forschung oder aus Erinnerungsgeschichten. Der schreibende Therapeut ist vor allem auch ein Leser und Archivar der Literaturgeschichte. Dieses Verfahren macht *Schlüssel des Glücks* zu einem hybriden Textgenre, in dem Fiktion, Wissenschaftsprosa und psychologische Selbstanalyse in narrativen und kommentierenden Abschnitten verwoben sind.

Das Buch gliedert sich, vereinfacht gesprochen, in drei Abschnitte, die - sich wechselseitig interpretierend - aufeinander bezogen werden. Metaliterarische Reflexionen über das Schreiben und Lesen und über einen

15 Soschtschenko: *Schlüssel*, S. 5; „Я взял с собой двадцать тяжелых тетрадей. Чтобы убавить их вес, я оторвал коленкоровые переплеты. И все же они весили около восьми килограммов из двенадцати килограммов багажа, принятого самолетом. И был момент, когда я просто горевал, что взял этот хлам вместо теплых подштанников и лишней пары сапог. Однако любовь к литературе восторжествовала." Zoščenko: Pered, S. 448.

Diskurs der Heilung psychischer Krankheiten wechseln sich mit der detektivischen Suche nach traumatischen Erlebnissen in der Biographie des Erzählers ab. Nach drei einleitenden Kapiteln (Vorwort, Prolog und „Ich bin unglücklich und weiß nicht, warum"), in denen Zoščenko den Begründungszusammenhang seines Textes liefert, folgen verschiedene antiprogrediente, chronologisch klar gegliederte miniaturhafte Rückblicke auf autobiographische Geschehnisse bis in die früheste Kindheit hinein, die Zoščenko im Alter zwischen 30 und zwei Jahren erlebt hatte. Nach diesem autobiographischen Abschnitt folgt schließlich ein dritter Teil, der eine Art kathartische Heilung des Erzählers durch eine Deutung der eigenen Träume mit Hilfe Pavlovscher Traumtheorie beschreibt und theoretische Überlegungen zu Formen der Selbstanalyse ausführt. Nach gelungener Selbstheilung schließlich kann der Erzähler mit Hilfe seiner neu gewonnenen Erkenntnisse Personen in seinem Umfeld, aber auch literarische Texte und Autorenbiographien analysieren.

Der Text ist in seiner Chronologie überaus komplex ausgearbeitet und die narrative Anordnung der Ereignisse ihrerseits birgt bereits den Schlüssel zu einer Deutung. Es scheinen vor allem die erzählerischen Mittel und ihre zeitliche Abfolge des Erzählten zu sein, die die entscheidenden Sinnschichten des Textes freilegen und die das therapeutische Gelingen des Erzählaktes ermöglichen. Das zeitliche und modale „Wie" des Erzählerdiskurses und die damit verbundene Lektüresteuerung bilden die Verfahren, um Literatur überhaupt erst als Wissenskategorie produktiv zu machen, da der Text als solches den sukzessiven Prozess der Therapie dem Leser quasi performativ vor Augen führt.

Der Erzähler etabliert zunächst einen Begründungszusammenhang für seinen Gang durch den Selbstheilungsprozess und damit auch für die Entstehung des Textes. Im Anfangskapitel „Ich bin unglücklich und ich weiß nicht warum" („Я несчастен – и не знаю почему"), nach einem Zitat von Edgar Allen Poe, berichtet er von den verschiedenen psychischen und physischen Leidenssymptomen, die er seit seiner frühen Jugend empfand und die er recht unsystematisch als „Melancholie" („меланхолия"), „Schwermut" („хандра"), „Trauer" („тоска"), „Hypochondrie" („ипохондрия") oder auch „Psychoneurose" („психоневроз") beschreibt und von Leberschmerzen, Herzanfällen, Angstzuständen oder Nahrungsverweigerung begleitet werden. Allerdings bleibt der Leser über die Gründe der Heilung zunächst im Unklaren. Zoščenko deutet aber an, dass auf den folgenden Seiten die Suche nach einem traumatisierenden nervalen Leiden und dessen Auffinden bevorstehen:

> Und plötzlich wurde mir klar, daß die Ursache meiner Qualen in meinem Leben verborgen lag. Zweifellos war etwas geschehen, etwas vorgefallen, das niederdrückend auf mich gewirkt hatte. [...] Doch was war das? Und wann geschah es? Wie sollte man dieses unglückselige Ereignis suchen? [...] Dann überlegte ich: ‚Ich muß mir mein Leben ins Gedächtnis rufen.' Und ich begann, mich fieberhaft zu erinnern. Begriff aber augenblicklich, dass nichts dabei herauskommt, wenn ich meine Erinnerungen nicht in ein bestimmtes System bringe.[16]

Einleitend spricht Zoščenko zunächst von einem totalen Umbruch in seinem Leben, einem ihn rettenden biographischen Bruch ab etwa 1926 (d.h. im Alter von 30 Jahren), als er zu beginnen versucht, die Ursache seiner Leiden zu durchdringen und zu dem Grund, zu einer Art Urszene des Leidens zu gelangen. Bereits vorweggenommen ist hier auch schon ein gelingender Auflösungsmechanismus von unheilvollen Symptomen, der für den Erzähler explizit nicht in der Anwendung psychoanalytischer Theorie begründet ist, – zudem berichtet der Autor-Erzähler auch vom Fehlschlagen einer medikamentösen Behandlung – sondern dessen Handlungsmacht er in einer psychologisierenden und verhaltenstherapeutischen Variante der Pavlovschen Reflexlehre sieht, deren Prinzipien er in einer eigenwilligen Interpretation auf seine Biographie umlegt und die ihm als Schlüssel des Glücks („Ключи счастия") zur Auflösung von falschen

16 Soschtschenko: *Schlüssel*, S. 22f.; „И вдруг я понял ясно, что причина моих несчастий кроется в моей жизни. Нет сомнения — что-то случилось, что-то произошло такое, что подействовало на меня угнетающим образом. Но что? И когда случилось? И как искать это несчастное происшествие? [...] Тогда я подумал: надо вспомнить мою жизнь. И я стал лихорадочно вспоминать. Но сразу понял, что из этого ничего не выйдет, если не внести какую-нибудь систему в мои воспоминания." Zoščenko: Pered, S. 462.

bedingten Reflexen erscheinen, als ein Prozess, den er in einem Gespräch als einen kathartischen Heilungsakt beschreibt:

> - Aber wie kam es dazu? War es die Psychoanalyse? Freud?
> - Ganz und gar nicht. Pavlov war es. Ich wandte sein Prinzip an. Es war seine Idee.
> - Und was haben Sie getan?
> - Ich tat eigentlich etwas sehr Einfaches. Ich räumte das, was mich störte, die falschen bedingten Reflexe, die irrtümlich in meinem Bewusstsein entanden waren, aus. Ich zerstörte die unechten Verbindungen zwischen ihnen. Ich zerriss die ‚zeitwilligen Verbindungen', wie Pavlov sie nannte.[17]

Zoščenko, der auf dem Gebiet der Physiologie und Psychologie exzellent gebildet war, rekurriert mit den „zeitweiligen Verbindungen" auf Pavlovs Theorien zur Konditionierung, die dieser in jahrelangen systematischen Studien, in dem im Jahre 1890 in St. Petersburg gegründeten Institut für Experimentelle Medizin (Институт экспериментальной медицины) anhand von Hundeversuchen unter fabrikartigen, straff organisierten Bedingungen entwickelt hatte.[18] Bereits zu Jahrhundertbeginn hatte Pavlov bekanntlich bei Versuchen festgestellt, dass die Speichelsekretionen des Hundes nicht erst beim Vorgang des Fressens entstehen, sondern auch ein anderer Reiz, ein Reiz „auf Distanz", etwa der Anblick des Fressens oder die Schritte der Gehilfen die gleiche Reaktion im Tier auslösen können, wenn diese wiederholt zeitlich mit der Fütterung zusammenfielen.[19] Pavlov schloss daraus, dass es sich bei diesen zwei physiologischen Vorgängen um eine zweckmäßige Anpassung der Lebewesen an ihre Umwelt handeln müsse, die als zwei Erregungsherde über hierbei neu geschaffen werdende

17 Soschtschenko: *Schlüssel*, S. 9f.; „- Но каким образом? Это был психоанализ? Фрейд?/ - Вовсе нет. Это был Павлов. Я пользовался его принципом. Это была его идея./ - А что сами вы сделали?/ - Я сделал в сущности простую вещь: я убрал то, что мне мешало,— неверные условные рефлексы, ошибочно возникшие в моем сознании. Я уничтожил ложную связь между ними. Я разорвал ‚временые связи', как назвал их Павлов. Каким оразом?" Zoščenko: Pered, S. 452.

18 Zur Geschichte dieses Labors vgl.: Todes, Daniel: *Pavlov's Physiology Factory: Experiment, Interpretation, Laboratory Experience*, Baltimore 2002.

19 Pawlow, Iwan: Experimentelle Psychologie und Psychopathologie (1903), in: Ders.: *Ausgewählte Werke*, Berlin 1953, S. 112-125.

Nervenbahnen in einem reflektorischen Vorgang miteinander verbunden sind. Hieraus entwickelte er eine Unterscheidung von unbedingten, ererbten, rein physiologischen Reflexen (d.h. Reiz-Reaktionsschemata) und solchen, die er als „psychische Erscheinungen", als „bedingte Reflexe" und damit erlernbare klassifizierte. Diese bedingten Reflexe traten allerdings nur als temporäre Erscheinungen auf, und ihre Verbindungen lösten sich auf, wenn die Versuche nicht wiederholt wurden, bzw. waren auch durch Kombination mit anderen Erregungsprozessen hemm- und löschbar. Mit Hilfe dieses Schemas war es nun möglich zu untersuchen, inwieweit solche Nervenverbindungen willkürlich hergestellt und Individuen über das Erlernen bedingter Reflexe und assoziativ verkoppelter Sinneseindrücke konditioniert werden können. Ein solcher psychophysiologischer Ansatz sollte es nach Pavlov möglich machen, „höhere psychische Tätigkeiten", d.h. den bedingten Reflex, auf der Grundlage „objektiver" physiologischer Erscheinungen erklärbar zu machen.[20] Andererseits, und dies ist jener ätiologische Aspekt der Reflexologie, der für den Erzähler relevant wird, sollten sich mit dieser klassischen Konditionierungsmethode nicht einfach die physiologischen Grundlagen „höherer psychischer Tätigkeiten" als Adaptionsprozesse an die Umwelt rekonstruieren lassen, sondern auch pathologische Verhaltensformen und paradoxale Angstzustände hervorgerufen (und umgekehrt wieder auflösbar gemacht) werden können. In seinen Untersuchungen zu den so genannten „experimentellen Neurosen" experimentierte Pavlov etwa mit der Kombination von aversiven Reizen mit unbedingten Reflexen, z.B. der Zuführung von Schmerz durch Elektroschocks während der Nahrungsaufnahme bei den Hunden, die diese derart konditionierten, dass daraufhin allein der durch den Schock verursachte Schmerz zum Auslöser der Speichelsekretionen werden konnte oder dass die Hunde in ein Art „nervales Chaos" gestürzt würden, so dass sie fortan auf diverse diffuse

20 Vgl. zu diesem Aspekt einer „Kolonialisierung" des psychischen Territoriums durch die Physiologie, besonders in ideologischer Perspektive: Rüting, *Pavlov*, bes. S. 107-125. Zu den psychologischen Arbeitsgebieten und Verfahrensweisen Pavlovs siehe: Windholz, George: Pavlov as a Psychologist. A Reappraisal, in: *The Pavlovian Journal of Biological Science* 22:3 (1987), S. 103-112.

Reizerreger mit unkontrollierten Speichelabsonderungen reagierten, was Pavlov als „Zerstörung" der höheren Nerventätigkeiten klassifizierte.[21]

Zoščenko interessiert sich zudem neben der „Zeitweiligkeit" der Verbindungen noch für einen weiteren entscheidenden Aspekt im Pavlovschen System, nämlich dessen dualistische Topisierung des Gehirns, in welchem dieser die verschiedenen Reflexformen ansiedelt. Zoščenko referiert dies selbst ausführlich:

> Unser Gehirn hat zwei Etagen Die obere sind die Hirnrinde und die Unterhirnrindenzentren. Hier liegen die Ursprünge der erworbenen Fertigkeiten, die Zentren der bedingten Reflexe, die Zentren unserer Logik und der Rede. Hier lebt das Bewusstsein. Die untere Etage ist der Austragungsort der ererbten Reflexe, der animalischen Fertigkeiten und Instinkte.[22]

Diese metaphorische Zuschreibung ist recht aufschlussreich, denn sie modelliert das Gehirn metaphorisch als eine Art kulturellen Antagonismus zwischen bewussten und unbewussten Inhalten, die zwar in Harmonie nebeneinander existieren, aber trotzdem nicht selten in einen „Konflikt" miteinander geraten und die im Laufe der Narration zudem noch mit anderen, teils stark ideologisierten Oppositionen gekoppelt werden (hell-dunkel, zivilisiert-barbarisch, Wachzustand-Schlaf /Traum, Erwachsener-Kleinkind, Mensch-Tier usw.).

Der untere Bereich, also jener, der über unbedingte und instinktive Reize koordiniert wird, ist in Pavlovs Theorie nicht zugänglich, weil er von einer Verstandesinstanz, die sich beim Erwachsenen herausbildet, gewissermaßen mit Zensur belegt und gehemmt wird. Allerdings kann er im Schlaf und Traum erfahren werden, da hier, in Pavlovs Theorie, das Bewusstsein und seine Kontrollinstanzen erlöschen und somit die Hemmungsprozesse nicht greifen. Traumbilder zeugen von diesem Prozess der Erfahrung.

---

21 Vgl. zu den Versuchen mit „experimentellen" Neurosen im Hinblick auf die Freudsche Neurosenlehre: Windholz, George: Pavlov, Psychoanalysis, and Neurosis, in: *The Pavlovian Journal of Biological Science* 25:2 (1990), S. 48-53.

22 Soschtschenko: *Schlüssel*, S. 201f.; „Два этажа имеет наш мозг. Высший этаж – кора мозга и подкорковые центры – здесь источники приобретенных навыков, центры условных рефлексов, центры нашей логики, речи. Здесь - наше сознание. Нижний этаж – источник наследственных рефлексов, источник животных навыков, животных инстинктов." Zoščenko: Pered, S. 602.

Daneben – und dies ist zentral für den Text – liegen auf diesen beiden Gehirnebenen jeweils verschiedene funktionale Wahrnehmungszentren, die einerseits einen bildlichen und „unmittelbaren“, nicht symbolisch organisierten Zugang zu den Dingen vermitteln (das so genannte erste Signalsystem) und andererseits spezifisch verbal strukturiert sind (das zweite System).[23] Pavlov liefert mit dieser Unerteilung quasi eine Art Medienmodell des Gehirns, das den Bereich der Bilder einem archaischen (da etwa nach Pavlov der Hund und auch der Säugling nur zu diesem Teil des Gehirns Zugang besitzen) Bereich zuordnet und den verbalen Bereich kulturell „höher“ ansiedelt und mit der Erwachsenenwelt und der Bewusstseinsbildung verknüpft.[24]

Pavlovs und damit Zoščenkos Pointe besteht nun in der Anbindung dieser Theorie an einen phylogenetischen Vorgang. Denn der untere, bildliche Bereich ist zugleich der des Säuglings, bei dem sich die bedingten Reflexe noch nicht nerval gebahnt haben und daher im Kindesalter erfahrene falsche Konditionierungen, d.h. unbegründete Ängste, an falsche Erregungsauslöser gekoppelter Schmerz u.ä. in der Erwachsenenwelt unter bestimmten Umständen als Konflikte symbolisch präsent bleiben können, und damit

> [...] unter gewissen ungünstigen Bedingungen, bei Schwächung des Nervensystems, wiederum diese phylogenetische Aufspaltung des Gehirns vor sich gehen kann; dann ist es also möglich, daß der eine vorzugsweise das erste Signalsystem benutzt und der andere vorzugsweise das zweite Signalsystem. Das teilt die Menschen in die Künstlernaturen und in die rein geistig abstrakten Naturen.[25]

---

23 Vgl. zu den Signalsystemen besonderes die von Leon Orbeli herausgegebenen Protokolle zu den so genannten „Mittwochskolloquien“ Pavlovs, die von 1929 bis 1936 in interdisziplinärer Zusammensetzung abgehalten wurden. Zoščenko war ab 1932 selbst regelmäßig bei diesen Gesprächsrunden zugegen. Vgl. zu den wechselseitigen Verbindungen zwischen den Signalsystemen Orbeli, Leon (Hg.): *Pawlowsche Mittwochskolloquien. Protokolle und Stenogramme physiologischer Kolloquien.* 3 Bände, Berlin 1956; hier Bd. 1, S. 270f.

24 „Das menschliche Gehirn ist also aus dem tierischen Gehirn und dem menschlichen Anteil in Form des Wortes zusammengesetzt. Beim Menschen beginnt also dieses zweite Signalsystem vorzuherrschen.“ Orbeli: *Pavlovsche Mittwochskolloquien,* Bd.3, S. 5.

25 Ebd.

Eine solche Einteilung in Künstler- und Wissenschaftler-Typus formuliert gewissermaßen eine Art Genie-Ästhetik unter den paradoxen Vorzeichen einer spekulativen Neurologie im medientechnischen Gewand.[26] Der künstlerische Typus besitzt Zugang zu unbewussten (gehemmten) Inhalten, die aus der Zeit künden, in der die „falschen Verbindungen" geschaffen wurden, und ermöglicht es, diese bildlichen Momente des ersten Signalsystems zu kommunizieren.

Zoščenko, der sich selbst als „schwachen Charakter" imaginiert, greift in seiner Biographie nun genau diesen Aspekt auf, indem er versucht, die Momente der Bildung der falschen Konditionierungen und Assoziationen wieder „auszugraben" und diesen vorbewussten Status und die Momente der Kopplungen wieder erlebbar zu machen.[27]

---

26 An anderer Stelle spekuliert Pavlov über Persönlichkeiten aus Kunst- und Kulturgeschichte, bei denen spezifische Ungleichgewichte zwischen den beiden Systemen vorlagen: „Normalerweise befinden sich diese Systeme bei einem Menschen mit gesundem Verstand im Gleichgewicht. Bei den überragenden Persönlichkeiten wird ein solches Gleichgewicht nur äußerst selten beobachtet, so z.B. in der neueren Geschichte bei LEONARDO DA VINCI und bei GOETHE, in der Geschichte der Antike bei LUCRETIUS, der die Atomtheorie entwickelte und gleichzeitig schöngeistige Werke verfasste. Bei den übrigen überragenden Persönlichkeiten herrschten entweder wie bei L.N.Tolstoj künstlerische oder wie bei Hegel u.a. geistige Neigungen vor. Hegel mochte die Wirklichkeit nicht leiden und war nur glücklich, wenn er sich seinen abstrakten Betrachtungen hingeben konnte, z.B. dem Gedanken an das einzig Absolute usw. Er war mit seinem von den konkreten Bildern isolierten zweiten Signalsystem glücklich. Im allgemeinen muß man dies jedoch als ein Unglück für den Menschen betrachten." Orbeli: *Pavlovsche Mittwochskolloquien*, Bd. 1, S. 271.

27 „Deshalb muss man, um ein Bild der unteren Etage zu begreifen, die Sprache des Säuglings sprechen, muß mit seinen Augen sehen. Und dabei muß man die Symbole enträtseln, die aus dem bildhaften Denken des Säuglings erwachsen, selbstverständlich unter Berücksichtigung des Alters und der Entwicklung des Menschen." Soschtschenko: *Schlüssel*, S. 203; „Поэтому, чтоб понять образ низшего этажа, нужно разговаривать на языке младенца, нужно видеть его глазами. И при этом нужно расшифровывать символику, которая возникает в силу образного мышления младенца, учитывая, конечно, рост и развитие человека." Zoščenko: Pered, S. 603.

4.

Zoščenkos Weg zur Auftrennung der verhängnisvollen Verbindungen verläuft als ein erinnernder Durchgang bis in die früheste Kindheit und sogar bis ins Stadium des Säuglings als eine klassische Vergegenwärtigung intensiver, affektgeladener, untereinander kaum verbundener Szenen aus seinem Leben, in welchen er nach unbemerkten Anhaltspunkten für seine Krankheit sucht. Diese Skizzen werden von ihm metaphorisch als „fotografische Momentaufnahmen" (моментальные фотографии) bezeichnet, als Fenster in die Vergangenheit und – „wie mit Magnesiumlicht" beleuchtete – erregende Gedächtnisspiegel, die der Blick des Autors nun vor dem Leser auf über 100 Seiten nach Schüsselmomenten abtastet und wie in einem Album durchblätternd beschreibt. Sie stellen den ersten Teil des Textes dar und lassen sich in drei bis vier Abschnitte untergliedern, die eine rückwärts laufende Datierung besitzen:

Am Anfang steht eine Zeit von 1912 bis 1926, die nach Jahreszahlen untergliederte Kurzskizzen präsentiert und in der wechselweise mehr oder weniger intime Szenen aus dem Gymnasium, der Soldatenzeit und des jungen Autoren Zoščenko erzählt werden. Allerdings verwirft er diesen Abschnitt am Ende wieder, da hier offensichtlich keine Anhaltspunkte für sein Leiden zu entdecken sind. Dies treibt den Erzähler chronologisch immer weiter in seinen Erinnerungen zurück. Es folgt schließlich ein zweiter Teil, der die Zeit von seinem fünften bis 15. Lebensjahr beleuchtet, der jedoch auch verworfen wird, so dass der Erzähler resümiert, er müsse wohl in die Zeit eines, wie es heißt, „vorbewussten" Lebens zurückkehren, um Aufschluss über seine Krankheit zu erlangen. Und so folgt schließlich drittens der textologisch wichtige Übergang in eine kaum erinnerbare Zeit bis zum dritten Lebensjahr, die nur hinter einem Nebel und als „Rauchvorhang" („дымовая завеса") wahrnehmbar ist. Es ist diese Phase, die der lichtmetaphorischen Namensgebung des Textes dient und die vom Erzähler als Phase „vor dem Sonnenaufgang", d.h. im Sinne Zoščenkos, vor einer B e w u s s t s e i n s b i l d u n g markiert wird.

Auffällig sind dabei besonders die stilistischen Verfahren des Erzählers, die einen wichtigen Teil der Erinnerungsstrategie bilden. Denn die einzelnen Lebensstufen werden in je unterschiedlichen, am Lebensalter und Entwicklungsstufe orientierten Stilformen dargelegt (in Bezug auf Lexik, Syntax, Ton, aber auch in der Fokussierung der Wahrnehmungsaufmerksamkeiten) und authentifizieren damit immer schon die Einzelszenen als den präsent gehaltenen Blick des jungen Mannes, des Jugendlichen oder des Kleinkindes. Die Texte gewinnen durch dieses intensive Verfremdungsverfahren zugleich jeweils neuartige poetologische Qualitäten. Sie sind in der Tat eine Art „Mimesis" der Kleinstkindwahrnehmung, bei der Schnipsel von Einzelbildern fast ohne kontextuelle Vermittlung aneinandergereiht werden. In einer der Miniaturen etwa, die mit „Mach den Mund auf" („Открой рот") überschrieben ist und in der Phase zwischen zwei und fünf Jahren angesiedelt wird, dissimiliert sich quasi das Erzählerbewusstsein zu einer reinen Protokollierung von Gegenständen und Wahrnehmungsfragmenten aus der Sicht des Kleinstkindes:

> Auf der Decke liegt eine leere Streichholzschachtel. Die Streichhölzer stekken im Mund.
> Jemand schreit: „Mach den Mund auf!"
> Ich öffne den Mund. Spucke die Streichhölzer aus.
> Irgendwelche Finger kriechen in meinen Mund. Holen noch mehr Streichhölzer heraus.
> Jemand weint.
> Ich weine lauter, und zwar, weil es bitter schmeckt und weil man es mir weggenommen hat.[28]

Zoščenko nähert sein Schreiben hier in der Tat an eine Art „präbewusstes" Sprechen an. Im Blicke des Kindes erscheinen die Momentszenen in einer elliptischen, tendenziell defigurierenden Syntax, in der die Symbolzusammenhänge aufgelöst zu sein scheinen (die Personen um das Ich herum tragen keine Namen, besitzen keine symbolische Funktion für den Sprecher). Auch die Orte können nicht definiert werden und stellen unbestimmte, eher „prototypische" Plätze (auf einer Decke, einem Stuhl, im Bett usw.)

---

28 Soschtschenko: *Schlüssel*, S.147; „На одеяле – пустая коробка от спичек. Спички во рту. Кто-то кричит: «Открой рот!» Открываю рот. Выплевываю спички. Чьи-то пальцы лезут в мой рот. Вытаскивают еще некоторое количество спичек. Кто-то плачет. Я плачу громче и оттого, что горько, и оттого, что отняли." Zoščenko: Pered, S. 559.

dar, um die herum nichts existiert. Man kann in diesem Verfahren mit Sicherheit von einer Deterritorialisierung der Wahrnehmungsposition sprechen, die eine textuelle Visualität hervorbringt, bei der die Umwelt nicht koordiniert und kontrolliert überschauend erblickt wird, sondern in der Dinge plötzlich präsent werden und unvermittelt, oft an taktile, akustische oder wie im Beispiel gustatorische Eindrücke gekoppelt, fühlbar gemacht werden und in der kindlichen Wahrnehmung zuerst als Affektproduzenten (besonders von Schmerz und Angst etwa durch Fallen, Verbrennung, Lärm usw.) erfahren werden. In der omisensorischen Sprache, in der die unvermittelten Dinge aufscheinen, ist es eindeutig, dass Zoščenko hier ostentativ Momente anschreibt, in der verschiedene Wahrnehmungsreize offensichtlich aneinander gekoppelt werden.

Allerdings muss der Erzähler feststellen, dass dieser Abschnitt ihm keinen Aufschluss über die Enträtselung seiner Leiden gibt, weil sich an den Geschichten „nichts Besonderes" entdecken lässt. Von hier an markiert ein deutlicher Einschnitt den Text, denn der zuvor nur erlebende Erzähler verwandelt sich nun zugleich in einen deutenden und kommentierenden, der die Lehrbücher und Werke der Physiologen aufschlägt, „weil es [ihn] brennend interessierte, was die Wissenschaft zu diesem verschwommenen Abschnitt des Lebens sagt."[29] Der Text nimmt von hier an deutlich stärker didaktische Züge und spielt die Analysekategorien (d.h. die Pavlovsche Schlaftheorie) für die kommende Narration gleich mit ein.

Zoščenko referiert zunächst – nicht ohne sich beim gebildeten Leser dafür zu entschuldigen – in zwei populärwissenschaftlichen Kapiteln Pavlovs Theorien der höheren Nerventätigkeit und legt eine anthropologische, fast lerntheoretische Theorie des Säuglings vor:

> Nach dem Prinzip dieses bedingten Reflexes schließt der Säugling mit der Welt, mit den umgebenden Dingen Bekanntschaft. Jeder neue Gegenstand, jedes neue Ding schafft in der Hirnrinde des Säuglings neue Nervenverbindungen, neue Beziehungen. Diese Beziehungen sind, genau wie beim

29 Soschtschenko: *Schlüssel*, S.153; „Тогда я раскрыл учебники и труды физиологов, желая посмотреть, что говорит наука об этом смутном периоде человеческой жизни." Zoščenko: Pered, S. 564.

> Hund, speziell bedingt. Das Ticken des Metronoms rief beim Hund eine Schmerzreaktion hervor. Ein Schrei, das Zuschlagen einer Tür, ein Schuß, das Aufflammen von Licht, jeder beliebige Reizerreger, der mit dem Augenblick (sagen wir) des Stillens zusammenfiel und einige Male wiederholt wurde, konnte im Gehirn des Säuglings komplizierte Nervenverbindungen schaffen.
>
> Der Anblick einer Spritze reizte den Hund zum Erbrechen. Der Anblick eines beliebigen Gegenstandes, der dem Kind zufällig Schmerzen bereitet hatte, konnte ihm auch weiterhin Qualen bereiten.
>
> Freilich war für die Entstehung dieses Reflexes eine mehrmalige Wiederholung vonnöten. Aber was machte das schon! Die mehrmalige Wiederholung k o n n t e stattfinden.[30]

Zoščenko legt hier endgültig den Weg von der Physiologie in die von Pavlov sanktionierte Traumalehre und Kleinkindpsychologie und vermutet sein Unglück genau darin, dass „[...]in [seinem] Säuglingsgehirn falsche bedingte Verbindungen geschaffen worden waren, die [ihn] in der Folgezeit ängstigten."[31] Es ist dies zugleich der Ausgangspunkt, von dem die Reise des Erzählers zu den so genannten „fehlgelenkten Mechanismen" und ihrer Zerstörung ihren zweiten Anlauf nimmt, und der „Königsweg" dorthin ist der Traum, der von ihm in den physiologischen Kategorien Pavlovs gedacht wird.

Zentral wird hier erneut der Begriff der Hemmung („торможение"), der in Verbindung mit dem erwähnten topischen Modell der zwei Gehirnhälften gebracht wird.

30 Soschtschenko: *Schlüssel*, S. 157; „Младенец знакомится с миром, с окружающими вещами по принципу этого условного рефлекса. Каждый новый предмет, каждая новая вещь создает в коре мозга младенца новые нервные связи, новые отношени я. Эти нервные связи, так же как и у собаки, чрезвычайно условны. Стук метронома вазывал у собаки болевую реакцию. Крик, хлопание дверью, выстрел, вспышки света, любой раздражитель, случайно совпавший, скажем, с моментом кормления ребенка и повторенный несколько раз, мог создать сложные нервные связи в мозгу младенца. Вид шприца вызывал у собаки рвоту. Вид любого предмета, случайно причинившего ребенку боль, мог и в дальнейшем причинять ему страдания." Zoščenko: Pered S. 567.

31 Soschtschenko: *Schlüssel*, S. 158; „Мне показалось, что мое несчастье могло возникнуть оттого, что в моем младенческом мозгу созданы были неверные условные связи, которые устрашали меня в дальнейшем." Zoščenko: Pered, S. 568.

> Diese beiden Etagen sind durch die Nervenverbindungen, von denen wir gesprochen haben, untereinander verbunden. Nachts versinkt die obere Hälfte in Schlaf. Infolgedessen setzt das Bewusstsein aus [...] Die untere Etage bleibt wach. Der Wegfall der Kontrolle „erlaubt ihren Bewohnern jedoch, in diesem oder jenem Grad hervorzutreten."[32]

Damit schaltet er die Zustände des Kindes und der Traumes in diesem topischen Modell relativ mechanistisch gleich und legt damit die Verbindung in eine physiologisch gedachte Traumdeutung. Mit der Kraft der Logik und dem als Megametapher des Textes fungierenden „Verstand" („разум") macht er sich nun an eine detektivische Rekonstruktion der Reizerreger und Zerteilung dieser falschen Verbindungen aus Traum und frühester Kindheit, mithin also an eine Art laienhafte Selbstanalyse im physiologischen Diskursmodus. Dabei vermutet er die Erreger der falschen Verbindungen nun nach einiger Reflexion der Träume in verschiedenen rekurrierenden Trauminhalten wieder zu erkennen. Zu ihnen gehören verschiedene Motive, die vom Autor als „kranke Gegenstände" („больные предметы")[33] identifiziert werden. Solche Reizerreger und hiermit zugleich Angstauslöser sind das Wasser, eine ausgestreckte Hand, die weibliche Brust und der Donner. Diese „kranken Dinge", die in Zoščenkos Deutung selbst aus Kopplungen mit aversiven Reizerregern hervorgegangen sind, formen quasi stimulative Schnittstellen, die in der Lebensentwicklung immer neue Verbindungen eingehen und sich assoziativ mit anderen Symbolen verknüpfen, welche als Bestandteile der Trauminhalte oder als Wiederholung der ursprünglichen Ereignisse gar zu körperlichen Symptomen transformiert werden können. Sie bilden gewissermaßen eine Art diskretes System von Signifikanten, das im Körper irrtümliche Assoziationsprozesse in Gang setzt. Im Hinblick auf Essstörungen etwa erörtert Zoščenko:

---

32 Soschtschenko: *Schlüssel*, S. 163; „Два эти этажа соединены между собой нервными связями, о которых мы говорили. Ночью высший этаж погружается в сон. В силу этого сознание отсутствует. Отсутствует контроль, критика, условные навыки. Низший этаж продолжает бодрствовать. Однако отсутствие контроля позволяет его обитателям проявляться в той или иной степени." Zoščenko: Pered, S. 572.

33 Zu den „kranken Dingen" vgl. die sehr präzise Lektüre von Masing-Delic: Biology.

> Einst hatte die Mutter ihre Brustwarze mit Chinin eingerieben, damit das Kind auf die Brust verzichtete. Die Nahrung erwies sich als verdorben, als Gift. Das wurde erhärtet: Nicht selten war die Nahrung Träger von Giften, Schmerzen, Krankheiten.
> Einst war der Donner, der Schlag mit der Nahrungsaufnahme zusammengefallen. Auch das fand seine Bestätigung. Das Essen, so machte ich mir schnell klar, führt zur Vollblütigkeit, begünstigt den Schlaganfall, die Gehirnblutung. [...] Immer erwartete ich für das Essen Vergeltung – Krankheiten, Krämpfe, Übelkeit[34]

Einmal diesen verhängnisvollen Mechanismus erkannt habend, macht sich der Erzähler nun über mehrere Kapitel daran, die falschen Verbindungen, die als Angstauslöser fungieren, deutend aufzulösen, den falschen Zeichen ihren Zeichenstatus zu nehmen[35] und die jetzt vor ihm als grundlos erscheinenden Symptome (Angst vor Vergiftung, Schlaganfall usw.) von ihren bedingten Erregern abzukoppeln. Er selbst schildert diesen Prozess der Bewältigung als analytischen Vorgang des „Nachsinnens" über die Träume und Kopplungen, der eine verstandesmäßige Bewusstwerdung fehlerhafter Verbindungen darstellt. Es ist allerdings im Text nicht genau ersichtlich, in welcher Form die Konditionierungen rückgängig gemacht werden, außer der Betonung des epiphanischen Charakters der Auflösung der vermeintlichen Zusammenhänge.

Mit der Entkoppelung ist der Heilungsprozess des Erzählers quasi sofort vollständig abgeschlossen und der Sieg über die Leiden und Angstzustände generierenden Verbindungen wird als Schritt in eine neue Welt, als Wiedergeburt akzentuiert, wobei die Instanz des „Verstandes" als mystifizierte Heilskraft zu einem quasiutopischen Werkzeug überhöht wird, was in der Titel gebenden Lichtmetaphorik der aufgehenden Sonne, die den Schauplatz des Kampfes zwischen oberer und unterer Gehirnhälfte erleuchtet, noch verstärkt wird:

---

34 Soschtschenko: *Schlüssel*, S. 217; „Когда-то мать смазала сосок хиной, чтоб ребенок не стремился к груди. Еда показалась отравой, ядом. Это подтвердилось. Еда нередко несла отраву, боль, болезни. Когда-то гром, удар, совпал с кормлением. И это имело подтверждение. Еда создает полнокровие – способствует удару, кровоизлиянию в мозг." Zoščenko: Pered, S. 614.

35 Vgl. zu dieser körpersemiotischen Auslegung: Sasse: *Gift*.

> Wodurch kam es nun zu meiner Heilung? Welche Mechanismen wurden korrigiert? Warum sagten mir die alten Ängste ade? Sie taten es einzig und allein deshalb, weil das Licht meines Verstandes die Inkonsequenz ihres Daseins aufgelöst hatte. Die Ängste waren an die Dinge gebunden, die gar nicht so gefährlich waren, wie sie der Säugling erfahren hatte. [...] Ich zerriß die Verbindungen. Ich sonderte die echten Übel von den Angstauslösern. Ich verwies die angstauslösenden Verbindungen auf ihre wirklichen Plätze. Der Mangel an Logik wurde durch Logik geheilt.[36]

An dieser Stelle ändert der Text wiederum seinen Status, und er geht über in einen komplett analytischen und mitunter etwas absurden Teil, in dem Zoščenko nun dazu übergeht, Biographien und Symptombildungen bei Figuren in seiner Umwelt (Bekannte, Kollegen), aber auch innerhalb literarischer Texte und von Autoren (wie etwa Gogol's Essstörungen) im Licht der falschen Verbindungen zu deuten.

5.

Angesichts eines derart vehementen psychologischen Diskurses im Namen der Pavlovschen Physiologie verwundert es nicht, dass der Text in der Forschung sehr häufig als kryptofreudianisches Dokument gedeutet wird, als ein im Grunde psychoanalytisches Vorgehen, das sich aber – wohl subversiv – vor dem Hintergrund der ab den 30er Jahren in der Sowjetunion entwickelnden Diskreditierung Freuds quasi unter der Diskursmaske eines Pavlovschen Physiologismus und d.h. eines sowjetischen Modells verbergen muss.[37] Und in der Tat existieren eine ganze Reihe struktureller Ele-

36 Soschtschenko: *Schlüssel,* S. 233; „Однако отчего же пришло излечение? Какие механизмы были исправлены? Почему давние страхи простились с моей особой? Они простились со мной только лишь потому, что свет моего разума осветил нелогичность их существования. Эти страхи были увязаны с теми объектами, кои не были опасны в той мере, как это воспринял младенец. [...] Я разорвал эти связи. Разъединил подлинные беды от условных объектов устрашения. Придал этим объектам устрашения их истинное значение. И в этом и заключалось излечение. Отсутствие логики лечилось логикой." Zoščenko: Pered, S. 627f.

37 Zu der eindeutigsten Lesart im Sinne einer Verdrängung der Psychoanalyse gelangt Hodge: Freudian Elements: „Zoshchenko's attempt to classify it as product of ‚physiology' rather than ‚psychology' – more precisely Freudian psychology - is unconvincing." Hier: S. 12. Und an anderer Stelle: „[...] Purely practical considerations forced Zosh-

mente, die eine solche Deutung nahe legen: die Annahme der Existenz traumatischer und verdrängter Erlebnisse, die Suche nach einer Urszene in der Kindheit und nach symbolischen Transformationen, die starke Rolle der Sprache als ein „Wegerzählen" von Bildern als abreaktivem Vorgang,[38] die Idee der Traumanalyse als Weg zu unbewussten Inhalten, die Laienanalyse usw. Fürwahr wirken zudem Zoščenkos Ausfälle gegen die Freudsche Psychoanalyse aufgrund ihrer simplizistischen Betonung der sexuellen Komponenten und einer unterstellten Affinität zum Faschismus an einigen Stellen äußerst plakativ, so dass man durchaus vielleicht eine auch (zu) ostentative Abgrenzungsstrategie erkennen kann. Doch scheint es mir, dass eine solche Lesart vor allem auch der Tatsache geschuldet ist, dass insbesondere die westlichen Kommentatoren den Text ihrerseits, wohl auch aufgrund von eigenen Lektüreerfahrungen, in psychoanalytischen Termini lesen und Zoščenkos ja bereits analytische Krankengeschichte noch einmal „nachanalysieren".

Daneben spielt ein Aspekt eine Rolle, der sicherlich auch mit einer verbreiteten historischen Fehlrezeption von Pavlov zu tun hat, die erst in den letzten Jahren langsam korrigiert wird: Nämlich der vorschnellen Unterstellung einer Ablehnung psychologischer Kategorien und Rhetoriken durch Pavlov. Wie der amerikanische Wissenschaftshistoriker George Windholz in diversen Arbeiten gezeigt hat, scheint in den letzten Lebensjahren Pavlovs eine Art Bruch in seinem Denken stattgefunden zu haben, der sehr wohl eine Orientierung Pavlovs hin zu Kategorien des Unbewussten, des Traums, der Hypnose, Prozessen der Assoziation und anderen, das heißt zu psychologischen Diskursen und Verfahren belegt.[39] Insbesondere

---

chenko to become a Freudian in Pavlov's clothes [...].", S. 27; Ähnliches auch bei Von Wiren-Garczyński: Psychological Interests. Etwas differenzierter argumentiert Nolda: Zwischen Pavlov und Freud, die den Text in seiner Makrostruktur als psychoanalytisch begreift, dem aber entscheidende Komponenten wie etwa die Kränkung fehlen und der von stark mechanistischen (d.h. Pavlovschen) Vorstellungen geprägt ist.

38 So Witte: Therapeutische Geschichten.

39 Windholz: Pavlov, Psychoanalysis, in: Ders.: *Pavlov as Psychologist*. Vgl. auch: Ders.: Pavlov and the Mind-Body-Problem, in: *Integral Physiological and Behavioral Science* 32:2 (1997), S. 149-159; sowie Mackintosh, Nicholas J.: Pavlov and Associationism, in: *The Spanish Journal of Psychology* 6:2 (2003), S. 177-184. In den Protokollen heißt es entsprechend dazu: „Iwan Petrowitsch erinnert daran, dass zu Beginn der Arbeit

dessen Arbeit in einer ab 1931 gegründeten Klink für Nervenkrankheiten, die an das Institut für Experimentelle Medizin angeschlossen war, und die (von Zoščenko besuchten) ab 1929 stattfindenden Mittwochssitzungen zu psychiatrischen Fragestellungen dokumentieren ein jetzt verschobenes Interesse. Seine in der Forschung kaum rezipierten „Mittwochsprotokolle" zeigen sehr deutlich, dass Pavlov ab dieser Zeit nicht nur bereit war, bestimmte Theoreme Freuds – etwa zur Neurosenlehre oder zu inneren Konflikten – anzuerkennen, sondern auch generell an der mechanistischen Übertragbarkeit der Phänomene auf den Menschen, welche er zuvor an den Hunden beobachtet hatte, zweifelte. Diesen Zweifel begründete er vor allem mit der Fähigkeit des Menschen zu symbolischen Aktivitäten, das heißt er formulierte ihn vor allem aufgrund von dessen Sprachkompetenz. Die Sprache wurde nicht nur als entscheidender Faktor in das Theoriegebäude mit eingebaut, wie etwa in der Lehre der beiden Signalsysteme, sondern sprachliche Analysemethoden, wie etwa die Anamnese, die Befragung von Patienten, Traumbeschreibung, aber auch gar die Selbstbeobachtung wurden zu entscheidenden Arbeitsverfahren in den klinischen Sitzungen.[40] In einem der Protokolle etwa über die Notwendigkeit verbaler Methodik wird Pavlov wie folgt zitiert:

> Aber die Psychologie als Studium der Widerspieglung der Wirklichkeit, als subjektive Welt [...] ist natürlich eine notwendige Sache. [...] Nun sehen Sie, weshalb ich dieses Gespräch führe. Wenn wir also unsere bedingten Reflexe mit den Nervenkrankheiten [...] in Beziehung bringen, müssen wir dennoch [...] bei den empirischen Formen beginnen, d.h. zusehen, in den

---

über bedingte Reflexe beschlossen wurde, die physiologischen Tatsachen nicht psychologisch zu interpretieren. [...] Jetzt greift Iwan Petrowitsch häufig zu einer subjektiven Deutung der von ihm beobachteten Phänomene, und zwar darum, weil er dank seiner 30jährigen Erfahrung mit dem Studium der höheren Nerventätigkeit immer die Möglichkeit hat, die subjektiven Beurteilungen mit den entsprechenden objektiven Tatsachen zu verbinden." Orbeli: *Pavlovsche Mittwochskolloquien*, Bd.1, S. 51.

40 Vgl. Windholz: Pavlov, Psychoanalysis, und ders.: Pavlov and the Mind-Body-Problem. Windholz zeigt hier an diversen Stellen auf, dass Pavlov zwar Freud, besonders aufgrund der sexuellen Komponenten (sic!) der Psychoanalyse ablehnte, andererseits aber seine Ätiologie der Neurosen (besonders in Bezug auf die Traumatisierung) und auch Analyseverfahren (Suggestion, Hypnose, Katharsis) in starker Analogie zu Freud ausbaute.

> subjektiven Zustand des anderen eindringen, uns „einfühlen", „hineindenken", wie Jaspers sagt.[41]

Angesichts solcher Sympathien für eine klassische Hermeneutik der Patienten, die Pavlov im Mai 1934 postuliert, also genau in jener Zeit, in der auch Zoščenko an den Mittwochskolloquien teilnahm, erscheint die Frage, wieviel verkappter Freudismus Zoščenkos „Gespräch mit dem Hund" an sich trägt, in einem reichlich anderen Licht. In der Tat ist es angemessener, den Freudianischen Diskurs in Pavlov zu rekonstruieren. Zudem ist es auch nicht unbedingt ersichtlich, wieso Zoščenko in einer fast panegyrischen Mimikry der Theorie Pavlovs einen Freudianischen Text schreiben sollte. Es scheint daher wahrscheinlich auch mehr als eine bloß pragmatisch-rhetorische Strategie Zoščenkos zu sein, wenn er seine Schrift gewordene Selbstanalyse in eine direkte Kontinuität zu den späten Pavlovschen Überlegungen stellt und damit seinen eigenen Text in einen experimentellen Zusammenhang bringt:

> Der Tod hinderte den Wissenschaftler daran, seine Versuche an den dem Menschen am nächsten stehenden Tier, den Affen, fortzusetzen. Diese Experimente standen noch am Anfang. Versuche am Menschen wurden nicht in dem Maße vorgenommen, wie es notwendig gewesen wäre.[42]

Es geht Zoščenko aber offenbar nicht einfach darum, eine Art Illustration der Pavlovschen Theoreme zu leisten, wenngleich diverse Motive und seine Rhetorik stark an diesen angenähert sind und einige Ausführungen sogar fast wörtlich von Pavlov übernommen werden. Zoščenko scheint hingegen mit dem Text eher auf eine Kontinuität des Versuchsstatus zu zielen, indem er seine Literatur als die Fortführung eines bislang noch wenig erforschten Gebietes apostrophiert, eine Art aufgeführtes Gedankenexperiment, ein Weiterspinnen, das die psychiatrischen Untersuchungen

41 Orbeli: *Pavlovsche Mittwochskolloquien*, Bd. 2, S. 394.

42 Soschtschenko: *Schlüssel*, S. 157f.; „Смерть помешала ученому продолжить свои опыты над животными, близкими человеку, – над обезьянами. Эти опыты были начаты. Опыты над человеком не были произведены в той мере, как это надлежало сделать." Zoščenko: Pered, S. 567.

Pavlovs imaginiert. Das Gespräch mit dem Hund zielt vor allem auf einen spezifisch literarischen Beobachterstatus. Zosčenkos Ich ist sowohl Erlebender als auch Interpretator, Beobachtender wie auch Beobachteter und erscheint in dieser multipel arrangierten Perspektive sowohl als Hund als auch als Versuchsleiter, der vor dem Leserblick seine eigene Heilung sowohl beschreiben als auch gleichzeitig überhaupt erst hervorbringen kann. Das Vorführen der Zoščenkoschen Katharsis kann damit überhaupt eigentlich nur unter literarischen Bedingungen funktionieren, da hier ein Doppelspiel von innerer Suche und wissenschaftlichem Kommentar in einem Register geführt werden können. Der betont komplex arrangierte zeitliche Aufbau des Romans vollführt performativ einen Prozess der schrittweisen Wissensgenerierung des erlebend-beschreibenden Ichs, das dem Leser sowohl als Epiphanieerlebnis vorgeführt wird als auch als ein pädagogisches Textmodell und Kampf gegen sich selbst gelesen werden muss, in dem mit den Waffen „Papier und Bleistift" Wissen vom Menschen überhaupt erst hergestellt werden kann.

Damit zielt der Text neben diesem Modus der Lektüre in erster Linie auf ein besonderes Modell von Autorschaft ab, das aber einer gewissen Paradoxie nicht entbirgt. Einerseits ist die Literatur in der Lage, verschüttete Elemente des ersten Signalsystems zu therapeutischen Zwecken zu reaktualisieren, d.h. also verdrängte Bilder, Traumbilder wieder zu zeigen, sich in den Status des Säuglings und des Kindes zu imaginieren und nur durch spezifisch literarische Kompetenzen ansonsten unerfahrbare Wahrnehmungswelten vorzuführen (Zoščenko betont dies sowohl wörtlich als auch mit formalen Mitteln), andererseits sind es ja in dieser Konstruktion gerade die begabten Künstlernaturen selbst, die von der Überlagerung rationaler durch archaische und tierhafte Prozesse im Gehirn gepeinigt werden.[43] Das Gespräch mit dem Hund meint daher meines Erachtens auch nicht einfach nur eine Art Dialog mit sich selbst, sondern den anhand der wohl völlig ironiefreien Gleichung Hund=Säugling gewonnenen Befund,

---

43 Pavlov macht eine Art Cluster auf, die Künstler, Hund und Säugling in einem System liest. Dabei rekurriert er auf den Künstlertyp, „der folglich dem Tier analog ist und ihm näher steht [als dem Denker, T.P]." Orbeli: *Pavlovsche Mittwochskolloquien*, Bd. 3, S. 4.

mittels literarischer Geniekomeptenz zu physiologisch sonst verschlossenen Welten zu gelangen: eine Art „Tierwerdung“ des Autoren.

Damit ist Zoščenkos Autobiographie zunächst auch ein Projekt der Alterität, die in Literatur vermittelt werden kann. Irene Masing-Delic weist in diesem Zusammenhang darauf hin, dass die vielen intertextuellen Verweise im Buch einen deutlichen Bezug zu einer „Literatur des Anderen“ herstellen (was durch drei abschließende Kapitel, die den Sieg des Verstandes über den Tod, das Alter und die Leiden programmatisch im Titel tragen, völlig plausibel ist). Dies zielt insbesondere auf eine Affinität zu einer modernistischen Ästhetik und besonders auf Aleksandr Blok und Andrej Belyj, die die Konfrontation des Lesers mit irrationalen, morbiden oder pathologischen Aspekten geradezu programmatisch machen. Masing-Delic kommt daher zu dem Schluss, dass Zoščenkos verstandesmäßiges Durchdringen der horriblen Bildwelten in erster Linie eine Parodie des optimistischen Schreibens und eine Verteidigung avantgardistischer Projekte darstelle, die quasi subversiv in den Text eingeschrieben sind.[44] Es gilt allerdings zu bedenken, dass Zoščenko an den literarischen Prätexten doch vor allem in einer p a t h o g r a p h i e r e n d orientierten Bezugnahme partizipiert und nicht müde wird, die Gefahren einer rein aufs Irrationale eingestellten Dichtung aufzuzeigen, wie er es etwa anhand von Gogol’s pathologischer Nahrungsverweigerung auf Dutzenden von Seiten völlig spekulativ in Pavlovscher Terminologie ausführt.

Zudem lässt sich wohl davon ausgehen, dass Zoščenko spätestens mit seiner Teilnahme am Belomor-Kanal-Projekt 1932 auf einen literarischen Didaktismus umsteigt, der sich an der Stalinistischen Doktrin des Künstlers als „Ingenieur der Seele“ und an der zeitgenössisch prominenten Metapher der „Umschmiedung“ („перековка“) der Individuen formuliert.[45] Man könnte für *Schlüssel des Glücks* sagen, dass der Text dabei vor allem am Umbau des Autoren selbst mitarbeitet und dessen Transformation in einen Künstler-Wissenschaftler vorführt, der sein Heil nur in einer wissenschaft-

---

44 Masing-Delic: Biology.

45 Vgl. hierzu: Papazian, Elizabeth A.: Reconstructing the (Authentic Proletarian) Reader. Mikhail Zoschchenko’s Changing Model of Authorship, 1924-34, in: *Kritika. Explorations in Russian and Eurasian History* 4:4 (Fall 2003), S. 816-848.

lich fundierten Poetik suchen kann. Der literarische Text gewinnt in einer solchen Lesart den Status einer therapierten und therapeutischen *Science Fiction*, die ihre „pathologischen" Anteile zwar legitimiert, aber sie nur als neblige Durchgangsstation vor dem Sonnenaufgang begreift. Eine solche Literatur würde die Latenzen der laboratorischen Forschung chiastisch an sich knoten:

> Iwan Petrowitsch ist der Meinung, dass man die subjektive Welt der Menschen, die eine zweifellose Realität darstellt, nicht ignorieren und vernachlässigen darf. Derartige Versuche sind nützlich! Man muß aber bei der Durchführung fragen, was der Mensch hierbei erlebt. Diese subjektiven Tatsachen müssen zu den bekannten, von den Physiologen studierten Tatsachen hinzukommen. Man darf den Menschen nicht wie einen Hund behandeln.[46]

46 Orbeli: *Pavlovsche Mittwochskolloquien*, Bd. 1, S. 88.

2. Experimentelle Transfigurationen

Riccardo Nicolosi

Das Blut der Karamazovs. Vererbung, Experiment und Naturalismus in Dostoevskijs letztem Roman

„An dem Blute meines Vaters bin ich nicht schuldig!"
Dmitrij Karamazov[1]

I. Literarische Vererbungstexte: experimentell und gegenexperimentell

Es gibt in den *Brüdern Karamazov* (*Brat'ja Karamazovy*, 1879/80) eine Frage, die mit geradezu obsessiver Häufigkeit gestellt wird: Ist das „Karamazovsche Wesen" – verstanden als die Gesamtheit der moralisch verwerflichen, normabweichenden Eigenschaften des Fedor Pavlovič Karamazov – genetisch übertragbar? Stellt es etwas biologisch Unüberwindbares dar, das die Handlungen und Entscheidungen der Brüder Karamazov zwangsläufig negativ beeinflusst? Die Frage der biologischen Substanz der Familie und ihrer Übertragbarkeit auf die nachfolgenden Generationen ist die Frage der Vererbung: In Fedor Michajlovič Dostoevskijs letztem Roman steht sie – so die These – in einem diskursiven und intertextuellen Bezug zu Émile Zolas zwanzigbändigem Romanzyklus *Les Rougon-Macquart* (1871-93), der wie kein anderes literarisches Werk an der Konstruktion der interdiskursiven Figuration der Vererbung in der zweiten Hälfte des 19. Jahrhunderts partizipiert. Zola knüpft mit seinem Familienepos programmatisch an den medizinischen Diskurs seiner Zeit an, in dem die Vorstellung der Übertragung pathologischer Eigenschaften über Generationen hinweg eine der häufigsten Antworten auf die Entstehung und Entwicklung von

1 Dostojewskij, Fjodor: *Die Brüder Karamazow*. Aus dem Russischen von Hans Ruoff und Richard Hoffmann, München 2002 (im Folgenden zitiert mit geringfügigen Änderungen als: BK], S. 609. [„В крови отца моего не повинен!" Dostoevskij, Fedor: *Polnoe sobranie sočinenij v tridcati tomach*, Leningrad 1972-1990 [im Folgenden zitiert als: PSS], Bd. XIV, S. 412).

Krankheiten liefert, die somit in einer primär diachronen Dimension und im Kontext eines biologischen Determinismus gesehen werden.[2] Besonders in der Degenerationslehre wird die Vererbung zum zentralen Mechanismus einer progressiven Krankheitsentwicklung, die die Erbmasse einer Familie unheilbar korrumpiert.[3] In Zolas Romanzyklus erfüllt das narra-

---

2 Bis zur Wiederentdeckung der Vererbungslehre Georg Mendels Anfang des 20. Jahrhunderts, die die moderne Genetik begründete, hatte man keine annähernd befriedigende Antwort auf die Frage gefunden, was Vererbung sei bzw. was und wie vererbt werde. Die daraus resultierende diffuse Vorstellung von Vererbung steht jedoch im krassen Gegensatz zum heuristisch-diagnostischen Gebrauch, der von hereditären Prozessen in Medizin und Psychiatrie gemacht wurde. Die Vorstellung der übertragbaren Eigenschaften war sehr breit; sie umfasste physische, psychische und auch moralische Charakteristika, wobei neben der stabilen, die Erhaltung der Spezies garantierenden Eigenschaften, auch instabile Eigenschaften postuliert wurden, die für die Produktion individueller Variationen verantwortlich waren. Der Natur wurde – beispielsweise von Prosper Lucas, der Hauptquelle für Zolas literarisches Vererbungsexperiment (s.u.) – eine Schöpfungskraft zugesprochen, die die deterministische Kette der imitativen „hérédité" durch die Schaffung von Unähnlichkeiten („innéité") brechen konnte. Wie weit gefasst die Vorstellung von Vererbung war, zeigt Lucas' Theorie der „imprégnation", d.h. der genetischen Beeinflussung der Nachkommen einer Frau durch ihren ersten Geschlechtspartner (*Traité philosophique et physiologique de l'hérédité naturell*, 1847-1850).

3 Beginnend mit Bénédict-Auguste Morel und seinem epochemachenden Degenerations-Traktat (*Traité des dégénérescences physiques, intellectuelles et morales de l'espèce humain et des causes qui produisent ces variétés*, 1857) wird die Übertragbarkeit erworbener pathologischer Veränderungen des ‚inneren Milieus' eines Individuums auf nachfolgende Generationen systematisch postuliert, wobei keine bestimmte Krankheit übertragen wird, sondern eine generelle Schwächung des Nervensystems, die so genannte „nervöse Diathese". Kraft permanenter Transformation und Akkumulation nimmt letztere die Form aller möglichen psycho-physischen Störungen bis hin zu sozialen Devianzphänomenen wie Alkoholismus, Kriminalität und Prostitution an, entwickelt sich progressiv und führt zum Auslöschen der betroffenen Familie innerhalb von drei bis fünf Generationen. Zur Bestimmung der Grenze zwischen gesunder Norm und Entartung dienen die so genannten Stigmata physischer und psychischer Natur. Die Degeneration spielt nach Morel weiterhin eine zentrale Rolle in der Psycho- und Sexualpathologie des 19. Jahrhunderts, vor allem bei Autoren wie Valentin Magnan, Heinrich Schüle, Richard v. Krafft-Ebing, Emil Kraepelin. Magnan, anders als der christlich denkende Morel, versteht als erster die Degeneration als Regression im Sinne des Darwinismus: Dies macht den Weg frei für die Atavismustheorie, die in Cesare Lombrosos Kriminalanthropologie eine zentrale Stellung annimmt. Die Degenerationstheorie ist letztlich eine Antwort auf die Frage, warum die postulierte Epoche des unaufhaltsamen Fortschritts so viele physische, psychische und soziale Pathologien hervorruft. Sowohl als Atavismus und Regression, d.h. als Rest einer früheren, primitiven Entwicklungsphase, die der Fortschritt beseitigen wird, als auch als Folge von Industrialisierung und Urbanisierung bzw. eines fehlgelaufenen Zivilisationsprozesses ist Degeneration ein Fehler in der ‚Matrix'

tive Schema der degenerativen Vererbung eine sujetbildende Funktion:[4] Die Übertragung von Eigenschaften über fünf Generationen hinweg bei gleichzeitig möglichen Kombinationen und Modifikationen stellt das makrostrukturelle Systematisierungsprinzip der Familiengeschichte dar und zugleich eine der Ausgangshypothesen, deren wissenschaftliche Verifizierung vom Autor programmatisch vorgenommen wird. Denn gerade in der experimentellen Verifizierung naturwissenschaftlicher Konzepte, und nicht in deren Aneignung oder Popularisierung, besteht die Aufgabe der Literatur bei Zola: Die vom naturalistischen Autor entworfene fiktionale Welt soll als eine Art Laboratorium fungieren, in dem wissenschaftliche Hypothesen über den Mechanismus der affekthaften und geistigen Handlungen des Menschen überprüft werden können.

Den Anspruch der naturalistischen Literatur, Teil der wissenschaftlichen Praxis zu sein, erhebt Zola in seinem bekannten Aufsatz *Le roman expérimental* (1879).[5] Diese Studie ist als Zitat-Collage aus Claude Bernards *Introduction à l'étude de la médicine expérimentale* (1865) angelegt, in der die Anwendbarkeit der experimentellen Methode nicht nur auf starre Körper, sondern auch auf organische Gegenstände postuliert wird, was die Ablösung der Physiologie von der Anatomie bedeutet. Der Experimen-

---

des Progresses. Zum Degenerationsdiskurs vgl. u.a.: Leibbrand, Werner; Wettley, Annemarie: *Der Wahnsinn. Geschichte der abendländlichen Psychopathologie*, Freiburg u.a. 1961, S. 519-545 (Kap. VII. Vererbung und Entartung); Pick, Daniel: *Faces of Degeneration. Aspects of a European Disorder, c. 1848-c. 1918*, Cambridge 1989; Chamberlin, J. Edward; Gilman, Sander L. (Hg.): *Degeneration. The Dark Side of Progress*, New York 1985; Link-Heer, Ursula: ‚Le mal a marché trop vite.' Fortschritts- und Dekadenzbewusstsein im Spiegel des Nervositäts-Syndroms, in: Drost, Wolfgang (Hg.): *Fortschrittsglaube und Dekadenzbewußtsein im Europa des 19. Jahrhunderts*, Heidelberg 1986, S. 45-67; Roelcke, Volker: *Krankheit und Kulturkritik. Psychiatrische Gesellschaftsdeutungen im bürgerlichen Zeitalter (1790-1914)*, Frankfurt a. M. 1999, S. 80-179.

4 Zum narrativen Schema der „dégénérescence" und seinen Unterschieden zu dem literaturgeschichtlich vorausgehenden Modell des „roman clinique" in der französischen Literatur vgl. Föcking, Marc: *Pathologia litteralis. Erzählte Wissenschaft und wissenschaftliches Erzählen im französischen 19. Jahrhundert*, Tübingen 2002. Zum englischen Kontext von Entartung und Literatur vgl. Greenslade, William: *Degeneration, Culture and the Novel 1880-1940*, Cambridge 1994.

5 Zola, Émile: Le roman expérimental, in: Ders.: *Œuvres complètes*, 15. Bde, Paris 1966-1970, Bd. 10, S. 1175-1203. Dt. Übersetzung: Zola, Emile: *Der Experimentalroman. Eine Studie*, Leipzig 1904.

talroman soll nun einen weiteren Schritt darstellen, d.h. die Möglichkeit der experimentellen Untersuchung des Menschen, seines sensitiven und geistigen Lebens, um die „Gesetze des Denkens und der Leidenschaften“ zu formulieren und „praktische Soziologie“ zu betreiben.[6] Von Bernard übernimmt Zola die Unterscheidung von Beobachtung und Experiment sowie die fiktionale Natur der Hypothesenbildung, die den Bernardschen Experimentbegriff auf diese Weise anschlussfähig für den literarischen Diskurs macht.[7] So referiert Zola Bernards Definition des Experiments:

> Der Beobachter konstatiert klar und einfach die Erscheinungen, die vor seinen Augen liegen ... Er hat der Photograph der Erscheinungen zu sein. [...] Ist aber die Tatsache einmal konstatiert, die Erscheinung genau beobachtet, so tritt die Idee hinzu, die Überlegung kommt dazwischen, und der Experimentator erscheint, um das Phänomen zu interpretieren. Der Experimentator ist derjenige, der kraft einer mehr oder weniger wahrscheinlichen, aber vorhersehenden Interpretation der beobachteten Phänomene das Experiment so einrichtet, dass es nach der logischen Folge der Vermutungen ein Resultat gibt, das der Hypothese oder vorgefassten Idee als Kontrolle dient.[8]

Die Konzeptualisierung des Experiments als Überprüfung einer „wahrscheinlichen“ Hypothese, die aus dem „Genie“[9] des Forschers entsteht, hebt die fiktionale Dimension einer Beobachtung der Natur im status con-

6 Zola: *Der Experimentalroman*, S. 22 u. S. 31. Zu Zolas Experimentaltheorie vgl. Kolkenbrock-Netz, Jutta: *Fabrikation – Experiment – Schöpfung. Strategien ästhetischer Legitimation im Naturalismus*, Heidelberg 1981, S. 193-217.

7 Vgl. Gamper, Michael: Normalisierung/Denormalisierung, experimentell. Literarische Bevölkerungsregulierung bei Emile Zola, in: Krause, Marcus; Pethes, Nicolas (Hg.): *Literarische Experimentalkulturen. Poetologien des Experiments im 19. Jahrhundert*, Würzburg 2005, S. 149-168, hier S. 152.

8 Zola: *Der Experimentalroman*, S. 12f. Zitiert nach der verbesserten Übersetzung in Gamper: Normalisierung/Denormalisierung, S. 152f. „L'observateur constate purement et simplement les phénomènes qu'il a sous les yeux... Il doit être le photographe des phénomènes. [...] Mais une fois le fait constaté et le phénomène bien observe, l'ideé arrive, le raisonnement intervient, et l'expérimentateur apparaît pour interpreter le phénomène. L' expérimentateur est celui qui, en vertu d'une interpretation plus ou moins probable, mais anticipée, des phénomènes observés, institute l'expérience de manière que, dans l'ordre logique des previsions, elle fournisse un résultat qui serve de contrôle à l'hypothèse ou à l'idée préconçue". Zola: Le roman expérimental, S. 1178.

9 Zola: *Der Experimentalroman*, S. 17.

ditionalis hervor, die das Experiment zu seinem Ursprung als einer „Praxis des Fingierens"[10] zurückführt. An diese fiktionale Dimension des Experiments knüpft Zola mit seiner These des Experimentalromans an:

> Der Romanschriftsteller besteht ebenfalls aus einem Beobachter und einem Experimentator. Der Beobachter gibt ihm die Tatsachen so wieder, wie er sie beobachtet hat, setzt den Ausgangspunkt fest und bereitet den festen Boden, auf dem die Personen aufmarschieren und die Erscheinungen sich entwickeln können. Dann erscheint der Experimentator und bringt das Experiment zur Durchführung, das heißt, er bewegt die Figuren in einer spezifischen Geschichte, um zu zeigen, dass die Folge der Tatsachen so sei, wie es der auf die Probe gestellte Determinismus der Phänomene verlangt.[11]

Es ist also der Beobachter, der die Versuchsanordnung für das Experiment schafft, das dann vom Erzähler durchgeführt wird. Der „Determinismus der Phänomene" konstituiert die innere Logik der narrativen Versuchsanordnung und die erzählte Geschichte dient der Überprüfung ihrer Stringenz: Sie ist also eine Art Beobachtung zweiter Ordnung, die das Funktionieren einer deterministischen (zum Teil teleologischen) narrativen Modellierung der Welt beobachtet.[12] In diesem Sinne erweist sich der Experimentalroman

---

10 Vgl. Weigel, Sigrid: Das Gedankenexperiment: Nagelprobe auf die facultas fingiendi in Wissenschaft und Literatur, in: Macho, Thomas; Wunschel, Annette (Hg.): *Science & Fiction. Über Gedankenexperimente in Wissenschaft, Philosophie und Literatur*, Frankfurt a. M. 2004, S. 183-205, hier S. 185.

11 Zola: *Der Experimentalroman*, S. 13f. Zitiert nach Gamper: Normalisierung/Denormalisierung, S. 154. „[...] le romancier est fait d'un observateur et d'un expérimentateur. L'observateur chez lui donne les faits tels qu'il les a observés, pose le point de départ, établit le terrain solide sur lequel vont marcher les personnages et se développer les phénomènes. Puis l' expérimentateur paraît et institue l'expérience, je veux dire fait mou voir les personnages dans une histoire particulière, pour y montrer que la succession des faits y sera telle que l'exige de le déterminisme des phénomènes mis à l'étude." Zola: Le roman expérimental, S. 1178.

12 Diese Sekundarität des Experimentalromans zeigt auch die Tatsache, dass der Text nicht das empirische Experiment darstellt (und nicht darstellen kann!), sondern das Protokoll eines Gedankenexperiments, das der Schriftsteller ‚im Kopf' durchgeführt hat und vor den Augen des Publikums wiederholt. Zum wissenschaftlichen Experiment als Beobachtung zweiter Ordnung vgl. Elkana, Yehuda: Das Experiment als Begriff zweiter Ordnung, in: *Rechtshistorisches Journal* 7 (1988), S. 244-271. Zur naturalistischen Fiktion als Verifizierung der entworfenen Narrationsmodelle vgl. Albers, Irene: *Sehen und Wissen. Das Photographische im Romanwerk Emile Zolas*, München 2002, S. 221f.

als ein Versuch über Grenzen und Möglichkeiten eines fiktionalen Wahrscheinlichen, das von deterministischen Faktoren eingeschränkt wird, die die Handlungsfolge zwangsläufig steuern. In Übereinstimmung mit der positivistischen Weltanschauung ist das Leben des Menschen für Zola von einem dichten Netz von Kausalzusammenhängen determiniert, das grundsätzlich von zwei Faktoren geregelt wird: von einem sozialen äußeren Milieu (milieu extérieur) und einem inneren Milieu (milieu intérieur) mit seinen physiologischen Gesetzen, unter denen die Vererbung die zentrale Rolle spielt.[13] Die vom naturalistischen Autor entworfene fiktionale Welt soll als Experimentierfeld fungieren, in dem die Kausalzusammenhänge zwischen den Handlungen der Protagonisten, ihrer Erbanlage und dem Einfluss des Milieus deutlicher als in der Wirklichkeit gezeigt werden können.

Das Experimentelle am Experimentalroman sieht Zola vor allem in der Tatsache begründet, dass sich die wissenschaftlichen Erkenntnisse über den Menschen noch in einem frühen Stadium der Entwicklung von Hypothesen befinden und deshalb der Phantasie – auch der literarischen – eine wichtige Erkenntnisfunktion zuschreiben, die von Doktor Pascal, dem Protagonisten des letzten Romans des *Rougon-Macquart*-Zyklus und Alter Ego der Autors Zola, in Bezug auf die Vererbungs- und Degenerationstheorie folgendermaßen beschrieben wird:

> Ach, diese beginnenden Wissenschaften, diese Wissenschaften, in denen die Hypothese stammelt und die Phantasie sich noch frei entfalten kann, sie sind ebenso sehr der Bereich der Dichter wie der Wissenschaftler! Die Dichter marschieren als Bahnbrecher in der Vorhut, und oft entdecken sie jungfräuliches Land, weisen auf kommende Lösungen hin.[14]

---

13 Hans-Joachim Müller schlägt vor, den Begriff „déterminisme“ mit „Interaktion“ zu übersetzten, einerseits um ihn vom Fatalismus deutlich zu unterscheiden, und andererseits um zu unterstreichen, dass es sich um die Beziehung zwischen den Phänomenen bzw. um deren ummittelbare Ursache (cause prochaine) handelt. Vgl. Müller, Hans-Joachim: Zola und die Epistemologie seiner Zeit, in: *Romanistische Zeitschrift für Literaturgeschichte* 5 (1987), S. 74-101, hier S. 76.

14 Zola, Emile: *Doktor Pascal*, Berlin 1974, S. 88. „Ah! Ces sciences commençantes, ces sciences où l'hypothèse balbutie et où l'imagination reste maîtresse, elles sont le domaine des poètes autant que des savants ! Les poètes vont en pionniers, à l'avant-garde, et souvent ils découvrent les pays vierges, indiquent les solutions prochaines“. Zola, Émile: Le Docteur Pascal, in: Ders.: *Œuvres complètes*, Bd. 6, S. 1234.

Aber gerade die experimentelle Überprüfung der Vererbungstheorie in Zolas Familienepos, die Modelle entwickeln will, die über die wissenschaftliche Grundlage – Prosper Lucas' *Traité philosophique et physiologique de l'hérédité naturelle* (1847-1850)[15] – hinausgehen, zeigt, dass die poetische Phantasie Zolas sich in eine Richtung bewegt hat, die der wissenschaftlichen Entwicklung der Genetik geradezu entgegengesetzt war. Indem Zola sich im Laufe der Arbeit am Romanzyklus sowohl von der Annahme, dass sich die Erbanlage der Eltern jeweils zur Hälfte auf die Kinder überträgt (das Modell ist in der „mathematischen Genauigkeit" des Vererbungsgesetzes im ersten Roman *La Fortune des Rougon* von 1870 präsent), als auch von der Atavismustheorie, die *La bête humaine* (1890) und *Germinal* (1883) geprägt hatte, distanziert, entwickelt er im abschließenden (Vererbungs-)Roman *Le docteur Pascal* (1893) ein rein korrelationalistisches Modell, in dem die ständige Mischung mit fremdem Erbgut die entscheidende Rolle spielt. Dies macht die Vererbung zu einer unabschließbaren Kombinatorik, deren phantasmagorische Ergebnisse einer permanenten Modifikation unterworfen sind.

Von solch einer naturalistischen Vorstellung von Literatur ist Dostoevskij bekanntlich weit entfernt. In den *Brüdern Karamazov* geht es deshalb nicht um die Adaptation oder gar Verifizierung wissenschaftlicher Konzepte, noch weniger um den Entwurf einer von deterministischen Gesetzen geregelten fiktionalen Welt. Vielmehr kursiert in den *Brüdern Karamazov* auf der fiktionalen Ebene die beunruhigende Vermutung, dass in der eigenen Welt deterministische Gesetze, insbesondere das Vererbungsgesetz, herrschen. Dies wird nicht nur von Trägern eines trivial-positivistischen Gedankenguts wie Rakitin postuliert; vielmehr beunruhigt diese Vermutung vor allem die Brüder Karamazov selbst. Im Vergleich zum Naturalismus bedeutet dies die Übertragung der Vererbungsfrage von der Ebene des Autors, der sich als wissenschaftlicher Beobachter und Experimentator versteht, auf die Ebene der handelnden Figuren, die das eigene sowie das fremde Erbgut beobachten und dessen möglichen Einfluss auf Entscheidungen und Handlungen reflektieren. Dies bewirkt zum einen die weitge-

15 Vgl. Malinas, Yves: *Zola et les hérédités imaginaires*, Paris 1985.

hende Entmedizinisierung der Vererbungsfrage,[16] die zu einer eher vagen und bedrohlichen Vorstellung von etwas biologisch Verankertem und Unüberwindbarem wird. Zum anderen bedeutet die Deauktorialisierung der Vererbung, d.h. das Entfallen des medizinischen Normalisierungsgestus des Autors, die Verlagerung der Grenzziehung zwischen dem Normalen und dem Pathologischen in die ‚polyphonisch' dargestellte Welt, was nicht nur den prekären Status dieser letztlich willkürlichen Grenzziehung vor Augen führt,[17] sondern auch die dramatischen Folgen zeigt, die eine solche ‚biologistische' Verunsicherung haben kann. Dadurch erscheinen die *Brüder Karamazov* als narrative Inszenierung der Denormalisierungsangst, die die diffuse, wissenschaftlich nicht verfestigte Vorstellung von (degenerativen) Vererbungsprozessen in der europäischen Kultur des 19. Jahrhunderts hervorgerufen hat.

Der unsichere und unbestimmte ontologische Status der Vererbung, der – anders kodiert – auch in Zolas *Le docteur Pascal* zum Vorschein kommt, ist der phantasmatischen Natur der dreitausend Rubel äquivalent, auf die Dmitrij Fedorovič Karamazov seinen noch nicht ausgezahlten Erbanteil quantifiziert. Der Streit um die Vermögensabrechnung erhält eine symbolische Konnotation innerhalb einer Figuration des Erbes, in der

16 Diese Entmedizinisierung der Vererbung soll aber nicht als Hinweis auf ein allgemeines Desinteresse des biographischen Autors Dostoevskij am medizinischen Wissen verstanden werden. Seine medizinischen Kenntnisse, besonders im Bereich der Epilepsie, waren im Gegenteil sehr fundiert: Dostoevskij waren die einschlägigen Werke von Jean-Étienne Esquirol und Jacques-Joseph Moreau bekannt, in denen die Epilepsie in einem psychopathologischen Kontext gesehen wurde, wobei die Fragen der erblichen Prädisposition und der degenerativen Entwicklung der Krankheit zentral waren. Der Tod des dreijährigen Sohns Aleksej infolge eines epileptischen Anfalls 1878 verstärkte Dostoevskijs Ängste über die Erblichkeit einer generellen Familienpathologie, die sich bereits in unterschiedlichen Formen manifestiert hatte (Alkoholismus, Hysterie, Nervenzerrüttung, schizoide Persönlichkeitsstörungen usw.; vgl. dazu Volockoj, Michail: *Chronika roda Dostoevskogo 1506-1933*, Moskva 1933). Die Erblichkeit als mögliche Ursache für die Epilepsie Dostoevskijs wurde bereits in den 1840er Jahren von Stepan Janovskij, dem mit Dostoevskij befreundeten Arzt, diagnostiziert. Zu dieser Problematik vgl. Rice, James L.: *Dostoevsky and the Healing Art. An Essay in Literary and Medical History*, Ann Arbor 1985.

17 Die Willkür dieser medizinischen Grenzziehung zeigt auch die parodistische Inszenierung der psychiatrischen Gutachten über Dmitrijs mentale Devianz im Prozess (vgl. BK, S. 888-894; PSS, Bd. XV, S. 103-107).

Erbschaft und Vererbung nicht nur etymologisch miteinander verflochten sind.[18] Nicht zufällig glaubt Dmitrij, dass sein Vater ihn um das Erbe seiner leiblichen Mutter gebracht hat: Sein Kampf um die Erbschaft ist innerhalb der Figuration des Erbes dem Kampf um den als gesund postulierten mütterlichen Erbanteil gegen die vererbten krankhaften väterlichen Eigenschaften äquivalent.[19] In seinen beiden Ausprägungen erweist sich das Erbe der Karamazovs als phantasmatische Größe.

Die Problematisierung einer schlechten Erbanlage bildet – so die These – den semantischen Kern der Familienfrage, um die Dostoevskij in den *Brüdern Karamazov* seine alten Themen bzw. Ideologeme gruppiert und neu semantisiert: Glaube und Moral, Würde und Freiheit des Menschen, Schuld und Sühne, Mord und Selbstmord usw. So wird beispielsweise die für Dostoevskij grundlegende Problematik der Verschiebung und Überschreitung moralischer Grenzen beim Mord in den *Brüdern Karamazov* an einem V a t e r mord durchgespielt, was die Grundfrage: „wozu lebt ein solcher Mensch", die schon Raskolnikov gestellt hatte, radikalisiert. Genauso zugespitzt wird die Problematik um das Axiom „wenn es keinen Gott gibt, ist alles erlaubt" durch die offensichtliche Äquivalenz zwischen Vatermord und Gotteskritik. Die *Brüder Karamazov* stellen zusammen mit den *Dämonen* (*Besy*, 1871/72) und dem *Jüngling* (*Podrostok*, 1875) Dostoevskijs Versuch dar, s e i n e *Väter und Söhne* zu schreiben: Sie handeln von

18 Der epistemologische Umbruch in der zur modernen Genetik führenden Vererbungslehre des 19. Jahrhunderts vollzieht sich innerhalb eines diskursiven Feldes, das von der Vorstellung eines generationalen Erbes dominiert wird, in der die Vererbung zur metaphorischen Kapitalanlage wird. Vgl. Parnes, Ohad: ‚Es ist nicht das Individuum, sondern es ist die Generation, welche sich metaphorisiert'. Generationen als biologische und soziologische Einheiten in der Epistemologie der Vererbung im 19. Jahrhundert, in: Weigel, Sigrid u.a. (Hg.): *Generation. Zur Genealogie des Konzepts – Konzepte von Genealogie*, München 2005, S. 235-259.

19 Dmitrijs Vermutung, dass er nicht getötet hat, weil „das flehentliche Bitten" seiner Mutter Gott gerührt hat (BK, S. 629; PSS, Bd. XIV, S. 425), kann man als Anspielung auf seinen gesunden mütterlichen Erbanteil verstehen, der im entscheidenden Augenblick die triebhaften Karamazovschen Eigenschaften besiegt hat. In der Figurengrammatik der Familie Karamazov stellt Adelaida Ivanovna Mjusova, „eine heißblutige, mutige, ungeduldige Dame von dunklem Teint und außerordentlicher Körperkraft" (BK, S. 15; „дама горячая, смелая, смуглая, нетерпеливая, одаренная замечательною физическою силой"; PSS, Bd. XIV, S. 9), das wohl einzige gesunde Element dar (s.u.).

jener Dekomposition bzw. „Zersetzung" („разложение") der russischen Familie, über die Dostoevskij im *Tagebuch eines Schriftstellers* (*Dnevnik pisatelja*) wiederholt reflektiert hatte und die im Zentrum seines gesamten Spätwerks steht. Am Beispiel einer „disharmonischen Familie"[20] wollte Dostoevskij die Zersetzung des russischen sozialen Organismus zeigen, in dem die natürliche Verbindung der Teile zueinander verloren gegangen ist.[21]

Dostoevskijs Inszenierung einer fiktionalen Welt, die vom Vererbungsgedanken infiziert wird, soll im Folgendem als ein Gegenexperiment zu Zolas Experimentalzyklus betrachtet werden, da die Simulation einer ähnlichen Versuchsanordnung mit einer vergleichbaren Figurengrammatik, in der biologische Kräfte am Werke zu sein scheinen, zu Handlungen führt, die die a priori postulierte Entscheidungsfreiheit des Menschen bestätigen sollen. Anders als Zola, der die biologische und soziale Determinierung der Degeneration einer Familie im Zweiten Kaiserreich aufzeichnet, soll die Geschichte der Familie Karamazov – so die rekonstruierbare Autorintention – gerade die Überwindbarkeit einer schlechten Erbanlage zeigen und die Möglichkeit einer christlich gemeinten Regeneration vor Augen führen. Die Verschiedenheit der Schicksale der Brüder Karamazov trotz gemeinsamen biologischen Ursprungs soll die Verantwortung des Menschen für seine Taten darlegen, die durch keine exogenen oder endogenen determinierenden Faktoren relativiert werden kann.[22] Dostoevskijs Ge-

---

20 BK, S. 47; „нестройное семейство", PSS, Bd. XIV, S. 30.

21 Vgl. dazu u.a. Fusso, Susanne: Dostoevskii and the Family, in: Leatherbarrow, William J. (Hg.): *The Cambridge Companion to Dostoevskii*, Cambridge 2002, S.175-190.

22 In seinem Essay *Milieu* (*Sreda*, 1873) hatte sich Dostoevskij deutlich über die positivistische Milieutheorie – das soziale Pendant zur biologistischen Vererbungstheorie – geäußert, bezeichnenderweise in Bezug auf die Verantwortlichkeit des Verbrechers gegenüber seinem Delikt: Indem die Milieutheorie den Menschen von den strukturellen Fehlern der Gesellschaft abhängig mache, beraube sie ihn jeglicher Individualität, Eigenständigkeit und Verantwortung. Der Mensch werde dadurch zum Tier gemacht. Das Christentum mache im Gegenteil den Menschen verantwortlich für seine Taten und erkenne dadurch dessen Freiheit an (vgl. PSS, Bd. XXI, S. 13-23, hier S.16). In diesem Sinne gehört die Widerlegung des Vererbungsgedankens zu der breiteren Polemik gegen die westlichen, positivistischen Theorien, die für Dostoevskij bekanntlich die Welt ihrer metaphysischen Dimension berauben und ihr somit auch jegliche Garantie irdischer Sittlichkeit nehmen. Vgl. dazu u.a. Wett, Barbara: *„Neuer Mensch" und „Goldene Mittelmässigkeit". F.M. Dostoevskijs Kritik am rationalistisch-*

dankenexperiment[23] setzt somit die naturalistische Versuchsanordnung in dem Sinne voraus, dass der fiktionale Eingriff in die Welt, den Dostoevskij durchführt, die naturalistische Modellierung der Wirklichkeit in die eigene dargestellte Wirklichkeit verlagert. Dostoevskijs Hypothese für sein Experiment kann deshalb (zugespitzt formuliert) lauten: Wie gefährlich ist es, wenn der Mensch glaubt, wie eine naturalistische Figur zu ‚funktionieren'? Wie zu zeigen sein wird, ist im Text aber auch ein Gegensinn eingeschrieben, der das Gegenexperiment mit dem ‚verdorbenen' Blut der Karamazovs zu unterminieren scheint. Die intendierte Widerlegung der Vererbungstheorie erweist sich insofern als problematisch, da die strukturelle Nähe zu Zolas Experimentalmethode eine biologische, degenerative Determiniertheit des metaphysisch intendierten Bösen postulieren lässt. Dies restituiert dem Text die semantische Mehrdeutigkeit, die der Autor durch die Schaffung eines Thesenromans bewusst hatte einschränken wollen.[24]

Bereits Irina Paperno hat darauf hingewiesen, dass Dostoevskijs Romane als Gedankenexperimente im Sinne Zolas funktionieren, wobei sie das gegenteilige Ziel verfolgen: Sie sollen gerade das Scheitern positivistischer und materialistischer Thesen beweisen, indem sie die zerstörerische Wirkung der Überschreitung ethischer Grenzen in einer Welt, die vom Atheismus angesteckt ist, vor Augen führen.[25] Dabei ist die innerfiktionale

utopischen Menschenbild, München 1986.

23 Zum Begriff des „Gedankenexperimentes" vgl. Macho, Thomas; Wunschel, Annette: Zur Einleitung. Mentale Versuchsanordnungen, in: Dies. (Hg.), *Science and Fiction*, S. 9-14, bes. S. 9: „Das Gedankenexperiment unterscheidet sich also von der Fiktion im Allgemeinen durch seinen punktuellen, strategischen Einsatz: Es geht ihm nicht um alle möglichen oder unmöglichen Welten, sondern bloß um eine Welt, in der ein einziger Sachverhalt, ein einziges Ereignis, eine einzige Handlung möglich oder unmöglich ist. Gedankenexperimente verändern die Welt zumeist nur an einer einzigen Stelle; aber sie überprüfen an vielen anderen Stellen, wie sich diese Veränderung auswirken könnte".

24 Für einen strukturell ähnlichen Befund vgl. die Überlegungen Wolf Schmids zu den *Brüdern Karamazov* als ‚verfehlter Theodizee': Schmid, Wolf: Die ‚Brüder Karamazov' als religiöser ‚nadryv' ihres Autors, in: *Wiener Slawistischer Almanach* 41 (1996), S. 25-50. In einer (krypto-)dekonstruktivistischen Analyse zeigt Schmid, wie „gegen den Willen des konkreten Autors jegliche Affirmation des metaphysischen Glaubens von seiner geheimen Negation begleitet [ist]" (S. 27). Gerade dieser im Text eingeschriebene Gegensinn kompensiere die fehlende Polyphonie des Thesenromans.

25 Vgl. Paperno, Irina: *Samoubijstvo kak kul'turnyj institut*, Moskva 1999, S. 162ff.

Dimension des Gedankenexperiments zu betonen, die naturalistischen Romanen weitgehend fremd ist: Dostoevskij experimentiert nicht nur mit seinen Figuren; er lässt sie auch experimentieren, d.h. Gedankenexperimente entwerfen und sie wiederum empirisch durchführen. Die *Brüder Karamazov* sind das beste Beispiel für eine Multiplizierung innerfiktionaler Experimente, die nicht nur auf der Ebene eines Gedankenexperiments bleiben, wie Ivan Karamasovs Legende des Großinquisitors, sondern auch realisiert werden, wie Ivans Hypothese der Legitimität des Mordes, wenn die Nichtexistenz Gottes postuliert wird, die von Smerdjakov empirisch verifiziert wird.[26] Und es ist gerade diese Verdoppelung des Experiments auf der fiktionalen Ebene, durch die Dostoevskij den Hauptmangel eines Gedankenexperiments, nämlich das Fehlen einer empirischen Verifizierung jenseits der narrativen Ordnung des Textes, zu überlisten versucht. Denn die Hypothese soll nicht nur durch den Handlungsverlauf demonstriert werden, sondern auch durch das Scheitern empirischer Experimente in der Handlung selbst.

II. Literarische Vererbungstexte: intertextuell

Die Möglichkeit einer Lektüre der *Brüder Karamazov* im Kontext des französischen Naturalismus, welche die Vererbungsfrage ins Zentrum der Analyse stellt, wurde von der Forschung bislang weitgehend ignoriert. Zu groß schienen die poetologischen und ideologischen Unterschiede zwischen beiden Autoren,[27] die auch von einer zum Teil heftigen gegenseitigen Kri-

26 Diese fundamentalen Experimente haben ihre Spiegelungen in den kleineren Experimenten, die Kolja Krasotkin, eine Art Doppelgänger von Ivan, durchführt. Siehe das Experiment, das Kolja an sich selbst ausprobiert, um zu beweisen, dass es möglich sei, sich „zwischen den Schienen so flach hinzustrecken, dass der Zug über den Liegenden hinwegführe, ohne ihn zu streifen" (BK, S. 685; „можно так протянуться и сплющиться вдоль между рельсами, что поезд, конечно, пронесется и не заденет лежащего", PSS, Bd. XIV, S. 464); oder auch den physikalischen Versuch mit dem Gänserich und dem Wagen, der dem Gänserich den Hals bricht, dessen Hypothese lautet: „wenn man jetzt diesen Wagen ein ganz klein wenig vorschiebt wird er dann mit seinem Rad dem Gänserich den Hals abquetschen oder nicht?" (BK, S. 728; „если эту самую телегу чуточку теперь тронуть вперед – перережет гусю шею колесом или нет?", PSS, Bd. XIV, S. 495).

27 Auf verschiedenen Ebenen sind Dostoevskij und Zola miteinander geradezu inkompa-

tik untermauert wurden.[28] Einzig Boris Georgievič Reizov hat den intertextuellen Zusammenhang zwischen den *Brüdern Karamazov* und Zolas Werk untersucht,[29] wobei die Kritik, die Georgij Michajlovič Fridlender an der These Reizovs geäußert hat, symptomatisch ist für die Haltung der Forschung, insbesondere der russisch-sowjetischen, gegenüber der Frage eines möglichen Einflusses Zolas auf Dostoevskij: Dieser sei undenkbar, da im Zentrum der Poetik Dostoevskijs nicht physiologische, sondern moralisch-psychologische Fragestellungen ständen.[30] Sichtbarer war dieser Einfluss hingegen der zeitgenössischen Kritik gewesen, die auf die an die

---

tibel: Das anthropologische Weltbild Dostoevskijs mit seiner bedingungslosen Verfechtung des freien Willens und der damit verbundenen Verantwortung des Individuums für seine Taten ist der naturalistischen Entpsychologisierung des Menschen und seiner Reduzierung auf Nerven, Blut und Triebe, die Begriffe wie Schuld und Sühne relativiert, entgegengesetzt. Dostoevskijs Suche nach Antworten auf metaphysische Fragen ist Zola fremd, da im Naturalismus auf die Erforschung eines metaphysischen „Warum" programmatisch verzichtet wird zugunsten der Darstellung des „Wie", der unmittelbaren Ursache der Dinge. Weit entfernt voneinander sind Zola und Dostoevskij auch in der Schreibweise: Zolas bewusste Reduzierung und Entdramatisierung der Sujets, die Privilegierung eines überraschungsarmen, monotonen Erzählduktus, in dem Ereignisse oft nur die Wiederholung vom bereits Stattgefundenem darstellen und in dem die descriptio eine wichtigere Rolle spielt als die narratio, ist mit der Poetik der Plötzlichkeit, der narrativen coups de théâtre, die Dostoevskij vertritt, schwer vereinbar. Genauso in Opposition zueinander stehen einerseits die naturalistische Vermischung der Stimme des Erzählers mit denen der anderen Figuren in der erlebten Rede, die den weitgehenden Verzicht auf Dialoge bedeutet, und andererseits die gerade auf Dialogen basierende Erzähltechnik Dostoevskijs.

28 Während Dostoevskij Zolas Prosa als „ekelhaftes Zeug" („гадость", PSS, Bd. XXIX, S. 100) definiert und die Länge und Ausführlichkeit der Beschreibungen, die mit dem Geschehen in keinem notwendigen Kausalzusammenhang stünden, kritisiert (PSS, Bd. XXIV, S. 238f.), polemisiert Zola in *La bête humaine* gegen Dostoevskij, indem er die Möglichkeit eines rationalen Mordes à la Raskolnikov bestreitet. Ein Mord, so seine These, wird nur im Affekt oder als Folge von triebhaften Impulsen begangen, die – wie im Falle seines Helden Jacques Lantier – oft eine atavistische, degenerative Dimension haben. Vgl. Zola, Émile: La bête humaine, in: Ders.: *Œuvres complètes*, Bd. 6, S. 1-310, hier S. 221 und Kommentar S. 309.

29 Vgl. Reizov, Boris: K istorii zamysla ‚Brat'ev Karamazovych'. In: Ders.: *Iz istorii evropejskich literatur*, Leningrad 1970, S. 129-158, bes. S. 147-158. Vgl. auch die bloßen Hinweise auf diesen intertextuellen Zusammenhang in: Belknap, Robert L.: *The Genesis of The Brothers Karamazov. The Aesthetics, Ideology, and Psychology of Making a Text*, Evanston 1990, S. 39f.; Matlaw, Ralph E.: *The Brothers Karamazov. Novelistic Technique*, The Hague 1957, S. 34f.

30 Fridlender, Georgij: *Realizm Dostoevskogo*, Moskva 1964, S. 349-353.

Rougon-Macquart erinnernde Charakterisierung der Brüder Karamazov mithilfe der Vererbungstheorie hingewiesen hatte.[31]

Die Präsenz des Vererbungsmotivs in den *Brüdern Karamazov* und die Anwendung einer Schreibweise, die man als experimentell bzw. gegenexperimentell bezeichnen kann, steht im Kontext einer intensiven russischen Zola-Rezeption in den 1870er Jahren, an der auch Dostoevskij als Leser beteiligt war: Im Katalog der Bibliothek von Dostoevskij sind die ersten fünf Bände der *Rougon-Macquart* verzeichnet.[32] Zola genoss in Russland ab 1873 eine enorme Popularität, die dem Erfolg in Frankreich einige Jahre vorausging.[33] Die zahlreichen Übersetzungen der ersten Romane des *Rougon-Macquart*-Zyklus, die auch in allen großen Zeitschriften in russischer Übersetzung erschienen, wurden zu Verkaufserfolgen, besonders *Le Ventre de Paris* (1873) und *La Conquete des Plassans* (1874). 1874 schrieb

---

31 Vgl. Markov, E.: Kritičeskaja beseda, in: *Russkaja reč'*, 12 (1879), S. 268. In diesem Kontext ist auch die Arbeit des Psychiaters Vladimir Čiž über die psychopathologische Dimension der Romane Dostoevskijs zu situieren, in der die Vererbung – im Einklang mit der Degenerationstheorie der Zeit – als erste Ursache für den „moralischen Irrsinn" der Karamazovs gesehen wird, wobei zwischen der Vererbung einer angeborenen psychischen Krankheit – wie im Falle Smerdjakovs, dessen Mutter eine „Idiotin" war – und der Vererbung einer Prädisposition für den Wahnsinn – wie im Falle Ivans, dessen Mutter Hysterikerin („klikuša") war – unterschieden wird. Vgl. Čiž, Vladimir: Dostoevskij kak psichopatolog (1885), in: Ders.: *Bolezn' Gogolja. Zapiski psichiatra,* Moskva 2001, S. 287-384, hier S. 290-293. Michajlovskij hatte noch vor Čiž auf die große Zahl pathologischer Figuren in den Werken Dostoevskijs hingewiesen, jedoch nicht um dessen Fähigkeit als Psychopathologe ante litteram hervorzuheben, wie es Čiž tat, sondern um dessen „abnormes" (d.h. wiederum psychopathologisches) Interesse für das Anormale zu unterstreichen. Vgl. Michajlovskij, Nikolaj: Žestokij talant (1882), in: Ders.: *Sočinenija,* Bd. 5, Sankt-Peterburg, 1897, S. 1-78. Vgl. auch die Äußerungen Maksim Gor'kijs über die Gefahr der „Karamazovščina", der er die Stigmata der Entartung anlastet: Gor'kij, Maksim: O Karamazovščine; Ešče o Karamazovščine (1913), in: *F.M. Dostoevskij v russkoj kritike,* Moskva 1956, S. 389-399.

32 Es handelt sich um *La fortune des Rougon, La curée, La faute de l'abbé Mouret, Le ventre de Paris* und *La conquête de Plassans.* Vgl. Grossman, Leonid.: *Seminarij po Dostoevskomu,* Moskva u.a. 1922, S. 34. Nach Angaben von Zeitgenossen hatte Dostoevskij außerdem auch *L'Assomoir* und *Nana* gelesen. Vgl. Reizov: K istorii, S. 152.

33 Vgl. Kleman, Michail: È. Zola v Rossii, in: *Literaturnoe nasledstvo* 2 (1932), S. 235-248; Gauthier, E. Paul.: Zola's Literary Reputation in Russia prior to ‚L'Assommoir', in: *The French Review* 33 (October 1959), S. 37-44; Gourg, Marianne: Quelques aspects de la réception des thèses naturalistes en Russie, in: *Les Cahiers Naturalistes* 65 (1991), S. 25-36.

Turgenev an Zola: „In Russland liest man nur Sie".[34] Dank der Vermittlung Turgenevs wurde Zola zum Mitarbeiter der liberalen Zeitschrift Vestnik Evropy (dt. „Europäischer Bote"), in der zwischen 1875 und 1880 regelmäßig seine *Pariser Briefe* (*Parižskie pis'ma*) erschienen.[35] Hier wurde auch der Aufsatz über den Experimentalroman 1879, einige Monate früher als in Frankreich, publiziert.[36] Die unterschiedlichen Reaktionen auf das theoretische Manifest des Naturalismus stellen den Höhepunkt der russischen Auseinandersetzung mit Zolas ideologischen und literarischen Positionen dar, die in Petr Dmitrievič Boborykin ihren bekanntesten Verfechter[37] und in Nikolaj Konstantinovič Michajlovskij ihren engagiertesten Kritiker fanden.[38]

Erst im Kontext dieser frühen russischen Naturalismus-Rezeption nimmt die Figuration der Vererbung in der russischen Literatur Gestalt an. Nach vereinzelten Vorformulierungen in den 1860er Jahren, beispielsweise bei Nikolaj Gerasimovič Pomjalovskij oder Fedor Michajlovič Rešetnikov,[39]

---

34 „On ne lit que vous en Russie". Zitiert nach: Gauthier: Zola's Literary Reputation, S. 37.

35 Es handelt sich um Essays unterschiedlichen Inhalts: Sie reichen von der Theater- und Kunstkritik über physiologische Studien über die französische Gesellschaft bis hin zur Literaturkritik und -theorie.

36 Zola, Emil': Ėksperimental'nyj roman, in: *Vestnik Evropy* 9 (1879), S. 406-438.

37 Vgl. Blank, Kirsten: *P.D. Boborykin. Studien zur Theorie und Praxis des naturalistischen Romans in Rußland*, Wiesbaden 1990, S. 77-94.

38 Michajlovskij bezeichnet die Theorie des Experimentalromans als poetologischen Unsinn, da Fiktion nie das Äquivalent eines wirklichen Experiments darstellen könne, und sieht sie als ungeeignet, ein System von moralischen und politischen Idealen aufzubauen (vgl. Michajlovskij Nikolaj: Literaturnye zametki. Parižskije pis'ma Ė. Zola, in: *Otečestvennye zapiski* 9 (1879), S. 96-119). Die Polemik verschärft sich 1880 nach dem Erscheinen des Skandalromans *Nana* und betrifft vor allem die ethisch-ästhetische Frage der Pornographie (Michajlovskij, Nikolaj: Zapiski sovremmenika. IV. O pornografii, in: *Otečestvennye zapiski* 5 (1881), S. 109-122; Basardin V. (L.I. Mečnikov): Novejšij ‚Nana-turalizm', in: *Delo* 3 (1880), S. 36-65 und 4 (1880), S. 71-107). Die Heftigkeit, mit der diese Kritik geäußert wird, zeugt z.T. von enttäuschten Erwartungen seitens der linken Intelligenzija, die in Zola ursprünglich einen sozialkritischen Autor gesehen hatte.

39 Zu seinem unvollendet gebliebenen Roman *Brat i sestra* (*Bruder und Schwester*, 1862) verfasst Pomjalovskij ein Vorwort, in dem er die wissenschaftliche Funktion der Literatur mit einer naturalistischen Metaphorik ante litteram beschreibt, wobei er in diesem Zusammenhang auch auf die Bedeutung der Vererbungstheorie hinweist: „Можно ли обличать человека, вечно пьющего, но у которого пьянство – болезнь,

setzt sich das narrative Schema einer biologischen Determiniertheit der handelnden Figuren in der russischen naturalistischen Literatur durch, vor allem in den Romanen Boborykins (z.B. *Von neuen Menschen* [*Iz novych*], 1887) und Dmitrij Narkisovič Mamin-Sibirjaks (z.B. *Die Privalovschen Millionen* [*Privalovskie Milliony*], 1883), wobei dieses Schema meistens auch eine degenerative Entwicklung beinhaltet. Darüber hinaus entwerfen Schriftsteller wie Michail Evgrafovič Saltykov-Ščedrin oder Dostoevskij, die bei weitem keine Naturalisten sind, Familienromane, die in einer komplexen diskursiven und poetologischen Beziehung zum Naturalismus stehen: So sind *Die Herren Golovlev* (*Gospoda Golovlevy*, 1875-80) vermutlich der erste Degenerationsroman der russischen Literatur,[40] wohingegen die *Brüder Karamazov* auf Zolas ‚Familienexperiment' Bezug nehmen, um das narrative Schema der Vererbung zu ‚zerschreiben'.

Die Signale, die Dostoevskijs letzten Roman mit den *Rougon-Macquart* intertextuell verbinden, sind bezeichnenderweise am Anfang des Textes platziert, in der Vorgeschichte zur Handlung, die – wie im ersten Band der *Rougon-Macquart* – in den Ursprung der Familienpathologie einführt. Die krankhaft hypertrophe Wollust, die das pathologische Erbe des Fedor Karamazov ausmacht, ist der „Zügellosigkeit der Begierde" („le débordement des appétits"), die als gemeinsame Charaktereigenschaft aller Rougon-Macquart von Zola vorausgesetzt wird, sehr nah. Den ersten „Riss" („fêlure") in der biologischen Familiengeschichte, der die Proliferation der krankhaften Abweichungen in Gang setzt, findet Zola in der nervlichen Schädigung der Adelaïde Fouque, der ‚Urmutter' der Rougon-Macquart, die durch ihre Heirat mit dem Bauer Rougon, aus der Pierre hervorgeht, und ihre illegitime Liaison mit dem Banditen Macquart, aus der Ursule und Antoine geboren werden, die Voraussetzung für die Vielfalt der Kombinationen und Modifikationen in der Erbanlage der Familie schafft. Es ist sicherlich nicht zufällig, dass Dostoevskij der ersten Frau des Fedor

наследованная от отца, и деда, и прадеда?" (Pomjalovskij, Nikolaj: *Polnoe sobranie sočinenij*, Bd. 2, Sankt-Peterburg 1904, S. 418. Für eine noch vage Figuration des Alkoholismus als Erbschaden vgl. Rešetnikovs Erzählung *Maksja* (1864).

40 Vgl. Nicolosi, Riccardo: Nähe ohne Abstand. Intimität im Zeichen von Degeneration und Naturalismus (M.E. Saltykov-Ščedrins *Gospoda Golovlevy*), in: *Wiener Slawistischer Almanach*, Sonderband 62 (2005), S. 267-306.

Karamazov den Namen Adelaida gibt, wobei die Personenkonstellation der Familie Karamazov wie eine Umschreibung der Figurengrammatik der Rougon-Macquart erscheint, die deren Grundelemente beibehält, um sie zugleich umzustellen bzw. zu verstellen.[41] Die Wurzel der pathologischen Abweichung ist hier keine Frau, sondern ein Mann, Fedor Karamazov, dessen zwei Frauen eine Art Spaltung der Adelaïde Fouque darstellen, da die erste, Adelaida Ivanovna Mjusova, ihren Namen trägt, während die zweite, Sof'ja Ivanovna, an einer Nervenkrankheit leidet, die sie bei Anfällen den Verstand verlieren lässt. Sie stehen, wie die zwei Männer der Adelaïde Fouque, die jeweils den legitimen Zweig der Rougon – der des moralischen Irrsinns – und den Bastardzweig der Macquart – jener der Gewalt und des Alkoholismus – hervorbringen, am Anfang einer Ausdifferenzierung der ursprünglichen Erbanlage. Das ‚Heißblut' und die außerordentliche Körperkraft der Adelaida Mjusova, die an die Eigenschaften des gesunden und kräftigen Rougon erinnern, finden sich in Dmitrij und seinem ungestümen Verhalten wieder, während die Hysterie und der überspannte Mystizismus der Sof'ja Ivanovna, die in ihrer vergleichbaren hereditären Konstellation dem pathologischen Alkoholismus des Macquart analog sind, sich auf ihre zwei Söhne übertragen: Zum einen auf Aleksej Karamasov (Aleša), der die größte Ähnlichkeit mit seiner Mutter aufweist, so dass in ihm die Wiederholung einer blasphemischen Handlung des Fedor Karamazov, die bereits bei seiner Mutter einen schweren hysterischen Anfall ausgelöst hatte, die gleiche pathologische Reaktion hervorruft;[42] Zum anderen auf Ivan, dessen Nervenzerrüttung in einem beinahe tödlichen Nervenfieber endet. Darüber hinaus verlagert Dostoevskij das Moment der illegitimen und skandalösen Liaison auf eine dritte Frau, die geistig behinderte Elizaveta (gen. Smerdjaščaja): Aus diesem ‚sexuellen Experiment' des Fedor Karamazov wird der Epileptiker Smerdjakov geboren. Diese unklare und von Fedor Karamazov selbst immer abgestrittene bio-

41 Wie Robert L. Belknap hervorhebt, wird der intertextuelle Bezug zu den Rougon-Macquart dadurch verstärkt, dass Dostoevskij Zolas Textpassage über die allgemeine Verwunderung über die Liaison von Adelaïde mit Macquart aus *La Fortune* fast wörtlich übernimmt, um die Heirat von Fedor Karamazov mit Adelaida Mjusova zu charakterisieren (BK, S. 14). Vgl. Belknap: The Genesis, S. 39.

42 Vgl. BK, S. 191; PSS, Bd. XIV, S. 126f.

logische Vaterschaft wird zu einer semiotischen Vaterschaft dadurch, dass Smerdjakov nicht nur den Vatersnamen Fedorovič trägt, sondern auch den Vatersnamen des alten Karamazov als Eigennamen (Pavel) erhält.

Die *Brüder Karamazov* sind sicherlich kein Degenerationsroman, da hier die mehrere Generationen umfassende Zeitspanne fehlt, die notwendig ist, um die progressive Zersetzung der Erbmasse einer Familie in all ihren Variationen darzustellen. Jedoch lassen sich einige Momente eines einsetzenden psycho-physischen Verfalls der Karamazovs beobachten, ganz im Sinne der wissenschaftlichen Vorstellung von Degeneration als biologischer Entropie, bei der die einer Familie zur Verfügung stehende Lebensenergie progressiv verbraucht wird.[43] Dieser biologische Verfall setzt bereits in der Abschwächung des mütterlichen Erbguts an: von der gesunden und kräftigen Adelaida über die nervenkranke Sof'ja bis zur schwachsinnigen Idiotin Elizaveta Smerdjaščaja. Darüber hinaus lässt die Körperkraft der Brüder vom ältesten Dmitrij bis zum jüngsten Aleša progressiv nach, wie die Szene ihres Kampfes nach der blutigen Verletzung des alten Karamazov durch Dmitrij zeigt: „Ivan Fedorovič, obzwar er nicht so stark war wie sein Bruder Dmitrij, umfasste ihn mit den Armen und riss ihn mit aller Kraft von dem Alten weg. Aleša half ihm, indem er seine ganze schwache Kraft zusammennahm und den Bruder von vorne umschlang".[44] Genauso lässt auch der sexuelle Trieb nach, den die Brüder Karamazov von ihrem Vater geerbt haben, und der sie miteinander rivalisieren lässt: Extrem ausgeprägt und offen ausgelebt findet er sich bei Dmitrij, versteckt gelebt und in der intellektuellen Tätigkeit sublimiert wird er von Ivan, während Aleša, der von einer „seltsam überspannten Schamhaftigkeit und Keuschheit" ist, ihn unterdrückt.[45] Smerdjakov, obwohl fast gleich alt wie Ivan, scheint in jeder Hinsicht am Ende dieser Skala zu stehen, denn als Epileptiker ist er von schwacher Konstitution, und mit seinem „Kastratengesicht" und seiner

43 Vgl. Föcking: Pathologia litteralis, S. 293ff.

44 BK, S. 194; „Иван Федорович, хоть не столь сильный, как брат Дмитрий, обхватил того руками и изо всей силы оторвал от старика. Алеша всею своею силенькой тоже помог ему, обхватив брата спереди" (PSS, Bd. XIV, S. 128).

45 BK, S. 31; „ [...] дикая, исступленная стыдливость и целомудренность" (PSS, Bd. XIV, S. 19).

Verachtung sowohl des weiblichen als auch des männlichen Geschlechts scheint er überhaupt keinen sexuellen Trieb zu besitzen.

Ein letzter, aber nicht unwichtiger Hinweis auf den intertextuellen Bezug zwischen Dostoevskij und Zola liegt im Namen Claude Bernard, der im elften und zwölften Buch der *Brüder Karamazov* von Dmitrij in pejorativem Sinne und mit fast obsessiver Häufigkeit verwendet wird, meistens um Rakitin, den Hauptverfechter trivialpositivistischer Ideen im Roman, negativ zu bezeichnen.[46] Die Tatsache, dass der Name Bernard nur in den Kapiteln fällt, die erst nach der Publikation von Zolas Aufsatz über den Experimentalroman geschrieben worden sind, könnte ein Hinweis auf Zolas Text und zugleich auf seine Methode sein, eher noch als auf eine Wiederaufnahme der alten Polemik mit Nikolaj Gavrilovič Černyševskij und seinem Roman *Was tun?* (*Čto delat'*, 1863), in dem Claude Bernard positiv erwähnt wird.[47]

III. Qualis pater, talis filius

Die erste Verbalisierung des Vererbungsgedankens in den *Brüdern Karamazov* findet sich nicht zufällig in einer Äußerung Rakitins, den Dmitrij als „russischen Bernard" bezeichnet. Nach der dramatischen und zugleich karnevalesken Zusammenkunft der Karamazovs in der Zelle des Starec Zosima, in der der alte Karamazov seinen Sohn Dmitrij als Vatermörder bezeichnet hatte und Zosima – unerklärlich für alle – vor Dmitrij auf die Knie gesunken war, liefert Rakitin in dem darauf folgenden Gespräch mit Aleša eine erste, bemerkenswerte Erklärung für das Geschehen:

> „Meiner Ansicht nach ist der Alte [Zosima, R.N.] tatsächlich hellsichtig: er hat ein Verbrechen gewittert. Es stinkt bei euch. [...] In eurer Familie wird es geschehen, dieses Verbrechen. Zwischen deinen Brüdern und deinem reichen Vater wird es sich zutragen."[48]

46 BK, S. 780; S. 885. PSS, Bd. XV, S. 28; S. 101. Der Name Bernard steht für den falschen neuen rationalistischen Menschen, der die Welt auf chemische Komponenten und Reaktionen reduziert; zwischen ihm und dem neuen Menschen christlicher Natur besteht die Alternative, vor der sich Dmitrij nach dem Prozess sieht (BK, 791).

47 Vgl. zu dieser Interpretation den Kommentar zu den *Brüdern Karamazov* in PSS, Bd. XV, S. 588.

48 BK, S. 110; "По-моэму, старик действительно прозорлив: уголовщину пронюхал.

Seiner Deutung der ungewöhnlichen Geste Zosimas lässt Rakitin eine Art wissenschaftlicher Erklärung der Karamazovschen Erbanlage folgen, die er – naturgemäß – auch in Aleša und Ivan verankert sieht:

> „[Dmitrij ist] ein Wollüstling. Damit ist seine ganze Person und sein ganzes inneres Wesen gekennzeichnet. Das hat er vom Vater, der hat ihm seine gemeine Wollust vererbt. [...] In eurer Familie ist ja die Wollust bis zur Weißglut gediehen. [...] Du [Aleša, R.N.] bist selber ein Karamazov, du bist in allem ein Karamazov – also haben Rasse und Selektion doch etwas zu bedeuten. Vom Vater her bist du ein Wollüstling, von der Mutter her ein christlicher Narr. Warum zitterst du? Weil es wahr ist, was ich sage? [...] Wenn sogar in dir ein Wollüstling steckt, was ist dann mit Ivan, deinem leiblichen Bruder? Er ist doch auch ein Karamazov. Darin besteht ja eure ganze Karamazov-Frage: ihr seid Wollüstlinge, Habgierige und christliche Narren!'"[49]

Der darwinistische Wortschatz, den Rakitin verwendet, situiert seine Aussage im Kontext einer trivial-deterministischen Weltanschauung, in der Charaktereigenschaften ausschließlich eine Frage der Vererbung sind. Ist eine solche genetische Konstellation wie bei den Karamazovs gegeben, muss sie – so Rakitin – zwangsläufig zum Mord führen, da eine schlechte Erbanlage nicht zu überwinden ist. Wenn einerseits Rakitin als Träger einer solchen Weltanschauung vom Autor moralisch diskreditiert wird – er wird eindeutig als pekuniärer Karrierist dargestellt –, scheint es aber andererseits so, dass der Vererbungsgedanke mit all seinen deterministischen Implikationen, nachdem er verbalisiert worden ist, die Welt der *Brüder Karamazov* insgesamt beherrscht. Es sind vor allem Dmitrij, Ivan und Aleša, die ihre Pathologie thematisieren und problematisieren: Als ihr

---

Смердит у вас. [...] В вашей семейке она будет, эта уголовщина. Случится она между твоими братцами и твоим богатеньким батюшкой." (PSS, XIV, S. 73).

49 BK, S. 111; „Он – сладострастник. Вот его определение и вся внутренняя суть. Это отец ему передал свое подлое сладострастие. [...] В вашем семействе сладострастие до воспаления доведено. [...] Ты сам Карамазов, ты Карамазов вполне – стало быть, значит же что нибудь порода и подбор. По отцу сладострастник, по матери юродивый. Чего дрожишь? Аль правду говорю? [...] Если ужь и ты сладострастника в себе заключаешь, то что же брат твой Иван, единоутробный? Ведь и он Карамазов. В этом весь ваш карамазовский вопрос заключается: сладострастники, стяжатели и юродивые!" (PSS, XIV, S. 74f.).

Kern postulieren sie eine instinktive, pathologische, grenzüberschreitende „Zügellosigkeit der Begierde" („безудерж желаний"), eine „bis zur Weißglut gediente Wollust" („доведенное до восполения сладострастие"). In den Gesprächen, die Aleša vor dem Mord mit seinen beiden Brüdern führt, spielt die Frage der Unausweichlichkeit der eigenen Erbanlage eine zentrale Rolle. So sagt beispielsweise Dmitrij zu Aleša:

> „Wir Karamazovs sind alle von der gleichen Sorte, auch in dir, du Engel, lebt dieser Wurm und erregt Stürme in deinem Blut! Ja Stürme, denn die Wollust ist ein Sturm, schlimmer als ein Sturm!" [...] „Ich liebte die Ausschweifungen, liebte auch die Schande der Ausschweifung. Ich liebte die Grausamkeit: bin ich denn nicht eine Wanze, ein giftiger Wurm? Wie gesagt – ich bin ein Karamazov!"[50]

Auch Aleša gibt zu, dieselben Instinkte in sich zu spüren („Ich bin ebenso wie du"),[51] wobei er deren teleologische Entwicklung, die übrigens im geplanten Fortsetzungsroman stattfinden sollte, voraussagt: „Es sind doch immer Stufen von derselben Art. Ich stehe auf der untersten, und du stehst irgendwo oben. [...] Wer seinen Fuß auf die unterste Stufe gesetzt hat, der wird unbedingt auch auf die oberste kommen".[52] Auch im Gespräch zwischen Aleša und Ivan wird die Unüberwindbarkeit der „Kraft der Karamazovschen Niedertracht" postuliert:

> „Es gibt eine Kraft, die alles erträgt [...] die Kraft der karamazovschen Niedertracht."
> „Das heißt: im Laster ertrinken, die Seele in Schande ersticken, nicht wahr?"
> „Am Ende auch das ... nur werde ich dem vielleicht doch bis zu meinem dreißigsten Lebensjahr entgehen, dann aber..."

50 BK, S. 150-52; „И мы все, Карамазовы, такие же, и в тебе, ангеле, это насекомое живет и в крови твоей бури родит. Это – бури, потому что сладострастье буря, больше бури! [...] Любил разврат, любил и срам разврата. Любил и жестокость: разве я не клоп, не злое насекомое? Сказано – Карамазов!" (PSS, Bd. XIV, S. 100).

51 BK, S. 152.

52 BK, S. 153; „Все один и те же ступеньки. Я на самой низшей, а ты вверху, где-нибудь на тринадцатой. [...] Кто ступил на нижнюю ступеньку, тот все равно непременно вступит и на верхнюю" (PSS, Bd. XIV, S. 101).

> „Wie willst du dem entgehen? Wodurch? Bei deinen Anschauungen ist das unmöglich."
> „Wiederum auf Karamazovsche Weise."
> „Du meinst wohl damit jenes ‚alles ist erlaubt'? Alles ist erlaubt, nicht wahr, das meinst du doch?"[53]

Und es ist Aleša, der die entscheidende Frage für die auktoriale Sinngebung des Textes in Bezug auf die „Karamazovsche Erdenkraft" formuliert:

> „Meine Brüder richten sich zugrunde [...], mein Vater ebenso. [...] Aber das ist die Karamazovsche Erdenkraft [...] – eine ungestüme, rohe Erdenkraft... Ob über diese Kraft der Geist Gottes schwebt? Nicht einmal das weiß ich. Ich weiß nur, dass ich ein Karamazov bin..."[54]

Die Entwicklung der Handlung, insbesondere die moralische Auferstehung Dmitrijs, soll zeigen, dass im Karamazovschen Wesen ein „Lebensdurst" („жажда жизни") steckt, der Quelle des Glaubens und der christlichen Rettung sein kann. Dieser Lebensdurst, eine Art Selbsterhaltungstrieb, war bereits Raskolnikov eigen gewesen: Er hatte ihn vor dem Wahnsinn gerettet und auf den Weg zum Schuldbekenntnis gebracht. Die Tatsache, dass der Lebensdurst in den *Brüdern Karamazov* zwar von Ivan postuliert, aber in erster Linie von Dmitrij erfahren wird,[55] soll auf differenziertere Weise als in *Schuld und Sühne* (*Prestuplenie i nakazanie*, 1866) die Entscheidungsfreiheit des Menschen zwischen Leben und Tod, Gut und Böse demonstrieren, wobei die geistige Zerrüttung des Euklidischen

---

53 BK, S. 153 „Есть такая сила, что все выдержит! [...]" – „Какая сила?" – „Карамазовская... сила низости карамзовской." – „Это потонуть в разврате, задавить душу в растлении, да, да?" – „Пожалуй, и это... только до тридцати лет, может быть, и избегну, а там..." – „Как же избегнешь? Чем избегнешь? Это невозможно с твоими мыслями" – „Опять-таки по-карамазовски" – „Это чтобы ‚все позволено'? Все позволено, так ли, так ли?" (PSS, Bd. XIV, S. 240).

54 BK, S. 298; „Братья губят себя [...] отец тоже. [...] Тут ‚земляная карамазовская сила' [...] земляная, и неистовая, необделанная... Даже носится ли дух божий вверху этой силы – и того не знаю." (PSS, Bd. XIV, S. 201).

55 Zu Ivan vgl. BK, S. 310; PSS, Bd. XIV, S. 209; In dem Traum nach der Voruntersuchung, der seine moralische Auferstehung einleitet, will Dmitrij dem leidenden Kindchen „mit dem ganzen Karamazovschen Ungestüm (со всем безудержем карамазовским) helfen (BK, S. 675; PSS, Bd. XIV, S. 457): Seine Karamazovsche Zerstörungskraft hat sich hier ins Positive gewendet.

Verstandes von Ivan der christlichen Demut des sinnlichen Dmitrij geradezu plakativ gegenüber gestellt wird.

Die paradoxale Aussage des Textes, dass die Karamazovsche Niedertracht zugleich die Quelle moralischer Rettung sein kann, soll auch einen weiteren ‚gefährlichen' rationalistischen Gedanken widerlegen, nämlich die Idee der Überwindbarkeit einer negativen Veranlagung durch die radikale Ablehnung der biologischen Vaterschaft. In seinem eloquenten Schlussplädoyer gewinnt der Verteidiger Fetjukovič aus der Prämisse, dass „der Erzeuger noch nicht der Vater ist; Vater aber ist, der gezeugt und den Namen Vater verdient hat",[56] die Schlussfolgerung, dass Dmitrij zwar einen Mord, aber keinen Vatermord begangen habe. Eine Vaterschaft, die auf den biologischen Moment reduziert werde, d.h. auf den sexuellen Akt der Erzeugung und auf die Vererbung negativer Charaktereigenschaften bzw. Krankheiten – das Beispiel von Fetjukovič ist die Vererbung der Trunksucht – sei keine Vaterschaft.[57] Fetjukovičs ‚Konstruktivismus' stellt die Kulmination einer Infragestellung biologischer Vater- und Mutterschaft dar, die den ganzen Text durchzieht.[58] Seine Argumentation – zusammen

56 BK, S. 988; „[...] родивший не есть еще отец, а отец есть – родивший и заслуживший" (PSS, Bd. XV, S. 170).

57 „Der Anblick des unwürdigen Vaters […] legt dem jungen Mann unwillkürlich qualvolle Fragen nahe. Ihm antwortet man auf diese Fragen offiziell: ‚Er hat dich gezeugt, und du bist sein Fleisch und Blut, und darum musst du ihn lieben'. Der junge Mann fängt unwillkürlich zu grübeln an: ‚Ja hat er mich dann geliebt, als er mich zeugte? […] Er kannte in jenem Augenblick doch weder mich noch auch nur mein Geschlecht, in dem Augenblick der Leidenschaft, die vielleicht vom Wein entflammt war, und vielleicht hat er mir nur die Neigung zum Trunk vererbt – das sind alle seine Wohltaten." (BK, S. 989). „Вид отца недостойного [...] невольно подсказывает юноше вопросы мучительные. Ему по-казенному отвечают на эти вопросы: ‚Он родил тебя, и ты кровь его, а потому ты и должен любить его'. Юноша невольно задумывается: ‚Да разве он любил меня, когда рождал? [...] он не знал ни меня, ни даже пола моего в ту минуту, в минуту страсти, может быть разгоряченной вином, и только разве передал мне склонность к пьянству – вот все его благодеяния.'" (PSS, Bd. XV, S. 171).

58 Die Brüder Karamazov werden mit einer permanenten Zuschreibung und zugleich Abstreitung der eigenen biologischen Zugehörigkeit konfrontiert, die in erster Linie vom Vater selbst, Fedor Pavlovič, ausgeht: Beim Treffen in der Zelle des Starec Zosima nennt er Ivan „Fleisch von meinem Fleische, mein innigstgeliebtes Fleisch" (BK, S. 99); „плоть от плоти моея, любимейшая плоть моя" (PSS, Bd. XIV, S. 66), während er Dmitrij verstößt und einen „Vatermörder" nennt. Wenig später, beim Abendessen in seinem Haus, das mit der blutigen Schlägerei endet, scheint Fedor Pavlovič von der Tat-

mit den psychiatrischen Gutachten – zielt auf die Anerkennung mildernder Umstände, die Dmitrijs Schuld verringern würden. Dostoevskijs Argumentation zielt hingegen auf die These, dass nur die volle und bewusste Anerkennung, ja die unmittelbare Erfahrung der eigenen Erbanlage, wie negativ sie auch sein mag, zu deren wirklicher Überwindung führen kann, d.h. zu einer Entscheidung, bei der der freie Wille des Menschen durch nichts eingeschränkt wird.

Das heißt wiederum nicht, dass Dostoevskij die Frage der Vaterschaft auf einen biologischen Determinismus reduzieren würde, denn die Problematik einer gescheiterten, verfehlten Vaterschaft und deren zentraler Rolle im Dekompositionsprozess der (russischen) Familie ist in den *Brüdern Karamazov* offensichtlich, genauso wie in den *Dämonen* (*Besy*, 1871/72) und im *Jüngling* (*Podrostok*, 1875). Der Entwurf einer Vaterfigur, die ihre Kinder buchstäblich vergisst, geht nicht zufällig einher mit dem Entwurf von Ersatzvätern wie Zosima und Kutusov, die eine – sowohl positive als auch negative – konstituierende Rolle in der Persönlichkeitsentwicklung der von ihren biologischen Vätern vernachlässigten Kinder spielen, was die Idee der Notwendigkeit der ‚Konstruktion' der Familie jenseits ihrer biologischen Gegebenheit versinnbildlicht.[59] Dass es nur mithilfe einer „unermüdlichen Arbeit der Liebe"[60] gesche-

sache verblüfft, dass Ivan und Aleša dieselbe biologische Mutter hatten (BK, S. 191f.; PSS, Bd. XIV, S. 127). Im darauf folgenden Gespräch mit Aleša stellt er wiederum Ivans Zugehörigkeit zur Familie in Frage: „Ivan erkenne ich überhaupt nicht an. Ich kenne ihn überhaupt nicht. Von wo ist einer nur hergekommen! Er ist ganz aus der Art geschlagen" („не наша совсем душа") (BK, S. 238; PSS, Bd. XIV, S. 159), wobei später von Smerdjakov gerade Ivan die größte Ähnlichkeit mit seinem Vater zugeschrieben wird: „Sie sind wie Fedor Pavlovič; am meisten von allen seinen Kindern ähneln S i e ihm, am meisten; Sie haben die gleiche Seele wie er." („с одною с ними душой-с" (BK, S. 838; PSS, Bd. XV, S. 68). Vgl. in diesem Zusammenhang auch die Demontage Rakitins beim Prozess durch die Entlarvung seiner Verwandtschaft mit Grušen'ka, die er immer vehement abgestritten hatte.

59 Zu den Ersatzvätern in den *Brüdern Karamazov* vgl. Golstein, Vladimir: Accidental Families and Surrogate Fathers. Richard, Grigory, and Smerdiakov, in: Jackson, Robert Louis (Hg.): *A New Word on The Brothers Karamazov*, Evanston 2004, S. 90-106.

60 Im *Tagebuch eines Schriftstellers* hatte Dostoevskij betont, dass die Familie nicht gegeben, sondern „durch eine permanente Arbeit der Liebe" geschaffen wird: „Семья ведь тоже созидается, а не дается готовою [...] Созидается же семья неустанным трудом любви" (PSS, Bd. XXII, 70).

hen kann, macht wiederum die Familie zum Ort, an dem die „werktätige Liebe" („деятельная любовь"), eines der zentralen Konzepte in den *Brüdern Karamazov*, in erster Linie erfahren werden kann. Diese Idee wird von Hauptmann Snegirev im ersten Gespräch mit Aleša auf den Punkt gebracht:

> „Gestatten Sie, dass ich Ihnen in aller Form meine ganze Familie vorstelle: meine zwei Töchter und meinen Sohn – meine Brut. Wenn ich sterbe, wer wird sie dann lieben? Solange ich aber lebe, wer würde da mich garstiges Kerlchen lieben außer ihnen? Gott der Herr hat jedem meinesgleichen etwas Großes gewährt. Denn auch einen Menschen wie mich muss wenigstens irgend jemand lieben können..."[61]

Die Tatsache, dass diese Liebe in einer Familie erlebt wird, die durch eine auffallende Ansammlung von physischen und psychischen Pathologien charakterisiert ist (der Hauptmann selbst ist Alkoholiker, seine Frau ist an den Beinen gelähmt und schwachsinnig, eine seiner Töchter ist ebenfalls gelähmt und bucklig, sein Sohn Iljuša ist sterbenskrank), macht die Familie Snegirev zum positiven Gegenentwurf der Familie Karamazov. Hier wird das Pathologische zur Quelle der Liebe, deren Apotheose die den Roman abschließende Beerdigung Iljušas darstellt. Das Freunde und Familie zusammenschweißende Sterben des Sohnes der Familie Snegirev steht in Opposition zum (kollektiven) Mord am Vater der Karamazovs (dessen Beerdigung im übrigen nur am Rande erwähnt wird), genauso wie die schmerzhafte Reue, die Iljuša wegen des mit Smerdjakov unternommenen sadistischen und tödlichen Experiments mit dem streunenden Hund empfindet, den Gegenpart zu dem vatermörderischen Experiment darstellt, das Ivan durch Smerdjakov verwirklicht und für das er keine wahrhaftige Reue empfinden kann. Und es ist diese Liebe, die in der Lage ist, biologische

61 BK, S. 272; "Позвольте же отрекомендоваться вполне: моя семья, мои две дочери и мой сын – мой помет-с. Умру я, кто-то их возлюбит-с? А пока живу я, кто-то меня, скверненького, кроме них возлюбит? Великое это дело устроил господь для каждого человека в моем роде-с. Ибо надобно, чтоб и человека в моем роде мог хоть кто-нибудь возлюбить-с..."(PSS, Bd. XIV, S. 183).

Bindungen positiv zu überwinden: Snegirev nennt seinen Sohn bezeichnenderweise „meinen lieben Alten“ („милый батюшка“).[62]

IV. Jacques Lantier vs. Dmitrij Karamazov: töten oder nicht töten?

Das Funktionieren des Gegenexperiments zu Zola, das Dostoevskij in den *Brüdern Karamazov* inszeniert, kann ein Vergleich mit Zolas Lustmördergeschichte *La bête humaine* genauer illustrieren, denn hier kommt die deterministische Wirkung einer krankhaften biologischen Veranlagung auf die Handlungen des Protagonisten, des Lokomotivführers Jacques Lantier, deutlich zum Ausdruck. Jacques Lantier ist das paradigmatische Beispiel für eine naturalistische Figur, deren Handlungen von Anfang an durch endogene Faktoren bestimmt werden, die ihre Entscheidungsfreiheit erheblich einschränken: Lantiers Kampf gegen seine atavistischen Triebe ist von vornherein verloren, die ‚Bestie‘ wird schließlich den ‚Menschen‘ besiegen. Impulse, Affekte, Veranlagungen und Milieueinflüsse dominieren – auf sichtbare Weise für den Leser – den naturalistischen Menschen, der den für ihn vorgesehenen Weg der Degeneration selten verlassen kann. Lantier ist eine der wenigen Figuren in den *Rougon-Macquart*, die die eigene vererbte Anormalität, den pathologischen „Riss“ („fêlure“), bewusst reflektiert, denn meistens wissen die Protagonisten der einzelnen Romane wenig vom genetischen Stammbaum der Familie, deren Untersuchung und Deutung lediglich Doktor Pascal vorbehalten bleibt.[63] Es ist gerade diese hohe

---

62 BK, S. 1017; PSS, Bd. XV, S. 190.

63 Eben diese analytische Fähigkeit zur Selbstreflexion unterscheidet die Figur des Lantier auch von Lombrosos geborenem Verbrecher. Trotz des offensichtlichen Anklangs an die Atavismus-Theorie, der evolutionistischen Grundlage von Lombrosos Vorstellung des „geborenen Kriminellen“ („criminale nato“), fügt sich Lantier nicht in das lombrosianische Schema ein, worauf der Begründer der Kriminalanthropologie selbst hingewiesen hat (vgl. Lombroso, Cesare: La bête humaine secondo l'antropologia criminale, in: *Fanfulla della domenica*, 15. Juni 1890, zitiert nach: Rondini, Andrea: *Cose da pazzi. Cesare Lombroso e la letteratura*, Pisa u.a. 2001, S. 60). Es scheint fast, als ob Zola in *La bête humaine* eher eine karnevaleske Umschreibung der Theorie Lombrosos unternommen hätte, wenn man bedenkt, dass er neben den hochintelligenten, moralischen, aber atavistisch gezeichneten Lantier, den wilden, die physischen Stigmata der Entartung tragenden, aber von Natur aus ‚unschuldigen‘ Cabuche stellt, auf den zu Unrecht, aber kriminalanthropologisch völlig nachvollziehbar, der Verdacht des Lustmordes fällt.

reflektierende Bewusstheit Lantiers, die *La bête humaine* für einen Vergleich mit den *Brüdern Karamazov* urbar macht, da in Dostoevskijs letztem Roman, wie bereits dargelegt, die Vererbungsfrage auf der fiktionalen Ebene ausgehandelt wird. Besonders Dmitrij scheint von der Vorstellung einer möglichen Wirkung der pathologischen Erbanlage auf seine Taten beunruhigt zu sein, da er den Ekel vor dem Vater in sich spürt und die Unkontrollierbarkeit seiner Triebe und Impulse fürchtet. Dmitrij hasst besonders die Physiognomie seines Vaters, „seinen Adamsapfel, seine Nase, seine Augen",[64] wobei der alte Karamazov gerade auf diese Physiognomie, die er mit der eines römischen Patriziers der Verfallszeit vergleicht, stolz ist.[65] Was Dmitrij in seinem Vater instinktiv hasst, ist das degenerative Moment, das, wenn vererbt, auch in ihm vorhanden wäre. Dostoevskij entwirft hier eine narrative Situation, die typisch für den Naturalismus ist: Wären die *Brüder Karamazov* ein naturalistischer Roman, hätte das ‚Karamazovsche Tier' Dmitrijs Schicksal von Anfang an bestimmt und der Mord wäre unausweichlich gewesen. Gerade darauf scheint es in der Beinahe-Mord-Szene hinauszulaufen, als Dmitrij im Garten seinen Vater von der Seite betrachtet, der sich weit zum Fenster herausbeugt, in der Hoffnung Grušen'ka zu sehen:

> Das ihm so widerwärtige Profil des Alten, sein herabhängender Adamsapfel, die Hakennase, die in wonniger Erwartung lächelnden Lippen, alles das war vom schrägen Licht der Lampe links im Zimmer grell beleuchtet. Eine furchtbare, hemmungslose Wut wallte plötzlich in Mitjas [Koseform von „Dmitrij", R.N.] Herzen auf. [...] Das war ein Ausbruch des gleichen jähen, rachsüchtigen und zügellosen Zornes, von dem er, als hätte er ihn vorausgefühlt, vor vier Tagen in der Laube zu Aleša gesprochen hatte, da er auf dessen Frage: „Wie kannst du sagen, dass du den Vater töten wirst?" die Antwort gab: „[...] Ich fürchte, dass er mir wegen seines Gesichts gerade in dem Augenblick plötzlich verhasst sein wird. [...] Das ist was ich fürchte, und da werde ich mich nicht beherrschen können..." Sein Widerwillen nahm unerträglich zu. Mitja war seiner Sinne nicht mehr mächtig und riss den Messingstößel aus der Tasche...[66]

64 BK, S. 170; [...] его кадык, его нос, его глаза (PSS, Bd. XIV, S. 112).

65 Vgl. BK, S. 35; PSS, Bd. XIV, S. 22

66 BK, S. 527f.; „Весь столь противный ему профиль старика, весь отвисший кадык его, нос крючком, улыбающийся в сладостом ожидании, губы его, все это ярко

Die von Dmitrij befürchtete Situation konkretisiert sich genau so, wie er sie vorausgeahnt hatte, wobei gerade die Zügellosigkeit seiner Impulse, die eine unkontrollierte, irrationale Kettenreaktion in Gang setzt, den Vatermord zu determinieren scheint. Wozu solche triebhaften Impulse in der naturalistischen Fiktion führen, zeigt Lantiers Kampf gegen seine atavistischen Frauenmordphantasien. Dieser Kampf wird mithilfe einer Dampfmaschinen-Metaphorik dargestellt, die Jürgen Link folgendermaßen beschreibt:

> Wie der Lokführer die Dampfkraft seiner Maschine mithilfe seines ‚Steuerrads' zu regulieren versucht, so das ‚zivilisierte' Gehirn die Hochdruck-Vitaltriebe seines Unterleibs (entrailles, viscères). Wo immer diese Regulierung versagt, kommt es in beiden Fällen zum Unfall, zum Ausbruch von ‚Gewalt/Vergewaltigung' (violence/viol), zum Mord.[67]

Die permanente Beobachtung der eigenen Körper-Maschine durch das regulierende Gehirn, die von einer reflektierten „Denormalisierungsangst" zeugt, bewahrt aber Lantier nicht vor der Zwangshandlung des Mordes und scheitert gerade in dem Moment, in dem der Anblick des entblößten Halses seiner geliebten Severine in ihm eine ähnliche Reaktion verursacht wie bei Dmitrij Karamazov der Anblick des verhassten Profils des Vaters:

> Sie hatte ihn gegen den Tisch gedrängt, er konnte nicht weiter zurückweichen. Der helle Schein der Lampe fiel unmittelbar auf sie. Noch nie hatte er sie so im offenen Hemd, mit hochgestecktem Haar gesehen, so dass der Hals und die Brüste ihm nackt entgegenleuchteten. Er kämpfte mit sich und war doch schon wie betäubt von dem Blutstrom in seinem Gehirn und dem ab

---

было освещено косым светом лампы слева из комнаты. Страшная, неистовая злоба закипела вдруг в сердце Мити [...] Это был прилив той самой внезапной, мстительной и неистовой злобы, про которую, как бы предчувствуя ее, возвестил он Алеше в разговоре с ним в беседке четыре дня назад, когда ответил на вопрос Алеши: ‚Как можешь ты говоришь, что убьешь отца?' [...] ‚Боюсь, что ненавистен он вдруг мне станет своим лицом в ту самую минуту. [...] Вот что боюсь, вот и не удержусь...' Личное омерзение нарастало нестерпимо. Митя уже не помнил себя и вдруг выхватил медный пестник из кармана..." (PSS, Bd. XIV, S. 354f.).

67 Link, Jürgen: *Versuch über den Normalismus. Wie Normalität produziert wird*, Opladen u.a. 1999, S. 248.

> scheulichen Schauer. Er erinnerte sich daran, dass hinter ihm auf dem Tisch das Messer lag: er fühlte es, er brauchte nur die Hand danach auszustrecken.[68]

Lantier tötet, Dmitrij nicht; Lantier empfindet keine Reue für seine Tat, im Gegenteil: Er fühlt sich befreit, da er den zermürbenden Kampf gegen seine Natur überwunden hat. Dmitrij fühlt sich von Gott gerettet und erkennt seine Schuld, die letztlich in der Krankhaftigkeit seiner Triebe besteht. Die Entscheidung gegen den Mord, wie unergründlich sie auch sein mag, restituiert dem Menschen seine Individualität und Verantwortlichkeit und widerspricht der These seiner triebhaften Mechanisierung. In diesem Kontext erhält Dmitrijs verzweifelter Schrei im Gasthaus von Mokroe, am Blut seines Vaters nicht schuldig zu sein, eine zusätzliche Konnotation, die der Symbolik des Blutes innerhalb der literarischen Figuration der Vererbung im 19. Jahrhundert entspricht:[69] Der Schrei wird zu einem Unschuldsbekenntnis gegenüber der eigenen biologischen Zugehörigkeit. Denn Dmitrij hat seinen Vater zwar nicht getötet, bekennt sich aber trotzdem schuldig, weil er ihn hatte töten wollen. Verantwortlich für seinen Mordtrieb macht Dmitrij das „väterliche Blut", die eigene krankhafte Erbanlage, an der er unschuldig ist. Dass er aber trotzdem die Verantwortung dafür tragen will, markiert den Beginn seiner moralischen Regeneration.

---

68 „Elle avait fini par l'acculer à la table, et il ne pouvait la fuir davantage, il la regardait, dans la vive clarté de la lampe. Jamais il ne l'avait vue ainsi, la chemise ouverte, coiffée si haut, qu'elle était toute nue, le cou nu, les seins nus. Il étouffait, luttant, déjà emporté, étourdi par le flot de son sang, dans l'abominable frisson. Et il se souvenait que le couteau était là, derrière lui, sur la table: il le sentait, il n'avait qu'à allonger la main". Zola : La Bête humaine, S. 268.

69 Vgl. BK, S. 609; PSS, Bd. XIV, S. 412; Zum medizinisch-literarischen Zusammenhang von Blut, Vererbung und Degeneration vgl. vor allem Zolas letzen Band des *Rougon-Macquart*-Zyklus, *Doktor Pascal* (1893): Der Tod eines der letzten Sprösslinge der Familie, des schwachsinnigen Charles Rougon, der sechszehnjährig an Nasenblutung stirbt, symbolisiert die Degeneration der Familie, den unaufhaltsamen „Verfall des Geschlechtes", dessen „geschwächtes Blut" sich in entropischer Dispersion verliert. Diese literarische Figuration von Blut, Vererbung und Degeneration findet eine ihrer bekanntesten Ausprägungen in Bram Stokers *Dracula* (1897). Vgl. dazu Kline, Salli J.: *The Degeneration of Women. Bram Stoker's Dracula as Allegorical Criticism of the Fin de Siècle*, Rheinbach-Merzbach 1992.

Dostoevskijs Experiment beinhaltet auch eine Gegenprobe, die die Ausgangshypothese, d.h. die Entscheidungsfrage für oder gegen eine ethische Grenzüberschreitung, bei der irrationale, unbewusste, physiologische Kräfte am Werk sind, durch eine ähnliche Versuchsanordnung, aber mit einem konträren Ergebnis verifizieren soll. Das Schicksal Ivans mit seiner passiven Bejahung des Bösen, die zu dessen Konkretisierung durch Smerdjakov führt, seiner Unfähigkeit zum vollen Schuldbekenntnis und dem anschließenden Ausbrechen der schweren Nervenkrankheit soll beweisen, dass rationale Vernunft und religiöser Skeptizismus das biologisch Negative nicht überwinden können, sondern es geradezu verstärken. In dem Gespräch mit Smerdjakov, in dem Ivan dem Diener implizit sein Einverständnis für den Vatermord gibt, also sich für den Mord als „Grenzüberschreitung" („преступление") entscheidet, handelt er zum Teil unbewusst, ohne seine Stimme und seine Worte kontrollieren zu können, als ob er inneren Trieben folgen würde.[70] Es scheint sogar, dass Ivans rationale Theorie des „Alles ist erlaubt" nur der theoretische Überbau bzw. Vorwand für etwas Pathologisches, Unkontrollierbares ist; etwas, dem er – wiederum mit einer erneuten Selbstentlastungsgeste – eine anthropologische, proto-freudianische Dimension gibt, wenn er im Prozess behauptet: „Wer wünschte nicht den Tod seines Vaters?"[71]

70 Trotz seiner starken, an Hass grenzenden Abneigung gegen Smerdjakov beginnt Ivan das Gespräch „ruhig und sanftmütig, ganz unerwartet für sich selbst" („тихо и смиренно, себе самому неожиданно"). Während des Gesprächs sind es gerade die Sätze, die Smerdjakov den impliziten Mordauftrag geben, die ihm plötzlich und unerwartet entschlüpfen, z.B.: „‚Willst du es etwa gar selber dahin bringen, dass es zusammentrifft?' entschlüpfte es ihm plötzlich." („да ты сам уж не хочешь ли так подвести, чтобы сошлось? – вырвалось у него вдруг"); „‚Ich reise morgen nach Moskau, wenn du es wissen willst; morgen früh – das ist alles' sagte er plötzlich [...] und später wunderte er sich, warum er das zu Smerdjakov gesagt hatte." („Я завтра в Москву уезжаю, если хочешь это знать, - завтра рано утром – вот и все! – [...] проговорил он, сам себе потом удивляясь, каким образом понадобилось ему тогда это сказать Смердякову"); „‚Würde man mich denn aus Čermašnja nicht auch herrufen, wenn irgend etwas vorfiele?' brüllte Ivan Fedorovič plötzlich, aus unerfindlichem Grunde mit unheimlich erhobener Stimme." („А из Чермашни разве не вызвали бы тоже... в каком-нибудь таком случае? – завопил вдруг Иван Федорович, не известно для чего вдруг ужасно возвысив голос.") BK, S. 361-369; PSS, Bd. XIV, S. 244-250.

71 BK, S. 908; „Кто не желает смерти отца?" (PSS, Bd. XV, S. 117).

V. Ein Gegenexperiment?

Die unterschiedlichen Schicksale von Dmitrij und Ivan sollen also zeigen, dass in der degenerativen biologischen Kraft der Karamazovs zugleich auch das Potential für ihre Überwindung enthalten ist, die sich aber nur demjenigen offenbart, der intuitiv an Gott glaubt. Dostoevskijs Gegenexperiment scheint somit gelungen: Es beweist die Unzulänglichkeit der positivistischen Vorstellungen eines rein physiologischen Menschen, um wiederum dessen metaphysische Natur zu demonstrieren. Im Sinne ihrer Versuchsanordnung sind die *Brüder Karamazov* wie *Schuld und Sühne* Romane einer einzigen Untat, um die die Handlung fast obsessiv kreist und an der die Gefahr der Überschreitung ethischer Grenzen verifiziert wird. Die Wiederholung dieses Gedankenexperiments beinhaltet eine Variierung der Versuchsanordnung, die – anders als im Laborexperiment – notwendig ist, um die Ergebnisse zu bestätigen.[72] Zugleich aber lässt die Wiederholung des Experimentes in seiner narrativen Grundstruktur auch eine grundlegende Paradoxie in der Versuchsanordnung hervortreten: Die Erprobung der Entscheidungsfreiheit des Menschen gegenüber dem Bösen verlangt nach einer tatsächlichen Realisierung der Grenzüberschreitung, d.h. des Mordes, ohne die das kathartische Moment des evangelischen „Ersterbens des Weizenkornes", das die Voraussetzung bildet für die Auferstehung im Glauben, entfallen würde. In Dostoevskijs fiktionaler Welt ist das Böse mehr als nur eine theoretische Möglichkeit: In seiner Funktion als Widersacher Gottes und Verführer des Menschen ist der Teufel zuständig für die Ereignishaftigkeit der Welt,[73] die im fundamentalen Wettstreit zwischen Gut und Böse um die Seele des Menschen besteht. Aber indem Dostoevskij das Böse sich im Verbrechen offenbaren lässt, muss er notwendigerweise jemanden opfern, um den Triumph Gottes in e i n e r Seele vor

---

72 Zu den Veränderungen in der Versuchsanordnung, die vor allem die Figurenkonstellation (mit der Aufteilung der Täterpersönlichkeit auf mehrere Personen und mit den vielen Verdopplungen und Spiegelungen der Protagonisten) und die Form der Darbietung (mit der starken Zurücknahme der Auktorialität des Erzählers bei gleichzeitiger Zunahme der Erzählperspektiven) betreffen, gehört auch die Einführung der Frage des biologischen Determinismus, die in *Schuld und Sühne* nicht vorhanden war.

73 Vgl. dazu die Äußerungen des Teufels in Ivans Fiebertraum über seine eigene dialektische Funktion bei der Produktion von Ereignissen in der Welt (BK, S. 850f.).

Augen zu führen. Somit scheint er das teuflische Gedankenexperiment zu bejahen, das Ivan Aleša vorstellt:

> „Stell dir vor, du selbst errichtest das Gebäude des Menschenschicksals mit dem Endziel, die Menschen zu beglücken, ihnen endlich Frieden und Ruhe zu geben, aber du müsstest dazu unbedingt und unvermeidlich nur ein einziges winziges Geschöpf zu Tode quälen [...]".[74]

Dostoevskij scheint somit in seiner experimentellen Welt die Rolle zu spielen, die Ivan Karamazov polemisch Gott zuschreibt: Diejenige eines Experimentators, der die Menschen als „Versuchswesen" („пробные существа") erschafft,[75] um sich selber im ewigen Kampf mit dem Bösen zu erproben. Die (voyeuristische) Grausamkeit des Experimentators Dostoevskij steht derjenigen von Zola, der seine Figuren regelrecht verrecken lässt, um die Determiniertheit der Degeneration zu verifizieren, in nichts nach.

Aber gerade diese strukturelle Notwendigkeit des Verbrechens impliziert in den *Brüdern Karamazov* eine versteckte, paradoxale Motivierung, die die Schlüssigkeit der Widerlegung des biologischen Determinismus letztlich problematisch macht. Es gilt zunächst darauf hinzuweisen, dass Rakitins bereits zitierte Voraussage des Mordes („Es stinkt bei euch. [...] In eurer Familie wird es geschehen, dieses Verbrechen. Zwischen deinen Brüdern und deinem reichen Vater wird es sich zutragen"[76]) bemerkenswert präzise ist: In ihr wird nicht nur auf die gemeinsame moralische Schuld der älteren Brüder Dmitrij und Ivan an dem Vatermord hingewiesen, sondern auch auf den tatsächlichen Mörder, Smerdjakov, dessen Namen durch die Verwendung des Verbs „smerdit'" („stinken") phonetisch evoziert wird. Die Genauigkeit der Voraussage, die freilich Rakitin selbst nicht bewusst ist, lenkt die Aufmerksamkeit auf ihre deterministische Voraussetzung, die eine paradoxale Bestätigung in der Figur des Smerdjakov findet. Die Zersplitterung der Täterpersönlichkeit in den *Brüdern Karamazov*, wodurch

---

74 BK, S. 331; „Представь, что это ты сам возводишь здание судьбы человеческой с целью в финале осчастливить людей, дать им наконец мир и покой, но для этого необходимо и неминуемо предстояло бы замучить всего лишь одно только крохотное созданьице [...]" (PSS, Bd. XIV, S. 224).

75 PSS, Bd. XIV, S. 238.

76 BK, S. 110.

eine Ausdifferenzierung der möglichen Grundhaltungen des Menschen zum Bösen erreicht wird,[77] macht Smerdjakov zum Instrument des Teufels, zur Inkarnation des Bösen. Die Unausweichlichkeit des Schicksals Smerdjakovs, seine Entwicklungsunfähigkeit, die ihn zum einzigen unrettbaren Sünder im Roman werden lässt,[78] sind nicht nur durch die strukturelle Funktion Smerdjakovs in der Figurengrammatik des Textes motiviert, sondern auch durch einen biologischen Determinismus, der ihm die psycho-physischen Stigmata der Entartung verleiht.

In vielerlei Hinsicht entspricht die Figur Smerdjakovs damit dem Krankheitsbild eines Degenerierten, das die notwendige diachronische Dimension in dem chronischen Alkoholismus des Großvaters Il'ja und in der vollkommenen „Idiotie" der Mutter Elizaveta Smerdjaščaja besitzt.[79] In synchroner Perspektive stellt Smerdjakov – wie bereits erwähnt – den Endpunkt der progressiven Abschwächung der Karamazovschen Lebenskraft dar. Seine epileptischen Anfälle sind nach den medizinischen Vorstellungen der Zeit eines der besten Beispiele für eine unheilbare Nervenzerrüttung, die ihn vorzeitig „altern" und „zusammenschrumpfen" sowie einem „Kastraten" ähneln lassen.[80] Bereits in der Kindheit zeigt Smerdjakov geradezu bilderbuchartige Erscheinungen eines pathologischen moralischen Irrsinns durch seine sadistische Leidenschaft, „Katzen aufzuhängen und sie danach feierlich zu begraben".[81] Der innerfiktionalen Determiniertheit seines Schicksals, das ihn im kriminalanthropologischen Sinne als Täterfigur prädestiniert und das auch von den handelnden Figuren – wie Dmitrij und Marfa Ignat'evna – ‚gespürt' wird,[82] will Smerdjakov gerade durch

77 Vgl. Gerigk, Horst-Jürgen: Text und Wahrheit. Vorbemerkungen zu einer kritischen Deutung der „Brüder Karamazov", in: Koschmieder, Erwin, Braun Maximilian (Hg.): *Slavistische Studien zum VI. Internationalen Slavistenkongress in Prag*, München 1968, S. 331-348, hier S. 348.

78 Michael Holquist sieht Smerdjakov "condemned always to be the helpless son". Holquist, Michael: *Dostoevsky and the Novel*, Princeton 1977, S. 182.

79 BK, S. 136; PSS, Bd. XIV, S. 90.

80 BK, S. 175; „Он вдруг как-то необычайно постарел, совсем даже несоразмерно с возрастом сморщился, пожелтел, стал походить на скопца" (PSS, Bd. XIV, S. 115).

81 BK, S. 173; „В детстве он очень любил вешать кошек и потом хоронить их с церемонией" (PSS, Bd. XIV, S. 114).

82 Vgl. die innerfiktionale Äquivalenzbildung zwischen der Geburtsnacht Smerdjakovs

die Durchführung des Mordexperiments entkommen, das ihm eine uneingeschränkte Entscheidungs- und Gestaltungsfreiheit verspricht („Alles ist erlaubt"). Dass er wiederum nicht nur zum Instrument, sondern auch zum Opfer dieses atheistischen Axioms wird, wirft einen beunruhigenden biologistisch-deterministischen Schatten über Dostoevskijs Gegenexperiment.[83]

und der Mordnacht in Dmitrijs erlebter Rede, als er über den Zaun in den Garten seines Vaters klettert („[...] es war wohl die gleiche Stelle, wo der ihm bekannten Überlieferung nach Lizaveta Smerdjaščaja einstmals über den Zaun geklettert war" [BK, S. 524]), und in derjenigen Marfa Ignat'evnas („ [...] das Stöhnen wiederholte sich, und sie erkannte deutlich, dass es tatsächlich aus dem Garten kam. O Gott, das ist ja ganz wie damals mit Lisaveta Smerdjaščaja! Schoß es ihr durch den verstörten Kopf" [BK, S. 604]).

83 Auch Horst-Jürgen Gerigk erkennt in Smerdjakov die Stygmata der Entartung (vgl. Gerigk, Horst-Jürgen: Der Mörder Smerdjakow. Bemerkungen zu Dostojewskijs Typologie der kriminellen Persönlichkeit, in: *Dostoevsky Studies* 7 (1986), S. 107-122), wobei er darin keinen Widerspruch zur Autorintention sieht, da in den *Brüdern Karamazov* „nicht die Entartung das Verbrechen [gebiert], sondern die Gier nach dem Bösen die Erscheinungsform der Entartung [gebiert]" (S. 117). Bei Dostoevskij sei die Entartung deshalb eine „Typologie post festum im Unterschied zu den Typologien ante festum, die sein Jahrhundert aufstellte" (S. 120). Gerigk versteht die vorübergehende Besserung Smerdjakovs nach dem epileptischen Anfall (zweiter Besuch Ivans) als Zeichen, dass Smerdjakov „vor die Möglichkeit gestellt ist, seine Tat zu bekennen und durch Annahme der Strafe in die menschliche Gemeinschaft zurückzukehren, die er durch sein Verbrechen verlassen hat. Für einen Augenblick steht Smerdjakow in der Freiheit, die Gerechtigkeit herzustellen oder nicht. Die Situation dieser Freiheit zieht unverzüglich die körperliche Genesung nach sich, die aber sofort aufhört und sich zu wachsender Krankheit verändert, nachdem Smerdjakow sich entschlossen hat, seinen teuflischen Plan durchzuführen, der den eigenen Selbstmord einschließt, um Dmitrij ins Unglück zu stürzen und Iwan seinem Gewissen auszuliefern." (S. 118). Die Frage ist, ob Smerdjakov wirklich vor einer Alternative steht, wenn sowohl der Mord als auch sein Selbstmord – wie bereits dargelegt – strukturell notwendig sind. Und dass diese strukturelle Notwendigkeit mit einer biologischen Determiniertheit einhergeht, kann man nur als widersprüchlich in Bezug auf Dostoevskijs Gegenexperiment bezeichnen.

Susanne Strätling

Hirnschrift oder Handschrift? Die spiritistische Sematologie des Schreibens

Wo sich Naturwissenschaften und Poetik in wechselseitiger Partizipation zu Überschreitungen ihrer angestammten diskursiven Grenzen bis ins Jenseits von Wissen und Fiktion verhelfen, kommt es zur Ausbildung parawissenschaftlicher Denksysteme, welche in sich die Aporien des Faktischen wie auch des Fiktiven vereinen. Als ein Paradebeispiel solcher Diskurshybridisierungen kann möglicherweise der Spiritismus gelten, der einen apparaturversessenen physikalischen Experimentalismus zur Messung unbekannter Kräfte, zur Bestimmung neuartiger Stoffe und zur Aufzeichnung ephemerer Erscheinungen mit transzendentalphilosophischen Spekulationen über den ontologischen Status von Sein und Materie überblendet. In dieser Überblendung des Experimentellen mit dem Spekulativen schafft er ideale Rahmenbedingungen zur Exploration von Welten, in denen sich das zunächst Fiktiv-Geglaubte als Real-Faktisches materialisiert und zugleich ein materialistischer Faktizismus ins Reich des Fiktiven verwiesen wird.[1]

Eine besonders prekäre Position nehmen in dieser Auseinandersetzung die materiellen Manifestationen des Unsichtbaren ein, welche in spiritistischen Séancen ‚apportiert' und ‚erzeugt' werden. Seien es Photographien, Texte, Körperabdrücke oder -abgüsse – in vielfältiger Weise arbeiten die experimentellen Privatzirkel der Spiritisten daran, die Spuren des Jenseitigen zu fixieren.[2] Aus poetischer Perspektive erweisen sich hier besonders

---

1 Vgl. Sawicki, Diethard: *‚Leben mit den Toten'. Geisterglauben und die Entstehung des Spiritismus*, Paderborn 2002.

2 Von der Forschung ist hier nahezu ausschließlich die Photographie zur Kenntnis genommen worden. Vgl. z.B. Stiegler, Bernd: *Philologie des Auges. Die photographische*

die schriftlichen Notate als Herausforderung. Und das in ganz prinzipieller Hinsicht. Denn spiritistischen Experimenten geht es neben einer elaborierten Hermeneutik der von Geistern übermittelten Botschaften aus dem Totenreich nicht nur darum, was denn da geschrieben steht, sondern vor allem auch um die Frage, wie denn da geschrieben wurde? Woher kommt Schrift? Das meint keine historisch-evolutionäre Dimension der Schriftgenese, sondern heißt: Wie kann der körperliche Schreibmechanismus von unkörperlichen Wesen ausgeführt werden? Wie lässt sich die motorische Bewegung der Hand mit Hilfe von Nervenreizen überspringen? Schreibt die Hand oder das Hirn? Brauchen handlos geschriebene Schriften einen Stift? Wie verhalten sich das Medium Schrift und der Mediumismus des Schreibens zueinander? Wie lässt sich eine Grenze zwischen Schreibinstrument, Schreiber und Geschriebenem ziehen? Im Folgenden soll diesen Fragen und ihren spiritistischen Antworten darauf nachgegangen werden.

1. Was schreibt?

Grundsätzlich räumt die Experimentkultur des Spiritismus der Hand einen außerordentlich privilegierten Platz ein. Hände erscheinen hinter Vorhängen, werfen mit Gegenständen, hinterlassen unter Tischen Paraffinabgüsse, berühren und schreiben.[3] Neben akustischen Phänomenen, mobilen Objekten und anderen Manifestationen wie der mediumistischen „Teleplastik“ verfügt die Hand über eine Evidenzkraft, welche sich auf die Suggestionskraft der Berührung des menschlichen Körpers stützt. Il'ja Jur'evič Vinickij sieht die Rolle der sich bewegenden Hand als „anthropo-motori-

Entdeckung der Welt im 19. Jahrhundert, München 2001 (insbes. das Kap. 3.3. „Bilder aus dem Totenreich: Photographie und Spiritismus“). Diese mediale Einseitigkeit spiegelt eine Präferenz des Spiritismus selbst für die Photographie, welche Eduard von Hartmann „als das einzige Beweismittel für die optische Realität der Phantome“ gelten ließ. (Ders.: *Die Geisterhypothese des Spiritismus und seine Phantome,* Leipzig 1891, S. 120). Vgl. zur theoretischen Entfaltung der so genannten „Transzendentalphotographie“ Aksakov, Aleksandr [Aksákov, Alexandre]: *Animismus und Spiritismus. Versuch einer kritischen Prüfung der mediumistischen Phänomene mit besonderer Berücksichtigung der Hypothesen der Halluzination und des Unbewußten. Als Entgegnung auf Dr. Ed. v. Hartmanns Werk „Der Spiritismus“,* 2 Bde., Leipzig 1890.

3 Zu einem Katalog der manuellen Manifestationen vgl. Aksakov: *Animismus und Spiritismus* (insbes. den zweiten Band).

sches Bild wie auch als symbolische Verkörperung der experimentellen Methode und Teleologie des Spiritismus" („моторный антропологический образ как символическое воплощение экспериментального метода и телеологии спиритизма").[4] Nur aus dieser Privilegierung der Hand als spiritistisches Partialorgan wird auch die Bedeutung ausgefeilter Mechanismen zur ihrer Kontrolle einschätzbar. So berichtet Aleksandr Michajlovič Butlerov, als Professor für Chemie und Mitglied der Akademie der Wissenschaften in St. Petersburg eine ebenso exponierte wie umstrittene Figur des (russischen) Spiritismus, von folgenden Fesselungstechniken, die ein Schreiben von medialer Hand verhindern sollten:

> Ich habe diese Operation [des Festbindens] selbst unter der Aufsicht der Anwesenden vorgenommen. Dazu diente mir ein weisses Leinenband von etwa ½ Zoll Breite. Beide Hände wurden an den Handgelenken fest umwunden. Dabei wurde durch einen besonderen Versuch festgestellt, dass keine Möglichkeit vorhanden war, die Hände aus dieser Bindung herauszuziehen und noch weniger wieder hineinzustecken. Bei jeder der erwähnten Bindungen wurden 4-5 Knoten gemacht und dann die Bänder abgeschnitten. Nun haben wir unter diesen Bindungen an beiden Händen das Leinenband wieder durchgesteckt und die beiden Hände damit auf etwa einem Zoll Entfernung zusammengezogen. Nachdem hier das Leinenband wieder mehrmals verknotet wurde, ging ein Ende desselben zwischen den Knieen des Mediums unter den Stuhl zur messingenen Rolle des rechten hinteren Stuhlbeins. Indem hier das Band durch die Metalleinfassung der Rolle ging, wurde dasselbe so stramm angezogen und festgebunden, dass die Hände des Mediums nur sehr wenig Spielraum für ihre Bewegungen behielten. Von der Rolle ging das Band zum rechten Ellbogen des Mediums, und nachdem dasselbe über das Ellbogengelenk herumgebunden, wurde es quer über die Brust des Mediums zum linken Arme geführt, hier abermals um den Arm gebunden und verknotet, dann durch die Rolle des linken hinteren Stuhlbeins durchgezogen und hier festgebunden. Von dieser letzten Rolle ging das Band noch weiter zu den Füssen des Mediums, die auch damit an dem unteren Gelenk festgebunden wurden; von hier endlich ging das Bandende wieder zu den Händen, wo es mit mehreren Knotenbefestigt ward. In diesem fest zusammengebundenen Zustande wurde das Medium mit seinem Stuhl auf seine Stelle hinter dem Vorhange

---

4 Vinickij, Il'ja: Mel'kajuščie ruki. Spiritičeskoe voobraženie N.P. Vagnera, in: *Novoe literaturnoe obozrenie* 78 (2006), S. 179-198.

> geschoben. Auf dem dort stehenden Tischchen lagen eine Handschelle, einige Blätter reinen Schreibpapiers und ein Bleistift.[5]

Eine solchermaßen gebändigte Schreibszene zeigt, wie sich spiritistische Versuchsanordnungen zur Produktion schriftlicher Mitteilungen aus dem Jenseits – neben der Konzentration auf die Hand als Instrument tastbaren Beweisens und als Organ spiritueller Inkarnation wie auch mystischer Manipulation – sich auffällig intensiv um eine Eliminierung der menschlichen Hand bemühen.[6]

---

5 Butlerow, A. [Butlerov, Aleksandr]: Meine neuesten Erfahrungen im Gebiete des Mediumismus, in: *Psychische Studien*, 2:9 (1875), S. 385-399, S. 388f. (Hervorhebung im Original). Damit nicht genug. Andere eben dort vorgestellte Perfektionierungen dieser Fesselungskünste sehen folgende Varianten vor: „So wurden einige Male seine [des Pariser Mediums Camille Brédif, das sich zu diesem Zeitpunkt in St. Petersburg aufhielt, S.St.] Hände in besondere kleine, aus Tuille gemachte und aneinander genähte Säckchen eingeschoben und die Säckchen an die Rockärmel angenäht. An diese Säckchen ward ein Leinenband angenäht und vermittelst dessen wurden die Hände fast in derselben Weise, wie schon oben beschrieben ist, an den Stuhl befestigt, indem das Band zwischen den Knieen des Mediums unter den Stuhl ging und an einen besonderen in den Hintertheil des Stuhls eingeschraubten Ring festgebunden wurde. [...] Später kam noch eine neue Art, das Medium zu binden, in Anwendung. Während der Kopf und die Füsse so, wie eben gesagt, gebunden wurden, erdachte und wandte Herr Aksákow für des Mediums Hände eine ganz besondere Bindungsweise. An den Wurzeln der mittleren Finger wurde das Leinenband flach und fest dreimal herumgewickelt und mehrere Male verknotet. Ein Ende des Bandes ging von hier längs der Rückseite der Hände zum Handgelenk, wo das Band wieder drei- bis viermal flach herumgewickelt und festgebunden, und die Windungen alle ausserdem mit einem quergehenden Bleistiftstrich notirt (gezeichnet) wurden. Dann wurden die beiden Hände vermittelst eines Stükkes Leinenband, welches unter den soeben erwähnten Bindungen durchgeführt wurde, nahe zusammengezogen und auf die obenerwähnte Weise an den Stuhl befestigt." (S. 393f., Hervorhebung im Original) Da der technische Anachronismus solch wenn auch verfeinerter, so doch wenig subtiler Knebelung des Körpers den Veranstaltern bewusst ist, werden dem naturwissenschaftlich-technischen Wissensstand der Zeit adäquatere und damit auch evidentere Verfahren zur Kontrolle bzw. zur Messung der Handbewegung eingesetzt. Eine solche besteht z.B. darin, die Hände des Mediums in einen Stromkreislauf zu integrieren: „Von beiden Seiten des Stuhles waren die Electroden einer aus 5 Daniel'schen Elementen bestehenden Batterie befestigt. Die Electroden bestanden aus Metallplatten, auf welche die mit Salzwasser getränkten Leinwandlappen und auf diese die Handflächen des Mediums gelegt wurden. Da die Electroden unbeweglich waren, so konnte Herr Brédif seine Hände nicht davon bewegen, ohne den electrischen Strom zu unterbrechen." (S. 395f.; Hervorhebungen im Original).

6 Vgl. zur spezifischen Stellung der Hand in spiritistischen Praktiken auch Kümmel, Al-

Dieses Prinzip verfremdet ein Modell des handlosen Bewegens, Bewirkens und Erschaffens, das als jenes der acheiropoiesis aus der frühchristlichen Ikonentheologie herrührt.[7] Das nicht von Menschenhand Erzeugte (acheiropoieton) speist seine Autorität und Aura aus der unmittelbaren Berührung mit dem Göttlichen. Unter Aussparung menschlicher Modellierung materialisiert sich hier ein Unzeigbares als sichtbarer Abdruck. Aus dieser körperlichen Nähe zum göttlichen Ursprung resultiert die privilegierte Stellung der acheiropoieta unter den Kultwerken. Sie sind keine fingerfertig hergestellten Repräsentationen, sondern partizipieren an der Präsenz des Göttlichen.

Der Spiritismus scheint dieses Bildprinzip auf die Schrift übertragen zu wollen. Mit solchen handlosen Schriften sind dabei nicht die technischen Möglichkeiten der Entkoppelung von Körper und Text gemeint, wie sie in Buchdruck und Digitalschrift gegeben sind. Vielmehr zielt das spiritistische Schreibprojekt auf die Figurierungen von Handschriftlichkeit als Nicht-Handschriftlichkeit. Eine solche Inszenierung von Manuskripten als Autoskripte impliziert analog der acheiropoietischen Bildgenese Bezüge auf transzendente Ursprünge der Schrift, die bis zur schreibenden Gotteshand des Dekalogs oder des Danielbuchs zurückreichen. Sie kann sich jedoch auch in Phantasmen des Mechanischen, Automatischen und Apparativen auf den Körper und seine Ausstattung mit Schreibprothesen übertragen. Ob apotheotisch oder apparativ – immer geht es darum, Hand und Schrift zu desintegrieren und neu zu konfigurieren.

Die Möglichkeit acheiropoietischer Schrift scheint sich maßgeblich von einer Differenz herzuleiten, die Siegfried Gutenbrunner und Heinz Klingenberg entlang ihrer Untersuchung der germanischen Runenschrift ausmachen: „Es unterscheidet, ob eine Kultur ihre Schrift als Technik oder als

---

bert: Hand und Kompaß. Erinnerungen an ein Experiment aus dem Jahr 1867, in: *Ästhetik und Kommunikation*, 35:127 (2004): Technik – Magie – Medium. Geister, die erscheinen, S. 23-28. Kümmel konzentriert sich vor allem auf das Problem der Anthropometrie des Unmessbaren, Singulären als einer Störung im System des Wissens.

7 Vgl. zur Geschichte des Acheiropoieton Schneider, K.: Acheiropoietos, in: Klauser, Theodor (Hg.): *Reallexikon für Antike und Christentum. Sachwörterbuch zur Auseinandersetzung des Christentums mit der antiken Welt.* Bd. 1. Stuttgart 1950, S. 68-74.

Mysterium begreift."[8] Eine Traditionslinie solcher mysteriöser Schriftbegriffe möchte ich hier verfolgen. Sie führt mitten hinein in das Zeichengewirr des Spiritismus und dessen Ringen um „dies seltsame und mysteriöse Geschreibsel"[9] sich selbst schreibender, fremd geschriebener oder ungeschriebener Schrift. Ein Ringen, das unter Einsatz vielfältiger Schrifttechniken ausgetragen wird.

Einer der Protagonisten dieser Diskussion, Léon Rivail alias Allan Kardec, begründet die Signifikanz der Schrift für mediumistische Phänomene in seinem 1857 erstmals erschienenen *Buch der Medien* damit, dass „die Schrift [...] insbesondere den Vorzug [hat], die Einwirkung einer verborgenen Kraft viel materieller zu beweisen und Spuren zurückzulassen, die man aufbewahren kann, wie wir es mit unserer eigenen Korrespondenz tun."[10] Wenn Schrift das Primärmedium des Kontakts mit den Sphären des Transzendenten oder Jenseitigen ist, so geht es in entscheidendem Maße darum, Schrift zum Transparenzmedium zu machen. Um das zu erreichen, ersinnt der Spiritismus Schreibtechniken, welche die Hand maschinisieren, isolieren oder eliminieren. Innerhalb dieser Varianten der graduellen Entflechtung von Schrift und Hand ist zunächst eine Ersetzung der Schreibhand durch mechanische Konstruktionen und Instrumente beobachtbar, die noch eine raumzeitliche Kontiguität von Hand und Schrift ansetzt, nicht mehr jedoch die Hand als federführendes Organ verlangt. Zwischen das menschliche Medium und das graphische Medium wird eine Instanz geschaltet, die manuelle Manipulation filtert oder neutralisiert.[11]

---

8 Gutenbrunner, Siegfried; Klingenberg, Heinz.: Runenschrift, die älteste Buchstabenschrift der Germanen, in: *Studium generale* 10:7 (1967), S. 432-448, hier S. 432.

9 Güldestubbe, Ludwig von: *Positive Pneumatologie. Die Realität der Geisterwelt sowie das Phänomen der directen Schrift der Geister. Historische Übersicht des Spiritualismus aller Zeiten und Völker*, 2. Aufl. hg. v. Baronin Julie von Güldenstubbe. Bern 1877 [Paris 1957], S. 106.

10 Kardec, Allan [Rivail, Léon Hyppolite Dénizard]: *Das Buch der Medien oder Wegweiser der Medien und der Anrufer, enthaltend eine besondere Belehrung über die Geister, über die Theorie aller Arten der Kunstgebung, über die Mittel für den Verkehr mit der unsichtbaren Welt, Entdeckung der Mediumität, über Schwierigkeiten, welchen man bei der Ausübung des Spiritismus begegnen kann.* Leipzig, 2. Aufl. 1907 [Paris 1857], S. 197.

11 Zugleich ist die aufwändige Apparatur der Körbchen-, Tisch- oder anderen Schriften ausgesprochen fehleranfällig und zeitaufwendig, so dass Kardec die Rückkehr zur Chirographie empfiehlt, denn „die Hand wirkt auf das Körbchen, das Körbchen auf die

Eine andere Möglichkeit ist die Entkoppelung von Hand und Bewusstsein. Favorisierter Modus ist jedoch die so genannte direkte Schrift.[12] Direkte Schrift meint die Entstehung von Schriftzeichen ohne Einwirkung der Menschenhand. Sie ist unvermittelte Manifestation spiritueller Entitäten. Die Suche nach den optimalen Medien der Aufzeichnung mündet mit der direkten Schrift in das Modell immedialer Beschriftung. Anders gesagt: Die spiritistische Version der Graphie gipfelt in Acheirographie.

2. Spiritistische Sematologie des Schreibens

Kardec gibt in seinem *Buch der Medien* einen systematischen Überblick über die Bandbreite der Schriftphänomene und Schreibmedien, die im Sinne einer mediumistischen „Sematologie" eine abgestufte Folge der Supplementierung der Hand als Zeichengeber vornimmt.[13] Seine Zeichenlehre eröffnet die alphabetische Typtologie, d.h. die Dechiffrierung von Klopfzeichen. Daran anschließend erweitert sich das Arrangement zur so genannten Körbchenschrift, bei der spezielle Vorrichtungen mit Schreibutensilien präpariert werden. Man kann beispielsweise einen Stift an einem Körbchen befestigen, und legt man

> die Finger auf den Rand desselben, so beginnt dieses seine Bewegung. Aber anstatt sich zu drehen, wird es die Bleifeder in verschiedener Richtung auf dem Papier führen und bildet entweder nichtssagende Zeichen oder wirkliche Schriftzüge. […] Die Bewegung des Körbchens ist nicht mehr so au-

---

Bleifeder. Auf diese Art ist es nicht das Körbchen, welches intelligent wird, es ist ein durch Intelligenz bewegtes Werkzeug; es ist in der Tat nichts anderes als ein Bleistiftträger, ein Anhängsel, ein Vermittler zwischen der Hand und der Bleifeder. Beseitigt diesen Vermittler und nehmt die Bleifeder in die Hand und ihr werdet denselben Erfolg haben mit einem viel einfacheren Mechanismus, weil das Medium so schreibt, wie es von ihm unter den normalen Umständen geschieht; mithin kann eine jede Person, welche vermittelst eines Körbchens, eines Brettchens oder eines anderen Gegenstandes mediale Kundgebungen erhält, auch direkt schreiben. Unter allen Mitteilungsarten ist die Schrift mit der Hand, welche von einigen mit dem Namen der unfreiwilligen Schrift bezeichnet wird, die einfachste, die leichteste und die bequemste, weil sie keiner Vorbereitung bedarf und weil sich zu den ausgedehntesten Enthüllungen die Kurrentschrift verwenden lässt." Kardec: *Das Buch der Medien*, S. 200f.

12 Hartmann benutzt den Terminus „fernwirkende Schrift". Vgl. Hartmann, Eduard von: *Der Spiritismus*. Leipzig 1898, S. 11.

13 Kardec: *Das Buch der Medien*, hier insbes. S. 184ff.

> tomatisch, wie bei den sich drehenden Tischen, sie wird intelligent. In dieser Richtung geht die Bleifeder, wenn sie an das Ende der Linie gelangt ist, nicht zurück, um die zweite anzufangen, sie fährt zirkelförmig fort, so dass die Schriftzüge eine Schneckenform bilden und man das Papier mehrmals umdrehen muss, um das, was geschrieben ist, lesen zu können. Die auf diese Art erhaltene Schrift ist nicht immer bequem lesbar; aber das Medium entziffert sie leicht durch eine Art Intuition.[14]

Die Reduktion der Schreibhand zu einem impulsgebenden Finger bedeutet einen Akt der Transkription und Transfiguration auf unterschiedlichen Ebenen. Nicht nur verlagert sich mit dem Schreibinstrument die Intelligibilität des menschlichen Mediums in das materielle. Zugleich verschiebt sich mit der digital stimulierten Schrift (im wörtlichen Sinne von lat. „digitus“, dt. „Finger“) die Funktion des Schreibers auf die eines Lesers, der aus der Körbchenschrift herauszulesen hat, was durch ihn hindurch in eigenwilliger graphischer Figuration aufgeschrieben wurde. Aus Schreibhänden werden hier Lesehände. Die Körbchenkryptographie verlangt zum Lesen die drehende und wendende Hand, die beim Schreiben eliminiert wurde.

Um diese Probleme der Unlesbarkeit zu lösen, werden Medien wie das Skriptoskop entwickelt, dessen Konstruktion darauf zielt, „sicher zu sein, daß man nicht selbst schreibt“ (vgl. Abb. 1).[15] Dieser Anspruch, ‚nicht selbst zu schreiben‘, erweist sich als wegweisend, denn aus ihm entwickeln sich Techniken, als ein einer zu schreiben, der man nicht selbst ist. Auf dieser Versetzung des Selbst bauen dann schließlich Verfahren des Schreibens ‚von selbst‘ auf. In dieser sukzessiven Selbstversetzung scheint die eigentliche Herausforderung des Spiritismus zu liegen: von den technischen Schreibmedien zur Entmachtung der Hand (sicher sein, dass man nicht selbst schreibt) hin zu einer Inbesitznahme menschlicher Schreibmedien durch fremde Schreiber zu gelangen (schreiben als einer, der man nicht selbst ist). Erst wenn das erreicht ist, kann man zu ungeschriebenen Schriften kommen (‚von selbst‘).

---

14 Kardec: *Das Buch der Medien*, S. 198.

15 Zitiert nach: Peters, U.: Skriptoskop (Buchstabirapparat), in: *Spiritistische Rundschau. Monatsschrift für Spiritismus und verwandte Gebiete* 11:7 (1903), S. 166-168, hier S. 167.

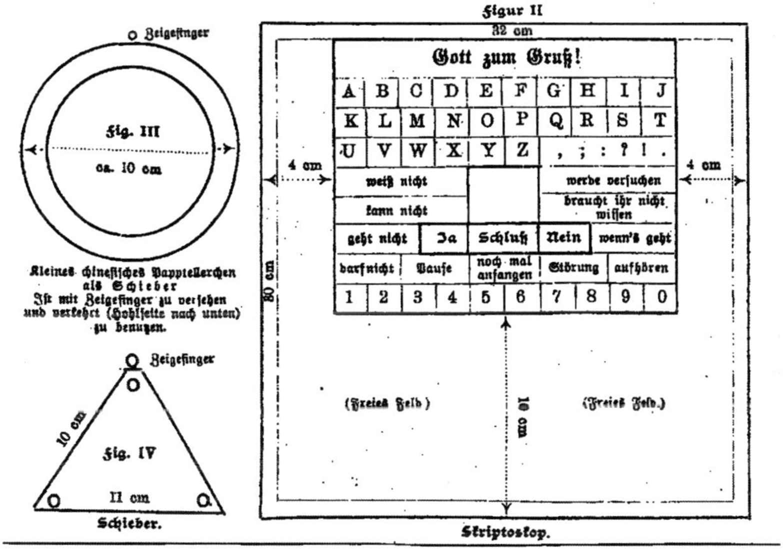

Abb.1: Skriptoskop (1903)

Eine solche Vermutung legen die beiden Schreibmodi des ‚fortgeschrittenen Mediumismus', Psychographie und Pneumatographie, nahe. Setzt die Psychographie die Menschenhand unter Ausschaltung des Bewusstseins ein und praktiziert damit etwas, was bereits zu diesem Zeitpunkt automatisches Schreiben heißt, so verzichtet die Pneumatographie vollständig auf die Hand und auf Surrogatinstrumente und ist damit die eigentliche Technik der Autoskription. Einer der ersten Schritte auf diesem Weg zwischen Autonomisierung und geisterhafter Heteronomisierung der Finger ist die zugleich willenlose und sich verselbständigende Hand:

> Das erste Anzeichen der Anlage zum Schreiben ist eine Art Zittern im Arme und in der Hand; nach und nach wird die Hand durch einen Antrieb fortgezogen, welchen sie nicht bemeistern kann. Anfangs macht sie oft nur be-deutungslose Züge, dann zeichnen sich die Buchstaben immer mehr und mehr deutlich, und endlich erreicht die Schrift die Geschwindigkeit der Handschrift.[16]

16 Kardec: *Das Buch der Medien*, S. 258.

In diesen Fällen einer so genannten indirekten oder manuellen Psychographie wird die Hand zur Schreibmaschine, denn „[d]er fremde Geist, welcher sich mitteilt, wirkt auf das Medium, dieses dirigiert unter diesem Einflusse maschinenmässig seinen Arm und seine Hand zum Schreiben, ohne die geringste Kenntnis von dem, was es schreibt.“[17] Aus diesem Grunde werden psychographische Medien auch mechanische Medien oder gar Maschinen genannt.[18] Ihre Schrift ist „unfreiwillige Schrift“[19] oder auch „unwillkürliche Schrift“.[20] Diese Affinität der automatischen Schrift kommt weniger einer Szene der Psychographie als vielmehr der Verkehrung einer Aneignungsbewegung nahe. Nicht eignet sich die Hand die Schrift an, sondern die Hand wird durch die Schrift unterworfen. Schrift schreibt sich selbst durch die Hand.

Diese mediumistische Variante der Maschinenschrift ist ausgesprochen anfällig für eine offenbarungsgläubige Variante der Psychographie, die nach epiphanischen Schrifterscheinungen sucht.[21] Sie steht denjenigen

---

17 Ebd., S. 200.

18 Ebd., S. 224.

19 Ebd., S. 200.

20 Hartmann: *Der Spiritismus*, S. 28.

21 Diese Affinität der automatischen Schrift als ein Ausleihen der Hand an ein transzendentes Schreibsubjekt generiert einen eigenen Medientypus der Vatermedien, deren Aufzeichnung von Gottvater selbst inspiriert ist. Dabei scheint dieser väterliche Schreibmediumismus mehr zu sein als eine Variation der mittelalterlichen Schreibmedien, die sich als Autor unsichtbar machten und lediglich als Vermittler des göttlichen Wortes hervortraten. Markantes Beispiel einer solchen Offenbarungsschrift ist ein Text mit dem Titel „Christi Jugendgeschichte“, der in drei Jahrgängen der Zeitschrift *Psyche* abgedruckt wurde. Im Untertitel heißt es: „mitgetheilt durch Frau Valeska Töpfer als Schreibmedium, übermittelt durch Willy Reichel“. Valeska Töpfer, eines der bekanntesten Medien der Jahrhundertwende, fungiert hier als Vatermedium und automatisches Schreibmedium eines Textes, von dem Reichel behauptet, er „schliesst sich eng an die kanonischen Evangelien an und füllt bloss einige Lücken derselben aus im Lichte der modernen mediumistisch-spiritistischen Erfahrungen“ *Psyche. Monatsschrift des deutschen spiritistischen Vereins Psyche zu Berlin und seiner Zweigvereine*, 3:7-9 (1896), Nr. 7, S. 67-71, hier S. 68.
Zu einem anderen Beispiel vgl. den kleinen Band *Letters from Julia* (1898). Das Entstehen dieser epistolarischen Sammlung beschreibt ihr so genannter Herausgeber, William Stead, in einem Vorwort: „As I had at that time – much to my own surprise – begun to develop an hitherto unsuspected gift of automatic writing, I offered, in case she were willing and able to use my hand as her own, to allow Julia to write what message she pleased by that means. […] It was in this time that I began to receive the communica-

Schriftphänomen am nächsten, die in der Übermittlung von Botschaften aus dem Jenseits ganz auf die Hand zu verzichten suchen. Dies ist der Fall in der so genannten direkten Psychographie und Pneumatographie. Hier werden Zettel in verschlossenen Kästen oder an anderen unzugänglichen Orten platziert und beschriftet wieder aufgefunden. „Es genügt gewöhnlich", so Kardec, „einen zusammengelegten Bogen Papier an einem beliebigen oder an dem vom Geiste bezeichneten Platz zehn Minuten oder eine Viertelstunde, manchmal auch länger, liegen zu lassen. Das Gebet und die Sammlung der Gedanken sind die wesentlichen Bedingungen."[22] Während sich also die Psychographie noch selbstentfremdend der Hand eines Mediums oder vielmehr: des Mediums der Hand bedient, kommt die Pneumatographie gänzlich ohne Menschenhand aus. Lebt die automatische Schrift der Psychographie aus der Spaltung von Hand und Bewusstsein, so visiert die Pneumatographie nichts weniger als die handlose Schrift des Bewusstseins an.

Einer der Hauptpropagandisten ‚direkter Schrift', Baron Ludwig von Güldenstubbe, bündelt seine Beobachtungen autoskriptionaler Erscheinungen zu einer Theorie der „Positiven Pneumatologie". Ein Begriff, der die direkte Schrift dem Dogma des Logozentrismus unterstellt. Und so überrascht es nicht, dass seine kulturhistorisch angelegte Erörterung des Phänomens „directer Geisterschriften" den Leser zurück bis zur Urszene christlicher Schriftgeschichte auf dem Sinai führt. Anhand der acheiropoietischen Beschriftung der steinernen Tafeln führt Güldenstubbe eine (an Philo von Alexandrien angelehnte) Differenzierung indirekter Offenbarung oder Inspiration, die menschlicher Vermittlung bedarf, und direkter Offenbarung, die ohne eine solche Zwischeninstanz auskommt, ein.[23]

tions some few of which are collected in this little volume. All the ‚Letters of Julia' were received by me in the same manner. Sitting alone with a tranquil mind I consciously placed my right hand, with the pen held in the ordinary way, at the disposal of Julia, and watched with keen and sceptical interest to see what it would write." Aus: *Letters from Julia or Light from the Borderland. A Series of Messages as to the Life beyond the Grave received by Automatic Writing from One who has gone before*, London 1898, S. VIIIf.

22 Kardec: *Das Buch der Medien*, S. 221.

23 Güldenstubbe: *Positive Pneumatologie*, S. 67.

Die Hypothesen, wie diese Schreibszenen zu imaginieren sind, sprengen jedoch die sakralspiritistischen Analogien von göttlicher Gesetzesschrift und Geisterschrift. Sie reichen von Vermutungen über die „Verlängerung der fluidistischen Hand" des Mediums über die Annahme einer „odischen Diaphanität" der Materie[24] bis hin zu elektrischen Strömungen und Parallelisierungen von photographischer und skripturaler Aufzeichnung.[25] Eduard von Hartmann, der in spiritistischen Kreisen höchst umstritten war, formuliert in seiner 1885 erschienenen Studie über den Spiritismus die These nervlicher Innervationsimpulse, welche Aufzeichnungen hervorbrächten, deren Gestalt durch das „Phantasiebild"[26] des Mediums bestimmt sei:

---

24 Hartmann: *Der Spiritismus*, S. 46.

25 Als zentral erweist sich hier u.a. die Frage, ob eine Schrift, welche die Hand nicht braucht, noch einen Stift benötigt oder nicht. D.h. ob das Schreiben ohne Hand (Acheirographie) auch ein Schreiben ohne Stift (Astilographie) sein kann? „Anfangs behauptete man, dass man die Bleifeder zu dem Papier legen müsse; [...]. Man weiss, dass die Geister die Bewegung und das Wegtragen der Gegenstände bewirken, dass sie dieselben ergreifen und zuweilen durch die Luft werfen. Sie können daher auch einen Bleistift nehmen und sich desselben bedienen, um Buchstaben zu schreiben. Da sie ihm vermittelst der Hand eines Mediums, eines Brettchens u.s.w. den Impuls geben, so können sie das gleichfalls auf eine unmittelbare Art tun. Aber man gelangt bald zu der Erkenntnis, dass das Vorhandensein der Bleistifte nicht nötig sei, und dass ein einfaches Stück Papier genüge, gefaltet oder nicht gefaltet, auf welchem man nach ein paar Minuten geschriebene Buchstaben findet. Hier verwandelt sich das Phänomen gänzlich und bringt uns in eine ganz andere Ordnung der Dinge.
Die Buchstaben sind in der Regel mit irgend einer Substanz gebildet worden. Sobald man im Geiste diese zum Schreiben verwendbare Substanz nicht geliefert hat, so hat er sie doch selbst gemacht, selbst gebildet; wo hat er sie hergenommen? Hier lag das Problem! [...] In dieser Schreibweise bedient sich der Geist weder unserer Substanz noch unserer Werkzeuge, deren er bedarf. Er macht sich also selbst die Materie und die nötigen Werkzeuge, indem er seine Materialien in dem primitiven allgemeinen Elemente schöpft, welches er durch seinen Willen jene Umwandlungen eingehen lässt, die zu der beabsichtigten Wirkung nötig sind. Er kann also ebenso gut einen Rotstift, Druckerschwärze oder gewöhnliche Tinte, sowie einen schwarzen Bleistift und sogar Buchstaben zum Drucken fabrizieren, um Erhabenheiten zum Abdruck darzubieten, wovon wir Beispiele gesehen haben." (Kardec: *Das Buch der Medien*, S. 193) Schrifterscheinungen werden in solcher Lesart zu einer fabrizistischen Variante des Hylismus, nach der geschriebene Mitteilungen nicht Resultat psychophysischer Emanation sind, sondern Produkt der Verwandlung des elementaren Urstoffes in Schreibwerkzeug und Schreibstoff. Die acheirographische Szenerie wandelt sich damit zum Bild einer Schreib- und sogar Druckwerkstatt. Hier hat eine Hand nicht nur geschrieben, sondern sich noch ihre Schrifttypen selbst gebastelt.

26 Hartmann: *Der Spiritismus*, S. 51.

> Wenn eine verschlossene Schiefertafel mit eingelegtem Schieferstückchen mitten auf dem Tisch, oder einem der Teilnehmer mitten auf dem Schoosse liegt, oder von zwei Teilnehmern gehalten wird, so muss man sich ein System von attraktiven Kraftlinien, einem Radialnetz von gespannten Gummischnüren vergleichbar, vorstellen, welche einerseits alle in dem Schieferstückchen zusammenlaufen, und andererseits durch die Kette der Teilnehmer hindurch zu dem Mittelhirn des Mediums als zu ihrer Zentralstelle hinführen, von welcher aus abwechselnd bald die einen bald die anderen dieser Fäden schärfer angezogen werden. [...] Schon unser gewöhnliches Schreiben durch die Muskelbewegung der Hand beruht auf einem ähnlichen System von Druck- und Zuglinien der Kraft mit verschiedenen Stützpunkten, welche peripherisch um den Schreibstift herumgestellt sind, aber hier wird Druck und Zug durch materielle Berührung übertragen, während beide bei der Tafelschrift ohne Berührung aus der Ferne wirken. Auch bei dem gewöhnlichen Schreiben überspringt unser Bewusstsein das Gefühl der Vermittlung und projicirt sein Schreibgefühl in die Spitze des schreibenden Stiftes; dies muss nach psychologischen Analogien auch für das Gefühl des somnambulen Bewusstseins bei dem fernwirkenden Schreiben der Fall sein. Hat das somnambule Bewusstsein sich einmal auf die Vermittlung des Schreibens durch ein System von Druck- und Zuglinien der mediumistischen Nervenkraft eingeübt, so verläuft der Wechsel dieser Innervationsimpulse ganz ähnlich wie der analoge Wechsel der andersartigen Innervationsimpulse bei dem Schreiben durch unwillkürliche Muskelbewegung, und darum ist es nicht zu verwundern, dass das fernwirkende Schreiben ebenso schnell erfolgt und ähnliche Schriftzüge liefert wie das unwillkürliche somnambule Schreiben mit der Hand.[27]

In Hartmanns Modell der Acheirographie erinnert nichts mehr an die epiphanisch anmutenden Schrifterscheinungen spiritistischer Séancen. Es verbindet neurophysiologische Hypothesen mit kognitionspsychologischen Annahmen und postuliert Analogiebildungen zwischen psychologischen und physischen Schreibprozessen. Fernschrift des Bewusstseins und Handschrift des Körpers erscheinen dabei als Varianten eines Systems energetischer Projektionen, das die Hand ausblendet. Noch das Schreiben mit der Hand „projiciert sein Schreibgefühl in die Spitze des schreibenden Stift[s]" und überspringt damit das eigentliche Schreiborgan. Nach dem Modell solcher Projektion kann die fernwirkende Schrift als Realisierung

27 Ebd., S. 48f.

dessen verstanden werden, was ohnehin in jedem materiellen Schreibakt mit der Hand statt hat. Auch Handschrift ist damit immer schon Fernschrift.[28]

Mit dem Hartmannschen Modell der Pneumatographie als fernwirkender Schrift ist nicht nur der Schreibakt zur Acheirographie umgestaltet. Vor allem ist auch das Modell der acheiropoiesis selbst entkernt, setzt doch das Acheiropoieton die konkrete Berührung eines Körpers voraus. In Hartmanns ‚Berührung aus der Ferne' verschwindet nicht nur die Hand im Off von Bewusstseinsprojektionen, sie führt auch zu berührungslosen Abdruckssimulationen, zu einer „Fläche ohne dahinterliegende[n] Körper"[29]. Deutlich wird das im Vergleich Hartmanns von Handschrift und Handabdruck:

> Bei dem fernwirkenden Schreiben dagegen muss man bereits ein System von Druck- und Zuglinien annehmen, welches dem System von Druck- und Zuglinien analog ist, wie es auf den von der Schreibhand umfassten Griffel einwirkt. [...] Denkt man sich eine andre Anordnung der Druck- und Zuglinien der mediumistischen Nervenkraft, entsprechend denjenigen Druckverhältnissen, welche die Innenseite einer flach ausgestreckten Hand auf einem eindrucksfähigen Stoff hervorbringt, so müsste die Verschiebung der Stoffteilchen, welche durch ein solches dynamisches System hervorgebracht würde, wiederum mit der durch den Druck der Hand hervorgebrachten übereinstimmen, d.h. den Abdruck einer organischen Form zeigen, ohne dass eine organische Form vorhanden gewesen wäre, welche diesen Abdruck hervorgebracht hätte.[30]

An dieser Stelle zeigt sich, wie die Unterscheidung von Handschrift und Hirnschrift für Hartmann Phänomen einer prinzipielleren Unterscheidung, aber auch Relativierung von Realschrift und Phantomschrift ist. Sie

28 Zugleich aber ist Fernschrift unabdingbar auf Handschrift angewiesen. Denn nur, wer das Schreiben mit der Hand als Technik beherrscht, kann imaginativ auf die Hand verzichten: „Darum ist mit Sicherheit zu behaupten, dass ein Medium die Uebung in diesem rhythmischen Wechsel der Schreibimpulse mitbringen muss, wenn es sich im fernwirkenden Schreiben üben will; d.h. nur ein Medium, das Schreiben gelernt hat, wird unwillkürliche oder fernwirkende Schrift produciren können." Ebd.

29 Hartmann: *Der Spiritismus*, S. 51.

30 Ebd., S. 50.

korrespondiert dem, was Hartmann unter Rückbezug auf die psychiatrische Terminologie einerseits als Halluzination, d.h. „Phantasieprodukte ohne sinnliche Wahrnehmungsgrundlage“, und andererseits als Illusion, d.h. „Phantasieumbildungen sinnlicher Wahrnehmung“[31], ebenso trennt wie zusammenführt.

3. Poetik der a c h e i r o g r a p h i e

Damit überspringen die nicht von Menschenhand geschriebenen Zeichen als Projektionen des Bewusstseins die Grenzen zwischen Imaginärem und Realem. Nach dem Schema der Acheiopoiesis figurieren sich graphische Akte, in denen ein Schriftbewusstsein Schriftbilder produziert, die den Status von Wahrnehmungsbildern erhalten. Die Fernschriften erfüllen damit ein Evidenzbegehren, das sich auf Vorstellung und Wahrnehmung zugleich richtet und deren Differenz verwischt. Imaginäre Schriften sind materielle Schriften.

Möglicherweise resultiert aus dieser Engführung eine Tendenz mediumistischer Theorie zu mediumistischer Poetologie. Schon in den bisher angeführten Traktaten selbst ist eine auffällige Neigung zu literarischen Reminiszenzen zu beobachten. So nimmt Güldenstubbe in seine Sammlung ‚positiver Pneumatologie‘ unter anderen auch eine Mitteilung Aleksandr Sergeevič Puškins auf, die er am 20. November 1856 in Paris in Gegenwart mehrerer Russen erhält. Sie ist mit dem Nachnamen des Dichters unterzeichnet und besteht aus drei Worten: „Glaube, Hoffnung, Liebe“ („Вера, надежда, любовь“) (Abb. 2).[32] Wenige Jahre zuvor hinterließ Puškin bereits in Moskau posthume Verse – hier noch unter Manipulation einer fremden Hand. So berichtet Puškins Neffe Lev Nikolaevič Pavliščev in seinen Memoiren:

---

31 Er schränkt diese Differenz jedoch dahingehend ein, als bei spiritistischen Phänomenen nicht die „Sinneswerkzeuge der Anwesenden afficirt“ werden, sondern die „somnambulen Bewusstseine durch Induktion gleicher Gehirnschwingungen“. Ebd., S. 96.

32 Trägt auch der Spiritismus zur Entwicklung einer okkulten Parallelkultur bei, so spiegelt er doch in seinen literarischen Präferenzen den offiziellen Kanon: Auch den spiritistischen Kreisen erscheint vornehmlich der ‚Geist Puškin(s)‘. Vgl. Adon'eva, Svetlana: *Kategorija nenastojaščego vremeni. Antropologičeskie očerki*, Sankt Peterburg 2001 (insbes. das Kap. „Duch Puškina“).

> Zur gleichen Zeit, im Herbst 1853 [...] versammelten sich bei den Naščokins die Liebhaber des Tischrückens, Freunde Aleksandr Sergeevičs, um in die Geheimnisse der Geisterwelt einzudringen. Sie riefen seinen Schatten herbei, und indem er sich scheinbar der Hand eines jungen Mädchens bediente, das nicht die geringste Ahnung von Poesie hatte, schrieb dieser Schatten mit Hilfe eines kleinen Tischchens, dessen eines Bein durch einen Stift ersetzt war, auf Papier folgendes Werk als Antwort der Neugierigen auf die Frage „Sag, Puškin, wo bist Du jetzt?“:
>
> Kaum ging ich ein in himmlische Sphären,
> erfüllte Trauer meine Seele,
> Euch inmitten irdischer Wirren
> auf so lang zu verlassen...
> Unverändert seid meinem Herzen Ihr teuer;
> Doch nicht das Irdische begehre ich.
> Und vor dem Thron der höchsten Macht
> Bete ich für Euch, meine Freunde...[33]

Szenen wie diese lassen Aleksandr Aleksandrovič Pančenko vermuten, die Entwicklung des Spiritismus sei wesentlich mit der Ausbildung des Dichter-Kults und den damit einhergehenden Gedächtnisritualen verknüpft.[34]

---

33 „В это же время, осенью 1853 года [...] собрались в Москве у господ Нащокиных любители столокружения, чающие проникнуть в тайны духовного мира, друзья покойного Александра Сергеевича. Господа эти вызвали тень его, и тень, будто бы управляя рукой молоденькой девочки, не имевшей никакого понятия о стихах, написала посредством миниатюрного столика, одну из ножек которого заменял карандаш на бумаге, следующую штуку, на вопрос любопытных: «Скажи, Пушкин, где ты теперь?»: Входя в небесные селенья,/ Печалилась душа моя,/ Что средь земного треволненья/ Вас оставлял надолго я.../ По-прежнему вы сердцу милы;/ Но не земное я люблю/ И у престола высшей силы/ За вас, друзья мои, молю...“ Pavliščev, L.: *Iz semejnoj chroniki. Vospominanija ob A.S. Puškine*, Moskva 1890, S. 74–75; vgl. zu dieser Szene auch: Vinickij, Il'ja: Obščestvo mertvych poėtov. Spiritičeskaja poėzija kak kul'turnyj fenomen vtoroj poloviny XIX veka, in: *Novoe literaturnoe obozrenie* 71 (2005), S. 133-165 (hier im Anhang weitere Belege zum spiritistischen Puškinkult), sowie ders.: *Nečto o prividenijach. Istorija o russkoj literaturnoj mifologii XIX veka*, Moskva 1998.

34 Vgl. Pančenko, Aleksandr: Russkij spiritizm. Kul'turnaja praktika i literaturnaja reprezentacija, in: Bogdanov, Konstantin; Muračov, Jurij; Nicolosi, Riccardo (Hg.): *Medicina i russkaja literatura*. Moskva 2006, S. 123-147. Pančenko konstatiert einen vergleichsweise schwachen Einfluss des Spiritismus auf die Literatur und sieht hingegen stärker eine Literarisierung des Spiritismus im 20. Jahrhundert gegeben. Auch in den Materialsammlungen der einschlägigen spiritistischen Zeitungen finden sich eigens eingerich-

Abb. 2: Glaube, Hoffnung, Liebe. Puškin

Betrachtet man die Affinitäten von spiritistisch-parawissenschaftlichem und literarischem Diskurs im Hinblick auf mnemonische Praktiken, so wären die ästhetischen Aspekte eines Schreibens, das sich als autopoietisch erscheinendes inszeniert, primär im Bereich der Repräsentation oder auch Restitution eines Absenten, Toten, Zerstörten zu suchen. Und in der Tat stellt die Rekonstruktion vernichteter Manuskripte eine besondere Herausforderung für spiritistische Schreibséancen dar. So tritt 1875 in Moskau ein Schreibmedium mit der Behauptung an die Öffentlichkeit, Nikolaj Vasil'evič Gogol' habe ihm den verbrannten zweiten Band der *Toten Seelen* (*Мертвые души*) diktiert.[35]

Auch Fedor Michajlovič Dostoevskij räsoniert im Januar 1876 im *Tagebuch eines Schriftstellers* (*Dnevnik pisatelja*) über diesen spektakulären Fall.[36] Dass sich Gogol' aus dem jenseits zu Wort gemeldet habe, ist ihm Anlass zu einem Gedankenexperiment, das auf ein prinzipielles Verdikt des Spiritismus und seiner Manifestationen hinausläuft, zugleich jedoch die Möglichkeit alternativer Weltmodelle offen hält. Es ist wohl dieser Ambi-

---

tete Rubriken für „mediale Kundgebung in Versen" (so z.B. in der Zeitschrift *Psyche*). Hier sind Gedichte aufgenommen, deren Unterzeichner „Geist Chamisso", „Geist Goethe" oder „Geist Emanuel Geibel" heißen. (Vgl. z.B. *Psyche*, 1:6 (1898), S. 15.) Daneben entwickelt sich ein eigenes Genre mit dem Titel „Inspirations-Dichtung" für Texte, die durch Schreibmedien empfangen wurden. Vgl. z.B. *Psyche*, 6:6 (1899), S. 113.

35 Dies geschieht mitten in einer besonders heißen Phase der gesellschaftlichen Debatte um spiritistische Erscheinungen, als unter Vorsitz Dmitrij Ivanovič Mendeleevs eine wissenschaftliche Kommission der physikalischen Gesellschaft an der St. Petersburger Universität zur Untersuchung mediumistischer Phänomene ernannt wird. Vgl. zu einem ähnlichen Fall der Vollendung eines fragmentarisch gebliebenen Romans von Charles Dickens durch das Medium „A." Aksakov: *Animismus und Spiritismus*, S. 386-392.

36 Vgl. Dostoevskij, Fedor: Spiritizm. Nečto o čertjach. Črezvyčajnaja chitrost' čertej, esli tol'ko ėto čerti, in: Ders.: *Sobranie socinenij v 18 tt*, Bd. 11, Moskva 2004, S. 302-306.

valenz zuzuschreiben, dass die journalistischen Erörterungen spiritistischer Motiviken und Techniken im *Tagebuch eines Schriftstellers* sich als Sujet mit literar-ästhetischen Funktionen erweisen, die Michael D. Gordin als „Rhetorik der Resonanzen" („Rhetoric of Resonances") beschrieben hat.[37] Und in der Tat ergibt sich eine eigentümliche Resonanz zu einer Reihe von fiktionalen Texten, die ebenfalls integraler Bestandteil des *Tagebuchs eines Schriftstellers* sind und die sich zum Teil explizit der Frage nach der Schreibbarkeit verschreiben. So publiziert Dostoevskij im gleichen Jahrgang, in dem auch seine Spiritismus-Debatte abgedruckt ist, seine Erzählung *Die Sanfte* (*Krotkaja*).[38] Die spezifische Rhetorik dieses Textes, die von Mirjam Goller als „Sprechweise des Verstummens" charakterisiert wurde,[39] ist aus einer Schreibsituation heraus gestaltet, die eine unmögliche oder auch, so das Vorwort, „phantastische" ist: Wie und von wem kann die Rede angesichts des Todes als Narrativ verschriftlicht werden? Rede im Angesicht des Todes heißt hier nicht nur: Wie lässt sich das Unsagbare aussprechen?, sondern: Wie ist die Verschriftlichung des Unsagbaren zu denken? Was der Text hier vorschlägt, „eben diese Annahme eines alles nachschreibenden Stenographen", ist zugleich „das, was ich an dieser Erzählung phan-

37 Sie verschiebe, so Gordin, die Debatte um zeitgenössische (para)wissenschaftliche Fragestellungen zum einen auf eine suprarationale Ebene und generiere zum anderen literarische Genresynkretismen. Vgl. Gordin, Michael D.: Loose and Baggy Spirits. Reading Dostoevskii and Mendeleev, in: *Slavic Review* 60:4 (2001), S. 756-780. In gattungsästhetischer Hinsicht beschäftigt Gordin sich insbesondere mit Dostoevskijs *Tagebuch eines Schriftstellers* (*Dnevnik pisatelja*) und dessen heterogener Textur zwischen Journalismus und Fiktion. Vgl. ausführlicher zu Dostoevskijs kritischer und zugleich affiner Position zum Spiritismus: Pančenko, A.A.: Spiritizm i russkaja literatura: iz istorii social'noj terapii, in: *Trudy otdelenija istoriko-filologičeskich nauk RAN*, Moskva 2005, S. 529-540 sowie (nahezu identisch) Ders.: Russkij spiritizm; wie auch Vinogradov, I.: *Duchi i mediumy*, Moskva 1998.

38 *Die Sanfte* erschien 1876 im Novemberheft des *Tagebuchs eines Schriftstellers*. Hier zitiert nach: Dostoevskij, Fedor: Krotkaja, in: Ders.: *Sobranie sočinenij v dvenadcati tomach*, Bd. 12, Moskva 1982, S. 463-500.

39 Goller, Mirjam: Die suizidale Rhetorik einer warmen Leiche. Dostoevskijs Erzählung „Krotkaja" als Beispiel einer Sprechweise des Verstummens, in: Dies.; Klimeniouk, Nikolaj; Küpper, Stephan; Müller, Elena; Raßloff, Ute; Soldat, Cornelia (Hg.): *Osteuropäische Lektüren. Beiträge zur 2. Tagung des Jungen Forums Slawistische Literaturwissenschaft, Berlin 1998*, Frankfurt a. M. 2000, S. 47-65.

tastisch nenne.“[40] Phantastisch ist sie eben dadurch, dass sie spiritistische Versuchsanordnungen ungeschriebener Schriften zur Entstehungsbedingung des ästhetischen Textes machen. Die spezifische Lösung eines medial-ästhetischen Problems, die Dostoevskij anbietet, besteht damit weniger in der Vorstellung eines unmittelbaren stenographischen Notats von Gesprochenem, sondern in der Spaltung der Schreibinstanzen. Wo Sprechen und Schreiben auseinander treten, wird das Schreiben zu einem „phantastischen“ Akt, der Text der Erzählung hat keinen Schreiber mehr.

Dergestalt changieren die literarischen Manifestationen des Schreibmediumismus als ghostwriting zwischen Simulakrum, grapho-personalen Reduplikationen und Mystifikationen. Hier deutet sich ein Potenzial für poetische Hybridisierungen und Stilisierungen an, deren prominenteste Version schon jetzt écriture automatique heißt, ohne dass sie in den Effekten der Unbestimmtheit oder Regellosigkeit aufgeht, wie sie wenige Jahrzehnte später surrealistische Dichter im Ereignischarakter unkontrollierter Schreibpraxis suchen werden. Für die zeitgenössische Diskussion der zitierten spiritistischen Traktate steht zunächst das Experiment der Transfiguration im Vordergrund, das heißt die Exploration von Verfahren inkorporierter Alterität, bei denen eine „Versetzung des Ich in eine andere Person“[41] oder eine „Selbstversetzung des Ich“[42] bzw. ein Hin überspielen des Ich in eine Phantasiefigur[43] statt hat. Die Hand erscheint hier als figurative Schnittstelle zu einem Anderen und Jenseitigen, genauer noch: zum Jenseits des Grabes. Acheirographische Schrifttechniken arbeiten in dieser Hinsicht an etwas, das man vielleicht eine graphische Variante der Prosopopoia nennen könnte. Sie gehorchen einer Logik des Zeichens, in der das Ich erst schreibmächtig wird durch die Delegierung seiner Schreibfähigkeit an einen Anderen, Absenten. Die Hand schreibt wie von selbst, geschrieben von einem Toten.

40 „Вот это предположение о записавшем все стенографе [...] и есть то, что я называю в этом рассказе фантастическим.“ Dostoevskij, Krotkaja, S. 464.

41 Hartmann, *Der Spiritismus*, S. 58

42 Ebd., S. 85.

43 Ebd., S. 87.

Im Zeichen der Transfiguration wären auch die Fernschriften zu lesen, deren phänomenaler Status als medientransparenter Niederschlag kognitiver Operationen bzw. als geistige Geste konzeptualisiert wird. Indem das Denken die Effekte taktiler Einwirkung simuliert, erscheint Schrift als Abdruck ohne Matrize, als Form ohne Gegenform, als Positiv ohne Negativ. So erscheint mittels graphischer Autopoiesis als phantasmatischer Poeisis eine Schrift des Als-ob. Eine Schrift des Bewusstseins als ob sie vom Körper geschrieben wäre. Transfigurative Autoskription heißt dann: Schrift erscheint nur dort, wo die Hand verschwindet. Oder anders gesagt: Selbstschrift sucht nach dem Schreiben aus dem Nichts.

Julia Kursell

Nikolaj Kulbin und die Notation der freien Musik

0.

„Hochgewachsen, kahl, mit einem kleinen runden Kopf. Eine khakifarbene Militärjacke. Ein Maler von Aluminiumbildern. Ein Mensch, der in der Kunst auf den Zufall setzt. Ein Dilettant. Er glaubte an den Einfluß der Sonnenflecken auf die Revolution."[1] So beschrieb Viktor Borisovič Šklovskij, einer der Begründer des russischen Formalismus, in seiner autobiographischen Prosa *Dritte Fabrik* (*Tret'ja fabrika*) den Militärarzt und Maler Nikolaj Ivanovič Kulbin (1868-1917). Kulbin hatte ein geregeltes Einkommen als Privatdozent der Medizin an der Militärakademie in St. Petersburg: Er beteiligte sich am dortigen Forschungsbetrieb und publizierte zu Fragen der Psychophysiologie und medizinischen Diagnostik.[2] Ab 1909 trat er als Maler und Kunsttheoretiker hervor. Fortan veröffentlichte er ausschließlich kunsttheoretische Texte und Manifeste, organisierte Ausstellungen avantgardistischer Künstler und beteiligte sich mit eigenen Bildern an Kunstausstellungen in St. Petersburg, Paris, Rom und Berlin. Er gab eine Reihe von Almanachen heraus, in denen die Künstler des russischen Futurismus, wie zum Beispiel Velimir Chlebnikov, David und Vladimir Davidovič Burljuk oder Benedikt Livšic, publizierten.

Die Geschichtsschreibung hat Kulbin die Rolle des dilettierenden Künstlers zugewiesen: Ein wohlhabender Arzt, der sich als Mäzen betätigte und

1 Šklovskij, Viktor: *Dritte Fabrik*. Aus dem Russischen von Verena Dohrn und Gabriele Leupold. Mit einem Nachwort von Verena Dohrn, Frankfurt a. M. 1988, S. 36. „Высокий, лысый, с небольшой круглой головой. Китель хаки. Живописец на алюминии.Человек, рассчитывающий в искусстве на случайность. Дилетант, он верил во влияние солнечных пятен на революцию". Šklovskij, Viktor: *Tret'ja fabrika*, Moskva 1926, S. 48.

2 Zu Kulbins Leben und Werk als Maler vgl. Boris Kalaušin: *Kul'bin*, Bd. 1-2, Sankt Peterburg, 1995 [= Al'manach Apollon; 1, 2], hier Bd. 2, S. 239.

dadurch zur Durchsetzung der Avantgarde beigetragen, aber keine bedeutenden Kunstwerke geschaffen habe. Dabei bleibt sowohl Kulbins wissenschaftliche Forschung als auch seine Vorauserfindung neuer, graphischer Notationssysteme für die Musik, wie sie in den 1950er Jahren in der Neoavantgarde Verbreitung fanden, unbedacht. Im Folgenden geht es nicht darum, die Biographie Kulbins aufzuwerten, sondern darum, eine Logik von Notationsweisen zu rekonstruieren, die sowohl eine medizinische Forschung angetrieben als auch die Erfindung von neuartigen Klängen ermöglicht hat.

In Kulbins Karriere markieren zwei Aufsätze den Wechsel von der naturwissenschaftlichen Forschung zur Kunst. Zwischen dem 1907 in der Zeitschrift *Praktische Medizin* (*Praktičeskaja Medicina*) erschienenen Aufsatz *Darstellungssystem für die Krankengeschichte mittels konventioneller Zeichen*[3] und dem 1909 im Verlag der Militärakademie gedruckten Aufsatz *Freie Musik. Anwendung einer neuen Theorie des künstlerischen Schaffens auf die Musik*,[4] den drei Jahre später Vasilij Vasil'evič Kandinskij in seinen Almanach *Der blaue Reiter* übernahm,[5] vollzog sich die Transformation des Arztes zum Künstler. Beide Aufsätze behandeln Probleme der Notation: Der medizinische Aufsatz beschäftigt sich mit verschiedenen Techniken zur Aufzeichnung von Beobachtungen am Patienten; der musiktheoretische Aufsatz entwirft eine Musik, die ohne die herkömmliche Notation auskommt.

1.

Das „Darstellungssystem für die Krankengeschichte", das Kulbin in seinem Aufsatz von 1907 entwirft, stellt den Versuch dar, für physiologische und pathologische Prozesse längerer Dauer eine symbolische Notation zu

3 Kul'bin, Nikolaj: *Sistema izobraženija istorii bolezni uslovnymi znakami*. Im Folgenden zitiert nach dem neu paginierten Separatdruck St.-Petersburg 1907. Die Schreibweise aller russischen Zitate und Angaben ist, falls nicht anders vermerkt, aus technischen Gründen der Orthographie nach 1917 angepasst.

4 Kul'bin, Nikolaj: *Svobodnaja muzyka. Primenenie novoj teorii chudožestvennogo tvorčestva k muzyke*, St. Petersburg 1909.

5 Kulbin, Nikolai: Die freie Musik, in: *Der Blaue Reiter* [1912]. Herausgegeben von Wassily Kandinsky und Franz Marc. Dokumentarische Neuausgabe von Klaus Lankheit, München u.a. 1984, S. 125-131.

entwickeln. Er führt dazu bestehende Diagnosetechniken zusammen und transformiert sie zu einem Mess- und Beobachtungsinstrument. Die vorhandenen Notationssysteme hält Kulbin für unzulänglich. Anstatt dem Arzt Zeichen für die verschiedenen Symptome einer noch zu bestimmenden Krankheit an die Hand zu geben, notieren sie „bereits fertige Diagnosen".[6] Außerdem haben sie oftmals ein willkürliches Erscheinungsbild, sind schwer memorierbar und unübersichtlich. Kulbin selbst schlägt vor, verschiedene Aufzeichnungsverfahren zu einer Übersicht auf einem einzigen Blatt zusammenzustellen und sie einem Zeitraster zuzuordnen. Er empfiehlt ferner, hierfür Vordrucke zu verwenden, deren Aufbau sein Text erläutert.

Ausgangspunkt ist für Kulbin die so genannte Fieberkurve. Dabei handelt es sich um eine Methode, längerfristige regelmäßige Messungen der Körpertemperatur mit Hilfe eines Koordinatensystems aufzuzeichnen. Die beiden Achsen dieses Koordinatensystems werden von Temperatur und Zeit gebildet; Verbindet man die einzelnen Messwerte durch Linien, so entsteht eine Figur, die es erlaubt, den Verlauf der Temperaturänderungen zu überblicken und Vorkommnisse wie einen plötzlichen Anstieg oder ein Absinken der Körpertemperatur leicht zu erkennen.

Die Fieberkurve entstand in der Mitte des 19. Jahrhunderts. Der Berliner Arzt Ludwig Traube hatte erstmals 1851 einer Publikation über den zeitlichen Verlauf fieberhafter Erkrankungen eine solche Darstellung seiner Messdaten beigegeben.[7] Wenn sie nicht nur der Anschaulichkeit diente, sondern auch einen bestimmten wissenschaftlichen Anspruch geltend machen sollte, dann ist dies auf die zunehmende Verbreitung automatischer Verfahren zur Registrierung und graphischen Aufzeichnung in der lebenswissenschaftlichen Laborforschung und vor allem in der Experimentalphysiologie zurückzuführen. Der Physiologe Carl Ludwig hatte in

---

6 Vgl. Kul'bin: *Sistema izobraženija*, S. 4: „почти все ее знаки имеют совершенно случайный вид, среди них много готовых диагнозов и мало знаков для отдельных симптомов болезней."

7 Vgl. Hess, Volker: *Der wohltemperierte Mensch. Wissenschaft und Alltag des Fiebermessens (1850-1900)*, Frankfurt a. M. u.a. 2000, v.a. S. 119-125 zur Einführung der Fieberkurve durch Ludwig Traube in dessen Schrift „Über Krisen und kritische Tage" sowie 162-165 zur Diagnostik mit Hilfe der Kurvenform bei Carl August Wunderlich.

den 1840er Jahren ein Aufzeichnungsgerät, den Kymographen bzw. Wellenschreiber entwickelt, von dem die Durchsetzung der automatischen Registrierung in den Lebenswissenschaften ihren Ausgang nahm. Ludwig wollte herausfinden, welcher Zusammenhang zwischen Atmung und Blutdruck besteht; das erforderte die gleichzeitige Beobachtung beider Prozesse. Mit dem Kymographen ließen sich die Schwankungen des Blutdrucks und des Luftdrucks in der Brusthöhle simultan registrieren und die aufgezeichneten Kurven vergleichen.[8]

Die Bezeichnung „méthode graphique“ für diese Aufzeichnungsverfahren geht auf den französischen Physiologen Etienne-Jules Marey zurück. In einer Ende der 1860er Jahre am Collège de France gehaltenen Vorlesung hob er die Bedeutung synchroner Aufzeichnungen hervor: „In den Naturwissenschaften ist die graphische Methode vor allem dazu da, um Beziehungen von Phänomenen zueinander aufzudecken“.[9] Während die Experimentalphysiologie zumeist kurze Zeitabschnitte aufzeichnete – auf dem mit rußgeschwärztem Papier umhüllten Zylinder des Kymographen finden nur die Aufzeichnungen weniger Atemzüge oder Pulsschläge Platz –, war die Medizin darauf angewiesen, ihre Aufzeichnungen über längere Zeitabschnitte hinweg durchzuführen. Marey führte das am Beispiel der Fieberkurve aus, wie sie für Beobachtung eines Cholerapatienten im Pariser Krankenhaus Saint-Antoine über sieben Tage hinweg erstellt worden war. Mit der Fieberkurve waren die Möglichkeiten der graphischen Methode in der Medizin aber keineswegs ausgeschöpft. Marey zeigte vielmehr, dass sich eine größere Anzahl von Kurven durch deren graphische Differenzierung und mit Hilfe mehrfacher Bezeichnungen der Ordinate in einem einzigen Diagramm vereinen ließ. Das Diagramm bot nicht nur den Vergleich zwischen drei Temperaturkurven, die jeweils an verschiedenen Orten gemessen worden waren, es verzeichnete darüber hinaus die Harnmenge in Litern und das Körpergewicht in Kilogramm (Abb. 1).

---

8 Vgl. Chadarevian, Soraya de: Die „Methode der Kurven" in der Physiologie zwischen 1850 und 1900, in: Hagner, Michael (Hg.): *Ansichten der Wissenschaftsgeschichte*, Frankfurt a. M. 2001, S. 161-188.

9 Marey, Étienne-Jules: *Du mouvement dans les fonctions de la vie. Leçons faites au Collège de France,* Paris 1868, S. 96.

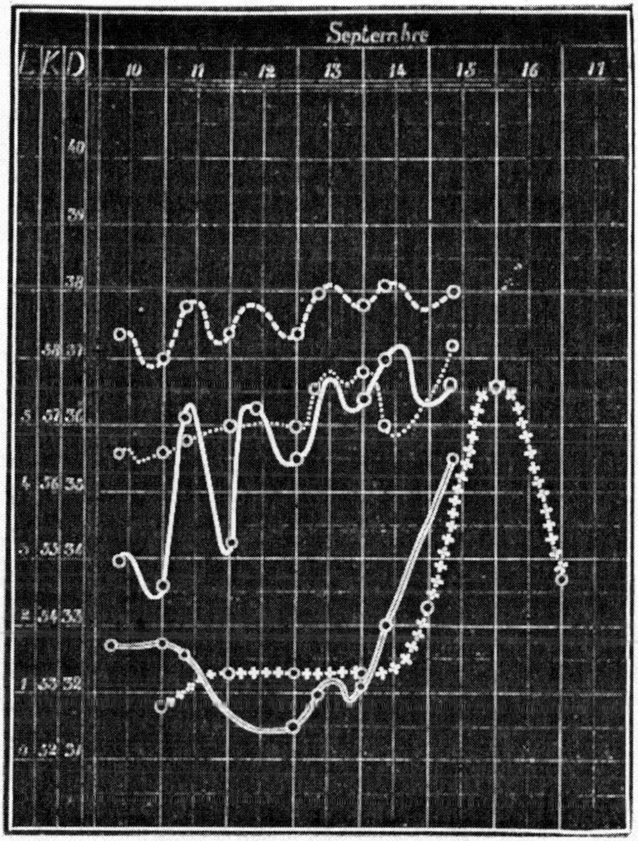

FIG. 9. — Tableau graphique d'un cas de choléra observé à l'hôpital Saint-Antoine par le docteur Lorain.

Abb. 1. Diagramm aus Marey (1868)

Marey plädierte aufgrund dieses Diagramms dafür, den Anwendungsbereich der graphischen Methode in der Medizin auszuweiten: Je mehr Phänomene registriert würden, desto aufschlussreichere Datenkorrelationen würden sich ergeben.

Wenn er an dieser Stelle seiner Vorlesung die Vorzüge der graphischen Methode gegenüber einer Darstellung von Daten in Tabellen hervorhebt, bezieht er sich auf eine alte Praxis der Notation:

> Es gibt schon lange eine graphische Ausdrucksweise für sehr flüchtige, sehr feine und sehr komplexe Bewegungen, die keine Sprache auszudrücken in der Lage wäre. Diese bewunderungswürdige Schrift wird in allen Ländern gelesen: es ist eine Universalsprache im eigentlichen Sinne. Ich meine die musikalische Notation.[10]

Die musikalische Notation teilt die Zeitachse durch die Taktstriche in Abschnitte gleicher Dauer. Darin ist das von Marey angeführte Diagramm zur Beobachtung eines Cholera-Patienten mit dem Code der Musik verwandt: Die vertikalen Linien des Tagesrasters erfüllen die Funktionen von Taktstrichen, denn auch sie markieren gleichwertige Zeitintervalle. Wie in einer Partitur können durch diese Linien mehrere heterogene, aber simultane Prozesse aufeinander bezogen werden. Die Partitur, die eine Übersicht über alle Stimmen eines Orchester- oder Chorstücks herstellt, leistet mit Hilfe der Taktstriche die Synchronisierung dieser Stimmen. Wenn die Noten ihre Dauer nicht etwa durch die Länge der Notenköpfe bezeichnen, sondern mittels graphischer Elemente, wie die Fähnchen am Notenhals, so liegt das einzig an einer entsprechenden Konvention. Die Erfordernisse des Notenbildes haben, wie Marey anmerkt, immer wieder zu einer komprimierten Darstellung und deshalb zum Rekurs auf konventionelle Zeichen gezwungen.[11]

Kulbins Darstellungssystem für die Krankengeschichte greift Mareys Idee einer Erweiterung der graphischen Notation in der Medizin auf. Er schlägt vor, die Notationsweise der Fieberkurve um andere Arten der Notation zu erweitern und die verschiedenen Notationsweisen auf einem einzigen vorgedruckten Datenblatt zu sammeln. Ein solcher Vordruck sieht folgenden Aufbau vor: Den oberen Bereich nehmen schematische Darstellungen der Organe ein, den mittleren Bereich das Koordinatensystem der Fieberkurve, darunter sollen die Medikation sowie therapeutische Eingriffe eingezeichnet werden. Die Anregung hierzu verdankt Kulbin seinem

10 Marey: *Du mouvement*, S. 93: „Depuis longtemps il existe une expression graphique de mouvements très-fugitifs, très-délicats, très-complexes, qu'aucun langage ne saurait exprimer. Cette admirable écriture se lit dans tous les pays: c'est, à proprement dire, une langue universelle. Je veux parler de la notation musicale."

11 Ebd.

Kollegen an der Militärakademie, dem Professor für Krankenhausmedizin Fedor Ignat'evič Pasternackij. Pasternackij hatte sich mit einer Arbeit über fiebersenkende Medikamente habilitiert und über die graphische Darstellung von Temperaturmessungen publiziert. Er war Balneologe und betätigte sich in der Klimaforschung, die schon früh Vordrucke für langfristige Beobachtungen einsetzte.[12] Gemeinsam mit Pasternackij hatte Kulbin an der Verbesserung und Verbreitung graphischer Aufzeichnungsmethoden in der Krankenhausmedizin gearbeitet, bevor er seinen Artikel zur Notation der Krankengeschichte publizierte.[13]

Besonderen Wert legt Kulbin auf die Darstellung des Zeitverlaufs: Während eine Fieberkurve gewöhnlich auf Gitternetzlinien eingezeichnet wird, ist sein „diagraphisches Darstellungssystem"[14] von vertikalen Linien strukturiert. Sie teilen das Diagramm in Streifen, die jeweils einem Tag entsprechen. Nicht nur Messwerte, auch graphische Symbole können in diesem Streifenraster dem Tagesverlauf zugeordnet werden: Je nachdem, ob sich der Mittelpunkt eines Symbols auf einem Streifen oder auf einer Linie befindet, ist das entsprechende Phänomen am Tag oder in der Nacht beobachtet worden.

Mit Hilfe des Rasters können unterschiedlichste Phänomene auf Werte der Abszisse, also auf den Zeitverlauf bezogen werden. Es erfasst nicht nur weitere Daten nach dem Vorbild der Fieberkurve, wie es etwa für Körpergewicht, Puls und Atmung sowie Menge und spezifisches Gewicht des Harns bereits praktiziert werde. Darüber hinaus lassen sich die jeweiligen Kurven durch Kürzel und Symbole ergänzen, die besondere Vorfälle verzeichnen. Kulbin sieht für die Unterscheidung der Kurven verschiedene Farben vor. Seine Vordrucke bilden alle feststehenden Elemente, also die Rastrierung und die Organschemata, schwarz auf weiß ab und erleichtern dadurch far-

12 Vgl. Hess: *Der wohltemperierte Mensch*, S. 126. In seinem Aufsatz „Grafičeskoe vyraženie temperaturnych veličin pri ostrych lichoradočnych boleznjach", *Vrač* 3 (1883), S. 147-149 und 162-164, geht es Pasternackij in erster Linie um die Auswertung größerer Mengen von Meßwerten. Zu Pasternackij als Klimatologe vgl. die von Konstantin Stepanovič Morkotun auf der Versammlung der Meteorologischen Kommission der Russischen Gesellschaft zur Erhaltung der gesunden Natur gehaltene Rede *Prof. F. I. Pasternackij kak vrač-klimatolog*, Sankt Petersburg 1903.

13 Vgl. Kul'bin: *Sistema izobraženija*, S. 11.

14 Ebd., S. 3.

bige Einzeichnungen. Der Vorteil dieser Codierung ist die sichere Unterscheidbarkeit, die missverständlichen Einträgen vorbeugt und damit den Krankenhausroutinen entgegenkommt.

2.

Die meisten Symbole, die Kulbin vorschlägt, übernimmt er aus bekannten diagnostischen Aufzeichnungsverfahren und Methoden, so etwa aus der Perkussion und der Auskultierung. Die Perkussion – das Abklopfen des Brustraums – und die Auskultierung – das Abhorchen vor allem von Lunge und Herz mit einem Stethoskop – sind zwei Techniken der Diagnose mit Hilfe des Gehörs: Für die Perkussion wird der Brustkorb des Patienten wie ein Schallkörper behandelt, dessen Geräusch beim Abklopfen Sitz und Art von krankhaften Veränderungen verrät. Beim Abhorchen, das entweder durch direktes Auflegen des Ohrs auf den Brustkorb oder mit Hilfe eines Stethoskops geschieht, werden die Geräusche von Herzschlag und Atmung beobachtet. Für beide Techniken hatte sich im Laufe des 19. Jahrhunderts eine eigene Notation akustischer Signale entwickelt, auf die Kulbin zurückgreifen kann.

Der Erfinder des Stethoskops, René Théophile Hyacinthe Laennec, veröffentlichte 1819 die Abhandlung *De l'auscultation médiate ou traité du diagnostic des maladies des poumons et du cœur*,[15] in der er den Gebrauch des Stethoskops erläuterte und dabei onomatopoetische Lautkombinationen als Schreibweisen für die vernommenen Geräusche angab. Auch Kulbin führt diese Schreibweisen an, und er rät dazu, die lateinischen Schriftzeichen für die Geräusche beizubehalten, da sie international eingeführt seien. Kulbin entnimmt sie allerdings nicht der Abhandlung von Laennec, sondern aus der reichhaltig illustrierten Einführung in die Auskultierung von Henri Coiffier.[16] Dort werden neben den lautmalerischen Kürzeln auch graphische Symbole vorgeschlagen (Abb. 2).

15 Laennec, René Théophile Hyacinthe: *De l'auscultation médiate ou traité du diagnostic des maladies des poumons et du cœur*, Bd. 1-2, Paris 1819.

16 Vgl. Kul'bin: *Sistema izobraženija*, S. 4; Coiffier, Henri: *Précis d'auscultation*. Quatrième édition revue et augmentée avec 93 figures colorées, intercalées dans le texte, Paris 1897.

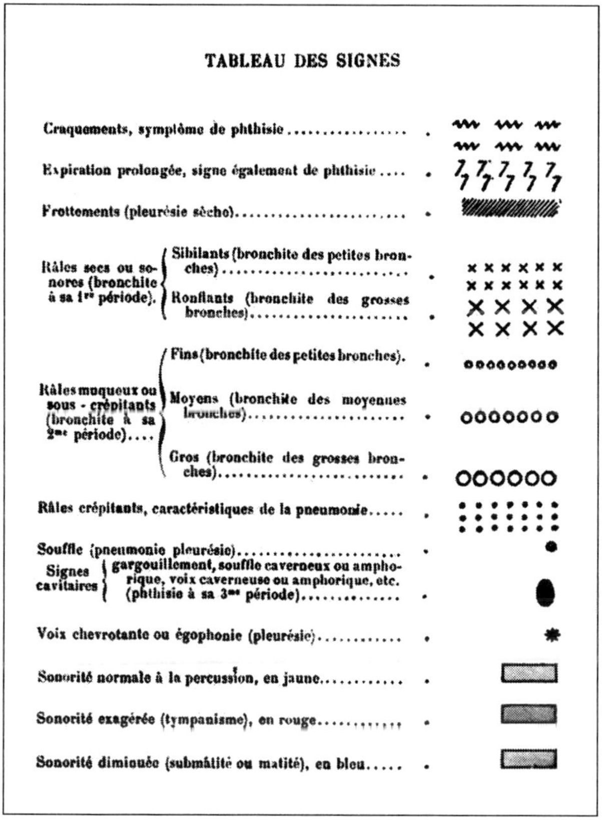

Abb. 2 „Tableau des Signes“ aus Coiffier (1897)

Auch wenn Laennec keine graphischen Symbole verwendete, gab er seinem Traktat gleichfalls Abbildungen bei. Sie zeigen Stadien der Schwindsucht, und zwar so, wie diese erst post mortem in einer Obduktion sichtbar werden. Ohne den Blick auf das erkrankte Organ im toten Körper, der die Diagnosen der akustischen Untersuchungsmethoden bestätigte, hätte Laennec die Auskultierung nicht zu einer leistungsfähigen Methode entwikkeln können.[17] Bis zum Ende des 19. Jahrhunderts war die diagnostische

17 Vgl. Foucault, Michel: *Die Geburt der Klinik. Eine Archäologie des ärztlichen Blicks.* Frankfurt a. M. 1988; zur Geschichte von Perkussion und Auskultierung ferner Jens

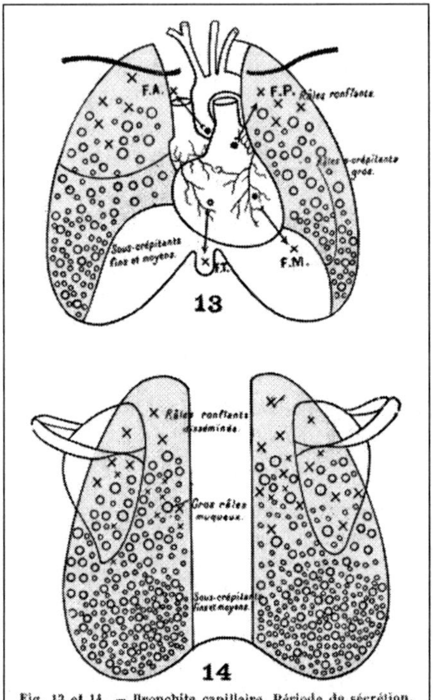

Fig. 13 et 14. — Bronchite capillaire. Période de sécrétion.

Abb. 3: „Bronchite capillaire. Période de sécretion"

Zuordnung der Geräusche schließlich so weit fortgeschritten, dass eine einzig aufgrund von Höreindrücken erstellte Diagnose akzeptiert wurde.

Der Vorzug des akustischen Verfahrens besteht darin, die Stadien einer Krankheit im ungeöffneten, lebendigen Körper unterscheiden zu können. So wie bereits Laennec großen Wert auf die Möglichkeit der Diagnose von verschiedenen Stadien im Verlauf einer Krankheit legte, ist daher

---

Lachmund: *Der abgehorchte Körper. Zur historischen Soziologie der medizinischen Untersuchung*, Opladen 1997, und ders.: Making Sense of Sound: Auscultation and Lung Sound Codification in Nineteenth Century French and German Medicine, in: *Science, Technology, & Human Values* 24:4 (1999), S. 419-450, sowie Sterne, Jonathan: Mediate Auscultation, the Stethoscope, and the „Autopsy of the Living": Medicine's Acoustic Culture", in: *Journal of Medical Humanities* 22:2 (2001), S. 115-136 und ders.: *The Audible Past. Cultural Origins of Sound Reproduction*, Durham u.a. 2003.

auch bei Coiffier die Unterscheidung von Krankheitsstadien ein wichtiger Gegenstand der Darstellung. Die Illustrationen in Coiffiers Buch führen exemplarisch vor, wie die Symbole für die beobachteten Geräusche in schematische Darstellungen der Organe einzutragen sind. Und die Abbildungen zeigen jeweils diejenigen Stadien, in denen entscheidende Veränderungen eingetreten sind (Abb. 3).

In Coiffiers Buch haben die Abbildungen vor allem die Funktion, die sprachlichen Ausführungen zu ergänzen und gemeinsam mit diesen den Höreindruck zu ersetzen. Sie sollen die Zuordnung der Geräusche zu den charakteristischen Krankheitsstadien ermöglichen. Sowohl in Laennecs Traktat als auch in Coiffiers Lehrbuch geht es darum, den Leser zur richtigen Diagnose der Krankheiten und ihrer Stadien hinzuführen. Die Frage nach einer Abbildung des Krankheitsverlaufs stellt sich für sie nicht.

Hiervon unterscheidet sich Kulbins Vorschlag grundlegend. Er sieht den Nachteil der herkömmlichen Diagnoseverfahren darin, dass sie nicht über die Prozesse im Körper informieren, die zu dem diagnostizierten Zustand geführt haben. Sein eigener Vorschlag eines diagraphischen Darstellungssystems zielt nicht auf die Ergebnisse, sondern auf die Durchführung der Diagnoseverfahren, und er orientiert sich dabei an den automatisierten Verfahren der Registrierung, wie die Experimentalphysiologie sie einsetzt.

Jede Auskultierung liefert ein akustisches Bild des Zustands der Organe im Brustraum. Wenn die Auskultierung zu einem Verfahren, das einen zeitlichen Ablauf registriert, erweitert werden soll, gilt es folglich, diese Bilder zu vervielfachen und den Abstand zwischen zwei Bildern festzusetzen. So wie die Fieberkurve die Abstände zwischen zwei Messungen festlegt, müssen auch die einzelnen Untersuchungen des Brustraums regelmäßig erfolgen. Erst dann vermerken sie nicht nur einzelne Zustände des Patienten, sondern geben auch den zeitlichen Verlauf bzw. die Geschwindigkeit von Zustandsveränderungen wieder. Kulbin führt also das Prinzip der zeitlichen Äquidistanz in die akustischen Diagnoseverfahren der Perkussion und Auskultierung ein. Die Verwendung der Vordrucke bietet hierfür zwangsläufig eine Lösung, denn selbst wenn jedes Blatt nur ein Organschema des Brustraums enthält – Kulbin empfiehlt, das Diagnoseblatt um weitere schematische Organdarstellungen zu ergänzen, wie zum Beispiel um die einer Zunge zur Eintragung des Zungenbelags – sind die Abstände zwischen zwei Blättern immer schon durch die Anzahl der Tage, die das einzelne Blatt enthält, vorgegeben. Die zeitliche Zuordnung zusätzlicher Beobachtungen müsse durch Pfeile, die zum Zeitraster führen, gewährleistet werden.

Entsprechend seiner Absicht, die Codierung abgeschlossener Diagnosen zu vermeiden, löst Kulbin Diagnoseverfahren in zeitlich geregelte Messverfahren auf, die auf der Grundlage von graphischen Aufzeichnungen operieren. Anstelle von herausgehobenen Momenten im Krankheitsverlauf zeigen die Eintragungen dann den Zustand zu willkürlichen Zeitpunkten. Damit wird die Diagnose vollständig von der Mitteilung ihrer Ergebnisse auf die Protokollierung von Beobachtungen umgestellt.

Die Verwendung von Vordrucken bringt es ohnehin mit sich, dass die Abstände definiert werden müssen, noch bevor bekannt ist, was genau eingetragen werden wird. Dies hat zur Folge, dass sich Kulbin für eine Codierung gleicher Zeitabstände durch gleiche räumliche Distanzen entscheidet, was zusätzlich die Möglichkeit bietet, die einzelnen Blätter aneinander zu fügen und so ein Papierband herzustellen, aus dem sich der gesamte Verlauf aller Aufzeichnungen ablesen lässt. Einer Rekonstruktion des Krankheitsverlaufs sollen die Vordrucke, wie Kulbin abschließend vermerkt, nur im Rahmen von wissenschaftlichen Untersuchungen dienen. In der Klinik bietet sich der Gebrauch eines einzelnen Blattes an, das nur eine begrenzte Anzahl von Daten aufnimmt und dann durch ein neues Blatt ersetzt werden muss. Und für wissenschaftliche Zwecke können die Einzelblätter dann aneinandergefügt werden: „Zusammenkleben kann man sie zu jedem beliebigen Zeitpunkt, wann immer dies erforderlich ist, so zum Beispiel für ein wissenschaftliches Referat oder eine Fallbesprechung.“[18]

Das Notationsproblem, das Kulbin verhandelt, ist zunächst einmal das der Kombination von graphischer Methode und herkömmlicher Diagnose zu einer Darstellungsform, die sowohl als synchrone Übersicht wie auch als diachrone Verlaufsform funktioniert. Er vereint dazu Methoden der Aufzeichnung, die unterschiedlichen Regeln folgen, indem er sie jeweils in

18 Kul'bin: *Sistema izobraženija*, S. 12: „Склеить же всю диаграмму можно в любой момент, когда она понадобится, напр. для научного доклада или консилиума.“

äquidistante Zeitabschnitte teilt und die hierbei entstehenden Eintragungen einem Raster zuordnet. Darin steckt eine Fragestellung, die im Rückgriff auf Gilles Deleuze, am Beispiel des Zeichentrickfilms veranschaulicht werden kann. Kulbins Notation zeichnet beliebige Momente eines Krankheitsverlaufs auf, um die noch unbekannte Krankheit diagnostizieren zu können. Obwohl also die Notation den Zustand des Patienten zu einem bestimmten Zeitpunkt festhält, beschreibt sie etwas hiervon qualitativ verschiedenes: So wenig eine Folge von Filmbildern, die einzeln und hintereinander betrachtet werden, ein bewegtes Bild ergeben, so wenig ist die Datenfolge in Kulbins Notation schon eine Diagnose. Die Krankheit zeigt sich gerade nicht in beliebigen Momenten und einzelnen Daten, sondern im Ganzen der Notation.

Deleuze schreibt: „Der Zeichentrickfilm führt uns nicht die in einem einzigen Moment beschriebene Figur vor, sondern vielmehr die Kontinuität der die Figur beschreibenden Bewegung".[19] Kulbin selbst unternimmt keine Synthese der aufgezeichneten Daten zu Diagnosen. Und auch die Darstellung etwa einer erkrankenden Lunge, wie sie später populärwissenschaftliche Filme zeigen werden, ist im Rahmen von Kulbins diagraphischem Darstellungssystem noch nicht vorgesehen. Obwohl er vorschlägt, die Datenblätter zu einem Band zusammenzukleben – er gebraucht hierfür den russischen Ausdruck „лента" („lenta"), der später auch für den Zelluloidstreifen des Kinofilms verwendet wird[20] – ist dennoch als einzige Möglichkeit einer Synthese der Daten die Diskussion der Draufsicht vorgesehen, wie sie vom ärztlichen Fachkollegium oder von Wissenschaftlern vorgenommen wird.

Kulbins Anliegen erhellt sich im Vergleich mit seinen übrigen Forschungsarbeiten. Wenn er in seinen psychophysiologischen Studien den überindividuellen Gesetzmäßigkeiten der Empfindung nachgeht, so hat er

---

19 Deleuze, Gilles: *Das Bewegungs-Bild. Kino 1*, übersetzt von Ulrich Christians und Ulrike Bokelmann, Frankfurt a. M. 1997, S. 18.

20 Kul'bin: *Sistema izobraženija istorii bolezni uslovnymi znakami*, S. 12: „Если больной находится под наблюдением в течение несыколькиз месяцев, то диаграмма принимает вид длинной ленты". „Lenta" wird (wie im Deutschen „Streifen") ebenso zur kolloquialen metonymischen Bezeichnung für den Film gebraucht, vgl. etwa die Texte Šklovskijs zum Film, z.B. Šklovskij, Viktor: *Gamburgskij ščet*, Moskva 1990, S. 317ff..

es in diesem Aufsatz mit der Krankengeschichte – und das heißt zunächst mit der Erfassung von individuellen Fällen – zu tun, deren Zugehörigkeit zu einem bestimmten Krankheitsbild nicht vorschnell getroffen werden soll. Der Aufsatz über das „diagraphische Darstellungssystem" für die Krankengeschichte fragt nach der Möglichkeit einer symbolischen Codierung singulärer Vorkommnisse. Von hier ausgehend wendet sich Kulbin der Kunst zu und nimmt seine Tätigkeit als Maler und Verfasser kunsttheoretischer Texte auf.

3.

Wenn sich Kulbin 1909 in seinem Aufsatz über die freie Musik mit der musikalischen Notation auseinandersetzt, so behauptet er nicht wie Marey, dass die wissenschaftliche und die musikalische Notation einander vergleichbar seien. Kulbin fordert vielmehr, den traditionellen Zusammenhang von Musik und Notation aufzulösen: „Es ist ein großer Fortschritt in der Musik möglich, wenn der Künstler gar nicht an Noten gebunden ist".[21] Denn die vorhandenen Symbole der Notenschrift beschränken die Musik auf das, was ihr das Tonsystem und die Regeln und Normen der Harmonielehre und des Kontrapunkts vorgeben. Die musikalische Notation kann daher gerade nicht das leisten, wonach Kulbin in seiner medizinisch-diagnostischen Studie zur Notation suchte, nämlich nach einer Notation dessen, was noch unbekannt ist. Deshalb muss er auch das herkömmliche Verständnis von Musik unterlaufen, das wiederum gelingt ihm aus der Position des Naturwissenschaftlers und musikalischen Dilettanten.

Kulbin unterscheidet drei Arten von Musik: Die „Musik der Natur" bezeichnet das, was ohne menschliches Zutun zu hören ist, und als Beispiele führt er den Donner, das Sausen des Windes oder das Plätschern von Wasser an. Ferner gibt es eine „gewöhnliche Musik" mit ihren traditionellen Gesängen, Instrumenten und Kompositionen. Die „freie Musik" schließlich wird sich von der gewöhnlichen Musik dahingehend unterscheiden, dass sie den Reichtum und die Komplexität der Musik der Natur für sich aufzuschließen vermag. Sie ist eine experimentelle Schallkunst, die nach

21 Kulbin: Die freie Musik, S. 129.

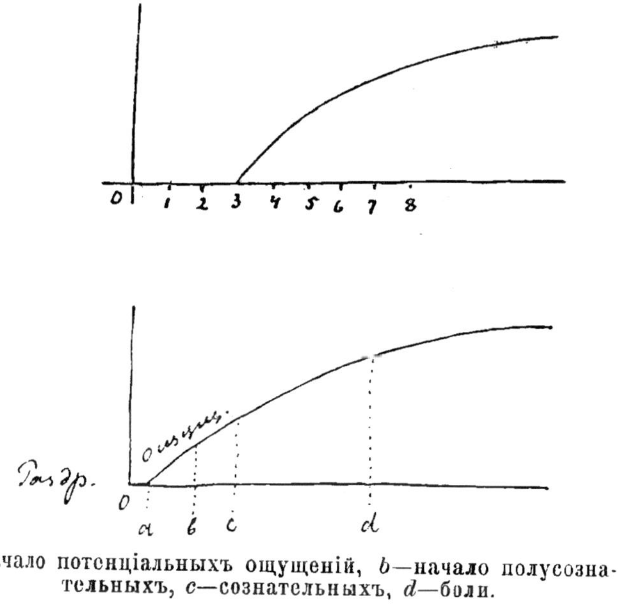

Abb. 4: Funktion des Verhältnisses von Reiz und Empfindung nach Fechner und nach Kulbin.

den Verbindungen zwischen der Musik der Natur und der menschlichen Wahrnehmung fragt: „Die freie Musik richtet sich nach denselben Gesetzen der Natur wie die Musik und die ganze Kunst der Natur."[22] In ihr soll, wie in einem Experiment, ein Phänomen der Natur isoliert werden. Sie ist jedoch keine bloße Schallforschung, denn sie unterliegt der menschlichen Wahrnehmung, die, wie Kulbin erklärt, ihrerseits gesetzmäßig abläuft.

Hier greift Kulbin auf seine Erfahrung in der psychophysiologischen Forschung zurück. Im Jahr 1907 war auch sein Aufsatz *Empfindlichkeit. Skizzen zur Psychometrie und der klinischen Anwendung ihrer Daten* erschienen.[23] Kulbin postuliert darin eine den Sinnesempfindungen vorgelagerte

22 Ebd., S. 125.

23 Kul'bin, Nikolaj: *Čuvstvitel'nost'. Očerki po psichometrii i kliničeskomu primeneniju ee dannych*, hier zitiert nach dem neu paginierten Separatdruck Sankt Peterburg 1907.

Empfindlichkeit, und er versteht hierunter eine Vorstufe der Empfindung, die unterhalb der psychophysiologischen Reizschwellen angesiedelt ist. Das Konzept der Reizschwelle, wie es Gustav Theodor Fechner in der Psychophysiologie etabliert hat, geht laut Kulbin von falschen Voraussetzungen aus. Er hält dagegen, dass es in der Natur absolute Ruhe ebenso wenig gibt wie einen Zustand völliger Bewusstlosigkeit in der Psyche. Reizungen, die so klein sind, dass sie nicht bewusst wahrgenommen werden, sind deshalb zunächst als potentielle und dann als halbbewußte Empfindungen zu klassifizieren (Abb. 4).

Kulbin hält eine Revision der Psychophysiologie für notwendig, die das Konzept der Schwellenwerte neu fasst. Das Feld zwischen dem Nullpunkt – also dem Ausbleiben einer Reizung – und dem Wert, ab dem eine Empfindung bewusst wird, gilt es neu zu bestimmen, wie die Abbildungen zeigen sollen. Aus den kleinsten Elementen von Reizung und unbewusster Empfindung, wie sie in diesem Feld bereits vorhanden sind, setzen sich nämlich auch die bewussten Empfindungen zusammen. Kulbin bezieht sich hier auf Leibniz, der zeigt, dass in der Psychologie ebenso wie in der Mathematik die Bedeutung unendlich kleiner Elemente außerordentlich wichtig sei. Mit Hilfe des Begriffs der „petites perceptions", so Kulbin, habe Leibniz die enge Verbindung des Kosmos zu jeglichem Individuum sowie die Abhängigkeit der Zukunft von der Vergangenheit erklärt.[24]

Die Empfindungen geben auf der vorbewussten Stufe noch keine Eigenschaften zu erkennen, wie Kulbin schreibt. Die kleinsten Empfindungen

> existieren im Zustand des Möglichen. In der überwiegenden Mehrheit werden sie vom Menschen nicht für sich genommen bemerkt. Jedoch können zum einen in günstigen Fällen ihre Spuren entdeckt werden (Erinnerungen). Zum anderen kann, wenn zu einer gewissen Summe von unmerklichen Empfindungen eine weitere, ebenso kleine hinzutritt, sich diese Summe zu einer halbbewussten Empfindung wandeln. Auf ähnliche Weise kann eine

24 Ebd., S. 13: „Leibnitz первый нашел, что в психологии так же, как и в математике, значение безконечно малых элементов чрезвычайно велико. Посредством понятия о «petites perceptions», т.е. о бессознательных впечатлениях, Leibnitz объяснял тесную связь каждого неделимого с остальной вселенной и зависимость будущего от прошедшего."

> unbewusste Empfindung, wenn sie zu einer halbbewussten hinzutritt, diese zu einer bewussten machen.[25]

Auf dieses Konzept vorbewusster Empfindungen beruft sich Kulbin auch in seinem Aufsatz über die freie Musik. Er greift dazu ein zentrales Thema der akustischen und hörphysiologischen Forschung auf, nämlich die akustischen Interferenzerscheinungen. Kulbin, der selbst Geige spielte, kann dieses Phänomen aus eigener Erfahrung gekannt haben: Die Interferenzen, die schon bei geringfügigen Abweichungen zweier Saiten von der reinen Quinte entstehen, werden beim so genannten Schwebungsabgleich als Indikator für die richtige Stimmung des Instruments eingesetzt. Die akustische Forschung hatte mit Hilfe der Interferenzen oder Schwebungen nacheinander die Schallfrequenz und den Wellencharakter des Schalls, das Auftreten zusätzlicher, nicht gespielter Töne in der menschlichen Wahrnehmung, das Vorhandensein von Teiltönen in einem Klangspektrum sowie die schallleitende Wirkung des Schädels untersucht und erklärt. Die umfassendste Arbeit auf diesem Gebiet hatte Hermann von Helmholtz durchgeführt. Er vertrat in seinem Buch *Die Lehre von den Tonempfindungen als physiologische Grundlage für die Musik* (1863) die These, die musikalische Unterscheidung von Konsonanz und Dissonanz gründe auf diesem Phänomen. Helmholtz begriff die Schwebungen als Störungen des physiologischen Hörvorgangs und leitete daraus die unangenehme Wirkung der Dissonanz ab. Die Überlagerung von Luftschwingungen ähnlicher Frequenz, die als An- und Abschwellen der Lautstärke wahrgenommen wird, rufe einen Eindruck hervor, der einem flimmernden Licht oder dem Kratzen einer Bürste gleiche.

Kulbin weist den Interferenzphänomenen einen anderen Status zu. Anstatt sie als Störung zu begreifen, fasst er sie als eigenständige Erschei-

25 Ebd., S. 10: „Такие ничтожные ощущения существуют в потенции. Громадное большинство их не может быть замечено человеком в отдельности. Однако, с одной стороны, при благоприятных случайностях, в сознании обнаруживаются их следы (воспоминания). С другой стороны, прибавление к некоторой сумме бессознательных ощущений одного такого же ничтожного по величине бессознательного ощущения может превратить эту сумму в полусознательное ощущение. Подобным же образом бессознательное ощущение, прибавленное к полусознательному, может превратить его в сознательное.“

nungen und Auslöser charakteristischer Empfindung auf, die nicht in den Begrifflichkeiten der herkömmlichen Musik aufgehen: „Die engen Vereinigungen der Töne rufen bei den Menschen ganz ungewöhnliche Empfindungen hervor. Das Vibrieren der engvereinigten Töne wirkt größtenteils aufregend.“[26]

Die „freie Musik“ macht es sich zum Programm, die ästhetischen Wirkungen jener Phänomene zu erkunden, die Kulbin in seiner psychophysiologischen Forschung unterhalb der Reizschwelle ansiedelt. Dazu scheinen gerade die akustischen Interferenzphänomene hervorragend geeignet zu sein. Die Schwebungen stellen ihn jedoch vor ein Notationsproblem. Denn obwohl sie nur dann entstehen, wenn zwei Töne einander überlagern, weshalb sie in der Natur kaum vorkommen, gelangen sie im Code der Musik nicht zur Darstellung. Die musikalische Notation codiert Töne und nicht deren mögliche Begleiterscheinungen. Es ist für diesen Code unerheblich, ob bei der Erzeugung der Töne Interferenzen auftreten oder nicht. Die Schwebungen markieren insofern die Grenze, die zwischen den codierten Phänomenen der Musik und denjenigen Erscheinungen, die einer Musik der Natur zuzurechnen wären: In der herkömmlichen Musik werden sie systematisch überhört, denn sie führen aus ihrem System heraus. Für Kulbin dagegen bezeichnen die Schwebungen die Grenze zwischen unbewussten und halbbewussten Empfindungen, die er überschreiten will.

Kulbin fordert deshalb, die Beschränkung auf die Intervalle der traditionellen Musik zu unterlaufen, denn kleinere Intervalle als die des Tonsystems rufen im Zusammenklang zwangsläufig Schwebungen hervor, wie aus der physiologischen Akustik bekannt ist. Die Erweiterung der Musik um kleinere Intervalle soll eben jene unbekannten Wirkungen herbeiführen, die sich Kulbin von der freien Musik verspricht. „Die Achteltöne“, schreibt er, „werden nicht von allen Zuhörern unterschieden. Desto stärker ist ihr Eindruck, denn die halberkannten und unverständlichen Empfindungen wirken stark auf die Seele des Menschen.“[27] Eine solche

---

26 Kulbin: Die freie Musik, S. 128. Kul'bin: *Svobodnaja muzyka*, S. 4f.: „Тесные сочетания звуков вызывают у людей совершенно необычайные ощущения. Вибрация тесно сочетанных звуков, в большинстве случаев, дает возбуждение.“

27 Kulbin: Die freie Musik, S. 129; Kul'bin: *Svobodnaja muzyka*, S. 6: „Восьмые части тонов различаются сознательно не всеми слушателями. Тем сильнее производи-

mikrotonale Musik der Viertel-, Sechstel- oder Achteltöne wirft noch keine weit reichenden Notationsprobleme auf. „Das Notensystem bleibt beinahe ohne Veränderung", erklärt Kulbin. „Die erste Zeit ist es notwendig, nur die Bezeichnung der Viertel hinzuzufügen."[28]

Das Konzept der freien Musik geht aber weiter. So ist eine „Musik außerhalb des Notensystems" denkbar, die gar nicht mehr vorab notiert, was gespielt werden soll. Im Aufsatz *Die freie Musik* wird solche Musik als „Improvisation" bezeichnet, die sich jeweils Instrumente so präpariert, dass auf ihnen Mikrointervalle erzeugt werden können:

> Zur Untersuchung der Erscheinungen der freien Musik ist es am einfachsten, Glasbecher oder Gläser zu benutzen, indem man dieselben mit Wasser bis zu verschiedenen Höhen anfüllt. Leicht ist es auch, zuhause Xylophone zu bereiten.[29]

Anstelle von Noten, die zeitliche Abläufe vorgeben, legt die „Improvisation der freien Töne"[30] eine Experimentalanordnung fest. Die Ergebnisse gilt es zu notieren, und zwar so, dass die Klänge mit ihren Wirkungen korreliert werden können. Auf eine Notation kann die freie Musik also nicht verzichten: „Die Improvisation der freien Töne kann man vorläufig auf Grammophonplatten niederschreiben. Außerdem kann man sie wiedergeben in der Form einer Zeichnung mit steigenden und fallenden Linien."[31] Diese Notation dient einerseits der Aufzeichnung von etwas, das nicht vorhersagbar war, und andererseits ist sie anschlussfähig an eine Notation, wie Kulbin sie für die Krankengeschichte entwirft. Die Darstellung von Musik

---

мое ими впечатление, потому что полусознательные и вообще непонятные ощущения сильно влияют на психику человека и животных."

28 Kulbin: Die freie Musik, S. 130f.; Kul'bin: *Svobodnaja muzyka*, S. 7: „Нотная система остается почти без изменений. На первое время к ней необходимо добавить только обозначение четвертей."

29 Kulbin: Die freie Musik, S. 130; Kul'bin: *Svobodnaja muzyka*, S. 7: „Для исследования явлений свободной музыки проще всего воспользоваться стеклянными бокалами или стаканами, наполненными водой до различных уровней, монохордом и т. п. Легко изготовить домашним способом и ксилофоны."

30 Kulbin: Die freie Musik, S. 131; Kul'bin: *Svobodnaja muzyka*, S. 7: „Импровизации свободных нот"

31 Ebd. „Импровизации свободных нот можно записывать пока на грамофонных пластинках."

als gezeichnete Kurve geht ebenso wie die Schallaufzeichnung aus der graphischen Methode hervor. Das heißt, für die freie Musik ist eine Notation erforderlich, die sich in eine Übersicht von Aufzeichnungen ihrer physiologischen Wirkungen einpassen lässt.

4.

Kulbins Hinwendung zur Kunst erklärt sich vielleicht am besten aus seiner Forderung nach einer Erforschung der kleinsten Wahrnehmungen und ihrer unvorhersehbaren Effekte. Die freie Musik ist nämlich nicht darauf beschränkt, Wahrnehmungsforschung zu betreiben, sondern sie ist als eine eigenständige Kunst zu verstehen: „sie kann subjektive Erlebnisse darstellen und zu gleicher Zeit die Lyrik der Stimmungen und Leidenschaften sowie Illusionen der Natur hervorrufen."[32]

Kulbin hat die Verwirklichung dieser Forderung seinem Kreis von Schülern überlassen. Dazu gehört der Komponist Arthur Lourié (1892-1966), der 1915 in dem von Kulbin herausgegebenen Almanach *Der Schütze* seine Klavierkomposition *Prélude pour piano avec le chromatisme supérieur*, op.12/2, veröffentlicht.[33] Dieses vierteltönige *Prélude* enthält neben den üblichen Vorzeichen weitere, deren Gebrauch Lourié in einem begleitenden Text erklärt. Aus demselben Jahr ist eine weitere Komposition von Lourié bekannt, die allerdings erst 1922 im Druck erscheint.[34] Das dreiteilige Klavierstück *Formen in der Luft* bezieht seinen Code nicht allein aus dem musikalischen Regelwerk, sondern führt graphische Elemente ein, die ganz anders funktionieren als der Code der traditionellen Musik: Das Notenbild der *Formen in der Luft* verzichtet auf eine Selbstverständlichkeit musikalischer Notation, nämlich auf die über das ganze Blatt durchgezogenen Notenlinien, wie sie dem Komponisten vorliegen, noch bevor er die

32 Kulbin: Die freie Musik, S. 129; Kul'bin: *Svobodnaja muzyka*, S. 5: „она может дать полное изображение субъективных переживаний и вызвать одинаково, как лирику настроений и страстей, так и иллюзию картин природы."

33 Lur'e, Artur: K muzyke vysšego chromatisma, in: *Strelec. Sbornik pervyj*, Petrograd 1915, S. 79-83.

34 Erstdruck Moskau 1922, hier zitiert nach Lourié, Arthur: *Formen in der Luft / Formes en l'air* für Klavier / for Piano. Wiesbaden 1981. Detlev Gojowy weist im Vorwort dieser Edition zu Recht darauf hin, daß Lourié den Kompositionsstil der *Formes en l'air* Anfang der 1920er Jahre abgelegt hatte.

erste Note niedergeschrieben hat. Anstelle des gewöhnlichen Notenbilds, das letztlich ein ausgefüllter Vordruck ist, sind hier einzelne Gruppierungen von Linien und Noten locker über das Blatt verteilt. Taktstriche und Taktangaben fehlen. Der Effekt dieser Notation ist, daß die rhythmischen Notenwerte nicht mehr auf ein musikalisches Metrum bezogen werden können, das eine Codierung der Zeitverhältnisse auf einer hierarchisch übergeordneten Ebene leistet. Hier ist vielmehr der Zeitwert jeder Note nur im Verhältnis zu allen anderen Noten bestimmbar. Der zeitlichen Gestaltung dieser Musik erwächst damit ein neuartiger Freiheitsgrad. Gerade in der Zurücknahme dessen, worin noch Marey die Verwandtschaft zwischen der graphischen Methode und der musikalischen Notation erblickte, gelingt es Lourié, eine Musik zu notieren, dessen Bewegungsweise sich erst in der klanglichen Umsetzung erkennen lässt.

Auch Kulbin hatte mit solchen neuen Freiheitsgraden experimentiert, jedoch nicht in der Musik, sondern in der Malerei. So erinnert sich Lourie, Kulbin sei zuletzt auf den Gedanken gekommen, auf Glas und Spiegel zu malen.[35] Kulbin ließ unbestimmt, was auf seinen Bildern zu sehen sein würde: Durchsichtige und reflektierende Oberflächen haben die Eigenschaft, dass sie je nachdem, wo sie sich befinden, etwas anderes zeigen, nämlich das, was sich im Verhältnis zum Betrachter vor oder hinter ihnen befindet. Diese Bilder sind darin der freien Musik vergleichbar, dass sie unvorhergesehene Effekte erzeugen, da sie das, was auf ihnen zu sehen ist, bis zu einem gewissen Grad dem Zufall anheimstellen.

Kulbins Notation der freien Musik ermöglicht eine Aufzeichnung und Codierung dessen, was man noch nicht gehört hat. Diese Notation ist keine Vorschrift, die befiehlt, was zu tun ist, um etwas noch ungehörtes hörbar werden zu lassen. Vielmehr erlaubt sie dem Hörer, sich dem Spiel der kleinsten Empfindungen zu öffnen. Die kleinsten Empfindungen holen den Zufall in die Musik. Diese Bejahung des Zufälligen kann als Dilettantismus verstanden werden. Sie ist aber auch die Konsequenz einer wissenschaftlichen und künstlerischen Exploration von symbolischen Codes und Wahrnehmungen.

35 Gojowy, Detlef: *Artur Lourié und der russische Futurismus*, Laaber 1993, S. 54.

3. Mathematische Transkriptionen

Mirjam Goller

Nikolaj Bugaev und Kotik Letaev. Wenn Mathematik (er)zählt

> Ich verstehe, dass Sie erstaunt, dass ich mich gleichzeitig mit der Literatur und der Mathematik beschäftigen kann. Viele, die sich nie näher mit Mathematik befasst haben, vermischen sie mit der Arithmetik und halten sie für eine trockene und fruchtlose Wissenschaft. Aber eigentlich ist das eine Wissenschaft die die allergrößte Phantasie verlangt, und einer der größten Mathematiker unseres Jahrhunderts sagte ganz richtig, dass man nicht Mathematiker sein könnte ohne auch gleichzeitig ein Dichter im Geiste zu sein … Mir scheint, dass ein Dichter das sehen muss, was andere nicht sehen, tiefer sehen muss als andere. Und das muss auch der Mathematiker.
>
> Sofija Kovalevskaja[1]

Nikolaj Bugaev, nicht Boris Bugaev oder Andrej Belyj

Nikolaj Bugaev ist keine irrtümliche Namensnennung: Wenn hier im folgenden der russische Mathematiker und Philosoph Nikolaj Vasil'evič Bugaev (1837-1903) und der Roman seines berühmteren Sohnes Boris Bugaev, bekannter unter dem Pseudonym Andrej Belyj, zusammenge-

1 „Я понимаю, что вас так удивляет, что я могу заниматься зараз и литературой, и математикой. Многие, которым никогда не представлялось случая более узнать математику, смешивают ее с арифметикой и считают ее наукой сухой и бесплодной. В сущности же это наука, требующая наиболее фантазии, и один из первых математиков нашего столетия говорил совершенно верно, что нельзя быть математиком, не будучи в то же время и поэтом в душе… Мне кажется, что поэт должен видеть то, чего не видят другие, видеть глубже других. И это же должен и математик.“ Kovalevskaja, Sofija: *Vospominanija i pis'ma,* Moskva 1951, S. 314.

schlossen werden, so unter dem Erkenntnisinteresse der konstituierenden Funktion einiger Aspekte der Mathematik in dem Roman *Kotik Letaev* (1915/1916/1918).[2] Dabei geht es weniger prinzipiell und allgemein um die Anwendbarkeit mathematischer Paradigmata auf Literatur als Produktions- und Analyseparameter als speziell um die russische Mathematik der Jahrhundertwende und ihre Wirkungsmacht in Bezug auf ästhetische Produktion.

Diese Mathematik, die prominent durch Nikolaj Bugaev vertreten wurde, versteht sich selbst als einen Teil der Philosophie bzw. als Metadisziplin, die nicht nur eine präzise Beschreibungsmöglichkeit naturwissenschaftlicher Vorgänge darstellt, sondern auf Grundlage eines pythagoreischen Zahlenverständnisses und eines vieldimensionalen Raumkonzepts als eine omnipotente Metasprache fungiert.

Nikolaj Bugaev wurde in letzter Zeit auch die Funktion eines Katalysators des russischen Symbolismus zugesprochen.[3] Sein philosophisches Oeuvre ist – anders als das anderer Philosophen der klassischen Moderne – bis auf einen Nachdruck von *Mathematik und wissenschaftlich-philosophische Weltanschauung* (*Matematika i naučno-filosofskoe mirosozercanie*, 1898) nicht neu aufgelegt und auch nicht übersetzt worden.[4] Dennoch finden sich in letzter Zeit vermehrt Arbeiten zu seinen Texten, die aller-

---

2 Belyj, Andrej: Kotik Letaev, in: Ders.: *Sobranie sočinenij.* Bd. 6, Moskva 1997. Die deutsche Übertragung trägt den Titel *Kotik Letajew*, belässt also den sprechenden Namen als Eigennamen, semiotisch gesprochen als Signifikant ohne Signifikat. *Kotik* ist mit „Katerchen" übersetzbar, *Letaev* liest sich als russischer Familienname assonant zu *Bugaev*, dem Geburtsnamen Belyjs, ist aber auch konnotierbar mit russ. „letat'" – „fliegen". Hier wird der Titel als Name beibehalten, da die Konnotation „fliegen" für das Erkenntnisinteresse dieses Beitrags weniger relevant ist als die Assonanz zum Mathematikernamen Bugaev.

3 Godin, Aleksandr: *Razvitie idej moskovskoj filosofsko-matematičeskoj školy*, Moskva 2005, S. 5.

4 Bugaev, Nikolaj: Matematika i naučno-filosofskoe mirosozercanie, in: *Filosofskaja i sociologičeskaja mysl* 5 (1989), S. 85-93. Ursprünglich publiziert in: *Dnevnik X s"ezda russkich estestvoispytatelej i vračej*, Kiev 1898, S. 36-52; auch publiziert in: *Voprosy filosofii i psichologii* 45 (1899) [ohne Seitenangabe]. Hier wird zitiert aus dem Nachdruck. Die Schriften Nikolaj Bugaevs sind sämtlich nicht ins Deutsche übertragen. Alle Übersetzungen wurden von mir [M.G.] vorgenommen. Die meisten seiner Texte wurden in der Zeitschrift der Mathematischen Gesellschaft, dem *Matematičeskij sbornik*, publiziert, der vollständig, aber bislang kaum beachtet in der Staatsbibliothek zu Berlin vorhanden ist.

dings vor allem im Zusammenhang mit bekannteren Autoren wie Pavel Aleksandrovič Florenskij, Evgenij Ivanovič Zamjatin und natürlich auch Andrej Belyj publiziert werden, in deren Texten sich zahlreiche Hinweise auf Bugaevs Einfluss finden lassen.

Es geht im folgenden um die spezifische Philosophie und Mathematik Nikolaj Bugaevs und seine Funktion für den Roman *Kotik Letaev* von Andrej Belyj.

Kotik Letaev

Kotik Letaev war zunächst als letzter Teil einer Trilogie geplant, deren erste Teile *Die silberne Taube* (*Serebrjanyj golub'*, 1909) und *Petersburg* (*Peterburg*, 1913/1916) sein sollten, wurde dann aber von Belyj selbst in den ersten Teil einer weiteren geplanten, autobiographischen Trilogie *Mein Leben* (*Moja žizn'*) umgewidmet.

Kotik Letaev ist ein Erzähltext, ein Roman, möglicherweise ein autobiographischer Text. Er verzichtet auf chronologische Linearität und auch auf eine retrospektive und monoperspektivische Erzählhaltung. Der Ich-Erzähler beginnt seinen Bericht in einem vorgeburtlichen Stadium, der zeitliche Null-Punkt des Erzählens liegt im Alter von drei Jahren und gleichzeitig im Alter von 35 Jahren. Die beiden Altersperspektiven wechseln einander ab bzw. laufen parallel, so dass ein uneinheitlicher, gleichsam zeitloser oder – gerade andersherum – immens zeitaufgeladener Eindruck hervorgerufen wird. Die Syntax ist parataktisch angelegt, die Sätze sind elliptisch, häufig von Aposiopesen und Wiederholungen geprägt, so dass ein brüchiger Bewusstseinsstrom entsteht, der diese auf doppelte Zeitlichkeit und Diskontinuierlichkeit angelegte Selbstschrift performiert – und sich vielleicht an das Problem der Diskontinuierlichkeit, mit dem sich Nikolaj Bugaev befasste, metaphorisch anschließt. Gleich zu Beginn fallen disparate Raumkonstruktionen auf: Räume, physische (körperliche wie architektonische), mentale oder psychische und kosmische, scheinen entgrenzt und gleichzeitig verbunden zu sein. Sie sind miteinander durch eine fortgesetzte Innenperspektive verschränkt, die ein Außen nicht zulässt, dieses

Außen aber fortgesetzt thematisiert. Die räumliche Bewegung und perspektivische Suche nach einem Außen oder einem Anderen stellen den eigentlichen Movens des Erzählens dar.

Die zahlreichen bislang zu *Kotik Letaev* vorliegenden Interpretationen lesen diesen dezentral erzählten Roman unter autobiographischen, psychoanalytischen, phänomenologischen, anthroposophischen oder symbolistisch-theoretischen Aspekten. Zur mathematischen Konstituente äußern sich lediglich Stephen Cassedy (zu Belyjs Poetik im Vergleich zu Mallarmé) und Lena Szilard (zum Neopythagoreismus in der russischen Moderne und Avantgarde).[5]

Hier wird davon ausgegangen, dass die spezifische philosophische Mathematik Nikolaj Bugaevs eine konstituierende Funktion für das Erzählen in *Kotik Letaev* innehat. Dies aber nicht im Sinne einer schematischen Übernahme von Regelwerk und Gleichungen aus mathematischen Spezialgebieten in einem Erzählwerk, sondern in Rekurrenz auf den spezifischen mathematischen Diskurs seiner Zeit, der maßgeblich durch Bugaev und seine besondere Bestimmung der Zahl und des nichteuklidischen Raumes geprägt war.

Andrej Belyj waren die mathematisch-philosophischen Ausführungen der Gruppe um seinen Vater bekannt. Er äußerte sich distanziert zu den Versuchen, auf Grundlage einer Zahlentheorie, einer aus den euklidischen Grenzen befreiten Geometrie und Wahrscheinlichkeitstheorie gleichsam eine Weltformel zu erstellen, zeigt sich in einigen kommentierenden Texten[6] zu seiner Poetik aber auch fasziniert von diesem Versuch der Reunion der Wissenschaften und einem neuen Zusammendenken von Materie

---

5 Cassedy, Stephen: Mallarmé and Andrej Belyj: Mathematics and the Phenomenality of the Literary Object, in: *Comparative Literature* 5 (1981), S. 1066-1083; Szilard, Lena: Mathematics as Utopia by Florenskij, Belyj and Zamjatin, in: Milosevits, P.; Stepanovic, P. u.a. (Hg.): *Hungaro-Slavica 1997. Studia in Honorem Stephani Nyomárkay,* Budapest 1997, S. 304-308; Dies.: Silard, Lena [Szilard, Lena]: Metamatematika i zaum', in: Magarotto, L.; Marcaduri, M.; Rizzi, D. (Hg.): *Zaumnyj futurizm i dadaizm v russkoj kul'ture,* Bern u.a. 1991, S. 333-352.

6 Belyj, Andrej: Istorija stanovlenija samosoznajuščej duši, in: Ders.: *Duša samosoznajuščaja.* Moskva 1999, S. 62-476; Ders.: *Formy isskustva,* in: Ders.: *Simvolizm kak miroponimanie,* Moskva 1994, S. 90-105; Ders.: *Meždu dvuch revoljucii,* Moskva 1990; Ders.: *Na rubeže dvuch stoletii,* Moskva 1989.

und Geist. Die Moskauer philosophisch-mathematische Schule, zu deren Gründern Nikolaj Bugaev zählt, erscheint bei ihm einerseits als eine Ansammlung von „Moskauer Sonderlingen" („Moskovskie čudaki")[7], wobei sich diese Äußerung hier wohl auf den Moskauer Teil der Mathematikergruppe bezog, der sich um Bugaev scharte und einen ganzheitlichen esoterischen Ansatz vertrat, während der Petersburger Kreis ein pragmatischeres Erkenntnisinteresse verfolgte.[8]

Andererseits ist in einem erst 1999 veröffentlichten philosophischen Textfragment aus dem Jahre 1926, *Geschichte der Entstehung einer sich selbst bewussten Seele* (*Istorija stanovlenija samosoznajuščej duši*), in dem Unterkapitel „Soziologie und Mathematik" („Sociologija i matematika")[9] über den Stellenwert der Mathematik für Belyjs Epoche und für sein Weltbild zu lesen:

> Die Vorstellung von Mathematik als eine exakte Wissenschaft und die Vorstellung über einen Teil dieser Wissenschaft als Theorie der kontinuierlichen Funktionen, die mehr oder weniger genaue Wissenschaften der Einfachheit der Forschung halber ausstattet mit zeitlichen Attributen unübertretbarer determinininistischer Gesetzmäßigkeit, das ist das revolutionäre Bewusstsein der neuen Wissenschaft unserer Zeit. Die Notwendigkeit als Sonderfall der Freiheit, das Unbewusste als Teil der Sphäre des möglichen und postulierten Bewusstseins, dem gegenüber unser Bewusstsein oder das Bewusstsein der „seelischen Sphäre" [...] – darin besteht die Schlussfolgerung der Mathematik für die gesuchte wissenschaftliche Weltanschauung der sich selbst erkennenden Seele im Augenblick ihres krisenhaften Zustandes; als weite Sphäre der Freiheit, – als rein mathematische Auflösung der gestellten Frage...[10]

---

7 Diese Zuschreibung ist auch im *Kotik* anzutreffen, als er die Gäste seines Vaters beschreibt. Belyj: Kotik Letaev, S. 42.

8 Prominentestes Mitglied dieser Petersburger Abspaltung, die sich vor allem mit der Wahrscheinlichkeitstheorie befasste, ist wohl Andrej Andreevič Markov. Belyjs Zuschreibung der „Moskovskie čudaki" findet sich auch in *Kotik Letaev* als Beschreibung des Vaters Michail Vasil'evič Letaev: „Ein Mathematiker, ein Gelehrter, ein Sonderling!..." „Was kann man da tun!" („Математик, ученый, чудак..." „Что прикажете делать."), Belyj: Kotik, S. 42 (Dt. S. 39).

9 Belyj, Andrej: Istorija stanovlenija samosoznajušcej duši [Rukopis'; napisana rukoj ženy A. Belogo – K.N. Bugaevoj (muzej A. Belogo na Arbate) Publikuetsja vpervye.], in: Ders.: *Duša samosoznajuščaja,* Moskva 1999, S. 61-476. Darin das Fragment „Sociogogija i matematika", S. 314-338.

10 „Представление о математике как точной науке и представление о части этой

Es stellt sich aber auch die Frage, inwiefern die manchmal geradezu grotesk anmutenden Sprünge, die in *Kotik Letaev* antike Mythologie und lebensweltlichen Alltag einer Moskauer Gelehrtenfamilie zum Ende des 19. Jahrhunderts verbinden, diesen Text nicht selbst zu einem ‚sonderbaren' Text, zu einem tekst-čudak machen.[11]

Musik tritt in *Kotik Letaev* ebenso dominant auf wie Mathematik – und berührt als Alternative zum Wort die gleiche Krise der Repräsentation. Und sie ist, wie das besondere Zahlenverständnis Nikolaj Bugaevs, ebenfalls mit dem griechischen Philosophen Pythagoras verbunden.

Obwohl sie als ebenso konstitutiv für den Text gelten kann wie die Mathematik und die beiden Repräsentationssysteme auch kapitelweise gegeneinander ausgespielt werden, ähnlich wie sich Mutter und Vater im Roman antithetisch zueinander verhalten, und obwohl in der Musik jenes für den Symbolismus so grundlegende unifizierende Moment liegt, gilt der Musik hier nicht das erkenntnisleitende Interesse.

Es werden im folgenden also zwei Konzepte vorgestellt, das des philosophischen Mathematikers Nikolaj Bugaev und das Erscheinen, Erzählen, Umschreiben dieses Diskurses in Andrej Belyjs *Kotik Letaev.*

науки как теории непрерывных функций, наделяющей все менее точные науки ради простоты исследования временными атрибутами неперeступаемой детерминистичной законности – вот революционное сознание новой науки наших дней. Необходимость как частный случай свободы, бессознание, как часть сферы возможного и постулируемого сознания, по отношению к которому наше сознание или сознание ‚душевной сферы' […] – вот вывод математики в искомое научное мировоззрение души самосознающей в моменте ее стояния в кризисе; как широкой сфере свободы, – разрешению чисто математическое данного вопроса …" Belyj: Istorija stanovlenija, S. 331; Dies ist nur eine exemplarische Passage über den Vater und dessen Mathematik in den Erinnerungstexten Belyjs. Ähnliche Passagen oder ganze Kapitel finden sich auch in *An der Schwelle zweier Jahrhunderte* (*Na rubeže dvuch stoletii*), *Beginn eines Zeitalters* (*Načalo veka*) und *Zwischen zwei Revolutionen* (*Meždu dvuch revloljucii*).

11 Belyj verwendet das Wort čudak (Sonderling) in seinen Erinnerungstexten häufig. Er benennt damit sowohl den Vater und dessen mit Mathematik befasste Kollegen aus der Universität und der Mathematischen Gesellschaft (in *Kotik Letaev, Na rubeže dvuch stoletii, Načalo veka, Meždu dvuch revoljucii),* aber auch sich selbst (in *Zapiski čudaka* [*Aufzeichnungen eines Sonderlings*, 1922])

Die *Philosophisch-mathematische Schule* des Nikolaj Bugaev

Im Sinne einer Ästhetisierung könnte hier nach „Bugaev-Letaev" als Umschreibung von Mathematik in persona und Mathematik in figura in eine Mathematik in narratio gefragt werden. Die erste Funktion einer ästhetischen Transformation der Person des Mathematikers ließe sich, in einer auf eine ödipale Beziehung orientierten Lektüre, auch psychoanalytisch deuten. Dies ist aber trotz der Prominenz der Psychoanalyse in der klassischen Moderne nicht gemeint: Denn Bugaev tritt zwar (und mit Bugaev ist hier immer der Mathematiker Nikolaj Bugaev gemeint) personal als Mathematiker Letaev, als erzählte Vaterfigur des kleinen Kotik auf, erfüllt im Roman aber eher eine generative Funktion im Sinne einer formalästhetischen Entfaltungsmöglichkeit. Als Person (biographisch) und als Figur (in der Rezeption seines persönlichen Auftretens und seiner philosophischen und mathematischen Theoreme) ist Bugaev gleichsam Formel und Potentialität, aus der sich der Text entfaltet. Er tritt in *Kotik Letaev* als Protagonist auf, und zwar in einer metonymischen Verbindung aus Bugaev als Werkbegriff (als Rezeption seiner Verbindung aus Mathematik und Weltbeschreibung) und Bugaev als Vaterfigur, die in einer quasi freudianischen ödipalen Konstellation ebenso Gegenstand einer textuellen Annäherung wie Gegenstand eines Weg-Erzählens ist.[12]

Allerdings ist eine solch klare analytische Aufteilung der Figur des Vaters Letaev kaum durchführbar, besteht doch gerade eine Eigenart des

12 Prinzipiell ist eine genuine Verwandtschaft von Zählen und Erzählen feststellbar, die nicht nur Belyj und Bugaev betrifft, sondern Narrationen insgesamt. Die Verbindungen von Zahl und Tale, von il conto (ital. die Rechnung und die Erzählung), von le compte (franz. die Rechnung) und le conte (franz. die Erzählung), von, etwas anders, sčitat' (russ. rechnen) und čitat' (russ. lesen) sind für die indoeuropäischen Sprachen auch etymologisch belegt. Vgl. hierzu das Exposé „Was zählt. Präsenz und Ordnungsangebote von Zahlen im Mittelalter" von Moritz Wedell zur gleichnamigen Tagung in Berlin, November 2006, in: http://hsozkult.geschichte.hu-berlin.de/termine./id=5090 [15.03.2006]; Niederbudde, Anke: „Was sind und was sollen die Zahlen?" Zahlen-Mengen, Rechnen und Zählen bei Florenskij, Chlebnikov und Charms, in: Goldschwer, Ulrike; Heidemann, Gudrun u.a. (Hg.) bildschirmtexte zur 5. tagung des jungen forums slavistische literaturwissenschaft in muenster, september 2002, http://www.jfsl.de/publikationen/2004/niederbudde.html [08.03.2004].

Textes darin, diese Aufteilung nicht zuzulassen und auf perspektivischer Durchmischung zu beharren. Hinzu kommt eine weitere Schwierigkeit, die zu berücksichtigen ist, wenn man einer ästhetischen Aneignung mathematischer Zeichensysteme nachgehen möchte. Dieter Mersch spricht in einem Vortrag über die Grundmedien kultureller Bedeutungs-, Struktur- und Wahrnehmungsproduktion, als die er Wort, Zahl, Bild und Ton anführt, von einer grundsätzlichen „Nichtkonvertierbarkeit" dieser vier Grundmedien.[13]

Nicht nur für *Kotik Letaev* und die Bezugnahme auf die Bugaevsche Mathematik, sondern für jeden narrativen Text, der sich in irgendeiner Weise auf Mathematik bezieht, heißt dies, dass Mathematik nicht als reines Repräsentationssystem auftreten kann, sondern dass ihr ein konstruktives und konstitutives Moment innewohnt, das den Text bestimmt.[14] Die russische Mathematik um die Wende vom 19. zum 20. Jahrhundert betrifft dies aber in besonderer Weise. Gerade im Kontext der Klassischen Moderne als Epoche der Kultur- und Sprachkrise tritt die Mathematik als möglicherweise konzisere Formulierungsmöglichkeit einer im Exakten geübten Metawissenschaft auf oder – in Gestalt einer spezifischen Zahlentheorie[15] – als potenteres Wort.[16]

---

13 Mersch, Dieter: Wort, Zahl, Bild und Ton: Schema und Ereignis (Vortrag), in: www.momo-berlin.de/Mersch_Schema_Ereignis.html [26.06.2006], S. 3.

14 Auf die Mathematik als konstruktives Moment kommt auch Henrike Schmidt in ihrer Dissertation „Wortmusik, Schrifttanz, Textbilder : Intermediale Sprachkonzeptionen in der russischen Poesie des 20. Jahrhunderts" zu sprechen. http://www-brs.ub.ruhr-uni-bochum.de/netahtml/HSS/Diss/SchmidtHenrike/diss.pdf

15 Vgl. hierzu Florenskij, Pavel: Pifagorovy čisla, in: Ders.: *Svjaščennik Pavel Florenskij. Sočinenija v četyrech tomach.* Bd. 2, Moskva 1996, S. 632-646. Dt. Florenski, Pawel: Die pythagoreischen Zahlen, in: Ders.: *An den Wasserscheiden des Denkens,* Berlin 1991, S. 187-196.

16 Im Hinblick auf Pavel Florenskijs „mathematischen Idealismus" wurde die Potentialität der Zahl gegenüber dem Wort bereits hervorgehoben. Vgl. Goldt, Rainer: Name und Zahl. Zum mathematischen Idealismus Pavel Florenskijs, in: *Appendix 1. Materialien zu Pavel Florenskij.* Berlin 1999, S. 40-72. Die Position der Privilegierung eines anderen Beschreibungsparameters, in diesem Falle der Zahl, vor dem Wort teilt sich die Mathematik in der Klassischen Moderne mit der Musik, die im Symbolismus und partiell auch noch im Akmeismus als leistungsfähigere Variante des Ausdrucks verstanden wurde. Bemerkenswert scheint hier, dass beide Alternativen zum Wort in der spezifischen Ausprägung ihrer Rezeption in der Moderne der griechischen Antike entnommen sind: Pythagoreismus (oder Neopythagoreismus) und die antike Verbindung aus Wort und

Gleichzeitig trifft die Kulturkrise der Moderne auch den Repräsentationsgedanken in der Mathematik selbst. Damit ist die zunehmende Auflösung der euklidischen Geometrie als maßgebliche räumliche Darstellungsform gemeint, die in Russland schon mit dem Mathematiker Nikolaj Ivanovič Lobačevskij (1792-1856) unter Kritik geraten war, in Westeuropa prominenter mit Carl Friedrich Gauß (1777-1855) und mit dem Ungarn János Bólyai (1802-1860).[17] Nikolaj Bugaev begegnet dieser doppelten Krise mit einer Synthese aus Philosophie und Mathematik, die keine Anwendung der Mathematik auf die Philosophie darstellt, sondern lediglich einige Elemente der Arithmologie als konstitutive Momente einer neuen Mathematik versteht.[18]

Pavel Florenskij lokalisiert diese neue Mathematik in Bugaevs Einführung des Diskontinuierlichen als Denkmodell:

> Mit dem Beginn unseres Jahrhunderts erfuhr das wissenschaftliche Weltverständnis eine Verschiebung, die im Verlauf des menschlichen Denkens wohl kaum ihresgleichen kennt; selbst der Sprung vom Mittelalter zur Renaissance verliert im Vergleich zu dem Denksturz unserer Zeit an Bedeutung. Das Wort Revolution ist zu schwach, dieses Ereignis in der Kultur zu beschreiben: Wir wissen nicht, noch nicht, wie wir es nennen sollen. [...] Diejenigen, die das wissenschaftliche Denken bewußt als einen ganzheitlichen Prozeß auffaßten, haben natürlich auch schon früher, seit dem letzten Viertel des XIX. Jahrhunderts, den nahenden Bewußtseinsumbruch vorausgesehen: Dem Namen Nikolai Wassiljewitsch *Bugajews* [...] gebührt hier, wenn nicht der erste Platz, so doch einer der ersten Plätze. [...] Nur wenige charakteristische Merkmale dieser Verschiebung haben für uns begriffliche Gestalt gewonnen. Wir wollen hier die zwei charakteristischsten hervorhe-

---

Ton, die Dichtung dann erst ausmacht. Vgl. zur Bedeutung der Musik im Akmeismus, exemplarisch ausgeführt an Osip Mandel'štam Goller, Mirjam: Mandel'štams musikalischer Megatext. Voz'mi na radost' als intermediales Textereignis, in: *Wiener Slawistischer Almanach* 47 (2001), S. 207-235.

17 Vgl. hierzu Maeger, Annemarie: *János Bólyai. Der Mozart der Mathematik. Leben und Werk,* Hamburg 1999.

18 So in der Deutung eines Mitglieds der FMŠ, Alekseev, Vissarion: *Matematika kak osnovanie kritiki naučno-filosofskago mirovozrenija,* Moskva 1903; Vgl. auch Godin: *Razvitie idej...*und Nekrasov, Pavel: Moskovskaja filosofsko-matematičeskaja škola i eja osnovateli. Reč', in: *Matematičeskij sbornik* 25 (1904), S. 7-249.

ben, zumal sie für diese Arbeit unerläßlich sind: Es sind Diskontinuität und Form.[19]

Diese emphatische Passage eröffnet Florenskijs Text *Die pythagoräischen Zahlen* (*Pifagorovy čisla*, 1922), in dem er die auf Ganzheitlichkeit orientierte Einkehr des pythagoreischen Weltverständnisses, alles sei durch eine Zahl ausdrückbar, als Weltverständnis nicht nur thetisch setzt, sondern durch die in Russland vorgängige Entwicklung der Mathematik und der Philosophie als faktisch gegeben sieht.[20]

Die Hinleitung zum paradoxalen Verhältnis von Diskontinuität und Form als Leitbegriffe dieses Denkens können auch als erkenntnisleitend für eine Beschreibung von Belyjs Poetik gelten, von frühen ästhetiktheoretischen Texten wie *Formen der Kunst* (*Formy iskusstva*, 1907) über poetologische und autobiographische Reflexionen in *Geschichte der Entstehung einer sich selbst bewussten Seele* (*Istorija stanovlenija samosoznajuščej duši*, 1926) bis hin zu seinen Erinnerungstexten *An der Schwelle zweier Jahrhunderte* (*Na rubeže dvuch stoletij*, 1930),[21] *Anfang eines Zeitalters* (*Načalo veka*, 1933)[22] und *Zwischen zwei Revolutionen* (*Meždu dvuch re-*

19 Florenski: Die pythagoreischen Zahlen, 187f: „С началом текущего века научное миропонимание претерпело сдвиг, равного которому не найти, кажется, на всем протяжении человеческой мысли; даже скачок от Средневековья к Бозрождению теряет в своей занчительности, будучи сопоставлен с мыслительной стремниной нашего времени. Слово революцийя кажется слабым, чтобы охарактеризировать это событие культуры: мы не знаем, еще не знаем, как назвать его. [...] Сознательно взлядывавщиеся в научную мысль как целостный процесс культуры, конечно, и ранее, с последней четверти XIX-го века, предвидели надвигающийся переворот сознания: имени Николая Васильевича Бугаева [...] приладлежит тут едва ли не первое место, во всяком случае одно из первых. [...] Только некоторые из характерных признаков свидга уже остановились в нашем понимание. Среди таковых отметим здесь два характернейшие, к тому нужные нам в этой работе. Эти два признака суть прерывность и форма. [Hervorhebung original].“ Florenskij, Pavel: Pifagorovy čisla, S. 632.

20 Interessant im Zusammenhang mit der Ablöse der euklidischen Geometrie durch Gauß und Bólyai ist, dass Bólyai wie Bugaev einen philosophischen Entwurf vorlegt.

21 Belyj, Andrej: *Na rubeže dvuch stoletii. Vospominanija.* V 3-ch kn. Kn. 1, Moskva 1990. In *An der Schwelle zweier Jahrhunderte* sind die ersten Kapitel ganz der Person und Mathematik Nikolaj Bugaevs gewidmet. Das dritte Kapitel trägt den Titel „Čudak“. Befreundeten Mathematikern aus der Mathematisch-philosophischen Schule setzt Belyj in *An der Schwelle zweier Jahrhunderte* ebenfalls ein Denkmal.

22 Belyj, Andrej: *Načalo veka. Vospominanija.* V 3-ch kn. Kn. 2, Moskva 1990.

voljucii, 1934).[23] Belyj bezieht sich in seinen Erinnerungen in etlichen Zitaten auf das Mathematikverständnis und die philosophischen Grundlegungen der Arithmologie[24] seines Vaters und setzt sich intensiv damit auseinander.

Florenskij spricht von zwei Leitlinien, die von der Renaissance bis zum Beginn des 20. Jahrhunderts das Weltbild prägen, das Prinzip der Kontinuität und die Austreibung des Prinzips der Form.[25] Form entspricht dabei der Vorstellung eines stetigen oder eben kontinuierlichen Raumes, wie ihn die Euklidische Geometrie entwirft und wie sie sowohl der kartesianischen analytischen Geometrie als auch der kantianischen Anschauungslehre zugrunde liegt.

Bugaev, dem Florenskij so emphatisch den Platz gleichsam eines Propheten eines neuen Denkens einräumt, wird als Gründerfigur der *Philosophisch-mathematischen Schule* (*Filosofsko-matematičeskaja škola* [*FMŠ*] gesehen,[26] die innerhalb der *Moskauer Gesellschaft für Mathematik* (*Moskovskoe matematičeskoe obščestvo*) bestand.[27]

---

23 Belyj, Andrej: *Meždu dvuch revoljucii. Vospominanija.* V 3-ch kn. Kn. 3, Moskva 1990.

24 Bugaev bezeichnet seine an Pythagoras und Leibniz orientierte Zahlenlehre selbst als Arithmologie. Er übersetzt die Gauß'sche Arithmetik nicht, wie es das moderne Russisch vornimmt, mit „aritmetika", sondern mit „aritmologija". Die gebräuchliche Begriffsverwendung spricht von einer Zahlenlehre unter besonderer Betonung der magischen Kraft der Zahlen, die für Bugaevs konstruktivistischen Zahlbegriff auch angelegt werden kann. Vgl. zum quasi sozialmathematischen Moment auch die Schrift von Bugaevs Schüler Vissarion Alekseev, der sich in diesem Zusammendenken von Mensch und Zahl auf den belgischen Mathematiker und Astronomen Lambert Adolphe Jacques Quételet beruft, der mit seinem Entwurf zu einer Sozialphysik Menschenkörper und Berechnung zusammenschließt. Alekseev, Vissarion: *Matematica kak osnovanie kritiki naučno-filosofskago mirovozzrenija (po issledovanijam G. Tejchmjullera, Aleksandra F. Ėttingena, N.V. Bugaeva i P.A. Nekrasova v svjazi s issledovanijami avtora po formal'noj chimii.)*, Jur'ev 1903.

25 Ebd., S. 188.

26 Vgl. hierzu Godin, S. 5; Nekrasov, Pavel: Moskovskaja filosofsko-matematičeskaja škola.

27 Einen knappen, wenn auch durchaus panegyrischen historischen Überblick über die Geschichte der MMO, die bis heute existiert, bietet www.mms.math-net.ru/history.html [30.01.2006]; Ab 1891 war Bugaev Präsident der MMO. Er galt zu seinen Lebzeiten als Moskauer Prominenz und als ebenso bekannt wie zum Beispiel Lev Nikolaevič Tolstoj. Zu seinem knappen philosophischen Oeuvre zählen vor allem folgende Texte: *Grundlegungen einer evolutionären Monadologie*· (*Osnovy ėvoljucionnoj monadologii, in: Voprosy filosofii i psichologii* 2:17 (1893), S. 26-44), *Mathematik und wissenschaft-*

Die Wirkungskraft der *Philosophisch-mathematischen Schule* scheint trotz der explizit gemachten Einflussnahme auf Andrej Belyj, Pavel Florenskij und Evgenij Zamjatin bislang unterschätzt und wird erst allmählich aufgearbeitet.[28] Sämtliche neueren Studien beziehen sich hierbei auf die ausführlichen Darstellungen von Pavel Alekseevič Nekrasov,[29] der selbst Mitglied der Philosophisch-mathematischen Schule war, und auch Vissarion Grigor'evič Alekseev, der sich selbst als direkter Schüler von Nikolaj Bugaev bezeichnet und dem seine Darstellung auch gewidmet ist.[30]

Bugaev arbeitete innerhalb der von ihm an die erste Stelle der Mathematik gesetzten „Arithmologie" über eine Theorie der diskontinuierlichen Funktionen.[31] Die Bezugnahme Florenskijs in seinen Leitbegriffen

---

lich-philosophische Weltanschauung (*Matematika i naučno-filosofskoe mirosozercanie*, in: *Dnevnik X s"ezda russkich estestvoispytatelej i vračej,* Kiev 1898, S. 36-52; auch publiziert in: *Voprosy filosofii i psichologii* 45 (1899) [ohne Seitenangabe]. Hier wird zitiert aus dem Nachdruck in: *Filosofskaja i sociologičeskaja mysl'* 5 (1989), S. 85-93 und *Über die Willensfreiheit* (*O svobode voli,* Moskva 1899). Außerdem zählen die Vorträge *Mathematik als philosophisches und pädagogisches Werkzeug* (*Matematika kak orudie filosofskoe i pedagogičeskoe*, 1869 gehalten, 1875 publiziert) und *Diskontinuierliche Geometrie* (*Preryvnaja geometrija*, 1890) dazu, die er vor der Moskauer Mathematischen Gesellschaft hielt.

28 Vgl. hierzu aktuell(er) Cassedy: Mallarmé and Andrej Belyj. Mathematics and the Phenomenality of the Literary Object, in: *Comparative Literature* 96:5 (1981), S. 1066-1083; Godin: *Razvitie idej…*, S. 5; Goldt: Name und Zahl; Kaidzava, Ch.: Ideja preryvnosti N.V. Buageva v rannich teoretičeskich rabotach A. Belogo I P. Florenskogo, in: Spivak, M.L.: *Moskva i „Moskva" Andreja Belogo*, Moskva 1999, S. 29-44; Moroz, V.V.: *Ideja filosofsko-matematičeskogo sinteza. Istoriko-filosofskij očerk,* Kursk 2000, hier besonders S. 39-46; Szilard, Lena: Mathematics as Utopia by Florenskij, Belyj and Zamjatin, S. 304-308; Silard, Lena [Szilard, Lena]: Metamatematika i zaum'.

29 Nekrasov, Pavel: Moskovskaja filosofsko-matematičeskaja škola.

30 Vgl. zu zeitgenössischen biographischen und inhaltlichen Überblicksdarstellungen: Lachtin', L.: Nikolaj Vasil'evič Bugaev, in: *Reč' i otčet', čitannye v' toržestvennom' sobranii imperatorskago moskovkago universiteta, 12-janvarja 1904 goda,* Moskva 1904, S. 432-455; Kagan, V.: Bugaev, Nikolaj Vasil'evič, in: *Bol'šaja sovetsakaj ėnciklopedija,* Moskva 1927, S. 769-770; Bugaev, N.V. Nekrolog, in: *Istoričeskij vestnik. Istoriko-literaturnyj žurnal.* T. XCIII 1903, S. 389-391.

31 Es geht in Bugaevs philosophischen Arbeiten nicht um eine Anwendung mathematischer Modelle und Theoreme auf philosophische Fragestellungen. In diesen Texten fehlen mathematische Termini und Formeln fast vollkommen, ebenso wie auch tradierte philosophische Konzepte. Sein philosophischer Stil gilt als polemisch und eher publizistisch und er selbst als philosophischer Autodidakt. Vgl. Godin: *Razvitie idej…*, S. 5.

D i s k o n t i n u i t ä t und F o r m ist also nicht nur eine philosophische, sondern auch eine mathematische.

Bugaevs Begriff von Diskontinuität selbst geht aber über den einer mathematischen Kategorie hinaus. Er überführte Erkenntnisse zeitgenössischer mathematischer Paradigmata wie Zahlentheorie, Geometrie und Wahrscheinlichkeitstheorie in den Rahmen einer universalen Philosophie.[32] Dabei transformiert er in der Rezeption Theoreme und Beobachtungen: Seine Lesart der Leibnizschen Monadologie benennt er, in Anlehnung an die damals populären und von Bugaev intensiv rezipierten Schriften von Darwin, als „evolutionäre Monadologie". Er erweitert seinen mathematischen Ansatz ins Ethische und Ästhetische, wie dies Nikolaj Onufrievič Losskij für die russische Philosophie als insgesamt konstitutiv annimmt.[33]

In seiner philosophischen Programmschrift *Mathematik und eine wissenschaftlich-philosophische Weltanschauung* von 1898 heißt es: „[…] Zahl und Maß erscheinen in der gegenwärtigen Wissenschaft als das mächtigste Werkzeug zur Beurteilung der Phänomene in der Natur."[34] Bugaevs Arithmologie in einer Neubelebung des pythagoreischen „Alles ist Zahl" ein v o r g ä n g i g e s Zahlenprinzip an, aus dem die Welt e n t s t e h t: eine konstruktivistische Deutung der Zahl als universale Grundlegung.

> Die Frage von Zahl und Maß schreibt der Wissenschaft jene Position zu, nach der sie in der letzten Zeit strebte. Der Anspruch von Zahl und Maß ist Tagesgespräch nicht allein in der modernen Wissenschaft, sondern auch in der modernen Kunst und den modernen menschlichen Beziehungen. Ein Maß zu finden für das Denken, den Willen und das Gefühl, das ist die Aufgabe des modernen Philosophen, Politikers und Künstlers. Dies schwächt

32 In seinen Schriften beruft er sich u.a. auf die nichteuklidische Geometrie und die Arithmetik von Carl Friedrich Gauß, die Differentialgeometrie von Gabriel Lamé (der lange in St. Petersburg gearbeitet hatte), auf die Monadologie von Gottfried Wilhelm Leibniz und auf die Beobachtungen und logarithmischen Beschreibungen von Sinneseindrücken des Physiologen Ernst Heinrich Weber. Vgl. hierzu auch Spivak, M.L.: Lejbnic, Krupp i Doktor Donner, in: Dies. (Hg.): *Moskva i „Moskva" Andreja Belogo*, S. 113-136.

33 Vgl. hierzu Losskij, Nikolaj: *Istorija russkoj filosofii.* Per. s anglijskogo (1954), Moskva 1991. Hier zitiert aus der online-Fassung von 2002: http://www.vehi.net/nlossky/istoriya/index.html

34 „[…] число и мера являются в современной науке самым могуыим средством для оценки природы." Bugaev: Matematika, S. 85.

> die Position der Ansprüche des neuen Menschen nicht nur nicht, sondern bestärkt die ideelle Seite der modernen Zivilisation. Aus dem Bereich der unbestimmten, maßlosen Instinkte strebt der Mensch mit Hilfe der Zahl und des Maßes danach, sich zu dem idealen Zustand zu erheben, der ihm die volle Gewalt über die äußere und innere Natur geben, der Harmonie und ästhetisches Empfinden in jede Erscheinungsform des menschlichen Geistes tragen könnte.[35]

Der konstruktive Zahlbegriff Bugaevs ist eng mit seiner Interpretation des Konzepts der Monade verbunden. In seinem Text *Grundlegungen einer evolutionären Monadologie* stellt er in 184 definitorischen und kommentierenden Paragraphen seine Auslegung der Monadologie vor. Diese orientiert sich in einigen – wichtigen – Punkten an Leibniz' System, nimmt aber auch andere Theoreme auf, wie das ebenfalls im Titel genannte Evolutionäre, das die Beweglichkeit und Entfaltungsmöglichkeit der Monaden betont, wie er selbst hervorhebt.[36]

Für *Kotik Letaev* sind zwar grundsätzlich sämtliche Texte, die ein Potentialitätsmodell beschreiben und einen alternativen Raumbegriff vorschlagen, von Belang, hier wird jedoch vor allem Bezug genommen auf die *Grundlagen einer evolutionären Monadologie*. In diesem Text wird zum einen Bugaevs alternativer Raumentwurf in konzentriertester Weise vorgestellt, zum anderen lässt sich gerade an der Auflösung des euklidischen Raumes die auffällige Perspektivvermischung, die in *Kotik Letaev* die Veränderung der räumlichen Wahrnehmung bewirkt, und die Kontrastierung und dann Synthetisierung von Konkreta und Abstrakta aufzeigen.

---

35 „Вопрос о числе и мере придает науке ту положительность, к которой она стремится в последнее время. Это требование числа и меры является злобою дня не одной современной науки, но и современного искусство и современных человеческих отношений. Найти меру в области мысли, воли и чувства – вот задача современного философа, политика и художника. Это положительность требований нового человека не только не ослабляет, а усиливает идеальную сторону современной цивилизации. Из области неопределенных , безмерных инстинктов человек при помощи числа и меры стремится возвыситься до идеального состояния, которое давало бы ему полную власть над внешнею и внутреннею природою, вносило бы гармонию и эстетическое чувство в каждое проявеление человеческого духа." Ebd., S. 85.

36 Bugaev: Ėvoljucionnaja monadologija, S. 26.

Belyj selbst hebt die zentrale Bedeutung des Raumes für seinen Text in *Sinn der Kunst* (Smysl iskusstva, 1907) hervor:

> Die Prämisse der Sichtbarkeit an sich – der Raum – wird von uns bedingt wahrgenommen; für eine unumgängliche Bedingung des Raumes halten wir seine Kontinuierlichkeit; aber „man darf aus einem einzigen Faktum der Kontinuierlichkeit einer Bewegung nicht die Schlussfolgerung einer allgemeinen Kontinuierlichkeit des Raumes ziehen“, sagt der Mathematiker Cantor.[37]

Nichteuklidische Räume zeichnen sich aus durch einen Mangel an (konventioneller, letztlich in der Dreidimensionalität verankerter) Visualisierbarkeit. Sie müssen also anders repräsentiert werden. Die Mathematik arbeitet in diesem Falle mit Zahlen und Formeln, um z.B. Mehrdimensionalität darzustellen.

Dieter Mersch kontrastiert bei der Beschreibung der vier von ihm genannten Grundmedien Zahl, Wort, Bild und Ton Wahrnehmbarkeit (Aisthetisches) und Strukturierendes, Kommunikatives (Diskursives). Dabei sind die Grundmedien, also auch Zahl und Wort, gleichwertig und in Merschs Darstellung gleichermaßen unhintergehbar. Dennoch stellt sich in Perspektive auf Literatur bzw. genauer Narration und noch genauer Imagination die Frage, ob die Repräsentationsfähigkeit der genannten Grundmedien sich diesbezüglich nicht doch unterscheidet und ob z.B. die Repräsentation von mehrdimensionalen Räumen nicht doch funktioniert. In Perspektive auf Erzähltexte wirft dies die Frage auf, ob schon immer „jenseits von Euklid“ erzählt wurde (gerade die phantastische Literatur bietet sich für eine solche Fragestellung an bzw. die phantastische Literatur stellt den euklidischen Raum stets in Frage und macht seine Gesetze zum Thema, das umspielt wird),[38] oder ob die Krise der Zahl, des Raumes und

---

37 „Самая предпосылка видимости – пространство – воспринимается нами условно; необходимым условием пространства считаем мы его непрерывность; но ‚нельзя заключить из одного факта непрерывности двиежения к общей непрерывности пространства‘ – говорот математик Кантор.“ Belyj, Andrej: Smysl iskusstva, in: Ders.: *Simvolizm kak miroponimanie*, Moskva 1994, S. 106-130.

38 Michail Jampol'skij untersucht gerade in Bezug auf ein anderes, „nicht-mimetisches“ Sehen u.a. phantastische Filme und Literatur, bezieht sich als Beispiel einer frühen Umsetzung dieses anderen Sehens aber auch auf *Kotik Letaev* und dessen „unkonkrete Er-

der Mathematik in der klassischen Moderne auch das Narrative erreicht und neue (räumliche und damit auch visuell darstellbare) Erzählformen hervorgebracht hat, die wiederum jenseits einer Thematisierung der so lange gültigen Gesetze von Zeit und Raum auf der Ebene des Erzählten dies auf die Ebene des Erzählens selbst hebt.[39]

Nikolaj Bugaev scheint sich der Frage der Wahrnehmbarkeit von nichteuklidischer Geometrie bewusst zu sein und konfrontiert die zumindest reduziertere Visualisierbarkeit nichteuklidischer Räume mit Figuren, Bildern und „philosophischen Tropen“: mit Monaden, Formen von Körperlichkeit oder einer Anthropomorphität, die Abstraktion (der Mathematik) und Figuration (als hermeneutisches Verfahren des Weltzugangs und der Weltbeschreibung) zusammenbringt. Mit Bugaevs Konzept der Arithmologie und der nichteuklidischen Geometrie wird in einem neuen Verständnis der pythagoreischen Zahlen eine potente Ausdrucksmöglichkeit a l l e s A u s d r ü c k b a r e n entworfen, und zwar in genau der paradoxalen Verbindung von Form als etwas Fixierendem, Festen und Diskontinuität als etwas Sprunghaftem, Unzusammenhängendem, Kinetischem. Das Kategorienpaar d i s k u r s i v und a i s t h e t i s c h von Dieter Mersch greift in Bugaevs Konzept der Monade gerade nicht, oder vielmehr liegt gerade in der Überwindung und Synthetisierung dieser Dichotomie ein wesentliches Bestreben von Bugaevs Entwurf.
Bugaev bestimmt wie Leibniz die Monade als „eine lebendige Einheit, ein lebendiges Element“:

> § 1 […] Sie ist ein selbständiges und selbsttätiges Individuum.
> § 2 Sie ist *lebendig* in dem Sinne, dass sie über einen potentiellen psychischen Inhalt verfügt. […]
> § 5 Ein psychischer Inhalt ist in seinem (intensiven) potentiellen Moment eine Möglichkeit des Erscheinens des kinetischen Inhalts in dieser oder einer anderen Form, unter diesen oder anderen Umständen. Er bezeichnet

---

fahrung von Tiefe“, die einer kartesianischen und auch euklidischen Vorstellung von Räumlichkeit widerspricht. Jampol'skij, Michail: Nemimetičeskoe zrenie, in: *O blizkom (Očerki po nemimetičeskom zrenii),* Moskva 2001.

39 Nach der großen Epoche dieser Gattung im Realismus gibt die ‚Krise des Romans‘ Anlass zu dieser These, die aber natürlich nicht nur mit der Vorstellung von Räumlichkeit verbunden ist.

> manchmal die Gesamtheit der Möglichkeiten, Fähigkeiten, Gewohnheiten oder Instinkte.[40]

Als prominentes Merkmal der Monade tritt bei Bugaev die Unveränderlichkeit hervor. Paradoxal dazu steht ihre „Lebendigkeit", als deren Merkmal allgemein die Veränderlichkeit und Beweglichkeit gilt.[41] Bugaev bringt hier mit der – auch bei Leibniz vorhandenen – Lebendigkeit ein Element ein, das den euklidisch bestimmten Raumbegriff ablöst, und zwar durch die menschliche Eigenschaft des Psychischen.[42] Hier tritt in ein abstraktes Modell eine humane Komponente ein, die Geometrie und Zahlentheorie auf eine der Mathematik nicht eigene Weise erweitern.

Nicht jede Form der Veränderlichkeit ist aber lebendig zu nennen. Leben oder Lebendigkeit wiederum bestimmt Bugaev als Veränderlichkeit, die durch interne Motivation bestimmt wird: Dieses „lebendige Wesen" wird durch die psychische Komponente, den „Psychismus" („psichizm") eingebracht.[43]

Gleichzeitig können Monaden wiederum Submonaden oder übergeordnete Monaden ausbilden und je unterschiedliche Qualitäten haben.

> § 16. Als symbolische Beispiele von Monaden unterschiedlicher Ordnungen können folgende Einheiten dienen: die Menschheit, der Staat, der Mensch

40 „§1 […] Она есть самостоятельный и самодеятельный индижидуум.§ 2. Она *жива* в том смысле, что обладает потенициальным психическим содержанием. […] § 5. Психическое содержание в своем (напряженном) потенициальном моменте есть возможность к проявлению кинетическаго содержания в той или другой форме, при тех или других обстоятельствах. Оно иногда означает совокупность возможностей, способностей, привычек или инстинктов." Bugaev: Ėvoljucionnaja monadologija, S. 27.

41 Ebd., S. 27f.

42 Dass dieses Psychische eine epochentypische Komponente der Moderne ist, spielt hier im weiteren keine Rolle.

43 Bugaev: Ėvoljucionnaja monadologija, S. 28; der Begriff des „Psychismus" („психизм") entspricht weder der Kategorie des Psychischen („психическое"), noch der Psyche oder der Psychologie, die Bugaev sämtlich nicht verwendet. Er bleibt in der Übersetzung erhalten. Der zeitgenössische russische Philosoph Aleksandr Moiseevič Pjatigorskij führt diesen Begriff aktuell in seinem Text *Denken und Beobachten. Vier Vorlesungen über eine Philosophie des Beobachters* ebenfalls als eine Kategorie des Integrierten, Innen und Außen Überschreitenden ein. Pjatigorskij, Aleksandr: *Myšlenie i nabljudenie. Četyre lekcii po observacionnoj filosofii,* Riga 2002. Dt. in: *Beobachter – Plurale. Zeitschrift für Denkversionen* 6 (2006), S. 243-282 [Auszug].

> als soziale Monade, die Zelle als biologische Monade, das Teilchen als chemische Monade, das Atom als physikalische Monade, als ätherisches Atom.[44]

Die hier genannten Monaden stehen in einem hierarchischen Verhältnis zueinander. Bugaev setzt den Menschen als Monade erster Ordnung, die unter sich die Zelle (Monade zweiter Ordnung), das Teilchen (Monade dritter Ordnung) und schließlich das Atom (Monade vierter Ordnung) hat. Volk oder Staat stellen eine übergeordnete Monade dar oder eine Monade ohne erste Ordnung. Diese hierarchische Ordnung, deren Folge unendlich erweiterbar ist, stellt aber keineswegs einen strukturierenden Überblick vor, sondern impliziert auch den beobachtenden Blick auf die Welt als einen teilhabenden, d.h. einen, der eben nicht alles erfassen kann.

> § 18. Die äußere Welt, die uns zugänglich ist, kann betrachtet werden als eine Monade in Bezug auf andere Monaden.
> § 19. Für unser menschliches Verständnis beschränkt sich diese [die äußere Welt, M.G.], entsprechend unserer endlichen Natur, möglicherweise hinreichend auf die Monaden erster Ordnung und die Welt (Übermonade erster Ordnung). D.h., dass wir nicht über solch feine Fähigkeiten, Gefühle und Organe verfügen, die uns die Möglichkeiten geben, Erscheinungen zu bemerken, die von der Tätigkeit der Monaden zweiter und höherer Ordnung abhängen.[45]

In den Modus der (wissenschaftlichen) Beobachtung oder Wahrnehmung ist explizit der Mensch (in seinem somatischen und psychischen Sein) einbezogen. Körpersensorik wird ebenso als erkenntnisfördernd oder

---

44 „16. Символическими примерами монад различных порядков могут послужить следующия единицы: человечество, государство, человек – социальная монада, клеточка – биологическая монада, частица – химическая монада, атом – физическая монада, эфирный атом.“ Bugaev: Ėvoljucionnaja monadologija, S. 30.

45 „18. Доступный нам внешний мир может быть разсматриваем как монада по отношению к другим монадам. 19. Для нашего человеческаго понимания, соответствующаго нашей конечней природе, достаточно, может быть, ограничиться монадами перваго порядка и миром (надмадою перваго порядка). Это означает, что у нас нет таких тонких способностей, чувств и органов, которые давали бы нам возможность замечать явления, зависящия от деятельностей монад второго и высших порядок.“ Ebd.

-hemmend vorgestellt wie psychische Befindlichkeit. Dieses ganzheitliche Verständnis von Erkenntnis ist der Mathematik in ihrer euklidischen Variante der Geometrie ebenso fremd wie einer operational vorgehenden Algebra. Mathematik findet – oder fand bis Bugaev – stets jenseits des Menschenkörpers statt. Bugaev löst dies explizit ab. Der letzte Paragraph der *Evolutionären Monadologie* endet denn auch mit einer Einordnung des ganzen Entwurfs in einen sowohl ontologischen wie anthropologischen Diskurs:

> § 184. Der Mensch ist von diesem Standpunkt aus gesehen ein lebendiger Tempel, in der sich tätig die höheren Ziele und wichtigsten Aufgaben des Lebens auf der Welt verwirklichen. Dies sind die Antworten der evolutionären Monadologie auf die Fragen: Was ist die Welt und was ist der Mensch? [46]

Konstituierend für Bugaevs Ansatz scheint vor allem die Verbindung aus physischem Wahrnehmungsapparat, psychischer Konditioniertheit und Vorstellungsvermögen sowie aus einer über den Menschen hinaustretenden Beschreibungspotenz der neueren Mathematik zu sein. Diese Verbindung unterschiedlicher Wahrheitsdiskurse, dem gleichsam positivistisch-medizinischen, dem psychischen und dem mathematisch-abstrakten, lässt sich als modernistische Rezeption der Mathematik Pythagoras' und als Spezifikum der Philosophie und Mathematik Bugaevs bezeichnen.[47]

46 „184. Человек с этой точки зрения есть живой храм, в котором деятельно осуществляется высшия цели и главнейшия задачи мировой жизни. Вот ответы эволюционной монадологии на вопросы: что такое мир и что такое человек?" Bugaev: Evoljucionnaja monadologija, S. 44

47 So hat auch ein anderes Mitglied des *Philosophisch-mathematischen Schule*, Vissarion Alekseev, die besondere Bedeutung der Verknüpfung von Lebenswelt und Abstraktion in Bugaevs philosophischer Mathematik hervorgehoben und diese mit der Sozialmathematik des belgischen Mathematikers Lambert Adolphe Jacques Quetelet in Zusammenhang gebracht: als eine nicht vorstellbare Berührung, die die Erfahrungshorizonte körperlicher Sensorik und metaphysischer ebenso erfordert wie überwindet. Vgl. Alekseev: *Matematika kak osnovanie kritiki naučno-filosofskago mirovozrenija.*

Jenseits von Euklid: Kotik als evolutionäre Monade

> [...] die Mikrosphäre ist ein lernender Raum, der die Fähigkeit besitzt zu wachsen. [...] Er ist ein hybridelastischer Raum, der auf Deformation nicht nur mit Wiederherstellung, sondern mit Expansion antwortet. [...] Nichts anderes war das Ereignis, das Metaphysik hieß: daß die lokale Existenz in die absolute Kugel integriert – und der beseelte Punkt zur All-Sphäre anschwillt. In ihr meint die Psyche, Teilhabe am Unzerstörbaren zu finden. Die rücksichtsloseste Vereinfachung bahnt sich den Weg zum Heil.[48]

In *Kotik Letaev* fällt gleich zu Beginn die Prominenz des Raumes in der Beschreibung auf. Zimmer und Korridor begleiten die Weltwahrnehmung des erzählenden (als 35jähriger) und erzählten (als Dreijähriger) Ich durch den gesamten Text, wobei sich die Perspektiven durchmischen und – beim ersten Lektüreeindruck – nicht eindeutig zuzuordnen sind. Das erste Kapitel „Fieberlabyrinth" („Bredovoj labirint") ist überschrieben mit einem Motto aus einem Tjutčev-Gedicht, das zwei quasi klassische Paradigmata der symbolistischen Moderne aufnimmt, das der Unsagbarkeit und das der Ungetrenntheit von Ich und Welt: „Stunde unaussprechlicher Wehmut! Alles ist in mir, und ich bin in allem."[49]

> Später entstand ein Ebenbild: die Kugel, die s i c h s e l b s t e r l e b t; die vieläugige, sich selbst zugewandte, sich selbst erlebende Kugel empfand nichts als – „innen"; sie empfand unüberwindliche Weiten: von der Peripherie und zum ... Zentrum. [...] Das Zentrum – flammte auf: – „Ich bin – allein im Unfaßbaren." „Nichts ist innen: alles ist außen."... Und verlöschte wieder. Das Bewußtsein dehnte sich aus und lief zurück. [...] „Ich – dehne mich aus" ... – so hätte das Kind gesagt, wenn es das hätte sagen können, wenn es hätte verstehen können; [...].[50]

---

48 Sloterdijk, Peter: *Sphären III. Plurale Sphärologie. Schäume, Frankfurt a.M. 200,* S. 16.

49 „Час тоски невыразимой! Все во мне, а я во всем." Zitiert nach Belyj: *Kotik Letaev,* S. 27.

50 Belyj: *Kotik Letajew,* S. 12 [Hervorhebung original]; „Позднее возникло подобие: переживающий себя шар; многоочитый и обращенный в себя, переживающий себя шар ощущал лишь – ‚внутри', ощущались неодолимые дали: с периферии и к – центру. [...] Центр – вспыхивал: – «Я – один в необъятном». – ‚Ничего в внутри: все – бовне–' И опять угасасл. Сознание, расширяясь, бежало обратно. [...] ‚Я – ширюсь...' – так бы младенец сказал бы, если бы мог он сказать, если б мог он понять; [...]". Belyj: Kotik Letaev, S.. 27f. [Hervorhebung original]

Dieser Zustand der Unaussprechlichkeit, der einerseits als Zustand frühkindlichen Daseins gelesen werden kann und damit den ebenfalls epochentypischen Diskurs der Psychoanalyse aufruft, andererseits als Expression der Sprachkrise in der klassischen Moderne, wird zwei alternativen Möglichkeiten des Ausdrucks gegenübergestellt, die das Kind Kotik und den Text *Kotik Letaev* begleiten: Mathematik, verkörpert durch den Vater, und Musik, verkörpert durch die Mutter. Und beide Figurationen treten als alternative Repräsentationsdiskurse der klassischen Moderne auf, als deren Synthese sich das Kind und der Text Kotik lesen lassen.[51]

Belyj spielt die beiden generierenden Prinzipien gegeneinander aus, Mutter Musik und Vater Mathematik, wobei in *Kotik Letaev* die Mathematik auch als e r z ä h l e n d e s Prinzip über die Musik dominiert. Zahlen und Raumkonstruktionen werden mit rhythmischen Mustern verquickt, die mündlich generiert und damit auch als akustische der Musik verwandt sind.

Sowohl Musik als auch Mathematik stellen bei Belyj nicht abstrakte Künste und Muster dar: Beiden wird die Möglichkeit zugesprochen, Konkretes mit Abstraktem zu vereinen und paradoxale Zustände beschreibbar zu machen. Die Mathematik wird in einer widersprüchlich erscheinenden Verbindung genannt, als eine „mathematisch exakte Empfindung".

> Das erste „Du – bist" erfaßt mich in bildlosen Fieberträumen; und – – uralten, seit Urzeiten vertrauten: das Unsagbare, das Unerhörte dessen, daß das Bewußtsein im Körper liegt, die mathematisch exakte Empfindung, du bist – du, und zugleich auch nicht du, sondern … ein Schwellen ins Nirgends und Nichts, das du schlechthin nicht bewältigst – „Was ist das?"
> So würde ich das Unaussprechliche meines beginnenden Kinderlebens im Wort verdichten: […] – es gab keine Trennung in „Ich" und „Nicht Ich"; es gab keinen Raum, keine Zeit…[52]

---

51 Die e r z ä h l t e Mathematik, die den Vater als Mathematiker zum Gegenstand hat und von Räumen und Zahlen b e r i c h t e t, ist nicht den ganzen Roman über präsent: Einige Kapitel sind der Musik und der Mutter gewidmet, semantisierende Lautmalereien sind den ganzen Roman über auffällig. Vgl. hierzu Molnar, Michael: *Body of words. A reading of Andrej Belyi's „Kotik Letaev"*, Birmingham 1987.

52 Belyj: *Kotik Letajew*, S. 27. „Первое ‚Ты – ест' схватывает меня безобразными бредами: и – – каким-то стародавними, знакомыми искони: невыразимости, небывалости лежания сознания в теле, ощущение математически точное, что ты – и ты,

Doch betrachtet man die Formulierung „mathematisch exakte Empfindung“ im Sinne von Bugaevs philosophischer Mathematik, dann ist sie eben gerade nicht paradoxal, sondern entspricht der neuen Deutung der Mathematik als konstitutiv für Weltanschauung.

Das frühkindliche Bewusstsein des kleinen Kotik in Belyjs Roman korrespondiert mit der Entwicklung des Kosmos im Sinne Bugaevs bzw. erzählt – e v o l u t i o n ä r – die Entwicklungsgeschichte des Menschen nach, wie dies schon in der Kapitelüberschrift „Wir kommen aus den Meeren“ („My voznikli v morjach“)[53] unmissverständlich angesprochen ist. Die Perspektiven des erwachsenen und des frühkindlichen Erzählers mischen sich, ebenso wie sich kosmologische und phylogenetische Aspekte mit subjektiven und ontogenetischen vermengen. Dabei stellt die Ausdehnung (ähnlich wie bei einer Monade) gleichzeitig ein metatextuelles (aus dem Entstehungspunkt erwächst ein Text, eine Erzählung) und ein autobiographisches oder wenigstens individuelles Moment dar:

> Mein erster bewußter Augenblick ist – ein Punkt; er dringt ein in die Wirrnis; wachsend wird er zur Kugel – zerfällt: Wirrnis durchdringt sie und sprengt sie… […] So waren meine ersten Augenblicke… Dann – […] Die Haut wurde mir … zum Gewölbe: so empfinden wir den Raum; meine erste Vorstellung von ihm: er ist – der Korridor…[54]

Diese Beschreibung einer Bewusstwerdung ist zwar recht eindeutig auch an die Kosmogonie des vorsokratischen Philosophen Anaximander angelehnt, der die Entstehung der Gestirne aus einer zerberstenden Feuerkugel schilderte und sie am Ende von röhrenartigen Gebilden situierte, die

---

и не ты, а … какое-то набухание в нуда и ничто, которое все равно не осилить, и – – ‚Что это?‘ … Так бы я сгустил словом неизреченность восстания моей младенческой жизни. […] – не было разделения на ‚Я‘ и ‚не-Я‘, не было ни пространства, ни времени…“ Belyj: *Kotik Letaev,* S. 11.

53 Belyj: *Kotik Letajew*, S. 14; Belyj: Kotik Letaev, S. 29.

54 Belyj: Kotik Letajew, S. 19; „Первый сознательный миг мой есть – точка; проницает бессмыслицу он; и – расширяся, он становится шаром, шар – раслетается: бессмыслица, проницая его, разрывает его … […] Таковы мои первые миги … Потом – […] Кожа мне стала, как … свод.: таково нам пространство; мое первое представление о нем, что оно – коридор.“ Belyj: Kotik Letaev, S. 32.

durch den Vorgang des Zerplatzens entstehen.[55] Doch der ständige Wechsel von kosmischem Raum und privatem Raum, der wiederum mit dem eigenen Körper gleichgesetzt wird, bezieht sich vor allem auf Nikolaj Bugaevs Idee einer Verbindung von Makro- und Mikrokosmos[56] in einer Monade, die Belyjs Roman ins Komische umbiegt: So wird das Erhabene ins Banale umgestellt und damit möglicherweise entstellt.

Später stellt sich Kotik als Gegenstand und Schnittpunkt der Auseinandersetzungen zwischen Vater und Mutter dar:

> Ich mochte sie nicht, Gespräche über Kindererziehung; bei ihnen schnitten sich in mir zwei Linien (Papas Linie und Mamas); zwei Linien schnitten sich in einem Punkt; ich wurde zum mathematischen Punkt: und – verstummte. Alles – zog sich zusammen; alles wurde – unfaßbar; […] In meiner Seele aber stand: „Nicht Papas und nicht Mamas Kind" …[57]
>
> – Passagen, Zimmer, Korridore erinnern uns an unseren Körper, bilden unseren Körper vor, erweisen uns unseren Körper, sie sind – Organe… des Alls.[58]

Die Korridore sind den ganzen Text über präsent. Sie bilden, um in der organizistischen Terminologie des Romans selbst zu bleiben, gleichsam die Adern dieses Textkörpers und leiten die ab-zu-erzählende Erinnerung an.[59]

> Nach dem ersten bewußten Augenblick erscheinen: Korridore und Zimmer – – immerzu – Zimmer, Zimmer, Zimmer! – die, wenn du sie betrittst, du

---

55 Anaximander wird im Kapitel „Die Zimmer" („Komnaty") auch explizit genannt. Vgl. Belyj: Kotik Letajew, S. 41; Belyj: Kotik Letaev, S. 45.

56 Diese Erweiterung des Körpers in den Gesamtraum beschäftigt später ausführlich Pavel Florenskij in: *An den Wasserscheiden des Denkens* (*Vodorazdelov mysli)*

57 Belyj: *Kotik Letajew,* S. 159; „Мне не нравились разговоры: о воспитанье [sic!] ребенка; пересекались на мне тут две линии (линия папы и мамы): пересечение линий есть точка; математической точкою становился от этого я: я немел; все – сжималось; и – уходило в невятницу; […] Но стояло в душе моей: ‚Ты – не папин, не мамин...'" Belyj: Kotik Letaev, S. 118.

58 Belyj: *Kotik Letajew,* S. 24; „Переходы, комнаты, коридоры напоминают нам наше тело, прообразают нам наше тело; показуют нам нашт тело; это – орагны тела … вселенной […]" Belyj: Kotik Letaev, S. 35.

59 Vgl. auch die Kapitel „Das Labyrinth der schwarzen Zimmer" („Labirint černych komnat") und „Die Zimmer" („Komnaty").

> – nicht wieder verläßt, […] alles – ist mir bekannt; irgendwo hier bin ich durchgegangen – vielleicht … im eigenen Körper; ich war Empfindung und lief von Organ zu Organ […].[60]

Auch hier ist in der Beschreibung der Räume Nikolaj Bugaevs Philosophie zu erkennen, die die Geometrie als eine Wissenschaft von der Ausdehnung charakterisiert, die von einer sinnlichen Wahrnehmung nicht getrennt werden kann.

Für Michail Beneaminovič Jampol'skij hingegen stellt Andrej Belyjs Raumkonzept in *Kotik Letaev* in medienwissenschaftlicher Perspektive ein neues oder anderes Konzept des Sehens, eines nicht-mimetischen Sehens vor. Sehende Distanznahme und Situation des synchronen Überblicks, die für ein mimetisches Sehen konstitutiv sind, werden abgelöst durch ein quasi haptisches und diachrones Sehen:[61]

> Das Modell […] der Innerlichkeiten des Körpers (Raum der Übergänge, der Durchbrüche, der schnellen Bewegungen), das ist auch ein Modell der Tiefe.
> […] Andrej Belyj [beschrieb] in seinem Roman *Kotik Letaev* (1918) den Zustand eines kindlichen Bewusstseins als Reise eines kleinen Menschen im Innern eines riesigen Schädels, bestehend aus Zimmerfluchten unendlicher Räume, „steinigen Gipfeln", „knöchernen Gewölben", „steil abfallenden Stufen" […]. Belyj […] schafft die Empfindung reiner Dynamik der Tiefe ohne irgendein konkretes Bild. Der kleine Mensch Belyj sieht nicht länger akkurate Bilder ähnlich dem kleinen Menschen Descartes. Er erprobt die Doppelung des Sehens, als ein „offenes Sehen" im Sinne Merleau-Pontys, als eine reine Empfindung der Tiefe.[62]

---

60 Belyj: *Kotik Letajew*, S. 27f. ; „После первого мига сознания предстают: коридоры и комнаты – – все комнаты, комнаты, комнаты! – в которые, если вступишь, то – не вернешся […] все мне ведомо; где-то я проходил тут – может быть – внутри тела, ощущениями перебегая от органа к органу, […]" Belyj: Kotik Letaev, S. 37.

61 Jampol'skij, Michail: *O blizkom (Očerki nemimetičeskogo zrenija)*, Moskva 2001, S. 43.

62 „[…] модель внутренностей тела (пространство переходов, прорывов и стремительных движений) – это и есть модель глубины. […] Андрей Белый в романе ‚Котик Летаев' (1918) описал становление детского сознания как путешествие маленького человечка внутри огромного черепа, состоящего из анфилад бесконечных пространств, ‚каменистых пиков', ‚костяных сводов', ‚отвесных уступов' […] Белый […] создает ощущение чистой динамики глубины без всяких конкретных образов. Маленький человек Белого больше не созерцает аккуратной картинки подобно маленькому человеку Декарта. Он испытывает удвоение зрения, как ‚от-

Die von Jampol'skij beschworene Empfindung der Tiefe, die er auf ein verändertes Konzept des Sehens zurückführt, korrespondiert allerdings mit der mit konventionellen Mitteln der Visualität nicht darstellbaren Räumlichkeit der nichteuklidischen Geometrie. Die Erkundung und Beschreibung der Welt, metaphorisch in der abendländischen Erkenntnisgeschichte verbunden mit dem Gesichtssinn, findet nicht mehr über Distanznahme und ein Subjekt-Objekt-Verhältnis statt, sondern durch eine Überwindung der Distanz und Einverleibung der Welt oder eine Öffnung zur Welt. Jampol'skij lokalisiert in der klassischen Moderne denn durchaus auch eine Krise des Raumes.[63] Die Krise der Wahrnehmung und des Sehens ist aber möglicherweise lediglich ein Teil oder eine Folge der Krise des Raumes, der durch die Ablösung der euklidischen Beschreibung neu gedeutet wird. Gerät der Raum aus den Fugen, muss er anders wahrgenommen und beschrieben werden.

In diesem Sinne ist auch die Reise des kleinen Kotik eine Öffnung des Bewusstseins zur Welt und eine Einverleibung der Welt ins Bewusstsein und in den Körper hinein. Was Jampol'skij aber konstitutiv für Belyjs Erzählen hält, das nahe, gleichsam haptische Sehen,[64] könnte lediglich eine Variante der Erzählbarkeit des neuen Raumes sein: Stellt man die Diskursivierung des Raumes über die der Wahrnehmung, erweist sich angesichts der dezentralen Perspektive und der Beweglichkeit des Raumes, die *Kotik Letaev* dominiert (die über Perspektivwechsel und Perspektivvermischung bzw. Perspektivnivellierung dargestellt wird), das nahe Sehen als Effekt und Möglichkeit des Erzählens. Jampol'skij sieht den Raum als durch das nahe Sehen neu konstruiert und folgt damit einer anthropogenetischen und anthropozentrischen Beschreibung. Belyjs Text legt aber eine umgekehrte Lesart nahe: Es ist der diskontinuierliche Raum, an dem der Körper monadisch zwar teilhat, den er aber nicht beherrscht, der eine andere Art der Wahrnehmung hervorbringt.

крытие зрения' по Мерло-Понти, как чистое ощущение глубины." Jampol'skij: *O blizkom*, S. 43f.

63 Jampol'skij, *O blizkom, S.* 214.

64 Das Haptische als Grundform einer neuen philosophischen Anschauung setzt auch Tul'činskij, Grigorij: Telo svobody, in: Ėpštejn, Michail; Tul'činskij, Grigorij (Hg.): *Filosofija tela/Telo svobody,* Sankt Peterburg 2006, bes. S. 202-252.

Das Kapitel „Und ich denke“ („I dumaju“) schildert diese Reise der Bewusstwerdung – die Reise ist per se schon literarischer Topos aus Diachronie und Raum – als Geburtsvorgang, der in den Falten der Vergangenheit beginnt, zum Jetzt strebt und dabei historische Stätten (Höhlenperiode der Vergangenheit, Pyramiden), konkrete lebensweltliche Orte (Zimmer, Korridore, Arbat) und eine mythische Weite (die libysche Wüste) durchstreift, dies aber im Innern eines gewaltigen weißen Schädels:

> Stellen Sie sich einen menschlichen Schädel vor: – riesig, riesig, riesig, alle Maße, alle Tempel übersteigend; stellen Sie sich vor… Er erscheint vor Ihnen: sein poröses Weiß ragt, ein Tempel, in den Fels gemeißelt; ein mächtiger Tempel mit weißer Kuppel tritt vor Ihnen aus der Dunkelheit; unnachahmlich die Krümmung seiner Mauern; unnachahmlich seine geschliffenen Flächen; unnachahmlich die Säulenarchitraven seines Tors.[65]

Die Zeitreise, die die ganze Erd- und Menschheitsgeschichte durchstreift, erfasst schließlich den ganzen Körper, der seltsam organlos bleibt:

> Denken Sie sich ein Skelett: kreuzförmig gebreitet die Knochenarme; unbeweglich hingestreckt, um … aufzuerstehen am dritten Tag … […] das vorkörperlichte Leben liegt entsetzlich und quälend entblößt […]. – Denken Sie sich: Sie treten ein; und heben den Kopf: rechts und links symmetrisch laufende Rippengewölbe: wunderlich gebogen Ihre Flächen; vor Ihnen stehen – wie das Gedächtnis … an das Gedächtnis: die prächtigen Bögen des Knochentempels: vorn … der Durchgang zum weißen Altar; und dort … der Schädel; aus der Mächtigkeit der hallenden Säle, mitten aus der weißen Großartigkeit der Felsgrate kehren Sie um […]. Das Betrachten des Schädels ist seltsam: auch er ist – Gedächtnis an das Gedächtnis eines wunderbaren Schädeltempels, von unserem „Ich“ gemeißelt aus dem Fels der schwarzen Finsternis; im Tempel des Körpers – liegt der Bauplan der Tempel; und es wird sich erheben, das glaube ich, aus den Bruchstücken der Tempel: der Tempel des Körpers. So lautet uns die Schrift.[66]

---

65 Belyj: *Kotik Letajew,* S. 25; „Вообразите себе человеческий череп: – огромный, огромный, огромный, превышающий все размеры, все храмы; вообразите себе … Он встает перед вами: ноздреватая его белизна поднялась выточенным в горе храмом; мощный храм с белым куполом выясняется перед вами из мрака; неповторяемые кривизны его стен: неповторяемы его точеные плоскости; неповторяемы архитравы колонн его входа.“ Belyj: Kotik Letaev, S. 35.

66 Belyj: *Kotik Letajew,* 25ff. [Hervorhebung original]; „Вы представьте скелет: кресто-

Die vorgeburtliche Reise durch die Äonen führt gleichzeitig durch einen allumfassenden und eindeutig anthropomorphen Körper. Der Tempel des Körpers wird auch in Bugaevs evolutionärer Monadologie genannt: „Der Mensch ist […] ein lebendiger Tempel.“[67] Zwar nennt Bugaev hier nicht nur den Körper, sondern den Menschen als solchen, seine an anderer Stelle stark gemachte Körpertropik und die Betonung psychophysiologischer Vorgänge für den Akt der Erkenntnis, der Beschreibung und schließlich des Seins legen eine Nähe zum physischen Körper aber nahe, der den Menschen nicht als Metapher belässt, sondern ihn zum geradezu positivistischen Garanten seiner Philosophie heranzieht.

In der äonischen Schädel- und Skelettreise schließt Belyj Raum und Zeit zusammen: Zeit verdichtet sich im Erfahrungsraum, Raum entfaltet sich aus einem originären Punkt entlang einer Zeitstrecke zur Erlebnistiefe. Dieser Raum ist aber nicht kontinuierlich, sondern diskontinuierlich. Belyj findet für die Visualisierung eines diskontinuierlichen Raumes die Metaphern des Schaums, des Schwamms und des Schwarms:[68]

образно раскинул он руки – кости; и неподвижно простерт, чтоб … восстать в третий день… […] дотелесная жизнь обнажена ужасно и мрачно. […] – вы представьте: вы входите, и – понимаете голову: справа и слева симметрично бегущие своды ребер; изогнуты прихотливо их плоскости.; встают перед вами, как память … о памяти; чудесные дуги скелетного храма; впереди – проход… к белому альтарю; и там … череп; из огромности гулких зал; среди белого великолепия выступов вы повертываетесь назад […] Созерцание черепа странно: и он – память о памяти великолепного скелетного храма, вдолбленного нашими ‚Я‘ в скалах черного мрака; в храме тела – лежат планы храмов; и восстанет, я верую, из храмовых обломков: храм тела. Так гласит нам Писание…“ Belyj: *Kotik Letaev,* S. 36f. [Hevorhebung original].

67 Bugaev: Ėvoljucionnaja monadologija, S. 44, § 184.

68 Aktuell arbeitet Peter Sloterdijk in seiner dreibändigen Existenzialisierung des Raumes mit den „runden“ Begriffen der Blasen, Globen und des Schaums. Sloterdijk, Peter: *Sphären I. Blasen.* Frankfurt/M. 1998; ders.: *Globen. Sphären II.* Frankfurt/M. 1999; ders.: *Sphären III. Plurale Sphärologie. Schäume.* Frankfurt a.M. 2000. Die fraktale Geometrie arbeitet ebenfalls mit den Objekten Schaum und Schwamm, die durch die euklidische Geometrie nicht darstellbar sind. Vgl. Mandelbrot, Benoît: *Die fraktale Geometrie der Natur,* Basel u.a. 1987, S. 144ff. Interessant ist, dass beide raummetaphorischen oder raumobjektbezogenen Beschreibungen zum Ende des 20. Jahrhunderts entstanden, während *Kotik Letaev* ein Text der klassischen Moderne ist. Schaum könnte aber als Visualisierung einer Monade dienen, die als Modell ein Produkt des 17. Jahrhunderts ist.

Schaum und Schwamm zeichnen sich aus durch eine vielgestaltige Formlosigkeit – jedenfalls im Sinne einer euklidischen Dimension. Über Schaum und Schwamm lassen sich keine definitiven Größenangaben machen. Ihre Ausdehnung kann minimale Räume ebenso betreffen wie gigantische, ohne dass sich an der Beschaffenheit und auch am Beschreibungsterminus etwas ändern würde. Die von Florenskij angesprochenen Leitfiguren des Bugaevschen Denkens, Diskontinuität und Form, sind im Bild des Schaums und Schwamms enthalten.

Dabei ist der Raum in *Kotik Letaev* wiederum stets k o n k r e t und orientiert sich an sinnlich Erfahrbarem: am Körper. Der (menschliche) Körper ist zu erfahrender Raum, stellt ein Ganzes, gleichsam einen Kosmos dar. Andererseits ist die erfahrende Instanz zwar nicht als Körper benannt (weil sie noch nicht geboren ist), erkundet den Raum aber über eine sinnliche Wahrnehmung, das Sehen, und weist bereits ein erfahrendes Bewusstsein auf. Die Verbindung von Individuellem und Überindividuellem entspricht der paradoxalen Verknüpfung aus Körper/Mensch und Kosmos/Welt, die sein Vater in seiner Monadenbestimmung macht. Belyj nimmt dieses Philosophem b e i m W o r t.[69]

Gleichzeitig wird auch der damals gängigen Vorstellung einer Pluralität und Diskontinuität in Belys Roman Rechnung getragen: Form und Formbildung sind in eigenen Kapiteln thematisiert und werden in einer stetigen Bewegung von Formungsversuchen und Formverlust gegeneinander ausgespielt. Das Kapitel „Bildung der Wirklichkeit" („Obrazovanie dejstvitel'nosti") beginnt mit einem Dialog nicht näher bestimmter Personen, in dem Mathematik, Vater Letaev und Körperwerdung (also Wirklichkeitswerdung) angesprochen sind:

69 Die Konkretisierung der Räume, die gleichzeitig ein Außen und ein Innen vorstellen oder die eine solche Grenze überhaupt nicht kennen oder diese Grenze permanent überwinden, verläuft denn auch seltsam lebensweltlich. Der Ausdehnung von Kotiks Bewusstsein, die Weltentstehungsmythen der griechischen Antike zitiert (Anaximander), folgt der Kommentar der ebenfalls ständig präsenten Kinderfrau: „Это, барыня, рост." („Das ist das Wachstum, gnädige Frau.") (Dt. S. 43/ Original S. 46) – Eine solche Kombination aus gleichsam banaler frühkindlicher Erfahrung (die möglicherweise kollektivierbar ist und damit wiederum einem Moment der Bugaevschen Monade entspricht) und mit Pathos aufgeladener Mythologie entstellt den Erzählgegenstand.

Wie ein in den Räumen polternder Meteor, [...]
„Daß der Herrgott auferstehe!“
„Ha-ha-ha...“
„ Der gnädige Herr...“
„Wahrhaftig...“
„ Ein Sonderling...“
„Michail Wassiljewitsch, lassen Sie doch!“
„Und seine Feinde sich zerstreuen...“
„Nun, wahrhaftig...“
„Ha-ha-ha...“
„Die Mathematiker, die Gelehrten, die klugen Köpfe: machen da ihre Witze...“
„Ha-ha...“
– und alles – zerreißt: Wände, Zimmer, Böden, Decken; oder: drängt durch die dunkle Öffnung des Bildzeitlosen, wie eine Seifenblase durch die Öffnung des dünnen Halms; alles platzt: ich platze...“
... später wurde mir klar ... : Afrosinja, die Köchin, und Dunjascha, das Zimmermädchen, zanken sich; es erhebt sich: in der Küche ein Schrei; Papa springt aus seinem Arbeitszimmer in den Salon, rennt durch Eßzimmer, durchs Vorzimmer; und – in die Küche; dort stimmt er an:
„Vater uns ... Der du bist im Himmel...“ [...] die kreischende Köchin zu beschwichtigen, die immer mit Dunjascha schimpft: vom Text verblüfft, schweigt Afrosinja; Dunjascha lacht unter Tränen [...]“[70]

Die Köchin Afrosin'ja zankt sich mit dem Zimmermädchen Dunjaša. Der Name Afrosin'ja ist dem griechischen aphros (Schaum) verwandt, und Schaum ist noch jenseits der hesiodischen Mythologisierung des Schaums in der Göttin der Schönheit Aphrodite als Schaumgeborene eine Beschreibung für diskontinuierlichen Raum. Zimmer wiederum sind

70 Belyj: *Kotik Letajew*, S. 37: „Как в пространствах прохнувший метеор, [...] ‚Да воскреснет Бог!‘ ‚Ха-ха-ха...‘ ‚Барин...‘ ‚Чудак...‘ ‚Михаил Васильевич, оставьте!‘ ‚И расточаются враги его...‘ ‚Ха-ха-ха...‘ ‚Что-то, право...‘ ‚Математики, ученые, головы: там себе... шутят...‘ ‚Ха-ха...‘ разорвется – все: стены, комнаты, полы, потолки; или: вгонится в темное отверстие безобразно-безвременного, как вгоняется мыльный пузырь в отверстие узкой соломинки; лопнет все: лопны я [...] Мне открылось впоследствии (я – подрос уже в эту пору) Афросинья, куцхарка. С Дуняшею, горничной, – побранятся; и подымется в кухне крик; папа выскочит из кабинета в гостиную, пробежит по столовой, передней; и – в кухню; там он примется: ‚Отче наш... Иже ецу на небесах ...‘ [...] огомонять крикунью-кухарку; грызущую все; бывало, Дуняшу: и протрасенная текстом, молчит Афросинья; Дуняша смеется сквозь слезы [...]“ Belyj: Kotik Letaev, S. 42f.

in ihrer rechtwinkligen Kantigkeit geradezu klassisch euklidisch oder entsprechen als Kuben einem der platonischen (eigentlich: pythagoreischen) Körper.[71] Wenn also Afrosin'ja sich mit Dunjaša zankt, ringen personalisiert zwei Raumkonzepte miteinander, die in der Biographie des kleinen Kotik ebenso unterschiedliche Alter und Zustände beschreiben wie in der Mathematik des ausgehenden 19. Jahrhunderts. In Afrosin'ja und Dunjaša tritt die neue Mathematik personifiziert (in persona) gegen die alte an. Neben den mathematischen Gästen, die das Haus Letaev bevölkern und Kotik beunruhigen, ist natürlich vor allem der Vater eine Personifizierung der Bugaevschen Theorie.

Wenn Vater Letaev als polternder Meteor durch die Räume eilt und auf dem Weg in die Küche (dem Ort, an dem der Streit zwischen Afrosin'ja und Dunjaša ausgetragen wird, dem Wirkungsort Afrosin'jas nämlich) sein Arbeitszimmer, den Salon, das Esszimmer und das Vorzimmer durchquert, verlässt er gerade die euklidisch abmessbaren Räume und begibt sich in eine neue Umgebung: an den Ort des Diskontinuierlichen, den er aber zügelt. Afrosin'ja schweigt, Dunjaša lacht unter Tränen: Diskontinuität und Form, gerade jene paradoxale Verbindung, die Florenskij später so sehr begeistert.

Belyj bestimmt die Zimmer im gleichnamigen Kapitel auch als Regelwerk:

> Mit der Kinderfrau Alexandra lebte ich nach Regeln; eine Regel war das Zimmer; wir lebten in Zimmern: in regelrechten Zimmern, bezwingbaren, messbaren, mit vier Wänden; kurz, wir lebten nicht im Ofenrohr.[72]

71 Jeder platonische Körper besitzt eine Innenkugel. Diese Eigenschaft ist für das Spiel mit der Geometrie in *Kotik Letaev* möglicherweise konstitutiv. – Die Typologisierung der Körper stammt ursprünglich von Pythagoras, bekannt sind sie aber unter dem Namen „platonische Körper".

72 Belyj: *Kotik Letajew,* S. 41; „С нянюшкой Александрою жили мы в правилах; была правилом комната; и жили мы в комнатах; в правильных комнатах; преодолимых и измеряемых, о четырех стенах; словом, жили не в трубах." – Das Ofenrohr, der Kamin und der wiederkehrende Vergleich des Vaters mit Hephaistos, Vulcanus und einem Meteor (der ja auch eine Feuerkugel ist) setzen den Vater Letaev mit dem Attribut der antiken Schmiedegötter in die Nähe des symbolistischen Demiurgenverständnisses. Belyj: Kotik Letaev, S. 45.

Die Konfrontation der Form mit dem Formlosen ist immer wieder Gegenstand des Erzählens und – in elliptischen Sätzen und zerbrochenen syntaktischen Gefügen – auch Form des Erzählens selbst. „Schwarm und Form" („Roj i stroj") und „Formen und Normen" („Strogie stroi")[73] sind eigene Kapitel, die diese Auseinandersetzung überschreiben.

> Meine ersten Augenblicke waren – Schwärme; und „Schwarm, Schwarm, alles schwärmt" – war meine erste Philosophie; in den Schwärmen tummelte ich mich; Kreise beschrieb ich – später: schon mit der Alten; Kreis und Kugel sind die ersten Gestalten: des Gescharten im Schwarm.[74]

Die Alte ist eine eigene Figur. An einer Stelle beschreibt Kotik sie als einen seiner „außerkörperlichen Zustände,"[75] an anderer Stelle ist sie seine Patentante.[76] Sie ist die einzige Figur, die – zunächst – nichts mit der „wirklichen" Welt der Formen zu tun hat, sondern aus seiner pränatalen Existenz stammt. Die Köchin Afrosin'ja ist als „Schaumgeborene" und Herrscherin der Küche (Ort des Schaumes und Dampfes) lebensweltlicher Gegenpart zur Alten. Afrosin'ja wird von Kotik selbst zur Hüterin des Formlosen bestimmt:

> [...] dort – packte mich Anaximander: mit dem Unendlichen davon von ihm schrie ich nachts – nichts als ein einziges Wort: „Afrosim!" ich hatte einfach durcheinandergebracht: „aphrosyne" heißt auf griechisch ja „Irrsinn"; und Afrosinja, die war unsere Köchin, genau zu jener Zeit: [...][77]

73 Строй bedeutet auch „musikalische Tonart". Hier findet also eine Überschneidung – eine der vielen – der mathematischen und der musikalischen Formgebung statt.

74 Belyj: *Kotik Letajew,* S. 48; vgl. auch S. 68; „Первые мои миги – рои; и ‚рой, рой, – все роится' – первая моя философия; в роях я родился; колеса описывал – после; уже со старухою; колесо и шар – первые формы: строенности в рое." Belyj: Kotik Letaev, S. 49, S. 61.

75 Belyj: *Kotik Letajew,* S. 18; „какое-либо из вне-телесных м,оих состояний." Belyj: *Kotik Letaev,* S. 31.

76 Belyj: *Kotik Letajew,* S. 41; Belyj: Kotik Letaev, S. 45.

77 Belyj: *Kotik Letajew,* 41; „[...] там – – охватывал Анаксимандр: беспредельностью; – – это я кричал про него, по ночам, – всего одно только слово: ‚Афросим!' – просто я перепутал: «афорсюнэ» по-гречески ведь безумие: а Афросинья служила в кухарках: в то именно время; [...]" Belyj: Kotik Letaev, S. 45.

Afrosin'ja ist aber auch Gegenpart zum Vater Letaev, der als brodelnder Vulkan geschildert wird, als Hephaistos.[78]

> […] durch den Korridor, vom Kinderzimmer aus; […] ins Esszimmer; […] weiter – in den Salon; […] rote Rosenhände in abendgoldnen Schwärmen; weiter – zur Küche: Flüstern, Rascheln, Zischen, Feuer, Dämpfe, Dünste; dort in der Küche hockt, dort in der Küche kocht – der rauchzischende Kessel. […] Afrosinja wirbelt über dem Feuer, schlägt einen Bogen mit dem Feuerhaken – ganz Widerschein der gelockten Flamme […] Afrosinja kämpft mit dem Scheusal.[79]

Kotik reagiert auf diesen Konflikt der Form mit der Formlosigkeit stets mit Bewusstlosigkeit: Er fällt in Ohnmacht. Diese Ohnmacht eröffnet – natürlich – einen neuen Imaginationsraum[80] und – eventuell – neue Möglichkeiten, erweist sich als narrativ produktiv. Er wird realisiert und vom Raum des Erzählens zum Raum des Erzählten selbst. Die intelligibel nicht nachvollziehbare und auch nicht visualisierbare Konstruktion, die Nikolaj Bugaev mit seiner Version der nichteuklidischen Geometrie und seiner evolutionären Monadologie erstellt, bleibt dem Bewusstein (und auch der erwachsenen Perspektive) unzugänglich. Die Begegnung von Abstraktion und Konkretion in Bugaevs Konzept mündet bei Belyj in einer fortgesetzten Konkretisierung von Metaphern. Abstraktion und Transformation werden figuriert, und zwar im Wortsinne:

> Metaphern nehme ich wörtlich: er ist in Ohnmacht gefallen – heißt: er ist gefallen; wohin? – wohin man eben fällt: nach unten.[81]

78 Belyj: *Kotik Letajew,* S. 47, 68; Belyj: Kotik Letaev, S. 48, S. 61.

79 Belyj: *Kotik Letajew,* S. 54f. „[…] по коридору – из детской […] проходим в гостиную […] кисти красные роз заревыми роями; мы – на кухн: шепоты, шумы, шипы, огни, пары, гари; там на кухне стоит, там на кухне бурлит – дымношипный котел; […] – Афросинья, замахиваяаь рукой над огнем, описывает кочергойу дугу […] Афросинья там борется с гадом.“ Belyj: Kotik Letaev, S. 52f. – Im russischen Original ist die formalästhetische akustische Seite deutlich nachvollziehbar: Assonanzen und Rhythmisierungen geben hier den Ton an, so dass es auch textuell zu einer Konkurrenz zwischen ordnender Syntax und wuchernder Onomatopoiie kommt.

80 Gerade dieser neue und andere Imaginationsraum ist Effekt des nichtmimetischen Sehens, das Michail Jampol'skij in *O blizkom* herausarbeitet.

81 Belyj: *Kotik Letajew,* S. 56 „Метафоры понимаю точно: упал в обморок – значит; ипал, куда падают; а ведь падают – вниз; […].“ Belyj: Kotik Letaev, S. 54.

So stellt sich auch der Text in graphischer Form dar: als treppenartiges Gebilde mit einer Vielzahl an Tirés und Punktauslassungen, ohne dass zwischen den untereinander fortgesetzten Satzfragmenten eine andere als eine euklidisch räumliche Hierarchie erkennbar ist, die aber gerade durch Aufhebung der linearen Lesart gestört wird.

Ohnmacht ist Strategie des Ausweichens vor der Auseinandersetzung zwischen Mutter und Vater, zwischen Musik und Mathematik, zwischen Hypersensorik und Fühllosigkeit. Metaphern wörtlich zu nehmen ist hier Erzählprogramm. Daraus entstehen Situationen und Kombinationen aus Erhabenheit und Banalität, aus Mythologie und individueller frühkindlicher Erfahrung.

Dabei haben auch die vermeintlichen bewusstlosen Zustände Kotiks wie das anfängliche Fieberlabyrinth, die diversen Ohnmachten und die wuchernden Raumphantasien ein generatives Moment. Die Regellosigkeit, die hier einer nichteuklidischen Räumlichkeit zugesprochen wird, die wiederum im angsteinflößenden, dampfenden und zischenden Ungeheuer des Schaums figuriert und in Afrosin'ja personalisiert wird, ist gleichzeitig Ursprung und Telos der Erzählbewegung. Regeln und strenge Formen werden abgelehnt und kehren als räumliche und lebensweltliche Orientierung doch immer wieder zurück:

> […] kurz – ich sollte leben wie ein Formalist; oder sogar wie ein Buddhist. Bis heute haben Bach-Fugen und weiße dorische Kolonnaden für mich et was von meiner Welt mit der Kinderfrau; […] Diese Formation ist mir vertraut; sie wirkt dem Schwarm entgegen; die Form fesselt den Schwarm; die Form ist Festung in der Formlosigkeit; alles Übrige – fließt, wie zum Beispiel die Wetwikow-Kinder: sie tauchen von irgendwoher bei uns auf herumzurödeln und mich zu hänseln [82]

82 Belyj: *Kotik Letajew,* S. 63f; „[…] словом, мне быть: не шалить; проживать в формалистом, даже … буддистом. Что-to и доселе живет во мне в фуге Баха и вж белой дорической колоннаде от моего мира с нянюшкой; […] Этот строй мне знаком; противопоставлен он рою; строй оковывал рой;строй – твердыня в бесстройце; все остальное течет; как, на пример … дети Ветвиковы; притекают откуда-то к нам – колеить и дразнить.“ Belyj: Kotik Letaev, S. 58f. [Hervorhebung original].

Die Auseinandersetzung zwischen Form und Schwarm, zwischen Dunjaša und Afrosin'ja, zwischen Musik (als Form) und Mathematik (als Schwarm), zwischen Zimmern (als euklidischen Räumen) und Korridoren (ausschwärmenden Adern) und zwischen Vater und Mutter ist ein Movens des Romans. Eine quasi kartesianisch orientierte Auseinandersetzung zwischen Materie und Geist gibt es nicht. Der Körper als Materialisierung und Bindung von Wahrnehmung ist Erfahrungs- und Erkenntnisinstrumentarium. Geht die Verbindung von Körper und Mathematik verloren, zerbricht auch die Mathematik.

Begreift man den Begriff F o r m e l im mathematischen Sinne, nämlich als ökonomische Beschreibung eines mathematischen Gesetzes unter Zuhilfenahme eigener Symbole, die eine Abhängigkeit beteiligter Zahlen untereinander beschreibt, stellen sich die Kombinationen der Protagonisten untereinander als Rechenspiel heraus: Das Grundmuster des Kampfes zwischen Form und Schaum lässt sich aber wiederum in kein Regelwerk zwängen: Es gibt keinen traditionellen mathematischen A l g o r i t h m u s, nach dem das Erzählen verläuft, bzw. der Algorithmus, nach dem der Text f u n k t i o n i e r t, sperrt sich gerade wie das Bugaevsche Geometrieverständnis gegen den euklidischen Raum. Der Bugaev-Letaevsche Raum wird gegen die Koordinaten der rechtwinkligen Zimmer gesetzt. Im Sinne von Mersch könnte man von einer „Rache der durch Algebra überformten Geometrie“[83] sprechen. So ist auch die Beziehung von Letaev zu prominenten Mathematikern seiner Zeit bezeichnend:

> „– mein Papa korrespondiert mit Darboux; Poincaré hat ihn gern; aber Weierstrass nicht so sehr.; Idealow ist in Leipzig gewesen: mit … der elliptischen Funktion ist er sehr zufrieden; er lebt mit ihr, und überall: spricht er von ihr.“[84]

Die Differentialgeometrie Jean Gaston Darboux' und die automorphen Funktionen und die algebraische Topologie Henri Poincarés passen eher

83 Mersch a.a.O.

84 Belyj: *Kotik Letajew,* S. 128f. „[…] папа мой в переписке с Дарбу, Панкаре его любит; а Вейерштрассе [sic!] не очень; Идеалов был в Лейпциците: с эллиптической функцией; очень ею доволень; живет с ней; и ходит: о ней разговариватъ.“ Belyj: Kotik Letaev, S. 99

ins Bugaevsche mathematische Weltbild als die streng logisch orientierte Analysis Karl Weierstraß', wie vielleicht auch die elliptischen Funktionen sich an die elliptischen Sätze in *Kotik Letaev* anschließen lassen.

Die Differenzierung in einen mathematischen Erzählgegenstand und in ein Erzählmovens oder in einen Ursprung und Telos Letaev-Bugaev geht nicht auf: Belyj entwirft hier ein poetologisches und narratives Programm, in dem Mathematik und Musik, Vater und Mutter generative Principia verkörpern, zwischen denen er sich nicht entscheiden kann. Die wortwörtliche Ohnmacht des kleinen Kotik in der Auseinandersetzung zwischen den Eltern ist auch eine des Autors, der sich durch zwei Weltzugänge inspiriert sieht:

> „Er kommt nicht nach mir: er kommt – nach dem Vater!" Das scheint mir anormal: und eine sonderbare Welt entsteht in mir – aus mir; überläuft in mir – mich selbst. […] Wer ist hier „Ich"? Ich bin – nicht ich: ich bin – nicht Kotik Letajew! – – der ist der vor der Zeit entwickelte Mathematiker: der zweite Mathematiker…[85]

Kotiks Ohnmachten sind keine Wortohnmachten des Erzählers, auch wenn der Text in elliptischen Sätzen, Auslassungen und fragmentarischen Passagen einen Effekt des Brüchigen ausweist.

Letaev, immer verbunden mit mathematischen Formeln und Sätzen, ist dabei für Kotik ebenso unheimlich wie attraktiv. Er ist ihm unbegreiflich:

> […] und dann erklärt er Mamotschka:
> „Mathematik ist – Sphärenharmonie … Das Gewand der Welt vibriert nach strengen Normen, Formeln: die Sterne ziehen über es hin… […]"
> Hier ist das Abendrot; hier ist der Fensterrahmen; und hier bin ich: Großmutter, Mama und ich – wir leben unser Leben; Papa aber drängt sich dazwischen … hinter dem Bücherschrank hervor; und – läuft wieder weg: zu den ledernen Rücken der dicken Bände, die sich in rätselhafte Hieroglyphen bergen: – – Differential, Integral! – Ich kannte sie vor meiner Geburt! […] – Erinnerungen bestürmen mich; das ist – niemals Gewesenes; und doch

85 Belyj: *Kotik Letajew*, S. 130; „„Он не в меня; он – в отча!' Это кажется мне ненормальным: и странный мир поднимается во мне – из меня: набегает во мне – на меня самого. […] Кто тут ‚Я'? Я – не я. Я – не Котик Летаев! Это-то вот и есть превдевременно развиваемый математик: второй математик …" Belyj: Kotik Letaev, S. 100.

> – wie schon Gewesenes; Papa ist mir – ein Wesen aus einem anderen Leben; er läuft herum mit einem aufgeklappten Bändchen, fuchtelt mit der Hand und schöpft mit ihm die Harmonie des unvergleichlichen Kosmos: – – mein Papa ist – der Mathematiker Letajew; und Papa ist – mein Papa; nur meiner, von niemandem sonst; der Mathematiker Letajew kann niemandem auf der Welt Papa sein; er ist – mein Papa; und warum ist das so, daß mein Papa – der Mathematiker Letajew ist?[86]

Zugleich hat Mathematik etwas Kosmisches, der eigenen Lebenszeit Vorgängiges (wie dies Bugaev in seiner Zahlentheorie auch darlegt). Dass die mathematischen Probleme, mit denen sich Letaev befasst, eine text- und erzählgenerierende Funktion haben, zeigt sich an einigen metafiktionalen Passagen, die direkten Bezug auf die Mathematik nehmen:

> Papa sprenkelt mit seinen Funktionen die weißen Blätter.; und die Funktionen kriechen von den Blättern durchs ganze Haus; er wirft die Blätter in den Korb; aber ich ziehe sie wieder heraus; und – Raissa Iwanowna schneidet mir daraus Raben; all meine Raben sind auffällig; sie sind: augenfällig; auf dem Rücken tragen sie: scharenweise losgelassene Ikse; wenn ich die Raben leid bin, schaue ich – die Ikse an: – in den Iksen ist etwas nie Gewesenes! Ihnen fehlt – alles Stoffliche; und – vertrieben sind alle Bedeutungen…[87]

---

86 Belyj: *Kotik Letajew,* S. 90f.; „[…] это он – учит мамочку: ‚Математика – гармония сферы… Риза мира колеблется строем строгих законов: по ней катятся звезды… […]‘ Вот, бывало, заря; вот – оконная рама; вот – я: бабушка. Мама и я – мы живем своей жизнью; а папа врывается… из-за книжного шкафка; и – убегает обратно: к корешкам толстых томик; таящих в себе все какие-то геироглифы – диф-ференциал, интеграл! – я их знал до рождения! […] – воспоминания облагают меня; это – не бывшее никогда¸ и точно – бывшее прежде; папа мне – существо иной жизни; ходит с сохнутым томиком и, махая рукой, ею черпает гармонию сфер бесподобного космоса: – – папа мой– математик Летаев; и папа – мой папа: только мой, ничей иной; математики Летаев не мочет быть папою никому на земле; он – папа мне; и почему это так, что папа мой – математик Летаев. Belyj: Kotik Letaev, S. 74f.

87 Belyj: *Kotik Letajew,* S. 79 [Hervorhebung original]; „[…] папа пестрит сцоей *функцией* белые листики; функции ц листиков расползаются по дому; листики бросит в корзиночку, я же листики вытащу; и Раиса Ивановна мне из них нарежет ворон; все бороны мои не простые, а - пестрые; и – на себе они носят: многое множество растанцевающихся иксиков; мне надоели вороны; и я – гляжу в иксики: - в иксиках – не бывшее никогда! В них – предмедность отсутсвует; и – угоняются смыслы…“ Belyj: Kotik Letaev, S. 68.

Hier werden die Formeln und damit die Mathematik jedoch leer und körperlos, sie bleiben für Kotik unzugänglich. Die Mathematik in persona und figura des Vaters entspricht nicht mehr der Mathematik in narratio des erwachsen gewordenen Sohnes.

Und so kehren im Epilog des Romans das Iks und die Raben noch einmal wieder zurück, wenn Kotik gekreuzigt wird, was in diesem Zusammenhang natürlich nicht nur auf die christliche Opfersymbolik, sondern auch auf die mathematische Unbekannte X verweist:

> [...] ich schleppe – ein hölzernes, schultermalmendes Kreuz; ein Schwarm von Krähen [Raben] setzt mir nach [...] Ich werde erwartet. Werde erwartet: von meinen neuen Augenblicken; und – neuen Zimmern – Zimmern, Zimmern! – die ich nicht wieder verlassen kann; und meine Augen weiten sich; und – blinden Blicks schaue ich in den Raum [...]
>
> Ich kreuzige mich selbst. Ein Schwarm schwarzer Krähen [Raben] umringt mich und krächzt; ich schließe die Augen; und hinter geschlossenen Wimpern: liegt das Gefunkel der Kindheit.[...][88]

Was Kotik erwartet jenseits der erzählten Kindheitswelt, in der das Zimmermädchen Dunjaša als Vertreterin der rechtwinkligen Zimmerfluchten und die Herrscherin der Küche Afrosin'ja als Vertreterin des Schaums und Schwarms um die Vorherrschaft fochten, ebenso wie Vater und Mutter versuchten Einfluss auf Kotik zu nehmen, sind wiederum Zimmer: eine geregelte Welt.

Tekst-čudak

Kotik Letaev folgt einem Erzählregelwerk, das von Bugaevs evolutionär-monadologischem Verständnis vorkonturiert ist, bzw. jene Eckpfeiler des neuen Denkens, die Pavel Florenskij mit Diskontinuität und Form be-

88 Belyj: *Kotik Letajew,* S. 213, S. 215; „[...] я тащу на себе деревянный и плеча ломающий крест; стая воронов обгоняет меня [...] Ожидают меня. Ожидают меня: мои новые миги; и – новые комнаты – комнаты, комнаты! – из которых назад мне вернуться нельзя: и глаза мои засширяются; и – невидящим взором гляжу я в пространство [...] Распиняю себя. Стая воронов черных меня окружила и каркает; закрывалю глаза; и в закрытых ресницах: блеск детства. [...]“ Belyj: Kotik Letaev, S. 154f.

nennt, textuell und narrativ umsetzt. Diskontinuitäten, in Figurenbildung (persona), Metaphernrealisierung (figura) und Perspektive, sowie chronologische und topologische Inkohärenzen (narratio) sind die Folge und stellen eine alternative Erzählform vor. Die „evolutionäre Monadologie" legt die Entwicklung der Erzählung nicht in ihrem chronologischen Verlauf an, sondern ermöglicht durch punktuelle Potenzialität eine synchrone Entfaltung. Diese Konstruktion, die sicherlich auch auf die Punktmenge Georg Cantors zurückführbar ist, den Belyj bereits 1907 in *Sinn der Kunst* zitiert,[89] nimmt in Belyjs *Kotik Letaev* eine Form an, die im Sinne des Schwarms polyzentrisch oder polytop und beweglich ist und keine teleologische Perspektive zeigt. Die theoretische Grundbedingung und Urszene einer Erzählhandlung (eines Dramas), die Einheit von Raum und Zeit, sind konsequent aufgelöst und abgelöst. Die Verwandtschaft von Zählen und Erzählen, die auch in der chronologischen Perspektive begründet ist, die durch das Voranschreiten in der Zeit beim Ab(er)zählen entsteht, verschwindet hier hinter einem anderen Raum- und Zahlverständnis. Die Zahl ist Potenzialität und wie eine evolutionäre Monade entfaltbar, der Raum ist diskontuierlich.

Die chronologische Ordnung, eine Grundkategorie autobiographischen Erzählens, wird aufgelöst. Räumliche Aufteilung im Sinne eines individuellen Vorhandenseins in einer Welt, die extern beobachtbar und beschreibbar ist, findet nicht statt (und entspricht natürlich auch der symbolistischen, Solov'evschen Idee der Alleinheit). Die Herleitung dieser Teilhabe ist diesmal aber nicht religionsphilosophisch motiviert, sondern mathematisch.

Die Transformation der Bugaevschen Mathematik in einen Text macht *Kotik Letaev* als Erzähltext sonderbar. Damit ist aber nicht nur die Fremdheit und Neuheit der Machart dieses Textes angesprochen, sondern das čudačestvo von *Kotik Letaev* als kurioses Moment. Die Konfrontation von und Kombination aus eigentlich erhabenen mythologischen Anspielungen und Alltagserlebnissen, die ohne jede Wertung erzählt werden, sind grotesk. Das Projekt der Zusammenführung aus Konkretem,

89 Die Punktmenge Cantors ist wiederum Grundlage für alternative geometrische Entwürfe im 20. Jahrhundert wie die fraktale Geometrie Benoît Mandelbrots.

Lebensweltlichem und Abstraktem, Ontologischem ist Realisierung der Monade und wird erprobt. Was dabei herauskommt ist ebenso erhaben wie komisch, ist in der Perspektivnivellierung durch die Weltsicht des Dreijährigen und des Fünfunddreißigjährigen eine geradezu kauzige Autobiographie. Der gelassene Kommentar der Kinderfrau „Das ist das Wachstum, gnädige Frau!“ in der geregelten Welt der Erwachsenen, während Kotik sich schmerzhaft dehnt und streckt und dies als Platzen einer Anaximanderschen Kugel beschreibt, als die sich Kotik selbst sieht, sind zwei Ansichten desselben Ereignisses aus zwei unterschiedlichen Welten, ohne dass diese erzählend aus zwei Perspektiven angeboten werden: Sie sind nivelliert. In *Kotik Letaev* werden Kindheit und Kinderwelt als Geschichte des Anfangs der Welt beschrieben, als Mythos, die aber immer wieder mit den Regeln und Normen der erwachsenen Welt konfrontiert wird, ohne dass diese Auseinandersetzung als solche thematisiert wird. Gerade im Gegenteil: Die unkommentierte Ineinssetzung beider Perspektiven ist die potenziale Realität der evolutionären Monade. Wie Bugaev in seiner philosophischen Mathematik Abstraktes ins Konkrete überführt, nimmt Belyj die Sprache als solche beim Wort: Metaphern werden erzählend realisiert. Der Assoziations- und Imaginationsraum, der tropologisch geschaffen wird, wird zum realen Erzählraum. Kotik fällt in Ohnmacht und fällt durch den dreidimensionalen Raum nach unten. Dabei ist die Gleichzeitigkeit von Mythos und Alltag, von Erhabenheit und Banalität eben nicht ambivalent und oszilliert nicht zwischen zwei möglichen Signifikaten, sondern ist e i n s.

Einige Figuren sind privilegierte und ebenso geliebte wie gefürchtete Bewohner beider Welten: Die Alte, der Vater und Kotik selbst. Der Vater wird mit dem griechischen Hephaistos verglichen und mit einem Meteor und Vulkan, aber eben auch als čudak bezeichnet. Diese Benennung wird aber zunächst von außen herangetragen und entstammt nicht Kotiks mythologischer und kindlicher Welt. Er nimmt dieses Wort aber ebenso beim Wort wie andere Tropen und konfrontiert den ebenso geliebten wie gefürchteten Vater (er will nicht werden wie der Vater) mit der Distanz nehmenden Bezeichnung des Kauzes. Die Aneignung dieser Bezeichnung erfolgt textuell und wird biographisch und (Auto-)Biographie schreibend noch fortgesetzt: In dem später entstandenen Text *Načalo veka* benennt Belyj sich selbst als čudak, in den – ebenfalls autobiographisch orientierten Schriften *Aufzeichnungen eines Sonderlings (Zapiski čudaka,* 1922) und *Moskauer Sonderling* (*Moskovskij čudak,* 1925/26) wird der čudak sogar titelgebend und programmatisch.

> Aber wir waren „Sonderlinge" [...] „Sonderling" in meiner Beschreibung ist lediglich ein Opfer des Kampfes mit den Bedingungen des Lebens, das ist einer, der nicht so sehr gekämpft hat, [...] individuell gekämpft hat; und daraus besonders deformiert hervorging.
> Sich selbst als einen „Sonderling" zu bezeichnen" und dabei die für die heutige Zeit unverständlichen „Unarten" (von „unartig") meiner Altersgenossen zu beschreiben, bitte ich meine jugendlichen Leser zu verstehen: Die Rede ist von einer Wirklichkeit, die nichts gemein hat mit unserer Zeit [...] Ich will, dass man mich versteht: Ein „Sonderling" unter aktuellen Bedingungen ist ein negativer Typus; ein „Sonderling" unter den Bedingungen der beschriebenen Epoche ist ein Beschädigter, der respektvolle Aufmerksamkeit verdient.[90]

Die Kuriosität des čudak deplatziert ihn. Er fällt aus Raum und Zeit heraus und ist fremd und befremdlich. Dies gilt für die in *Anfang eines Zeitalters* (*Načalo veka)* angesprochenen symbolistischen Autoren, für Vater Letaev in *Kotik Letaev*, der die Räume der Wohnung Funken sprühend durchquert, für die Mathematik des Vaters Bugaev, die diesen zu einem Kuriosum der russischen Gelehrtengesellschaft macht, für Kotik, der Weltzeit und eigene Zeit und All und Lebenswelt in eins setzt, für den Text, der mit der Aufhebung gewohnter Raum- und Zeitstrukturen die Grundfesten des Erzählens aushebelt (und dies auch noch auf Grundlage eines neuen mathematischen Verständnisses von Raum und Zahl) und letztendlich für

90 „Но мы были ‚чудаки' [...] ‚чудак' в моем описании - лишь жертва борьбы с условиями жизни; это тот, кто не так боролся, [...] индивидуально боролся; и от этого вышел особенно деформированным. Изображая себя ‚чудаком', описывая непонятные для нашего времени ‚шалости' (от ‚шалый') моих сверстников, я прошу читательскую молодежь понять: речь идет о действительности, не имеющей ничего общего с нашим временем, [...] Я хочу, чтобы меня поняли: ‚чудак' в условиях современности - отрицательный тип; ‚чудак' в условиях описываемой эпохи - инвалид, заслуживающий уважительного внимания." Belyj, Andrej: *Načalo veka,* S. 10.

Belyj selbst, der in der postrevolutionären Welt der 1920er Jahre keinen Ort mehr für sich sieht. Die Mathematik des Vaters aber bleibt zurück als die Mathematik der Kindheit und eines untergegangenen Reiches, als phantasievolle Weltbeschreibung, die die erwachsene Realität und die Realität der 1920er Jahre nicht beschreiben kann.

Anke Niederbudde

Geometrie als wissenschaftlich-argumentatives Hilfsmittel in den kunsttheoretischen Schriften Pavel Florenskijs

Die wissenschaftliche Erforschung des „Raumes" im Kunstwerk erfordert eine differenzierte Herangehensweise. Zu berücksichtigen sind, so Pavel Aleksandrovič Florenskij in *Die Absolutheit der Räumlichkeit* (*Absoljutnost' prostranstvennosti*, 1924/25), zumindest drei Schichten: die geometrische, die physikalische und die psycho-physiologische.[1] Vor allem letztere ist dem ästhetischen Raum sehr nahe, deshalb nehmen Darlegungen zu psycho-physiologischen Fragen viel Platz in Florenskijs Texten zur bildenden Kunst ein. Doch auch die Beschäftigung mit dem geometrischen Raum ist für das Verständnis des ästhetischen Raums nicht nutzlos, dies allerdings nicht aufgrund von Nähe, sondern aufgrund von Differenz: Denn Kunst hat ihren Ausgang für Florenskij nicht in formalen Strukturräumen (nichts anderes sind die Räume der Geometrie), sondern im realen Leben. Es ist also falsch, einen unmittelbaren Bezug zwischen den abstrakten Raumbetrachtungen der Geometrie und dem Raum des Kunstwerkes herzustellen. Doch gerade diese Erkenntnis trägt viel zum Verständnis von Kunst bei.

Zu Beginn des 20. Jahrhunderts, als Florenskij seine kunsttheoretischen Texte schrieb, war Geometrie ein hochaktuelles Thema. Die Entwicklung neuer, nichteuklidischer Geometrien im 19. Jahrhundert hatte den Grundstein für eine wissenschaftliche Debatte gelegt, die über den engen Rahmen der Mathematik hinausging.[2] War man bisher immer wie

1 Florenskij, Pavel: Absoljutnost' prostranstvennosti, in: Ders.: *Sobranie sočinenij. Stat'i i issledovanija po istorii i filosofii iskusstva i archeologii*, Moskva 2000, S. 274-295, hier S. 276.

2 Da mit Nikolaj Ivanovič Lobačevskij (1792-1856) ein russischer Mathematiker einen wesentlichen Beitrag zur Entwicklung der neuen Geometrie geleistet hatte, war gerade in Russland das Interesse an diesem Forschungsgebiet gewaltig. Schon im 19. Jahr-

selbstverständlich davon ausgegangen, dass der physikalische Raum euklidisch ist, konnte man jetzt den Raum auch auf andere Weise mathematisch fassen: etwa unter Rückgriff auf Bernhard Riemanns nichteuklidische Geometrie als n-dimensionale Mannigfaltigkeit. Die naturwissenschaftliche Produktivität der Anwendung neuer Geometrien hat Albert Einstein 1915 mit der allgemeinen Relativitätstheorie gezeigt.[3]

Auch in der Kunsttheorie der Zeit haben die neuen Entwicklungen in der Mathematik Spuren hinterlassen. So forderten etwa Albert Gleize und Jean Metzinger in ihrer grundlegenden Schrift *Du Cubisme* (1912)[4] die Künstler auf, die Geometrie von Riemann zu studieren. In dessen nichteuklidischer Geometrie könnten sie eine wissenschaftliche Grundlegung für neue künstlerische Verfahren der Raumgestaltung finden. Der hier hergestellte Bezug zwischen der Revolutionierung der Raumtheorie der Mathematik und der Revolutionierung der Raumgestaltung in der bildenden Kunst findet in der Folge in ganz Europa weite Verbreitung.[5] In Russland sind die neuen Geometrien schon zu Beginn der 1910er Jahre sowohl in kunsttheoretischen Schriften und Manifesten als auch in der künstlerischen Praxis der Avantgarde anzutreffen. So charakterisierte etwa Michail Fedorovič Larionov 1913 in dem Manifest *Strahlenkünstler und Zukünft-*

---

hundert finden sich Spuren einer Auseinandersetzung mit Lobačevskijs Werk auch in literarischen Texten, so etwa in Fedor Michajlovič Dostoevskijs Roman (*Die Brüder Karamazov* (*Brat'ja Karamazovy*, 1880): Im Fünften Buch wundert sich Ivan Karamazov über die mathematische Theorie, dass sich Parallelen im Unendlichen schneiden (Dostoevskij, Fedor: *Brat'ja Karamazovy*, Moskva 1958, S. 294f.). Vor allem im Jubiläumsjahr 1892 (Lobačevskijs 100. Geburtstag) erschienen in Russland zahlreiche wissenschaftliche Veröffentlichungen zur nichteuklidischen Geometrie (vgl. Vucinich, Alexander: *Science in Russian Culture 1861-1917*, Stanford 1970).

3 Zur Geschichte der Raumtheorie der Physik vgl. Jammer, Max: *Das Problem des Raums. Die Entwicklung der Raumtheorie*, Darmstadt 1980.

4 Gleize, Albert; Metzinger, Jean: *Du Cubisme*, Paris 1912. Zu den neuen Geometrien im Kubismus vgl. Henderson, Linda Dalrymple: *The Fourth Dimension and Non-Euclidean Geometry in Modern Art*, Princeton 1983, S. 44-103. Teuber, Marianne L.: Formvorstellung und Kubismus oder Pablo Picasso und William James, in: *Kubismus, Künstler – Themen – Werke. 1907-1920.* Ausstellungskatalog der Josef-Haubrich-Kunsthalle, Köln 1982, S. 9-57.

5 Henderson behandelt Künstler der französischen, italienischen, amerikanischen, russischen und holländischen Avantgarde. Nur für Deutschland und England konstatiert sie ein fehlendes Interesse für die neuen Geometrien in Künstlerkreisen (Henderson: *The Fourth Dimension*, S. XXI-XXII).

ler (*Lučisty i buduščniki*) seine Bilder als Versuch, den Eindruck des Gleitens herzustellen – dadurch entstehe „ein Empfinden von dem, was man vierte Dimension nennen kann" („ощущение того, что можно назвать четвертым измерением").[6] Kazimir Severinovič Malevič malte in dieser Zeit ebenfalls Bilder zur „vierten Dimension".[7]

Die Bezugnahmen der Künstler auf die neuen Geometrien waren meist sehr allgemeiner Natur: Es ging ihnen beim Gebrauch mathematischer oder physikalischer Begriffe offensichtlich nicht um den exakten Nachvollzug wissenschaftlicher Theorien, sondern „um den metaphorischen Mehrwert der Terminologien, die über ihren eigentlichen Geltungsbereich hinaus Metaphern oder gar Symbole eines Neuen Denkens werden sollten".[8] Häufig fehlte es den Künstlern an fundiertem Wissen insbesondere auf mathematischem Gebiet.

Hingegen war Florenskij mit mathematischen Fragestellungen bestens vertraut. Er hatte von 1900 bis 1904 an der Moskauer Universität Mathematik studiert, nach erfolgreicher Dissertation sich jedoch für eine Priesterlaufbahn entschieden. In seinen religionsphilosophischen Schriften der vorrevolutionären Zeit (1904-1917) spielen mathematische Beispiele eine große Rolle.[9] Die Mathematik ist in diesen Texten Argument gegen ein empiristisches und positivistisches Weltbild und dient zur Fundierung eines religiösen Weltverständnisses. So stellt Florenskij etwa in *Über Wachstumstypen* (*O tipach vozrastanija*, 1906) das Wachstum des Menschen (hin zu Gott) anhand des Wachstums mathematischer Funktionen dar. Die sehr ausführlichen mathematischen Darlegungen dienen in dieser pri-

6 Larionov, Michail. Lučisty i buduščniki, In: Markov, Vladimir (Hg.): *Manifesty i programmy russkich futuristov*, München, 175-179. Vgl. Henderson, *The Fourth Dimension*, S. 261f.

7 In der Ausstellung „0,10", in der Malevič zum ersten Mal sein *Schwarzes Quadrat* ausstellte, wurden auch einige Gemälde gezeigt, die die „vierte Dimension" im Untertitel tragen. Vgl. Henderson: *The Fourth Dimension*, 274-294; Strigalev, Anatolij: Pojdemsja po vystavke „nol' – desjat'" („0,10"), in: *Russkij Avangard. Problemy reprezentacii i interpretacii*, Sankt-Peterburg 1998, S. 96f.

8 Hansen-Löve, Aage: Die Kunst ist nicht gestürzt. Das suprematistische Jahrzehnt, in: Malevič, Kazimir: *Gott ist nicht gestürzt!*, München u.a. 2004, S. 343.

9 Vgl. Niederbudde, Anke: *Mathematische Konzeptionen in der russischen Moderne. Florenskij – Chlebnikov – Charms*, München 2006, S. 20-49, S. 129-167.

mär theologischen Schrift nicht nur als Vergleiche und Bilder, die man „je nach Geschmack annehmen oder ablehnen kann" („что можно принимать, но можно и не принимать, в зависимости от вкусов"), sie sind vielmehr, wie Florenskij selbst hervorhebt, „notwendig-gedankliche Schemata" („необходимо-мыслимые схемы"), deren Übereinstimmung mit theologisch-philosophischen Problemen auf einer wesensmäßigen Analogie beruht.[10]

Nach der Oktoberrevolution musste Florenskij sich als Wissenschaftler neu positionieren. Im kommunistischen Russland waren theologische und religionsphilosophische Themenstellungen nicht mehr gefragt. Florenskij entdeckte daher die Kunst als neues Forschungsgebiet für sich, wobei sein Interesse vor allem der orthodoxen Sakralkunst (den Ikonen) galt. Wesentlich für die Hinwendung zur Kunstwissenschaft war seine Tätigkeit als Leiter der Kommission zum Schutz der Kunst- und Altertumsdenkmäler des Sergius-Dreieinigkeits-Klosters (Troice-Sergieva Lavra) unmittelbar nach der Oktoberrevolution. Da das Kloster nicht mehr als religiöses Zentrum weiter bestehen durfte, schlug Florenskij vor, es als eine „Art Versuchseinrichtung und Laboratorium zum Studium der bedeutendsten Probleme der modernen Ästhetik"[11] zu erhalten. Florenskij hatte erkannt, dass die einzige Überlebenschance für die Sakralgegenstände darin bestand, sie zu Kunstgegenständen zu deklarieren und als solche einer wissenschaftlichen Beschreibung zuzuführen. In der Folge machte sich Florenskij vor allem als Erforscher der „umgekehrten" Perspektive der Ikone einen Namen. Seine Schriften zu diesem Thema integrierten sich problemlos in den Kunstdiskurs der frühen Sowjetunion – denn gerade Avantgarde-Künstler

---

10 Florenskij, Pavel: O tipach vozrastanija, in: Ders.: *Sočinenija v četyrech tomach*, Bd. 1, Moskva 1994, S. 281-317, hier S. 284.

11 Florenskij, Pavel: Die kirchliche Liturgie als Synthese der Künste, in: Ders.: *Die umgekehrte Perspektive. Texte zur Kunst*, München 1989, S. 112. Russ.: „Мне представляется Лавра как своего рода опытная станция и лаборатория для изучения существеннейших проблем современной эстетики". Florenskij, Pavel: Chramovoe dejstvo kak sintez iskusstv, in: Ders.: *Sočinenija v četyrech tomach*, Bd. 2, Moskva 1996, S. 370-382, S. 271. In dem Vortrag entwickelt Florenskij die Idee, das Kloster als eine Art „lebendiges" Museum zu erhalten. Es sollten nicht nur die einzelnen Gegenstände des Klosters (etwa Ikonen) als Forschungsobjekte archiviert werden, im Kloster sollte vielmehr eine Mönchsgemeinschaft als wissenschaftliches Experiment eingerichtet werden.

maßen dem Bildkonzept und den Gestaltungsverfahren der Ikone hohe Bedeutung für die Entwicklung der modernen Kunst bei. Die Erforschung der Ikonenmalerei gehörte schon in vorrevolutionärer Zeit als fester Bestandteil zur kunsttheoretischen Debatte in Russland (vgl. die Ikonenausstellung in Moskau 1913).[12] Florenskij war mit seinen Forschungen zur Ikonenkunst in den 20er Jahren daher ein gefragter Kunstexperte und erhielt als Lehrer und Forscher Zugang zu zwei der wichtigsten kunstwissenschaftlichen Institutionen der frühen Sowjetunion – den VChUTEMAS (Vysšie Chudožestvenno-Techničeskie Masterskie, dt. „Höhere Künstlerisch-Technische Werkstätten") und der RAChN (Russkaja Akademija Chudožestvennych Nauk, dt. „Russische Akademie der Kunstwissenschaften").[13] Im Kontext seiner Arbeit an diesen Forschungseinrichtungen entstanden zahlreiche Schriften zur bildenden Kunst, in denen das Problem des Raumes eine zentrale Rolle spielt: *Die umgekehrte Perspektive* (*Obratnaja perspektiva*, 1919),[14] *Analyse der Räumlichkeit und Zeit in den Werken der bildenden Kunst* (*Analiz prostranstvennosti i vremeni v chudožestvenno-izobrazitel'nych proizvedenijach*, 1924),[15] *Analyse der Perspektive* (*Analiz*

---

12 Zur Bedeutung dieser Ausstellung für die russische Avantgarde vgl. Krieger, Verena: *Von der Ikone zur Utopie. Kunstkonzepte der Russischen Avantgarde*, Köln u.a. 1998, S. 76-85.

13 An den VChUTEMAS hielt Florenskij von 1921-24 Vorlesungen in der Abteilung für Polygraphie. Die RAChN plante 1921/22 die Erarbeitung eines terminologischen Wörterbuches und eines Symbolariums. Für beide Projekte sollte Florenskij Beiträge liefern. Es ist jedoch nur aus dem Symbolarium-Projekt ein Artikel zum Thema „Punkt" („Точка") hervorgegangen: Florenskij, Pavel: Symbolarium. (Slovar' simvolov), in: Ders.: *Sočinenija v četyrech tomach*, Bd. 2, Moskva 1996, S. 564-590. Zu Florenskijs Arbeit an VChUTEMAS und RAChN vgl. Misler, Nicoletta: Toward an Exact Aesthetics: Pavel Florensky and the Russian Academy of Artistic Science, in: Bowlt, John E.; Matich, Olga (Hg.). *Laboratory of Dreams. The Russian Avant-Garde and Cultural Experiment*, Stanford 1996, S. 118-132.

14 Florenskij, Pavel: Obratnaja perspektiva, in: Ders.: *Sočinenija v četyrech tomach*, Bd. 3 (1), Moskva 1999, S. 45-100; deutsche Übersetzung: Florenski, Pawel: Die umgekehrte Perspektive, in: Ders.: *Raum und Zeit*, hg. u. übers. v. Olga Radetzkaja u. Ulrich Werner, Berlin 1997, S. 15-96. Der Text entstand 1919, also vor Florenskijs Arbeit an der Kunsthochschule und Akademie. Er ist Florenskijs maßgebliches Werk zur umgekehrten Perspektive der Ikone (vgl.: Krieger: *Von der Ikone*, S. 192-209).

15 Florenskij, Pavel: Analiz prostranstvennosti i vremeni v chudožestvenno-izobrazitel'nych proizvedenijach, in: Ders.: *Sobranie sočinenij. Stat'i i issledovanija po istorii i filosofii iskusstva i archeologii*, Moskva 2000, S. 81-259. Dt. Übersetzung: Florenski, Pavel: Analyse der Räumlichkeit und der Zeit in Werken der bildenden Kunst, in: Ders.: *Raum*

perspektivy, 1923/24),[16] und *Die Absolutheit der Räumlichkeit* (*Absoljutnost' prostranstvennosti*, 1925/26).[17] In den 1920er Jahren arbeitete Florenskij außerdem an verschiedenen sowjetischen Forschungseinrichtungen für Elektrotechnik und veröffentlichte auch auf diesem Gebiet zahlreiche Forschungsarbeiten.[18] 1933 wurde er verhaftet und zu 10 Jahren Lager verurteilt, aus dem er nicht mehr zurückkehrte.

Mit seiner ausgefallenen Biographie stellt Florenskij eine interessante Mittlerfigur zwischen (exakter) Wissenschaft, Religionsphilosophie und Kunst im frühen 20. Jahrhundert dar. Seine philosophischen und kunstwissenschaftlichen Arbeiten stießen in Russland auf großes Interesse – und zwar offensichtlich gerade aufgrund der für sie charakteristischen Transposition von (exakt)wissenschaftlichen Theorien auf geisteswissenschaftliche Gebiete. Ein markantes Beispiel dafür ist seine Schrift *Imaginäre Größen in der Geometrie* (*Mnimosti v geometrii*, 1922): Im Schlussteil dieses Buches versucht Florenskij die Raumgestaltung in Dante Alighieris *Divina Commedia* als künstlerische Antizipation von Einsteins Relativitätstheorie zu lesen. Die Reise des Ich-Erzählers durch Hölle und Paradies in Dantes Epos interpretiert er als Reise entlang einer Weltlinie auf einer einseitigen Riemannschen Fläche: Vom Ausgangspunkt Florenz bewegt sich der Held immer auf einer Geraden fort, um schließlich wieder zum Ausgangspunkt (Florenz) zurückzukehren, wobei er nur einmal um 180° „auf den Kopf gestellt" wird, ohne dadurch jedoch die Richtung seines Weges (Geradheit) zu ändern.[19] Der Raum des Kosmos ist hier also

und Zeit, S. 97-343. Es handelt sich um ein Vorlesungsmanuskript (1924) für eine Veranstaltung an den VChUTEMAS.

16 Die ebenfalls an den VChUTEMAS gehaltene Vorlesung „Analiz perspektivy" ist nur in der Mitschrift einer Studentin erhalten: „Zapis' Verevinoj-Stroganovoj, 1923/24" („Aufzeichnung von Verevina-Stroganovaja, 1923/24"), in: Florenskij, Pavel: *Sobranie sočinenij. Stat'i i issledovanija po istorii i filosofii iskusstva i archeologii*, Moskva 2000, S. 296-385.

17 Florenskij: Absoljutnost' prostranstvennosti, in: Ebd., S. 274-295. Der Text entstand 1925/26.

18 Vgl. Hagemeister, Michael: P.A. Florenskij und seine Schrift „Mnimosti v geometrii" (1922), in: Florenskij, Pavel: *Mnimosti v geometrii*, München 1985, S. 9f. Florenskij verfasste u.a. für die in den Jahren 1927 bis 1934 erschiene 27-bändige *Technische Enzyklopädie* (*Techničeskaja ėnciklopedija*) 127 Artikel.

19 Florenskij: *Mnimosti*, S. 47.

– entsprechend der nichteuklidischen Geometrie – unbegrenzt aber endlich, weil er gekrümmt ist.

Florenskijs mit neuen wissenschaftlichen Erkenntnissen unterfütterte Dante-Lektüre hat schon unmittelbar nach ihrem Erscheinen 1922 große Aufmerksamkeit erregt: Maksimilian Aleksandrovič Vološin, Evgenij Ivanovič Zamjatin, Michail Afanas'evič Bulgakov u.a. sollen aus ihr Anregungen für ihre literarischen Werke geschöpft haben.[20] Bezeichnenderweise enthält *Imaginäre Größen* aber nicht nur eine originelle „wissenschaftliche" Neuinterpretation der *Divina Commedia*, sondern auch den gröbsten wissenschaftlichen Missgriff Florenskijs. Der Ausgangspunkt für seine Bezugsetzung von Dantes und Einsteins Kosmologie ist nämlich eine fehlerhafte Deutung des Michelson-Morley-Experimentes zur Lichtgeschwindigkeit. Albert Michelson und Edward Morley hatten in den 1880er Jahren experimentell nachgewiesen, dass die Ausbreitungsgeschwindigkeit des Lichts in Richtung der Umlaufbahn der Erde sich nicht von der Geschwindigkeit des Lichts in einer dazu senkrechten Richtung unterscheidet (d.h. das Licht breitet sich in alle Richtungen gleich schnell aus); wichtiges Ergebnis ihres Versuchs war die Erkenntnis von der Unabhängigkeit der Lichtgeschwindigkeit von der Erdbewegung, ein Ergebnis, das in der Folge entscheidend war für die Entwicklung der Relativitätstheorie.[21] Florenskij interpretierte die Ergebnisse des Experiments in *Imaginäre Größen* ganz anders: für ihn rehabilitierte der Michelson-Morley-Versuch die seit Kopernikus ad acta gelegte Vorstellung, dass die Erde bewegungslos im Mittelpunkt des Weltalls ruht. Die neue wissenschaftliche Forschung bestätigt also für ihn das ptolemäische Weltbild.[22]

---

20 Vgl. Hagemeister: P.A. Florenskij, S. 19-23; Szilard, Lena: Andrej Belyj i P.A. Florenskij, in: *Studia Slavica Hungarica* 33, S. 227-238.

21 Zum Michelson-Morley-Versuch und seiner Bedeutung für die Relativitätstheorie vgl. Kinnebrock, Werner: *Bedeutende Theorien des 20. Jahrhunderts. Ein Vorstoß zu den Grenzen von Berechenbarkeit und Erkenntnis*, München u.a. 1999, S. 23-39.

22 Florenskij: *Mnimosti*, S. 8f. Florenskij versteht ganz offensichtlich nicht den Kern der Relativitätstheorie, der darin besteht, dass es keine absoluten, sondern nur relative Geschwindigkeiten gibt und dass es (daraus folgend) kein absolut ruhendes Bezugssystem gibt. Haney versucht die Gründe für Florenskijs Fehlinterpretation zu klären und vermutet hinter dem Leugnen der Erdrotation eine Bezugnahme auf das so genannte „Machsche Prinzip", wonach die Trägheit der Körper ein Resultat des Wirkens der fernen

Die Fehlerhaftigkeit dieser Interpretation neuester physikalischer Experimente und Theorien war auch damals schon den ungebildetsten Laien offensichtlich, doch beeinträchtigte sie Florenskijs Ruf als genialen Universalgelehrten kaum. Womöglich liegt die „Genialität“ des Textes ja auch gerade in der Fehlinterpretation, die letztlich die Voraussetzung für die ungewöhnlich-originelle Kombination von literarischem Text (Dantes *Divina Commedia*) und wissenschaftlicher Theorie (Einsteins Relativitätstheorie) durch Florenskij ist.

Imaginäre Größen macht deutlich, wie schwierig es ist, die Frage nach Laienhaftigkeit oder Expertentum bei Florenskij zu beantworten. Die Fehlinterpretation des Michelson-Morley-Versuches ist natürlich auf mangelnde Kenntnisse Florenskijs zurückzuführen (er war eben kein Physiker). Charakteristisch ist an diesem Text aber weniger die Fehldeutung (Fehler dieser Art unterlaufen Florenskij eher selten), als das überdeutliche Bemühen, die „exakte“ Wissenschaft zur Stützung des eigenen (metaphysisch-religionsphilosophischen) Weltbildes heranzuziehen. Die wissenschaftlichen Diskurse und Exkurse in seinem Werk dienen eben stets nur als „Hilfsmittel“ zur Untermauerung eigener Thesen. Von solchen Intentionen geleitet, war Florenskijs Lektüre wissenschaftlicher Theorien zwangsläufig selektiv und für Fehlinterpretationen anfällig.

Auch in seinen kunstwissenschaftlichen Schriften und Vorlesungen der 20er Jahre, die im Mittelpunkt der folgenden Ausführungen stehen, sind die einbezogenen mathematischen (v.a. geometrischen) Theorien nur Hilfsmittel, um eigene (hier kunsttheoretische) Thesen zu stützen. Vergleichbare grobe Missgriffe wie in *Imaginäre Größen* unterlaufen ihm in diesen Texten nicht. Doch verfolgt er hier ebenfalls beständig das Ziel, den eigenen Theorien mit Hilfe von Wissenschaft Autorität zu verschaffen und sich in der Auseinandersetzung mit anderen Kunstvorstellungen (zwischen Avantgarde- und Renaissance-Kunst) zu positionieren.

Massen im Weltall ist (Haney, Frank: *Zwischen exakter Wissenschaft und Orthodoxie. Zur Rationalitätsauffassung Priester Pavel Florenskijs*, Frankfurt a. M. u.a. 2001, S. 175f.).

1. Physiologische Argumente gegen die Zentralperspektive und Euklid

Florenskij reiht sich mit seinen Schriften zur bildenden Kunst in eine alte Tradition ein, die kunsttheoretische Fragen mathematisch-geometrisch erörterte. Vor allem die Kunsttheorie der Renaissance setzte sich intensiv mit geometrischen Fragen auseinander und orientierte sich bei der Entwicklung konstruktiver Verfahren für die Kunst am mathematisch-geometrischen Wissen ihrer Zeit. Florenskij entwirft seine Texte explizit als Gegenkonzepte zur Kunsttheorie der Renaissance: Es ist die Zentralperspektive, gegen die sich seine geometrische, aber auch seine physiologische Argumentation wendet. In *Die umgekehrte Perspektive* geht Florenskij ausführlich auf die Entwicklung der Zentralperspektive ein, mit dem Ziel, ihre Künstlichkeit und Unnatürlichkeit herauszuarbeiten: Die Zentralperspektive erfordere einen einäugigen Betrachter, einen unveränderlichen Standpunkt des Betrachters sowie eine unveränderliche, fixierte Welt[23] – alles künstliche Vorgaben, die von der Wahrnehmung des Menschen nicht gedeckt werden. Ein Bezug zur zeitgenössischen Psycho-Physiologie zeigt sich vor allem in Florenskijs Auseinandersetzung mit der Zweiäugigkeit des Sehens und ihren Besonderheiten. Gerade in der konsequenten Distanzierung vom „einäugigen Sehen" zeigt sich eine Fortschrittlichkeit Florenskijs, die bei anderen Kunsttheoretikern der Zeit (etwa Erwin Panofsky) nicht gegeben ist.[24]

Auch geometrische Theorien spielen in Florenskijs Auseinandersetzung mit der Physiologie des Sehens eine Rolle. Und er ist damit nicht der erste: Vor dem Hintergrund der Relativierung der euklidischen Geometrie drängte sich schon im 19. Jahrhundert die Frage auf, ob nicht die nichteuklidische Geometrie ein besseres Instrumentarium zur Beschreibung des physiologischen Raumes (bzw. der Raumwahrnehmung) biete als die euklidische Geometrie. So hat Hermann von Helmholtz schon 1867 das Sehfeld als eine gekrümmte Fläche dargestellt und die Lokalisierung

23 Florenskij: Obratnaja perspektiva, S. 88f.

24 Vgl. Clausberg, Karl: Arbeit am Mythos der Perspektive. ‚Ideelle' Zyklopensicht durch Herings ‚Doppelauge'. Pawel Florenskij neben Erwin Panofsky, in: Ders.: *Neuronale Kunstgeschichte*, Wien 1999, S. 109-125.

von Reizen im Sehfeld mit Riemannschen Flächen verglichen.[25] Wilhelm Wundt stellte 1886 in *Physiologische Psychologie* das Sehfeld als Innenseite einer Kugelfläche dar.[26]

Florenskij beteiligte sich mit seinen Überlegungen zur Nicht-Euklidizität des physiologischen Raumes an dieser Diskussion, die in wissenschaftstheoretischen Kreisen schon seit längerem geführt wurde und an der sich sowohl Psycho-Physiologen (Helmholtz, Ernst Mach, Gustav Theodor Fechner) als auch Mathematiker (Henri Poincaré) beteiligten.[27] Auch die Frage, ob und wie man die nichteuklidischen bzw. n-dimensionalen Geometrien veranschaulichen könnte, thematisierte man damals häufig. Florenskij partizipiert an dieser Auseinandersetzung, sieht die Frage nach der Euklidizität des physiologischen Raumes jedoch weniger als wissenschaftliches denn als weltanschauliches Problem: Detailfragen der Physiologie interessieren ihn nicht, stattdessen betont er immer wieder die Bedeutung der Raumfrage für das Weltbild. Das Raumverständnis prägt die Weltsicht und die tiefste, fundamentale Schicht bildet hier die Geometrie. Euklid, dessen Geometrie über Jahrtausende hinweg als die einzig mögliche galt, hatte insofern einen enormen Einfluss – gerade auf die Raumwahrnehmung des Menschen. Florenskij hebt insbesondere fünf Charakteristika hervor, die den euklidischen Raum auszeichnen und auch die Raumwahrnehmung beeinflussen, obwohl sie der natürlichen Wahrnehmung widersprechen:

1) Homogenität: Im euklidischen Raum unterscheidet sich ein Raumausschnitt nicht von anderen, der Raum ist indifferent gegenüber geometrischen Gebilden. Bei verändertem Maßstab bleiben alle inneren Relationen eines geometrischen Gebildes aufrechterhalten. Im physiologischen Raum besitzt jedoch jede Stelle eine spezifische Besonderheit, sie unterscheidet sich qualitativ von anderen Raumstellen. Bei der Entstehung des Bildes auf der Netzhaut spielen nicht alle Punkte dieselbe Rolle.

2) Isotropie: Im euklidischen Raum sind alle von einem Punkt ausgehenden Geraden untereinander vollkommen gleichwertig. Keine Richtung

---

25 Helmholtz, Hermann von: *Optique Physiologique*, Paris 1867, S. 708f.

26 Wundt, Wilhelm: *Grundzüge der physiologischen Psychologie*, Bd. 2, Leipzig 1880, S. 87.

27 Vgl. Henderson: *The Fourth Dimension*, S. 11-41.

(vertikal, horizontal etc.) wird präferiert. Dagegen besitzt in der Wahrnehmung jede Richtung ihre eigene Qualität. Dass die physiologische Raumwahrnehmung nicht isotrop ist, zeigt sich auch an der unterschiedlichen Einschätzung von Winkelabständen.

3) Kontinuität und Stetigkeit: Anders als die Pythagoreer, die den Punkt in den Mittelpunkt ihres Denkens setzten (und gleichsam vom Raum abstrahierten), zeichnet sich der euklidische Raum durch Kontinuität und Stetigkeit aus.[28] Der Punkt als Einheit (d.h. diskretes Element) ist hier zweitrangig und immer „an der Grenze seiner Vernichtung" („на границе своего уничтожения")[29]. Stetigkeit und Kontinuität des euklidischen Raums widersprechen der Ganzheitlichkeit und Geschlossenheit der Form und des Lebens und damit ebenfalls der Wahrnehmung des Menschen. Der Wahrnehmungsraum besteht aus getrennten Elementen: bald ist er „körnig" („зернисто"), bald aus unterschiedlich angeordneten „Härchen aufgebaut" („построено из волосков")[30].

4) Unendlichkeit: Im Unterschied zum nicht-euklidischen, gekrümmten Raum ist der euklidische Raum unendlich. Auch hiermit steht er im Gegensatz zum Wahrnehmungsraum. Denn „jede Art von Empfindung hat ihr inneres Maß" („всякий род ощущений, имеет свою внутренную меру")[31]: Keiner der physiologischen Räume (Gehörraum, Geschmacksraum, Sehraum etc.) ist unendlich.

5) Unbegrenztheit: Die Oberfläche einer Kugel ist zwar unbegrenzt, aber endlich. Der Unterschied zwischen Unendlichkeit und Unbegrenztheit ist daher für die Charakterisierung nichteuklidischer Räume besonders

---

28 Die Gegenüberstellung von Euklid und Pythagoras (als zwei oppositionelle, mathematische Weltsichten) entfaltet Florenskij in seinem Symbolarium-Artikel *Der Punkt* (*Točka*, 1922). Das pythagoreische Prinzip ist das Prinzip der zahlenmäßigen Strukturiertheit. Dies bedeutet für das Verhältnis von Punkt und Raum: Die Punkte (als die primären Elemente bzw. Einheiten) drücken dem (abstrakten) Raum die Struktur auf. Der Raum als solcher ist für sie hoch organisiert, nirgends ununterschieden, von innerer Ordnung und Struktur geprägt. Die bei Euklid (und der eleatischen Schule) anzutreffende Konzeption des Raums als homogenes Gebilde vernichtet dagegen den Punkt als Einheit (Florenskij: Symbolarium, S. 576).

29 Florenskij: Symbolarium, S. 576.

30 Florenskij: Absoljutnost', S. 296.

31 Ebd., S. 286.

wichtig.[32] Insbesondere der Sehraum als wichtigster Wahrnehmungsraum ist jedoch begrenzt (und in dieser Hinsicht weder euklidisch noch nichteuklidisch zu beschreiben): „er [der Sehraum] wird durch sichtbare Eindrücke bestimmt, solche aber sind nur möglich, wenn der Blick sich auf einen sichtbaren Gegenstand stützt; dieser Gegenstand ist die Grenze aller zu ihm aus dem Auge gezogenen geradlinigen Sehstrahlen".[33]

Die Feststellung, dass der euklidische Raum aufgrund seiner Homogenität, Unbegrenztheit und Unendlichkeit nicht mit dem Seh- und Tastraum des Menschen korrespondiert, findet sich schon bei Henri Poincaré in *La Science et l'Hypothèse* (1902) und Ernst Mach in *Analyse der Empfindungen* (1903).[34] Beide haben sich mit der Frage nach der Nicht-Euklidizität des Wahrnehmungsraums beschäftigt und hatten damit – dies belegen gerade Florenskijs Schriften und Vorlesungen – auch in Russland großen Einfluss.[35] Florenskijs Bezugnahmen auf diese und andere westliche Wissenschaftler beschränken sich allerdings auf allgemeine Feststellungen: Auf eine detaillierte Beschäftigung mit strittigen Fragen der Psycho-Physiologie lässt er sich nicht ein. Neben der oben angeführten Gegenüberstellung von euklidischem Raum und physiologischer Raumwahrnehmung betrifft dies etwa die Pluralität der Räume und die Frage nach der Dreidimensionalität des Wahrnehmungsraumes: Nach Poincaré gibt es physiologisch gesehen so viele Räume, wie der Mensch Muskeln hat.[36] Die visuelle Wahrnehmung ist für sich genommen dagegen zweidimensional: Das Bild formt sich auf der zweidimensionalen Retina. Die Argumentation gegen die Dreidimensionalität der Wahrnehmung findet sich auch bei Florenskij

32 Den grundlegenden Unterschied zwischen einem unendlichen (= Euklid) und einem unbegrenzten Raum hat Riemann in seinem Habilitationsvortrag „Über die Hypothesen, welche der Geometrie zugrunde liegen" (1854) besonders hervorgehoben, vgl. Florenskijs Darlegungen dazu in *Mnimosti v geometrii*.

33 „оно [пространство зрительное] определяется впечатлениями зрительными, а таковые возможны, лишь когда взор упирается в некоторый зримый предмет; этот предмет бывает пределом всех проведенных к нему из глаза прямолинейных лучей зрения". Florenskij: Absoljutnost', S. 287f.

34 Vgl. Teuber: *Formvorstellung und Kubismus*, S. 19f.

35 Auf Poincarés Wissenschaftstheorie bezieht sich z.B. Andrej Belyj in *Symbolismus* (*Simvolizm*, 1910), vgl. Belyj, Andrej: *Simvolizm*, München 1969, S. 511.

36 Poincaré, Henri: *La Science et l'Hypothèse*, Paris 1968, S. 79.

in seiner Argumentation gegen die scheinbare Natürlichkeit der Zentralperspektive. Die für Poincaré charakteristische Pluralität (und damit Mehrdimensionalität) des physiologischen Raumes wird von ihm ebenfalls übernommen.[37]

Im Zentrum der Diskussion um die neuen Geometrien stand die Untersuchung „gekrümmter Räume". Bahnbrechende Erfolge auf diesem Gebiet brachte die Entwicklung der Differentialgeometrie durch Carl Friedrich Gauß und Bernhard Riemann. Die Differentialgeometrie untersucht Mannigfaltigkeiten unterschiedlichster Dimension als für sich stehende, selbständige „Räume" und vermeidet damit den für Florenskij grundlegenden methodologischen Fehler der analytischen Geometrie, die die geometrische Figur (Punkt, Linie) in den „leeren" Raum des kartesischen Koordinatensystems stellt. Stattdessen wird hier die Fläche (bzw. – verallgemeinert – die n-dimensionale Mannigfaltigkeit) unabhängig von ihrer Einbettung in einen Raum betrachtet. Für gekrümmte Räume einer höheren Dimension ist diese so genannte „innere Geometrie" die einzig mögliche.

Gauß' Differentialgeometrie und ihre Fortführung durch Riemann wird von Florenskij in *Analyse der Räumlichkeit* über mehrere Kapitel (bzw. Vorlesungen) hinweg vorgestellt.[38] Ein Thema, das er dabei anspricht, ist das Veranschaulichungsproblem höherdimensionaler, gekrümmter Räume. Schon die Krümmung des dreidimensionalen Raumes (bzw. der dreidimensionalen Mannigfaltigkeit) wird stets formal-analytisch eingeführt, da der in jedem Punkt durch das Maß seiner Krümmung charakterisierte Raum weder anschaulich noch physikalisch unmittelbar greifbar ist.[39] Florenskij selbst versucht seinen Schülern die Charakteristik gekrümmter Räume mit Hilfe verschiedener Modelle zugänglich zu machen. Ein Beispiel sieht folgendermaßen aus: Ein Tetraeder wird in einen nicht-euklidischen Raum übertragen. Seine Kanten und Flächen folgen nun den Gesetzmäßigkeiten des neuen Raumes (sie sind biegsam, aber nicht dehnbar), die Summe der Raumwinkel wird (je nach Krümmungsart) größer

37 Florenskij: Absoljutnost', S. 285f.
38 Florenskij, Analiz, S. 95-104.
39 Ebd., S. 99.

oder kleiner, und entsprechend ändert sich auch das Volumen des Tetraeders. Ist der Tetraeder mit einer nicht komprimierbaren Flüssigkeit (als Normalmaß des Volumens) gefüllt, so wird er bei der Übertragung in den nicht-euklidischen Raum zuviel oder zuwenig Flüssigkeit enthalten und zeigt so die Veränderung an.[40]

Es ist also möglich, die Besonderheit nicht-euklidischer Räume anschaulich zu machen. Die Frage, ob der Raum der Wirklichkeit nicht-euklidisch ist, beantworten solche Überlegungen jedoch nicht. Florenskij verweist natürlich auf Einsteins Forschungen auf diesem Gebiet,[41] sieht aber im übrigen die Ausarbeitung dieser Fragen als eine Aufgabe zukünftiger Forschung an und erwartet von dieser durch die Einbeziehung der nichteuklidischen Geometrie die Entwicklung einer neuen Anthropologie.[42] Grundsätzlich ist für ihn die „Krümmung" („кривизна") ein wichtiges Charakteristikum des physikalischen Raumes. Die Tätigkeit des Künstlers im und mit dem Raum muss daher als Arbeit mit gekrümmten Räumen betrachtet werden.[43] Besonders gilt das für die Graphik, eine Kunstgattung, die „die Räumlichkeit zum Ding bringt" („пространственность подводит к вещи")[44]. Diese interpretiert die Räume als Dinge spezifischer Krümmung.

Über die Bedeutung der neuen Geometrien für die konkrete künstlerische Praxis äußert Florenskij sich nicht unmittelbar. Der Künstler muss, so Florenskij mehrfach, bei der Schaffung seines Kunstwerks von der realen Welt ausgehen. Die Erkenntnis, dass die Wahrnehmung nicht euklidisch funktioniert, hat hier natürlich entsprechende Konsequenzen. Florenskij argumentiert in seinen Schriften (v.a. in *Die umgekehrte Perspektive*) allerdings vornehmlich gegen die Zentralperspektive (deren Relativität durch die Nicht-Euklidizität des Wahrnehmungsraumes offengelegt wird), einer positiven Orientierung an nichteuklidischen Modellen redet er jedoch nicht das Wort. Vielmehr dient die Zentralperspektive als warnendes Bei-

40 Ebd., S. 100.
41 Ebd., S. 104.
42 Florenskij: Absoljutnost', S. 295.
43 Florenskij: Analiz, S. 114 f.
44 Ebd., 144. Zu Florenskijs Klassifizierung der Kunstgattungen Malerei vs. Graphik vgl. unten.

spiel an den Künstler, sich nicht zu sehr von abstrakten (mathematisch-geometrischen) Raummodellen beeinflussen zu lassen. Je mehr der Maler die Geometrie als Hilfsmittel der Konstruktion „missbraucht", desto unnatürlicher wird sein Bild. Im Hintergrund dieser Argumentation steht eine (von Florenskij freilich nicht offen ausgetragene) Auseinandersetzung mit der Kunsttheorie und -praxis der Avantgarde.

2. Die neuen Geometrien in Florenskijs kunsttheoretischen Texten und die russische Avantgarde: Unterschiede und Gemeinsamkeiten

Zu dem Zeitpunkt, als Florenskijs kunsttheoretische Texte entstanden (1919-1925), waren die neuen Geometrien schon Bestandteil der kunsttheoretischen Diskussion der russischen Avantgarde. Allerdings waren es weniger die nichteuklidischen Geometrien als die n-dimensionale Geometrie, die unter dem Stichwort „vierte Dimension" in die Kunsttheorie und -praxis Eingang fand: Die zentrale Vermittlergestalt dieser Theorie war im Umfeld der russischen Avantgarde Michail Vasil'evič Matjušin, der 1913 mit einem Aufsatz zu Metzingers und Gleizes' *Du Cubisme* das Thema der vierten Dimension zum zentralen Bezugspunkt der russischen Avantgarde machte.[45] Matjušin stellt in seinen Schriften nicht nur die Bedeutung der neuen Geometrien (insbesondere der vierten Dimension) für den Kubismus heraus, sondern verbindet ihn auch mit den Schriften von Charles Hinton und Petr Dem'janovič Uspenskij.[46] Die zentrale Stellung des mystischen Gedankenguts in diesem Artikel fällt umso mehr ins Auge, als die französischen Kubisten selbst sich nicht auf Hinton und Uspenskij beriefen. Vielmehr waren die Schriften Poincarés sowie Esprit Jouffrets *Traité élémentaire de géometrie à quatre dimensions* (1903) der Hauptbezugspunkt von Gleizes' und Metzingers, aber auch schon von Guillaume Apollinaires[47]

45 Matjušin, Michail: O knige Mecanže-Gleza ‚Du Cubisme', in: *Sojuz molodeži* 3 (1913), S. 25-34.

46 Zu Hinton, Uspenskij und ihrer Bedeutung für die russische Avantgarde vgl. Henderson: *The Fourth Dimension*, S. 245-273; Henderson, Linda Dalrymple: Die moderne Kunst und das Unsichtbare: Die verborgenen Wellen und Dimensionen des Okkultismus und der Wissenschaften, in: *Okkultismus und Avantgarde. Von Munch bis Mondrian 1900-1915.* Ausstellungskatalog der Kunsthalle Schirn, Ostfildern 1995, S. 13-31.

47 Neben Gleizes' und Metzingers Schrift *Du Cubisme* (1912) ist vor allem Apollinaires

mathematisch-geometrischen Interessen. Für die Darstellungsverfahren des französischen Kubismus sind dabei vor allem Jouffrets Veranschaulichungsversuche der vierten Dimension von Interesse, die überraschende Ähnlichkeiten zu kubistischen Gemälden aufweisen.[48] Hintons (und Uspenskijs) Empfehlung zum Eindringen in höherdimensionale Räume besteht dagegen in der meditativen Betrachtung von verschiedenfarbigen Quadraten. Bewegung, Intuition, Unendlichkeit, Schwerelosigkeit – alles Begriffe, die vom eigentlichen mathematischen Kern der vierten Dimension wegführen, aber im kunsttheoretischen Schrifttum dieser Zeit (z.B. bei Malevič) eine wichtige Rolle spielen – sind in Hintons und Uspenskijs mystischer Konzeption höherdimensionaler Räume und Körper von großer Bedeutung.

Florenskij äußert sich zu den Schriften von Hinton und Uspenskij zur vierten Dimension (und damit indirekt auch zu Matjušins Vorstellung von höherdimensionalen Räumen) noch in vorrevolutionärer Zeit in einer Vorlesung an der Geistlichen Akademie in Sergiev Posad. Die Vorstellung, dass es eine „höhere" Dimension gebe, sieht Florenskij schon bei Platon (im Höhlengleichnis) angelegt. Hintons und Uspenskijs Schriften sind Florenskij deswegen willkommen, weil sie die Relativität und Eingeübtheit der dreidimensionalen Raumwahrnehmung offenlegen. Er kritisiert jedoch die Künstlichkeit der von ihnen propagierten Einübung höherdimensionaler Raumwahrnehmung. Als Beispiel für die falsche Umsetzung solcher Wahrnehmungsexperimente führt er das Werk von Picasso an:

> Von den unterschiedlichen Stadien im künstlerischen Weg dieses noch sehr jungen (er wurde 1881 geboren) Experimentators an sich und der Welt beschäftigt uns nun das letzte, in dem von der vergifteten Seele des großen Künstlers Bilder der vierdimensionalen Wahrnehmung bereitet werden, in

---

Artikel *Les Peintres Cubistes* für die Theoretisierung der vierten Dimension in der französischen Kunsttheorie von entscheidender Bedeutung (Henderson: *The Fourth Dimension*, S. 75f.). Gleizes und Metzinger sprechen in *Du Cubisme* nie explizit von „la quatrième dimension", sie sprechen von Objekten, die „in einer anderen Art von Raum" dargestellt werden. Der Bezug zur neuen mathematischen Raumtheorie war für die Zeitgenossen jedoch offensichtlich. Vgl. Henderson: *The Fourth Dimension*, S. 45-103.

48 Vgl. dazu Henderson, *The Fourth Dimension*, S. 25.

> denen jedoch kein wirkliches Leben zu spüren ist. Ich meine seine Serie von Musikinstrumenten, die hervorragend in der Moskauer Ščukinskij-Bilder-Galerie vorgestellt worden ist.[49]

Während die Künstler der russischen Avantgarde – angeregt durch Uspenskijs Schriften und den französischen Kubismus – schon in den 1910er Jahren die vierte Dimension zum Thema ihrer künstlerischen Arbeit machten, fallen Florenskijs kunsttheoretische Schriften in die zwanziger Jahre. Womöglich auf diese ‚Verspätung' ist es zurückzuführen, dass für Florenskij die Theorie der vierten Dimension vor allem eine Zeit-Theorie ist. Während der Theorie des „hyperspace" (Hinton, Uspenskij), aber auch den geometrischen Schriften Poincarés eine räumliche Interpretation der vierten Dimension zugrunde liegt (diese Interpretationsvariante findet sich auch bei Matjušin und Malevič), setzte sich mit Bekanntwerden der allgemeinen Relativitätstheorie[50] generell die Interpretation der vierten Dimension als Zeit (bzw. zeitliche Koordinate) durch. In Florenskijs Werk ist diese Variante als zentrales Thema in der kunsttheoretischen Schrift *Analyse der Räumlichkeit* anzutreffen. Hier stellt er die Bedeutung der Zeit als vierter Dimension für die Ganzheitlichkeit des Weltbildes heraus. Die Bezugnahme auf Einsteins physikalische Theorie ist für Florenskij dabei al-

---

49 „Среди различных стадий в художественном пути этого, все еще молодого (родился в 1881 г.), экспериментатора над собою и над миром, нас сейчас занимает последняя, где отравленной душе большого художника преподносятся образы четырех-мерного восприятия и в которых, однако, не чувствуется подлинной жизни. Я разумеваю серию его музыкальных инструментов, прекрасно представленную в Московской Щукинской картинной галерее". Florenskij, Pavel: Smysl idealizma, in: Ders.: *Sočinenija v četyrech tomach*, Bd. 3 (2), Moskva 1999, S. 68-144, hier S. 101. Florenskij bezieht sich auf eine Ausstellung, die 1913/14 in Moskau stattfand und großes Aufsehen erregte (vgl. den Artikel von Tugendchol'd, Jakov: Francuzskoe sobranie S.I. Ščukina, in: *Apollon* 1914, 1-2, S. 28-38).

50 In die Wissenschaft wird die Interpretation der vierten Dimension als Zeit zum ersten Mal 1908 von dem Züricher Mathematiker Minkowski eingeführt. Eine künstlerisch-fiktive Umsetzung dieses Themas findet sich schon 1895 in H. G. Wells *The Time Machine*. Wirklich populär wird die Theorie von der Zeit als vierter Dimension jedoch erst mit Einsteins allgemeiner Relativitätstheorie (1915). Zu Beginn der zwanziger Jahre erlangten Einsteins Theorien allgemeine Bekanntheit und finden sich von nun an auch in kunsttheoretischen Schriften. Vgl. Henderson: *The Fourth Dimension*, S. 9f., S. 290-293; Böhmig, Michaela: Die Zeit im Raum: Chlebnikov und die „Philosophie" des Hyperspace, in: *Wiener Slawistischer Almanach* 38 (1996), S. 51-74.

lenfalls der Ausgangspunkt seiner Ausführungen. Mit der Zeitvorstellung der Relativitätstheorie haben seine religiös-weltanschaulich gefärbten Darlegungen jedenfalls kaum etwas zu tun.[51]

Mit der Interpretation der vierten Dimension als Zeitachse liegt Florenskij im Trend seiner Zeit. Auch in Fragen der Kunsttheorie ergeben sich zahlreiche Berührungspunkte zur künstlerischen Avantgarde. Schließlich sind die Ikone und ihre unperspektivische Raumgestaltung (das zentrale Forschungsobjekt Florenskijs) Orientierungspunkt für viele Künstler der russischen Avantgarde.[52] Man sollte jedoch beachten, dass Florenskij für die aperspektivische Praxis der Avantgarde-Kunst weder Interesse noch Verständnis hatte. Die Theoretisierung und künstlerische Umsetzung moderner Raumkonzepte (imaginärer, 4-dimensionaler Raum, gekrümmte Räume) durch Futurismus, Suprematismus und Konstruktivismus werden in seinen Schriften vollkommen ignoriert. Florenskij selbst trat 1921 der Künstler- und Dichtervereinigung *Makovec* bei, einer konsequent anti-avantgardistischen Vereinigung, die ein „synthetisches" Kunstideal vertrat. Seine Beziehungen zu avantgardistischen Künstlerkreisen – insbesondere zu den konstruktivistischen Kollegen von den VChUTEMAS (Varvara Fedorovna Stepanova, Aleksandr Rodčenko u.a.) – war höchst angespannt.[53]

Trotz dieser betonten Distanz und ganz unterschiedlicher Weltbilder lassen sich bei Betrachtung der theoretischen Schriften von Florenskij und avantgardistischen Künstlern viele Gemeinsamkeiten feststellen. Die grundsätzlichen Argumentationslinien bei Florenskij und Autoren wie etwa Michail Michajlovič Matjušin und El Lissitzky sind die gleichen: Sowohl bei Matjušin[54]

51 Florenskij: Analiz, S. 190-203.

52 Vgl. Krieger: *Von der Ikone*.

53 Vgl. Misler: Toward an Exact Aesthetics, S. 122.

54 Vgl. Matjušin, Michail: Opyt chudožnika novoj mery (Die Erfahrung des Künstlers des neuen Maßes), in: *K istorii russkogo avangarda. The Russian Avant-Garde*, Stockholm 1976, S. 159-187. Matjušins Interesse und Beschäftigung mit der vierten Dimension bzw. den neuen Geometrien erstreckten sich über einen langen Zeitraum. Bekannt sind Studien von 1911 bis 1926. Vgl. Henderson: *The Fourth Dimension*, 265-273, Powelichina, Alla: Michail Matjuschin – Die Welt als organisches Ganzes, in: Kotz, Heinrich (Hg.): *Matjuschin und die Leningrader Avantgarde*, Stuttgart u.a. 1991, S. 25-33.

als auch bei Lissitzkij (*K. und Pangeometrie*)[55] finden sich detaillierte Darstellungen zur historischen Entwicklung der bildenden Kunst, wobei die Geschichte der Mathematik und die Geschichte der Perspektive parallel gesetzt werden. Die neuen Geometrien werden zudem als Argument für die Unabhängigkeit (der Kunst) von der illusorischen Sinneswahrnehmung verwendet.

Für die Avantgarde-Künstler waren die neuen Geometrien Bezugspunkt für ihre eigenen künstlerischen Raumexperimente. So versucht etwa Lissitzky mit seinen „Proun"-Projekten neue Räume zu gestalten, die – als künstlerische Interpretation der vierten Dimension – eine Raum-Zeit-Dynamik herstellen.[56] Florenskij lehnt solche Kunst als lebensfern und künstlich ab. Bei der Frage, ob bzw. inwieweit sich die n-dimensionale oder die nichteuklidische Geometrie dazu eignen, zum Modell (oder Bezugspunkt) eines Kunstwerks zu werden, hält er sich sehr zurück. Und auch als Gegenspieler der euklidischen Geometrie eigenen sich die neuen Geometrien für Florenskij nur bedingt. Das eigentliche, durchschlagende Argument gegen den euklidischen Raum sucht er in der Mengenlehre.

3. Mathematische Argumente gegen Euklid: Georg Cantors Punktmengenuntersuchungen

Das Gegenkonzept zur euklidischen Raumvorstellung bildet für Florenskij nur in geringem Maße die nicht-euklidische Geometrie. Lediglich im Hinblick auf die Unendlichkeit und Grenzenlosigkeit des euklidischen Rau-

---

55 Lissitzky, El: K. und Pangeometrie, in: Lissitzky-Küppers, Sophie (Hg.): *El Lisstzky. Maler, Architekt, Typograf, Fotograf. Erinnerungen, Briefe, Schriften*, Dresden 1992, 353-358. Lissitzky leitete 1921 die Architektur-Abteilung an den VChUTEMAS; zu Florenskij und Lissitzky vgl. Senkevitch, Tatiana V.: The Illusive Aesthetic Project of Pavel Florenskii. Space Between Geometry and Religion, in: Franz, Norbert; Hagemeister, Michael; Haney, Frank (Hg.): *Pavel Florenskij – Tradition und Moderne. Beiträge zum Internationalen Symposium an der Universität Potsdam, 5. bis 9. April 2000,* Frankfurt a.M. u.a. 2001, S. 403-422. Zum Thema Lissitzky und die Mathematik vgl. Corrada, Manuel: On Some Vistas Disclosed by Mathematics to the Russian Avant-Garde: Geometry, El Lissitzky and Gabo, in: *Leonardo* 25-3/4 (1992), S. 377-384.

56 Vgl. Henderson: *The Fourth Dimension*, S. 294-297.

mes stellt Florenskij fest, dass der Riemannsche Raum, der zwar endlich, aber (aufgrund der Krümmung) unbegrenzt ist, der tatsächlichen Raumvorstellung viel besser entspricht als das euklidische Konstrukt einer räumlichen Unendlichkeit. Das zentrale Gegenmodell zum euklidischen Raum sind für Florenskij jedoch die Punktmengen-Untersuchungen Georg Cantors. Cantors Forschungen sind für Florenskij vor allem deshalb wertvoll, weil sie eine mathematische Beschreibung der Unmöglichkeit einer ‚wirklichen' Abbildung von dreidimensionalen Räumen auf zweidimensionale Flächen bieten.

Im Rahmen seiner Forschungen zum Unendlichen stellte sich Cantor die Frage, ob sich die Punkte einer Fläche (etwa ein Quadrat mit Einschluss der Begrenzung) eindeutig auf die Punkte einer Linie beziehen lassen, so dass zu jedem Punkt der Fläche ein Punkt der Linie und umgekehrt zu jedem Punkt der Linie ein Punkt der Fläche gehört. Die „Anschauung" lässt vermuten, dass die Antwort zu verneinen ist, umso überraschender war das Ergebnis von Cantors Forschungen: Es ist möglich, mit Hilfe einer unstetigen Funktion die Punktmenge einer Strecke eindeutig auf die Punktmenge eines n-dimensionalen Gebildes abzubilden.[57] Die beiden Punktmengen besitzen die gleiche Mächtigkeit, sie sind äquivalent. Das euklidische Axiom, wonach das Ganze stets größer ist als jedes seiner Teile, gilt demnach im Unendlichen nicht. Dieses Ergebnis der Mengenlehre zieht Florenskij in einem seiner philosophischen Texte zur Begründung der Vorstellung von einer Äquivalenz von Mikrokosmos und Makrokosmos heran: In *Makrokosmos und Mikrokosmos* (*Makrokosm i Mikrokosm*, 1917) interpretiert er die Gleichmächtigkeit unterschiedlich-dimensionaler Punktmengen ontologisch im Sinne eines Parallelismus von Welt und Mensch: Die Welt ist ein lebendiges Abbild des Menschen und umgekehrt.[58]

57 Cantor, Georg: Über unendliche lineare Punktmannigfaltigen, in: Ders.: *Gesammelte Abhandlungen mathematischen und philosophischen Inhalts*, Hildesheim 1966, S. 139-246.

58 Florenskij, Pavel: Makrokosm i Mikrokosm, in: Ders.: *Sočinenija v četyrech tomach*, Bd. 3 (1), Moskva 1999, S. 440-446, S. 440f. Um die Parallelität von Mensch und Welt zu stützen, zieht Florenskij in seiner Darlegung Ergebnisse anderer Wissenschaften heran. So legen Erkenntnisse der Atomphysik nahe, dass ein Atom genauso kompliziert ist wie

In seinen kunsttheoretischen Überlegungen betont Florenskij einen anderen Aspekt von Cantors Forschungsergebnissen. Denn das Abbildungsverfahren von Cantor zeigt zwar die Möglichkeit der eindeutigen Zuordnung von Punkt-Mannigfaltigkeiten unterschiedlicher Dimension. Diese eindeutige Abbildung ist aber nur unter Verzicht auf die Ordnungsstruktur der Punktmengen möglich: Eine Abbildung zweier Kontinua unterschiedlicher Dimension aufeinander kann nicht zugleich eindeutig und stetig sein. Bei der Zuordnung der Punkte einer Linie zu den Punkten einer Fläche wird nämlich nur die Mächtigkeit der Punkte, nicht aber ihre „Reihenfolge" beibehalten. Das heißt nichts anderes, als dass die Struktur des Abgebildeten bei der Abbildung nicht erhalten bleibt. Auf dieses Ergebnis von Cantors Untersuchungen zu Punktmengen bezieht sich Florenskij in *Die umgekehrte Perspektive.*[59]

Florenskij veranschaulicht dieses Ergebnis von Cantors Punktmengenuntersuchung anhand eines augenfälligen Beispiels: Um einen Raum mit seinem gesamten Punkte-Inhalt abzubilden, muss man ihn entweder zu unendlich feinem Staub zerstoßen und sorgfältig gemischt auf der Abbildungsfläche verstreuen, so dass von seiner ursprünglichen Organisation keine Spur übrig bleibt, oder aber in eine Vielzahl von Schichten zerschneiden, so dass von der Form zwar etwas übrigbleibt, jedoch diese Schichten unter Wiederholungen ein und derselben Formelemente und mit wechselseitiger Durchdringung dieser Elemente angeordnet werden, also einige Formelemente durch identische Punkte der Abbildung verkörpert werden.

Als ein weiteres mathematisches Beispiel wird von Florenskij die so genannte Peano-Kurve herangezogen: Ausgangspunkt der Kurve ist ein Quadrat, das in vier gleich große, kleinere Quadrate geteilt wird. Setzt man diesen Vorgang fort, so beansprucht die Kurve allmählich einen immer größeren Teil der Fläche des ursprünglichen Quadrats, bis es schließlich den Anschein hat, als ob das gesamte Quadrat gleichmäßig von der Kurve

---

das Sonnensystem. Der auch in Leibniz' Monadologie zentrale Gedanke, dass auch in den kleinsten Teilen des Kosmos der Gesamtkosmos enthalten ist, wird so physikalisch gestützt.

59 Florenskij: Obratnaja perspektiva, S. 81-83.

ausgefüllt sei. Jeder Teil der Peano-Kurve sieht unter dem Vergrößerungsglas wie die ursprüngliche Kurve aus. Der Teil ist eine exakte Nachbildung des Ganzen (also auch hier eine interessante Variante der Makrokosmos-Mikrokosmos-Äquivalenz).[60] Außerdem erörtert Florenskij die Frage der Möglichkeit einer Abbildung der Punkte einer gekrümmten Fläche auf eine gerade Fläche: Hier gehen – wie bei der Abbildung des dreidimensionalen Punkteraumes auf die zweidimensionale Fläche – wichtige Eigenschaften des Ausgangsraumes verloren. Schon die exakte Abbildung der Punkte einer Kugeloberfläche (etwa der Erde) auf eine ebene Fläche (etwa eine geographische Karte) ist praktisch unmöglich: Die geographische Karte bietet lediglich einen Hinweis auf bestimmte Merkmale der wirklichen Gestalt der Erdoberfläche.[61]

Der Cantorsche Abbildungsbegriff und sein Verfahren der Zuordnung von Punktmengen haben keinen Bezug zum Projektionsverfahren von dreidimensionalen Räumen auf zweidimensionale Flächen in der bildenden Kunst (Perspektivische Malerei). Für Florenskij beweisen sie jedoch die grundsätzliche (logische) Unmöglichkeit einer Übersetzung von Dreidimensionalität in Zweidimensionalität, die die perspektivische Malerei anstrebt. Man muss immer die Form des Darzustellenden zerstören, um sie auf eine Fläche übertragen zu können. In dieser „Zerstörung der Form" sieht Florenskij den grundlegenden Fehler der Malerei der Zentralperspektive: „Es ist möglich, einen Raum auf der Fläche abzubilden, jedoch nur, indem man die Form des Abgebildeten zerstört. Es ist jedoch gerade die Form und nur die Form, die die bildende Kunst beschäftigt".[62] Die Abbildung („Projektion") von einer Raumdimension in eine andere kann nie eine zufriedenstellende Rekonstruktion des Ganzen liefern.

---

60 Ebd., S. 82f.

61 Ebd., S. 84.

62 Florenskij: *Die umgekehrte Perspektive*, S. 75. Russ.: „изобразить пространство на плоскости возможно, но не иначе как разрушая форму изображаемого. А между тем именно форма, и только форма занимает изобразительное искусство." Florenskij: Obratnaja perspektiva, S. 84 [Hervorhebung im Original].

Es ist also Georg Cantor, von dem Florenskij die wissenschaftliche Untermauerung seiner kunsttheoretischen Überzeugungen erhält. Dies gilt nicht nur für das Cantorsche Abbildungsverfahren, das von Florenskij mit dem Projektionsverfahren der Malerei in Verbindung gesetzt wird (eine irreführende Bezugsetzung). Vor allem gilt es für das in Cantors Mengenlehre enthaltene Konzept von Form, Diskretheit („прерывность") und Einheit („единство") überhaupt.[63] Demnach gibt es einen qualitativen Sprung zwischen (Punkt-)Räumen unterschiedlicher Dimension, aber auch zwischen der (phänomenalen) Wirklichkeit und dem künstlerischen Zeichensystem überhaupt. Indem die Zentralperspektive die Möglichkeit einer „kontinuierlichen" Übertragung von dreidimensionalen Gegenständen auf eine zweidimensionale Fläche vorgaukelt, versucht sie, den diskret-sprunghaften Charakter der Welt zu verwischen.

4. Punkt und Linie: formale Identität – anschauliche Dualität

Für die bildenden Künste stellt Florenskij eine Polarität in der Organisation des Raumes fest. Der Graphik liegt ein dynamisch-aktives Prinzip zu Grunde, der Malerei ein passives. Diese Polarität wurzelt in einer Polarität der Sinneswahrnehmung, die nach Florenskij wissenschaftlich noch nicht genügend beachtet worden ist: auf der einen Seite steht die Passivität des Tastsinns, auf der anderen die Aktivität des Bewegungsinns (Motorik). Aus diesen beiden Ursinnen sind die übrigen Sinne (visueller Sinn, Geruchssinn etc.) hervorgegangen. Zum richtigen Verständnis der Raum wahrnehmung, aber auch der Künste ist demnach die Klärung der Grundpolarität der Ursinne der erste Schritt.

Zur logisch-mathematischen Erklärung dieser Polarität und damit zu ihrer wissenschaftlichen Fundierung wird von Florenskij die projektive Geometrie herangezogen. Wie die nichteuklidische Geometrie und die Differentialgeometrie gehört die projektive Geometrie zu den neuen Geometrien, die die Dominanz der euklidischen Geometrie in der ersten Hälfte des 19. Jahrhunderts in Frage stellten. Insofern sie, ausgehend von

63 Zur Bedeutung der Mengenlehre bei Florenskij vgl. Haney: *Zwischen exakter Wissenschaft*, S. 108-122. Niederbudde: *Mathematische Konzeptionen*, S. 129-167.

Punkt und Linie als Grundeinheiten, rein aufbauend arbeitet, gilt sie auch als „synthetisches“ Gegenkonzept zur analytischen Geometrie.[64]

Die projektive Geometrie beschäftig sich mit der Lage von geometrischen Figuren zueinander (etwa Punkt, Linie, Fläche) unabhängig von ihrer Messbarkeit (d.h. das Maß, der Abstand zweier Punkte ist für diese geometrische Betrachtungsweise ohne Bedeutung). Vorrangiges Ziel ist es, die projektiven Beziehungen zwischen geometrischen Entitäten zu erforschen bzw. herauszufinden, welche Eigenschaften der Abbildung bei der Projektion invariant sind. Ausgangspunkt ist die Einführung von unendlich fernen Punkten und Geraden. So betrachtet man in der projektiven Geometrie den Horizont als unendlich ferne Gerade und jedes Paar paralleler Geraden definiert einen Punkt in der Ebene, den „unendlich fernen Punkt“, wo zwei Geraden (scheinbar) konvergieren. Die Einführung unendlich ferner Punkte und Geraden macht eine Unterscheidung zwischen sich schneidenden und parallelen Geraden unnötig.

Florenskijs Verhältnis zur projektiven Geometrie, die ein Spezialgebiet der Moskauer Mathematiker zu seiner Studienzeit war, ist zwiespältig. Denn die projektive Geometrie bildet in gewisser Weise das mathematische Pendant zu der von Florenskij nicht sonderlich geschätzten Zentralperspektive. In *Die umgekehrte Perspektive* betont er deshalb im Zusammenhang mit der projektiven Geometrie den „Hilfscharakter“ bzw. die Bedingtheit geometrischer Theorien überhaupt und die historische Relativität der projektiven Geometrie im Besonderen.[65] Gleichzeitig interessiert sich Florenskij sehr für das so genannte Prinzip der Doppeltheit bzw. Dualität (принцип двойственности) von Punkt und Linie als Fundament der projektiven Geometrie. Das Dualitätsprinzip beruht auf der naturgemäßen Doppelseitigkeit des Projektionsvorgangs. Je nach Wahl des Ausgangspunktes kann

64 Vgl. Colerus, Egmont: *Vom Punkt zur vierten Dimension*, Berlin u.a. 1990, S. 72. Als Begründer der projektiven Geometrie gilt der Franzose Poncelet, der 1812 in russischer Gefangenschaft (Poncelet gehörte zu den Teilnehmern des Napoleonfeldzuges) diese neue Art der Geometrie entwickelte (In den so genannten *Cahiers de Saratov*). Sie gehört – wie die nichteuklidischen Geometrien – zu denjenigen mathematischen Entwicklungen zu Beginn des 19. Jahrhunderts, in denen sich das geometrische Denken vom euklidischen System entfernt.

65 Florenskij: Obratnaja perspektiva, S. 67f.

man den Punkt – mittels Projektion – über die Linie oder die Linie über den Punkt bestimmen. So ist der Punkt sowohl mögliches Ausgangszentrum von verschiedenen Strahlen als auch als Vereinigungs- und Schnittpunkt von Strahlen zu betrachten. Umgekehrt wird die Linie durch zwei Punkte eindeutig bestimmt.

Florenskij widmet der projektiven Geometrie in *Analyse der Räumlichkeit* eine ausführliche Darstellung. Am Beispiel des so genannten Pascalschen Theorems vom Sechseck zeigt er, wie sich die Sprache der Punktgeometrie in die Sprache der linearen Geometrie übersetzen lässt: Setzt man auf zwei sich schneidende Geraden ($g_{1,}$ g) willkürlich jeweils drei Punkte (A_1, B_1, C_1 auf g_1; A, B, C auf g) und verbindet man die Punkte (A_1 mit B, B_1 mit A etc.), so schneiden sich die Verbindungsgeraden S in drei Punkten C_s, B_s, A_s und diese bilden eine neue Gerade g_s. Das duale Prinzip zwischen Punkt und Gerade zeigt sich, wenn man die Begriffe „verbinden" und „schneiden" sowie „Punkt" und „Gerade" vertauscht. Man kann nämlich auch umgekehrt vorgehen und zwei Punkte (statt zwei Geraden) an den Anfang setzen: in den zwei Punkten schneiden sich drei Geraden. Wenn man die drei Geraden paarweise zum Schnitt bringt und die Schnittpunkte verbindet, bekommt man drei Verbindungsgeraden (so genannter Satz von Brianchon).[66]

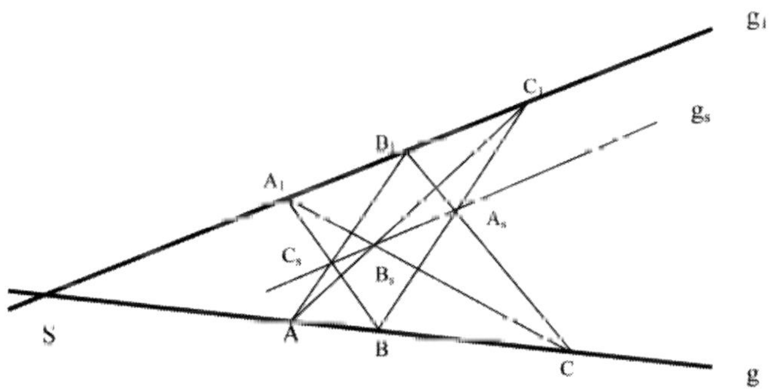

66 Florenskij: Analiz, S. 140.

Die polare Struktur, die auf einer formalen Identität der Grundeigenschaften von Linie und Punkt beruht, lässt sich anhand einer tabellarischen Gegenüberstellung von Punktgeometrie und linearer Geometrie veranschaulichen. Der Punkt der Punktgeometrie entspricht in der linearen Geometrie der Linie und umgekehrt, das Verb „vereinigen" dem Verb „schneiden" etc.[67]

Punktgeometrie	Liniengeometrie
Punkt	Gerade
Gerade	Punkt
liegt auf	geht durch
verbindet	schneidet
geht durch	liegt auf
schneidet	verbindet

Auch die Fläche kann in dieses Projektionsprinzip einbezogen werden. Ist die Gerade die Verbindung zweier Punkte eines Feldes, so ist ein Punkt der Schnitt zweier Geraden des Feldes. Im dreidimensionalen Raum sehen diese Wechselbeziehungen etwas anders aus: Hier wird dem Punkt die Fläche als Grundelement entgegengesetzt, wobei die Linie, die sowohl als Schnittlinie von Flächen als auch als Verbindungslinie von Punkten betrachtet werden kann, als „neutrales" Element dazwischen liegt.

Die projektive Geometrie ermöglicht eine von Florenskij sehr geschätzte rein qualitative Raumbetrachtung. Mit ihren dualen Prinzipien kommt sie außerdem Florenskijs dialektischem Denken in Oppositionen entgegen.[68] Die aktive und passive Seite des Projektionsvorganges lassen sich in der Geometrie in der Dualität von Punkt und Linie ausdrücken. Im Projektionsvorgang fällt je nach Wahl des Ausgangspunktes (Punkt oder Linie) dem einen Teil der passive, dem anderen der aktive Part in der Konstruktion zu. Wichtig ist, dass beide Entitäten (Linie und Punkt), aber auch beide Wege (vom „Schneiden" der Geraden zum „Verbinden"

67 Ebd.

68 Besonders wichtig ist für Florenskij die Dualität von kontinuierlichem und diskretem Prinzip, die in der Mathematik von Anfang an angelegt war (Arithmetik als Wissenschaft von der Zahl/diskreten Einheit, Geometrie als Wissenschaft von kontinuierlichen Raumgrößen). Auf dieser Dualität basiert die Opposition Euklidische Geometrie vs. Cantorsche Mengenlehre (vgl. oben).

der Punkte) formal austauschbar sind: Auch wenn die Grundempfindung, aus der beide hervorgegangen sind und die sie beim Betrachter wachrufen, dual ist, sind sie – auf einer formalen Ebene – identisch. Aus diesem Grundgesetz erklärt Florenskij sowohl die menschliche Wahrnehmung als auch das System der bildenden Künste.

Die Dualität von Punkt und Linie eignet sich gleich mehrfach als wissenschaftliches Fundament einer Klassifizierung von Sinneswahrnehmung. Auch der mathematisch nicht Gebildete nimmt die Opposition von Linie und Punkt unmittelbar wahr: die Linie wird psycho-physiologisch als Spur einer Bewegung erfasst. Der Mensch, der sie mit seinem Blick verfolgt, tritt über sie in eine aktive Beziehung zur Wirklichkeit. Der Punkt dagegen ist unbeweglich, dem Betrachter erschließt sich über ihn ein passives Bild von der Welt. Die projektive Geometrie legt gleichsam das logische Fundamtent dieses intuitiven Eindrucks offen.[69] Die Dualität von Linie und Punkt entspricht zudem der naturgemäßen Doppelseitigkeit des Projektionsvorgangs (aktive und passive Seite). Dieselbe Dualität findet sich auch in der wechselseitigen Abhängigkeit von „aktiver“ Schöpfung und passiver Wahrnehmung der Welt (durch den Künstler) bzw. des Kunstwerkes (durch den Betrachter). Auch die Kunstformen lassen sich in dieses Verhältnis einordnen und erklären: Denn Graphik und Malerei verhalten sich zueinander wie Sehen und Tasten, aktive und passive Raumwahrnehmung oder in die mathematische Sprache der projektiven Geometrie übersetzt – wie Punkt und Linie:

> Die Dualität von Passivität und Aktivität im Verhältnis zur Welt, d.h. von Tastsinn und Bewegung, führt [...] zu der radikalen Dualität der Ausgangselemente der bildenden Kunst: Punkt und Linie lassen sich nicht aufeinander reduzieren und nicht auseinander ableiten, existieren zugleich aber nicht völlig isoliert voneinander. Diese Elemente sind miteinander verknüpft, und dem Künstler bietet sich daher die Möglichkeit, mit einem beliebigen von beiden zu beginnen, um zu dem anderen zu gelangen.[70]

69 Umgekehrt besitzt die projektive Geometrie – auch dies wird von Florenskij betont – eine „psycho-physische Basis“ („психофизиологическая подпочва“). Florenskij: Analiz, S. 137.

70 Florenski, Raum und Zeit, S. 175. Russ: „Двойственность пассивности и активности в отношении к миру, т. е. осязание и движение, ведет [...] к коренной

Die Organisation des Raumes nimmt in den verschiedenen Arten der bildenden Kunst einen unterschiedlichen Weg. Malerei und Plastik entwerfen den Raum taktil: Der Raum ist primär aus Punkten bzw. kleinen Tupfen aufgebaut, diese definieren dann eine Linie. Graphik und Skulptur organisieren den Raum dagegen linear, die Linien sind hier „die primären, aktiven Elemente, die von sich aus gewisse Punkte als Orte möglicher Begegnungen und damit als Ruhepunkte für den Tastsinn definieren".[71] Aus der projektiven Geometrie geht jedoch hervor, dass beide Wege gleichwertig sind: Die mathematische Erkenntnis garantiert also die ‚Einheit' in der Dualität.

Auf Florenskijs Ausführungen zum Wechselverhältnis zwischen den Künsten soll hier nicht im Einzelnen eingegangen werden. Die Grunddualitäten lassen sich folgendermaßen in einer kleinen Tabelle veranschaulichen:

Ur-Sinne	Tasten	Bewegen
Verfeinerte Sinneswahrnehmung	Sehen als Tasten (Grundlage: Energiefluss zwischen Auge und Gegenstand)	Sehen als Bewegung: Bewegung des Auges zur vollständigen Wahrnehmung der Welt
Charakterisierung der Wahrnehmun	Passiv	Aktiv
Zugeordnete Kunstformen	Malerei Plastik	Graphik Skulptur
Gestaltung	Faktur	Kontur
Mathematische Fundierung der Typologie	Punkt ohne Form (als Tupfen realisiert) Punkt als Form (Dingwahrnehmung)	Linie Raum (Raumwahrnehmung)

двойственности исходных элементов изобразительного искусства: точка и линия несводимы друг на друга и друг из друга невыводимы, но вместе с тем не существуют в полном обособлении друг от друга. Это – элементы, сопряженные между собою, и потому художнику предоставляется возможность начать с любого из них двух, – чтобы прийти к другому." Florenskij: Analiz, S. 137.

71 Florenski: Analye, S. 183. Russ.: „первичные элементы, активные и собою определяющие некоторые точки, как места возможных встреч, а потому и остановок осязанию." Florenskij: Analiz, S. 142.

Florenskij will mit dieser Einteilung der Künste offensichtlich der traditionellen Kunsttheorie etwas Eigenes entgegensetzen. Während andere (wie Avantgardisten, Konstruktivisten und Produktionskünstler, die die VChUTEMAS dominierten) das „Material" (Farbe, Holz, Stein) und die „Werkzeuge" als Basis der Künste betrachten,[72] nimmt er für sich die ganzheitliche Perspektive in Anspruch: Ziel der Kunst ist für ihn, die „Wirklichkeit umzugestalten" („преобразить действительность"), und Wirklichkeit ist „eine besondere Organisation des Raumes" („особая организация пространства").[73] Diese Organisation erklärt sich qualitativ – je nach Kunstart – als jeweils unterschiedlicher Weg vom Punkt zur Linie.

5. Schlussbemerkung

Florenskij bedient sich verschiedener Wege, um das Raumproblem seinen Lesern und Zuhörern nahe zu bringen. Neben den oben dargestellten mathematischen Theorien finden sich in seinen Vorlesungen auch Darlegungen zu physikalischen Fragestellungen (Raum als Kraftfeld, Raumkapazität). Dabei ist nicht immer klar, was die umfangreichen, zum Teil sehr detaillierten Ausführungen zu physikalischen und mathematischen Fragen zum Verständnis von Kunst beitragen können. Offensichtlich war das Ziel von Florenskijs Vorlesungen, den Kunst-Schülern einen Überblick über diese aktuellen Wissensgebiete zu verschaffen. Dabei gefällt er sich selbst in der Position des Experten, der vor den Kunstschüler-Laien sein mathematisches Wissen ausbreitet. Widersprüchlich ist seine Position insofern, als er selbst nicht allzu viel vom Nutzen dieses Wissens für die künstlerische Praxis hält. So warnt er seine Schüler davor, sich zu sehr mit wissenschaftlichen Raumtheorien zu beschäftigen. Seine eigene Definition von Kunst lautet: „Das Kunstwerk als solches ist eine Realität, die sich selbst überwindet, das bedeutet, es sagt und gibt uns mehr, als es direkt durch die Wahrnehmung der Sinne darstellt."[74] Dieses „mehr" entzieht sich einer wissenschaftlichen Erfassung (es ist die Aureole, die Aura). Und es ist

72 Florenskij: Analiz, S. 121.

73 Ebd., S. 122.

74 Vgl. Fabro, Luciano: *Pavel Florenskij. VChUTEMAS*, Bern u.a. 2004, S. 76.

auch nicht durch Beschäftigung mit mathematischer oder physikalischer Raumtheorie zu erreichen.

Florenskij wendet sich in seinen kunstwissenschaftlichen Texten gegen ein (rein) positivistisches Weltbild und eine auf ihm aufbauende Weltanschauung. Bei aller Hochschätzung und Kenntnis der „exakten" Wissenschaften misstraut er als Priester und Theologe gerade der Art und Weise, wie die Wissenschaft in der frühen Sowjetunion alle Lebensbereiche dominierte und artikuliert seine Kritik verdeckt in seinen Vorlesungen – als Warnung vor einer Reduktion von Kunst auf reine wissenschaftliche Konstruktionen. Die Kunstform, die Florenskij selbst als Ideal begreift, ist die Ikone, der kirchliche Sakralgegenstand, der zwar als Kunst betrachtet und untersucht werden kann, letztlich aber mehr ist als Kunst: er ist Mittler zwischen dem Diesseits und dem Göttlichen. Diese „andere", religiöse Seite der Ikone, die im „Laboratorium der modernen Ästhetik" keinen Platz hat (zumal im Kontext des kommunistischen Weltbildes), darf für Florenskij nicht wegrationalisiert werden. Zur Laboratorien- und Wissenschaftskultur der frühen Sowjetunion hat Florenskij daher ein zwiespältiges Verhältnis. Einerseits integriert er sich in sie – gerade die „exakt-wissenschaftlichen" Elemente in seinen Vorlesungen und kunsttheoretischen Schriften sind dafür ein Beispiel; gleichzeitig versucht er, sie zu unterlaufen bzw. mit ihren eigenen Mitteln zu schlagen, indem er die Wissenschaft verwendet, um sein eigenes Welt- und Kunstverständnis zu stützen. Der Einsatz von Geometrie in seinen Texten hat daher eine Bedeutung, die über den konkreten Nutzen im jeweiligen Argumentationsstrang hinausgeht. Im Kontext der Sowjetunion ist der mathematische Diskurs für Florenskij das einzig mögliche Hilfsmittel, sein eigenes Kunst- und Weltbild einzubringen und ihm Autorität im Laboratorium moderner Kunsttheorie zu verschaffen.

4. Psychotechnische Laboratorien

Ute Holl

Die Bildung des Menschen im Kino-Experiment. Laboratorien, Apparaturen und Dziga Vertovs Kinowahrheit als Medientheorie

1. Zwischen Disziplinen

In den Hinterhöfen, da, wo die Disziplinen aus den Beletagen der Wissenschaften unbeobachtet aufeinander treffen, wo Unbefugte und Künstlerinnen mit den Apparaten aus den Laboratorien anfangen zu basteln und zu experimentieren, entsteht das Wissen unserer Gesellschaften und, wer weiß, vielleicht auch ihre Gesellschaft. Deren Geschichte ist nur deshalb so schwer zu rekonstruieren, weil auch Wissenschaftshistoriker sich lieber in den wohl dokumentierten Bereichen der Repräsentationsräume aufhalten. Das Wissen aus den Hinterhöfen ist stets hybrid, Bastardwissen, das sich zuerst in seinen physikalischen und physiologischen Effekten zeigt, das mit einer Unterbrechung und einer Verzögerung beginnt, das zuerst in die Beine fährt, oder Netzhäute verletzt, oder auch Lachen macht, bevor man versteht, w a s da gewusst wird. D a s s da gewusst wird. Dieses psychophysiologisch Hybride ist das Wissen der Medien.[1] In den Künsten pflanzt es sich fort, um „das Leben aus dem zu befreien, was es einkerkert."[2] Aber auch wenn Modelle und Methoden künstlerischer Verfahren der Moderne fast immer aus wissenschaftlichen Laboratorien stammen: gefunden,

1 Das Bild von den Hinterhöfen entleihe ich Berhard Siegerts Buch *Passage des Digitalen. Zeichenpraktiken der neuzeitlichen Wissenschaften 1500-1900,* Berlin 2003, der darin undisziplinierte Begegnungen aller Art versammelt, darunter dann jedoch präziser die historische Suche nach einer Graphie des Signals verfolgt. Vgl. Siegert: *Passage des Digitalen,* S. 12.

2 Deleuze, Gilles: Über die Philosophie, in: Ders.: *Unterhandlungen. 1972-1990,* Frankfurt a. M. 1993, S. 197-226, hier S. 208.

aufgelesen und eingesetzt wurden sie jenseits von deren Disziplin, meist erst dann, wenn sie zum Sperrmüll erklärt oder die Laboratorien längst gesperrt waren. Laboratorien und Künste funktionieren komplementär in der Bildung neuer Menschenbilder.

Mediales Wissen, das die Körper durchquert und sich nicht darum schert, wie viel diese davon wahrnehmen, registrieren und bedenken, hat das letzte Jahrhundert nachhaltig irritiert. Wenn Gilles Deleuze Medien-Denken in den Begriffen vom Konzept, Perzept und Affekt als eines kennzeichnet, das Ensembles von Relationen durch zerebrale, neuronale und viszerale Strukturen schickt, die gleichzeitig durch diese Schickungen erst gebildet werden, dann kann er sich auf den ersten Philosophen des Jahrhunderts beziehen, den die Verbindung von Materie und Denken beunruhigt hat: Henri Bergson. Insbesondere der Affekt als Impuls, der sich überindividuell, von Organ zu Organ, aber auch als Überwältigung des Individuellen Bahn bricht, wird zum Moment, das filmische Bewegung in Bahnungen der Wahrnehmung übersetzt. „Die Definition des Affektes im Bergsonismus hält sich genau an diese beiden Eigenschaften: ein Bewegungsimpuls auf einen Empfindungsnerv; mit anderen Worten, eine Serie von Bewegungsbruchteilen auf einer fixierten Nervenplatte."[3]

Das Kinobuch von Deleuze, ganz sicher ein Kind Pariser Hinterhöfe, verrät schon in seiner Begrifflichkeit, dass es auf strikte Disziplin verzichtet. Fixierte Fotoplatten und fixierte Nervenplatten verschmelzen zu einem Bild der Wahrnehmung. In ihm fusioniert Physikalisches, Chemisches, Organisches und Neurophysiologisches ohne Priorität. Bewegung und Rezeption treffen aufeinander und verschränken die Pole des Subjektiven und Objektiven. Wo zwischen Organ und Organ, Individuum und Individuum, wo zwischen Materie und Denken die qualitative Transformation geschieht, bleibt offen: Lediglich das Intervall selbst wird bemerkbar, um Sinnlichkeit nicht als empirische, sondern als Potentialität von Sinnlichem wahrnehmbar zu machen.[4] Für das Kinodenken ist nicht wichtig, wer gelb gesehen hat oder woher der Schrei, der den Abgrund im Bild markiert,

3 Deleuze, Gilles: *Das Bewegungs-Bild. Kino 1*, Frankfurt a. M. 1989, S. 123.

4 Vgl. dazu Vogl, Joseph: Schöne gelbe Farbe, in: Ders.; Balke, Friedrich (Hg.): *Deleuze*, München 1996, S. 252-265.

sondern dass die Möglichkeit einer radikalen Markierung möglich wird. Das Gleiche gilt für Bewegung im Bild: Nicht die empirische Erfahrung, sondern der Hinweis auf mögliche Bewegung überhaupt, die ja im Kino immer animierter Stillstand oder stillgestellte Animation ist, verlangt, dass Zuschauer das eigene Sehen als prekäres Verhältnis zur Materie ins Spiel bringen, und sich selbst in einen endlosen Prozess der Zerlegung und Rekonstruktion. Bevor all das gedacht werden kann, hat jedoch der Affekt, denjenigen Betrachter bereits überwältigt, der die Bewegung gerade noch durchläuft.[5] Das mediale Denken ist von Intervallen strukturiert, deren Kluft ein Affektbild besetzt und bewusst machen kann. Intervalle sind in diesem Zusammenhang nicht einfach metrisch zu messende Differenzen, sondern markieren den Einbruch des Unberechenbaren in die mediale Erfassung der Welt. Intervalle bezeichnen den Sturz der Medien aus dem Laborhimmel in den Hinterhof des Wissens vom Materie-Leben.

2. Kino Menschen

Dziga Vertovs Film *Der Mann mit der Kamera (Čelovek s kinoapparatom)*, fertig gestellt im Jahre 1928 und ein Jahr später in der Sowjetunion uraufgeführt vor Kiewitern und Moskowiterinnen, die zugleich Schauspieler des Films waren, ist eines der letzten Dokumente avantgardistischer Kunst in der Sowjetunion, die es sich leisten konnten, das Sehen und die Sichtbarkeit als Subjektivierungs- und Kollektivierungsprozess auf die Probe zu stellen.

Vertovs Film ist die Komposition einer Stadt, gedreht in Moskau, Kiew und Odessa, und zugleich eine Analyse von Stadtstrukturen. Vertovs Film ist eine Komposition kinematographischer Bewegungen und gleichzeitig eine mit kinematographischen Mitteln vorgenommene Analyse von mechanischen, thermodynamischen und optischen Bewegungsformen. Vertovs Film untersucht die Wirkung der Filmbewegung auf das Denken und die Irriationen, die die Filmbewegung auf Wahrnehmung ausübt, nicht auf eine individuelle allerdings, nicht einmal unbedingt auf eine menschliche. Vertovs Film ist, schließlich, die Skizze eines neuen Modells der Ver-

5 Vgl. Deleuze: *Unterhandlungen*, S. 199.

gesellschaftung, die Dekonstruktion des „modernen“ Individuums und die Konstruktion neuer Formen sozialer Beziehungsnetze und möglicher Handlungen. Kino als Bewegungskunst eröffnet diesen Spielraum:

> Der Stoff – die Elemente der Bewegungskunst – sind die Intervalle, (die Übergänge von einer Bewegung zur anderen) und keinesfalls die Bewegungen selbst. Sie (die Intervalle) geben auch der Handlung die kinetische Lösung. Die Organisation der Bewegung ist die Organisation ihrer Elemente, d.h. der Intervalle in Sätzen.[6]

In Deutschland wurde Vertovs Film unter dem biederen Titel *Der Mann mit der Kamera. Ein Filmfeuilleton* in einer öffentlichen Erstaufführung schon am 3. Juni 1929 gezeigt, im Planetarium von Hannover, wo er in die Kuppel projiziert wurde.[7] Vertovs erste Auslandreise hatten El Lissitzky und seine deutsche Frau Sophie Küppers im Rahmen der Film- und Fotoausstellung des deutschen Werkbundes organisiert, und der unbekannte Vertov begegnete allen möglichen deutschen Künstlern, Architekten, Malern, Graphikern und Musikern, die von seiner Art, Bilder zu montieren, hingerissen waren.[8] Kritiker hingegen hatten Mühe, die neue Form und das neue Sehen in Worte zu fassen. „Nichts Geringeres will *Der Mann mit dem Kinoapparat* darstellen als das Leben“, schrieb Siegfried Kracauer, der den Film unter diesem Hybridtitel in der sowjetischen Handelsniederlassung in Berlin gesehen hatte, bereits am 19. Mai 1929 in der Frankfurter Zeitung. „Es ist Bewegung, eine einzige mächtige Bewegung, die das bisher Zerstückelte ergreift und alle Elemente – Pleuelstangen, Straßenvolk, die Wehen einer Gebärenden – so zusammenführt und ineinanderschmilzt, dass sie in den Rhythmus des Ganzen eingetan sind.“[9]

---

6 Vertov, Dziga: *Schriften zum Film*. Hg. v. Wolfgang Beilenhoff, München 1973. S. 9.

7 Vgl. Tode, Thomas: Ein Russe projiziert in die Planetariumskuppel. Dziga Vertovs Reise nach Deutschland, 1929, in: Bulgakowa, Oksana (Hg.): *Die ungewöhnlichen Abenteuer des Dr. Mabuse im Lande der Bolschewiki. Das Buch zur Filmreihe „Moskau-Berlin“*, Berlin 1995, S. 143-152.

8 Vgl. dazu und zu allen biographischen Daten: Vertov, Dziga: *Tagebücher/Arbeitshefte*. Hg. v. Thomas Tode und Alexandra Gramatke, Konstanz 2000.

9 Kracauer, Siegfried: *Kino. Essays, Studien, Glossen zum Film*, Frankfurt a. M. 1974, S. 89.

Zerstückelung und Fügung: Besser lässt sich kaum beschreiben, was zu sehen ist, soll der Sinn des Ganzen nicht in den in Intervallen intermittierenden Bildern verschwinden, und an diesem Sinn hält Kracauer standhaft fest, zum Beispiel gegen Walter Ruttmanns „rein formale Assoziationen und [...] äusserliche[...], unerhellte[...] Verknüpfungen". Vertov, so Kracauer, gewinnt stattdessen „durch die Montage dem Zusammenhang der Wirklichkeitssplitter einen Sinn ab."[10] Kracauer ist aber nicht ganz zufrieden mit dem, was seine Augen ihm da anvertraut haben: Pleuelstangen, Pöbel und eine Geburt, und er wird, später, aus dem amerikanischen Exil, schonungsloser mit dem Film ins Gericht gehen, ihm „Wochenschaucharakter" und „revolutionäre Überzeugung"[11] anhängen und schreiben, er sei „durchdrungen von kommunistischen Ideen", alles keine Empfehlungen im New York der 1940er Jahre. Kracauer wird sich dafür revanchieren, dass sich der Film nicht nur am Rande der Räume und der Zeiten, am Rande der Imperien und Intimitäten, sondern auch am Rande dessen herumtreibt, was überhaupt sichtbar gewesen sein wird.

Čelovek s kinoapparatom, der russische Titel, kann auch verstanden werden als „Kino-Mensch", oder als „Mensch durch den Kinoapparat", oder als „Mensch, betrachtet mit dem Kinoapparat". Der Betrachter des Films findet sich – zuerst während der Kinovorstellung und dann in nachträglicher Vergegenwärtigung bei der Filmkritik – gleichzeitig als Beobachter eines Experiments und als Objekt eines Experimentalaufbaues wieder, als Relais im Ablauf einer gesellschaftlichen Dynamik, die sich durch Maschinen und Menschen überträgt und ihre Bahnen zieht, und deren Schaltstellen Bilder sind. Wer darin Pleuel, Pöbel und Geburten sieht, wie Kracauer, analysiert damit nichts als seinen eigenen Blickpunkt.

Um diesen eigenen Blickpunkt jedoch geht es dem Film gerade nicht, sondern vielmehr um dessen vielfache Spaltung in der Logik der Sinnlichkeit. Er will nicht eine Botschaft in Bildern übertragen, sondern einen experimentellen Prozess in Gang setzen. Daher beginnt der Film damit, seinen eigenen Versuchsaufbau zu beschreiben: Im Vorspann wird *Der*

---

10 Ebd., S. 90.

11 Kracauer, Siegfried: *Von Caligari zu Hitler. Eine Psychologische Geschichte des deutschen Films*, Frankfurt a. M. 1984, S. 195, S. 197.

Mann mit der Kamera als „Film-Experiment" angekündigt, Dziga Vertov wird als „Versuchsleiter" vorgestellt, Ziel des Versuches sei es, „die Bilder des Lebens zu reproduzieren", und zwar ausschließlich mit filmischen Mitteln. Offensiv geht die Ankündigung nicht nur gegen die Konkurrenzkünste vor, sondern auch gegen Filme, die diesen verpflichtet sind. *Der Mann mit der Kamera* ersetzt konventionelle Zeichen durch seine eigenen Signale:

> Dieses Film-Experiment ist in der UdSSR gedreht worden
> mit dem Ziel, die Bilder des Lebens zu reproduzieren
> ohne Hilfe von Untertiteln.
> (Ein Film ohne Untertitel).
> Ohne Hilfe eines Drehbuchs.
> (Ein Film ohne Drehbuch).
> Ohne Hilfe des Theaters.
> (Ein Film ohne Kulissen und ohne Schauspieler)
> Die experimentelle Arbeit ist der Schöpfung einer wahren internationalen Sprache des Kinos auf der Grundlage einer vollständigen Trennung von der Sprache des Theaters und der Literatur gewidmet.[12]

Der Kinoapparat beginnt damit, den Kinoapparat vorzustellen: Nach der Projektionstechnik werden im Laufe des Films ebenso die Aufnahmetechnik, die Kopierwerkstechnik, die Montage und die Trickarbeiten auf der optischen Bank gezeigt und deren Effekte als Wahrnehmungsproben auf die Leinwand geworfen. Kino gebärdet sich als psychologischer Test. Im Kino schauen die Leute sich, genauso wie die Zuschauer im Film, beim Sehen zu und beobachten die Fabrikation visueller Fiktionen – ein zirkulärer Versuchsaufbau, der bei Projektionen wie der in Hannovers Planetarium noch einmal in die Kurve gelegt ist. Mit welchen Mitteln Vertovs Prinzip der Montage das Sehen selbst zur Disposition stellt, kann das Beispiel einer Sequenz über – um es in konventionelle Worte zu fassen – „Bewegung und Bewegungssehen" demonstrieren.[13] Der im Film in Szene gesetzte

12 Vertov, Dziga: *Der Mann mit dem Kinoapparat* (1929), Vorspann.

13 Dieses Protokoll, das etwa bei Minute 20 des Films beginnt, geht von einer Videokopie des Films aus. Daher sind die angegebenen Einstellungslängen ungenau, der Rhythmus wäre natürlich besser in ausgezählten Bilderzahlen vom Schneidetisch wiedergegeben – jenem Verfahren, das im Film selbst vorgeführt wird.

Kameramann wirft sich mit seiner Kamera in den Verkehr der Stadt, während ihm die unsichtbare, filmende Kamera folgt:

- Totale von vier Kutschen im Verkehr, die durcheinander, dann auseinander fahren (6")
- Totale im Verkehr, links im Bild der „inszenierte Kameramann" mit Stativ und Kamera auf einer stillstehenden Kutsche (3")
- Halbtotale einer stehenden Kutsche im Verkehr von hinten, von hinten auch die Köpfe der Passagiere (3")
- Totale im Verkehr, die stillstehende Kutsche des „inszenierten Kameramannes" fährt an, nach zwei Sekunden fährt auch die Kutsche der filme den Kamera mit ruckelnden Bewegungen an (6")
- Halbtotale zweier Kutschen im Verkehr von stehender Kamera aus gefilmt (4")
- Totale vom „inszenierten Kameramann" in der fahrenden Kutsche (wie oben), die fahrende filmende Kamera verfolgt ihn (4")
- Großaufnahme von stehenden Rädern einer Lokomotive (1")
- Totale von Kutschen im Verkehr, gefilmt von der fahrenden Kamera, der „inszenierte Kameramann" auf seiner Kutsche kommt ins Bild, im Hintergrund Straßenbahn und Passanten (10")

Solches Kino stellt die prinzipielle Relativität des Bewegungssehens klar und stellt sie her: Bewegung wird nicht abgebildet, sondern mit kinematographischen Mitteln zugleich produziert und übertragen. Von einem bewegten Vehikel aus aufgenommen erweist sich jede Bewegung als relativ zu einer anderen. Ihre Übergänge sind als Intervalle markiert. Wird die ganze Konstellation schließlich selbst aus der Fahrt – also ruckelnd und verwackelt – aufgenommen, so dass das eigentlich Unsichtbare, nämlich die filmende Kamera, durch ihre eigenen Bewegungen ins Blickfeld rückt, ist der Blick des Kinos endgültig von einem individuellen, skeptischen Kritiker-Subjekt emanzipiert: er wird affektiv, kommt von Außen, aus dem Kinoapparat, und markiert einen Riss in der sichtbaren Welt.

Der kurze Zwischenschnitt auf die Lokomotivräder erinnert an eine neue Bewegungsart: die Bewegung auf Schienen, die im Gegensatz zur Kutsche nicht ruckelt und deshalb eine Fahrt ermöglicht, die nicht auf sich selbst aufmerksam macht. Schienen lassen bis heute Kamerafahrten im Kino unbemerkt als Effekte der Wahrnehmung des Zuschauers selbst erscheinen, und suggerieren so ein halluzinierendes Ich, wie Hugo Münsterberg das schon 1916 für die künstliche Aufmerksamkeit beschrieben hatte. Zuerst evoziert die Großaufnahme der Räder eine Veränderung des Blickes selbst: Sie gestattet keinen Über-Blick mehr, sondern schickt das Sehen mitten unter die Dinge, löst das metrische Bild des geregelten Verkehrs auf und versetzt die Wahrnehmung in einen Raum gleichwahrscheinlicher Anschlüsse: ein solcher „beliebiger Raum" eröffnet Virtualitäten der Wirklichkeit, die das Sehen affektiv ins Bild verwickelt.[14] Wenn sich die Räder der Lokomotive zu drehen anfangen, fallen Denkbewegung und Kinobewegung in eins:

- Großaufnahme: Räder der Lokomotive fahren langsam an (4")
- Totale in voller Fahrt der filmenden Kamera, von hinten der „inszenierte Kameramann", der kurbelt und eine weitere, parallelfahrende Kutsche mit Gesellschaft in der Fahrt aufnimmt (oder dieses für die Aufnahme simuliert) (5")
- Groß: die Räder der Lokomotive in Fahrt (6")
- Totale aus der filmenden Kamera auf den „inszenierten Kameramann", der die Gesellschaft in der Kutsche filmt (4")
- Halbtotale: Zug von unten, der beschleunigt und davonfährt. (3")
- Halbtotale: Gesellschaft in der Kutsche aus der Perspektive des „inszenierten Kameramannes" (3")
- Gesellschaft aus einer anderen Perspektive eines (anderen?) Kameramannes (5")
- Halbtotale des „inszenierten Kameramannes" auf der Kutsche (6")
- Halbtotale auf andere Kutschengesellschaft (6")
- Nahe: der „inszenierte Kameramann" beim Drehen (2")
- Nahe auf zwei Damen in der Kutsche, eine von ihnen imitiert die Kurbelbewegungen des „inszenierten Kameramannes" (2").

Systematisch zeigt Vertov unterschiedliche Bewegungsarten, wie sie durch unterschiedliche Energien angetrieben werden: 1. menschliche oder tierische Bewegungen; 2. die Bewegung der Eisenbahn, die das Emblem der Dampfmaschine des 19. Jahrhunderts und eine Meta-Metapher der Revolution darstellt; 3. schließlich die Bewegung der Straßenbahnen, die von Elektrizität angetrieben sind, der energetischen Basis des Kommunismus, wie Lenin insistiert hatte. Alle diese Bewegungen werden übertragen

14 Vgl. Deleuze: *Bewegungs-Bild*, S. 153ff.

als Effekte und Affekte des Kinos für Kinoaugen. Die Vergesellschaftung des Sehens selbst, die Qualität und Potentialität, die das apparative Sehen zugleich produziert, steht als Teil des werdenden Kommunismus zur Disposition. Ein Affekt, wie er von Deleuze eher in den Filmen Sergej Ėjzenštejns gesucht wird, manifestiert sich hier präzis als ein Politisch-Werden: Zuschauen ist keine haltbare Position, Kino-Sehen verlangt ständige und materielle Entscheidungen in der Prozessierung virtueller Bilder, verlangt Intervention, aber auch die Beobachtung der eigenen Verwandlung. Subjekte sind in diesem Prozess sekundäre Effekte und werden sich irgendwo zwischen den Rädern im Bild und den Stuhlreihen des Kinos bilden.

Wie jedes Protokoll eines Laborversuches es erfordern würde, zeigt Vertov die Position des Betrachters, seine Ausrüstung und seine Methoden, um so ein objektives Bild des Experiments nachvollziehbar zu machen. Er beobachtet den Beobachter, nicht indem er eine dritte Position angibt, sondern indem er die Emergenz der Bewegung in einer visuellen Rückkopplungsschleife zwischen dem Kinoapparat und dem menschlichen Sehen sichtbar werden lässt. Das ist Zweck der Montage: Die Kamera kann jeden Standpunkt einnehmen, kann jeden technisch animierten Blick simulieren und an menschliche Nerven-, Gefäß-, Muskelsysteme binden. Mit dem kleinen gestischen Witz einer Passagierin in der Kutsche, die an ihrem eigenen Kopf eine Kurbelbewegung imitiert, wird auf der Leinwand sofort der Blick des – oder eines – Kameramannes vergegenwärtigt. In die Bewegungen des technisch-medialen Sehens ist damit die Logik des Blicks als Blick des anderen eingeflochten: immer sind wir, mit Maurice Merleau-Ponty, Angeschaute im Verkehr der Welt, immer Gefilmte und Sehende zugleich in ihrem Labor der Sichtbarkeit.

- Halbtotale vom „inszenierten Kameramann“ auf der Kutsche, die filmende der Kamera lässt ihn dichter herankommen. Im Hintergrund die Kutsche mit Gesellschaft
- Nahaufnahme einer Kutschgesellschaft, Kinder, im Fahrtwind (2”)
- Halbtotale: das galoppierende Kutschpferd (3”)
- Der „inszenierte Kameramann“ auf der Kutsche, kurbelnd, fährt in Relation zur filmenden Kamera durchs Bild, vor und zurück (2”)
- Halbtotale: Das galoppierende Kutschpferd wie oben ... wird nach drei Sekunden „eingefroren“ zu einem Standbild (4”)

Im Bild des galoppierenden Pferdes, das durch einen optischen Trick im Film zum Standbild wird, erinnert der Film an die Geburt des Kinos im Hinterhof von Palo Alto: die Analyse des Pferdelaufes durch Eadweard Muybridge in Stanford, dessen Bilder chronophotographische Bewegungsanalysen unter Physiologen und Zoologen initiierten und darunter Leute wie Georges Demeny anregten, Geräte zur Herstellung illusionärer Bewegung zu entwickeln. Hier markiert Vertov die Herkunft der Kino-Analyse aus dem naturwissenschaftlichen Blick. Wieder ist in der Kino-Augen-Inszenierung beides enthalten: Illusionierung und Desillusionierung. Die Enttäuschung der Bewegungsillusion im Kino durch das Zeigen des Standbildes, aus dem die Bewegung synthetisiert wird, ist gleichzeitig eine doppelte Täuschung, denn ein Standbild auf der Leinwand kommt nur durch die Abfolge von mindestens 18 identischen Bildern pro Sekunde im intermittierenden Lauf des Projektors zustande. Ein Bewusstsein, das allen Vorstellungen folgen will, ist hier verloren. Nur wer sich täuschen lässt, wird vom Kino-Auge aufgeklärt – darüber, dass er sich in allen unausweichlichen Identifikationen dauernd selbst verwandelt und sich – bewusst – nicht selbst sehen kann. Dazwischen liegt die Wahrheit, in Intervallen um die 20 mal pro Sekunde.

Wenn die Montage des Films anschließend durch die Fabrikation von weiteren Standbildern in die Technik des Schneideraums führt, findet sich im Kern dieser Sequenz die Analyse des menschlichen Gesichts, wiederum ein Motiv, das seine Herkunft in den psychologischen und kriminologischen Laboratorien des ausgehenden 19. Jahrhunderts hat. Wird die Bewegung angehalten, ist eine Reihe von Standbildern zu sehen, die bestimmte Zustände, bestimmte psychische Verfassungen auszudrücken scheinen: eine ältere Frau mit einem bittenden Blick, Kinder, die erstaunt aussehen, eine jüngere Frau, die abweisend schaut etc.: eine Soziologie, so scheint es, durch chronophotographische Analyse.

Vertov hält jedoch in diesem Moment der Bewegung nicht ein, sondern zeigt vielmehr im Fortgang der Bilder, dass die kinematographische Bewegung eine solche Konklusion gerade nicht zulasst, sondern andere Wahrheiten zeigt und erzeugt. Vertovs Film zeigt zuerst stillgestellte Großaufnahmen, die einen Ausdruck mitzuteilen scheinen, um dann aber diese

Bedeutung in der erneuten Bewegung der Bilder aufzulösen und in einen affektiven Prozess zu überführen. Gleichzeitig zeigt eine Analyse der technischen Verfahren dieser Kinobewegung, dass auch der affektive Prozess durch eine künstliche Bewegung zustande kommt.

- Standbild: Halbtotale der Kutschgesellschaft (4")
- Standbild: Totale einer Allee mit Passanten (3")
- Standbild: Halbtotale zweier Damen in einer Kutsche (4")
- Standbild: Totale von oben auf eine breite Straße, einem Markt oder einem großen Platz voller Menschen und Verkehr (4")
- Standbild. Porträt einer Dame mit einem Mitleid erregenden Gesichtausdruck
- Standbild von Bildern eines Filmstreifens, auf dem das Porträt eines kleinen Mädchen abgebildet ist (5")
- Standbild, sehr groß, Porträt einer jungen Frau, die abweisend in die Ferne schaut (5")
- Standbild von Bildern eines Filmstreifens, auf dem das Porträt eines anderen kleinen Mädchens abgebildet ist (5")
- Halbtotale: der Galgen vor einem Leuchttisch, 17 Filmstreifen sind sortiert und bilden Muster (5")
- Regale mit sortiertem Filmmaterial (Beschriftung ukrainisch) (2,5")
- Großaufnahme: der Teller vom Schneidetisch, still (2,5")
- Filmstreifen, Bilder eines Mädchens, seitwärts, wie sie auf dem Schneidetisch eingelegt laufen würden (2,5")
- Großaufnahme: der Schneideteller, der sich nun dreht und eine Filmrolle aufwickelt (2,5")
- Halbtotale: von der Seite die Cutterin am Schneidetisch, sie kurbelt (2,5")
- Großaufnahme: am Schneidetisch über dem Leuchtbalken läuft ein Filmstreifen ohne intermittierende Vorrichtung vorbei, das heißt, dass kein Bild zu sehen ist, sondern nur Muster, die sich mit der Laufgeschwindigkeit ändern. Der Streifen wird angehalten, eine Schere erscheint und macht den Schnitt (6")
- Halbtotale: von der Seite die Cutterin, Vertovs Lebensgefährtin Elizaveta Svilova, am Schneidetisch, klebt zwei Streifen zusammen (3")
- Standbild: Porträt eines kleinen Mädchens (3")
- Halbtotale der Cutterin von unten, im Hintergrund der Galgen mit den Filmstreifen vor dem Leuchttisch, die Cutterin sucht sich einen Streifen (3")
- Sequenz des kleinen Mädchens, die eben noch als Standbild zu sehen war, im bewegten Vollbild: das Mädchen fängt an zu lächeln (3")
- Halbnah, die Cutterin am Schneidetisch kurbelt und betrachtet den Streifen (2")

- Standbild: Filmstreifen von zwei Jungen im Porträt (4")
- Sequenz der beiden Jungen läuft im bewegten Vollbild (4")
- Halbnah, die Cutterin am Schneidetisch kurbelt und betrachtet den Streifen (2")
- Standbild von zwei andern Kindern als Filmstreifen (4")
- Sequenz davon im Vollbild (3")
- Standbild des Porträts der alten Dame , die bereits am Anfang zu sehen war (2")
- Standbild: Totale vom großen Platz, der bereits am Anfang zu sehen war (1")
- Die zwei Kinder, die zuletzt als Standbild zu sehen waren, im bewegten Vollbild. Sie betrachten etwas, halb ängstlich, halb lachend
- Totale des großen Platzes im bewegten Vollbild: Verkehr und Passanten (6")
- Die alte Dame im Porträt bewegt sich. Jetzt streitet sie wie ein Marktweib (4")
- Halbnah, die Cutterin am Schneidetisch kurbelt und betrachtet den Streifen (1")
- Bildstreifen läuft grau über dem Leuchtbalken im Bild vorbei, hält an (2")
- Standbild: Halbtotale zweier eleganter Damen in einer Kutsche (1")
- Die zwei Damen in der Kutsche als bewegtes Vollbild, sie erscheinen munter und weniger elegant (3")
- Die junge Frau, die vorher im Standbild als Porträt zu sehen war, lächelt nun, spricht zur filmenden Kamera, blickt in die Kamera, lächelt uns an...

Mit den Vorgängen im Schneideraum zeigt Vertov die künstliche technische Produktion der Bewegungsillusion, zeigt, dass Standbilder eben nicht die Wahrheit unter einer Oberfläche bewegter Welten entdecken, sondern dass Standphotographien schlicht einen anderen Eindruck – im streng psychologischen Sinne – erzeugen als bewegte Bilder: Resultate, die auch mit gestaltpsychologischen Forschungen und ihrer Auswertung für Physiognomie und Ausdruck, wie Rudolf Arnheim sie in seiner Dissertation vorgenommen hat, präzis übereinstimmen.[15] Je nachdem, mit welchem optischen Gerät das menschliche Auge verschaltet ist, wird es Unterschiedliches wahrnehmen. Werden die Gesichter wieder in Bewegung versetzt, erscheint die Mitleid erregende alte Frau als keifendes Marktweib, der Gesichtsausdruck der Kinder wechselt von Staunen zu Furcht, und die abweisend aussehende junge Frau wirkt plötzlich freundlich. Film zeigt

15 Vgl dazu Arnheim, Rudolf: Experimentell-psychologische Untersuchung zum Ausdrucksproblem, in: *Psychologische Forschung*, 1928, S. 2-132.

Beziehungen anstelle des Wesens der Dinge oder Bilder. Indem „unser" erstes Urteil, wie es durch die Standbilder provoziert wurde, enttäuscht wird, gehen „wir" von der Beobachtung „Anderer" zur Beobachtung „unserer" eigenen Reaktionen über. „Wir", „Kinoki" – „Kinoaugen", die wir im Kino geworden sind, beginnen, die Beziehung zwischen dem technischen Apparat, seinen Funktionen und unseren Blicken, Empfindungen und Gefühlen zu erkennen. Beide Modi der Sichtbarmachung also, Film und Photographie, können wahr sein. Aber Wahrheit ist Resultante einer Kopplung, eines Übertragungsweges, der Zeit und Raum so transformiert, dass Beziehungen erzeugt oder auch ausgeschlossen werden können. In diesem letzten Teil der Sequenz wird die Analyse des Kinosehens zu einer Analyse zwischenmenschlicher Wahrnehmung, eine Psycho-Analyse im Sinne objektiver Psychologie. Sie kehrt zurück zu Vertovs filmischem Ursprung.

3. Künstler Laboranten

Zur Stuttgarter Aufführung des *Čelovek s kinoapparatom* kamen zwei Engländer, die sich um die sozialkritische unabhängige britische Filmproduktion verdient gemacht hatten. Herbert Marshall und Lionel Britton ließen sich von Vertovs Arbeitsweise sehr inspirieren zu ihren eigenen Filmen, „left-wing documentaries about the working class."[16] In seinem grundlegenden Buch über das sowjetische Kino allerdings interessierte sich Herbert Marshall gerade nicht für die Genealogie des Wissens dieses „unique film-director". Zwar erwähnt Marshall, dass Vertov am Psychoneurologischen Institut in Leningrad bei Vladimir von Bechterev studiert hatte, und dass sich unter Bechterevs Studenten viele Künstler befanden, darunter der Schriftsteller Isaak Ėmmanuilovič Babel', die Regisseure Grigorij Moiseevič Boltjanskij und Abram Matveevič Room.[17] Marshall ging

16 Zitiert nach Tode: Ein Russe, S. 148.

17 Vgl. Marshall, Herbert: *Masters of Soviet Cinema*, London u.a. 1983, S. 64; Vertov: *Tagebücher*, S. 203. Jörg Bochow hat in seiner Studie über Subjekt und Religiosität im frühen sowjetischen Film, für die er zahlreiche in Deutschland bislang unbekannte Dokumente zusammengestellt und aus dem Russischen übersetzt hat, auf den Einfluss der objektiven Psychologie bzw. Reflexologie und insbesondere Bechterevs Konzept der

dieser Spur jedoch nicht nach, sondern folgte Viktor Borisovič Šklovskijs Aussage, dass das Institut vor der Revolution das einzige gewesen sei, das den Zugang für Juden nicht durch Quoten eingeschränkt hatte und ihnen damit eine Möglichkeit bot, sich über einen akademischen Abschluss innerhalb der russischen Gesellschaft zu assimilieren.[18] Mit dieser Erklärung war die Verbindung zwischen Vertovs Theorie des Kino-Augen-Umsturzes und den Experimenten, die Bechterev in seinen Laboratorien durchführte, für die Filmforschung zunächst erledigt. In den Tagebüchern und Arbeitsheften Vertovs gibt es hingegen einige aufschlussreiche Bemerkungen darüber, wie viel seine Filme und seine Theorie den Methoden der objektiven Psychologie verdanken. Als er unmittelbar nach der Oktoberrevolution im Moskauer Filmministerium zu arbeiten anfing, notierte Vertov in der dritten Person – sich selbst beobachtend:

> Er kam dorthin, nachdem er schon einige Erfahrungen auf dem Gebiet der Sprache und der Töne gemacht hatte. Von der künstlerischen Aufzeichnung „Das Sägewerk", über Montagen von Stenogrammen, und Tonaufnahmen zur schöpferischen Werkstatt „Laboratorium des Gehörs"; von den Aufzeichnungen verschiedener „Tschastuschki" zu stenografierten Bekenntnissen; vom primitiven Abhören der Wahrheit zu Versuchen, Gedanken zu lesen; von Selbstversuchen im Leningrader Psychoneurologischen Institut (Aufzeichnungen von Gedanken, Reaktionen, Verhaltensformen) zu Reflexionen über die Überrumpelungsaufnahme zur Erlangung der Wahrheit; vom Betrachten der Pathé-Wochenschauen im Kino zu Gedanken über die visuelle Aufzeichnung der sichtbaren Welt, über die visuelle Gestalt der Welt, über die mit filmischen Mitteln gewonnene Wahrheit.[19]

Die Aufzählung ist Vertovs Biographie als Reihe von Aufzeichnungs-Experimenten und damit die kürzeste Mediengeschichte einer Kino-Pravda:

---

mimischen Reflexe auf Kulešovs Konzept eines neuen Schauspielers („Naturšik"), hingewiesen. Sein Kapitel über Vertov und die religiöse Ekstase stellt den Zusammenhang zwischen dessen musikalischer Inspiration und der Film-Montage her. Vgl. Bochow, Jörg: *Vom Gottmenschentum zum neuen Menschen. Subjekt und Religiosität im russischen Film der zwanziger Jahre*, Trier 1997.

18 Marshall: *Masters*, S. 236, verweist auf: „Viktor Sklovsky: Abram M . Room, Life and Work", Moskau 1929, S. 6.

19 Vertov: *Tagebücher*, S. 162. „Tschastuschki" sind folkloristische Scherzlieder, rhythmische Vierzeiler.

Als Schüler hatte er damit experimentiert, die Geräusche eines Sägewerks und Naturgeräusche in Buchstaben aufzuzeichnen. Der Ausgang dieses Versuchs, Wirklichkeit — oder, wie Kracauer wollte, das Leben — in einer symbolischen Ordnung abzubilden, hatte ihm vor allem die Grenzen der Aufzeichnungstechnik Schrift klar gemacht, die mit ihrer möglichen Kombinatorik aus 32 kyrillischen, vorgefertigten Einzelelementen im Reich akustischer Ereignisse nur mehr oder weniger gelungene Reduktionen vornehmen konnte. Vertov kaufte daraufhin einen alten Phonographen, mit dem er die Schwingungen der Geräusche der Welt noch ohne Mikrophon nach Frequenz und Amplitude auf Zylinder aufzeichnen, speichern und bearbeiten konnte.[20] In diese kontinuierliche analoge Aufzeichnung setzte Vertov seine eigenen Schnitte und montierte die Geräusche und Stimmen zu Hörstücken. Menschliche Sprache nahm er zuerst in traditionell festgelegten literarischen Formen und dann als freie Rede auf. Durch die phonographische Aufzeichnung von den Zwängen des Reims oder des Rhythmus, den alten Mnemotechniken, befreit, konnte Sprache zur Stimme werden, die atmet, stockt oder heiser krächzt wie ein Sägewerk in der Ferne.

Die Experimente am Psychoneurologischen Institut schließlich führten zu Vertovs Dokumentarfilmtheorie, die sich — nach Sophie Küppers Hannoveraner Übersetzung von 1929 — als Methode der so genannten „Überrumplung des Lebens" filmhistorisch festgesetzt hat. Dieser Begriff, der ein wenig an Mackie Messer erinnert, vermeidet zwar den Begriff eines Unbewussten oder Unwillkürlichen im Sehen, erklärt sich aber aus der gemeinsamen Geschichte von experimenteller Psychologie und Medien: aus einer wahren Hinterhof-Affäre. Allerdings wäre diese Genealogie einer Kinoästhetik aus den Leningrader Laboratorien nicht nur für die britische Arbeiterschaft unerwünscht gewesen, sondern auch für die sowjetische nach 1928. Bechterev, der sich im Deutschen den Zusatz „von" zulegte, war eine berühmte Persönlichkeit der internationalen Psychiatrie,[21] bis er

20 Vgl. Sadoul, Georges: *Dziga Vertov*, Paris, 1971. S. 15-46.

21 Brozek, Josef; Diamond, Solomon: Die Ursprünge der objektiven Psychologie, in: Balmer, Heinrich (Hg.): *Geschichte der Psychologie*, Bd. 2: Entwicklungslinien zur wissenschaftlichen Psychologie. Weinheim u.a. 1982. Vgl. auch Ellenberger, Henry F.: *Die Entdeckung des Unbewußten*, Zürich, 1973, S. 1145.

– entsprechend der Überlieferung – nach einer Visite bei Stalin, dessen Leibarzt er war Weihnachten 1927 ermordet und die Erinnerung an seinen Namen in der westlichen Welt nur noch in der Benennung einer Rükkenmarkserkrankung bestand.[22] Neben Ivan Michajlovič Sečenov, seinem Lehrer, und Ivan Petrovič Pavlov, seinem lebenslangen Rivalen, gilt Bechterev als Begründer der russischen Reflexlehre. Weil Bechterevs Versuche und Theorien zumindest im Westen Deutschlands fast ganz unbekannt sind, sie aber einen „missing link" zwischen Medien- und Laborgeschichte darstellen, nicht zuletzt weil sie Künstlerinnen und Künstler in der Sowjetunion und – seit Vertovs Reise 1929 – auch im Westen beeinflussten, und weil sie die russischen Experimente der 1910er und 1920er Jahre auf eine neue Weise mit späteren kybernetischen Versuchen verbinden, seien Bechterevs Spuren hier kurz skizziert.

Bechterev hatte wie viele Russen in Westeuropa studiert und dabei die renommiertesten Laboratorien und Forscherpersönlichkeiten kennen gelernt: Jean-Martin Charcots Neurophysiologie in Paris, später in Leipzig Wilhelm Wundt am Institut für experimentelle Psychologie und Paul Emil Flechsig in der Gehirnanatomie. Wie Sečenov und Pavlov hat auch Bechterev am physiologischen Institut bei Carl Ludwig gearbeitet, bevor er 1885 Professor für Psychiatrie in Kasan wurde.[23] 1884, als Bechterev noch als Flechsigs Mitarbeiter an der Universitäts-Nervenklinik tätig war, wurde gerade der Jurist Dr. Daniel Paul Schreber aufgenommen, dessen *Denkwürdigkeiten eines Nervenkranken* 1903 erschienen waren und die Grundlage von Freuds *Psychoanalytische Bemerkungen über einen autobiographisch beschriebenen Fall von Paranoia (Dementia paranoides)* bildeten. Schrebers Denkwürdigkeiten als „iatrogene Psychose"[24] eröffneten den Blick auf den

22 In der Sowjetunion blieb sein Name geläufig, weil eine der experimentierfreudigsten Kliniken für Nervenkrankheiten nach ihm benannt ist. Vgl. Ponomareff, George L: Commentary on the Bekhterev Psychoneurological Institute, in: *Current Psychiatric Therapy* 23 (1986), S. 281-285; Ziferstein, Isidore: Die Arzt-Patient-Beziehung in der Sowjetischen Psychotherapie, in: *Psyche. Zeitschrift für Psychoanalyse und ihre Anwendungen* 20 (1966), S. 427-439.

23 Joravsky, David: *Russian Psychology. A Critical History*, Oxford u.a. 1989, S. 83; Vladimir Bechterev, in: Grote, L.R. (Hg.): *Medizin der Gegenwart in Selbstdarstellungen. VI*, Leipzig 1927, S. 3.

24 Kittler, Friedrich: Flechsig/Schreber/Freud. Ein Nachrichtennetzwerk der Jahrhundert-

Spiegelverkehr, auf Rückkopplungen zwischen den Wahnsystemen von Psychiatern und Patienten. Das waren Prozesse, die sich nicht an einer Stelle oder an einer Wahrheitsposition sistieren und bestimmen ließen, und wenn doch, dann als paranoides Urteil wie das Stalins.

Die Denkwürdigkeiten Schrebers als Nacht- oder besser Innenansichten der Gehirnanatomie protokollierten, was in Leipzig unter Flechsig erforscht wurde: „Gott ist vornherein nur Nerv, nicht Körper, demnach etwas der menschlichen Seele Verwandtes. Die Gottesnerven (...) haben namentlich die Fähigkeit, sich umzusetzen in alle möglichen Dinge der erschaffenen Welt; in dieser Funktion heißen sie Strahlen."[25] Die Diagnose Paranoia erscheint damit als Diffamierung einer Erkenntnisform, die eine Universal- oder vermischte Hinterhofwissenschaft bildete, wo Disziplinen getrennt bleiben sollen.

Im Jahr 1884 richtete Albert Londe an der Salpêtrière einen fotografischen Dienst ein und erfand die Instantanfotografie, um die Symptome der Nervenkrankheiten seiner Patientinnen zu fixieren, zu bearbeiten und als ärztliches Machtwissen zu klassifizieren. Im Bois de Boulogne begab sich Georges Demeny zur gleichen Zeit in ein Kostüm mit metallenen Seitenstreifen, um seine Bewegungen ergonomisch und möglichst ohne Intervention des Körpervolumens aufzeichnen zu lassen und mit den Ergebnissen in künftigen Gymnastikstunden neue Patrioten zu trainieren. Wundt in Leipzig wiederum chronometrisierte die Sinne, um Aufmerksamkeits- und Erinnerungsvorgänge als induzier- oder hemmbare Prozesse zu studieren, während der Großteil der an seinem Labor durchgeführten Experimente sich mit „Empfindungen"(der Frage der „Psychophysik" im engeren Sinne)"befasste.[26]

In allen Labors und Versuchsanstalten war die Umwandlung der Körper in Signalsysteme in vollem Gange. Wenn Vertov also am Psychoneurologischen Institut den Sperrmüll aus den Laboratorien des 19. Jahrhunderts zu einer Filmpraxis und Medientheorie zusammensetzte, dann erwies sich

---

wende, in: *Der Wunderblock* 11/12 (1984), S. 56-68.

25 Schreber, Daniel Paul: *Denkwürdigkeiten eines Nervenkranken*, Berlin 1973, S. 72.

26 Wundt, Wilhelm: *Das Institut für experimentelle Psychologie.* Sonderabdruck aus der Festschrift zum 500jährigen Jubiläum der Universität Leipzig, Leipzig 1910, S. 15f.

sein Kinodenken als präzise Fort-Führung der offiziellen psychoneurologischen Wissenschaften in interdisziplinäre Hinterhofpraktiken. Und natürlich in den Bereich der Unterhaltungsindustrie, auch wenn diese mehr und mehr zur Disziplinierung sowjetischer Staatsbürger eingesetzt wurde.

Entscheidend für Bechterevs Einfluss auf die Avantgarde-Kunst war sein Entwurf einer Objektiven Psychologie. In seinem Artikel *Die Energie des lebenden Organismus und ihre psycho-biologische Bedeutung* (1902) kritisiert er zunächst die introspektiven Methoden seiner Kollegen: „der Irrthum aller im obigen aufgeführten Lehren besteht nämlich darin, dass von denselben versucht wird, auf speculativem Wege das Wesen der Dinge zu ergründen, während die Aufgabe wahrer Wissenschaft nicht in der Erforschung des Wesens der Dinge selbst besteht, sondern auf Verfolgung der wechselseitigen Beziehungen zwischen den Erscheinungen hinzielt."[27]

Im Laufe seiner neurologischen Forschungen suchte Bechterev nach einem universalen Medium, das Affekte, Reize und Reaktionen im Körper, aber auch über die Grenzen eines einzelnen Körpers hinaus übertragen könnte. Mit Emil DuBois-Reymond hatte er tierischen Magnetismus und elektrische Phänomene physiologisch untersucht, und bei Wundt hatte er die Übertragungen an Nervenenden und die Übertragung von Reizen durch Ausdrucksbewegungen des Körpers und des Gesichtes erforscht. 1896 publizierte Bechterev seine Forschungen bei Flechsig als Lehrbuch über neurologische Übertragungen.[28] Als Resultat seiner Arbeiten in Leipzig, aber auch seiner sozialmedizinischen Untersuchungen in Kasan stellte Bechterev schließlich seine umfassende These einer allgemeinen Übertragung durch Reflexe auf, die als Hemmung oder Stimulation in der Lage sein sollten, alle Abgründe zwischen Nervenendigungen zu überwinden und zwischen Materie und Gedanken in alle Richtungen Reize zu kommunizieren.

Bechterevs „kollektive Reflexologie", wie er dieses sozial-neurologische Modell in seinem letzten posthum in Halle erschienenen Buch nannte,

---

27 Bechterev, Vladimir: *Die Energie des lebenden Organismus und ihre psycho-biologische Bedeutung*, Wiesbaden 1902, S. 6.

28 Bechterev, Vladimir von: *Die Leitungsbahnen im Gehirn und Rückenmark. Ein Handbuch für das Studium des Aufbaus und der inneren Verbindungen des Nervensystems*, Leipzig 1896.

wurde für die filmische Avantgarde in der Sowjetunion einschlägig, weil er, erstens, von der Vorstellung eines einheitlichen Mediums der Übertragung ausging und, zweitens, weil das Prinzip der Reflexologie gestattete, die Menschen in all ihrer sozialen Differenziertheit „von außen" zu erkennen. Während sich die konventionelle Psychologie ganz auf die Methode der Introspektion verließ, könnten – so warnt Bechterev – Vorgänge, „die wir seit jeher als ‚seelische' bezeichnen",[29] nur durch objektive wissenschaftliche Untersuchungen „mit ihren strengen Methoden, mit ihren exakten Apparaten und Messungen"[30] richtig erkannt werden. Bechterev bedauert, dass in der Psychologie die Introspektion und die Selbstbeobachtung die herrschenden Methoden geblieben sind und fügt hinzu: „Die Erfahrung zeigt [...], dass die Selbstbeobachtung nicht einmal zur Erkennung des eigenen psychischen Lebens ausreicht."[31] Folgerungen aus experimentellen Beobachtungen müssten daher unabhängig von den subjektiven Eindrücken oder Gefühlen der Versuchpersonen gezogen werden: „Frei von Bestrebungen und Versuchen, in die subjektive Welt der Träume und Phantasien einzudringen, gibt uns die Psychoreflexologie Prosa an Stelle von Poesie, denn sie betrachtet die neuropsychischen Funktionen ausschließlich von ihrer Außenseite".[32] Diese symptomatische Außenseite ist die Bedingung jedes Wissens, das auf fotografische und filmische Dokumente rekurrieren will.

Für Bechterev entdeckt Reflexologie die objektive Wahrheit von einem Standpunkt des Außen, des Anderen her, vermittelt durch Geräte, die Reaktionen aufzeichnen und gleichzeitig die Reaktionen des Beobachters reflektieren und protokollieren. Die reflexorische Methode analysiert Emotionen als Bahnungen in Nervennetzen und in einer allgemeinen Reizübertragung, die sich über menschliche Individuen hinaus bewegt. Im Unterschied zur traditionellen Psychologie, in der „die Untersuchungen der objektiven Erscheinungen damals das Erkennen der Menschenseele

29 Bechterev, Vladimir: *Objektive Psychologie oder Psychoreflexologie. Die Lehre von den Assoziationsreflexen*, Leipzig u.a. 1913, S. IV.

30 Ebd., S. 3.

31 Ebd., S. 2.

32 Ebd., S. III.

zum Zweck hatte", klärt die Reflexologie „bloß ihre Beziehungen zu den äußeren Einflüssen oder Reizen auf."[33]

Verhalten wäre in Bechterevs Sinne begreifbar nicht nur als Reflexbogen oder als wechselseitige Reaktion zwischen psychophysischen Körpern, sondern als Spur eines Reizes in seiner Transformation. Empfindungen und Gefühle sind Beispiele für Reflexkomplexe als ein Werden. Bewegungen von „emotionellem Charakter" heißen in Bechterevs Systematik mimische Reflexe. Sie sind nur zum Teil beobachtbar: etwa als Gesichtsmimik, Schweißausbruch, Rotwerden oder Atembeschleunigung. Mimik ist „offenbar eine sehr komplizierte und eigentümliche Assoziation der motorischen, sekretorischen und Gefäßreaktionen des Organismus, die sich durch ihre Kompliziertheit von einfachen reflektorischen Bewegungen unterscheidet. Trotzdem verlaufen diese Erscheinungen genauso maschinenmäßig wie gewöhnliche Reflexe"[34] schreibt Bechterev 1913, als er die Psychoreflexologie zum ersten Mal als „Lehre" formuliert. Aber Individuen werden entsprechende Reaktionen – Zittern, Rotwerden, gesteigerte Atemfrequenz – bei sich selbst objektiv nicht wahrnehmen können. Sie müssen gemessen, aufgezeichnet, systematisiert werden und können erst dann zur analytischen Aufklärung des Patienten selbst dienen. Vertov, wenn er in seinen Filmen mimische Reaktionen und Ausdrücke aufnimmt, verlangsamt, beschleunigt, montiert und schließlich wieder vor den Augen desselben „Straßenvolkes", das er filmte, projiziert, emanzipiert sich damit aus dem reflektorischen Zirkel des Institutslabors und lässt ihn mithilfe der Kinematographie zum sozialen Prozess werden.

Anders als Pavlov, dem es darum ging, die Prozesse der Wahrnehmung auf einfache zeiträumlich fassbare Reiz-Reaktionsmuster zu reduzieren, erforschte Bechterev die Verknüpfungen neuronaler Prozesse als Grundlage höherer Nerventätigkeiten und Hirnleistungen, um auch Denken, Sprechen und Erinnern nach der Methode objektiver Psychologie begreifen zu können. In seinem letzten zu Lebzeiten erschienenen Buch beschreibt er die Reflexe, um sie endlich von der Konnotation passiver Verschaltung zu

---

33 Bechterev, Vladimir: Was ist Psychoreflexologie?, in: *Deutsche medizinische Wochenschrift* 38:32 (August 1912), S. 1481-1487, S. 1486.

34 Bechterev: *Objektive Psychologie*, S. 281.

befreien, als „korrelative Tätigkeit der Individuen".[35] Reflexologie sollte die Universalwissenschaft werden, in der „die gesellschaftlichen Wechselbeziehungen zwischen den Menschen" analysiert wären.[36] Das Unerhörte in Bechterevs Thesen lag in der Absicht, lediglich Richtungen und Wege der Erregungen in den Nervenzentren und die Wechselbeziehung mit Spuren früherer Erregungen zu erforschen: Seine Methode war nicht nur gegen die subjektive Introspektion gerichtet, sondern transzendiert auch anthropomorphe Rahmen. Alle Lebewesen außer denen des „toten und leblosen Milieus", deren Bewegungen , wie die der Steine, „in ausschließlicher Abhängigkeit von äußeren Einwirkungen stehen", bewegen sich in der gleichen charakteristischen Weise als Reaktionen auf äußere Reize, die als aktuelle oder längst vergangene eine Kommunikation mit der Umgebung in Gang setzen: „bekanntlich [macht] die kinematographische Darstellung der Bewegungen der Pflanzen den Eindruck schneller Tierbewegungen. Wenn [...] unser Auge einem Mikroskope gliche, so würden wir sehen, dass die im Wachsen begriffenen Stengel und Wurzeln tastende Bewegungen ausführen und jedenfalls schnelle Reaktionen auf Reize aufweisen."[37] Zeitlupen und Zeitraffer, diese Vorrichtungen, mit denen Vertov die Welt und ihre Beziehungen neu organisieren wollte, wären eben die Mikroskope und Ferngläser im Reich der Bewegung. *Der Mann mit der Kamera* zeigt, dass kein Ursprung und kein Ende einer solchen Bewegung anzunehmen ist, sondern dass, von Schnitt zu Schnitt, die Übertragung und ihre Komplikationen ins Bild gerückt werden.

In diesem Sinne beschreibt Vertov seinen ersten Auftritt in der Filmgeschichte als Selbstversuch im Sinne der objektiven Psychologie: 1918 sprang er hinter dem Palais des Filmkomitees aus einer Höhe von anderthalb Stockwerken herab, während ein Kameramann diesen Sprung in Zeitlupe filmte. Die verschiedenen Gefühlszustände Vertovs auf dem Weg nach unten wurden damit analysierbar. Wo in der Echtzeit des Lebens nur eine Verbeugung, ein Lächeln und ein Sprung zu sehen war, lässt sich im

35 Bechterev, Vladimir: *Allgemeine Grundlagen der Reflexologie des Menschen. Leitfaden für das objektive Studium der Persönlichkeit*, Leipzig, Wien 1926, S. 113.

36 Ebd., S. 89.

37 Ebd., S. 93.

Film durch Zeitlupe die mimische Abfolge von Angst und Unschlüssigkeit, Peinlichkeit, anwachsender Entschiedenheit und so fort feststellen. Das waren organisch-reflektorischn Grundtypen, auf die sich, nach den Versuchen an Bechterevs Institut, die assoziativ-reflektorische Mimik des Heldenhaften zurückführen ließ. Um 1918 war das die Wahrheit etwa 18 mal pro Sekunde, aber keine absolute Wahrheit, denn der Einzelbild-Vertov und der Bewegtbild-Vertov des Experiments waren natürlich nicht dieselben. Sein und Zeit wurden relativ, so dass selbst die Bezeichnungen „Zeitraffer" und „Zeitlupe" je nach Standpunkt austauschbar werden mussten. Vertov analysierte seinen Fall, der als Ursprung einer Kino-Pravda gelten kann, erst 1935, als es durchaus wichtig sein konnte, Gedanken und Absichten eines Menschen aus der Ferne entziffern zu können: „Vom Gesichtspunkt des gewöhnlichen Auges sehen Sie die Unwahrheit. Vom Gesichtspunkt des kinematographischen Auges (mit Hilfe besonderer kinematographischer Mittel, in diesem Falle – der Zeitrafferaufnahme) sehen Sie die Wahrheit. Wenn vom Lesen der Gedanken eines Menschen auf Entfernung (und es ist nicht selten wichtig für uns, nicht die Worte eines Menschen zu hören, sondern seine Gedanken zu lesen) die Rede ist, so haben Sie diese Möglichkeit gerade hier erhalten. Die Mittel des ‚Kinoglaz' haben sie entdeckt. Die ‚filmauglichen' Mittel bieten die Möglichkeit, die Maske vom Menschen wegzunehmen ..."[38]

In der Tradition der Experimente am Psychoneurologischen Institut, in die Vertov seine filmischen stellte, entspricht der Selbstversuch einem Experiment aus der Reihe der „mimischen Reflexe", mit denen Bewegungen und Reaktionen geprüft werden, „die den inneren Zustand unter bestimmten Bedingungen charakterisieren".[39] Bechterev hatte zur Frage subjektiver und objektiver Untersuchung geschrieben:

> Es ist also klar, dass die reflexologische Methode die Möglichkeit gewährt, nicht nur die Prozesse der assoziationsreflektorischen Tätigkeit des Menschen von der objektiven Seite zu studieren, sondern auch das Verhältnis der subjektiven Vorgänge zu ihnen aufzuklären. Sehr wertvoll ist eine solche

38 Vertov: *Schriften zum Film*, S. 55

39 Bechterev: *Objektive Psychologie*, S. 278.

> Methode des Forschens, an der eigenen Person durchgeführt, insbesondere in bezug auf die mimisch-somatischen Prozesse, da sowohl die objektive als auch die subjektive Seite des Vorganges parallel studiert werden können.[40]

Das Ideal psychoreflektorischer Forschung wäre die Kombination des subjektiven und des objektiven Versuchsprotokolls, die sich zueinander verhalten wie ein schriftliches Arbeitsjournal zu gleichzeitigen Filmaufnahmen – oder besser noch: wie das „Tagebuch eines Kameramannes", der gleichzeitig selbst gefilmt wird, ein Tagebuch, dem „Eindrücke auf Zelluloid in sechs Rollen" beigefügt sind, wie es im Untertitel des *Mann mit der Kamera* präzise heißt.

4. Universelle Signale

Anfang der 1920er Jahre publizierte Vertov seine Kinotheorie in Manifesten, die vom Kinokollektiv *Kinoki* (dt. „Kinoaugen") unterzeichnet waren, einer Gruppe, die auch ein eigenes Filmjournal herausgab, die *Kino-Pravda* (dt. „Kino-Wahrheit"). Vertovs Kino-Manifeste optieren für eine neue Form des Filmemachens, eine neue Art des Sehens und der Sichtbarkeit, eine neue Art, die Welt als Prozess wahrzunehmen, in der Tat, eine neue Art, Mensch – ‚Mensch mit der Kamera' zu werden. Im Wesentlichen geht es in den Manifesten um drei Aspekte: Erstens, das Laster der alten psychologischen Filmdramaturgie zu bekämpfen, die durch filmische Bilder versucht, Empathie, Gefühle und Empfindungen einer bereits vorhandenen und geformten – oder entstellten – Seele aufzurufen. Damit bestimmt Vertov das Kino präziser als andere Filmdramaturgen als eine Apparatur der Moderne, die Psychisches als Produkt von Beziehungsnetzen und Signalen begreift und deren Logik unterwirft. In „Wir. Variante eines Manifests" heißt es 1922:

> In unseren Augen ist das von der Sicht und den Erinnerungen der Kindheit belastete psychologische russo-deutsche Kinodrama Humbug. [...]. Wir fordern: Weg / Von den süßdurchfeuchteten Romanzen / Vom Gift des psychologischen

40 Bechterev: *Allgemeine Grundlagen*, S. 402.

> Romans [...] / Ins reine Feld in den Raum der vier Dimensionen (drei + Zeit) Auf zur Suche nach ihrem Material, ihrem Jambus, ihrem Rhythmus.[41]

Zweitens sollen die Filme einen Menschen bilden, dessen Bewegungsrhythmus den der Maschinen adaptiert. Wahrheit erscheint erst dann, wenn menschliche Nerven und technische Apparate zu einer vereinten, „verschalteten" Wahrnehmung zusammengeschlossen sind, wenn ein Gleichgewicht zwischen Mensch und Apparatur hergestellt ist, wie Walter Benjamin, Moskaufahrer der Jahre 1926/27, es zehn Jahre später in seinem Kunstwerk-Aufsatz fordert. Die *Kinoki* schreiben, das „Psychologische" hindere den Menschen, so genau wie eine Stoppuhr zu sein, es stört ihn in seinem Bestreben, sich mit der Maschine zu verschwägern.[42]

Drittens ist sein Modell des Filmens die Arbeit des Beobachtens im wissenschaftlichen Labor. In Vertovs Notizen vom 28. Juli 1935 für ein Gespräch vermutlich mit dem Fotokorrespondenten der Zeitschrift *Prožektor* heißt es: „15) Ich arbeite wie das Laboratorium Pavlovs und nicht wie eine Abteilung der Filmchronik (...)"[43]. Pavlov war 1935 ein Held, Bechterev und sein Laboratorium dagegen durften nicht mehr erwähnt werden. Der Prozess des Filmemachens ist als Laborarbeit bezeichnet, in der die Welt entziffert wird. 1926 nannte Vertov das eine „Fabrik der Fakten", die er sich konkret als Filmlabor in den Räumen der Moskauer Goskino-Sovkino Studios vorstellte.

Es wäre allerdings zu simpel, Vertovs Filme als einfachen Export der Methoden aus dem Psychoneurologischen Institut in die Filmproduktion zu klassifizieren. Andersherum ließe sich ebenso zeigen, dass Bechterevs interdisziplinäre Abenteuer bereits alle Kriterien des Hinterhofwissens erfüllten: Er erforschte Besessenheit und Massenhysterien als politische Phänomene, experimentierte mit Hypnose, als er eine Experimentalstation zur Behandlung Alkoholsüchtiger einrichtete, und wollte mit seiner Reflexologie nicht lediglich neuronale Übertragungen, sondern Übertragungswege in einer allseits vernetzten und für Intensitäten jederzeit durchlässigen

41 Vertov: *Schriften zum Film*, S. 7f.
42 Ebd., S. 8.
43 Vertov: *Tagebücher*, S. 43.

Welt der Dinge und Kreaturen erklären. Seine Theorie einer objektiven Psychologie skizziert ein nichthierarchisches Weltbild, in dem Barsche und Bären, Efeu und Medusen, Irre, Psychiater und Parteigenossen miteinander kommunizieren – einen neurologischen Kommunismus.

Andersherum ist die frühe Kino-Theorie disziplinierter: In ihr avanciert, nicht nur bei Vertov, der Kino-Apparat zum epistemologischen Gerät. Vertov zieht daraus die besondere Konsequenz, dass der Kino-Apparat kein Repräsentations-Apparat mehr ist, sondern, als visuelles Speicher- und Übertragungsmedium, ein Analyse-, Synthese-, und Produktionsmittel von Signalen, die ebenfalls universell übertragbar werden: „Nichts Geringeres will *Der Mann mit dem Kinoapparat* darstellen als das Leben. Das Kollektivleben einer Stadt", hatte Kracauer geschrieben. Er hätte „herstellen" schreiben können, denn Vertov gab klare Anweisungen, wie die Welt mit dem Kino zu verändern wäre:

> Bis auf den heutigen Tag ist der Kameramann mehr als einmal kritisiert worden, wenn ein laufendes Pferd sich auf der Leinwand unnatürlich langsam bewegte (bei schnellem Drehen der Kamerakurbel), oder wenn umgekehrt ein Traktor das Feld zu schnell umpflügt (bei zu langsamen Drehen der Kurbel) usw.
> Das sind natürlich Zufälle, aber wir bereiten ein System vor, ein durchdachtes System solcher Fälle, ein System scheinbarer Ungesetzmäßigkeiten, die die Erscheinungen erforschen und organisieren. Bis auf den heutigen Tag haben wir die Kamera vergewaltigt und sie gezwungen die Arbeit unseres Auges zu kopieren. Und je besser die Kopie war, desto höher wurde die Aufnahme bewertet. Von heute an werden wir die Kamera befreien und werden sie in entgegensgesetzter Richtung, weit entfernt vom Kopieren arbeiten lassen.[44]

Das System der Sichtbarmachung, die experimentelle Transformation von Zeit und Raum durchs Kino wird die gegenseitige Beobachtung und damit die Beziehungen überhaupt transformieren. Dieses neue Beobachten ist nichts Unschuldiges, und in der Tat hat Vertov 1926 in seinen „vorläufigen Instruktionen" die Zirkel des *Kinoglaz* unumwunden mit der Arbeit der Geheimpolizei *GPU* (*Gosudarstvennoe Političeskoe Upravlenie, dt.*

44 Vertov: *Schriften zum Film*, S. 15f.

Staatliche Politische Verwaltung) verglichen: „Die Arbeitsweise der Filmkamera erinnert an die Arbeitsweise der *GPU*-Agenten, die nicht wissen, was sie erwartet, die aber einen bestimmten Auftrag haben, aus dem dichten Lebensgewirr diese bestimmte Sache auszusondern und sie zu klären."[45] Beobachten ist als Rückkopplungsprozess gedacht, in den subjektives Wissen sporadisch und in Intervallen eintritt. All das hatte Kracauer nur irgendwie gedämmert, als er sah, dass er im Kino weniger sieht, als gesehen wird. Und dass der Regisseur nicht einfach sowjetisches Alltagsleben abbildet, sondern „selbst Teil des revolutionären Prozesses"[46] ist.

Mit Deleuze' Begriff eines Affektes, dessen Bewegungen, ganz wie in Bechterevs Konzept des Reflexes, überindividuelle Bahnungen durch die Welt legen und damit ein Relations- und Assoziationsnetz, in dem Subjekte sich bilden, ist der Prozess filmischer Transformation, wie er Vertov vorschwebte, präzise beschrieben. Auch der Affekt löst zeitliche und räumliche Ordnungen der Bilder der Welt und eines einzigen Weltbildes auf und stellt neue und unvordenkliche Beziehungen unter seinen Subjekten her. Während im Kern von Deleuze' Affektbild jedoch bereits die Notwendigkeit einer Wahl zwischen Aktualität und Virtualität als Entscheidung für die Wirklichkeit implementiert wird und das Kino der Affekte damit ein explizit politisches Sehen herausfordert, kämpfen Bechterev und Vertov in den 1910er und 1920er Jahren damit, die Reflexologie und die Kinoaugen nicht als deterministische enden zu lassen. Insbesondere die Konfusion von Subjektivität und Objektivität des Denkens, die Bechterev für das Labor und Vertov für das Kino praktizierte, eröffnen eine Möglichkeit, den unausweichlichen Einschlag des Kinos auf die Wahrnehmung anders als diktatorisch zu begreifen. Entscheidend für beide theoretischen Modelle war dabei, weder Labor noch Kino als geschlossene Räume zu denken, sondern Wege ins Offene zu bahnen – auf die Gefahr hin, die Leitung des Versuchs dabei abzugeben an die Materie der Dinge selbst.

---

45 Ebd., S. 42.
46 Kracauer: *Caligari*, S. 197.

Margarete Vöhringer

Professionalisiertes Laientum: Nikolaj Ladovskijs Psychotechnisches Labor für Architektur.

Es war eine folgenreiche und existenzielle Entscheidung für Nikolaj Aleksandrovič Ladovskij, nach nur vier Jahren als Pilot den Beruf zu wechseln. Ganze 15 weitere Jahre dauerte es, die er geduldig mit dem Sammeln praktischer Erfahrungen auf Baustellen verbrachte, ehe es ihm gelang, sein Diplom zu machen und, endlich, im Alter von 36 Jahren Architekt zu werden.[1] Von nun an widmete er sich nichts anderem als der Architektur – und das auf völlig neuartige Weise. Ganz seiner Leidenschaft verpflichtet, lebte er ohne Familie und gleich Tür an Tür mit seiner Arbeitsstätte, den VChUTEMAS (Vysšie chudožestvenno-techničeskie masterskie), den Höheren Künstlerisch-Technischen Werkstätten in Moskau, an welchen er 1926 das so genannte Psychotechnische Labor für Architektur gründete und mit seinen Studenten anstelle von Statik oder Modellbau Wahrnehmungsexperimente durchführte.[2] Kaum etwas ist über diesen Avantgardisten bekannt, noch weniger, welche Rolle er für seine viel berühmteren Kollegen gespielt hat. Ladovskijs Nachlass scheint verloren gegangen zu sein. El Lissitzky, einer seiner engsten Freunde, beschrieb 1925 begeistert seine Zusammenarbeit mit Ladovskij:

> Die Lage ist so: die ekstatische Zeit ist vorbei. Nach all diesem möchte man klug sein, – das heißt nichts l a u t überlegen, nichts laut analysieren und nichts laut verstehen. Sondern einfach die Hände sich recken und zusammenlegen lassen, was die Sinne packen und das Gehirn auswahlen wird.[3]

---

1 Chan-Magomedov, Selim: *Nikolaj Ladovskij*, Moskva 1984, S. 8.

2 Ebd., S. 6f.

3 Brief Lissitzkys an Sophie Küppers vom 20. 7. 1925, zitiert nach: Lissitzky-Küppers, Sophie (Hg.): *El Lissitzky. Maler, Architekt, Typograph, Photograph,* Dresden 1992, S. 62.

Abb. 1: Metro Lubjanka; ehem. Dzer¡inskaja

Ladovskijs ruhiger und aufmerksamer Charakter hatte sicherlich eine prägende Wirkung für sein Schicksal als Architekt. Nicht als Avantgarde-Propagandist oder Architektur-Theoretiker und auch nicht als Baumeister sollte er sich bewähren, sondern als Psychotechniker und Pädagoge, der die Ausbildung einer neuen Architekten-Generation nach der Revolution bestimmte. Die hierfür notwendigen Lehr- und Entwurfspraktiken entwickelte er ganz selbständig und frei nach Vorlagen aus einer der Architektur zunächst nicht nahe stehenden Disziplin – der Psychotechnik.

Im Folgenden soll vor allem letzterem Umstand nachgegangen werden: Wie kam es zu Ladovskijs disziplinären Innovationen? Wer waren die Ideengeber für das Psychotechnische Labor für Architektur, gab es vergleichbare Einrichtungen in jenen Jahren? Vor allem aber – was kann psychotechnisches Bauen sein? Die folgenden Überlegungen werden versuchen, diesen Zusammenhängen zwischen Architektur und Psychotechnik, zwischen Gebäuden und Wahrnehmungsexperimenten nachzugehen. Dabei wird sich zeigen, dass sich bereits in der Werkstatt, im ‚Labor' des Architekten entscheidet, welcherart Architektur-Praxis hier betrieben wurde und inwiefern diese laienhaft war oder nicht.

Abb. 2: Tunnelansicht auf den Gleisen

Architektur

Von Ladovskij sind kaum Bauwerke erhalten, lediglich zwei Metrostationen in Moskau, deren Standorte für sich sprechen: Eine befindet sich an den Roten Toren, die andere gegenüber dem Geheimdienstgebäude (Abb.1, links). Vor allem letztere beeindruckt durch ihre formalen Anleihen, denn der Eingang zur Metro blickt geradezu auf den bedrohlichen Bau des ehemaligen KGB.[4] Das Metroportal besteht dabei nicht einfach nur aus zwei halbrunden Torbögen, wie dies erscheint, wenn man vor ihm steht. Betrachtet man den Metroeingang von der Seite, wird sichtbar, was da wirklich aus dem Boden ragt, was Ladovskij für sein Bauen zum Modell gewählt hat: Sanft in Beton gegossen verengen sich die Öffnungen zur Untergrundbahn ohne geometrische Abstufungen von außen nach innen – ganz wie dies bei Okularen optischer Apparate der Fall ist, bei Teleskopen, Ferngläsern und Kameraobjektiven (Abb.1, rechts). Zu zweit blicken sie wie ein hinter einer Mauer hervorspähendes Fernglas aus dem Untergrund und beobachten das geheimnisvolle Treiben vor ihnen. Die Innengestaltung des Bahnsteigs greift diese Form des Fernglases durch regelmäßig sich wiederholende, halbrunde Säulenbögen auf (Abb. 2).

4 Die eine Metro-Station trägt den Namen „Krasnye Vorota" („Rote Tore"), die hier beschriebene befindet sich an der Station „Ljubjanka".

Dass Ladovskij ausgerechnet optische Apparate als technische Modelle wählte, war kein Zufall. Das anti-perspektivische Paradigma seiner Zeit war nicht das einer durch den Menschen gefühlten Perspektive, sondern das einer technischen Perspektive. Der technische Blick, das von zahlreichen Avantgarde-Kollegen postulierte vermessbare Sehen, die Augen von Teleskopen, Ferngläsern, Photoapparaten und Filmkameras eröffneten dem Künstler, der fliegen konnte, für das menschliche Auge unsichtbare Welten: „Der Künstler sieht besser als der gemeine Betrachter und muss seine Gefühle auf den Betrachter übertragen."[5] Um das Entwickeln solcher Gefühle und die räumliche Vorstellungskraft des Architekten zu schulen und sie durch „wissenschaftliche Forschungen und objektive psycho-physiologische Gesetze der menschlichen Wahrnehmung von Form, Raum und Farbe" zu fundieren, begann Ladovskij 1926 die Einrichtung eines Experimentallabors voranzutreiben.[6]

Augenmeter

Es waren eben solche Wahrnehmungsapparate, wie sie Ladovskij für seine Gebäude zum Vorbild wählte, die auch seinen Studenten dazu dienten, ihre psychotechnische Methode in der Öffentlichkeit zu propagieren.[7] 1927 hatte Ladovskij eine Reihe von fünf Instrumenten, so genannte Glazometry (Augenmeter), in einem gänzlich schwarz gestrichenen Raum installiert, um die Wahrnehmung von Linien, Winkeln und Raum zu untersuchen und so das Augenmaß und die räumliche Vorstellungskraft zu testen. Sie wurden einerseits zu Eignungsprüfungen für die Aufnahme von

---

5 Ladovskij, zitiert nach Chan-Magomedov: *Nikolaj Ladovskij*, S. 18.

6 Nach der Revolution wurden in Russland die Fakultäten in Laboratorien umbenannt, so dass die Bezeichnung „Laboratorium" in jener Zeit nicht immer auf ein Experimentallabor verweisen muss, siehe Alexandrov, Daniel: *Vortrag zur Geschichte des Russischen Bildungssystems*, Sankt-Peterburg 2003.

7 Vgl. Lavrov, Vitalij: Iz poslednich rabot Architekturnogo fakulteta VChUTEINa, in: *Stroitel'stvo Moskvy* 10 (1928), S. 14-18; Krutikov, Georgij: Architekturnaja Naučno-Issledovatel'skaja Laboratorija pri architekturnom fakultete Moskovskogo Vyšego Chud.-Techn. Instituta, in: *Stroitelnaja Promyšlennost* 5 (1928), S. 372-375. Auf der Basis dieser Artikel und persönlicher Beschreibungen von Krutikov beschreibt Selim Omarovič Chan-Magomedov die Apparate im Detail, siehe Chan-Magomedov: *Nikolaj Ladovskij*, S. 51-53.

Architekturstudenten eingesetzt und andererseits im Laufe des Studiums durch regelmäßige Wiederholung der Experimente zur Übung und Verbesserung von deren Wahrnehmungsfähigkeiten genutzt.

- Der Prostrometr war ein Apparat zur Messung der Wahrnehmung von Raumtiefe (Abb. 3, oben).[8]
- Der Liglazometr war ein Instrument zur Messung der visuellen Einschätzung von Entfernung im Verhältnis zur linearen Größe (Abb. 3, unten).
- Der Ploglazometr diente der Messung der visuellen Fähigkeit, die Verhältnisse von Oberflächengrößen zu bestimmen (Abb. 4 oben).
- Mit dem Oglazometr wurde die Wahrnehmungsfähigkeit bei der Bestimmung der Größe von Volumen gemessen (Abb. 4, unten).
- Der Uglazometr war ein Gerät zur Prüfung der Einschätzung von Winkelgrößen wie auch des Grades der Horizontalität und Vertikalität von Linien (Abb. 5).

Die Formulare zu Ladovskijs Experimenten trugen die Messfaktoren „Aufmerksamkeit", „Erinnerungsvermögen", „Wahrnehmungsmessungen" und „Räumliche und motorische Fähigkeiten", also sowohl physiologische als auch psychologische Kriterien. Die positiven und negativen Schätzungen der Studenten wurden in Prozent gemessen und die Zeit notiert, die sie für eine bestimmte Anzahl von Schätzungen brauchten, da diese im Laufe des Studiums durch wiederholte Tests verbessert werden sollten.[9] Die Testdaten eines jeden Studenten wurden auf einer persönlichen Karte, dem sog. Psycho-Profil, verwahrt und für diesen zugänglich gehalten, so

---

8 Die Namen werden der Einprägsamkeit halber im russischen Original beibehalten. Ihre Wortbildung ist von den Funktionen der Instrumente abgeleitet und ergibt sinngemäß übersetzt Komposita wie Raummesser (prostrometr), Entfernungsmesser (liglazometr), Oberflächenmesser (plogazometr), Volumenmesser (oglazometr) und Winkelmesser (uglazometr).

9 Vgl. Krutikov: Architekturnaja Naučno-Issledovatelskaja Laboratorija, S. 373.

dass er seine visuellen Fortschritte selbst verfolgen konnte.[10] Obwohl die Übung an Ladovskijs Apparaten zum Pflichtprogramm für alle Fakultäten an den VChUTEMAS wurde und somit breiten Anklang fand, blieben die Lehrpläne des psychotechnischen Labors doch relativ abstrakt, was die einzelnen Testaufgaben betrifft. Sie verdeutlichen jedoch, wie weitgreifend und programmatisch Ladovskijs wissenschaftliche Orientierung war: Seine Wahrnehmungstests sollten kontrollierbar, wiederholbar und vergleichbar sein, ganz im Sinne einer experimentellen Routine.

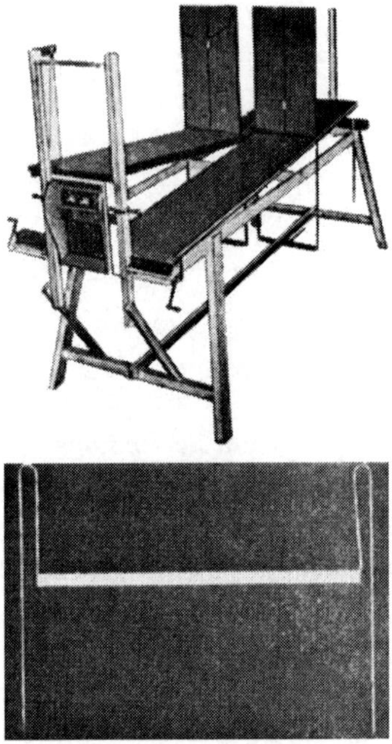

Abb. 3: oben: Prostrometr
unten: Liglazometr

In drei Forschungsgruppen unterteilt, wurden an seiner Fakultät alle Aspekte der Architektur ausschließlich in Hinsicht auf die Organisation von Architektur und deren Wirkung auf die menschliche Psyche analysiert: Die Gruppe für die Analyse der architektonischen Elemente fragte nach den psychischen Effkten von Form, Farbe, Volumen und Raum, nach dem Zusammenwirken dieser Elemente (Farbe mit Form, Licht mit Raum usw.). Die Gruppe, die sich mit den Funktionen der Architektur in Bezug auf die sozial-lebendigen und technisch-ökonomischen Faktoren beschäftigte, war zuständig für die Soziologie der Architektur, für das Zusammentreffen von Architektur und Technologie, für die Kritik technischer Normen und architektonischer Standards sowie die wissenschaftliche Organisation der Arbeit

10 Vgl. Krutikov, Georgij: *Iz otčeta o pervom gode raboty naučno-issledovatelskoj (psichotechničeskoj) laboratorii*, Moskva 1928, publiziert in Chan-Magomedov: *VChUTEMAS: Moscow 1920-30*, Paris 1990, S. 406.

im architektonischen Produktions- und Planungsablauf.[11] Die Gruppe für die Aufgaben der Pädagogik und Psychotechnik schließlich erforschte die Psychotechnik in der Architektur und entwickelte rationale Lehrmethoden. Diese Abteilung spielte im ersten Jahr nach Gründung des Lehrstuhls die wichtigste Rolle, denn sie testete die beschriebenen Apparate.[12] Dabei waren Ladovskijs Apparate keineswegs nur Werkzeuge wie Bleistift oder Zirkel, sie stellten den Dreh- und Angelpunkt sowohl für seine Architekturlehre als auch für die vermeintlich neue, rationalistische Konstruktionsweise dar.[13] Während die letzten vier Apparate vornehmlich zu Eignungstests und dem wiederholten Training des visuellen Schätzungsvermögens der Studenten dienten, weist der Prostrometr ein Potential auf, das den Arbeitsprozess des Architekten geradezu revolutionierte: Statt wie bisher

Abb. 4: oben Ploglasometr
unten Oglasometr

11 Die Wissenschaftliche Organisation der Arbeit wurde in jenen Jahren als NOT (Naučnaja organizacija truda) abgekürzt.

12 Vgl. Krutikov: Architekturnaja Naučno-Issledovatelskaja Laboratorija , S. 373; Lavrov: *Iz poslednich rabot*, S. 17.

13 Selim Omarovič Chan-Magomedov, der Historiker der Moskauer Avantgarde, prägte für Ladovskijs Architektur den Begriff des Rationalismus, während sie im Russland der 1920er Jahre vielmehr als Formalismus bekannt war (aus einem Gespräch mit Chan-Magomedov am 17. 6. 2003 in Moskau). Ladovskij selbst bezeichnete seine Architektur in einem 1920 verfassten Aufsatz als rationalistisch, siehe Ladovskij, Nikolaj: Osnovy postroenija teorii architektury (pod znakom ratsionalistiçeskoi estetiki), in: *Izvestija ASNOVA* 1 (1926), S. 3f.

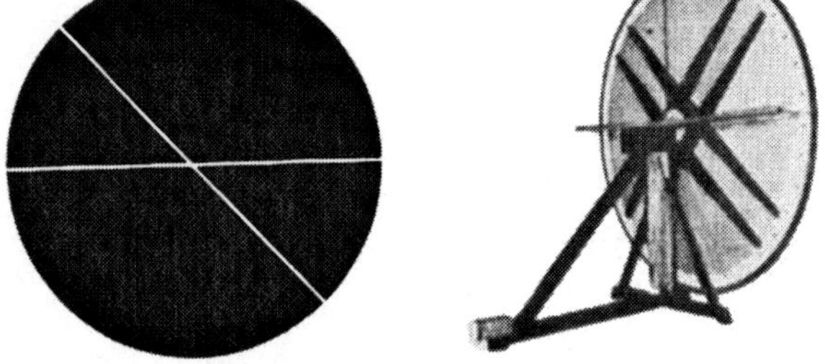

Abb. 5: Uglasometr

auf Papier zu gestalten, konnte nun direkt im räumlichen Modell entworfen werden. Mit Hilfe des Prostrometrs sollte der Architekt Teile seines Bauvorhabens quasi ‚voraussehen'. Er imaginierte in ihm die Verhältnisse zwischen horizontaler Grundfläche, vertikaler Wand und menschlicher Figur modellhaft und schuf so eine Illusion von räumlicher Koordination, Orientierung, Vorstellung und Kombination von Raum und Form, die ihn befähigte, „im Raum und nicht auf der Fläche zu denken".[14]

Ladovskij bezeichnete dieses Entwurfskonzept als psychoanalytische Methode, die nichts mit Freuds Psychoanalyse gemein hatte, sondern lediglich seine Analyse der Raumwirkungen auf die menschliche Psyche meinte: Die visuellen Eindrücke des Architekten konnten hiernach aus der Naturbeobachtung über ein Raummodell und die Erprobung von dessen Wirkung scheinbar direkt auf den realen Raum übertragen werden, statt erst auf die Fläche gebogen und von ihr wieder in den Raum zurück übersetzt werden zu müssen.[15] Nicht der Plan auf dem Papier, sondern das räumliche Modell war das primäre Produkt im Entwurfsprozess des

14 Zu Ladovskijs psychoanalytischer Methode: Chan-Magomedov: *Nikolaj Ladovskij*, S. 30 ff.; Senkevitch Jr., Anatole: *Trends in Soviet Architectural Thought, 1917-1932. The Growth and Decline of the Constructivist and Rationalist Movements*, Ithaka 1974, S. 298 ff.

15 Dieser Gestaltungsablauf brachte Ladovskijs Rationalismus etliche Missverständnisse sowie Vorwürfe des Idealismus und Formalismus ein. Die Unterwanderung der materiellen Fläche und die Untersuchung der Wahrnehmung wurden als Rückzug auf die Imagination bzw. auf emotionale Erfahrungen gedeutet, siehe Senkevitch: *Trends*, S. 298, S. 301.

rationalistischen Architekten, nicht das Zeichnen auf der Fläche, sondern das skulpturale Modellieren im Raum charakterisierten sein Handwerk. Ladovskij verfolgte mit diesem Konzept zweierlei Ziele: Er wollte den architektonischen Raum nach objektiven Gesetzen organisieren und in ihm die menschliche Psyche des Benutzers von Architektur vorab und entlang der eigenen Erfahrungen definieren.[16] Gleichzeitig wollte er eine stilistisch völlig neue Architektur schaffen.

Wahrnehmungsexperimente

Mit der Erforschung der menschlichen Wahrnehmung und dem Konzept von einem Betrachter, dessen Körper und Geist durch Räume und Formen adressiert werden konnten, war Ladovskij im Russland der 1920er Jahre nicht allein. Dieses Interesse und die daraus sich entwickelnden Praktiken wurden inspiriert durch Verflechtungen der Künstler mit Wissenschaftlern aus den Lebenswissenschaften – aus der Psychologie, Physiologie, Biologie, Psychophysik und insbesondere der Psychotechnik. Ein Blick auf die Liste der Institutionen, die durch das NARKOMPROS (Narodnyj komissariat prosveščenija [Volkskommissariat für Aufklärung und Bildung]) organisiert wurden, zeigt, dass von 55 Einrichtungen allein 24 explizit der Physiologie oder Psychologie gewidmet waren. Es ist kaum vorstellbar, dass die ebenfalls durch das Kommissariat organisierten drei Kunsthochschulen nicht auf die eine oder andere Weise von den sie umgebenden wissenschaftlichen Aktivitäten beeinflusst, wenn nicht gar an diese angelehnt worden sind.[17] Dennoch sind die Unterschiede der jeweiligen Unternehmungen größer als ihre Gemeinsamkeiten, nicht zuletzt da die VChUTEMAS als Ort der praktischen Lehren konzipiert waren, wohingegen man an der Akademie der Künstlerischen Wissenschaften mit der theoretischen Fundierung derselben beschäftigt war.[18]

---

16 Vgl. Chan-Magomedov: *Nikolaj Ladovskij*, S. 32.

17 Diese drei Kunsthochschulen waren die VChUTEMAS, die GAChN (Gosudarstvennaja akademija chudožestvennych nauk [Staatliche Akademie der Künstlerischen Wissenschaften]) und das INChUK (Institut chudožestvennoj kul'tury [Institut für Künstlerische Kultur]).

18 Vgl. Tillberg, Margareta: *Coloured Universe and the Russian Avant-Garde. Matiushin on*

An dieser Akademie wurde bis 1926 ein Labor für Psychophysik, ein Labor für experimentelle Psycho-Physiologie und eines für experimentelle Ästhetik und Kunsttheorie eingerichtet.[19] Am prägnantesten ist das Verhältnis Ladovskijs zu Lev Semenovič Vygotskij, der sich bereits 1925 mit seiner Dissertation über *Die Psychologie der Kunst (Psichologija iskusstva)* einen Namen machte und Mitglied der Akademie war. Vygotskij schreibt über Architektur wie es Ladovskij nicht besser vermocht hätte. Es erstaunt ihn beispielsweise, „dass der Künstler beim gotischen Dom, wo das Gefühl der Massivität des Materials ein Maximum erreicht, eine triumphierende Vertikale gibt und die Wirkung erzielt, dass der ganze Dom in die Höhe strebt, ganz Aufschwung und ‚Fliegen' ist".[20] Doch Vygotskij ging es nicht um dasselbe Ergebnis in seinen Überlegungen wie Ladovskij. Genau in umgekehrter Denkrichtung zu Ladovskij glaubte er, dass die Methoden der Kunst für die psychologische Forschung nützlich sein könnten:

> Wir könnten zeigen, dass die Kunst die zentrale Emotion ist […], die sich hauptsächlich in der Großhirnrinde löst. Die Emotionen der Kunst sind geistige Emotionen. Statt sich in geballten Fäusten und Zittern zu äußern, lösen sie sich hauptsächlich in Phantasiebildern.[21]

Das Ziel seiner Analyse war nicht die Psychologie des Künstlers oder des Betrachters, sondern eine „psychologische Karte" des Kunstwerks, dieser Phantasiebilder, die denjenigen, der sie kannte, dazu befähigte, die Mechanismen, die den Betrachter ansprachen, exakt zu lokalisieren.[22] So scheint sich auch Vygotskijs Objekt in Opposition zu dem von Ladovskij zu stellen: Letzterer verfasste nicht psychologische Karten von Architektur,

---

Colour Vision in Stalin's Russia 1932, Stockholm 2003, S. 54.

19 RGALI (Rossijskij gosudarstvennyj archiv literatury i iskusstva [Russisches Staatsarchiv für Literatur und Kunst, Bestand der Akademie für Künstlerische Wissenschaften, Moskau]), f. 941.

20 Wygotski, Lew: *Psychologie der Kunst,* Dresden 1976 [1965], S. 281.

21 Ebd. S. 246.

22 Čubarov, Igor': *Gegenständliches Wunsch- und gestaltloses Genussobjekt. Phänomenologische und psychologische Ästhetik der 20er Jahre an der Staatlichen Akademie für Kunstwissenschaften (GAChN, Moskau).* Vortrag im Zentrum für Literaturforschung, Berlin 20. 01. 2003 [Unveröffentliches Manuskript, S. 9]. Vygotskij beschreibt die Leseexperimente in seiner Dissertation, vgl. Wygotski: *Psychologie*, S. 168 ff.

sondern psychische Profile von Architekten. In beiden Fällen zielte das Interesse zwar auf die Möglichkeit, Effekte auf den Betrachter zu übertragen, doch sie griffen aus zwei entgegen gesetzten Perspektiven auf ihren Gegenstand zu. Vygotskij analysierte die Mechanismen psychischer Manipulation primär von außerhalb der Psyche, um die Einflüsse auf diese zu untersuchen, während Ladovskij beides erforschte: zuerst den Einfluss der Architektur auf die Psyche und in einem zweiten Schritt die Psyche selbst, um die Möglichkeiten zu definieren, ihr ‚Außen' zu manipulieren. Diese zweistufige Herangehensweise charakterisiert genau die beiden Seiten der Psychotechnik – objektive und subjektive Psychotechnik: Die Prüfung der menschlichen Wahrnehmung (subjektiv) einerseits und ihrer technisch-organisatorischen Umgebungen (objektiv) andererseits.[23] Wer oder was hatte Ladovskij schließlich dazu veranlasst, die Methoden der Psychotechnik aus der Psychologie in die Architektur zu importieren?

Psychotechnik

Ladovskij war alles andere als der besonders einfallsreiche Erfinder einer einzigartigen Architekturpraxis. Um die Wahrnehmungsexperimente durchzuführen, setzte er sich mit einer Disziplin auseinander, die zunächst offenbar nichts mit Architektur zu tun hatte – sondern mit der Psychologie. Schon die Suche nach Analogien zu Ladovskijs Apparaten führt erste Verbindungen zur westlichen Psychologie zutage. 1919/20 stellte Walter Moede, ein Berliner Psychotechniker, zwei Instrumente für die Prüfung der Sinne vor[24]: Den Optometer und den Winkelschätzer (Abb. 6). Der Optometer untersuchte ähnlich Ladovskijs Ploglazometr die Verhältnisse

23 Wohlauf, Gabriele: Normierung von Mensch und Maschine, in: Gundlach, Horst (Hg.): *Untersuchungen zur Geschichte der Psychologie und Psychotechnik*, München 1996, S. 151.

24 Moede, Walther: Die psychotechnische Eignungsprüfung des industriellen Lehrlings, in: *Praktische Psychologie*, 1:2, 3 (1919), S. 6 ff. Diese deutsche Monatsschrift war in Russland wohl bekannt. 1924 wurde sie in einer Bibliographie zur Wissenschaftlichen Arbeitsorganisation mit aufgelistet, vgl. Tjachotin, Sergij: *Evropejskaja literatura po NOT,* Moskva 1924, S. 104. Bereits 1922 wurde Franziska Baumgartens Bericht über westliche Psychotechnik in russischer Sprache publiziert, in welcher ebenfalls Moedes Instrumente beschrieben waren, vgl. Baumgarten, Franziska: *Psichotechnika*. Berlin 1922, S. 143-144.

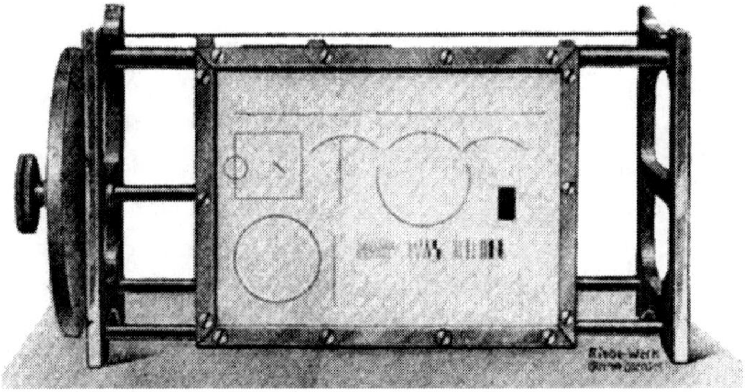

Abb. 6.1: Optometer nach Moede

von Formen, den Grad der Aufmerksamkeit und die Geschwindigkeit der Schätzungen. Der Winkelschätzer ist Ladovskijs Oglazometr vergleichbar. Doch Ladovskij schuf eigene Konstruktionen, die deutschen Instrumente dienten ihm lediglich als technische Vorlagen, was deutlich zu sehen ist. Seine russischen Ableitungen wirken wesentlich filigraner als die Vorbilder, eher wie Modelle für Apparate oder erste Konstrukte für gänzlich neue Nutzungen, die noch völlig ungeeignet für einen breiteren, geschweige denn industriellen Einsatz sind. Ladovskij benannte diese deutschen Inspiratoren allerdings nicht, sondern begründete die Notwendigkeit seiner Neuentwicklungen vielmehr mit einer Klage über den Stand der Lebenswissenschaften:

> unglücklicherweise geben uns der objektive Entwicklungsstand der Humanwissenschaften, die gänzlich inadäquate Entwicklung der Wissen-schaft der Kunst und die bedeutungslosen Ergebnisse, die aus der modernen Psychologie aufgetaucht sind, nicht die Möglichkeit, die psycho-organisatorische Rolle vollständig zu würdigen, die die räumlichen Künste im Leben haben können.[25]

Was die Theorie zu seinen psychotechnischen Experimenten betrifft, war Ladovskij expliziter: Bereits in seiner ersten Publikation zum Psychotech-

25 Pervaja Deklaracija (Erste Deklaration) 1928, in Chazanova, Vigdarija (Hg.): *Iz istorii sovetskoj architektury. 1926 - 32 gg.* Moskva 1972, S. 125.

Abb. 6.2: Winkelschätzer nach Moede

nischen Labor, die er zusammen mit El Lissitzky veröffentlichte, ermuntert Ladovskij seine Studenten, aus allen Wissenschaften jeweils die Methoden zu entleihen, die sich mit Wahrnehmung befassten, insbesondere aus der Psychotechnik:

> Der Architekt muss, wenn auch auf elementare Weise, mit den Gesetzen der Wahrnehmung und den Möglichkeiten ihrer Beeinflussung vertraut sein, um mit seinen Mitteln all das nutzbar zu machen, was die zeitgenössischen Wissenschaften zu bieten haben. Unter den Wissenschaften, die die Entwicklung der Architektur am meisten voranbringen, nimmt die noch junge Disziplin der Psychotechnik einen eminent wichtigen Platz ein.[26]

26 Ladovskij, Nikolaj: Psichotechničeskaja laboratorija architektury, in: *Izvestija ASNOVA* 1 (1926), S. 7.

Daraufhin zählt er die Perspektiven der Psychotechnik im Feld der Ästhetik auf und erwähnte ausschließlich die Ansätze aus dem Umfeld des Harvard-Professors Hugo Münsterberg, dem ausgewiesenen Gründungsvater dieser Disziplin. Die russische Avantgarde wie auch das wissenschaftliche Publikum müssen Münsterbergs experimentelle Aktivitäten in Harvard gut gekannt haben, wenn Ladovskij diesen ausdrücklich zitieren konnte, um die Notwendigkeit eines psychotechnischen Labors in der Architektur zu begründen:

> Psychotechnik kann keine Künstler hervorbringen [...], aber sie kann allen Künsten eine Basis geben, so dass sie die Ziele, die sie anstreben, auch definitiv erreichen [...]. Eine weit entwickelte Psychotechnik kann [...] die Methoden der Komposition kodifizieren, selbst wenn immer behauptet wird, dass ein Genie intuitiv kreiert, was die Wissenschaft mit großem Aufwand entwickelt.[27]

In diesem Sinne präzisiert Ladovskij in Anlehnung an Münsterberg die praktischen Möglichkeiten, die die Psychotechnik zu bieten hatte: Meinungsverschiedenheiten bezüglich der Qualität von Architektur und Zufälligkeiten bei der Bewertung von Wettbewerbsbeiträgen könnten demnach beispielsweise beseitigt oder Emotionen zwischen Lehrern und Studenten, die auf Missverständnissen beruhen, wissenschaftlich fundiert werden.[28] Statt der Willkür eines Prüfers sollte die Objektivität eines exakten Apparats über die Qualitäten des Architekten entscheiden.

Zudem skizziert Ladovskij in seinen Ausführungen die entscheidenden Charakteristika dieser Disziplin, wie sie auch Hugo Münsterberg schon 1914 in seiner Schrift *Grundzüge der Psychotechnik* ausbuchstabiert hatte. Sie zielte auf die wissenschaftliche Fundierung von Produktions- und Schaffensprozessen durch apparative Kontrolle, nicht nur im engen Kontext von Fabriken, sondern auch in einem viel weiteren Sinne. „Psychotechnik", begann Münsterberg seine Ausführungen, „ist die Wissenschaft von der praktischen Anwendung der Psychologie im Dienste der Kul-

27 Ebd., S. 7. Ladovskij zitiert hier Münsterberg, allerdings ohne die Quelle anzuführen.
28 Ebd.

turaufgaben.“[29] Mithin war sie nicht nur für Eignungstests zur Organisation von Industriearbeitern geeignet, sondern sollte einsetzbar sein zur Organisation und Produktion von Wirkungen auf verschiedenste Objekte psychotechnischer Experimente, ebenso der künstlerischen: „Der Künstler versucht auf die Seele des […] Zuschauers zu wirken, damit gewisse ästhetische Gefühle in ihm ausgelöst werden.“[30] Ein Protokoll aus Ladovskijs Architekturfakultät, das seine Arbeit im Jahr 1928 dokumentiert, zeigt, dass er diesen Anspruch auch umzusetzen vermochte. Ohne weitere Ausführungen und doch deutlich genug für die offiziellen Adressaten bezeichnete es seine Forschungsmethode als die „Entwicklung der […] Psychotechnik im strengsten Sinne des Wortes.“[31]

Laientum

Ladovskij musste sich aber nicht allzu eigenmächtig und couragiert einer ihm fremden Disziplin bemächtigen. Die Psychotechnik war bereits von Münsterberg entworfen worden als Anwendung der Psychologie für Laien, das heißt für alle möglichen Berufe jenseits der Psychologie, seien es Fabrikleiter, Anwälte, Lehrer oder Künstler. Die Psychologie sollte in die verschiedensten Bereiche des Alltagslebens übertragen werden: in die Lehre und Ausbildung, Wehrvorbereitung, Reklame, Architektur und Theater. Und genau dies geschah auch in den Zwischenkriegsjahren. Internationale Tagungen für Psychotechnik, Betriebspsychologie oder Arbeitswissenschaften führten Wissenschaftler aus aller Welt zusammen.[32] An Hochschulen in Berlin, Harvard und Moskau wurden psychotechnische Arbeiten inner-

---

29 Münsterberg, Hugo: *Grundzüge der Psychotechnik*, Leipzig 1928 [1914], S. 1. Die deutsche Originalausgabe war in Russland kurz nach Erscheinen 1914 zugänglich und lag bereits 1923 in russischer Übersetzung vor.

30 Münsterberg: *Grundzüge*, S. 6.

31 *Položenie o naučno-issledovatel'skoj architekturnoj laboratorii*, 1928. RGALI (Russisches Staatliches Archiv für Literatur und Kunst, Moskau), f. 681, op. 3, ed. 100.

32 Erste Allrussische Konferenz zur Psychophysiologie der Arbeit und zur professionellen Auswahl, Moskau 1927; Segona Conferéncia Internacional de Psicotécnica Aplicada a l'Orientació Professional i a l'Organització Cientifica del Treball, Barcelona 1922; Fünfte Internationale Psychotechnische Konferenz, Utrecht 1928; Grossdeutsche Konferenz für die Psychotechnik-Praxis der Transporteure, Berlin 1928; Vierte Internationale Konferenz der Psychotechnik, Paris 1927 u.a.

halb dortiger psychologischer Institute und Laboratorien durchgeführt, Kliniken und Heilanstalten richteten Räume für die praktische Psychologie ein.[33] Freie Institute für Arbeitswissenschaften, Betriebe und Fabriken beherbergten Labore für Betriebspsychologie, industrielle Psychologie und Psychotechnik. In England, Frankreich, Deutschland, Italien, Polen, Russland und Japan wurden psychotechnische Institute gegründet.[34] Verschiedene Zeitschriften wie „Praktische Psychologie", „Industrielle Psychotechnik", „Wirtschaftspsychologie", „Psychotechnische Zeitschrift" und „Berufsberatung" ermöglichten den internationalen Psychotechnikern ihre Erfahrungen auszutauschen. Mit Augenmaßprüfungen, Zeit- und Bewegungsmessungen, Ermüdungs- und Aufmerksamkeitsstudien wurden Polizisten und Flieger, Schreibmaschinistinnen, Strassenbahnfahrer, Telefonistinnen, Kraftfahrer und Funker – schlichtweg alle Arbeiter – an Maschinen getestet und trainiert. Ladovskij sattelte mit seiner psychotechnischen Architektur offenbar auf eine bereits sehr erfolgsversprechende Bewegung auf, die nicht nur von einer Konjunktur der Psychologie zeugt, sondern vor allem von der Konjunktur eines professionalisierten Laientums.

Als Instrument zur Lösung der Probleme zwischen dem Sozialen und dem Psychischen, zwischen Arbeitern und ihrem Lebensumfeld,[35] sollten die Praktiken der Psychologie allen Arbeitern zugänglich sein – ganz gleich in welchem Berufsfeld. Ihre Methode war demgemäß interdisziplinär angelegt.[36] Zuallererst ermöglichte die Analyse des Arbeitsablaufs in einer Fabrik oder Werkstatt die Definition der Bedürfnisse des Arbeiters (dieses Herangehen korrespondierte mit Ladovskijs Beobachtungen realer Architektur). Dann folgte die Isolierung und Zerteilung der „menschlichen Faktoren", die für die Arbeitssituation relevant waren: visuelles Ur-

33 Zu der institutionellen Verbreitung der angewandten Psychologie vgl. Métraux, Alexandre. Die angewandte Psychologie vor und nach 1933 in Deutschland, in: Graumann, Carl Friedrich (Hg.): *Psychologie im Nationalsozialismus.* Berlin u.a. 1985, S. 221-262.

34 Rabinbach, Anson: *Motor Mensch. Kraft, Ermüdung und die Ursprünge der Moderne*, Wien 2001 [1990], S. 331.

35 Vgl. Schrage, Dominik: *Psychotechnik und Radiophonie: Subjektkonstruktionen in artifiziellen Wirklichkeiten 1918 – 1932*, Freiburg (Breisgau) 2000, S. 68.

36 Ebd., S. 135 ff.

teilsvermögen, Aufmerksamkeit, Emotionalität und Empfindlichkeit (dies entspricht der räumlichen Wahrnehmung von Formen, Volumen, Farben, Tiefe usw.). Nach Ansammlung aller notwendigen Daten betrat der Psychotechniker sein Labor und studierte in einem „Schema der Wirklichkeit [...] und unter künstlichen und veränderlichen, der Wirklichkeit aufs engste angepassten Bedingungen die Leistung des Prüflings",[37] um die Daten zu kontrollieren und zu manipulieren. All diesen psychotechnischen Methoden folgte auch Ladovskij als professioneller Laie: Jedoch führte der bewusste Einsatz von fachfremden Praktiken in Ladovskijs eigener Disziplin nicht zu bloßen Kopien vorgefertigter Schemen, sondern zu eigenständigen, hybriden Objekten – zu psychotechnischen Apparaten für das visuelle Training von Architekten. Statt von einer Übernahme muss hier vielmehr von einem Transfer von Wissen die Rede sein. Als Laie kopierte Ladovskij die psychologischen Praktiken, ihre Apparate und Experimente, also nicht einfach nur, sondern eignete sie sich produktiv an, gestaltete sie so um, so dass sie sich in sein Labor einfügten, sich seinem Zweck unterordneten. Doch was war der Zweck dieser psychotechnischen Architektur?

Praktiken

Ladovskijs wichtigste Ergebnisse waren nicht statistische Daten über Arbeiter und ihre psychische Verfassung, sondern Apparate und Gebäude. Schon Münsterberg erklärte diese Abwesenheit statistischer Daten damit, dass die Psychotechnik „eine praktische Aufgabe" habe,

> weil der Zweck dieser Analyse nicht eine theoretische Untersuchung jener Wahrnehmungsvorgänge ist und auch nicht eine bloße historische Feststellung der vergangenen Erlebnisse, sondern eine Prüfung im Dienste der Aufgabe, die Zuverlässigkeit des Zeugen [bzw. des Architekten, M. V.] zu beleuchten und dadurch irgendwie den noch in der Zukunft liegenden Richterspruch [bzw. der Beobachter, M. V.] zu beeinflussen.[38]

In dieser praktischen und zukunftsorientierten Ausrichtung wurzelte auch der Zweck von Ladovskijs Architektur.

---

37 Walther Moede (1919), zitiert nach Schrage: *Psychotechnik*, S. 137.
38 Münsterberg: *Grundzüge*, S. 9.

Münsterberg hatte bereits in seiner ersten Schrift die psychotechnischen Methoden als geeignet für die Architektur befunden, die Wahrnehmung von Raumtiefe als eines ihrer Hauptinteressensgebiete bestimmt und bedauert, dass es der Psychotechnik hierfür noch gänzlich „an experimentellen Daten fehlt".[39] Zur Behebung dieses Mangels hatte Ladovskij seinen Prostrometr konstruiert; die von diesem produzierten Daten stellten allerdings selbst nicht das Ergebnis der Untersuchung dar, sondern waren nur aufgrund ihrer praktischen Konsequenzen von Interesse, indem sie wiederum dazu beitrugen, trainierte Architekten und weitere räumliche Konstruktionen hervorzubringen. Ladovskij reproduzierte in seinem Labor eine experimentelle Prozedur, in der die gesammelten Daten nur Mittel zum Zweck darstellten und damit keiner Verwahrung bedurften: Er schritt von der Erfahrung architektonischer Effekte in den Straßen über ihre instrumentelle Überprüfung im Labor hin zur Förderung zukünftiger Erfahrungen durch das Training von beidem: der Wahrnehmungsfähigkeit seiner Architekten und der Konstruktion ihrer Gebäude. Hiermit ging er über alle Realisierungen von Psychotechnik seiner Zeit weit hinaus, verfolgte aber Ziele, die gänzlich innerhalb der Psychotechnik lagen. Beide, Architekt wie Psychotechniker, verstanden Raum als Stimulus für bestimmte Reaktionen, deren Adressat so trainiert wurde, dass er mit seinen fragmentierten Sinnen die motorischen und sensorischen Reizungen zu kompensieren und synchronisieren lernte.

Schaut man nur auf die Erzeugnisse dieser Architektur, so erscheint sie äußerst formenprächtig und vielfältig, verspielt und einfallsreich, wie kühne Realisierungen utopischer Ideen (Abb. 7,8). Dass die Ideen Ladovskijs auf Wahrnehmungsexperimente zurückgriffen, dass ihre Vielfalt nur möglich war durch ständiges Ausprobieren im Modell, dass sie weniger ästhetische als funktionale Motive hatte und dass sie die visuelle Wahrnehmung adressierte, muss dieser Perspektive entgehen. Erst ein Blick auf die Praktiken im Labor des Architekten zeigt das Spezifische dieses Bauens. Der Architekt setzte sich nicht mit historischen Stilen auseinander, sondern erfand einen eigenen, völlig neuen Stil, indem er sich Praktiken aus

39 Ebd., S. 654.

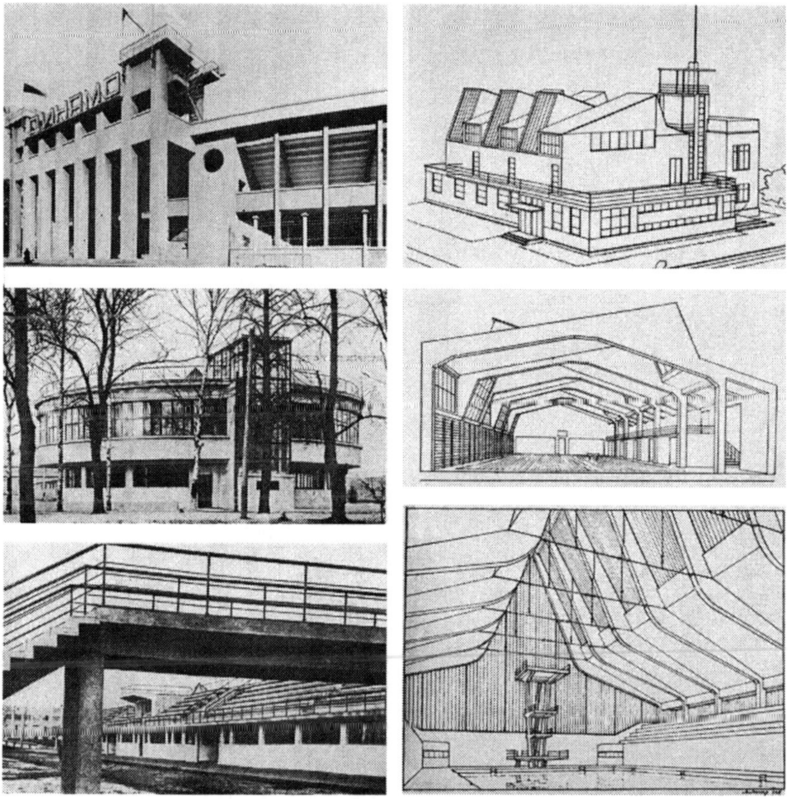

Abb. 7: links: Stadion "Dynamo" in Moskau und in Leningrad 1928, rechts: Sportclub "Krasnyje Chamovniki" in Moskau 1928 und Entwurf für ein Schwimmbassin 1929

einer der Architektur fremden Disziplin aneignete. In der Verfremdung dieser Praktiken, indem er sie also auf einen völlig neuen Bereich anwandte und damit nicht scheiterte, sondern tatsächlich Gebäude hervorbrachte, wurde er zum p r o f e s s i o n e l l e n L a i e n. Dass Münsterbergs Psychotechnik es schon in ihrer Konzeption auf ein solches Laientum abgesehen hatte, bestätigt Ladovskij in seinem Handeln nur. Es ging ihm nicht um Daten, Vermessungsergebnisse, Zeichenpläne, sondern um das räumliche Sehen sowohl von Architekten als auch von ihren Adressaten. So wie die Apparate Münsterbergs waren auch Ladovskijs Augenmeter visionäre Seh-

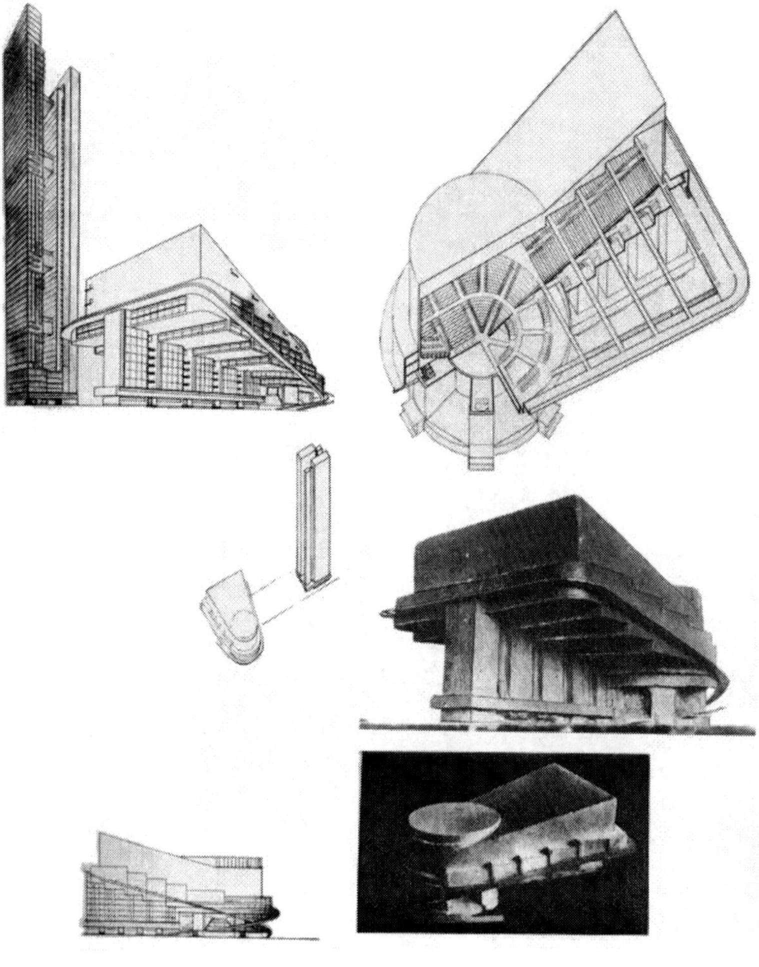

Abb. 8: Haus des Reisens, Diplomprojekt Werkstatt Ladovskij 1925

Apparate, die in der psychotechnischen Architektur zu Gebäuden führten, die selbst wiederum Bewegungsapparate darstellten, wenn sie Bewegungen von Menschen auslösten. Während im Labor neue Architekten trainiert wurden, sollten die Nutzer der psychotechnischen Architektur im öffentlichen Raum neu sehen und sich fortbewegen lernen. Durch Straßenzüge und Metrobauten sollten sie schnell und ohne lange zu überlegen zur Arbeit, nach Hause oder auch zum Geheimdienst gelangen, so schnell, dass sie gar das Gehen selbst vergaßen.

Architektur als reine Kunst wurde hier verworfen zugunsten einer wissenschaftlichen Organisation der notwendigen und wünschenswerten Effekte des Lebens. Form wurde zum Reizmittel für bestimmte Reflexe und Verhaltensweisen des Subjekts, zum unbedingten Zeichen, das den menschlichen Wahrnehmungsapparat in Bewegung versetzte. Architektonisch schlug sich dies vor allem nieder in der Anordnung und Wiederholung von Gegensätzen und Unterbrechungen, in der Betonung von materiellen Unterschieden, plötzlichen Lücken in Flächen, stillen und lauten Orten, Helligkeit und Dunkelheit, schwebenden Plattformen oder steilen Treppen. Wie Ladovskijs Metro-Portal seinen Benutzer fast unbemerkt durch die Okulare eines optischen Apparates schleuste und in die Innenwelt der Technik entführte, so versetzten die schiefen Ebenen und spitzen Winkel dieser Gebäude jeden, der sie betrat, unwillkürlich in Bewegung. Mit ihrer Organisation von Räumen und Ereignissen über die Organisation der Wahrnehmung nahm Ladovskijs Architektur ihrem Anspruch nach teil an der Konstruktion der neuen Welt: Sie re-programmierte ihre Bewohner, konditionierte ihre Wahrnehmung und eröffnete neue Erfahrungsräume, indem sie bestimmte Subjektbeziehungen und Hierarchien erzwang und damit aus Subjekten Objekte im architektonischen Bezugssystem werden ließ. Durch die psychotechnischen Wahrnehmungsexperimente behandelte Ladovskij die Benutzer seiner Architektur nicht nur als Reflexapparate, sondern er trainierte sie auch als solche, er ließ sie wahrnehmen wie seine Wahrnehmungsapparate, sich bewegen wie Apparate – automatisch, unbemerkt, unter Ausschaltung ihres Bewusstseins, so dass sie sich, während sie noch mit zersplitterten, wahrnehmenden und motorischen Funktionen reagierten, in bloße Objekte wandelten – die am Ende nichts als schnell gehen konnten.[40]

40 Wie Friedrich Kittler für Ebbinghaus' psychophysische Experimente feststellt, dass „an deren irrealem Ende womöglich einer stünde, der nichts als schnell lesen kann", Kittler, Friedrich: *Aufschreibesysteme 1800-1900,* München 1995, S. 269f.

Barbara Wurm

Gastevs Medien. Das „Foto-Kino-Labor" des CIT

1. Film und Norm

1.1 Die neue „Tafel des Jahrhunderts"

Als Ippolit Vasil'evič Sokolov, zu diesem Zeitpunkt Verfasser eines Expressionismus-*Baedeker*, imaginistischer Verse sowie einer wissenschaftlich-pädagogischen Abhandlung zur Arbeitsgymnastik nach Taylorschen Prinzipien, 1922 in der ersten Nummer einer der frühesten Foto- und Filmfachzeitschriften, der konstruktivistischen *Kino-Fot* (1922-1923), das Kino voller Enthusiasmus und avantgardistischem Esprit zur neuen Wissenschaft ausrief („Das Kino ist die neue Wissenschaft!" [„Кино – новая наука"]),[1] war bereits ein Vierteljahrhundert seit der Inbetriebnahme des Kinematografen vergangen – und damit auch dessen anfängliches Selbstverständnis als Instrument und genuiner Wissenstechnik schon Geschichte geworden. Die Erinnerung an die eigenen wissenschaftlich-technischen Ursprünge schien verblasst, und aus der neuen Apparatur, die an der Seite von Serien-, Chrono-, Röntgen- und Mikro-Fotografie zur vordersten Visualisierungsmaschine moderner Wissenschaften aufgestiegen war,[2] in die Mediziner und Physiologen, Neuro- und Biologen, Ethno- und Anthropologen Ende des 19. und Anfang des 20. Jahrhunderts ihre Hoffnungen setzten, war eine Wunschmaschine des Imaginären geworden. Wenn die Zeitschrift *Kino-Fot* dreißig Jahre nach der erstmaligen Präsentation des Kinetoskops daher nicht die Begründer der (kollektiven) Leinwand-Projektion, die Brüder Lumière, sondern eben den Erfinder des in einem

1 Sokolov, Ippolit: Skrižal' veka, in: *Kino-Fot* 1 (1922), S. 3.

2 Vgl. Cartwright, Lisa: *Screening the Body. Tracing Medicine's Visual Culture*, Minnesota 1995; Sturken, Marita; Cartwright, Lisa: *Practices of Looking. An Introduction to Visual Culture*, Oxford 2001.

Guckkasten und als Endlosschleife laufenden Zelluloidstreifens, Thomas Alva Edison als eigentliche Gründungsfigur des Kinos feierte und ihm die fünfte Ausgabe der Zeitschrift widmete[3], dann entsprach das ganz dem radikalen, linken Gestus des Konstruktivismus: Der ‚Tod der Kunst' macht nicht nur für das ‚Leben' Platz, er ebnet auch dem triumphalen (Wieder-) Einzug der Wissenschaft in das Reich der Kinematografie den Weg. Die technischen Medien werden – für kurze Zeit – wieder zu den neuen Souveränen des Politischen und des Sozialen. Der Film – so noch einmal Sokolov – war und muss es wieder werden: die neue „Tafel des Jahrhunderts" („Скрижаль века").[4]

1.2 CIT & NOT – Arbeitswissenschaften und (interne) Verschaltung

Wie ernsthaft man im Umfeld der russischen Konstruktivisten, die unter der Führung von Aleksej Michajlovič Gan für *Kino-Fot* verantwortlich zeichneten, das Aufspüren vergessener oder von der Kultur des Spektakels verdrängter Wissensspuren betrieb, zeigen auch andere thematische Schwerpunkte der Zeitschrift. Neben der umfassenden Berichterstattung über den neuesten Stand der aktuellen Filmtechnik betrifft das zunächst den Fokus auf die wissenschaftliche Nutzung des Films (научная съемка), insbesondere in den einschlägigen Beiträgen Nikolaj Tichonovs.[5] Kam Aleksej Gan aus dem Avantgarde-Kontext der bildenden Kunst und Ippolit Sokolov aus jener der literarischen Manifestkultur, so kann Tichonov, heute sowohl im Kunst- als auch im Filmkontext eine völlig vergessene Figur, als der zentrale Vermittler zwischen Wissenschaft, Technik und Film gelten. Er tat sich praktisch und theoretisch insbesondere im Bereich der Erforschung der spezifisch kinematografischen Möglichkeiten bei der Etablierung des scientific management hervor, das in Russland bzw. der Sowjetunion als NOT, Naučnaja organizacija truda (НОТ, Научная организация труда, dt. „Wissenschaftliche Arbeitsorganisation"), besonders zu Beginn der 1920er Jahre eine umfassende Institutionalisierung

3 Vgl. *Kino-Fot* 5 (1922), S.4f.

4 Sokolov: *Skrižal'*, S. 3.

5 Vgl. die Beiträge von Nikolaj Tichonov in *Kino-Fot* 2 (1922), S. 4f.; *Kino-Fot* 4, S. 7-13; *Kino-Fot* 5, S. 4f.

erfuhr. Denn im August 1920 hatte der Poet und ausgebildete Straßenbahnfahrer Aleksej Kapitonovič Gastev das CIT, Central'nyj institut truda (ЦИТ, Центральный институт труда, dt. „Zentral-Institut für Arbeit"), gegründet, das für einige Jahre eine staatlich und parteilich unterstützte Keimzelle der Verschaltung von wissenschaftlichem und technischem know how, medialer Experimentierung und der großen ideologischen Passformen der Zeit war.[6] War die NOT, die wissenschaftlich fundierte Organisation von Arbeit ein Programm, das den Zeitgeist allgemein bestimmte, so fand es am CIT ein zentrales Organ der Umsetzung, insbesondere, was die Etablierung experimenteller Laboratorien betraf. Hier machte man sich darüber Gedanken, wie die innerhalb einzelner wissenschaftlicher Disziplinen gewonnenen Ergebnisse zusammengeführt werden konnten, wie sie sich gegenseitig befruchten können und welche Widersprüche ihre Zusammenführung produzieren würde.

Das CIT, geleitet von einem der aktivsten politischen und wissenschaftlichen Autodidakten (Gastev), verstand es, sich aus den für seine Arbeit relevanten Disziplinen die fortschrittlichsten und besten Köpfe zusammenzusammeln, dabei aber auch den Schaltpositionen und Vermittlern zwischen bürokratisch-administrativer Ebene und den Laboratorien große Bedeutung zuzumessen. Gastevs Institut sah anfangs vier Laboratorien vor – 1. ein technisches, 2. ein Labor für das Studium der Arbeitsbewegungen, 3. ein physiologisches und schließlich 4. ein psychotechnisches –, von denen 1921 das psychotechnische und das Arbeitsbewegungsanalyse-Labor einsetzbar waren.[7] Die einzelnen Laboratorien, darauf weist vor allem Gastev in zahlreichen rund um das CIT entstandenen Publikationen hin, waren selbst wieder nach dem Prinzip der wissenschaftlichen Organisation verschaltet. Den Anfang machte dabei – und das ist sehr wesentlich für die Re-Etablierung der wissenschaftlichen Kinematografie – die visuell-analytische Zerlegung einzelner genauestens beobachteter Arbeitsbewegungen. Diese sollte zu einer umfassenden „Fotografie der Arbeitspro-

6 Vgl. Sirotkina, Irina: Istorija central'nogo instituta truda: voploščenie utopii?, in: *Voprosy istorii estestvoznanija i techniki* 2 (1991), S. 67-72; Zielinski, Siegfried: *Archäologie der Medien. Zur Tiefenzeit des technischen Hörens und Sehens*, Reinbek bei Hamburg 2002.

7 Vgl. Gastev, Aleksej: *Struktura učenoj raboty CIT'a*, Moskva 1921, S. 1.

zesse" („фотография трудовых процессов") führen, die dann in einem nächsten Schritt eine mechanische Formel generieren sollte, die wiederum physiologischen Analysen unterzogen wurde, ehe man deren Ergebnisse in einem weiteren Schritt psychotechnisch verwerten konnte. Ziel der Unternehmungen war die anschließende Synthese der gesammelten Daten und die Generierung eines innerhalb unterschiedlicher Wissens- und Mediensysteme exakt ermittelten „Normal[wert] der Arbeitsbewegungen" („нормаль трудовых движений").[8]

1.3 Norm/alis/ierung: Der „Normalwert der Arbeitsbewegungen"

Die Laboratorien des CIT waren also zyklisch und in Rückkopplung miteinander verschaltet und sollten über die Analyse hinaus zu klaren praktischen Handlungsvorgaben und -anleitungen führen. Betrachtet man die hier zum Einsatz kommenden Technologien und die Systematik, mit der sie untereinander gekoppelt sind, unter einer biopolitischen Perspektive, so kommt in dem radikalen Herunterrechnen globaler ideologischer Programme auf die kleinsten konstitutiven Elemente, in der Kombination von Medien der Veranschaulichung, Dispositiven der Sichtbarmachung und Verfahren der statistischen Erhebung, Errechnung und Steuerung jene signifikante Verschränkung zum Ausdruck, die Michel Foucault als die zwei Seiten der modernen Biopolitik betrachtet hat. Die Spezifik des biopolitischen Programms liegt in der bei Foucault erarbeiteten Analyse gerade in der Verknüpfung von Disziplinierung (des Körpers) und Regulierung (der Bevölkerung); das führt zur Entstehung von Orten und Laboren, in denen die Norm der Disziplin und die Norm der Regierung „orthogonal" gekoppelt sind.[9] Das CIT mit seinem erklärten Ziel, ein[en] „Normal[wert] der Arbeitsbewegungen" zu erarbeiten, stellt geradezu den Prototyp einer solchen neuen biopolitischen Institution dar. Die Steigerung von (Selbst-) Kontrolle und Produktivität

8 Vgl. Gastev: *Struktura*, S. 2.

9 So Foucault: „Die Norm, das ist das, was sich auf einen Körper, den man disziplinieren will, ebensogut anwenden läßt, wie auf eine Bevölkerung, die man regulieren will. [...] Die Normalisierungsgesellschaft ist eine Gesellschaft, in der sich entsprechend einer orthogonalen Verknüpfung die Norm der Disziplin und die Norm der Regulierung miteinander verbinden." Foucault, Michel: *In Verteidigung der Gesellschaft*, Frankfurt a.M. 2001, S. 298f.

auf der einen Seite und die Etablierung von Gesundheitsmaßnahmen und Sicherheitsdispositiven wie der Arbeitshygiene (гигиена труда) auf der anderen sind letztlich jene treibenden Motive (und Motivationen), mit denen das Zentral-Institut der Arbeit (CIT) antritt. Es wird damit zu einem prononcierten Ort der Perfektionierung und Funktionalisierung medial produzierten Wissens.

Wie sah nun, institutionell betrachtet, die enge Vernetzung etablierter und neuer wissenschaftlicher und medientechnischer Disziplinen am CIT konkret aus? Während die Psychotechniker (u.a. Isaak Naftulievič Špil'rejn und Solomon Grigor'evič Gelleršteјn) vom Institut für (angewandte bzw. experimentelle) Psychologie kamen[10] und die Physiologen (allen voran Nikolaj Aleksandrovič Bernštejn, der 1926 – angeregt durch einen der vielen von Aleksej Gastev diskursfähig gemachten Neologismus – ein Grundlagenwerk zur Biomechanik verfasste)[11] aus dem Moskauer Psychoneurologischen Institut, hatte sich Professor Tichonov in Moskau mit seinem Institut naučnoj s"emki (Институт научной съемки, dt. „Institut für wissenschaftliche Aufnahmen") einen Namen als filmtechnisch versierter Allrounder gemacht.[12]

Das CIT war folglich eine der am besten ausgerüsteten Institutionen der UdSSR, ein Konglomerat an Experten, know how und technischen Einrichtungen. In einem feinmaschigen, von A bis Z durchgeplanten Wechselspiel zwischen Psychotechnik, Psychophysiologie, anatomischer und Neurophysiologie sowie elaborierter Techniken der Bewegungsaufzeichnung entfaltete das CIT nicht nur eine rege experimentelle und analytische Forschungstätigkeit, sondern trug damit im direktesten Sinn dazu bei, die biopolitischen Aufgaben der Zeit zu realisieren. Jene Aufgabe, die sich auch der Film – zumindest rhetorisch – von Anfang an gestellt hatte, nämlich die Sichtbarmachung von Nicht-Sichtbarem, wurde am CIT

10 Vgl. Sirotkina, Irina: Ot reakcii k živomu dviženiju: N.A. Bernštejn v psihologičeskom institute dvadcatych godov, in: *Voprosy psichologii* 4 (1994), S. 16-27.

11 Vgl. Bernštejn, Nikolaj: *Obščaja biomechanika. Osnovy učenija o dviženijach čeloveka*, Moskva 1926.

12 Zu Tichonovs Tätigkeiten am CIT sowie zu den Arbeiten des Foto-Kino-Labors am CIT vgl. Kekčeev, K.Ch.: Izučenie rabočich dviženij pri pomošči metoda ciklogramm, in: *Organizacija truda* 1 (1921), S. 62-64.

zur zentralen Antriebskraft. Und dies im doppelten Sinn der Bio-Macht: Einmal setzte man sich zum Ziel, Bewegungsabläufe, Koordinationszusammenhänge oder auch unbewusste Körpertechniken anschaulich zu machen, die aufgrund bisher fehlender Aufzeichnungsinstrumente eben nicht sichtbar waren; andererseits aber mussten die hier sichtbar gemachten neuen und auf den Körper des Individuums bezogenen Normen in einem zweiten Schritt in Daten, Formeln und statistische Tabellen rückverrechnet werden, um auch auf der Ebene der Normierung des Bevölkerungskörpers Maßnahmen zur Regulierung bereit stellen zu können. Umgekehrt jedoch – und das ist hier mit zyklischer oder rückgekoppelter Verschaltung gemeint – sind es gerade die Probleme staatlicher Gouvernementalität, die Fragen der Arbeitshygiene, der Gesundheit und der Sicherheit, die wiederum das, was im Rahmen der Körperdisziplinierung erforscht und instrumentell umgesetzt wird, überhaupt erst auf den Plan ruft. Der (statistische) Normalwert der Arbeitsbewegung muss im (anschaulichen) Normal der Arbeitsbewegung eine Entsprechung finden.

2. Rückkopplung und Einstellung

2.1 Mondfinsternis und Wolkenbruch: Gestörte Objektivität

Der Psychologe und Physiologe Nikolaj Bernštejn und der wissenschaftlich interessierte Filmtechnikprofessor Nikolaj Tichonov sind in der frühen Sowjetunion, nicht nur am CIT, die zentralen Produzenten technischer Bilder des Wissens von der Bewegung,– das lässt sich trotz der spärlichen Materiallage sagen, die den Bereich der jenseits der eigentlichen Institution Kino existierenden Kinematografie als Produzentin visuellen Wissens für diesen Zeitraum auszeichnet. Bereits im Oktober 1921 hatten sie gemeinsam und unabhängig von ihrer Arbeit für das CIT – davon berichtete Bernštejn in *Kino-Fot* 6 – zum ersten Mal in der russischen Geschichte der Kinematografie Aufnahmen einer partiellen Mondfinsternis gemacht, bei der in regelmäßigen Abständen und immer nur für ein paar Sekunden ein extremes Langbrennweitenobjektiv zum Einsatz kam, dessen Bilder direkt auf Zelluloid fixiert und zu einer Serie von über 500 Astrofotografien sowie einem 35 Sekunden langen Film weiter verarbeitet wurden.[13] Schon an der minutiösen Beschreibung der Arbeiten an diesen Aufnahmen, die von der Desautomatisierung des Umgangs mit der Kamera – bedingt durch Wolken am Himmel – handeln, lässt sich ablesen, dass es quer zur technischen Entwicklung immer auch auf die einzelne Beobachtungssituation bezogene Faktoren gibt, die das Zusammenspiel von Medium und Wissensobjekt beeinflussen. Dem Problem der Visualisierung eines kinematografisch neuen naturwissenschaftlichen Phänomens musste man situationsgerecht und mit subtilen Formen der medialen Adjustierung begegnen. Außerdem kann man – wie ich im Folgenden zeigen will – nicht unhinterfragt davon ausgehen, dass die mediale Erweiterung von Wissensbereichen sowie die Steigerung der Wissensproduktion sich direkt proportional zur technischen Entwicklung verhalten; vielmehr liegt die spezifisch m e d i a l e Entwicklung nicht nur in der technischen Objektivierung, die der Einsatz mechanischer Apparate anstelle manueller, d.h. von subjektiven Faktoren getragener und auf anthropologische Konstanten angewiesener Wissenserzeugung bedeutet, sondern auch in der Spezifik des Wissensobjekts und seiner kontextuellen Einbettung.

Was sich im Bereich der medialen Wissensproduktion abzeichnet, ist eine Tendenz, die man methodisch als chiastische Symbiose von Visualisierungsmedium (Film) und der jeweils konkreten Wissensformation, die vermittelt oder generiert werden soll, bezeichnen könnte: Je detaillierter sich die Problematik des zu Analysierenden abzeichnet, desto subjektiver darf, ja, muss die Intervention des Menschen (im gegebenen Fall der Kameramänner und Schnittmeister) ausfallen, desto zweckgebundener und oft gegen eine vermeintliche Evolution der Medien gerichtet – muss bei der Auswahl des Instrumentariums vorgegangen werden, um zu einem „Bild der Objektivität“[14] zu gelangen. Mit Hans-Jörg Rheinberger formuliert:

13 Vgl. Bernštejn, Nikolaj: S"emka lunnogo zatmenija, in: *Kino-Fot* 6 (1923), S. 10f.

14 Vgl. dazu: Daston, Lorraine; Galison, Peter: Das Bild der Objektivität, in: Geimer, Peter (Hg.): *Ordnungen der Sichtbarkeit. Fotografie in Wissenschaft, Kunst und Technologie*, Frankfurt a.M 2002, S. 29-99. In dieser Darstellung schließt die „Moralisierung der Objektivität“ im 19. Jahrhundert jegliche „menschliche Intervention zwischen Natur und Repräsentation“ aus, d.h. die Wissenschaft überlässt die Beobachtung sukzessive den „mechanisch erzeugten Bildern“.

Nicht nur bestimmen „die technologischen Objekte [...] die Repräsentationsweise des wissenschaftlichen Objekts“, sondern auch umgekehrt werden die „wissenschaftliche[n] Objekte [...] ihrerseits zu konstituierenden Momenten der experimentellen Anordnung“.[15] Auch wenn sie aus heutiger Sicht immer noch die teleologische Zuspitzung optisch-technischer Entwicklung darstellen mag, ist die Technik der Kinematografie nicht automatisch mit der optimalen experimentellen Anordnung der Wissensobjekte deckungsgleich. Vielmehr entscheidet die Struktur und der Kontext des zu beobachtenden Objekts ebenso über die Verfahren der Analyse wie – und das wird auch im folgenden beschriebenen Fall des wissenschaftlichen Arbeitsstudiums am CIT sehr deutlich – der funktionale Aspekt ihrer Auswertung. Auch sie stellt in gewisser Weise ein Experiment dar.

Die Mondfinsternis des Oktobers 1921 macht das Problem der gegenseitigen Formierung von Visualisierungsmedium und Wissensformation deutlich. Ein später Ableger jener für die großen Episteme des neuzeitlichen Weltbilds so zentralen Experimente des Galileo Galilei, wird auch die erste russische Film-Mondfinsternis von Wolkenbrüchen gestört,[16] d.h. die abstrakte Wissensformation wird im Kontext ihres Auftretens zu einer ganz konkreten Konstellation von zu erforschender und störender Signale, was wiederum bedingt, dass auch die abstrakten Qualitäten des mechanischen Visualisierungsmediums (und damit deren Objektivitätskriterium) einer Revision und Adaptation (und damit einer Subjektivierung) unterzogen werden müssen. Die Störfaktoren, aufgrund derer man bereits fixierte technische Einstellungen revidieren muss, tragen so zur Genese der geeigneten medialen Mittel bei, sich einer Wissensformation im Konkreten wie im Allgemeinen anzunähern. Das Objekt moduliert die Technik, die es veranschaulichen soll. Die Technik, die es veranschaulicht, moduliert das Objekt. Um überhaupt die (konkret gegebene) Mondfinsternis sichtbar machen zu können, bedarf es einer ganz bestimmten (‚subjektiv‘ auf den Mond und seine Erscheinungsformen abgestimmten) Filmtechnik, die so,

15 Vgl. Rheinberger, Hans-Jörg: *Experiment, Differenz, Schrift. Zur Geschichte epistemischer Dinge*, Marburg 1992, S. 70.

16 Zu Galileo Galileis Umgang mit den Himmelsbotschaften und deren Störung vgl. Vogl, Joseph: Wolkenbotschaft, in: Engell, Lorenz; Siegert, Bernhard; Ders. (Hg.): *Wolken*, Weimar 2005, S. 69-79.

d.h. nur durch eine vom Forscher vollzogene Zurichtung der Kamerainstrumente, Bilder produziert, welche die konkret gegebene Erscheinung (das Phänomen) zu einer konkret und gleichzeitig abstrakt fassbaren Wissensformation objektiviert. Was sich wandelt ist beides – das Instrumentarium der Visualisierung ebenso wie das Objekt des Wissens.

Als eines der ersten Experimente, bei dem Wissen und das technisch-kinematografische Medium radikal miteinander verkoppelt sind, macht die Mondfinsternis von 1921 folglich auf die komplexe, hier als chiastische Symbiose gefasste Struktur der Experimentalanordnung aufmerksam. Wenngleich es noch nicht zu jenen Ketten an Feedbackprozessen kommt, die sich bereits wenig später im Kontext der filmischen Untersuchung von Arbeitsbewegungen zeigen werden, kann man schon für die Mondfinsternis konstatieren, dass gerade die reziproke Beeinflussung von wissenschaftlichem Objekt und Experimentalanordnung zur großen Herausforderung wird.

Darüber hinaus wird dabei eine Geschichte fortgeschrieben, die bei Galileo ihren Anfang nimmt und sich in Pierre Jules César Janssens allerersten Versuchen der astronomischen Fotografie fortsetzt: Janssen, Leiter des astrophysikalischen Observatoriums in Paris, hatte im Dezember 1874 eine kreisrunde lichtempfindliche Platte, auf der der Transit des Planeten Venus über die Sonne aufgezeichnet werden sollte, jede Minute um einige Grade weiterbewegen lassen, um am Ende achtzehn Bilder von verschiedenen Transitphasen zu gewinnen.[17] Während im Fall von Janssens revolver photographique allerdings in erster Linie die Lichtempfindlichkeit der Platte verbesserungswürdig war – eine Aufgabe, der sich kurz darauf Étienne-Jules Marey ausführlich stellte – musste im Fall der ‚russischen' Mondfinsternis von 1921 ein Eingriff in das mechanische Uhrwerk vorgenommen werden, das bereits bei Janssen die Serienfotografien gesteuert hatte. Denn mit der vollständigen Überantwortung der Beobachtungsaufgabe an das neue mechanische und optische Instrumentarium allein war es für Tichonov und Bernštejn selbst bei einer solch komple

17 Vgl. Münsterberg, Hugo: *Das Lichtspiel. Eine psychologische Studie [1916] und andere Schriften zum Kino.* Hg. v. Jörg Schweinitz, Wien 1996; Braun, Marta: *Picturing Time. The Work of Etienne-Jules Marey* (1830-1904), Chicago u.a. 1992.

xen Registrier- und Aufschreibeapparatur wie dem Kinematografen noch nicht getan. Vielmehr sorgten die Gegebenheiten der Natur ebenso wie der Spielraum, den die Technik vorgab, für ein ständiges Ad- und Nachjustieren der Geräte durch den sie bedienenden Techniker und den beratenden Wissenschaftler – einmal waren es die Wolken, die eine durchgängige kinematografische Beobachtung der Mondfinsternis empfindlich störten, dann wieder das Okular, dessen Fokussierung ständig überprüft und über ein Stellrad gewährleistet werden musste. Um zu den – die Ergebnisse der bis dahin üblichen Methode der Astro-Fotografie zahlenmäßig weit überragenden – 500 Einzel- und den kompilierten Kontinuitätsbildern von 35 Sekunden Länge zu gelangen, galt es, jenseits der perfektionierten Rüstung des technischen Beobachtungsapparats immer wieder die eigene Aufmerksamkeit zu schärfen, eigenständig Entscheidungen über das Aufnahmeverhalten zu treffen und, wie im konkreten Fall, auf diese Weise einen nicht-maschinell basierten Zeitraffermechanismus zu generieren:

> Von 11.30 am 16. abends bis 01.05 am 17. morgens war der Himmel mit leichten Wolkenteilen bedeckt, weshalb es auch wichtig war, den Mond genau in diesen Momenten „einzufangen", in denen er sich mehr oder weniger deutlich zeigte, was die Kameraleute dazu veranlasste, für eine geregelte Einhaltung der Aufnahme von 15-Sekunden-Abschnitte zwei zweiminütige Pausen einzulegen.[18]

Das chronofotografische Prinzip, zwar in regelmäßigen Abständen, dafür aber immer nur für ein paar Sekunden zu drehen, beherrschte den tatsächlichen Ablauf des Visualisierungsexperiments ebenso wie meteorologische Faktoren.

18 „От 11 ч. 30 м. вечера 16-го до 1 ч. 5 м. утра 17-го небо было покрыто легкими, клочковатыми, облаками, ввиду чего приходилось ‚ловить' луну и в те моменты, когда она более или менее прояснилась, что побудило операторов для сохранения равномерного 15 секундного периода с'емки сделать 2 двухминутных перерыва." Bernštejn: S"emka, S. 10.

2.2 Zerlegte Bewegung: Filmtechnik (Tichonov), Biomechanik (Bernštejn), Psychotechnik (Kekčeev)

Ihre erfolgreiche Kooperation konnten Nikolaj Bernštejn und Nikolaj Tichonov an Aleksej Gastevs Zentral-Institut der Arbeit fortsetzen, wo sie den wohl gewichtigsten Beitrag zur medientechnischen Entwicklung und Aufrüstung des Instituts leisteten. Dabei zeigte sich, dass es auch im Bereich der Analyse konkreter Arbeitsbewegungen, die zum Markenzeichen des CIT und auch zur Keimzelle der wissenschaftlichen Organisation der Arbeit wurde, zu ähnlichen Verschränkungen kam, wie man sie schon im Rahmen der Mondfinsternis beobachten konnte.

Der Arbeiter, dessen Bewegungen aufgezeichnet und examiniert werden, ist nämlich aufgrund der Experimentalanordnung, die sich zwischen Kamera und Objekt entfaltet, gleichzeitig Subjekt und Objekt der Beobachtungsleistung. Als biopolitisches Instrument dienen die Arbeitsstudien nie ausschließlich der Analyse, sondern werden zu wesentlichen Bestandteilen der Instruktion. Der Arbeiter wird getestet und beobachtet, um sich letztlich selbst testen und beobachten zu können. Er studiert sich selbst, um dabei wiederum studiert werden zu können (etwa dahingehend, ob sich denn der bisherige Input, der ihm über die technischen Bilder seiner Arbeitsbewegungen zugeführt wurde, als produktiv erwiesen hat). In beiden Fällen, als Beobachteter ebenso wie als Beobachter ist er Teil eines komplexen Koordinatensystems, das gleichzeitig einen Mensch-Maschine-Medienverbund darstellt.

Anders formuliert, ist der Arbeiter als zentrale Schnittstelle von Input und Output mehr als nur Laie, der aus den Schreib- und Lektüreprozessen im Labor ausgeschlossen wäre. Vielmehr ist er zentraler Datenlieferant und -empfänger zugleich und bestimmt das Geschehen im Labor entscheidend mit. Zwar gilt umgekehrt nicht automatisch, dass auch alle Beobachter zu Beobachteten werden (zumindest nicht in jener direkt reziproken Konstellation, in die der Arbeiter eingespannt ist), dennoch aber – und auch das soll hier gezeigt werden – führen die konkreten Ergebnisse von Untersuchungen am Objekt Arbeiter (ebenso wie später am Objekt Zuschauer) nicht nur dazu, dass die Experimentalanordnungen hinterfragt und nachjustiert werden, sondern auch dazu, dass die Versuchs- und Laborleiter selbst wiederum aufgrund der Ergebnisse evaluiert werden, und zwar nicht mehr nur von einem kleinen Spezialisten- und Expertenkreis, sondern – und das scheint ein Spezifikum der frühen sowjetischen Kultur zu sein – auch von ihren Untersuchungsobjekten selbst.

Der Arbeit Bernštejns und Tichonovs ist es zu verdanken, dass am CIT innerhalb von drei Jahren eine komplexe foto- und kinematografisch gestützte Registrierung von Bewegungen an die Stelle einer vorsintflutlichen Büroausstattung treten konnte. Denn 1920, als das CIT gegründet wurde, gab es gerade einmal „einen Stuhl, einen Tisch, Bleistiftreste, Notizzettel, zwei Mann Arbeiter, ein Zimmerchen mit zwei Fenstern".[19] Angeheuert vom Leiter der CIT-Sektion für Psychophysiologie der Arbeit, Krikor Chacaturovič Kekčeev, der mit Bernštejn studiert hatte und schon während seiner Tätigkeit am Staatlichen Psychoneurologischen Institut auch mit Tichonovs Foto-Kino-Labor kooperiert hatte, entwickelten der Physiologe Bernštejn und der Kameratechniker Tichonov eigenständige Methoden zur Aufzeichnung und Berechnung, Automatisierung und Korrektur von Arbeitsbewegungen. Die virtuelle „Montage" („монтаж") und Modellierung des arbeitenden Menschen lagen nicht mehr fern: Aus dem Biologen, der Bernštejn war, wurde über den Umweg komplexer, gemeinsam mit Tichonov erarbeiteter Visualisierungstechniken ein „Bioingenieur" („биоинженер").[20] Bewegung wurde beobachtbar und indirekt steuerbar, indem man sie technisch aufzeichnete, diagrammatisch analysierte und schließlich in Formeln berechnete.

Kekčeev selbst war im Grenzbereich von Psychotechnik, Psychoneurologie und Psychophysiologie tätig. 1922 gab er Georg Schlesingers Grundlagenwerk zur Psychotechnik *Psychotechnik und Betriebswissenschaft* heraus (im übrigen ins Russische übersetzt von Nikolaj Tichonov, einem für die

---

19 „[С]тул, стол, осколок карандаша, обрывок блок-нота, два человека работников, комнатка в два окна." Gastev, Aleksej: Central'nyj institut truda, in: *Orga-Kalendar' CIT na 1924 god*, Moskva 1924, S. 131-139, hier S. 131

20 Tatsächlich beschreibt Bernštejn in seinem Handbuch der Biomechanik den menschlichen Körperbau als „Montage der menschlichen Maschine" („монтаж человеческой машины"), die die Zergliederung (сочленение) der Körperabschnitte und -teile ebenso voraussetzt wie sie die „Montage" des Hüftbereiches oder der Bewegungsnerven umfasst – vgl. Bernštejn: *Obščaja biomechanika*, S. 210-395. Vom „Bioingenieurswesen" („биоинженерия") spricht er auf S. V in der Einleitung zur Biomechanik.

damalige Zeit – resümiert man nur seine aus aller Welt stammenden, bereits erwähnten, Beiträge für *Kino-Fot* zum wissenschaftlichen Kino (научное кино) – weit gereisten und polyglotten Globetrotter).[21] Unter dem an La Mettrie (*L'homme machine,* 1748) und die in Russland weithin bekannten Schriften von Jules Amar (*Le motor humain et les bases scientifiques du travail professionnel,* 1914) anschließenden Titel *Živaja mašina* (*Живая машина,* dt. Lebendige Maschine) publizierte Kekčeev 1922 seine eigenen psychotechnisch und physiologisch fundierten Untersuchungen zur Ermüdung.[22] Da er wohl mehr noch als der Direktor des CIT, Aleksej Gastev, an den einzelnen Mess- und Aufzeichnungsapparaten interessiert war, die für die Bewegungsanalyse zum Einsatz kamen, nahm das Foto-Kino-Labor von Anfang an eine privilegierte Position ein. In Anlehnung an Étienne-Jules Mareys chronofotografische Methoden, an die Physiologen Wilhelm Braune und Otto Fischer, die 1895 in ihrer Untersuchung zum *Gang des Menschen* Mareys Technik verfeinerten, indem sie die Gliedmaßen des Probanden mit Geißlerschen Röhren versahen, die auf der Fotografie feine weiße Linien abgaben[23], sowie an den Begründer der *Time and Motion Studies*[24] – Frank Bunker Gilbreth[25] –, der 1911 im Rahmen der medientechnischen Etablierung seines rationalisierten Bricklaying System Chronofotografie, Stereoskopie und Kinematografie bei der Analyse von Mikrobewegungen (micro-motion method) einsetzte, sah man am CIT vor allem in so genannten Zyklogrammen bzw. Chrono-Zyklogrammen die facettenreichste und adäquateste Form der Aufzeichnung. Nicht nur konnte hiermit der Faktor Zeit berücksichtigt (und somit

21 Vgl. Šlezinger, G. [Schlesinger, Georg]: *Psichotechnika i nauka o proizvodstve,* Moskva 1922

22 Vgl. Kekčeev, K. Ch.: *Živaja mašina (Kak nado rabotat'),* Moskva 1922.

23 Vgl. Zielinski: *Archäologie,* S. 282-286

24 Vgl. Braun: *Picturing Time,* S. 340-350; Brown, Elspeth H.: *The Corporate Eye: Photography and the Rationalization of American Commercial Culture, 1884-1929,* Baltimore 2005, insbes. S. 65-118 („Industrial Choreography: Photography and the Standardization of Motion").1924 wird Frank Bunker Gilbreths kanonisches Werk *Motion Studies* zum zweiten Mal nach 1913 ins Russische übersetzt; es erscheint in der Publikationsreihe des CIT: F. Džil'bret: *Izučenie dviženij.* Moskva 1924.

25 1924 wird Frank Bunker Gilbreths kanonisches Werk *Motion Studies* zum zweiten Mal nach 1913 ins Russische übersetzt; es erscheint in der Publikationsreihe des CIT: F. Džil'bret: *Izučenie dviženij.* Moskva 1924

auch Faktoren wie Geschwindigkeit und Beschleunigung gemessen) werden, auch – und das war noch viel wichtiger – wurde eine funktionale Anwendung der Zyklografen möglich, was sowohl eine statistische und mathematische Auswertung für die ‚Spezialisten', als auch eine anschauliche Darstellung für die Arbeiter beinhaltete.

Betrachtet man die Arbeitsabläufe im Labor unter biopolitischen Prämissen, so bildete sich auf dem Mikrolevel der Lichtspurenzeichnungen, die im Anschluss an die chemische Entwicklung (wie schon von Gilbreth) als 3-D-Draht-Modelle nachgeformt wurden, jener Organisationsbetrieb ab, als der das CIT auf der Makroebene funktionieren wollte: Er präsentierte sich als zyklische und gleichsam neurophysiologische Vernetzung von Bewegungen und automatisierten Selbstschreibern,[26] die über den Umweg der Bewegungen des perzipierenden Sinnesorgans, via Augenbewegung also, mit den Bewegungen des Arbeiterkörpers und damit (über weitere Zwischenschritte) mit jenen des kollektiven bzw. sozialen Körpers der Bevölkerung verschaltet waren.

Dieselben Daten, die hier als Modelle und Muster über den Kanal der Anschaulichkeit miteinander vernetzt waren, erfuhren in Bernštejns biomechanischem Labor die für die exakten Wissenschaften notwendige Konvertierung in (die Arbeitsbewegungen nicht mehr direkt abbildende) Kurven, Vektoren und Zahlen. Bemerkenswert ist jedoch – das sei an dieser Stelle erwähnt –, dass Bernštejn gerade bei der Auswahl der Abbildungen für sein Lehrbuch zur Biomechanik versucht, stets eine anschauliche Ebene zu berücksichtigen, und er daher mitunter sogar Bilder auswählt, die in der Kultur der russischen Ikonografie einen festen Platz einnehmen. Das geht so weit, dass er eine Statue, an der er bestimmte Vektoren (als Pfeile) einzeichnet, ironisch als „Hl. Sebastian" bezeichnet, oder an Il'ja Repins berühmtem Gemälde der *Wolgatreidler* (*Бурлаки на Волге*) vorführt, wie es auch dann zu einem „Kräfteausgleich" („*равновесие*") kommen kann, wenn der „Körperschwerpunkt" („центр тяжести тела") nicht über der

26 Zur Rückkopplung als Verschaltung von Bewegung und Schrift vgl. auch: Rieger, Stefan: Einstellung und Rückkopplung. Zu[r] [sic!] einer Theorie der menschlichen Bewegung. In: Arns, Inke; Goller, Mirjam; Strätling, Susanne; Witte, Georg (Hg.): *Kinetographien*, Bielefeld 2004, S. 33-56.

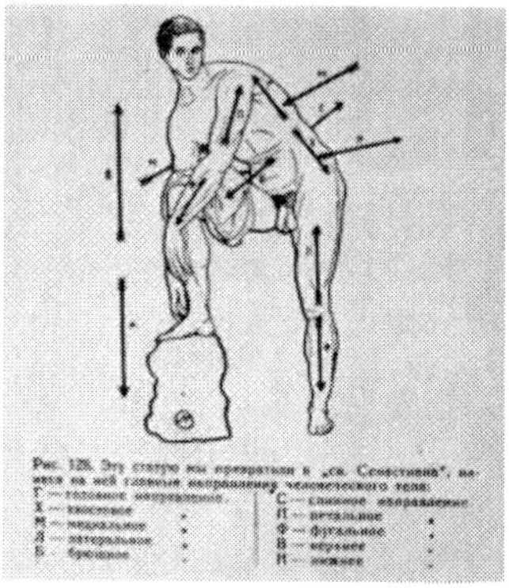

Abb. 1: links: Biomechanik des „Hl. Sebastian“; links: Biomechanik der Wolgatreidler

„Tragfläche“ („площадь опоры“) liegt – da nämlich die Kraftresultante aus Schwerkraft und Widerstand der Tragriemen genau über der Tragfläche liegt.[27]

Was es zunächst zu erarbeiten galt, war – mit den Worten Aleksej Gastevs – eine „visuelle Einstellung“ („зрительная установка“), um dem Bewegungsmechanismus der arbeitenden Maschine Mensch seine optische Verankerung in der (reflexologischen) Welt der Aktionen und Apperzeptionen zu sichern.

2.3 „Visuelle Einstellung“: Vom Willen des Subjekts zum Medium der Rückkopplung

Die visuelle Einstellung war in Aleksej Gastevs begrifflichem und instrumentellen Netzwerk, das sich im globalen Maßstab der „Arbeitseinstellung“ („трудовая установка“) widmete, nur eine von vielen Einstellungs-Systemkomponenten.[28]

Die schematische Darstellung der visuellen Einstellung, abgebildet in Gastevs Monografie zum System der Arbeitseinstellung, lässt an eine frühe Form des Bildschirms denken, an einen Monitor oder Screen, der es dem Arbeiter an der Werkbank offensichtlich während seiner Tätigkeit

27 Vgl. Bernštejn: *Obščaja biomechanika*, S. 213, S. 306.
28 Vgl. Gastev, Aleksej: *Trudovaja ustanovka*, Moskva 1924.

ermöglichen sollte, eine andere seiner Arbeitseinstellungen, und zwar die in der Abbildung links gekennzeichnete Nerven-Muskel-Koordinations-Einstellung (нервно-мышечная координационная установка), über einen außerhalb seines Körpers positionierten Blickpunkt zu kontrollieren und zu regulieren. Als virtuelle Einrichtung der Selbstbeobachtung und -korrektur, die Blick und menschliches Auge voneinander trennt, indem sie das Sehen in ein körperliches und ein apparatives aufspaltet (bzw. doppelt), ist die visuelle Einstellung Teil (wenn nicht gar Schaltzentrale) einer kybernetisch-rückgekoppelten Sehschleife. Gastevs Modell ist in dieser Hinsicht auch deshalb von Interesse, weil es eine reziproke Vernetzung im Dreieck konzipiert, deren Strahlen oder Verbindungslinien 1) zwischen ‚natürlicher' und künstlicher Sehquelle, 2) zwischen ‚natürlicher' Sehquelle und Maschine (nicht etwa Hand oder Körper) und 3) zwischen Maschine und künstlicher Sehquelle verlaufen. Im Rahmen dieses rückkoppelnden monitoring wird der Wahrnehmungsprozess virtualisiert, weil es jeweils zwei Punkte gibt, von denen aus der ‚Sehstrahl' auf das Objekt (bzw. das Subjekt – das ist nunmehr austauschbar) trifft. Genau diese gedoppelte bzw. aufgespaltete Perspektive auf die Schnittstelle von Motorik und Maschine hat dann auch – vermittelt über die hier nicht sichtbare neurophysiologische Schaltzentrale des Gehirns – Rückwirkungen auf das, was die Arbeitshand tut.

Wichtig für die Einordnung des Terminus ustanovka (установка, dt. Einstellung) scheint es, nicht nur auf seine inflationäre Verwendung um 1920, sondern auch auf die Bedeutungsverschiebung hinzuweisen, die der Begriff durch die Universalisierung und Technologisierung in Gastevs ustanovka-Imperium erfährt. Einerseits betrifft das das Verhältnis zur Literatur- und Kunsttheorie des russischen Formalismus, in der die „Äußerung mit Einstellung auf den Ausdruck" („высказывание с установкой на выражение") als Roman Jakobsons Formel für die Definition der poetischen Sprache schlechthin kanonisiert wurde[29] – ohne dass man sich über die psychologische oder mediale Konstruktion dieser Einstellung

29 Vgl. Jakobson, Roman: Novejšaja russkaja poėzija [1921]. In: Stempel, Wolf-Dieter (Hg.): *Texte der russischen Formalisten. Bd. II. Texte zur Theorie des Verses und der poetischen Sprache,* München 1972, S. 18-135, S. 30.

ernsthaft Gedanken gemacht hätte. Andererseits war (und ist bis heute) Einstellung primär ein intentionales Konzept, das selbst in der experimentellen Einstellungspsychologie von Narziss Ach[30] oder Dmitrij Nikolaevič Uznadze,[31] aber auch in der psychotechnischen Fassung des Begriffs bei Karl Marbe (*Über Einstellung und Umstellung*, 1925) zwar psychophysiologische Erscheinungen wie Aufmerksamkeit, Suggestion oder Hypnose implizierte,[32] nicht jedoch die für Gastev so relevante apparative und reflexologisch begründete Formung dieser experimentalpsychologischen Faktoren. Ustanovka, folgt man dem Lexikoneintrag des vom CIT selbst herausgegebenen *Orga-Kalendar'* (Орга-Календарь, dt. Orga-Kalender) von 1924 ist eine Zusammensetzung aus einem reflexologisch aufgefassten psychischen Prinzip und jener Einrichtung des Arbeitsplatzes, die aus Apparaten, Geräten und Werkzeugen sowie den damit kompatiblen Haltungs- und Positionierungsmöglichkeiten des Arbeiters selbst besteht:

> „Einstellung" in jener am CIT gebräuchlichen Bedeutung ist die in der ‚lebendigen Maschine' anzutreffende Zusammenführung bestimmter unbedingter und bedingter Reflexe in einen Arbeiter-Werkkomplex, der für die erfolgreiche Ausführung von Arbeitsoperationen jedweden Berufs notwendig ist.[33]

---

30 Vgl. Ach, Narziss: *Über den Willensakt und das Temperament*, Leipzig 1910.

31 Der bisher wenig rezipierte Georgier Dmitrij Nikolaevič Uznadze studierte 1886 in Leipzig bei Wilhelm Wundt und Johannes Volkelt, schrieb über Notwendigkeit bei Leibnitz und Erkenntnistheorie bei Solov'ev und war nach seiner Rückkehr 1910 Mitbegründer der Universität in Tbilisi (1917) und Gründer eines Laboratoriums für experimentelle Psychologie. Die „experimentelle Psychologie der Einstellung" („Psychology of Set", „Einstellungspsychologie") ist das Zentrum seines theoretischen Oeuvres (1923 *Impersonalia*, 1925 *Grundlagen der experimentellen Psychologie* [georg.], 1929 *Einstellungsumschlag als Grundlage der Kontrasttäuschungen* [dt.]).

32 „Aufmerksamkeit, Suggestion und Hypnose sind Erscheinungen der Einstellung." („Внимание, внушение и гипноз – явления установки."), wie es in der ausführlichen russische Rezension dieses Textes heißt – vgl. Počtareva, R.I.: Karl Marbe (Würzburg): Ob ustanovke i pereključenii, in: *Psichofiziologija truda i psichotechnika* 1 (1928), S. 103-106, hier S. 103.

33 „‚Установка' в принятом в ЦИТ'е смысле – сочетание ‚в живой машине' определенных безусловных и условных рефлексов в один рабоче-трудовой комплекс, необходимый для успешного выполнения рабочих операций в той или иной профессии." Ustanovka [Lexikoneintrag], in: *Orga-Kalendar' CIT*, S. XLV.

Die visuelle Einstellung des Gastevschen Konzepts verweist bereits auf ein technisches Implantat, das eine (neue) Sichtbarkeit generiert und Anschaulichkeit (наглядность) garantiert – auch und gerade jener Psychotechniken der aufmerksamen Beobachtung (наблюдательность). Damit kommt es neben der Proliferation des Konzepts durchaus auch zu einer Konkretisierung dessen, was eine Einstellung ist und wie sie funktioniert.

Die visuelle Einstellung ist, wie in Abb. 2 zu sehen ist, an einen virtuellen Punkt außerhalb des Körpers des Arbeiters verlagert und damit, so könnte man sagen, an ein Ausgabemedium gekoppelt, das an die eingangs erwähnte „Tafel des Jahrhunderts" (Sokolov) erinnert: Ebenso wie im Kino die Leinwand zur Tafel des Jahrhunderts werden sollte, fungiert sie hier im Labor der Arbeitsbewegungen für den hier tätigen Zuschauer – den Arbeiter. Auf der Tafel, die Gastev visuelle Einstellung nennt, sieht der Arbeiter sich selbst beim Arbeiten zu. Und weil die Rückkoppelung – zumindest in der bei Gastev abgedruckten Abbildung – noch in den Verlauf des Arbeitsprozesses integriert wird (das heißt, wie in der Kybernetik, ein Feedback darstellt, das zeitgleich zur Ausführung eines Bewegungsverlaufes auf diesen durch Rückkoppelung Einfluss nimmt), ließe sich die visuelle Einstellung auch als Instrument einer präkybernetischen Steuerung beschreiben.

Mit der Auslagerung des Seh- bzw. Blickzentrums und der Überantwortung (zumindest eines Teiles) der Beobachtung an das technische Medium tritt eine epistemologisch bedeutende Verschiebung (von anthropologischen zu medialen Koordinaten) auf den Plan: An die Stelle von intentionaler Überzeugung und psychologisch definierter Einstellung tritt die Notwendigkeit einer permanenten Rückversicherung der eigenen, aber nunmehr technisch bzw. medial vermittelten Körperbewegungen (die sich wiederum konsequent am jeweiligen Output der visuellen Einstellung ausrichten). Das, was einmal die ‚Persönlichkeit' war und von der Arbeitsmoral und -leistung abzuhängen schien, wird nun aufgelöst und zu einem Bündel von funktionalen Faktoren innerhalb eines Medienverbunds transformiert. Dieser Medienverbund schaltet stets zwischen Sehen und Gesehenwerden, Wahrnehmen und Wahrgenommenwerden, Beob-

Abb. 2: links: Das komplexe System der „ustanovka" / „Einstellung"; rechts: „Analyse der Werkbankeinstellung des Arbeiters"; Visuelle Einstellung

achten und Beobachtet-Werden hin und her und trägt damit der Komplexität der experimentellen Anordnung Rechnung.

War der auf die menschliche Psyche beschränkte Mechanismus zwar bereits in den dezidiert psychologischen Abhandlungen eines Uznadze oder den psychotechnischen eines Marbe über die Differenz willkürlich/unwillkürlich definiert, so löst er sich hier gänzlich von einem Seelenkonzept des Innerlichen ab, und wird Teil eines Systems, das dem Begriff der Einstellung die unterschiedlichsten Funktionen und Qualitäten zuweist – von der dokumentierenden (установка документационная) über die materielle (материальная установка) und die dingliche (вещевая установка) bis hin zur personellen (персональная установка), und damit qualitative und operationale Eigenschaften aufweist.[34]

Die Psychologiehistorikerin Irina Sirotkina, die in der ustanovka ebenfalls den Schlüsselbegriff des ‚System Gastev' sieht, betont darüber hinaus die Diversität der Bedeutungsschattierungen: Der Begriff impli-

34 Die ökonomische und politische Dimension dieses Konzepts kann hier nur angedeutet werden: So lautet auch die Betriebsbezeichnung der „Organisationsstationen" („opra-станции") des CIT Mitte der 1920er Jahre „ustanovka" (in Anführungszeichen). Die Einstellung erlebt somit einen Aufstieg von der zentralen Organisationsform zum (einzig möglichen) sozialistischen Firmennamen. – Vgl. *CIT 5 let. 1920-1925.* Hg. v. VCSPS, Moskva 1925, S. 89-94 und die Werbeannoncen von „CIT – ustanovka" auf den letzten Seiten dieses Buches (o.A.).

ziere nicht nur die „buchstäbliche“ Einstellung, d.h. die konkrete Einrichtung des Arbeiters am Arbeitsplatz, das Einnehmen einer bestimmten Haltung (устанавливание), sondern auch mehrere übertragene Bedeutungen wie die Willenseinstellung (установка воли) oder die sensorische Einstellung (сенсорная установка).[35] Das Wichtigste jedoch sei die stets aktive Konnotation, die der Begriff trage: Die „Einstellung formiert sich, konstruiert sich, ‚stellt‘ sich immer aktiv ‚ein‘“.[36]

Der Begriff der Einstellung muss folglich als jener Topos betrachtet werden, an und in dem sich Subjektivität und Objektivität, Aktivität und Passivität, Willensmomente und Reflexmomente in einer für die hier versuchte Beschreibung eines biopolitisch organisierten Medienverbundes nachgerade idealtypischen Weise kreuzen.

Als Gesamtkonzept innerhalb der globalen Netzwerke der wissenschaftlichen Arbeitsorganisation ist die ustanovka in Gastevs Netzwerk (es wird kaum überraschen) wiederum mit zwei weiteren Organisationsformen vernetzt – mit dem System der Bearbeitung (обработка), das sich in die vorbereitende Arbeit im Sportsaal, die praktische in der Zeche und die theoretische in der Klasse aufspaltet, sowie schließlich mit jenem der Kontrolle (контроль), das 1) die Messung/Beobachtung, 2) die Beurteilung/Bewertung und 3) die Benennung der Gründe für Ausschuss und Verluste vorsieht (d.h. die aktive Rationalisierung) – alle bezogen auf die beiden anderen Systeme, einerseits die Einstellung (установка) und andererseits die Bearbeitung (обработка).[37]

Das NOT-System des CIT sieht also Netze und Verknüpfungen ohne Ende vor: Die Mikro- und die Makroebene der wissenschaftlichen Arbeitsorganisation sind bis ins letzte Detail miteinander verschränkt. Gewährleistet wird dieses Imperium der Koppelungen durch eine komplexe

35 Vgl. Sirotkina: *Istorija*, S. 69.

36 „[у]становка всегда активно формируется, конструируется, ‚устанавливается‘.“ Sirotkina, *Istorija*, S. 69. Während Sirotkina hier die Breite des Begriffsspektrums beschreibt, im Hinweis auf die „Willenseinstellung“ aber durchaus eine Semantik subjektiver Haltungen impliziert, versuche ich zu zeigen, dass es in Gastevs, Tichonovs und Bernštejns Laboratorien gerade zu einer Verschiebung der begrifflichen Konnotationen von einem subjektiven Psychologismus hin zu einer technisch-medialen Zurichtung der Einstellungs-Faktoren kommt.

37 Vgl. Michajlov, Arkadij: *Sistema CIT*, Moskva 1932, S. 52f.

„apparative Einstellung": „Diese Zeit war von einer Begeisterung für apparative Testtechniken und die Sichtbarkeit exakter Arbeit geprägt, die durch eine solche apparative Einstellung hergestellt wird."[38], wie der bedeutendste Vertreter der allgemeinen Psychotechnik, Isaak Špil'rejn, 1928 die internationale Bewegung der Berufsorientierung (профотбор) charakterisiert.

3. Labor und Aufzeichnung

3.1 Das „Foto-Kino-Labor" („Labor Nr. 1")

Wenngleich von einer materiellen Realisierung der visuellen Einstellung als Kontrollmonitor nicht die Rede sein kann,[39] steht Gastevs funktional-vernetztes und ökonomisch-politisches Konzept in einem genuinen Zusammenhang mit den unterschiedlichen Techniken der Sichtbarmachung, denen man am CIT, insbesondere durch die Einrichtung des foto-kino-laboratorija (фото-кино-лаборатория, dt. Foto-Kino-Labor), eine herausragende Rolle zumaß. Von allen Laboratorien war das Foto-Kino-Labor das erste, das „Labor Nr. 1".

Und selbst in der Chronologie des Instituts kann es als Keimzelle jeder weiteren experimentellen Vorrichtung ebenso gelten wie als Auslöser des Vertrauens in die von dieser Apparatur produzierten Evidenzen:

---

38 „Это время характеризовался увлечением аппаратурной техникой испытаний и видимостью точной работы, которую дает такая аппаратурная установка." Špil'rejn, Isaak N.: IV. Meždunarodnaja konferencija po psichotechnike i professional'noj orientacii (Pariž, 10-14. oktjabrja 1927 g.), in: *Psichofiziologija truda i psichotechnika* 1 (1928), S. 68-74, hier S. 72.

39 Die technischen Grundlagen für das Funktionieren einer Fernübertragung von bewegten Bildern waren zu dieser Zeit in der Sowjetunion prinzipiell gegeben, nachdem der Petersburger Elektrochemiker und -physiker Boris L'vovič Rozing 1911 die Braun'sche Röhre sowohl auf Sender- als auch auf Empfängerseite elektronischen Signalen zugänglich machte – vgl. Zielinski: *Archäologie*, S. 272f.; Rozing, Boris L.: *Ėlektričeskaja teleskopija (videnie na rasstojanie)*, Petrograd 1923. Rozings bisher viel zu wenig untersuchter Erfindergeist spukte auf geologischem, chirurgischem, kybernetischem (d.h. schiffs-steuerndem) und arbeitsphysiologischem Gebiet: Überall sollte das technische Sehen in neue Dimensionen führen und den menschlichen Blick ersetzen – bis hin zur Schaffung einer taktilen Bild-Wahrnehmung für Blinde, vgl. Rozing, *Ėlektričeskaja teleskopija*, S. 5-8.

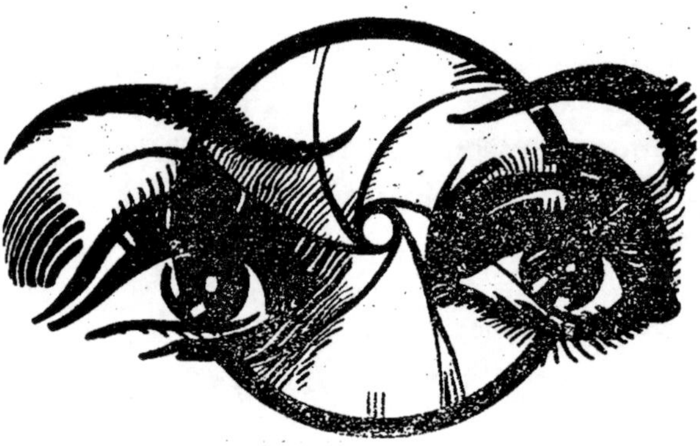

Abb. 3: Symbol des Laboratoriums Nr. 1

> In unserem Laboratorium gab es ... einen Hammer, einen Schraubstock, einen Fotoapparat, ein Chronometer und Holzlatten. Eine Labor-Robinsonade..., die jene durch sämtliche sowjetische Institutionen laufende „wohlgenährte" Intelligenz schockierte, die durch ihre Energie aber später selbst patentierte Professoren mitriss. Diese Robinsonade entschied alles: sie zwang dazu zu glauben, sie war vorentscheidend für den kommenden Glanz der Ausrüstung. Das Zentral-Institut der Arbeit begann sich zu entwickeln. Wir richteten exakte Einstellungen [установки] für die Lichtfixierung von Arbeitsbewegungen ein, schufen Mikro-Augen, die Bewegung in Zeit und Raum messen konnten. Das Foto-Kino-Labor, das heute über einen hochkomplexe und hochexakte Apparatur verfügt, stellt die wahren „AUGEN des CIT" dar, die eine vierdimensionale Darstellung der Arbeitsbewegung geben.[40]

40 „В нашей лаборатории был ...молоток, тиски, фотографический аппарат, хронометр и деревянные палки. Лабораторная робинзонада... которая так шокировала бегавшую по советским учреждениям ‚пайковую' интеллигенцию, но которая потом захлестнула своей энергией и патентованных профессоров. Эта робинзонада решила все: она заставила веритъ, она предрешила последующий блеск оборудования. Центральный институт труда стал разворачиваться. Мы сделали точные установки для светового фиксажа трудовых движений, создали микроглаза, измеряющие движение во времени и пространстве. Лаборатория фотокино, распологающая теперь сложнейшей и точнейшей аппаратурой, является настоящими ‚ГЛАЗАМИ ЦИТ'а', дающими 4-х мерное изображение трудового движения." Gastev, Aleksej: *Central'nyj institut truda*, S. 133.

Abb. 4: „Russischer Taylorismus"

Kameras auf der Seite des Input und vielfältige Formen der Projektion und des Abdrucks auf jener des Output werden nun zu jener visuellen Einstellung, die Gastev als eine der Arbeits-Einstellungen (трудовые установки) etabliert hatte, zu jenem außerhalb des eigenen Körpers befindlichen virtuellen Registrier- und Kontrollbild, von dem aus man diesen Körper und seine Motorik beobachten, analysieren, rhythmisieren und korrigieren kann. Dass es sich bei dieser Einrichtung (установка) tatsächlich um ein Feedback-Modell handelte, zeigt eine Abbildung in Gastevs Überblicksbericht über das CIT aus dem Jahr 1924, die auch in René Fülöp-Millers Darstellung *Geist und Gesicht des Bolschewismus* (1926) abgedruckt ist.

Die Fotografie ist in beiden Fällen dieselbe. Die jeweiligen Bildunterschriften unterscheiden sich allerdings entscheidend – was zunächst zwar nicht viel mehr aussagt, als dass Fotografien, die eine visuelle Experimentalanordnung dokumentieren, ebenso wenig für sich selbst ‚sprechen' wie die Fotos und Filmausschnitte, die in einer solchen Installation produziert werden. Liest man bei Fülöp-Miller: „Russischer Taylorismus. Eine Demonstration im biomechanischen Laboratorium von Gastjeff. Ein Schlosser wird während seiner Arbeit mit Hilfe eines Visierfernrohres und eines

Koordinatenrahmens beobachtet."[41], so lautet die Bildlegende in der Eigendarstellung des CIT bzw. Aleksej Gastevs: „Demonstration von rationell eingerichteten Arbeitsprozessen im großen Saal des CIT. Die Demonstrationen werden durch die Leinwand korrigiert (Diapositive, Kino)."[42]

Abgesehen davon, dass es sich hier um eine der wenigen Fotografien handelt, die augenscheinlich das Forscher-Filmer-Duo Bernštejn (Mann mit Bart links) und Tichonov (Mann am Vermessungsgerät) bei der Arbeit zeigt, weist die ganz offensichtlich fotogerecht (nach-)gestellte Installation (auch das heißt: ustanovka) eine Vielzahl an Verweisungen und Modellbildungen auf. Dabei bleibt offen, ob der reale Arbeiter (links beim Ausholen zum Schlag) das Modell abgibt oder ob er sich vielmehr bei seinen Handgriffen an dem Mannequin (Tafel) bzw. der konstruktivistischen Gliederpuppe zu orientieren hat, – was aber, geht man davon aus, dass es sich bei den Laborversuchen am CIT tatsächlich um echte Rückkoppelungsschleifen handelte, keine Rolle spielt. Vielmehr müssten in diesem Fall die Ergebnisse, die aus seinen Bewegungen gewonnen werden, selbst wieder eingehen in diese Bewegungen. Modell und tatsächliche Bewegungen müssen ständig auf Tuchfühlung bleiben, da im Sinne der kybernetischen Rückkopplung jede geringste Abweichung sofort als neue Eingabe benutzt wird.

Die multiple Übersetzungs- und Konversionsszenerie wird schließlich noch durch das mehrfache Aufzeichnen und Anschreiben der Bewegung als Differentialgleichung[43] an der Tafel und durch die Kontrollkamera/das

---

41 Fülöp-Miller, René: Geist und Gesicht des Bolschewismus, Wien 1926, S. 278b, Tafel 172.

42 „Демонстрация рационально поставленных трудовых процессов в большом зале ЦИТ'а. Демонстрации корректируются экраном (диапозитивы, кино)." Gastev: Central'nyj institut truda, S. 138

43 Auch in seinem Grundlagenwerk zur Biomechanik macht Bernštejn vor mathematischen Formeln und der Darstellung von Integralrechnungen und elementaren Vektorialanalysen nicht halt. Vielmehr, wie er im Vorwort betont, sieht er in der erläuternden Vermittlung komplexer mathematischer Grundlagen der Maschine Mensch eine der Innovationen (новшества) seines Lehrbuchs: „Es beunruhigt uns nicht, dass ein unvorbereiteter Leser aus diesem Buch eine Vorstellung vom Integral als Raummaß oder vom Vektor als Pfeil bekommt. Im Verlauf des Buches wird ihm das helfen, und in der Folge kann er diese Begriffe vertiefen und verfeinern. [...] In den Paragraphen über die Gelenksverbindungen hatten wir keine Angst vor einer Fülle von

optische Gerät im ‚Koordinatenrahmen' komplettiert bzw. verkompliziert. Fest steht nur, dass hier minutiös jenes biomechanische Gesamtkunstwerk anschaulich gemacht wird, an dem Nikolaj Bernštejn jahrelang arbeitete (das scheint auch der fast stolze Blick einer ansonsten eher zurückhaltend wirkenden Person direkt in die Kamera auszudrücken) und dessen materielle Basiseinrichtung – die Apparatur für Zyklografie – er 1925 bei seinem Wechsel ans Institut für Psychologie gleich mitnehmen ließ.[44]

Wie es zu den Diapositiven und zum Kino kommen konnte, die in der gerade besprochenen Fotografie nicht auftauchen, dafür aber in Gastevs Bildlegende, belegt ein weiteres Foto, das ebenfalls Tichonov (links mit Hut) und Bernštejn (direkter Blick in die Kamera) zeigt (Abb. 5). Im Gegensatz zur vorherigen Abbildung zeigt dieses Foto, dass auch außerhalb des Labors eine genau eingerichtete Experimentalordnung notwendig ist.

Auch hier ist die Einstellung (установка) auffällig präsent, ja, man könnte fast von ihrer Rhetorisierung oder Allegorisierung sprechen. Jede der vier Personen ist mit ihrem jeweiligen Instrumentarium fest (gleichsam allegorisch) verbunden – der Fotograf/Filmer mit der Kamera, der Biomechaniker mit der Messlatte, der Arbeiter mit dem Hammer und der zweite Arbeiter/Aufnahmegehilfe mit der Werkbank. Auf diese Weise bilden nicht nur die vier Personen und die von ihnen vertretenen Arbeiten, sondern auch die jeweiligen Instrumentarien – Kamera, Messlatte, Hammer und Werkbank – ein vielschichtiges Bezugssystem heraus, das den medialen Verbund, in dem die Arbeitsbewegungen examiniert werden, kennzeichnet. Rückkoppelungseffekte sind von Beginn an impliziert.

Zahlen, die genaue quantitative Vorstellungen von den Möglichkeiten und Grenzen der Beweglichkeit dieser Gelenksverbindungen geben." („Нас не смущает, что неподготовленный читатель вынесет из этой книги представление об интеграле, как мере площади, или о векторе, как о стрелке. На протяжении книги это ему поможет, а расширить и уточнить эти понятия он сумеет впоследствии. […] В §§ о сочленениях мы не побоялись изобилия цифр, дающих точные количественные представления о возможностях и границах подвижности сочленений.") – vgl. Bernštejn, *Obščaja biomechanika*, S. IX, S. XI..

44 Vgl. Sirotkina, Irina: Vydajuščijsja fiziolog. Klassik psichologii? (K 100-letiju so dnja roždenija N.A. Bernštejna), in: *Psichologičeskij žurnal* 17/5 (1996), S. 116-127, hier S. 117.

Abb. 5: „Kinoaufnahme des Arbeitsprozesses“

3.2 Rechenbare Bewegung: Chrono-Zyklogramme

Am Deutlichsten wird dies in einer dritten Fotografie, deren Bildunterschrift bei Fülöp-Miller folgendermaßen lautet: „Russischer Taylorismus. Chrono-zyklographische Aufnahme der Meißel-Arbeit mit zwei unter einem rechten Winkel aufgestellten Kameras im Gastjeffschen Institut.“(Abb. 6)[45]

Im Unterschied zu den beiden anderen Darstellungen ist hier der Proband zusätzlich zu der optischen und symbolischen Verschaltung durch ein Kabel an einen Stromkreis angeschlossen. Zwei im rechten Winkel aufgestellte Kameras nehmen den vor einem schwarzen Vorhang stehenden in Weiß gekleideten Arbeiter beim Schlagen mit Meißel auf. Während nicht klar ersichtlich ist, welchen Zweck jene Kamera hat, die (vermutlich) Tichonov selbst bedient (sie ist fast direkt auf den Rücken des Probanden gerichtet), entspricht die Aufnahmetechnik der zweiten Kamera (links) exakt den Beschreibungen Bernštejns und Tichonovs zur Chrono-Zyklografie, insbesondere aufgrund der hier deutlich erkennbaren Einrichtung der in Sektoren unterteilten Drehscheibe, die vor der Kamera positioniert

45 Fülöp-Miller: *Geist und Gesicht*, S. 278b, Tafel 172.

Abb. 6: „Russischer Taylorismus“

war. Diese Scheibe ist im Prinzip ein Vorläufer moderner Umlauf- bzw. Sektorenblenden, freilich mit genau gegenteiligem Effekt: Denn nicht das Flimmern des wandernden Filmstreifens oder das Sichtbarwerden der Eigenbewegung des Filmstreifens soll hier vermieden werden, sondern eine kontinuierliche Linie der aufgezeichneten Lichtspur, aus der keine Zeitstufen, keine Geschwindigkeiten und keine Beschleunigungen mehr ablesbar und zurückrechenbar wären. Die Drehscheibe mit ihren Sektoren sorgte dafür, dass den Bewegungsphasen konkrete Zeitphasen zugeordnet werden konnten, da auf der Platte nun eine punktierte Linie erschien:

> Zur Bestimmung der Bewegungsgeschwindigkeit wurde vor dem Objektiv eine sich gleichmäßig drehende Scheibe mit Schlitzen postiert. Anstelle von ununterbrochenen Linien entstanden so auf der Aufnahme Punktierungen, wobei ihre einzelnen Punkte, die in jenem Moment aufgenommen wurden, in dem vor der Kamera der Schlitz vorbeikam, die Position der Lampen in konkreten Zeitintervallen darstellen.[46]

46 „Для определения скорости движения перед об'ективом помещают равномерно-вращающийся диск с прорезами. Вместо сплошных линий на снимке получатся при этом пунктиры, при чем отдельные их точки, заснятые в момент пробегания прореза перед об'ективом, изображают положения лампочек через равные проме-

Die Technik des Zyklogramms, wie sie am CIT angewendet wurde, hat mehrere Vorläufer. Die direktesten (auch zeitlich) waren jene Chronofotografien, die Frank Bunker Gilbreth und Lillian Moller (später Gilbreth) etwa ab 1905, zehn Jahre nach der ‚Erfindung' des Kinematografen, im Rahmen der wissenschaftlichen Betriebsführung von den spezifischen Handgriffen beim Ziegellegen anfertigten. In Gilbreths Registrierverfahren wurden der Arbeitsfinger eines Ziegelarbeiters – im Unterschied zu Marey, der weiß leuchtende Kügelchen oder silberne Tressen verwendete, und Fischer/Braune, die sich Elektronenröhren bedienten – mit blinkenden Miniaturlämpchen versehen, um anhand der daraus entstehenden Lichtspuren nachweisen zu können, wie viel überflüssige Wege die arbeitende Hand machte. Im Gegensatz zu Frederick W. Taylor, für den die mitlaufende Stoppuhr unmittelbarer Index der Leistungssteigerung und Arbeitsintensivierung war – was als klassisch kapitalistisches Konzept im Rahmen der Aneignung auf sozialistischem Terrain bis zuletzt zu einer ambivalenten Haltung gegenüber dem Taylorismus führen musste –, ging Gilbreth wie Angelo Mosso (vor ihm) in Turin oder Kekčeev und Bernštejn (nach ihm) in Moskau von der Erforschung konkreter Ermüdungsfaktoren aus,[47] die es durch die mediale Vermittlung auszuschalten galt – und zwar im Sinne des Wohlbefindens des Arbeiters, das erst in einem zweiten Schritt auch rein betriebswirtschaftlich verrechnet werden konnte. Nicht auf Zeit war das ökonomische Kalkül der Standardisierung und Optimierung gerichtet, sondern auf die Bewegung selbst.

Als Gilbreth-Methode fand die Zyklografie in Sowjetrussland zunächst in der Arbeitsphysiologischen Abteilung des Staatlichen Psychoneurologischen Instituts, danach am Zentral-Institut für Arbeit (CIT) Anwendung und stellte, folgt man den Ausführungen Kekčeevs, der ebenso wie sein Kameramann Tichonov an beiden Institutionen tätig war, bald eine „unersetzliche" Methode für die Analyse von Arbeitsbewegungen dar, ins-

жутки времени." Ciklogramma [Lexikoneintrag], in: *Orga-Kalendar' CIT*, S. XLIX.

47 Zur Ermüdung als zentralen Faktor des arbeitswissenschaftlichen Diskurses vgl. Rabinbach, Anson: *The Human Motor. Energy, Fatigue, and the Origins of Modernity*, Berkeley u.a. 1990. In Russland entstand 1928 bei Sovkino (Regie: Genike) zu diesem Thema der Kulturfilm *Ermüdung und der Kampf gegen sie* (*Utomlenie i bor'ba s nim*). – Vgl. dazu auch: Vitkin, Sergej: Za laboratoriju kul'turfil'my, in: *Kino-front* 1 (1928), S. 15.

besondere deshalb, weil man sie am CIT sofort einer „mathematischen Bearbeitung" unterzog.[48] So schreibt auch der Fotoexperte, Nikolaj Tichonov, dass sich in der Methode selbst seit Étienne-Jules Marey, Fischer/Braune und Gilbreth nicht besonders viel verändert hätte, die in Russland unabhängig erfolgte Entwicklung sich aber gerade durch die zahlenmäßige Auswertung unterschied:

> In Russland wurde diese Methode selbstständig weiterentwickelt und am CIT für das Studium der Bewegungen angewendet, wobei viele Spezialverfahren eingeführt wurden, die es erlauben, das dabei erhaltene Zyklogramm zu vermessen und so exakte Zahlendaten für die Auswertung und den Vergleich zu erhalten.[49]

Die zunächst physiologischen, dann psychophysiologischen Analysen fanden unter den epistemischen Prämissen statt, dass erstens die Arbeitsbewegungen in „engem Zusammenhang mit dem Nervensystem" standen („тесно связан с деятельностью нервной системы") und zweitens ihre Analyse zu praktischen Ergebnissen führen würde.[50] Quantifizierbarkeit, Koppelung an neurophysiologische Vorgänge und schließlich Funktionalisierung in pragmatischer Hinsicht waren jene drei Ziele, deren Erreichen die mediale Aufzeichnungsmethode gewährleisten musste. Art und Weise der Visualisierung des spezifischen Arbeitswissens waren also nicht durch ein gegebenes Medium vorherbestimmt, vielmehr wurde an einer adäquaten Methode gearbeitet, um den jeweiligen Faktoren und Schwierigkeiten entsprechen zu können, die die einzelnen Bewegungen und ihre Auswertung im einzelnen mit sich brachten. Das wissenschaftliche Objekt konstituierte den medialen Einsatz genauso mit, wie umgekehrt, das Medium als wissenschaftliches Instrumentarium sein Objekt.

---

48 Vgl. Kekčeev, K.Ch.: Predislovie ko 2-omu russkomu izdaniju, in: Džil'bret. *Izučenie dviženij*, S. 5-8, hier S. 5.

49 „В России этот метод был разработан самостоятельно и применяется в ЦИТ-е для изучения движений, при чем внесено много специальных приемов, позволяющих полученную циклограмму промерять и получать точные цифровые данные для учета и сравнения." Tichonov, Nikolaj: Chronofotografija, in: *Orga-Kalendar' CIT*, S. XLVIIIf.

50 Vgl. Kekčeev: *Izučenie rabočich dviženij*, S. 62.

Methoden, die heute oft in einer Linie als sich kaum von einander unterscheidende Vorläufer der Kinematografie betrachtet werden, oder solche, die aufgrund ihrer funktionalen Rolle in rationalistisch ökonomisierten Arbeitszusammenhängen als Zwillinge gelten, werden von denen, die damit arbeiten wieder auseinander dividiert. Kekčeev grenzt dabei Taylors Chronometrage gegenüber grafischen Methoden ab – und ordnet dabei erste den Künsten, zweite den Wissenschaften zu:

> [Die Chronometrage] verlangt eine Eignung zur angespannten Aufmerksamkeit, das Vermögen, alle Bewegung in ihre Komponenten zu zerlegen, zu analysieren, schnelle Reaktionsgeschwindigkeit und birgt daher in sich schon eine Fehlerquelle; die Chronometrage schneller Bewegungen grenzt an die Kunst; daher wurde hier, wie auch in den Naturwissenschaften (der Physik, Biologie, Meteorologie usw.) Schritt für Schritt zur grafischen Methode übergegangen, indem die Strecke, die Geschwindigkeit und der Kraftaufwand der Bewegung aufgezeichnet wurde; breite Anwendung fand dabei insbesondere die Fotografie (die komplexen Apparate von Marey und Muybridge), und in der Folge die Kinematografie. Letztere erlaubte es, die fotografierten Bewegungen in einem anderen, langsameren Tempo wiederzugeben oder sie sogar auf der Leinwand anzuhalten, um sie im Detail zu untersuchen.[51]

Gerade dieser Detailblick musste aber erst durch Modifikationen des kinematografischen Verfahrens erzeugt werden, denn, wie Kekčeev weiter im Text ausführt, „leider gibt der Kinematograf, indem er die schnelle Abfolge einzelner Momente wiedergibt, keine Vorstellung über die gesamte Bewegungsbahn im Ganzen, und dies bedeutet viel für die Arbeitsanalyse".[52]

---

51 „[Хронометраж] требует способности к напряженному вниманию, умения разлагать, анлизировать все движение на его компоненты, большой скорости реакции и таит уже в самом себе источник ошибок; хоронометраж быстрых движений граничит с искусством; поэтому здесь, как и в естественных науках (физике, биологии, метеорологии и т.п.) мало-по-малу перешли к графическому методу записывая путь, скорость и силу движения; в частности широко применялась фотография, (сложные аппараты Марея и Мэйбриджа), а впоследствии и кинематография. Последняя позволяла воспроизвести сфотографированные движения в другом более медленном темпе или даже заставлять их остановиться на экране, чтобы рассмотреть детали." Kekčeev: *Izučenie rabočich dviženij*, S. 63.

52 „[к] сожалению, кинематограф, давая быструю смену отдельных моментов, не дает представления обо всей пути движения в его целом, а это много значит для

Bewegung als kontinuierliche, fließende Bewegung wiederzugeben, war die Stärke und die Quintessenz des Kinematografen, der sich insbesondere im Bereich der Analyse von Mikrobewegungen durch spezielle Zeitraffer- und Zeitlupen-Vorrichtungen auszeichnete. Dass es darüber hinaus aber zu keiner „Vorstellung über die gesamte Bewegungsbahn im Ganzen" kam, war für Kekčeev auf den ersten Blick vielleicht deshalb etwas überraschend, weil diese Tatsache einer im Diskurs durchaus präsenten Teleologie der medialen Entwicklung widersprach. Die Adaptationen, die Kekčeev als Vorzüge dem Kinematografen s e l b s t zuzuschreiben scheint – Wiedergabe in einem langsameren Tempo, Anhalten des Bewegungsbildes auf der Leinwand – waren in jedem Fall aber keine geringen Verschiebungen im Medienverbund des Kinematografen, sondern komplexe und manipulative Eingriffe. Was heute mit Videorekorder oder digitalen Bildern gängige Praxis ist, das Vor- und Zurückspulen bestimmter Einstellungen, das Anhalten des Bewegungsbildes (für Medienpuristen ja immer noch ein absoluter Missbrauch respektive die Verwechslung von Dispositiv und Film) oder das Abspielen in Zeitlupe, stellte im Zeitalter des frühen Films im besten Fall ein weites Feld für Experimente, im schlechtesten Fall ein Terrain der Unberechenbarkeit dar. Entweder war man der Willkür menschlicher Kurbelrhythmen ausgesetzt, die in Russland bzw. der Sowjetunion in den 1910er und 1920er Jahren sowohl bei der Aufnahme, als auch bei der Projektion durchaus noch übliche Praxis waren,[53] was gerade in den exakten Wissenschaften vermieden werden wollte, oder aber man hatte es bereits mit elektrisch angetriebenen Projektoren zu tun, die im Hinblick auf das reibungslose, kontinuierliche Durchlaufen des 35mm-Films entwickelt und verbessert wurden, da die Vorführtechnik – und letztlich auch die Montage als Verfahren – den disjunktiven und disruptiven Störfaktoren des E a r l y C i n e m a entgegenwirken sollten.[54]

анализа работы." Kekčeev: *Izučenie rabočich dviženij*, S. 63.

53 Vgl. dazu das Kapitel zu „Projektionstechnik als ästhetischer Faktor" in: Tsivian, Yuri. *Early Cinema in Russia and its Cultural Reception*, Chicago u.a. 1994, S. 49-65.

54 Vgl. Elsaesser, Thomas: Early Film Form. Articulations of Space and Time. Introduction, in: Ders.; Barker, Adam (Hg.): *Early Cinema: Space. Frame. Narrative.* London 1990, S. 11-31; Tsvian, Yuri: Some Historical Footnotes on the Kuleshov Experiment, in: Elsaesser; Barker (Hg.): *Early Cinema*, S. 247-255.

Die für den Kinematografen maßgebliche Ausgabequelle, eine ungestörte Projektion, nützte folglich für die Analyse von Arbeitsbewegungen wenig; eine 1:1-Wiedergabe von Bewegungen, die kürzer und schneller waren, als dass sie vom menschlichen Auge beobachtet hätten werden können, wäre für die gegebene Aufgabenstellung unbrauchbar gewesen. Der vorderste Zweck, mechanische und optische Kontrollgeräte und Schreiber einzusetzen, war ja gerade nicht, um hier Joel Snyders Kritik an der so genannten Substitutionsthese anzuführen, den ‚subjektiven' Blick und „die unzuverlässige menschlich hervorgebrachte Vielfalt durch genaue, mechanisch hergestellte Daten [zu] ersetzen"[55], sondern neues Wissen zu produzieren, eine „Neuordnung des Sinnlichen"[56], indem gerade die Verschiebungen, die nur dem apparativen Sehen überhaupt zugänglich sind, aufgezeigt würden:

> Die grafischen Daten zeigen, was ansonsten nicht im Bereich der Ereignisse und Prozesse liegt, die von Menschen wahrgenommen werden können, und so können Fragen zur Zuverlässigkeit oder Genauigkeit der maschinell erzeugten Sichtbarmachung nicht von einem menschlichen Mittler beantwortet werden [...].[57]

Auch hier verschiebt sich die Problematik also deutlich auf die Seite der Lesbarkeit jener Ergebnisse, die im Labor der apparativen Beobachtung hervorgebracht werden. Wenn für Marey allein ausschlaggebend war, eine „linked series of disinterested discoveries aimed at revealing natural laws"[58] zu produzieren, so galt es für Gilbreth und die Bewegungsbeobachter am CIT, dass der Arbeiter durch die Aneignung der entdeckten Naturgesetze selbst zu neuen Erkenntnissen gelangte (der Körperbeherrschung, der Bewegungskoordination oder der Effizienz ebenso wie im Umgang mit dem Werkzeug oder in Bezug auf bestimmte Gesundheitsmaßnahmen).[59] Die

55 Snyder, Joel: Sichtbarmachung und Sichtbarkeit, in: Geimer: *Ordnungen der Sichtbarkeit*, S. 142-167, hier S. 143.

56 Vgl. Becker, Andreas: *Perspektiven einer anderen Natur. Zur Geschichte und Theorie der filmischen Zeitraffung und Zeitdehnung*, Bielefeld 2004, S. 13.

57 Snyder: *Sichtbarmachung*, S. 144.

58 Braun: *Picturing Time*, S. 347.

59 Marta Braun kommt in dieser Frage zu dem Schluss, dass sich Mareys Arbeiten und

Tatsache, dass also auch die ‚Lektüre'-Erfahrungen im Labor mitberücksichtigt werden mussten, führte zu Modifizierungen der Experimentalanordnung und den dabei eingesetzten Medien.

War die Zergliederung und Aufdröselung kontinuierlicher Arbeitsbewegungen die primäre Aufgabe des Foto-Kino-Labors am CIT, so gingen die Experimente im Bereich der Kinematografie, nachdem diese endlich ein kontinuierliches (durch den stroboskopischen Effekt) und scharfes bzw. flimmerfreies (durch das Malteserkreuzgetriebe) Bewegungsbild projizieren konnte, aus der Perspektive der Bewegungsanalyse zunächst in die genau entgegen gesetzte Richtung. Das zu erfüllende Credo, formuliert vom Papst der psychophysiologischen Grundlagen der filmischen Wahrnehmung, Hugo Münsterberg, lautete: „Isolierte, dem Auge in rascher Folge gezeigte, aber durch Unterbrechungen getrennte Bilder werden nicht als Einzeleindrücke unterschiedlicher Positionen wahrgenommen, sondern als kontinuierliche Bewegung."[60] Jede weitere Experimentalisierung der neuen Technik konnte im Bann der Bewegungsillusion zunächst nur die Perfektionierung von Kontinuität zum Ziel haben, auch und gerade weil das hier von Münsterberg beschriebene „wissenschaftliche Prinzip" des Funktionierens bewegter Bilder mittlerweile (1916!) vollständig „die heutige Kinowelt regiert".[61]

Es mag daher kaum verwundern und eines gewissen Wahrheitsgehaltes nicht entbehren, wenn der experimentierfreudigste unter den russischen

Absichten von denen Gilbreths radikal unterschieden: Während Marey die menschliche Energie umfassend untersuchte, um so letztlich zur Verbesserung der physischen und psychischen Gesundheit des Menschen beizutragen, seien Gilbreths Methoden (die noch dazu fast alle ohne Eingeständnis oder Verweis von Marey übernommen und auf Gilbreths Namen patentiert wurden) allein von der Idee getragen, das im Menschen schlummernde Potenzial als (noch) nicht genützte Arbeitskraft zu verstehen: „it was management's duty to eliminate waste and fatigue from the job so workers could be free to enjoy more ‚happiess minutes'" – vgl. Braun: *Picturing Time*, S. 347. Ohne hier ins Detail der zweifellos biopolitischen Fragen gehen zu können: Ich versuche nicht über die Ideologie der Funktionalisierung zu urteilen, sondern ausgehend von der Frage des Feedback zu erklären, dass gerade die im arbeitsökonomischen Diskurs notwendige Rückkopplung zu Verschiebung innerhalb des Experiments und dessen Aufzeichnungsverfahren geführt haben könnte.

60 Münsterberg: *Das Lichtspiel*, S. 31.

61 Ebd.

Filmemachern, Dziga Vertov, die Versuche seiner Gruppe *Kinoki* mit erhöhter und reduzierter Aufnahmegeschwindigkeit, also mit Zeitlupe und Zeitraffer, aber auch mit Bildvergrößerungen noch Anfang der 1920er Jahre als Pionierarbeit bezeichnete.[62] Vertovs Bemühungen, innerhalb der ‚Kinowelt' dieses wissenschaftliche Prinzip ansichtig werden zu lassen, müssen so im engen Kontext der wissenschaftlichen Aufnahmen (am CIT und andernorts) verstanden werden.

Es war also vor allem die (chronofoto-)grafische Methode, die in den Wissenschaften von der Bewegung die Notwendigkeit der Leistung eines Beobachters ersetzte und (im günstigsten Fall) die Entwicklung neuer Lese- und Datenverarbeitungsinstrumente bzw. anderer Formen der Analyse provozierte. In jedem Fall aber eröffnet sie, wie bereits Étienne-Jules Marey schrieb, „ihre ganz eigene Domäne, wo niemand sie ersetzen kann".[63] Die eigentliche Problematik hinsichtlich der pragmatischen Funktionalisierung der Aufzeichnungsspuren stellt folglich ihre Anschlussfähigkeit dar, und das heißt im konkreten Fall ihre wissenschaftliche Auswertbarkeit (Lesbarkeit) und ihre Zugängigkeit auch für die Arbeiter selbst (Anschaulichkeit). Eine vollständige Entkopplung vom mimetischen Nachvollzug, wie sie Frederick W. Taylor betrieben hatte, indem er Bewegung abstrahierte, formalisierte und optimierte, führte in letzter Konsequenz zum Anschreiben von Variablen innerhalb einer Effizienz-Rechnung, „die kein Arbeiter mehr verstehen, geschweige denn bei jedem neuen Arbeitsgang einstellen" hätte können.[64]

---

62 Folgt man der Selbsthistorisierung Dziga Vertovs, so unternahm dieser erstmals 1918 „Zeitlupen-Versuche" („rapid") – anhand des heute fast mythologischen „Sprungs von der Grotte" („pryžok s grota") sowie Aufnahmen eines „Bockspringens" („čecharda") – und 1922 weitere zur „Mikro"- und „Makroaufnahme"; – vgl. Vertov, Dziga: Tvorčeskaja kartočka (1917-1947) [1947], in: Tode, Thomas; Wurm, Barbara (Hg.): *Dziga Vertov. Die Vertov-Sammlung im Österreichischen Filmmuseum*, Wien 2006, S. 79-158, hier S. 82. Während Muybridge und Marey um rund 1880 die Chronofotografie austesteten, hatte V.A. Djubjuk in Russland erstmals 1891 eine Apparatur entwickelt, mit der die Bewegungen eines Pferdes analysiert werden konnten, vgl. Sokolov, Ippolit: *Vklad russkoj nauki i iskusstva v sozdanie kinematografa*. Moskva 1953, S. 3f.

63 Marey, Jules-Etienne: Die grafische Methode, zitiert nach Braun: *Picturing Time*, S. 144.

64 Vgl. Pias, Claus: Unschuldige Augen, in: Hartmann, Frank; Bauer, Erwin K. (Hg.): *Bildersprache – Otto Neurath – Visualisierungen*, Wien 2002, S. 136-139, hier S. 137.

Jenseits der sich hier abzeichnenden machtpolitischen Konstellation einer janusköpfigen Kontroll-und-Befreiungs-Logik und jenseits der damit auch verbundenen Rationalisierung des Sehens, lässt sich für den Einsatz der Medien am CIT beobachten, dass hier – begünstigt durch die enge Zusammenarbeit von Psychotechniker (Kekčeev), Psychophysiologe (Bernštejn) und Filmtechniker (Tichonov) – nach einer Lösung gesucht wurde, die für Experten und Laien, Wissenschaftler und Arbeiter, ‚Programmierer' und ‚User' gleichermaßen brauchbar war. Und die mediale Formel dieser Lösung hieß Zyklogramm.

Nur auf den ersten Blick scheint dies medien-teleologisch durch die Nähe zu Mareys Chronofotografie[65] einen Rückschritt darzustellen, denn der Ruf nach dem Kinematografen war laut – so etwa im bereits erwähnten Manifest Ippolit Sokolovs:

> Erst auf der Leinwand haben wir zum ersten Mal den mechanischen Scharnier-Mensch-Automaten der neuen Industrie-Epoche wahrgenommen. Während die Physiologen Chauveau, Treves, Sečenov oder Amar die lebende Maschine im menschlichen Organismus untersucht haben, so hat der Mensch erst auf der Leinwand begonnen, taylorisiert zu gehen und taylorisiert zu gestikulieren. […] Heute muss das Kino die Technik und die Arbeit unsere Epoche darstellen, im fieberhaften Tempo der vorüberzischenden Automobile, Lokomotiven, Flugzeuge, Anlagen und Arbeitsgriffen des Arbeiters.[66]

Wo eine direkte und synthetische Darstellung von Geschwindigkeit und Beschleunigung sowie die rasante Abfolge einzelner Bewegungsmomente den Forschungsimperativ publizierender Expressionisten Konstruktivisten-Tayloristen darstellte, war der Kinematograf das Medium Nr. 1. Wenn es aber um die detaillierte Analyse von Ortsraumkurven (Trajek-

65 Vgl. Braun: *Picturing Time*, S. 340f.

66 „Только на экране мы впревые почувствовали механического, шарнирного человека-автомата эпохи новой индустрии. Пока физиологи Шово, Травес, Сеченов или Амар изучали живую машину в человеческом организме, то только на экране впревые человек начал тэйлоризированно ходить и тэйлоризированно жестикулировать. […] Сегодня кино должно отразить технику и труд нашей эпохи в лихорадочном темпе мелькающих автомобилей, локомотивов, аэропланов, станков и трудовых жестов рабочего." Sokolov: *Skrižal'*, S. 3.

torien) vollständig durchgeführter Arbeitsbewegungen wie dem „Schlagen mit einem Meißel" („рубка зубилом") oder der Handbewegungen eines Schusters ging[67], so war das Zyklogramm – das hatten die Gilbreths bereits vielfach unter Beweis gestellt – die adäquatere Methode. Die Logik war, dass man, um Bewegung „produzieren"[68] zu können, wie das der Konstruktivismus ebenso wollte wie die Physiologen am CIT, sie zunächst visuell zerlegen musste.[69]

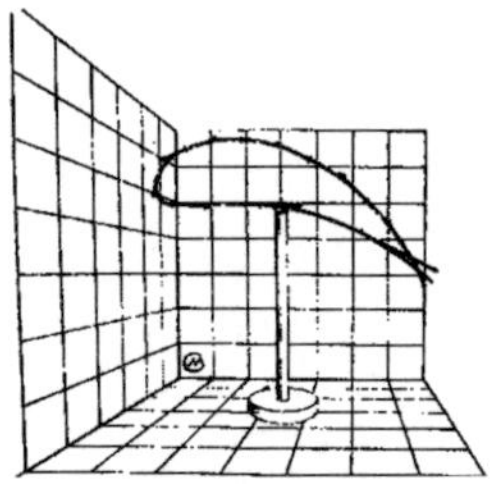

Abb. 7: Modell der Bewegungstrajektorie eines Hammers/Meißels beim Schlagen

Das Zyklogramm wird auf diese Weise zum Negativ der Kinematografie. Es stroboskopisierte quasi die Bewegungen, während der Kinematograf den stroboskopischen Effekt nützte, um ein Bewegungssehen zu erzeugen. Der wesentlichste Unterschied bei der Herstellung lag darin, dass der Filmstreifen beim Kinematografen transportiert, d.h. selbst in Bewegung gebracht wird, während die Chrono-Zyklografie einen beweglichen Punkt (dessen Verlauf eben durch die elektrischen Lampen vor dem schwarzen Hintergrund hervorgehoben wurde) auf eine unbewegliche Platte aufzeichnete. Darüber hinaus konnte, so Kekčeev in einer ausführlichen Beschreibung des Verfahrens, durch die Verwendung einer stereoskopischen Kamera erreicht werden, dass nicht die Projektion der Linie (der Bewegung), sondern unmittelbar die Trajektorie, also die Bewegung der leuchtenden Punkte im Raum festgehalten werden konnte.[70]

Musste die Länge der Linie bestimmt werden, so wurde die Aufnahme im chemischen Labor durch ein Netz gedruckt, was einen linierten

67 Vgl. die Abbildungen in: Šlezinger: *Psichotechnika*, S. 52f.; Džil'bret, *Izučenie dviženij*: S. 60; *Orga-Kalendar' CIT*, S. 132; Zielinski: *Archäologie*, S. 281.

68 So sprach nicht nur Aleksej Gastev, sondern auch Nikolaj Bernštejn von der „Konstruktion von Bewegungen" („построение движений"), vgl. Sirotkina: *Vydajuščijsja fiziolog*, S. 119.

69 Bis heute gilt das Chrono-Zyklogramm im Leistungssport als perfekte Analyse-und-Instruktionstechnik – vgl. *Aus den 1970er Jahren. Chrono-Zyklo-Fotografie*, http://sportmuseum-leipzig.de/Ablage-Zeitung/1-2005/Seite-5.html, 13.10.2006.

70 Kekčeev: *Izučenie rabočich dviženij*, S. 63.

Abb. 8: „Russischer Taylorismus im Institut von Gastjeff"

Hintergrund ergab. Schließlich war es bei einigen Bewegungen wichtig, die Höhe im Verhältnis zum Körper zu bestimmen, auf der sie ausgeführt wurden. Zu diesem Zweck wurde ein Maßstab hinter der festgehaltenen Bewegungslinie positioniert, der dann Teil der Chronofotografie wurde.

Die Chronofotografie lieferte anstelle von bewegten Bildern „die Analyse der Mikroelemente von Bewegungen und deren Übersetzung in Daten, Diagramme, Statistiken, Kurven".[71]

Das nach dem Foto-Kino-Labor zweite Laboratorium am CIT, das biomechanische, konnte sich nun an die zweifache Auswertung machen, jene der Analysis und jene der Konstruktion:

> Das biomechanische Labor bearbeitet und analysiert auch jenes primär Fixierte, das das Labor Nr. 1 liefert. Eine im normalen Alltag so einfache Sache wie ein Schlag wird hier mit den Methoden der höheren Mathematik bearbeitet, und hier werden auch die wahren bio-konstruktiven Entdeckungen gemacht. […] Auf der Basis des Zyklogrammes (Labor Nr. 1) sind auch alle anderen vorbereitenden und analytischen „Gramme" aufgebaut.[72]

---

71 Zielinski: *Archäologie,* S. 282.

72 „Биомеханическая лаборатория обрабатывает и анализирует и тот первоначаль-

Die Experimentalanordnungen, die so fundamental auf dem Medieneinsatz basieren, scheinen sich in der punktierten Linie des Zyklogramms noch einmal abzubilden. Der Physiologe Bernštejn und der Foto- und Filmtechniker Tichonov verwalteten in ihr den Grundstock des physiologisch-visuellen Wissens. Während Tichonov dieses Wissen in allen einschlägigen und auf Fortschrittlichkeit setzenden Filmzeitschriften der Zeit verbreitete und damit als die zentrale Vermittlungsfigur der neuen visuellen Medien zwischen Wissenschaft und Kunst gesehen werden kann, war umgekehrt Bernštejn nicht nur der Zentralverwalter aller ausgearbeiteten Daten, sondern darüber hinaus an der Ausarbeitung der Aufnahmemethode beteiligt (die sich immer wieder nach den neuen Ergebnissen auszurichten und an neuen Schwierigkeiten zu orientieren hatte). Die punktierte Linie gab Bernštejn die Möglichkeit, auch die Faktoren der Geschwindigkeit und der Beschleunigung der an einer Bewegung beteiligten Kräfte zu berechnen. Die Zerlegung der organischen Bewegung in diskrete Teile war schon lange Zeit vor den Arbeiten am CIT möglich; hier wurden allerdings erstmals mehrere Bewegungsphasen raumgetreu auf einem Foto dargestellt (vgl. Abb. 8). Gerade die Veranschaulichung, die durch die zyklo- und kinematografischen Techniken gewährleistet wurde, hatte auch auf die räumliche Projektion der Kurven Einfluss. Nicht nur

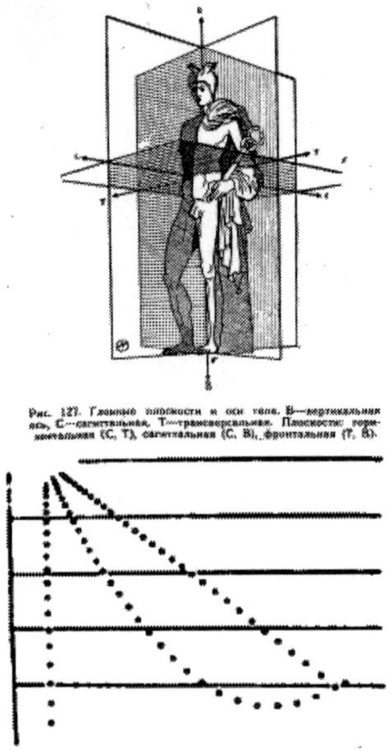

Abb. 9: oben: Hauptflächen und achsen des Körpers; unten: Veränderung der Geschwindigkeit einer Kugel

ный фиксаж, который дает лаборатория No. 1. Такая простая в бытовом отношении вещь, как удар, обрабатывается методами высшей математики, и здесь то делаются форменные био-конструктивные открытия. […] На основе циклограммы (лабор. No. 1) строятся все другие предварительные и аналитические ‚граммы'.“ Gastev: *Central'nyj institut truda*, S. 135.

die Arbeitsbewegung selbst, sondern auch die Formeln ihrer Berechnung fanden im komplexen Labor- und Aufzeichnungssystem des CIT Formen der anschaulichen Darstellung.

Die (bereits punktierten, gerasterten bzw. in distinkte Merkmale zerlegten) Bilder, die im Foto-Kino-Labor produziert wurden, konnten in den sechs weiteren Laboratorien des CIT weiterbearbeitet werden – dem Technischen Labor (Nr. 2), dem Biomechanischen Labor (Nr. 3), dem Physiotechnischen Labor (Nr. 4), dem Psychotechnischen Labor (Nr. 5), dem Pädagogischen Labor (Nr. 6) sowie schließlich dem Labor des Sozialen Ingenieurswesen (Nr. 7). Auch die Labore selbst hatten ihre Embleme:

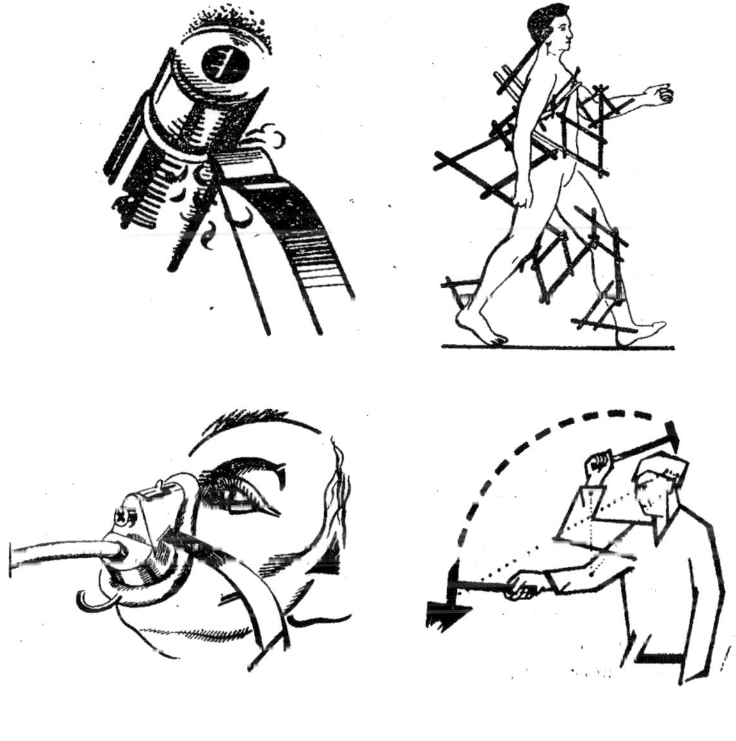

Abb. 10: links, oben: Nr. 2 – Technisches Labor; links, unten: Nr. 4 – Physiotechnisches Labor; rechts, oben: Nr. 3 – Biomechanisches Labor; rechts, oben: Nr. 5 – Psychotechnisches Labor

Abb. 11: links: Nr. 6 – Pädagogisches Labor;
rechts: Nr. 7 – Labor des Sozialen Ingenieurswesen

3.3 Vom Foto-Kino-Labor ins Kino (und retour)

In den vom Foto-Kino-Labor hergestellten Chrono-Zyklografien fiel die technisch reproduzierte Analyse von Arbeitsbewegungen mit (für den Forscher relevanten) mathematisch verwertbaren Daten und mit (für den Arbeiter relevanten) anschaulichen Modellen zusammen. Das Zyklogramm lieferte Bilder an der Grenze von Index und Ikon, Symbolischem und Imaginärem, die sich sowohl lesen als auch sehen ließen, die also sowohl einen mimetischen als auch abstrakten Nachvollzug der Bewegungen ermöglichten. Genau diese Doppellung, die in der durch Doppelbelichtungen hergestellten Aufzeichnung eintritt, war entscheidend für ihre Beförderung zum optimalen Datenlieferanten. Das Zyklogramm hat sowohl für den professionellen Physiologen als auch für den Arbeiter operationale Funktionen. Andererseits, das sollte hier auch gezeigt werden, weicht gerade die intensive Zusammenarbeit von ‚Experten' und ‚Laien' in den Laboratorien des CIT diese Zuordnungen gehörig auf. So macht sich nicht nur der Physiologe im Foto-Labor oder der Kameramann im Biomechanik-Labor zum ‚Laien'. Vielmehr ist es gerade der Arbeiter, der als selbst in die Beobachtung mit einbezogenes Zielobjekt der Rückkopplung nicht mehr die passive Rolle eines Patienten oder einer Laborratte einnehmen kann, sondern dessen wahrnehmende Eigenschaften nur bestimmte Formen der Analyse – nämlich anschauliche – praktikabel und eingängig erscheinen lassen.

Eine ähnliche Doppelung wird kurze Zeit später die sowjetische Kinematografie im Rahmen des Zuschauer-Studiums vollziehen.[73] Hatte der Arbeiter im Foto-Kino-Labor des CIT seine Screens, über die er seine Bewegungen an der Werkbank ausrichtete, so war es auch im Fall des sowjetischen Kino-Zuschauers (dessen Perzeptions- und Rezeptionsverhalten nicht nur über soziale Faktoren, sondern insbesondere über psychophysiologische Grundkonstanten bestimmt wurde) die Kino-Leinwand, die an der Verhaltensnormierung des Einzelnen und der Bevölkerung teilhatte. Ganz im Sinne der skizzierten Rückkopplung wirkten auch hier Faktoren des Nicht-Sichtbaren und solche der Anschaulichkeit zusammen, korrelierten Nervenbahnen mit Blicken, Sinnesreize mit Gesichtsausdrücken. Ähnlich wie im Fall des Arbeiters, dessen Handbewegungen in den Laboratorien des CIT beobachtet und aufgezeichnet wurden, kam es auch auf der Leinwand zur Sichtbarmachung von Szenen vor der Leinwand. Der Zuschauer konnte sich selbst oft genug beim Sehen zusehen. Was durch die exakte Registrierung des ‚natürlichen Verhaltens' ausgeschaltet werden sollte, waren Posen – Bewegungen der Willkür und der subjektiven Intention.

Nicht zuletzt deshalb betrieb *Kino-Fot*, jene Zeitschrift, in der Bernštejn und Tichonov ihren repräsentativen Auftritt im Kontext der Filmwelt hatten, in nahezu jeder der insgesamt sechs Ausgaben die Promotion von Dziga Vertovs k i n o g l a z-Konzept, das als oberste Kampfparole die radikale Auslöschung des Spielfilms (игровой фильм) durch den Nicht-Spielfilm (не-игровой фильм) ausrief. Denn die Posen des gespielten Verhaltens vor der Kamera waren es, die der Film als Technik der Bewegungsanalyse – in Verlängerung jener Traditionslinie, die von den Brüdern Weber über Étienne-Jules Marey bis hin zu Eadweard Muybridge reicht – durch „abstandgleich[e] Momentaufnahmen, die das organisierte Ganze der Gangart an einem beliebigen Punkt wiedergeben", so Gilles Deleuze, endgültig verabschiedet hatte: „Diese Augenblicke haben mit Posen nichts mehr zu tun, ja, sie wären als Posen schlechterdings nicht möglich."[74]

---

73 Stellvertretend für die in diversen wissenschaftlichen Instituten und Kino-Institutionen unternommenen Versuche des Zuschauer-Studiums vgl. Trojanovskij, A.V.; Eliazarov, R.I. (Hg.): *Izučenije kinozritelja*, Moskva u.a. 1928.

74 Deleuze, Gilles: *Das Bewegungs-Bild. Kino 1*. Frankfurt a.M. 1997, S. 19.

Ließe sich im Fall von Vertov argumentieren, dass es hier um die filmtechnische und genrespezifische Etablierung einer ganz eigenen, technisch-maschinistischen Konzeption von Film ging,[75] die letztlich zwischen wissenschaftlichem Film und filmischem Experiment angesiedelt ist, so lässt ein letzter Seitenblick auf einen weiteren Themenschwerpunkt von *Kino-Fot* keine Zweifel mehr an der hier betriebenen kompletten Revolutionierung und Revision der Kinematografie unter wissenschaftlichen Grundsätzen.

Denn diese wird schließlich an der zentralen Figur des Unterhaltungskinos selbst, Charlie Chaplin, demonstriert. Chaplin, dem die dritte Nummer gewidmet ist und dessen Gestalt in den grafischen Design-Arbeiten Varvara Fedorovna Stepanovas zu *Kino-Fot* nach konstruktivistischen Zeichenprinzipien auf elementare geometrische Bausteine reduziert wurde, verkörpert hier jene Figur, deren Gesten eben nicht mehr als Posen zu lesen sind, sondern, gerade in ihrer Fragmentiertheit, als Beispiele für die neue, physiologisch fundierte Ausdrucks- und Bewegungsanalyse. „Charlots“ Bewegungen schienen – das belegt die in Rechtecke, Linien und Kreise zerlegte gezeichnete (und dynamische) Körperlichkeit von Stepanovas Figuren – Linearität, Rhythmizität und nicht zuletzt Geometrie selbst eingeschrieben.[76]

Während Lev Vladimirovič Kulešov als Gründungsfigur des sowjetischen Montage-Kinos in seinem berühmten „experimentellen kinematografischen Laboratorium“ unter Rückgriff auf konkrete Schau-

75 „Jeder, der seine Kunst liebt, sucht das Wesen ihrer/seiner Technik. Die undisziplinierten Nerven der Kinematographie brauchen ein strenges System genauer Bewegungen.“ („Каждый любящий свое искусство ищет сущности своей техники. Развинченным нервам кинематографии нужна суровая система точных движений.“) Vertov, Dziga: My. Variant manifesta, in: *Kino-Fot* 1 (1922), S. 11-12, hier S. 11.

76 Vgl. dazu ausführlich Lavrent'ev, Aleksandr: *Laboratorija konstruktivizma*, Moskva 2000, S. 162-166. Einer ähnlich analytischen Dekonstruktion der p e r s o n a Chaplin begegnet man filmhistorisch erst wieder bei Jean Mitry, der zeigt, dass Chaplins Bewegung und Pantomime sich nicht mehr auf „zu verkörpernde vorgängige Figuren“ beziehen, sondern kontinuierlich „in Abhängigkeit von Zeit und Raum“ und „in jedem Augenblick“ neu konstruiert werden – Chaplin, so Deleuze im Anschluss an Mitry, hatte „die Pantomime der Kunst der Posen entrissen und sie zur ‚Aktionspantomime‘ gemacht.“ Deleuze: *Bewegungs-Bild*, S. 20 (Jean Mitrys *Histoire du cinéma muet* [Paris 1973] paraphrasierend)

spieler-Konzepte aus dem Theater (auf Körpertechniken aus den Labors von Vsevolod Emil'evič Mejerchol'ds Biomechanik, Aleksandr Jakovlevič Tairovs choreografischer Rhythmologie und insbesondere Boris Alekseevič Ferdinandovs metro-rhythmischem System[77]) ebenfalls Darstellungs-Konzepte entwickelte, die auf der minutiösen, physiologisch organisierten Zerlegung einzelner Körperbewegungen nach vorgefertigten Motorik- und Ausdrucksgesten-Tabellen basierten,[78] waren es auf der Seite des Nicht-Spielfilms umgekehrt Bewegungen, die letztlich tabellarisch prozessiert wurden. Aufzeichnung und Berechnung von Bewegungen werden in ihrer gemeinsamen Annäherung an einen „Normalwert" – sei es jenen des Arbeiters, des Darstellers oder des Zuschauers – miteinander verschaltet gedacht (und das heißt auch jenseits von Kausalketten und Determinierungsvektoren).

Kulešov macht deutlich, dass die Organisationsleistung, die vom Filmemacher ausgehen muss, nicht zuletzt jenen Faktor miteinbeziehen muss, den der Rezipient der produzierten Bilder darstellt: Die Kinematografie, so Kulešov in seinem 1922 erschienenen Beitrag für *Kino-Fot*, sei jenes Ruder, das am organischsten mit dem Leben der neuen Ära verbunden sei, da sie im Gegensatz zum stümperhaften Psychologismus der theatralischen Handlung sogar im zweifachen Sinn als Organisationsinstanz verstanden werden könne, einmal, indem sie „menschliches und Naturmaterial" organisiert fixiere, und ein zweites Mal, indem sie die Aufmerksamkeit der Zuschauer durch Projektion und Montage organisiere.[79] Nicht nur das in der Natur vorgefundene Material, sondern auch der zum Zuschauer (und als solcher zum Material) gewordene Mensch in der Konfrontation mit dieser Natur müsse als das Objekt der filmischen Organisation gelten.

Wenn das Wissen von den Bewegungsabläufen, wie es die (für das Kino den zentralen wissenschaftlichen Referenzdiskurs bildenden) Psy-

77 Vgl. Jampol'skij, Michail: Kuleshov's experiments and the new anthropology of the actor, in: Taylor, Richard; Christie, Ian (Hg.): *Inside the Film Factory. New Approaches to Russian and Soviet Cinema.* London u.a. 1991, S. 31-50, hier S. 46f.

78 Vgl. Bochow, Jörg: *Vom Gottmenschentum zum neuen Menschen. Subjekt und Religiosität im russischen Film der zwanziger Jahre*, Trier 1997, S. 46-127.

79 „Кинематография, фиксирующая организационный человеческий и натурный материал и организующая при проэкции путем монтажа внимание зрителя." – Kulešov, Lev: Iskusstvo, sovremennaja žizn' i kinematografija, in: *Kino-Fot* 1 (1922), S. 2.

chophysiologen, nicht zuletzt am CIT, verstanden hatten, eine Sache der rückgekoppelten Wahrnehmung wird, so muss die Organisationsleistung derjenigen, die hinter der Kamera stehen auch die einbeziehen, die – als Arbeiter, als Darsteller oder als Zuschauer – vor ihr stehen. Im Foto-Kino-Labor des CIT und in den Kinosälen der UdSSR ging es in den 1920er Jahren dezidiert um die Erschließung von Visualisierungstechniken zwischen Analyse und Instruktion. Erprobt wurden sie auf der neuen „Tafel des Jahrhunderts", im Kino als „neuer Wissenschaft" und in Gastevs Medien-Laboren, wo nicht zuletzt, von Forschern und Technikern wie Nikolaj Tichonov und Nikolaj Bernštejn, die visuelle Einstellung entwickelt wurde.

5. Wissenschaftspopularisierung für Laien

Wladimir Velminski

Krieg der Gedanken. Experimentelle Lesesysteme im Dienste der Telepathie

Der Gedanke ist eine elektromagnetische Welle.
Bernard Kažinskij[1]

1. Ausgangsstrahlen

Die Geschichte der Telepathie ist eng mit den Geschichten um sie verbunden. Diese sind es, die der umstrittenen Wissenschaft ihre Macht verleihen, aber auch ihre Agonie befördern. Während die Wissenschaftler in Laboratorien Gedanken zu fassen versuchen, lassen Schriftsteller ihren Gedanken freien Lauf.[2] So verhielt es sich auch in der Sowjetunion der

1 „Мысль – электромагнитная волна." Kažinskij, Bernard: *Biologičeskaja radiosvjaz'*, Kiev 1962, S. 31.

2 Erste Versuche zur Gedankenübertragung entstanden um 1874 mit den öffentlichen Experimenten des Amerikaners Frank Brown zum Gedankenlesen, einige Jahre später trat in London der berühmte Irving Bishop auf, dessen Fähigkeiten die von Brown bei weitem überragten. Aufgrund der öffentlichen Experimente wurde schließlich 1882 in London eine Gesellschaft zur Erforschung der psychischen Erscheinungen gegründet, welche es sich zur Aufgabe machte, alle verbürgten Tatsachen bezüglich der Gedankenübertragung zu sammeln und zu sichten. Vgl. Baerwald, Richard: *Gedanken lesen und Hellsehen*, Berlin 1933. Im Jahr 1887 wurden die Ergebnisse dieser Forschungen ausgewertet, der Begriff „Telepathie" kam in Umlauf, um die mentale Suggestion von der Gedankenübertragung zu unterscheiden. Erst nachdem Bishop 1884 mit seinen Gedankenexperimenten in St. Petersburg aufgetreten war, begann man sich in Russland für das Phänomen zu interessieren. Zu nennen sind hier Ivan Sikorskijs Artikel *O čtenij myslej* (*Über das Gedankenlesen*) von 1884, Tarchanovs Arbeit *Hypnotismus und Gedankenlesen* von 1886, Jakov Žuks Arbeit über unsichtbare Kommunikation zwischen physikalischen Körpern von 1902 (*Vzaimnaja svjas' meždu organizmami*) und Naum Kotiks Studien *Čtenie myslej i N-luči* (*Das Lesen von Gedanken und N-Strahlen*, 1904), *Die Emanation der psychophysischen Energie. Eine experimentelle Untersuchung*

1920er Jahre, als Wissenschaftler versucht haben, die Telepathie zu erforschen und das Gehirn dabei als Sendemast begriffen haben, der Gedanken ausstrahlen, empfangen und letztlich auch beeinflussen kann. Im Folgenden wird es allerdings nicht darum gehen, den Status der Telepathie innerhalb der Wissenschaften oder die Kontinuitätslinien solcher Ansätze näher zu untersuchen. Vielmehr geht es darum, die telepathischen Experimentalpraktiken auf Analogieschlüsse und Konjekturen in ihren historisch variablen Bedingungen einer näheren Betrachtung zu unterziehen. Denn in der Übertragung solcher experimenteller Anordnungen auf die Literatur entstehen komplementäre Resonanzen unterschiedlichster Diskurse, deren Wirkung das Experiment und seine Geschichte weiter trägt. Somit richtet sich der Fokus auf zwei Romane – *Der Weltbeherrscher* (*Vlastelin mira*, 1929) von Aleksandr Romanovič Beljaev, einem der Begründer der sowjetischen wissenschaftlich-fantastischen Literatur, und *Radio-Gehirn* (*Radio-mozg*, 1928), geschrieben von Beljaevs Namensvetter Sergej Michajlovič. Diese Romane spielen nicht nur mit den an die Telepathie gebundenen Machtillusionen ihrer Protagonisten, sondern legen ihrem Leser auch die epistemischen Formen der Gedankenübertragung dar. Es geht also darum zu zeigen, dass die Literatur nicht nur ihr Monopol, so die seit Friedrich Kittlers *Aufschreibesystemen* bekannte These, über die Erzeugung, Kommunikation und Aufzeichnung der Geheimnisse der Seele an die graphischen Methoden der psychophysiologischen Apparate verliert,[3] sondern im Falle der Telepathie selbst zu dieser Methode wird. Denn neben den telepathischen Praktiken und Prozessen, die in abgeschlossenen wissenschaftlichen Räumen stattfanden, riefen literarische Texte aus den ‚Laien-Laboratorien' in der Öffentlichkeit jene Wechselwirkungen hervor, in denen die Telepathie ihre Konturen finden sollte.

über die unmittelbare Gedankenübertragung im Zusammenhang mit der Frage über die Radioaktivität des Gehirns (1908) sowie Konstantin Kudrjavcevs Forschung zur *Emanacija psichofizičeskoj energii* (*Die Emanation der psychophysischen Energie*, 1908).

3 Vgl. Kittler, Friedrich A.: *Aufschreibesysteme 1800/1900*, München 1985.

2. Von gedanklichen Stößen

> Ich rufe [den Hund, W.V.] Lord, der zu mir kommt; ich nehme seinen Kopf in meine Hände, als ob ich ihm symbolisch unterstreiche, dass er gänzlich in meiner Macht ist, dass er seinen Willen gänzlich unterdrücken soll, dass er zum Automaten werden soll, zum urteilslosen Vollzieher meines Willens.[4]

So beginnt die Versuchsbeschreibung des bekannten Tiertrainers Vladimir Leonidovič Durov, der einem Hund beibringen will, zu einem Tisch zu laufen, dort ein Buch zwischen die Zähne zu nehmen und es dem Befehlenden zu bringen.

> Um dies zu erreichen, kralle ich mich [Durov, W.V.] mit strengem Blick in seine Augen, als ob diese mit meinen verwachsen wären. Der Wille des Hundes ist paralysiert. Ich bündele die ganze Kraft meiner Nerven und konzentriere mich nur auf einen Gedanken, wobei ich die Welt um mich herum vollkommen vergesse. Der Gedanke besteht darin, dass ich mir die Kontur des mich interessierenden Gegenstandes so stark einprägen muss (in diesem Fall des Tisches und Buches), dass der Gegenstand vor mir steht wie echt, wenn ich meinen Blick von ihm gelöst habe. Und das mache ich. Ungefähr ein halbe Minute, als ob ich den Gegenstand mit den Augen buchstäblich „auffressen" würde, speichere ich alle seine kleinsten Details: Falten der Tischdecke, Risse auf der Buchbindung, die Verzierung der Tischdecke usw. Ausreichend, gespeichert![5]

---

4 „Я подзываю Лорда, он подходит; я беру его голову в свои руки, как будто символический подчеркиваю ему, что он всецело в моей власти, что он должен всецело подавить свою волю, что он должен стать автоматом, быть только нерассуждающим исполнителем моей воли." Durov, Vladimir: *Moi četveronogie i pernatye druz'ja*, Moskva 1914, S. 15.

5 „Для достижения этого я впиваюсь строгим взглядом в его глаза, которые словно срастаются с моими. Воля собаки порализована. Я собираю все силы моих нервов, сосредоточиваюсь до полного забвения окружающего меня внешнего мира на одной мысли. А мысль эта состоит в том, что я должен запечатлеть в своей голове очертание интересующего меня предмета (в данном случае стола и книги) до такой степени, что, когда я оторвусь взглядом от данного предмета, он все-таки должен стоять передо мной как живой. Я это делаю. В течение приблизительно полминуты я буквально „пожираю" предмет глазами, запоминаю малейшие его подробности, складки на скатерти, трещины в переплете книги, узор скатерти и т. п. Довольно, запомнил!" Ebd., S. 15-16.

Diese sorgfältig vorbereitete gedankliche Experimentalanordnung Durovs trägt der Neurologe und Psychiater Vladimir Michajlovič Bechterev 1919 auf einer Konferenz am Institut zur Erforschung des Gehirns (*Institut issledovanija mozga*) vor, auf der er *Von Versuchen über die „gedankliche" Einwirkung auf das Verhalten von Tieren* (*Ob opytach nad „myslennym" vozdejstviem na povedenie životnych*) berichtet. Nachdem er in seinem Vortrag einen Forschungsüberblick über die Ergebnisse der Wissenschaftler im In- und Ausland gegeben, den russischen Hypnotiseur Dr. Naum Kotik der Scharlatanerie beschuldigt[6] und von seiner zufälligen Bekanntschaft mit Durov berichtet hat, stellt Bechterev eine Reihe von Experimenten vor, die er zusammen mit Durov und weiteren Kollegen in seiner Wohnung unternommen hat.[7]

> Herrisch drehe ich Lord zu mir und schaue ihm in die Augen, genauer gesagt, durch die Augen hindurch in irgendetwas Inneres, Tiefes. In Lords Gehirn fixiere ich das, was ich gerade in meinem Gehirn fixiert habe. Ganz ruhig zeichne ich ihm in Gedanken den Teil des Bodens, der zum Tisch führt, dann das Tischbein, dann die Tischdecke und zuletzt das Buch. Der Hund fängt an nervös zu werden, wird unruhig, versucht sich zu befreien. Nun gebe ich ihm in Gedanken den Befehl, einen gedanklichen Stoß: „Geh!" Lord reißt sich los, wie ein Automat läuft er zum Tisch und greift das Buch mit den Zähnen. Die Aufgabe ist erfüllt.[8]

Derartige Experimente führte Bechterev auch an Menschen durch, wobei sich leicht reizbare, nervöse Persönlichkeiten seiner Ansicht nach beson-

6 Vgl. Dazu Kotik, Naum: *Die Emanation der psychophysischen Energie. Eine experimentelle Untersuchung über die unmittelbare Gedankenübertragung im Zusammenhang mit der Frage über die Radioaktivität des Gehirns*, Wiesbaden 1908.

7 Bechterev, Vladimir: *Ob opytach nad „myslennym" vozdejstviem na povedenie životnych*, Leningrad 1919, S. 17.

8 „Я властно поворачиваю к себе Лорда и смотрю ему в глаза, вернее, дальше глаз, куда-то внутрь, вглубь. Я фиксирую в мозгу Лорда то, что сейчас зафиксировал в моем мозгу. Я мысленно спокойно рисую ему часть пола, следующую к столу, затем ножку стола, затем скатерть и, наконец, книгу. Собака уже начинает нервничать, беспокоиться. Тогда я ей мысленно даю приказание, мысленный толчо: „Иди!" Лорд вырывается, как автомат, подходит к столу и берет зубами книгу. Задание исполнено." Durov: *Moi četveronogii*, S. 16. An dieser Stelle zitiert nach Bechterev: *Ob opytach*, S. 16.

ders dafür eigneten.[9] Auf Grundlage der Versuche macht Bechterev eine „unmittelbare Einimpfung von Ideen, Gefühlen, Emotionen und anderen psychophysischen Zuständen in die psychische Sphäre einer Person" aus „unter Umgehung des Bewusstseins und der Urteilskraft".[10] Die im Gehirn verursachten Reize lösten eine Reaktion aus, ein Verhaltensmuster, das Bechterev seiner Erforschung der Kettenreflexe zuordnete. Anders als Ivan Petrovič Pavlov, der in diesem Zusammenhang den Begriff des „bedingten Reflexes" („uslovnyj refleks") geprägt hatte, die Erforschung von Strahlen indes völlig aus seinen Untersuchungen ausklammerte, betrachtete Bechterev seelische Äußerungen als Effekte einer neuropsychischen Energie, die in den Nervenknoten gespeichert sei. Im Bewusstsein sah er eine Begleiterscheinung bestimmter Gehirnfunktionen und war davon überzeugt, dass jedes Wort nur unter der Voraussetzung einer Gedankenübertragung ausgesprochen würde.

Die unternommenen sechs Versuche mit verschiedenen Experimentalanordnungen liefern Bechterev den Grund zur Annahme, dass „die gedankliche Einwirkung eines Individuums auf ein anderes mit Hilfe einer Art Strahlenenergie möglich sein kann."[11] Eine solche Energie begann er genauer zu untersuchen und kam zu dem Schluss, „dass wir es auch hier mit der Erscheinung einer elektromagnetischen Energie zu tun haben und am wahrscheinlichsten mit Hertz-Strahlen".[12]

3. Lebende Radiostationen

Die Annahme, dass der lebende Organismus andere Energieformen in neuropsychische Energie umzuwandeln vermag und hierbei eine Art von Strahlentätigkeit wäre, führte schließlich zur Aufnahme Bernard Bernardovič Kažinskijs in das Zoopsychologische Laboratorium (Zoopsichologičeskaja laboratorija), in dem Bechterev zusammen mit Durov experimentierte. Der Elektroingenieur Kažinskij kam aus der Radioforschung und war be-

9 Bechterev: *Ob opytach*, S. 17.

10 Bechterev, Vladimir: *Vnušenie i ego rol' v obščestvennoj žizni*, Sankt Peterburg 2001, S. 24.

11 Bechterev: *Ob opytach*, Leningrad 1919, S. 17.

12 „Есть основание полагать, что и здесь мы имеем дело с проявлением электромагнитной энергии, более всего вероятно, с лучами Герца." Ebd., S. 18.

kannt für seine Interpretation des Menschen als ,Radiostation' und der Gedanken als elektromagnetische Wellen.[13] Dabei deutete er das zentrale Nervensystem eines Menschen (das Gehirn inbegriffen) als „einen Aufbewahrungsort diffiziler Apparate biologischer Radiokommunikation, die in ihrem vollkommenen und rentablen Aufbau bei weitem die perfekten (uns heute bekannten) Geräte der technischen Radiokommunikation übertreffen."[14] Darüber hinaus vermutete er, dass es solche „lebenden" Geräte der biologischen Radiokommunikation gibt, „sie aber der modernen Radiotechnik bis heute unbekannt sind."[15] Aus diesem Grund plädierte Kažinskij für eine sorgfältige experimentelle Ergründung dieser „lebenden" Geräte.[16] Bei einem seiner Besuche im Zoopsychologischen Laboratorium will Kažinskij die angebliche Kraft der Durovschen Einwirkung auf die Tiere an sich selbst ausprobieren. Durov schreibt den zu sendenden Befehl auf einen Zettel, bittet Kažinskij ruhig zu sitzen und schaut ihm tief in die Augen.

> An und für sich habe ich nichts gespürt, habe nur plötzlich und fast mechanisch mit den Fingern der rechten Hand die Kopfhaut hinter meinem Ohr berührt. Als ich meine Hand herunternahm, reichte V. L. Durov mir den Zettel, auf dem ich zu meiner Verwunderung las: „Kratzen hinter dem rechten Ohr".[17]

Wie Kažinskij selbst bemerkt, hat er keine ,Sendung' gespürt, nur das Bedürfnis, sich hinter dem Ohr zu kratzen. Er meint, dass Durov in seinem Gehirn „eine kleine Radiosendung verwirklicht hat" und er „unabhängig von seinem Bewusstsein diese Sendung empfangen hat."[18]

Um sich als ,lebende Radiostation' einer weiteren elektromagnetischen Untersuchung zu unterziehen, konstruiert Kažinskij im Jahr 1922 eine

---

13 Kažinskij, Bernard: *Biologičeskaja radiosvjaz'*, Kiev 1962, S. 33-35.

14 Ebd., S. 35.

15 Ebd., S. 36.

16 Ebd., S. 41.

17 „Нечего особенно я не почувствовал, только вдруг машинально притронулся пальцами правой руки к коже головы у себя за ухом. Не успел я опустить руку, как В. Л. Дуров протянул мне листок, на котором я изумлением прочитал: „Почесать за правым ухом". Ebd., S. 51.

18 Ebd., S. 52.

Abb. 1: Die Laboranten um den faradayschen Käfig; Každinskij, Durov, Mars

abschirmende Vorrichtung, einen Faradayschen Käfig (Abb. 1). Michael Faraday (1791-1861) hatte mit einer solchen Konstruktion bewiesen, dass sich eine elektrische Ladung nur an der Außenseite eines geladenen Leiters konzentriert und somit keinen Einfluss auf Objekte hat, die sich innerhalb des vom Käfig umschlossenen Raumes befinden. So versucht Kažinskij die Wirkung der ‚lebenden Radiostation' dadurch zu beweisen, dass er Durov in einen Käfig aus Metallnetzen sperrt.

> Während die Tür des Käfigs geschlossen war, gelang es dem im Inneren sitzenden Durov gedanklich keine Aufgabe an das draußen stehende Versuchstier (den Hund Mars) zu senden. Doch so bald man die Tür öffnete, erledigte Mars alle Befehle mit höchster Genauigkeit.[19]

Aus diesem und einigen anderen Versuchen mit verschiedenen Bauarten des Faradayschen Käfigs folgern die Wissenschaftler, dass „die Natur der

19 „когда дверца клетки была закрыта, сидевшему внутри экспериментатору В. Л. Дурову не удавалось передать подопытному животному (собаке Марсу), находившемуся снаружи, никакого мысленного задания. Но стоило открыть дверцу, как Марс в точности исполнял приказы." Ebd., S. 53.

Erscheinungen, die die Sendung gedanklicher Information auf einer Entfernung begleitet, dieselbe (elektromagnetische) ist wie ganz gewöhnliche Radiokommunikation.“[20]

4. Experimentelle Aufrüstung

> Zu meiner Verwunderung habe ich im Aufbau eines Nervensystems wie dem Gehirn und der Konstruktion einer Radio-Station eine Reihe nahe stehender Analogien gefunden. Teile des Gehirns spielen die Rolle eines Mikrofons und Detektors und Telefons; fibrillare Fäden der Neuronen haben an ihrem Ende eine Windung, die erstaunlich an eine drahtartige Spirale erinnert, hier haben sie also die Induktion. Aus dem Blickwinkel der Physiologie ist interessant, dass selbst der Physiologie-Professor, mit dem ich gearbeitet habe, nicht in der Lage war, eine zufrieden stellende Antwort in Bezug auf die Funktion dieser Windung zu geben. Im Lichte der Elektrotechnik bekommt sie jedoch eine logische Bedeutung. Die Natur hat diese Windung offensichtlich zur Verstärkung der Elektroströme geschaffen. In unserem Körper haben wir sogar die Round-Lampen – sie sind die Kolben des Herzens. Die Quelle der Herzenergie entspricht einem Akku und das periphere Nervensystem der Erdung. Bei der Erforschung des menschlichen Körpers aus Sicht der Elektrotechnik bin ich zu dem Schluss gekommen, dass unser Körper einen komplexen elektrischen Apparat darstellt, eine ganze Radiostation, die in der Lage ist, elektromagnetische Schwingungen zu senden und zu empfangen. Bitte, hier ist die Zeichnung.[21]

20 „природа явлений, сопровождающих передачу мысленной информации на растоянии, такая же (электромагнитная), как и в обыкновенной радиосвязи.“ Ebd. S. 56.

21 „К моему удивлению, я нашел ряд очень близких аналогий в строении нервной системы и мозга с конструкцией радиостанции. Частицы мозга играют роль и микрофона, и детектора, и телефона; фибриллярные нити нейронов имеют на конце виток, удивительно напоминающий проволочную спираль - соленоид, вот вам самоиндукция. Интересно, что с физиологической точки зрения даже профессор-физиолог, с которым я работал, не в состоянии был удовлетворительно объяснить значение этой спирали. В свете же электротехники она получает вполне логичное объяснение. Природа, очевидно, создала этот виток для усиления электротоков. Есть у нас в теле даже лампы Раунда - это ганглиозные колбочки сердца. Источник энергии сердца соответствует батарее аккумуляторов, а периферическая нервная система - заземлению. Так, изучая строение человеческого тела с точки зрения электротехники, я пришел к полному убеждению, что наше тело представляет собой сложный электрический аппарат - целую радиостанцию, способную излучать и принимать электромагнитные колебания. Вот, пожалуйста, посмотрите чертеж.“ Beljaev,

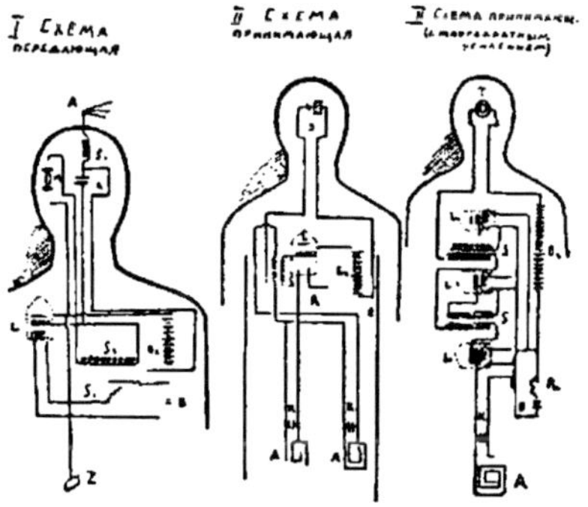

Abb. 2: Kačinskijs (bzw. Kažinskijs) Entwurf des Menschen

Diese ausführlich zitierte Passage, die von einer Menge technischer Begrifflichkeiten und einer Infografik (Abb. 2) begleitet wird und somit eine detaillierte Darstellung der Funktionsweise und Verwandtschaft des Menschen mit dem Radio liefert, stammt nicht aus den Laborberichten Kažinskijs. Es ist die Figur des Moskauer Ingenieurs und Forschers Kačinskij, den namentlich nur ein Buchstabe von dem realen Telepathie-Forscher Kažinskij unterscheidet, die diese radiotechnische Deutung des Menschen im Roman *Der Weltbeherrscher* vorlegt. Der Schriftsteller Aleksandr Beljaev greift die Wissensformationen um die telepathischen Forschungen auf und weist diesen in literarisierter Form eine zentrale Rolle zu. Nicht nur der Forscher Kačinskij, sein Kollege, der Dompteur Dugov (Durov), und der Physiologie-Professor, hinter dem sich Bechterev verbirgt, stehen für eine direkte Transposition der Wissenschaft in die Literatur.

Es sind vor allem didaktisch ausgelegte wissenschaftliche Erkenntnisse, die den Roman durchziehen. Beljaev erzählt darin die Geschichte des unglücklich verliebten und machtsüchtigen deutschen Wissenschaftlers Ludwig Stirner, der seine Erfindungen zu ominösen Herrschaftsausübungen nutzen will. Bereits bevor der Autor die telepathische Beeinflussung der Menschen durch Massenhypnose ausführlich beschreibt, werden die

Aleksandr: Vlastelin mira, in: Ders.: *Sobranie sočinenij v vos’mi tomach*. Bd. 4, Moskva 1963, S. 156.

Wissensfelder markiert, die der Gedankenkommunikation das Fundament bieten:

> Die Reflexologie ist eine Wissenschaft, die die Gegenreaktionen des Menschen und aller lebenden Wesen untersucht, die in Verbindung mit Einwirkungen von außen entstehen, und die dadurch alle Verhältnisse zwischen Lebewesen und Umwelt erklärt. [...] Ein Reflex ist ein Übermittlungsvorgang an den Nerven, der Erregungen von einem Punkt des Körpers zu einem anderen unter Vermittlungshilfe des Zentrums, des Gehirns überträgt. [...] Ein Kind streckt seine Hand zum Feuer aus. Das Feuer verbrennt sie. Diese Einwirkung des Feuers auf die Haut wird mittels der Nerven an das Gehirn weitergegeben, und vom Gehirn folgt die Gegenreaktion: Das Kind zieht seine Hand zurück. Die Vorstellung des Feuers verbindet sich bei dem Kind mit der Vorstellung des Schmerzes. Und jedes Mal, wenn das Kind Feuer sieht, zieht es seine Hand ängstlich weg. Es ergibt sich das, was wir in der Wissenschaftssprache ‚bedingter Reflex' nennen."[22]

Diese Transposition der Lehre von den Reflexen – mit den ihr zugehörigen Begriffsinstrumentarien – in den literarischen Diskurs unterstreicht zugleich den Bereich, der gerade in der Reflexologie von zentraler Bedeutung ist. Denn sowohl Bechterev als auch Pavlov beschränken sich in ihrer Deutung der Reflexologie nicht nur auf die durch Schmerzen hervorgerufenen Reaktionen, sondern verdeutlichen, dass gerade alle kulturtechnischen Prozesse dem Schema der Reflexe unterliegen.[23] Es ist die dabei

---

22 „Рефлексология есть наука, изучающая ответные реакции человека и вообще всякого живого существа, возникающие в связи с воздействием внешнего мира и характеризующие собою вообще все отношения живого существа к окружающей среде. [...]Рефлекс есть передача нерву возбуждения с одной точки тела на другую через посредство центра, то есть мозга. Каждое воздействие извне, - через органы чувств, - путем рефлекса через центр, вызывает к деятельности те или иные органы тела, иначе говоря, вызывает реакцию. Ребенок протягивает руку к огню. Огонь жжет. Это воздействие огня на кожу передается нервами в мозг, а от мозга идет к руке ответная реакция: ребенок отдергивает руку. Представление огня связывается у ребенка с представлением боли. И всякий раз, когда ребенок видит огонь, он начинает боязливо отдергивать руку. Получилось то, что мы называем, по-ученому, условным рефлексом." Ebd., S. 12.

23 Vgl. Bechterev, Vladimir: Ob'ektivnoe izučenie ličnosti, in: Ders.: *Izbrannye trudy po psichologii ličnosti v dvuch tomach.* Bd. 2, Sankt-Peterburg 1999. S. 23-31; Pavlov, Ivan: Lekcii o rabote bol'šich polušarij golovnogo mozga, in: Ders.: *Polnoe sobranie sočinenij.* Bd. 4, Moskva 1951, S. 22-30.

gewonnene Erfahrung der prozessualen Zustände des Wissens, die als Reflex zu begreifen ist. In dieser Konstellation wird der Roman zu einem Lesesystem, dem nicht nur eine wissenschaftspopularisierende Potenz inne wohnt, sondern auch eine literarische Experimentalpraktik.

Nach eigener Aussage hat der Protagonist Stirner zwar rund tausend Gehirne seziert, doch nirgendwo Verstand gefunden.[24] Nachdem Stirner indes seinen Einfluss auf die Dressur der Hunde und seine Befehlsmacht ihnen gegenüber wahrnimmt, wendet er seine Methoden im Umgang mit Menschen an, unter anderem auch gegenüber der von ihm bewunderten Elsa Glück. Während diese zur Sklavin seiner Empfindungen wird, „entwickelt sie sich vom lebenden Menschen immer mehr zum Automaten."[25] Die paranoide Öffentlichkeit zeigt sich bekümmert über die Vorfälle in der Stadt und betreibt durch die hypertrophe Diskurswucherung eine Aufwertung des Verdachts hin zur Gewissheit, dass Stirner seine Wissenschaft zu einer umfassenden Bewusstseinskontrolle einsetzt. Dabei durchsetzt Beljaev den ganzen Roman mit Mutmaßungen seitens Stirners Rivalen über die Gedankenübertragungen und Massenhypnosen durch das Beeinflussungsmonster:

> Ich bin kein Wissenschaftler und weiß nicht, wie es Stirner gelungen ist, den Menschen seine Gedanken einzuflößen. Aber ich denke, dass seine Macht auf den bekannten Kreis begrenzt ist. Ich kann es beurteilen, weil ich nur hier gespürt habe, wie ich mit der Zeit angefangen habe, mich von einer Hypnose zu befreien, von der Ladung zu „entmagnetisieren", die ich vor meiner Abfahrt offensichtlich bekommen habe.[26]

Solche Anspielungen fungieren im Roman als eine Art Strahlenfelder, in denen allerlei Spekulationen über die Telepathie angestellt werden und in denen auch die Möglichkeit des Okkulten und Übersinnlichen eruiert

24 „Я анатомировал около тысячи человеческих мозгов и, представьте, нигде не нашел ума." Beljaev: Vlastelin mira, S. 13.

25 „Из живого человека она все больше превращалась в автомат." Ebd., S. 120.

26 „Я не ученый и не знаю, каким путем Штирнер внушает людям свои мысли. Но я думаю, что власть его ограничена известным кругом воздействия. Сужу я об этом потому, что только здесь, вдали от него, я почувствовал, как стал постепенно освобождаться от какого-то гипноза, „размагничиваться" от того заряда, который, очевидно, получен мною перед отъездом." Ebd., S. 148.

wird. Schließlich jedoch kulminiert der kriminalistische Diskurs in einem wissenschaftlich-aufklärerischen Duktus. Denn nach gescheiterten Attentatsversuchen auf Stirner finden die Einwohner der „verstrahlten“ Stadt in dem russischen Forscher Kačinskij eine Waffe, die „gleich stark“ wie Stirner ist. Er habe mehrere Experimente mit einem selbstkonstruierten Käfig in Dugovs Laboratorium durchgeführt und das erfolgreich, erzählt Kačinskij den Besuchern aus Deutschland:

> Vor den Käfig setzten wir einen Hund und in den Käfig Dugov. Während der Käfig nicht geerdet war, führte der Hund erfolgreich Dugovs gedachte Befehle aus. Es reichte allerdings nur, den Käfig zu erden und die Beeinflussungen erreichten den Hund nicht mehr.[27]

Der Käfig wird zu einem wichtigen Bestandteil der Waffe, mit der Kačinskij seinen G e d a n k e n - G e g n e r angreifen wird. Hier formiert sich indes auch das Moment, in dem das literarische Experiment die Ebene der tatsächlich erforschten wissenschaftlichen Erkenntnisse verlässt und in die fiktionale K o n s t r u k t i o n übergeht. Die Differenzen zwischen den wissenschaftlichen Experimenten und ihren literarischen Hypertrophien werden dabei nicht zwangsläufig aufgedeckt, sondern gezielt als Spannungselemente und rezeptionsleitende Strukturen eingesetzt. Kačinskij, der die Natur der vom Gehirn ausgehenden elektromagnetischen Wellen studiert hat, kann Länge und Frequenz dieser Wellen bestimmen und somit Gedanken mechanisch reproduzieren. Hierfür allerdings benötigt er eine „Gehirnmaschine“, die den zweiten Bestandteil seiner Waffe bilden sollte. Diese hat Kačinskij aber noch nicht gebaut:

> Wir haben uns auf die Versuche beschränkt, den Tieren auf kurze Entfernungen Gedanken zu senden. Meine „Gehirnmaschine“ ist allerdings mit moderner Technik realisierbar. [...] Verstärkt man sie [die Gedanken] mit Transformatoren, so werden die Gedankenwellen fließen wie gewöhnliche Radiowellen und werden von den Menschen empfangen.[28]

---

27 „Перед клеткой мы сажали собаку, а в клетке помещался Дугов. Когда клетка не была заземлена, собака удачно выполняла мысленные приказы Дугова. Но достаточно было заземлить металлическую оболочку клетки - и никакое внушение не доходило до собаки.“ Ebd., S. 157.

28 „Мы ограничивались опытами передачи мысли животным на коротком расстоя-

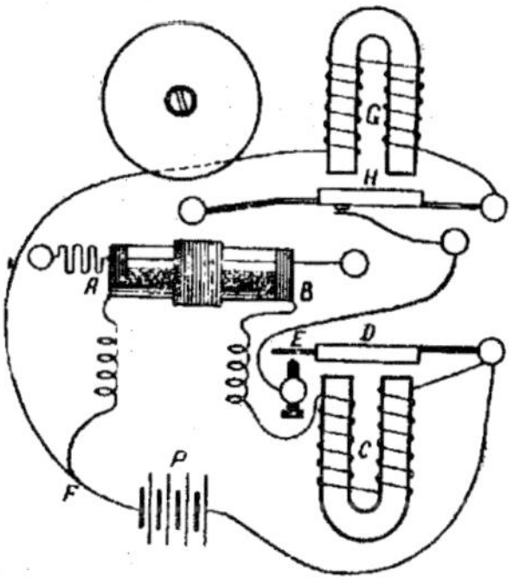

Abb. 3: Popovs Radioempfänger

Diese Maschine will Kačinskij aus „einer Antenne, einem Verstärker mit Transformatoren und mit Kathodenlampen und einem induktionellen Kommunikator" bauen.[29] Die Bestandteile der Gehirnmaschine knüpfen unmittelbar an die neuen radiotechnischen Errungenschaften an, wie sie seit dem Anfang des 20. Jahrhunderts zu verzeichnen waren. So hält der reale Wissenschaftler Kažinskij in seinen Abhandlungen fest, dass ihn das Radio, wie es von dem „genialen Wissenschaftler" Aleksandr Stepanovič Popov entwickelt wurde (Abb. 3), dazu veleitet hat, auch im Menschen nach elektromagnetischen Schwingungen zu suchen. Und auch wenn Popov an solchen Funktionen im menschlichen Körper eher zweifelte, sieht Kažinskij gerade in der Skepsis Popovs die „Richtigkeit des gewählten Weges."[30] Die Erfindung des elektrischen Gedankenlesers (Elektroenzephalograph) durch Hans Berger aus dem Jahr 1924, mit der es möglich wurde die „physische Energie" des Gehirns aufzuschreiben,[31] wird Kažinskijs For-

нии. Моя „машина-мозг" вполне осуществима для современной техники. [...] Усильте их трансформаторами, и мысли-волны потекут, как обычная радиоволна, и будут восприниматься людьми." Ebd.

29 „Машина моя строится и состоит из антенны, усилительного устройства с трансформаторами и катодными лампами и индукционной связи с колебательным контуром антенны." Ebd., S. 157-158.

30 Kažinskij, Bernard: *Biologičeskaja radiosvjaz'*, Kiev 1962, S. 20

31 Vgl Borck, Cornelius: *Hirnströme. Eine Kulturgeschichte der Elektroenzephalographie*, Göttingen 2005.

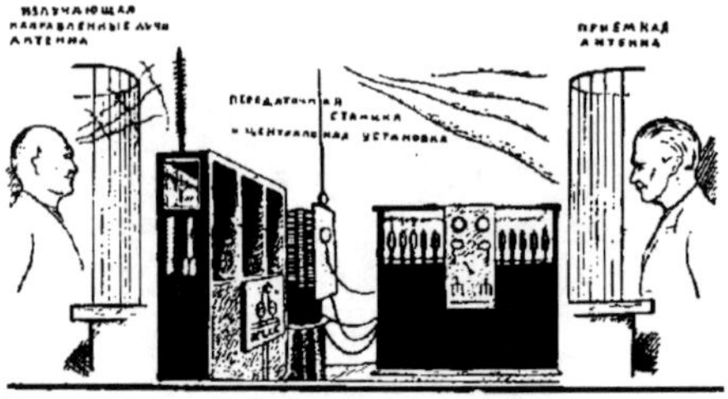

Abb. 4: Krieg der Gedanken

schung noch verstärkt haben. Denn es waren gerade die empfindlichen Messverstärker, die es erlaubten, Signale in der Größenordnung von 5 bis 150 μV zu messen und so die elektrische Aktivität des Gehirns durch Aufzeichnung der Spannungsschwankungen an der Kopfoberfläche festzuhalten. Und somit sind es gerade diese Bauteile, die Kačinskij für seinen neue Waffe einsetzen will. Mit der „Gehirnmaschine" und dem zum Schutzschild umgebauten Faradayschen Käfig sieht sich der sowjetische Forscher bereit, den Kampf gegen das deutsche Beeinflussungsmonster Stirner aufzunehmen (Abb. 4).

5. Die Macht der Radiowellen

Ob es sich nun um realwissenschaftliche oder literarische Experimente mit Gehirnwellen handelt, alle sind sie unmittelbar mit der Erfindung des Radios verknüpft, das für Forscher wie Laien die Verwirklichung ihrer drahtlosen Phantasien darstellte. Velimir Chlebnikov bringt seine Vorstellungen von einer elektromagnetischen Welt in technisch-imaginativen Passagen zu Papier, wenn er in seinem futuristischen Entwurf *Radio der Zukunft* (*Radio buduščego*, 1921) schreibt:

> Und nun haben wir gelernt, die Geschmacks-Empfindungen zu übertragen – zu einem einfachen, derben, aber gesunden Essen strahlt das Radio einen Geschmackstraum aus, ein Gespenst völlig anderer Empfindungen. Die Menschen werden Wasser trinken und vor ihnen wird Wein erscheinen. Ein sättigendes wie ein leichtes Essen zieht sich die Maske eines prachtvollen

> Festmahls über. Dies wird dem Radio noch mehr Macht über das Bewusstsein des Landes verleihen.[32]

Dieser Topos der radiofiktionalen, übertragbaren Emotionen, der die wissenschaftliche wie auch außerwissenschaftliche Publizistik und Ikonographie der Telepathie beherrschte, wird vor allem in dem Roman *Radio-Gehirn* fast schon experimentell inszeniert. Der Roman gehört zu den ersten literarischen Versuchen des früheren Arztes Sergej Beljaev und folgt selbst einer Art F r e q u e n z s u c h e. Die zerfledderten ersten Kapitel, die ganz plötzlich e r s c h a l l e n und wieder v e r s t u m m e n, stehen in keiner Verbindung zueinander und ähneln damit den Gehirnfunktionen des russischen Gefangenen, den die französischen Forscherbrüder Tolje als Laborkaninchen gefangen halten, dessen Gedanken sie empfangen:

> – Gehirn eines Mannes mittleren Alters… Die Windungen sind gut entwickelt… Geringe Sklerose der Blutgefäße… Das Gehirn befindet sich in einem Zustand der Aufregung. Die Gedanken fliegen mit einer erschrekkenden Geschwindigkeit… Ich lese: „Rétta". Weiter unverständlich… Ach, ja… Paris sendet… Das heißt, das Gehirn denkt in französischer Sprache… Jetzt wird es deutlich…[33]

Diese Gedankenstrahlen empfangen die Forscher durch den Feinmechanismus eines neu entwickelten Radios und projizieren sie auf einen Schirm. Der Empfang und vor allem der Diskurs über die Visualisierung der Gehirnströme, wie sie das nächste Kapitel „Das Lesen der Gedanken" ausführlicher beschreibt, bleibt also nicht auf die Wissenschaftssphäre

---

32 „И вот научились передавать вкусовые ощущения — к простому, грубому, хотя и здоровому, обеду Радио бросит лучами вкусовой сон, призрак совершенно других вкусовых ощущений.Люди будут пить воду, но им покажется, что перед ними вино. Сытый и простой обед оденет личину роскошного пира... Это даст Радио еще большую власть над сознанием страны..." Chlebnikov, Velimir: Radio buduščego, in: Ders.: *Sobranie proizvedenij*, Bd. 4, Leningrad 1930, S. 290-295, hier S. 295.

33 „Мозг мужчины средних лет... Хорошо развитые извилины... Небольшой склероз кровеносных сосудов... Мозг в возбужденном состоянии. Мысли летят со трашной быстротой.. Я читаю: „Рьетта" ... Дальше непонятно... Ах, да... Передает Париж... Значит, мозг думает на французском языке... Теперь ясно..." Beljaev, Sergej: *Radio-mozg*, Moskva, Leningrad 1928, S. 21.

beschränkt, sondern wird in die Literatur entweder direkt oder indirekt transformiert.

> Gez [einer der Wissenschaftler, W.V.] stand auf und schaute sich an, was Doktor Tach demonstrierte. Ein nicht so großer Bildschirm, der an einer Wand hing, nichts Besonderes.
> – Dieser Bildschirm, - sagte Doktor Tach leise, - […] ist nur ein Teil meiner Erfindung. Der zweite Teil besteht aus einem leichten Aluhelm, den man auf den Kopf des Menschen aufsetzt, dessen Gehirn man untersuchen will. Ce-Wellen stoßen gegen diese Platte, werden abgelenkt und landen auf dem Bildschirm, auf dem wir ein Bild des Gehirns und der Arbeitszentren erkennen. Ich habe hier ein bekanntes Apparatchen verwendet, das viele Lektoren in ihren öffentlichen Vorlesungen benutzen, um den Zuhörern Bilder aus einem Buch zu vermitteln. Das Buch wird in das Apparatchen hinein geschoben, das Bild beleuchtet, die Strahlen werden durch einen Spiegel abgelenkt und gehen durch ein Vergrößerungsglas, so dass die Zuschauer das vergrößerte Bild auf der Leinwand sehen. […] An Stelle des Buches befindet sich in meinem Apparat der Kopf, das Bild ist die Rinde des Großhirns. […] Den Apparat habe ich Cerebroskop genannt, nach lateinisch Cerebrum – Gehirn und griechisch Skopeo – das Schauen. Cerebroskop oder auf russisch Mozgosmotr [Gehirnschau]. Der Apparat ermöglicht es uns, die Arbeit der Nervenzentren zu beobachten oder, was ein und dasselbe ist, die Gedanken zu lesen. […] Auf dem Schirm sehen Sie nur das flüchtige und chaotische Spiel der leuchtenden Flecken und Funken. Doch ich lese sie wie ein Buch, weil ich einen Schlüssel für das Lesen dieser Leuchtzeichen gefunden habe.[34]

---

34 „Вот этот экран, - сказал тихо доктор Тах, […] только половина моего аппарата. Вторая часть состоит из легкого алюминиевого шлема, который надевается на голову человека, работа мозга которого исследуется. Це-волны ударяются об эту пластинку, отклоняются и падают на экран, который дает здесь видимую картину мозга и работы его центров. Я применил здесь в несколько измененном виде аппаратик, которым пользуются лекторы на популярных лекциях, показывая слушателям картинки из книг. Книга вставляется в аппаратик, рисунок освещается, лучи отражаются зеркалом, проходят через увеличительное стекло, и все видят на стене этот рисунок в увеличенном виде... […] В моем аппарате место книги занимает голова, рисунок - кора большого мозга. Освещения не требуется, так как це-волны, при своей бесконечно малой длине, достаточно сильны, чтобы достигнуть экрана, расположенного в двух метрах от испытуемого... […]- Этот аппарат я назвал цереброскопом, от латинского слова „церебрум“ - мозг и греческого „скопэо“ - смотрю. Цереброскоп, или, по-русски, мозгосмотр. Аппарат, позволяющий наблюдать работу нервных центров, коры большого мозга или, что одно и то же, читать мысли человека. […] На экране вы видите только беглую

Im Medium der Erdichtung stellt Beljaevs Held Doktor Tach die Telepathie so vor, wie sie die Menschen begreifen müssen. Aus dieser Perspektive betreibt Sergej Beljaev implizit und explizit eine Wissenschaftspopularisierung, die eine geschlossene Ordnung von Rezeptions-, Produktions- und Sendetechnologien hypostasiert. Die Imaginationen vom Gedankenaustausch ketten sich nicht nur an die Laborexperimente und die darin festgehaltenen Ergebnisse an, sondern markieren auch Gedankenglieder, die im Roman zerstreut sind. Erst wenn der Leser weit in die Lektüre des Romans *Radio-Gehirn* vorgedrungen ist, verketten sich die einzelnen Kapitel zu einer einheitlichen Sendung. Die Aufnahme telepathischer Sachverhalte in den Äther der Literatur scheint auf den ersten Blick eine bloße Übernahme zu sein, in der Literatur als Multiplikator des Wissens agiert. Anders als in der rationalen Wissenschaftskultur werden hier Unsicherheiten, Emotionen, Affekte und vor allem Phantasien bearbeitet und die Zukunft der behandelten Wissenschaft imaginiert. Darüber hinaus dient der Roman auch als eine Art Frequenz, mit der Glaubwürdigkeit in der Öffentlichkeit hergestellt werden soll. So wäre die literarische Konstruktion des *Radio-Gehirns* unspektakulär, wenn sie sich ausschließlich auf das Lesen von Gedanken beschränken würde. Das tut sie aber nicht, denn in den Mittelpunkt der Geschichte rückt auch – genau wie im Roman *Der Weltbeherrscher* – die moralische Verwerflichkeit der Wissenschaftler, die ihre Entdeckungen und Erfindungen missbrauchen, um Macht an sich zu reißen und auszuüben. Die Codierung des Lesens von Gedanken wird somit erhöht zur Allegorie des anti-sowjetischen Menschen, der eben sein Radio-Gehirn nutzen will, andere Länder gegen die Sowjetunion aufzubringen. Neben dieser ethischen Dimension, auf die an dieser Stelle nicht näher eingegangen wird, richtet sich das Augenmerk allein auf die literarische Konstruktion des Beeinflussungsapparates und dessen Semantik:

> In der Mitte des großen Saales erhob sich eine Konstruktion aus dünnsten farbigen Metalldrähten, die in einem bewundernswerten Geflecht zwei lang gestreckte Halbkugeln bildeten. Eine große Schalttafel an der Wand blinkte heiter mit ihren Kontroll-Lampen.

и беспорядочную игру световых пятнышек и искорок... А я читаю их, как книгу, потому что я нашел ключ к чтению этих световых знаков...“ Ebd., S. 50 f.

> - Das ist ein Modell des Gehirns – flüsterte Tach […]
> - Das ist kein Modell des Gehirns, sondern ein Radio-Gehirn […], ergänzte Tolje. […]
> - Zurzeit schläft das Gehirn […] Und sobald es aufwacht, fängt es an zu denken. […] Es wird sich einstellen auf Paris, Berlin, Kopenhagen und all das verarbeiten, was Diplomaten versuchen, voreinander zu verbergen. Und dann wird das Gehirn erhaben über die ganze Welt eine Folge von Ce-Wellen aussenden, die sich in die Gehirne der Menschen krallen und sie mit Gedanken anstecken und so werden die Menschen unserem Willen gehorchen und einander vernichten, in einem letzten Krieg. Und so werden nur wir beide und unser Radio-Gehirn übrig bleiben.[35]

Fast 40 Jahre bevor Marshall McLuhan in *Understandig Media* das Radio als „heißes Medium" charakterisiert und in diesem Aufheizen der Sinne eine Art Hypnose diagnostiziert, verdeutlicht der Roman *Radio-Gehirn*, dass es unwahrscheinlicher Kräfte bedarf, der medialen Insinuation widerstehen zu können. Folglich ist es im Roman nur die erhabene Natur, die es schafft, die neue Beeinflussungstechnik zu zerstören. Im Felde der Spekulationen um die Telepathie und ihre Auswirkung wird allerdings noch ein anderer Aspekt virulent, der sich in der Auswirkungskraft andeutet. Sowohl die politische Machtausübung als auch ihre Bedrohung bekommen in der praktischen Anwendung ein neues Potenzial. Die genaue Erkundung der Telepathie erscheint so als die nicht nur legitime, sondern sogar notwendige Ergänzung in dem propagandistischen Ankurbeln der Sowjetmacht. Die fiktionalisierten Gedankenkriege hinterlassen in den Kommunikationsphantasien ebenso deutliche Spuren wie derjenige der Kontroll- und Überwachungssysteme.

---

35 „Посередине высокой залы возвышалось сооружение из тончайшие металлических разноцветных проволок, которые в причудливом переплетении образовывали два вытянутых полушария. Большая распределительная доска висела на стене, весело поблескивая огоньками контрольных ламп./ - Это Модель мозга, - прошептал Тах. […]/ - Но это не модель мозга, а радиомозг. […] Сейчас мозг спит.... А проснувшись, он начнет думать... […] Он начнет прислушиваться к Парижу, Берлину, Копенгагену, все складывать в себе, все, что жалкие дипломаты пытаются утаивать друг от друга. И потом радиомозг величественно по всему земному шару даст очередную серию це-волн, которые вопьются в мозги людей, заразят их мыслями, повинуясь нашей с братом воле, и люди сойдут с ума, истребляя Друг друга в последней войне. И тогда останемся только мы и наш радиомозг..." Ebd., S. 101f.

6. Tod des Bewusstseins

In der Menge an Material und der rekursiven Diskursbildung zeichnet die beiden Romane eine technische ‚Paranoia' aus, die beim Leser an Überzeugungskraft gewinnt. Dies verdeutlicht sich zum einen an einer technoiden Begrifflichkeit und den Infografiken. Indem die literarische, technisch-aufklärerische Symbiose detaillierte Auskunft über die Funktionsweise und Verwandtschaft von Beeinflussungsapparaten a u s s e n d e t, wird sie zugleich zur Beweisführung der im Zwielicht stehenden Wissenschaft. Im Falle der Telepathie verschmelzen die wissenschaftlichen Zeichenpraktiken mit den literarischen Strategien, indem Glaubwürdigkeit nicht als ein gegebener Gegenstand begriffen wird, sondern als ein kulturell b e s c h r e i b e n d e s Objekt. Durch die Decodierung der Wissenschaft vollzieht sich eine Codierung des Bewusstseins.[36] Dem laborexperimentellen Vorgehen der Romane kommt somit eine epistemologische Sonderstellung zu, die das radiotechnische Gefüge zum Schema eines elektromagnetischen Denkens macht. So beschreiben diese Psychographien implizit und explizit eine ‚Medientheorie', die einen in sich geschlossenen Zusammenhang von Rezeptions-, Produktions- und Sendetechnologien unterstellen. Es geht um die mentale Konstruktion des Subjekts, das als mündiges, selbstverantwortliches und frei denkendes herbei gewünscht wird und das durch eine Codierung, die Stirner vormacht, erreicht werden kann:

> Stirner muss sterben. Ich [Stirner] habe meiner Gedanken übertragenden Maschine einen Befehl erteilt. Ich habe sie auf die höchste Kapazität gestellt. Genau um ein Uhr in der Nacht […] wird sie diesen Befehl, von Stirner an Stirner, aussenden. Und Stirner wird vergessen, dass er Stirner ist. Er wird sein Bewusstsein verlieren. Er wird alles vergessen, was je in seinem Leben vorgefallen ist. Es wird ein neuer Mensch, mit neuem Bewusstsein geladen sein. Es wird Stern sein. Stern wird dahin gehen, wohin ihm Stirner befohlen hat, zu gehen. Und Stern wir nicht mal vermuten, dass der eingekerkerte

36 Zum engen Zusammenhang dieser telepathischen Schreibpraktiken mit der politischen und literarischen Codierung des Bewusstseins als dem zentralen Organ zur Schaffung und Disziplinierung des Neuen Menschen, vgl. Schwartz, Matthias: Diktatur als Drogentrip. Rauschimaginationen in sowjetischer Science Fiction, in: Klimó, Árpád von; Rolf, Malte (Hg.): *Rausch und Diktatur. Inszenierung, Mobilisierung und Kontrolle in totalitären Systemen*, Frankfurt a.M. u.a. 2006, S. 255-280.

> Stirner im eisernen Käfig seines Unbewussten ein elendes Leben fristen wird. Es ist der Tod… der Tod des Bewusstseins.[37]

Es sind die symbolischen Praktiken, die in Eigenregie eine Hyperrealität erschaffen, eine zweite simulative Wirklichkeit, die als Dispositiv des Ambientes auf die Vorstellungen, die Bedürfnisse, das Begehren und die Wahrnehmung einwirkt. Für Stirner gibt es kein Außerhalb mehr, er selbst steckt sich ins Gefängnis der Simulation, die Baudrillard als „Halluzination der Realität“, in der die Menschenmasse lebt, bezeichnen wird.[38]

Öffentlichkeit ist hiermit kein Ort, der jenseits von elektromagnetischen Gedankenstrahlen liegt, die einen Raum genuin wissenschaftlicher Aktivität von einem Diffusionsraum wissenschaftlicher Ergebnisse abgrenzt. Sie, die Öffentlichkeit, ist vielmehr die Zone einer Interferenzbildung wissenschaftlicher wie außerwissenschaftlicher Diskurse. Im Falle der telepathischen Aufschreibesysteme erhebt die experimentelle Praxis demnach keine Daten, sondern literarisierte Formen der Wissenschaft, die diese Wissenschaft betreiben. Indem sich die graphischen Spuren des elektromagnetischen Glaubens in Schrift, die die Laien lesen, verwandeln, verstricken die Romane die Telepathie nicht in ein Gespinst von Messwerten und Kurven, sondern betreiben eine didaktisch ausgelegte Aufklärung, die ganz im Sinne der Telepathie, glaubenerzeugend die Zukunft beschreibt:

> Moskau ist eine Stadt des erhabenen Schweigens geworden. Wir reden fast gar nicht mehr miteinander, seitdem wir gelernt haben, Gedanken auszutauschen. So sperrig und langsam scheint uns jetzt die alte Art und Weise

37 „Штирнер должен умереть. Я [Стирнер] отдал приказ моей мыслепередающей машине. Я поставил ее на полную мощность. Ровно в час ночи […]она излучит этот приказ, посланный от Штирнера - Штирнеру. И Штирнер забудет о том, что он Штирнер. Он потеряет свою личность. Он забудет обо всем, что было в его жизни. Это будет новый человек, наделенный новым сознанием. Это будет Штерн. Штерн уйдет отсюда туда, куда ему приказал идти Штирнер. И Штерн даже не будет подозревать, что в железной клетке его подсознательной жизни будет влачить существование скованный Штирнер!.. Это смерть... Смерть сознания!“ Beljaev: Vlastelin mira.

38 Vgl. Baudrillard, Jean: *Agonie des Realen,* Berlin 1978.

> zu reden! Vielleicht werden wir mit der Zeit das Reden ganz verlernen. Bald werden die Post, der Telegraf und sogar das Radio ins Archiv gebracht.[39]

Was die Telepathieforschung in die Romane einschreibt, schallt in der utopischen Machtvorstellung der Politik wider. Am Ende seines Romans *Der Weltbeherrscher* beschreibt Aleksandr Beljaev Moskau als ein Labor des Schweigens, in dem die Kommunikation in Jetztzeit agiert – im Gegensatz zur charakteristischen Verspätung von Post, Telegraf oder Telefon, die mit aus diesem Grund ins Archiv wandern. Die Szenerie verdeutlicht den Zustand der Telepathie, die solange sie nicht bewiesen wird, ersonnen werden muss, was in der Literatur, die sich durch die Macht des Wortes konstituiert, geschieht.

Die Texte vollziehen nicht nur eine Durchmischung von Wissenschaft und Fiktion, sondern geben experimentelle Praktiken und deren fundamentale Grundlagen wieder, die auf reelle Laborpraktiken zurückgehen. Und dort, wo die Romane fiktionale Momente aufweisen, sind es genau die Verfahren, die von der Wissenschaft um die Gehirnströme angestrebt und vorausgesagt werden. In den telepathischen Diskursen hat diese geistige Arbeit Konjunktur und landet als epistemische Erscheinung nicht nur auf den Labortischen, sondern geistert auch auf den Schreibtischen politischer Entscheidungsträger herum. Aus deren Perspektive geht es im Falle der Telepathie um eine Experimentalisierung, die sich nicht nur auf das Leben beschränkte, sondern auch auf den Alltag ausbreitete und den öffentlichen Raum zum Labor machte: einem Labor mit dem Ziel, den Geist und die Psyche der Sowjetbürger zu rekonfigurieren, die „nicht mal etwas ahnen, von den Geheimfächern des Unbewussten, in die der starke menschliche Gedanke alles, was an dem Menschen fürchterlich und gefährlich war, eingesperrt hat."[40]

39 „Москва стала городом великого молчания. Мы почти не разговариваем друг с другом с тех пор, как научились непосредственно обмениваться мыслями. Каким громоздким и медленным кажется теперь нам старый способ разговора! Возможно, что со временем мы и совсем разучимся говорить. Скоро и почту, и телеграф, и даже радио мы сдадим в архив." Beljaev: Vlastelin mira, S. 216.

40 Ebd., S. 239.

Matthias Schwartz

Im Land der undurchdringlichen Gräser. Die sowjetische Wissenschaftliche Fantastik zwischen Wissenschaftspopularisierung und experimenteller Fantasie

> Man kann diese Menschen der Kunst nur bedauern, die so sehr das Leben mit literarischen Bildern verschleiern, dass sie es fertig bringen, auch an die Wissenschaften die Maße der Literatur und Kunst anzulegen.
>
> Vladimir Bragin (1948)[1]

1. Einleitung

Fragt man nach dem Wechselverhältnis zwischen Naturwissenschaften und Künsten am Beispiel der Schönen Literatur, dann verläuft die ästhetische Aneignung der exakten Wissenschaften durch die Belletristik zumeist auf metaphorischer und ideologischer Ebene.[2] Die Naturwissenschaften bieten den Stoff und die „Metaphernressource",[3] aus denen die Dichtkunst ihre Sujets knüpft und mit denen sie sich im gesellschaftlichen Feld positioniert. Die Spezifik ihrer Verknüpfung und die Autorität ihrer Posi-

---

1 „Остается пожалеть тех людей искусства, которые так плотно заслоняют жизнь литературными образами, что и к науке умудряются прикладывать мерки литературы и искусства." Bragin, Vladimir: *V strane dremučich trav* (Biblioteka priključenij), Moskva, Leningrad 1948, S. 90.

2 Vgl. Krause, Marcus; Pethes, Nicolas: Zwischen Erfahrung und Möglichkeit. Literarische Experimentalkulturen im 19. Jahrhundert, in: Dies. (Hg.): *Literarische Experimentalkulturen. Poetologien des Experiments im 19. Jahrhundert*, Würzburg 2005, S. 7-18.

3 Eibl, Karl: Biologie und Poetologie auf gleicher Augenhöhe. Mit einigen Hinweisen auf eine biologische Poetik der Wiederholung, in: Hülk, Walburga; Renner, Ursula (Hg.): *Biologie, Psychologie, Poetologie. Verhandlungen zwischen den Wissenschaften*, Würzburg 2005, S. 9-25, hier S. 9.

tionierung bilden die Voraussetzung dafür, wie sehr sie nicht nur in eine breitere Öffentlichkeit, sondern auch in einzelne Wissenschaftsdisziplinen zurückwirken kann.[4] Die Zahl renommierter Experten ist Legende, die sich am Ende ihres Lebens erinnern, dass es eben die Werke eines Jules Verne oder Aleksandr Romanovič Beljaev gewesen seien, deren Lektüre sie zu ihrem Beruf gebracht hätte. Diese weit reichende Wirkung insbesondere von Unterhaltungsliteratur bei der Popularisierung von Spezialwissen lässt die Frage desto dringlicher erscheinen, wie sie diese Attraktivität gewinnt.

Für die Formierung eines explizit mit technischen Neuerungen und naturwissenschaftlichen Erkenntnissen beschäftigten literarischen Genres, das sich seit der zweiten Hälfte der 1920er Jahre in der Sowjetunion Wissenschaftliche Fantastik und im angloamerikanischen Sprachraum Science Fiction nannte, spielte diese Frage eine zentrale Rolle.[5] Hinzu kommt im sowjetischen Fall die politische Besonderheit, dass die „Wissenschaftlichkeit" hier nicht einfach Metaphernressource für die schönen Künste sein konnte, sondern die Prämisse für jede künstlerische Konstruktion und das ideologische Selbstverständnis einer Gesellschaft bilden sollte, in der die bürgerliche Trennung von Arbeit und Leben, Fabrik und Freizeit, Privatem und Öffentlichem, Wissenschaften und Gesellschaft aufgehoben wurde.[6] Für die verantwortlichen politischen Stellen und Akteure waren die Künste selbstverständlich nicht autonom, sondern ein Teil des ideologischen Überbaus. Erst indem man – wie es einer der prominentesten Wissenschaftspopularisatoren der 1930er Jahre, Michail Il'in, formulierte – das eigene wissenschaftliche oder künstlerische Laboratorium

---

4 Vgl. Daum, Andreas W.: *Wissenschaftspopularisierung im 19. Jahrhundert. Bürgerliche Kultur, naturwissenschaftliche Bildung und die deutsche Öffentlichkeit 1848-1914*, München 1998.

5 Einen allgemeinen Überblick zur sowjetischen Science Fiction bieten z.B. Suvin, Darko: Ein Abriss der sowjetischen Science Fiction, in: Barmeyer, Eike (Hg.): *Science Fiction. Theorie und Geschichte*, München 1972, S. 318–339; Stites, Richard: World Outlook and Inner Fears in Soviet Science Fiction, in: Graham, Loren R. (Hg.): *Science and the Soviet Social Order*, Cambridge, (Mass.) 1990, S. 299–324.

6 Generell zum Verhältnis von Literatur und Naturwissenschaften in der Sowjetunion, vgl. Clark, Katerina: The Changing Image of Science and Technology in Soviet Literature, in: Loren, Graham (Hg.): *Science*, S. 259–298.

als Teil einer riesigen Werkstatt des eigenen Landes erkannte, konnte man die Welt auch in Richtung Sozialismus verändern.[7]

Während man jedoch in den 1920er Jahren noch generell davon ausging, dass die Umgestaltung der gesellschaftlichen Basis quasi automatisch auch die bürgerliche Intelligenz und die literarischen Mitläufer dazu bringe, sich dem sozialistischen Staatsaufbau anzuschließen, änderte sich mit dem „Großen Umbruch" 1928 diese Einstellung grundlegend.[8] Auf äußerst brutale Weise wurden die alten Eliten größtenteils entfernt, während man auf eine neue Generation vor allem wissenschaftlich und technisch ausgebildeter Experten setzte. Hierbei geriet auch die Wissenschaftliche Fantastik wiederholt in den Fokus der Aufmerksamkeit, versprach man sich doch von der unter diesem Namen fungierenden populären Literatur, dass man sie zur Popularisierung eines vorgegebenen Wissenschaftsverständnisses und zur Werbung neuer Nachwuchskräfte nutzen könne. Dieser Anspruch kulminierte in der Nachkriegszeit in dem Versuch, einen allgemein verbindlichen Begriff einer „sowjetischen Wissenschaft" und die so genannte „Fantastik des nahen Ziels" („Fantastika bližnego pricela") durchzusetzen, der innerhalb des Schriftstellerverbandes nahezu zum Zusammenbruch der Produktion entsprechender Literatur führte. Die hierüber geführte Kontroverse offenbarte in geradezu paradigmatischer Weise nicht nur die anhaltende Faszinationskraft, die eine literarische Aneignung naturwissenschaftlicher Topoi und Themen ausübte, sondern auch die ideologischen und sprachlichen Aporien, die in einer solchen Aneignung lagen, gerade wenn sie „an die Wissenschaften die Maße der Literatur und Kunst" anlegte und die in dem vorangestellten Zitat inkriminierte Verschleierung des Lebens bewirkte.

Im Folgenden soll der Frage nach den Wechselwirkungen zwischen Literatur und Naturwissenschaften in einer literatur- und kulturgeschichtlichen Perspektive nachgegangen werden. Es soll skizziert werden, wie die

7 Vgl. Il'in, Michail: *Gory i ljudi. Rasskazy o perestrojke prirody*, Leningrad 1935, S. 8.

8 Vgl. Eimermacher, Karl: Einleitung, in: Ders.: *Die sowjetische Literaturpolitik 1917-1932. Von der Vielfalt zur Bolschewisierung der Literatur. Analyse und Dokumentation* (Dokumente und Analysen zur russischen und sowjetischen Kultur, Bd. 1), Bochum 1994, S. 27-138; zum Status der wissenschaftlichen Intelligenz, siehe Vucinich, Alexander: *Empire of Knowledge. The Academy of Sciences of the USSR (1917-1970)*, Berkeley 1984.

Definition einer sowjetischen Wissenschaftlichen Fantastik sich seit Ende der 1920er Jahre im Spannungsfeld von literaturpolitischen Vorgaben, gesellschaftlichen Entwicklungen und einer populären Nachfrage entwickelte und immer wieder Gegenstand kontroverser Debatten wurde. Diese Auseinandersetzungen werden am Beispiel eines heutzutage weitgehend vergessenen Science-Fiction-Werkes, Vladimir Bragins *Im Land der undurchdringlichen Gräser* (*V strane dremučich trav*) von 1948, nachgezeichnet. Denn anhand dieses Romans wird nicht nur deutlich, wie unterschiedlich die Ansprüche und Erwartungen waren, die an das Genre herangetragen wurden, sondern auch, auf welche Weise diese Literatur im undurchdringlichen Dickicht ideologischer Vorbehalte, wissenschaftlicher Ansprüche und künstlerischer Verfahren eine eigene Poetik zwischen Wissenschaftspopularisierung und experimenteller Fantasie herausbildete.

Abb. 1: Umschlag der 1. Auflage (1948, Ausschnitt)

Zunächst möchte ich in einem ersten Schritt kurz die Entwicklung der Wissenschaftlichen Fantastik bis in die Nachkriegszeit skizzieren und dann anschließend den Autor des Romans sowie die Tradierungen des von ihm behandelten Themas vorstellen, ehe der Inhalt und die Auseinandersetzungen um das Werk näher betrachtet werden.

2. Das Aschenputtel der sowjetischen Literatur

Die sowjetische Science Fiction hatte in der Vorkriegszeit eine widersprüchliche Entwicklung durchgemacht. Zwar sind in den zwanziger Jahren im Zuge einer allgemeinen Wissenschaftsbegeisterung eine Vielzahl an fantastischen, wissenschaftlich-utopischen oder – wie es seit 1925 vermehrt hieß – „wissenschaftlich-fantastischen“ Romanen erschienen, doch zur Herausbildung eines eigenständigen sowjetischen Literaturgenres reichte es nicht.[9] Zumeist wurden entsprechende Werke zusammen mit Abenteuergeschichten und Kriminalromanen unter der Fragestellung diskutiert, inwieweit sie der Forderung Nikolaj Bucharins nach einem neuen, sowjetischen „roten Pinkerton“ entsprachen.[10] Erst Ende der 1920er Jahre im Zuge einer Verschärfung der kulturpolitischen Auseinandersetzungen bildeten sich in den Debatten um diese Literatur drei Kriterien heraus, die eine spezifische sowjetische Science Fiction in Abgrenzung zu entsprechenden Werken aus dem Westen und in Bezug auf die neue sowjetische Wirklichkeit formulierten.

Demnach sollte sich die Fantastik e r s t e n s dadurch auszeichnen, dass sie wissenschaftliche Erfindungen nicht nur zur reinen Unterhaltung gewissermaßen „pseudowissenschaftlich“ gebrauchte, sondern sie sollte bei den Lesern – den Laien – Neugierde und ein ernsthaftes Interesse an den Möglichkeiten und Aufgaben der Wissenschaften wecken. Die Wissenschaftliche Fantastik bekam damit a p p e l l a t i v e bzw. p o p u l a r i s i e r e n d e A u f g a b e n zugewiesen. Z w e i t e n s etablierte sich eng damit zusammenhängend eine bestimmte Eingrenzung bzw. Utilitarisierung des Fantastischen, d.h. ein bestimmter Diskurs über Fantasie, der diese nicht als Gegensatz von Wissenschaft verstand, sondern als Teil der wissenschaftlichen Tätigkeit: Und zwar eines experimentellen Wissenschaftsbegriffs der kreativen Einbildungskraft, so wie er kennzeichnend war für die

---

9 Vgl. allgemein zu den entsprechenden Werken dieser Zeit, Britikov, Anatolij: *Russkij sovetskij naučno-fantastičeskij roman*, Leningrad 1970; Ljapunov, Boris: *V mire fantastiki. Obzor naučno-fantastičeskoj i fantastičeskoj literatury* (Izdanie 2-e, dopolnennoe i pererabotannoe), Moskva 1975; Černjak, Marija: *Fenomen massovoj literatury XX veka*, Sankt-Peterburg 2005, S. 25-128.

10 Die „roten Pinkertons“ sollten bolschewistische Inhalte und revolutionäre Abenteuer als spannende und leicht lesbare Unterhaltungsliteratur präsentieren, von der Form her ähnlich den vorrevolutionären, äußerst erfolgreichen Fortsetzungsgeschichten über den amerikanischen Privatdetektiv Pinkerton. Vgl. Russell Robert: Red Pinkertonism. An Aspect of Soviet Literature of the 1920s, in: *Slavonic and East European Review* 3:60 (1982), S. 406-418; Britikov, Anatolij: Detektivnaja povest' v kontekste prikljućenčeskich žanrov, in: Zacharova, N. A. (Hg.): *Russkaja sovetskaja povest' 20–30-ch godov*, Leningrad 1976, S. 408-452.

avantgardistischen Konzeptionen der 1920er Jahre. Damit trat neben die auf die (noch) unausgebildeten Laien gerichtete popularisierende Aufgabe gewissermaßen eine inspirierende bzw. mobilisierende Funktion: Auch diejenigen, die schon als ausgebildete Wissenschaftler – als Experten – tätig waren, sollten sich aus der Wissenschaftlichen Fantastik ihre Anregungen und Ideen holen können, neue Experimente, Erfindungen und Entdeckungen zu machen. Die mögliche Realisierung dieser Inspirationen war verknüpft mit einer dritten Zielstellung, die sich als die über das enge wissenschaftlich-technische Feld hinausreichende utopische oder eher visionäre gesamtgesellschaftliche Aufgabe bezeichnen lässt und sich sowohl an die Laien als auch die Experten richtete: Die Wissenschaftliche Fantastik sollte zeigen, wie die Anstrengungen der gewaltsamen Umgestaltung des Landes zukünftig ein glückliches und vielseitiges Leben im Kommunismus ermöglichen werden.

Diese drei Aufgaben – eine popularisierende, eine inspirierende und eine visionäre – wurden seit Ende der 1920er Jahre in Kritiken und Diskussionen immer wieder daraufhin diskutiert, wie man sie am besten literarisch umsetzen könne, ohne dass die Geschichten über wissenschaftlich-technische Innovationen an Spannung und Unterhaltsamkeit verlören. Denn die „Unterhaltsamkeit" („занимательность") und die sich aus ihr begründende hohe Popularität dieser Literatur bildeten den zentralen Subtext für die anhaltenden Auseinandersetzungen. So schrieb beispielsweise Ende 1929 Abram Ruvimovič Palej (1893–1995) in der vom Verlag der *Pravda* herausgegebenen Zweiwochenzeitschrift *Revolution und Kultur* (*Revoljucija i kul'tura*): „Alle Bibliothekare bringen mit einer Stimme die nachdrückliche Forderung der jungen Leser nach wissenschaftlicher Fantastik zum Ausdruck".[11] Aber diese Nachfrage werde nirgends bedient, so dass die Verlage weiterhin vor allem auf Übersetzungen aus dem Westen zurückgreifen müssten, während in der Sowjetunion fast nur Schund der billigen Unterhaltung im Stile Pinkertons produziert werde, oder aber man schreibe zwar künstlerisch starke Werke wie Aleksej

---

11 "Все библиотекари в один голос отмечают настойчивые требования молодого читателя на научную фантастику." Palej, Abram: Sovetskaja naučno-fantastičeskaja literatura, in: *Revoljucija i kul'tura* 23-24 (1929), S. 63-68, hier S. 63.

Nikolaevič Tolstoj, die jedoch ideologisch der Sowjetunion fremd seien.[12] Die Gesellschaft brauche aber die Fantastik, denn ohne Fantasie gäbe es kein Schöpfertum:

> Ein Künstler, Poet, Wissenschaftler und Techniker, muss sich, um etwas Neues schaffen zu können, dieses Neue v o r s t e l l e n können. Die Fantasie ist die Fähigkeit, sich die Zukunft vorstellen zu können, die gesetzmäßig sich aus der Gegenwart entwickelt. […] Deshalb ist die Bedeutung einer guten wissenschaftlichen Fantastik kolossal: sie erweckt und erzieht den schöpferischen Geist.[13]

Eine solche Fantastik gäbe es bislang aber nur in den vorrevolutionären Werken Aleksandr Aleksandovič Bogdanovs – dem *Roten Stern* (*Krasnaja zvezda*, 1908) und *Ingenieur Menni* (*Inžener Mènni*, 1913) – sowie in dem umfangreichen Oeuvre Aleksandr Beljaevs.[14]

Diese erzieherische Einbindung der Wissenschaftlichen Fantastik leistete eine grundsätzliche Neukodierung des Fantastischen: Das Fantastische ist hier nicht wie bei anderen aus der Romantik entwickelten Begriffen das Unheimliche, Irrationale oder Bedrohliche der Vernunft oder das Andere oder Verdrängte eines modernen Rationalitätsbegriffs.[15] Es unterscheidet

---

12 Aleksej Tolstoj hatte 1923 den fantastischen Roman *Aėlita*, 1925 *Geheimnisvolle Strahlen* (*Giperbolid inženera Garina*) veröffentlicht. Vgl. hierzu auch Schramm, Caroline: Telemor und Hyperboloid. Strahlen, Geheimwissen und Phantastik in der postrevolutionären Literatur, in: Frank, Susi; Greber, Erika; Schahadat, Schamma; Smirnov, Igor' P. (Hg.): *Phantasma und Gedächtnis. Festschrift für Renate Lachmann zum 65. Geburtstag*, München 2001, S. 319–339.

13 „Художник, поэт, ученый и техник, чтобы создать что нибудь новое, должны уметь представить себе это новое. Фантазия – уменье п р е д с т а в л я т ь будущее, закономерно развивающееся из настоящего. […] Поэтому значение хорошей научной фантастики колоссально: она будит и воспитывает творческий дух." [Hervorhebung so im Original] Palej: Sovetskaja naučno-fantastičeskaja literatura, S. 63.

14 Ebd. S. 67f. Zum Werk Bogdanovs und Beljaevs, vgl. Stites, Richard: Alexander Bogdanov and the Origins of Bolshevik Science Fiction, in: Bogdanov, Alexander: *Red Star. The First Bolshevik Utopia*, Bloomington 1984, S. 1-16; Ljapunov, Boris: *Aleksandr Beljaev. Kritiko-biografičeskij očerk*, Moskva 1967.

15 Vgl. Cersowsky, Peter: Was ist phantastische Literatur? Überlegungen zu ihrer Theorie, in: Freund, Winfried; Lachinger, Johann; Ruther, Clemens (Hg.): *Der Demiurg ist ein Zwitter. Alfred Kubin und die deutschsprachige Phantastik*, München 1999, S. 11-22; Lachmann, Renate: *Erzählte Phantastik. Zur Phantasiegeschichte und Semantik phantastischer Texte*, Frankfurt a.M. 2002; Ruthner, Clemens; Reber, Ursula u.a. (Hg.): *Nach*

sich in seiner Ausgrenzung der Elemente des Schauerlichen und Ungeheuren aber auch von den *Amazing Stories* oder *Weird Tales*, wie sie gleichzeitig in den 1930er Jahren in den USA genreprägend für Science Fiction wirkten.[16] Vielmehr steht das Fantastische der Wissenschaftlichen Fantastik in der Tradition der Aufklärung und ist wesentlicher Bestandteil sowohl des literarischen als auch des wissenschaftlichen Erkenntnis- und Schöpfungsprozesses: So brachte es für die Wissenschaften eine enorme Aufwertung der experimentellen Fantasie. Denn gerade diese eröffnet in einem gesellschaftspolitisch festgelegten Rahmen qualitativ neue, tendenziell unbegrenzte wissenschaftliche Möglichkeiten. Wissenschaftliche Fantastik sollte demnach nicht einfach die Wissenschaften popularisieren, sondern als künstlerisches Laboratorium auch in die popularisierten Disziplinen kreativ zurückwirken und die utopischen Potenziale der eigenen Gesellschaft aufzeigen.

Allerdings hatte diese Konzeption des Fantastischen seit Anfang der 1930er Jahre mit massiven Widerständen zu kämpfen, geriet doch Unterhaltungsliteratur insgesamt im Zuge der Umgestaltung der sowjetischen Kulturpolitik in Verruf. Stattdessen versuchte man eine aus der populärwissenschaftlichen Literatur entwickelte neue Gattung zur Propagierung der großen Industrialisierungsprojekte zu schaffen. Prominente Vertreter dieser Überlegungen waren Maksim Gor'kij und Samuil Jakovlevič Maršak, die ihre Ideen unter anderem auf dem Ersten Schriftstellerkongress der Sowjetunion 1934 darlegten.[17] Für diese neue Form der Wissenschaftspopularisierung prägte Gor'kij den Begriff der „künstlerisch-wissenschaftlichen" bzw. „wissenschaftlich-künstlerischen Literatur" („naučno-chudožestvennaja literatura"), den Maršak auch in seinem Vortrag auf dem Schriftstellerkongress versuchte stark zu machen.[18]

Todorov. Beiträge zu einer Definition des Fantastischen in der Literatur, Tübingen 2006.

16 Vgl. Luckhorst, Roger: *Science Fiction,* Cambridge 2005, S. 63ff.

17 Vgl. Gor'kij, Maksim: Doklad A. M. Gor'kogo o sovetskoj literature, in: *Pervyj vsesojuznyj s-ezd sovetskich pisatelej 1934. Stenografičeskij otčet*, Moskva 1934, S. 5-18, S. 6ff.

18 Maršak, Samuil: Sodoklad S. Ja. Maršaka o detskoj literature, in: *Pervyj vsesojuznyj s-ezd*, S. 20-38, S. 23ff. Maršak spricht in seinem Vortrag von „künstlerisch-wissenschaftlicher Literatur". Gor'kij hatte den Begriff „wissenschaftlich-künstlerische Literatur" erstmals in seinem programmatischen Aufsatz zur Kinderliteratur *Über Themen* (*O temach*) gebraucht, der im Oktober 1933 zeitgleich in den Zeitungen *Pravda*, *Izvestija* und *Litera-*

Diese Literatur hatte mit der Wissenschaftlichen Fantastik zwar die popularisierende Aufgabe gemeinsam, realisierte diese aber nicht im Rahmen einer fiktionalen Handlung, sondern in Anknüpfung an die faktographische Ablehnung jeglichen Sujets in Form von Reportagen, Essays oder Skizzen. Auch waren die Texte nicht – wie Lehrbücher oder populärwissenschaftliche Broschüren – eng an wissenschaftliche und historische Tatsachen gebunden, sondern konnten als „künstlerisch"-wissenschaftliche ebenfalls fiktive Szenarien darstellen, die die Entwicklung und Bedeutung von Wissenschaft, Technik und Forschung bei der Umgestaltung von Natur und für die Gesellschaft in ihrer gewünschten Tendenz zeigten.[19] Damit einher ging eine rhetorische Diskreditierung des Fantastischen[20] bei gleichzeitiger Sakralisierung des Wissenschaftsbegriffs.[21] Dies führte unter anderem dazu, dass die Wissenschaftliche Fantastik bei der Durchsetzung des Sozialistischen Realismus anfangs kaum eine Rolle spielte und in der ersten Hälfte der 1930er Jahre die Produktion entsprechender Literatur massiv zurückging, während so genannte „wissenschaftlich-künstlerische" Werke insbesondere von Maršaks jüngerem Bruder, Michail Il'in, große Auflagen erreichten.[22]

---

turnaja gazeta veröffentlicht wurde. Der Terminus war in den Debatten um eine neue populärwissenschaftliche Literatur aber schon zuvor verwendet worden.

19 Auf genauere typologische Unterscheidungen nicht nur betreffs der Abgrenzung Wissenschaftlicher Fantastik von populärwissenschaftlicher, wissenschaftlich-künstlerischer oder Weltanschauungsliteratur, sondern auch zwischen Märchen, Mythos, Fantastik und Science Fiction (zu der es eine breite Forschungsliteratur gibt) kann hier leider nicht näher eingegangen werden.

20 Der Begriff der Fantastik bzw. Fantasie tauchte bei Gor'kij einzig negativ konnotiert in Bezug auf die bourgeoise Romantik eines Novalis oder Chamisso „mit ihrem Hang zu Fantastik und Mystik" auf. Die „unbegründete, vom Leben losgelöste Fantasie" war nach Gor'kij als ein sinnentstellender und abstrakter Ausdruck dekadenter bürgerlicher Literatur das Gegenteil von kreativem Schöpfertum. Vgl. Gor'kij: Doklad, S. 9f.

21 So wurde das Laboratorium der schöpferischen Fantasie – wie James T. Andrews allgemein in Bezug auf die Wissenschaftspopularisierung schreibt – durch die „Fabrikhalle als Tempel der Wissenschaft" ersetzt Vgl. Andrews, James T.: Science for the Masses. The Bolshevik State, Public Science, and the Popular Imagination in Soviet Russia, 1917-1934, College Station (Texas) 2003, S. 170ff.

22 M. Il'in war das Pseudonym von Ilja Jakovlevič Maršak (1896-1953), der insbesondere aufgrund seiner Bücher über die Industrialisierung des Landes (*Erzählung über den großen Plan*, russ. *Rasskaz o velikom plane*, 1930) und die Umgestaltung der Natur (*Berge und Menschen. Erzählungen von der Umgestaltung der Natur*, russ. *Gory i ljudi. Rasskazy*

Erst nachdem die Nachfrage sowohl seitens des breiten Publikums als auch seitens der Experten nach einer wissenschaftlich-fantastischen Abenteuerliteratur nicht nachließ, gab es auf Initiative des ZK des Komsomol gegen Ende der 1930er Jahre wieder vermehrt Versuche, diese „Literatur zweiter Sorte“, die vollkommen vernachlässigt worden sei, als vollwertige Literatur des Sozialistischen Realismus zu propagieren, wobei man sich gerade auf Gor’kijs Forderung bezog, die Mythen, Märchen und Fantasie des Volkes produktiv zu nutzen. So musste zehn Jahre nach Palejs Klage über eine fehlende sowjetische Science Fiction der erfolgreichste Schriftsteller des Genres in den 1920er Jahren, Aleksandr Beljaev, in einem Artikel in der Zeitung *Literaturnaja gazeta* im Juni 1938 die gleiche Diagnose stellen wie sein Kollege, wobei er die Rolle der sowjetischen Fantastik mit derjenigen von Aschenputtel verglich:

> Das Schicksal der sowjetischen Wissenschaftlichen Fantastik ist ähnlich wie das Schicksal von Aschenputtel aus dem Märchen – sie führen beide ein Doppelleben: Einen glänzenden Auftritt auf dem Ball und eine trostlose Existenz der ungeliebten Stieftochter, die im zerlumpten Kleid in der dunklen Küchenecke sitzt./ Erscheint ein neuer wissenschaftlich-fantastischer Roman, dann ist die Auflage innerhalb weniger Stunden buchstäblich vergriffen. In den Bibliotheken gibt es für so ein Buch eine nicht endende Warteliste. In den Umfragen der Zeitschriften setzen die Leser Wissenschaftliche Fantastik ständig auf den ersten Platz. [...] Sie gründen sogar „Aktiengesellschaften“ zum „Gelegenheits“-Kauf von einem beliebigen ältlichen, zerknitterten wissenschaftlich-fantastischen Roman zum Preis von 40–50 Rubel, der nominell 50 Kopeken bis 1 Rubel kostet. Erwachsene Menschen schreiben Briefe an die Zeitschriftenredaktionen und an die Autoren immer über dasselbe – „mehr wissenschaftliche Fantastik!“./ Der Erfolg bei den Lesern ist groß und unstrittig. Das ist das Fest, der Ball. Das ist der Gang von Aschenputtel unter die Menschen.[23]

---

o perestrojke prirody, 1935) von Gor’kij und Maršak gelobt wurde..

23 „Судьба советской научной фантастики похожа на судьбу сказочной Золушки – у обеих двойная жизнь: блестящий выезд на бал и унылое существование нелюбимой падчерицы, сидящей в затрапезном платье, в темном углу кухни./ Выходит в свет научно-фантастический роман, и в несколько часов весь тираж буквально расхватывается. В библиотеках на такую книгу непрекращающаяся очередь. В анкетах журналов читатели неизменно выдвигают научную фантастику на первое место. [...] Они же составляют ‚акционерные общества на паях‘ для покупки ‚по случаю‘ за 40–50 рублей старенького, растрепанного научно-фантастического

Dagegen gebe es aber den Alltag. Und der Alltag, das seien die Verlage, die Redakteure, die Kritiker, die Schriftstellerkollegen, der Schriftstellerverband, wo niemand sich für diese Art von Literatur interessiere und die Fantastikschriftsteller nur auf Ablehnung stießen, man bei den für Belletristik Zuständigen keine Ahnung von Wissenschaft und Fantastik habe oder aber in die Wissenschaftsredaktionen und -abteilungen verwiesen werde, die nur populärwissenschaftliche Werke haben wollen.[24] Nun hatte es ein solcher Aschenbrödel-Vergleich natürlich in sich, nahm er doch Gor'kijs Aufforderung, die Welt der Märchen in die sowjetische Wirklichkeit zu verlagern auf, doch verwendete er sie in gegensätzlicher Bedeutung: Die sowjetische Literaturpolitik und damit auch die von Il'in propagierte wissenschaftlich-künstlerische Literatur erschienen hier als die „dunkle Küchenecke", die es zu verlassen galt.[25]

Anfang der 1940er Jahre reagierte man auch im Schriftstellerverband auf dieses Problem, organisierte Diskussionsrunden und Aussprachen und erwog, eine eigene Sektion für Wissenschaftliche Fantastik einzurichten. Hierzu kam es infolge des Krieges nicht mehr. Doch schon vor Ende des Zweiten Weltkrieges nahm man das Thema wieder auf und gründete im März 1945 innerhalb des Sowjetischen Schriftstellerverbandes der UdSSR (Sovetskij sojuz pisatelej SSSR) eine eigene Abteilung für Wissenschaftspopularisierung und Wissenschaftliche Fantastik, die bezeichnenderweise „Sektion für wissenschaftlich-künstlerische Literatur" („Sekcija po naučno-chudožestvennoj literature") hieß, womit sie den von Gor'kij geprägten Begriff im Namen trug. Gerade Mitglieder der Akademie der Wissenschaften, renommierte Naturwissenschaftler und junge technikbegeisterte Ingenieure gingen in der Sektion ein und aus. Sie waren zumeist begeisterte Leser vor allem westlicher Science Fiction und begannen zum

романа, номинальная стоимость которого 50 коп. – 1 рубль. Взрослые читатели пишут письма в редакции журналов и авторам все о том же – ‚больше научной фантастики!'/ Успех у читателей – большой и бесспорный. Это праздник, бал. Это выезд Золушки в люди." Beljaev, Aleksandr: Zoluška. O naučnoj fantastike v našej literature, in: *Literaturnaja gazeta* 27 (15.05.1938), S. 3.

24 Ebd.

25 Zu dem Aschenputtel-Vergleich und der sowjetischen Fantastik der 1930er und 1940er Jahre siehe auch Bulyčev, Kir: Padčerica ėpochi, in: Ders.: *Padčerica ėpochi. Izbrannye raboty o fantastike*, Moskva 2004, S. 8-253.

Teil selber, solche Literatur zu schreiben. Inhaltlich orientierte man sich an dem enormen Erfolg der in den 1920er und 1930er Jahren zur Blüte gekommenen amerikanischen Science Fiction und versuchte Konzepte zu entwickeln, diesen auf die sowjetischen Bedürfnisse umzulegen. Hierbei kam es jedoch zu Meinungsverschiedenheiten, die in meist öffentlichen Diskussionen im Zentralen Haus der Literaten (Central'nyj dom literatorov) in Moskau ausgetragen wurden, an denen sowohl Akademiemitglieder als auch Autoren wie Viktor Borisovič Šklovskij und Konstantin Georgievič Paustovskij aktiv teilnahmen.[26]

Dominierte in der ersten Nachkriegszeit eher ein die unterhaltsamen Elemente und die experimentelle Fantasie hervorhebendes Verständnis der Wissenschaftlichen Fantastik, das diese noch deutlich vom wissenschaftlich-künstlerischen Genre abgrenzte, verschob sich die Diskussion mit der von Andrej Aleksandrovič Ždanov Anfang 1946 eingeleiteten kulturpolitischen Wende langsam dahingehend, das Genre als untergeordneten Bestandteil einer die erzieherischen Aufgaben und sozialistische Aufbauleistung betonenden wissenschaftlich-künstlerischen Literatur zu sehen, ohne dass man sich auf eine normative Definition einigen konnte. Erst Ende 1948 wurde dann durch Einsetzung neuer Sekretäre zumindest innerhalb des Schriftstellerverbandes gegen den Widerstand der Mehrzahl der Fantastikschriftsteller und vieler Wissenschaftler in der Sektion des Schriftstellerverbandes eine neue Linie durchgesetzt. Allerdings konzeptualisierte man die wissenschaftlich-künstlerische Literatur jetzt nicht mehr – wie noch in den 1930er Jahren – als Alternative zur Wissenschaftlichen Fantastik, sondern versuchte die seit Ende der 1920er Jahre für das Genre formulierten drei Aufgaben an die kulturpolitischen Vorgaben anzupassen.

Bei der popularisierenden Funktion stand nicht mehr die Neugier erweckende ungewöhnliche Entdeckung im Vordergrund, sondern eine in die Gesellschaft eingebundene Wissenschaft, die eine Steige-

26 Vgl. zur Nachkriegszeit auch Schwartz, Matthias: Kak Feniks iz pepla. O sovetskoj naučnoj fantastike poslevoennych let, in: Drjabina, Oksana; Kovtun; Elena (Hg.): *Russkaja fantastika na perekrest'e ėpoch i kul'tur*. (Materialy Meždunarodnoj naučnoj konferencii, 21-23 marta 2006 goda), Moskva 2007, S. 77-86.

rung der Produktion und Beschleunigung bei der Umgestaltung der Natur ermöglichte. Das dem Laien präsentierte Bild eines Wissenschaftlers entsprach hier nicht mehr dem eines Experimentators, sondern zeigte einen Dienstleister bei der Modernisierung seines Vaterlandes, wobei gerade das nationale russische Element stark hervorgehoben wurde.[27] Entsprechend bestand die inspirierende Funktion nicht mehr in einer Erweiterung der wissenschaftlichen Einbildungskraft und der schöpferischen Fantasie, sondern in der Beschreibung des Enthusiasmus, mit dem wissenschaftlich-technische Schaltpläne und Entwürfe als von Menschenhand geschaffene „Wunder" in der sowjetischen Gesellschaft realisiert wurden.[28] Die visionäre Funktion reduzierte sich in diesem Sinne auf die möglichst schnelle Erfüllung der nächsten ein bis zwei Fünfjahrespläne, weswegen diese Literatur auch den Namen „Fantastik des nahen Ziels" („fantastika bližnego pricela") bekam.

Allerdings verlor das Genre durch eine solche ideologische Anpassung sein grundlegendes Merkmal, nämlich Unterhaltungsliteratur zu sein: Denn wenn sich die Darstellung der Wissenschaften kaum mehr vom Lehrbuch unterschied, die experimentelle Fantasie weitgehend ausgeklammert blieb und nur täglich in der Presse propagierte Nahziele thematisiert wurden, konnte es weder bei Laien noch bei Experten Interesse wecken. Die Wissenschaftliche Fantastik wurde damit zwar literaturpolitisch nicht mehr stiefmütterlich vernachlässigt, in der medialen Präsenz blieb dem Aschenputtel aber weiterhin der große Auftritt vor der Leserschaft verwehrt, da sie nicht im Prachtkleid aufregender Erfindungen, sondern einzig und allein in der Arbeitsschürze der Ideologie erscheinen durfte. Aufgrund dieses Attraktivitätsdefizits fand man kaum noch Autoren, die eine solche Fantastik schreiben wollten, während in den Verlagslektoraten und Schriftstellerverbänden weiterhin Manuskripte mit den abenteu-

27 Vgl. beispielsweise Jakovlev, A. A.; Žigarev, L. V. (Hg.): *Nauka i žizn'. Sbornik*, Moskva 1949; Dies. (Hg.): *Rasskazy o nauke i ee tvorcach,* Moskva 1949; Gumilevskij, Lev: *Mastera techniki*, Moskva, Leningrad 1949.

28 Zum Topos des Wunders in der sowjetischen Science Fiction, vgl. Schwartz, Matthias: Wunder mit wissenschaftlicher Begründung. Verzauberter Alltag und entzauberte Ideologie in der sowjetischen Science Fiction der Nachkriegszeit, in: *Berliner Osteuropa Info* 23 (2005), S. 100-109.

erlichsten Sujets eingingen. Da diese aber nicht gedruckt werden konnten, reagierte beispielsweise der Kinderverlag *Detizdat* auf die anhaltende Leserfrage damit, dass fast die Hälfte der publizierten Science Fiction und Abenteuerliteratur aus westlichen Werken von vor 1917 bestand.[29] Und selbst um die wenigen Neuveröffentlichungen kam es immer wieder zu heftigen Auseinandersetzungen.

Als Beispiel für diese Schwierigkeiten möchte ich Vladimir Bragins Roman *Im Land der undurchdringlichen Gräser* von 1948 näher betrachten, um den sich eine kontroverse Debatte entwickelte, die letztlich das Scheitern dieser Neukonzeptualisierung einer wissenschaftlich-fantastischen Literatur deutlich machte.

3. Vladimir Bragin und fantastische Expeditionen in die Mikrowelt

Vladimir Grigor'evič Bragin (1896-1972) kam aus einer wohlhabenden Fabrikantenfamilie aus der belorussischen Kleinstadt Krasnopol'e, von wo er 1918 aufgrund der Revolution nach Moskau flüchtete.[30] Hier arbeitete er in den 1920er Jahren als Redakteur in der Eisenbahnerzeitschrift *Die Sirene* (*Gudok*), für die zu jener Zeit u.a. Michail Afanas'evič Bulgakov, Valentin Petrovič Kataev, Ilja Il'f und Evgenij Petrovič Petrov schrieben, ehe er ab Anfang der 1930er Jahre u.a. als Dramaturg, Kinderbuch-, Hörspiel-, Drehbuch- und Librettoautor tätig wurde. Zwar bekommt er schon 1930 aufgrund der Erzählung *Der Affe* (*Objez'jana*) Probleme mit den Organen der Staatssicherheit, und 1935 bzw. 1937 werden zuerst sein Bruder, dann der Schwager im Zuge der Säuberungen erschossen, doch er selber kann weiter schreiben, hat gute Kontakte zu Viktor Šklovskij, arbeitet als Librettist für Dmitrij Dmitrievic Šostakovič und wird während des Krieges 1942 auch in den Schriftstellerverband aufgenommen. Das Manuskript von *Im*

29 *Detizdat* veröffentlichte in der Serie *Bibliothek der Wissenschaftlichen Fantastik und Abenteuer* 1947 bis 1951 insgesamt zehn Werke von James Fenimore Cooper, Arthur Conan-Doyle, Thomas Mayne Reid, Robert Stevenson und Jules Verne mit einer Gesamtauflage von 435.000 Exemplaren gegenüber 13 Werken von sowjetischen Autoren in einer Auflage von 480.000 Stück.

30 Zu den biografischen Angaben, vgl. RGALI, f. 631, op. 22, ed. 5, l. 3 (Pravlenie Sojuza Sovetskich Pisatelej SSSR, Sekcija naučno-chudožestvennoj literatury: *Delo N 4*). Bragin, G. V.: Ob avtore ėtoj knigi, in: Bragin, *V strane dremučich trav*, S. 363f.

Land der undurchdringlichen Gräser entsteht in enger Zusammenarbeit mit dem Akademiemitglied, Biochemiker und Autor des biologiegeschichtlichen Grundlagenwerks über *Die Herkunft des Lebens* (*Proischoždenie žizni*, 1924), Aleksandr Ivanovič Oparin (1894-1980), sowie mit dem Professor der Moskauer Staatsuniversität (MGU) und Träger eines internationalen Preises für Entomologie, Nikolaj Nikolaevič Plavil'ščikov (1892-1962), die sich beide intensiv der Wissenschaftspopularisierung und Wissenschaftlichen Fantastik widmeten.[31] Das Manuskript wird schon Ende 1943 bei dem Verlag *Detizdat* in den Dreijahresplan für wissenschaftlich-populäre Literatur aufgenommen.[32] Es erscheint aber letztlich erst 1948 in der Serie *Bibliothek der Abenteuer* (*Biblioteka priključenij*) im gleichen Verlag mit einem Nachwort von Plavil'ščikov und in der für die damalige Zeit maximalen Auflage von 30.000 Exemplaren. Aufgrund der scharfen Kritik wurde der Roman dann erst 1959 in stark überarbeiteter und erweiterter Form wiederaufgelegt, jetzt mit dem Untertitel *Romanmärchen* (*Roman-skazka*), wobei sich als leitender Redakteur der seit kurzem beim Verlag *Detizdat* arbeitende Arkadij Natanovič Strugackij verantwortlich zeichnete.[33] Diese Romanfassung erlebte in der Sowjetunion noch zwei weitere Neuausgaben und kam insgesamt auf eine Auflage von 350.000 Exemplaren.[34] Ansonsten publizierte Bragin nur noch wenige Kinderbücher und

31 Plavil'ščikov veröffentlichte sogar 1945 selber einen wissenschaftlich-fantastischen Kurzroman, *Das fehlende Kettenglied*, über die Begegnung mit einem Affenmenschen, der die fehlenden evolutionäre Zwischenstufe zwischen Affen und Menschen darstelle. Vgl.: Ders.: *Nedostajuščee zveno. Fantastičeskaja povest'* (1945), Novosibirsk 2004.

32 Vgl. RGALI, f. 630, op. 5, ed. 86, l. 3 (Narkompros RSFSR, Gosudarstvennoe izdatel'stvo detskoj literatury „Detgiz“: *Stenogramma zasedanija komissii po sostavleniju trechletnego perspektivnogo plana po naučno populjarnoj literature, 30-go dekabrja 1943*).

33 Neben einer Vielzahl stilistischer Korrekturen, kleiner Umstellungen und einer Neuaufteilung des Romans in sieben Teile besteht die wesentliche Veränderung gegenüber der ersten Auflage im Hinzufügen eines Tagebuchs von Dumčev über seine „letzte Reise“ („poslednoe putešestvie“) Im Land der undurchdringlichen Gräser (Teil 4). Diese Stärkung von Dumčevs Perspektive gegenüber dem Erzähler und die Einordnung des Romans als Märchen durch den Untertitel lassen sich auch als Reaktion auf die weiter unten behandelte Kritik an dem Roman interpretieren, worauf hier nicht weiter eingegangen werden kann.

34 Nach 1959 erschien der Roman noch einmal 1962 und 1967 im gleichen Verlag. Auch in Ungarn, der Tschechoslowakei, in Bulgarien, Polen und Jugoslawien wird der Roman in diesen Jahren übersetzt. 2004 wurde noch eine fünfte Auflage mit der allerdings nur

erst posthum wird 1974 ein unvollendeter fantastischer Kurzroman *Der Sucher des verlorenen Jahrtausends* (*Iskatel' utračennogo tysjačeletija*) veröffentlicht mit einem Vorwort von Viktor Šklovskij, der um einen zentralen Topos der 1920er Jahre und der Stalinzeit kreist: die Frage der möglichen Unsterblichkeit des Menschen.[35]

Abb. 2: Umschlag der 3. Auflage (1962, Ausschnitt)

Vladimir Bragins einziger abgeschlossener Roman nimmt hingegen ein anderes populäres Thema wissenschaftlicher Spekulationen auf: Die Verkleinerung des menschlichen Körpers. Dieser Kunstgriff gehört zwar in der Tat eher zum Motivvorrat des Märchens, ist aber seit dem 18. Jahrhundert immer wieder genutzt worden, sei es didaktisch, um im Bereich der „Insektotheologie" eines Charles Bonnet die göttliche Weisheit anhand der kleinsten Lebewesen zu zeigen, sei es satirisch, um mit Hilfe von Gullivers Reisen ins Land der Liliputaner (1726) bei Jonathan Swift Kritik an der eigenen Gesellschaft zu üben. Inspiriert durch Lewis Carolls *Alice's Adventures in Wonderland* (1865) erschien dann seit Ende des 19. Jahrhunderts gleich eine ganze Reihe an populärwissenschaftlichen Prosastücken, in denen sich Wissenschaftler mit Hilfe chemischer Substanzen auf die Reise in die Mikrowelt machten. Die bekanntesten und von Bragin auch rezipierten sind wohl die Kurzgeschichte *Auf der Seifenblase* (1887) von Kurt Lasswitz (1848-1910) sowie der drei Jahre später erschienene und mehr-

noch geringen Auflagenzahl von 7000 Exemplaren veröffentlicht.

35 Bragin, Vladimir: *Iskatel' utračennogo tysjačeletija. Fantastičeskaja povest'* (Biblioteka priključenij i naučnoj fantastiki), Moskva 1974.

mals wieder aufgelegte Roman *Doktor Fliegenfänger. Fantastische Abenteuer im Land der Insekten* (*Doktor Mucholapski. Fantastyczne przygody w świecie owadów*, 1890) des polnischen Archäologen, Ökonomen und Wissenschaftspopularisators Erazm Majewski (1858-1922).[36]

Im nachrevolutionären Russland bedient sich Viktor Alekseevič987Gončarov als erster dieses Verfahrens, als er 1924 den „mikrobiologischen Scherz“ *Die Abenteuer des Doktor Skalpell und des Fabriklehrlings Nikolka in der Welt der kleinen Größen* (*Priključenija doktora Skal'pelja i fabzavuka Nikolki v mire malych veličin. Mikrobiologičeskaja šutka*) publizierte, der schon einen „scherzhaften“ Kommentar auf diese Form der Wissenschaftspopularisierung beinhaltete. Erzählt der Roman doch von dem von den Wissenschaften insgesamt und insbesondere von seinem Lehrbuch für Anatomie und Physiologie völlig überforderten einfachen Lehrling Nikolka Danilenko. Diesem erscheint eines Nachts in einem Alptraum der Fabrikarzt Skalpell und entführt ihn in das Mikroleben seines Zimmers, in dem es von Dreckpartikeln, diversen Körperausscheidungen, bedrohlichen Mikroben, Bakterien, Viren, Bazillen und ähnlichen möglichen Krankheitserregern nur so wimmelt. Das Studium der Wissenschaften wird hier nicht als Faszinosum, sondern im Gegenteil im Stile einer Gruselgeschichte durch Abschreckung vor der lebensgefährlichen Mikrowelt als indirektes Plädoyer für Sauberkeit und Hygiene popularisiert.[37]

Der bekannteste Roman jener Jahre ist jedoch Maurice Renards (1875-1939) 1928 erschienenes Werk *Un Homme chez les Microbes. Scherzo*, das von dem Amtsnotar Fléchambeau aus Paris handelt, der aus Liebe zu einem Provinzmädchen seinen Freund Dr. Pons dazu bringt, ihm ein Mittelchen zu besorgen, mit dem er seine außergewöhnliche Körpergröße verkleinern kann. Unglücklicherweise hört die chemische Substanz jedoch nicht auf

36 Auch Fitz-James O'Briens (1828-1862) Kurzgeschichte *The Diamond Lens* (1858), der unter dem Pseudonym Edwin Pallender veröffentlichte Roman *The Adventures of a Micro-Man* (1902) des Botanikers, Biologen und Musikers Lancelot Francis Sanderson Bayly (1869-1952) sowie der erstmals 1919 in einer Zeitschrift veröffentlichte Bestseller von Ray Cummings (1877-1957) *The Girl in the Golden Atom* handelten von Verkleinerungen des Menschen.

37 Später wandten auch noch Vladimir Rjumin in seiner Erzählung *Das Verbrechen des Doktor Pirs* (*Prestuplenie doktora Pirsa*, 1926) oder V. Lancev in *Die Reise innerhalb des Atoms* (*Putešestvie vnutri Atoma*, 1927) das gleiche Verfahren an.

Abb. 3: Umschlag von Gončarovs Roman *Die Abenteuer des Doktor Skalpell…* (1924)

zu wirken, so dass sein Verkleinerungsprozess erst, als er die Größe von Mikroben erreicht, von den dort lebenden, hoch entwickelten Mandarinenwesen gestoppt werden kann. Diese „Mandarinenmikroben" besitzen zwar einen außerordentlichen sechsten Sinn, der es ihnen ermöglicht, ohne Worte durch Gedankenübertragung zu kommunizieren, stellen sich aber ansonsten ähnlich wie Gullivers Liliputaner als Zerrbild der eigenen Gesellschaft heraus.[38] Eingeleitet wird diese Geschichte von einem „Kinematographischen Vorwort", das von einer Kinovorführung erzählt, bei der der Gelehrte Dr. Prologus auf der Leinwand auftaucht, der seit zwanzig Jahren an seinem Lebenswerk „Physiologie der Sinne" arbeitet, statt dessen aber *Un Homme chez les Microbes* in die Tasten der Schreibmaschine

38 Renard, Maurice: *Ein Mensch unter den Mikroben.* Roman. Übers. v. H. Blum., Berlin 1928.

tippt. Zwar werden die Wissenschaften hier nur scherzhaft in der Figur des gescheiterten Doktors bzw. verrückten Wissenschaftlers verhandelt, einer Figur, mit der sich Renard schon 20 Jahre zuvor prototypisch in seinem wohl populärsten Text, dem Schauerroman *Le Docteur Lerne, sous-dieu* (1908) ernsthafter beschäftigt hatte,[39] doch wird in der akzentuierten Privilegierung filmischer und literarischer Erzählverfahren gegenüber naturwissenschaftlichen Manipulationstechniken eine Konkurrenz artikuliert, die Bragin auf den sowjetischen Kontext bezogen wieder aufnimmt.

Direkter Vorläufer und Ideengeber für Bragins Roman ist der erstmals 1937 in der Kinderzeitschrift *Das Lagerfeuer* (*Kostër*) erschienene „wissenschaftlich-fantastische Kurzroman“ *Die ungewöhnlichen Abenteuer von Karik und Valja* (*Neobyknovennye priključenija Karika i Vali*) von Jan Leonol'dovič Larri (1900-1977), der bis zu dessen Verhaftung 1941 noch zwei Buchauflagen erlebte.[40] Der in der Moskauer Gegenwart spielende Roman handelt davon, wie die beiden Geschwisterkinder Karik und Valja im Privatlabor des benachbarten Professors Ivan Enotov aus Neugierde eine verführerisch aussehende Flüssigkeit trinken und sich in Winzlinge verwandeln. Als der Professor von dem Missgeschick erfährt, verwandelt er ebenfalls seine Körpergröße und führt die Kinder durch die Gefahren der Mikrowelt und die Unwegsamkeiten des „seltsamen Landes“ sicher nach Hause.[41]

In der Kritik ist Larris Werk durchweg positiv aufgenommen worden, auch wenn einschränkend angemerkt wurde, dass es zwar für den wissen-

---

39 Evans, Arthur B: The Fantastic Science Fiction of Maurice Renard, in: *Science Fiction Studies* 21:3 (1994), S. 380-396.

40 Die Verhaftung erfolgte aufgrund des „konterrevolutionären“ Nachfolgeromans *Der himmlische Gast* (*Nebesnyj gost'*), vgl. hierzu Charitonov, Evgenij: Priključenija pisatelja-fantasta v „Strane sčastlivych“. Stoletie so dnja roždenija Jana Larri prošlo nezamečennym, in: *Knižnoe obozrenie* (19.06.2000), S. 21.

41 Dabei grenzt der Roman seine „ungewöhnlichen Abenteuer“ explizit von der exotisierenden Erzählweise westlicher Abenteuerliteratur ab, wenn beispielsweise die jüngere, äußerst naive und schreckhafte Schwester Valja die Welt der Gräser und Insekten als einen „Dschungel der Alptraumschrecken“ („Джунгли кошмарных ужасов“) bzw. als „Wald der blutigen Geheimnisse“ („Лес кровавых тайн“) bezeichnet, während sich der etwas vernünftigere ältere Bruder Karik dieser Exotisierung verweigert und der Professor gelehrte Kommentare über das Leben der Insekten abgibt. Vgl. Larri, Jan: *Neobyknovennye priključenija Karika i Vali*, Leningrad 2007, S. 76.

schaftlich desinteressierten Laien nützlich sei, da die Geschichte neugierig auf die Wissenschaften mache, für schon vorgebildete Techniker und Naturalisten hingegen wenig Neues biete.[42] Auch sei das Buch mit wissenschaftlichen Daten und Fakten überladen, wohingegen eine spannende Abenteuerhandlung oder eine Interesse weckende Idee als künstlerische Verfahren nur unzureichend umgesetzt seien.[43] Anders formuliert genüge das Buch zwar den popularisierenden Aufgaben, die inspirierende und insbesondere die visionäre Funktion fehlen aber fast vollkommen. Auch hier trifft die Ende der 1930er Jahre immer häufiger formulierte generelle Kritik an im Stile wissenschaftlich-künstlerischer Literatur geschriebenen Bücher zu, die gerade das grundlegende Element spannender Unterhaltung vernachlässigen.

Genau auf diese Kritik reagiert Bragin, als er kurz nach Erscheinen von Larris Buch mit seinem Roman beginnt, in dem er zwar teilweise die Begegnung mit genau denselben Insekten wie Larri beschreibt, doch die Komposition des Sujets und die Konfrontation unterschiedlicher Wissenschaftsbegriffe und Untersuchungsmethoden künstlerisch vielschichtiger gestaltet.

4. Der Roman *Im Land der undurchdringlichen Gräser*

Bragins erster großer Roman erzählt die Geschichte des Biologen und Insektenforschers Sergej Sergeevič Dumčev, der sich in der südlichen Provinzstadt Čensk schon vor der Revolution einen Namen gemacht hatte, indem er die Flugtechniken der Insekten versuchte nachzuahmen, doch von der Fachwelt verkannt und unbeachtet geblieben war. Besessen von der Vision, die ingenieurtechnischen, konstruktiven und organischen Fähigkeiten der Insekten zu enträtseln und dieses Wissen den Menschen zur Verfügung zu stellen, verschwindet Dumčev plötzlich spurlos von der Bildfläche, indem er durch einen unglücklichen Zufall ausgerechnet am Tag seiner ge-

42 Vgl. Kon, L.: Neobyknovennye priključenija Karika i Vali, in: *Detskaja literatura* 11 (1938), S. 26-29; Devekin, V.: Zanimatel'naja kniga (Bibliografija), in: *Komsomol'skaja pravda* (25.12.1940), S. 3.

43 Vgl. Zenkevič, L. (Prof.): Zamečanija k knigi Larri „Neobyknovennye priključenija Karika i Vali", in: *Detskaja literatura* 11 (1938), S. 29- 30.

Какое-то огромное, странное существо появилось предо мной.

Abb. 4: Illustration aus Bragins Roman (1948): Irgendein riesiges, seltsames Wesen tauchte vor mir auf.

planten Hochzeit mit Hilfe chemischer Substanzen seine Körpergröße um das „100-, vielleicht 200fache“ verkleinert.[44] Von nun an lebt er mehr als 30 Jahre in dem von ihm so benannten „Land der undurchdringlichen Gräser“ („Страна Дремучих Трав“), ohne Kenntnisse davon, was in der Welt der Menschen vor sich geht. Auf seiner abenteuerlichen und gefahrvollen Wanderschaft durch dieses wilde Land macht er eine Vielzahl von Beobachtungen und Entdeckungen aus dem Leben der Insekten, Würmer und anderen Kleingetiers, die er den zur seiner Zeit noch äußerst hilflosen und unterentwickelten technisch-wissenschaftlichen Errungenschaften der Menschen gegenüberstellt, immer geleitet von dem Wunsch, diesen

44 Bragin: *V strane dremučich trav*, S. 94.

einmal all sein Wissen zukommen zu lassen. Dabei ist er aufgrund seiner Größe – schon Spinnen und Käfer erscheinen ihm als Giganten und riesige Ungeheuer – einzig auf seinen Verstand angewiesen, um sich in dieser vom „Kampf ums Dasein" geprägten, unwägbaren Welt zurechtzufinden, in der der Fußtritt eines Menschen oder ein fallen gelassener Zigarettenstummel verheerende Katastrophen auslösen können.[45]

Erzählt werden diese Abenteuer in der Mikrowelt jedoch nicht in linearer Zeitabfolge, sondern retrospektiv aus der Sicht der sowjetischen Gegenwart, und zwar von einem Ich-Erzähler, der den Namen Nesterov trägt, von Beruf Theaterregisseur und Drehbuchautor ist und im Sommer des Jahres 1948 auf der Reise von Moskau zu einem Küstenkurort in Čensk eine Nacht Halt machen muss, um vom Zug auf einen Flussdampfer umzusteigen. Dabei fliegt ihm des Nachts im Hotel ein Schmetterling zu, auf dessen Rükken er eine seltsame Erhöhung, ein „festes Hügelchen" bemerkt: „Und das Hügelchen ähnelte einem Röllchen. Ganz wie eine alte Urkunde – eine zu einem Röllchen zusammengebundene alte Urkunde… auf dem Rücken eines Schmetterlings."[46] Nachdem er die Urkunde erst für den verschlüsselten Liebesbrief eines Jugendlichen hält, dessen Gespräch mit seiner Geliebten auf der Straße er zuvor am Fenster belauscht hatte, stellt sich der nur mit einem starken Mikroskop lesbare Text als ein Brief heraus, der den kaum verständlichen Hilferuf eines Menschen beinhaltet, der „die Zeit verloren" habe.[47] Nun versucht der auf seinen Feriendampfer wartende Erzähler mit wissenschaftlicher Unterstützung des Direktors des örtlichen Pädagogischen Instituts, Prof. Tarasevič, die Herkunft und die Bedeutung dieses rätselhaften Briefes zu entschlüsseln. Von ständiger Müdigkeit geplagt, recherchiert er in der Stadtbibliothek, schult sich in Entomologie und Wissenschaftsgeschichte, bis er eher zufällig die immer noch auf diesen wartende Verlobte des Verschwundenen und dessen Laboratorium ausfindig macht.

---

45 Ebd., S. 200. Dumčevs rationale Überlegenheit wird durch seinen Namen zusätzlich betont, der im Russischen auf das Verb Denken (dumat') verweist.

46 „А бугорок похож на трубочку. Совсем как старинная грамота – свернутая трубкой старинная грамота... на спинке бабочки." Ebd., S. 10.

47 Der Brief beginnt mit den Worten: „… ferner Freund! Helfen Sie mir: Ich habe die Zeit verloren! Ich suche die verlorene Zeit! Retten Sie mich!" („...друг далекий! Помогите: я потерял время! Ищу утраченное время! Спасите!") Ebd., S. 12.

Bei dieser Suche nach der Bedeutung des „bemerkenswerten Briefes" und nach der Lösung für Dumčevs plötzliches Verschwinden eignet sich der Erzähler mehr und mehr die Methoden und Denkweisen der exakten Wissenschaften an, wobei er und Prof. Tarasevič wiederholt feststellen müssen, dass diese ihnen nicht weiterhelfen: „Man kann, mein lieber Gast, die Eigenheit und Kompliziertheit des menschlichen Lebens nicht mit den Methoden der Mathematik lösen",[48] ruft der Institutsdirektor hitzköpfig aus, als sie auf immer neue „Zufälle" stoßen. Erst als ihm die Verlobte von den „seltsamen Worten" Dumčevs berichtet, dass der „geniale Mathematiker" Nikolaj Ivanovič Lobačevskij ein genau so großer Dichter wie sein geliebter Fëdor Ivanovič Tjutčev gewesen sei, beginnt der Erzähler sich „künstlerischer" Untersuchungsmethoden zu bedienen, versucht sich wie Edgar Alan Poes Held William Legrand aus der Erzählung *The Gold-Bug* (1843) in der Kryptologie, ehe er sich auf seine ureigensten Fertigkeiten des Theaterschauspielers und Regisseurs besinnt:

> Vergeblich habe ich versucht, dieses Rätsel mit den Methoden mir fremder Berufe zu lösen: Ohne ein Wissenschaftler, ein Forscher, ein Detektiv zu sein, habe ich mit Hilfe ihrer Methoden versucht zur Lösung des Rätsels zu kommen./ Nur mit den Verfahren der Kunst, mit der ich lebe, der Kunst, die ich so lange und leidenschaftlich studiert habe, kann ich zu einer Lösung des Rätsels von Dumčev kommen.[49]

Und so besinnt er sich auf die schauspielerische Technik der Einfühlung, orientiert sich an den „fantastischen Vermutungen" eines H.G. Wells und tauscht schließlich die „chemische Analyse" gegen eine „literarische" aus: Er probiert eine der an Dumčevs Arbeitsplatz gefundenen weißen Pillen, die laut einer Laboranalyse aus einer völlig wirkungslosen Substanz bestehen, einfach am eigenen Körper aus, indem er sie selber herunterschluckt.

48 „Нельзя, дорогой гость, своеобразие и сложность человеческой жизни решать методами математики." Ebd., S. 22.

49 „Зря я старался решать эту загадку методами чуждых мне профессий: не будучи ни ученым, ни следователем, ни сыщиком, я пытался при помощи их приемов подойти к разгадке./ Только приемами искусства, которым я живу, того искусства, которое я так долго и страстно изучал, я могу подойти к решению загадки Думчева." Ebd., S. 80.

Durch das Herunterschlucken der Pille stürzt er auf einer „schwarzen Lawine" („Черный снегопад") hinab in die Mikrowelt und wird selber zum Mikroskopmenschen („человеком-микроскопом").[50]

Schon dieses Verhalten des Erzählers beinhaltet einige Oppositionen in Hinblick auf das Wechselverhältnis von Wissenschaft und Literatur, die im ersten Teil des Romans aufgebaut werden. So sind es nicht die abstrakte Mathematik, sondern die poetische Geometrie eines Lobačevskij, nicht die gewöhnliche chemische Analyse, sondern das riskante „literarische" Vorgehen als Selbstversuch des Erzählers, die ihn weiterführen.[51] Dem „weltfremden" Labor wird die praktische Anwendung entgegengesetzt, den nüchternen Zahlen und Formeln die experimentelle und spontane Einfühlung in auch abwegige Hypothesen vorgezogen.

Im zweiten Teil des Romans begibt sich der Erzähler in der Mikrowelt auf die Suche nach Doktor Dumčev und findet ihn auch endlich nach einer Reihe weiterer Missgeschicke und lebensgefährlicher Konflikte mit deren Bewohnern. Wie sich herausstellt, hatte der Forscher am Hochzeitstag aus Versehen eine seiner Pillen (statt Zucker) in den Kaffee getan, und hatte daher auch kein Mittel mitgenommen, um wieder seine ursprüngliche Größe zu erlangen, weswegen er auch die Hilfebriefe schrieb, von denen Nesterov zufällig einen empfangen hatte. Doch die Begegnung mit Dumčev stellt sich als schwieriger heraus als gedacht, denn der ist durch das lange Leben „in dieser Welt, wo ständig Gefahren drohen, wo der Mensch mit seinem stolzen Verstand jeden Moment die schwierigsten Aufgaben lösen muss, [...] durch nichts mehr zu verwundern."[52] So be-

50 Ebd., S. 91ff., S. 94.

51 Hierin hat er prominente Vorläufer anderer Wissenschafts-Künstler, man denke an Aleksandr Bogdanovs Bluttransfusionen oder auch andere Selbstexperimente mit Drogen, vgl. Vöhringer, Margarete: Rausch im Blut. Aleksandr Bogdanovs Experimente zwischen Kunst und Wissenschaft, in: Klimó, Árpád von; Rolf, Malte (Hg.): *Rausch und Diktatur. Inszenierung, Mobilisierung und Kontrolle in totalitären Systemen*, Frankfurt a.M. u.a. 2006, S. 139-150; Schwartz, Matthias: Diktatur als Drogentrip. Rauschimaginationen in sowjetischer Science Fiction, in: Ebd., S. 255-280.

52 „[...] долгая жизнь здесь, в этом мире, где беспрерывно постерегают опасности, где человеку с его гордым разумом всякий миг надо решать труднейшие задачи [...] приучила доктору Думчеву ничему не удивляться." Bragin: *V strane dremučich trav*, S. 135.

Abb. 5: Illustration aus Bragins Roman (1948): „Was ist das für ein Wesen?“, fragte ich Dumčev. „Ein Raketentriebwerk“.

grüßt er den Erzähler, als ob sie sich schon lange kennen und sich zufällig auf einem städtischen Boulevard begegnen würden. Diese „leidenschaftliche Ruhe“ („страстное спокойствие“) eines Menschen, der sich mit Hilfe des Verstandes die schreckliche Welt der Insekten und Käfer untertan gemacht hat, beruhigt und erzürnt Nesterov zugleich.[53] Dumčev versucht nämlich den Erzähler zum einen ständig von „den noch nicht entdeckten Möglichkeiten“ („еще не обнаруженные возможности“),[54] von der Perfektion und Vorbildlichkeit der Insektenwelt zu überzeugen, während dieser ihm entgegen hält, dies seien doch einzig vom Instinkt geleitete Maschinenwesen, wohingegen der Mensch den Verstand besäße:

53 Ebd.
54 Ebd., S. 157.

> „Hier herrscht der Instinkt. Nur der Instinkt. Ergebnis von Millionen Jahren der Anpassung. Doch der Instinkt ist blind! Äußerst begrenzt, immer automatisch! […] der Mensch kann weder etwas von den Bienen noch von anderen Insekten lernen – diesen lebenden Maschinen. […] Alle diese Insekten sind lebende Maschinen! Die niedrigsten Organismen!“[55]

Zum anderen aber kommt Nesterov einfach nicht dazu, Dumčev zu erklären, dass sich die Makrowelt seit seiner Abreise grundlegend gewandelt hat, es die Revolution gegeben habe und die meisten seiner Entdeckungen schon längst von den Menschen in der Sowjetunion verwirklicht worden seien. So hat der Forscher durch sein langes Einsiedlerleben unter den Insekten nicht nur private Lebenszeit (mit seiner Braut), sondern auch beruflich den Anschluss an den Stand der Wissenschaften verloren. Die im ersten Abschnitt noch als mögliches inspirierendes Lösungsangebot verhandelte poetische Wissenschaft eines Lobačevskij stellt sich aus der Sicht des Erzählers in der Mikrowelt als emphatische, unkritische Nachahmung der Natur heraus. Entrüstet und gleichzeitig voller Mitleid ob der verlorenen Lebenszeit und der vergeblichen Bemühungen des isolierten Wissenschaftlers lässt sich der Erzähler die gefährliche Welt der undurchdringlichen Gräser, dessen Transplantationsexperimente und andere „Entdeckungen von seit langem Entdeckten“ zeigen.[56]

Im letzten Teil des Romans kehren die beiden Helden dann mit Hilfe einer aus Dumčevs Laboratorium mitgebrachten Pille in die Makrowelt zurück, doch Dumčev ist diese Welt vollkommen fremd geworden und er steht staunend und sprachlos vor der sowjetischen Wirklichkeit, in der alle Menschen, denen er begegnet, ständig am Singen und Lachen sind. Nur eine seiner Entdeckungen stellt sich als noch nicht realisiert heraus, und zwar die der ewigen, niemals verbleichenden Farben der Schmetterlingsflügel, die Nesterov in der Mikrowelt noch ebenfalls für eine Entdeckung von seit langem Entdeckten gehalten hatte. Und so steht am Ende die

---

55 „Здесь инстинкт. Только инстинкт. Результат миллионов лет приспособления Но инстинкт слеп! До крайности ограничен, всегда автоматичен! […] человеку нечему учиться ни у этой пчелы, ни у других насекомых – этых живых машин. […] Все эти насекомые – живые машины! Низшие организмы!“ Ebd., S. 138, S. 140.

56 Vgl. Ebd., S. 158ff.

Vision des Moskauer Physikers Dmitrij Dmitrievič Kalganov – dem der Erzähler Dumčevs Forschungsergebnisse zur Überprüfung mitgeteilt hatte – von einer „Symphonie der Farben", die Moskau und die ganze Welt in neuem Licht erstrahlen lässt:

> Ich sehe das Moskau der Zukunft – mit seiner Symphonie der Farben, entzündet vom Lichtstrahl. [...] Sie überlagern sich, schwächen ab, verschwinden fast, tauen – wie Töne, wie Musik. Und flammen von neuem auf. Die Symphonie der Farben – sie erklang, erstrahlte, spielte vom Strahl des Lichts! Moskau – die Stadt der Sonne! [...] Das wird wirklich eine Sonnensymphonie! Eine Symphonie der Sonnenstadt. [...] Und als Antwort auf die Symphonie Moskaus werden unter eben diesen Sonnenstrahlen die Lichtsymphonien in den Hauptstädten der Brüderrepubliken erklingen./ Und diese Musik, die Lichtmusik, geschaffen vom Sonnenstrahl, die Musik, gesteuert von unseren Physikern, wird erklingen, solange im Weltall die Sonne scheint, solange die Lichtwelle rollt![57]

Als Dumčev auf dem Sterbebett von den ersten praktischen Anwendungen dieser Vision durch Kalganov und dessen Kollektiv erfährt, endet er mit einem Lob auf den „Verstand des Menschen" auf den Lippen, dem der Erzähler in Bezug auf die Anwendungen die Worte hinzufügt: „geschaffen durch den großen Verstand des Menschen, des Überwinders und Umgestalters der Natur".[58] Damit dienen Dumčevs „fantastische Pläne" aus der Mikrowelt in der sowjetischen Makrowelt als Inspiration, ein visionäres Ziel wissenschaftlich umzusetzen: Aus romantischer Naturnachahmung wird hier die schöpferische Umgestaltung der Natur selber. Die

57 „Я вижу Москву будущего – с ее симфонией красок, зажженных лучом света. [...] Они переливаются, ослабевают, почти иссякают, тают – как звуки, как музыка. И вновь разгораются. Симфония красок – она зазвучала, загорелась, заиграла от луча света! Москва – город Солнца! [...] И это действительно будет солнечная симфония! Симфония города Солнца! [...] И в ответ на симфонию Москвы зазвучат под этими же лучами солнца световые симфонии в столицах братских республик./ И музыка эта, световая музыка, созданная лучом солнца, музыка, управляемая нашими физиками, будет звучать, пока светит во вселенной солнце, пока струится световая волна!" Ebd., S. 271f.

58 „[...] светлая и гордая симфония цветов и красок, созданных великим разумом человека, покорителя, преобразователя природы!" Ebd., S. 283. Die Idee dieser Symphonie der Sonnenstadt wird bei Bragin direkt von Aleksandr Skrjabins synästhetischem Konzept einer Musik der Farben abgeleitet. Vgl. Ebd., S. 271f.

Sonnenstrahlen sollen demnach nicht weiter im Dickicht der undurchdringlichen Gräser versinken, sondern Moskau selber zum künstlerischen – musikalisch-visuellen – Zentrum der brüderlichen Republiken machen.

Nun lässt sich schon aus dieser stark verkürzten Zusammenfassung sehen, dass die künstlerische Aneignung wissenschaftlicher Problemstellungen und Hypothesen bei Bragin eine vielschichtige Angelegenheit ist. Nicht die Daten und Fakten stehen im Vordergrund, sondern die unterschiedlichen Verfahren der Perspektivisierung und Wahrnehmung der Mikro- und Makrowelt. Allein das grundlegende künstlerische Verfahren des Romans der Verkleinerung des Beobachters dient nicht einfach der Popularisierung der Entomologie, wie es in Larris Geschichte der Fall ist, sondern vor allem der literaturhistorischen und künstlerischen Verortung des Romans. So lässt die kompositionelle Anordnung des Romans eine Dreiteilung erkennen, deren einzelne Abschnitte auf literarische Vorlagen rekurrieren. Der erste Teil weist deutlich Strukturen des klassischen Kriminalromans auf, wobei das ungelöste Rätsel (Dumčevs Brief) hier nicht auf ein unaufgeklärtes Verbrechen, sondern auf ein ungewolltes wissenschaftliches Experiment verweist. Der zweite Teil (Nesterovs Reise durch die Mikrowelt) folgt den Mustern des Abenteuerromans des 19. Jahrhunderts, der allerdings nicht mit der Initiation des Helden in der Fremde als imperiales Subjekt einhergeht, sondern im Fall von Dumčev genau aufs Gegenteil hinausläuft: Seine Forschungsmethode (die Nachahmung) erweist sich als nutzlos und sein Heimatland (das zaristische Russland) ist untergegangen.[59] Der dritte Teil funktioniert dann im Sinne einer sowjetischen Wissenschaftlichen Fantastik als dialektische Synthese aus Abenteuer- und Kriminalliteratur, die nicht nur den verloren gegangenen Forscher zurück in die sowjetische Gegenwart führt, sondern auch zumindest eine der vergeblichen Entdeckungen zu einer nützlichen Erfindung für den Aufbau des Sozialismus macht.

59 Schon der Titel „Land der undurchdringlichen Gräser" lässt Assoziationen mit dem Urwald (дремучий лес) und Dschungel anklingen und verweist damit auf typische Schauplätze der Abenteuerliteratur, auch Gulliver wird mehrmals erwähnt, Dumčev mit Robinson verglichen und der Erzähler kleidet sich „ganz wie die Bewohner Afrikas" („совсем как жители Африки"). Ebd., S. 95, S. 115, S. 199, S. 206, S. 246.

Diese Abgrenzung einer neuen Wissenschaftlichen Fantastik gegenüber der vorrevolutionären Unterhaltungsliteratur wird jedoch nicht nur auf kompositioneller Ebene des Sujets, sondern auch durch die Motive und Figurenbeschreibung hervorgehoben. Das beginnt schon mit der Eröffnungsszene des Romans, als der Erzähler ins Hotel einchecken will, von der Diensthabenden an der Rezeption aber keines Blickes gewürdigt wird, da diese ganz von ihrer Buchlektüre gefesselt ist – Nikolaj Gogol's *Taras Bulba*. Als der Erzähler bei dem Mädchen am nächsten Tag seinen Aufenthalt im Hotel verlängern möchte, antwortet sie ihm ohne den Blick zu heben mit den Worten aus Victor Hugos *Notre Dame de Paris* (1831), worauf er ihr in Gedanken entgegnet: „Wenn man ihr von den Briefen Dumčevs erzählen würde, vergäße sie sogar ihre Bücher!“[60] Und als er das „Bücher lesende Mädchen“ („Девушка, читающая книги“) zum letzten Mal kontaktiert, ist sie so von den „schicksalhaften Worten“ („роковые слова“) einer Herzogin und eines Vicomte fasziniert, dass sie kaum mehr weiß, wer eigentlich im Hotel ein- und ausgegangen ist.[61] Doch auch dieses adlige Liebesdrama wird von der sowjetischen Wirklichkeit überboten, denn der Erzähler findet gleich in der nächsten Szene in seinem Hotelzimmer einen Abschiedsbrief Dumčevs vor, der sich – da angeblich alle seine Entdeckungen schon längst gemacht worden sind – wieder in die Einsamkeit des Landes der undurchdringlichen Gräser zurückziehen möchte und mit den an den Erzähler gerichteten Worten endet: „Denn ich habe Sie doch lieb gewonnen.“[62] Dabei beharrt er in einem Postskriptum auf seinem Standpunkt, dass dieses Land noch „unzählige Geheimnisse“ der Technik und Wissenschaft berge, worauf die Handlung eine letzte dramatische Wendung nimmt.[63]

Schon diese Gegenüberstellung von Nesterovs Abenteuern in der sowjetischen Provinzstadt mit klassischen historischen Romanen des 19. Jahrhunderts artikuliert den programmatischen Anspruch Bragins, dass die künstlerische Verarbeitung wissenschaftlicher Entdeckungen und Ge-

60 „Если бы ей рассказать о письмах Думчева, она забыла бы даже про свои книги!“ Ebd., S. 78.

61 Ebd., S. 249.

62 „А я ведь вас полюбил.“ Ebd., S. 250.

63 Ebd.

dankenexperimente nicht weniger spannend und aufregend sein kann als die gängigen Topoi der Unterhaltungsliteratur von Mord, Eifersucht und Liebesdrama. Zudem werden die genuin literarischen bzw. „künstlerischen“ Mittel dadurch unterstrichen, dass jedem der insgesamt 73 Kapitel ein – oft fragmentarisches – Motto vorangestellt ist. Als Stichwortgeber treten dabei neben diversen Sprichwörtern und Redewendungen meist kanonisierte Namen der russischen Literaturgeschichte auf.[64] Diese vorangestellten Zitate prominenter Autoren der hohen Literatur heben jedoch nicht nur zusätzlich in Bezug auf die jeweiligen Kapitel die *inspirierende* bzw. *visionäre* Bedeutung der Schönen Literatur für die wissenschaftliche Forschung hervor, sondern formulieren implizit auch den Anspruch von Bragins Roman, sich in diesen Kanon der „Literatur erster Sorte“ einordnen zu wollen.

5. Rezeption des Romans – Zwischen Stalinpreis und Demontage

Bragins Romanmanuskript *Im Land der undurchdringlichen Gräser* geht im Februar 1946 im Büro der Sektion für wissenschaftlich-künstlerische Literatur des sowjetischen Schriftstellerverbandes ein – allerdings nicht mit dem Autor als Absender, sondern direkt aus der Akademie der Wissenschaften der UdSSR. Es ist versehen mit einem Empfehlungsschreiben des Stalinpreisträgers und Vorsitzenden der dortigen Kommission für Technikgeschichte, des Experten für experimentelle Aerodynamik und Flugzeugbau Boris Nikolaevič Jur'ev (1889-1957), bestätigt vom wissenschaftlichen Sekretär, dem Leiter der politischen Abteilung sowie dem Kommissionssekretär. Das Schreiben lobt das Buch für seine wissenschaftliche Exaktheit und empfiehlt es ausdrücklich, da es zwar für Kinder geschrieben, doch

64 So beginnt der Roman in dieser Reihenfolge mit Aussprüchen von Aleksandr Puškin, Vladimir Dal', einem Lehrbuch der Topographie, Charles Dickens, Nikolaj Leskov, Shakespeare, Aleksandr Griboedov, Pierre-Augustin Caron de Beaumarchais, Anton Čechov und Aleksandr Blok. Puškin wird insgesamt gleich siebenmal genannt, gefolgt von Anton Čechov, Vladimir Majakovskij (je viermal), Aleksandr Blok, Euripides und Shakespeare (je dreimal). Diese Hervorhebung des „progressiven Erbes“ insbesondere der russischen Literatur entsprach gleichzeitig ganz der Kulturpolitik der Ždanovzeit, die das nationalrussische Erbe stark betonte.

genauso für Erwachsene interessant sei.[65] Schon im April werden vom Sekretariat der Sektion für wissenschaftlich-künstlerische Literatur 300 Einladungskarten für eine Buchpräsentation im Klub der Schriftsteller (Klub pisatelej) an der Vorovskij-Straße 50 verschickt, auf der der Autor Kapitel aus dem Roman vorliest.[66] Zwar erscheint das Buch erst 1948, wird aber im gleichen Jahr für die Auswahlliste zum Stalinpreis vorgeschlagen, den es dann aber nicht bekommt.[67] Denn bei einer öffentlichen Aussprache Anfang 1949 über die wissenschaftlich-fantastische Literatur des Jahres 1948 im Zentralen Haus der Literaten wird Bragin erstmals einer scharfen Kritik unterzogen.[68]

Bragin und andere Fantastikschriftsteller verteidigen den Roman hier und auf nachfolgenden Diskussionsrunden zwar entschieden gegen die Kritik, doch sie führt dazu, dass er im Mai 1949 wieder von der Vorschlagsliste für den Stalinpreis gestrichen wird.[69] Daraufhin greift wiederum die Akademie der Wissenschaften ein, diesmal in Gestalt des von Bragin konsultierten Aleksandr Oparin, der sich nicht nur wissenschaftspolitisch aufgrund seiner entschiedenen Unterstützung Trofim Denisovič Lysenkos auf dem Höhepunkt seiner Macht befindet,[70] sondern dessen Meinung durch seine Mitgliedschaft in der Sektionsleitung seit Oktober

---

65 RGALI, f. 631, op. 22, ed. 5, l. 4-6 (Pravlenie Sojuza Sovetskich Pisatelej SSSR, Sekcija naučno-chudožestvennoj literatury: *Delo No 4*).

66 RGALI, f. 631, op. 22, ed. 7, l. 5 (Pravlenie Sojuza Sovetskich Pisatelej SSSR, Sekcija naučno-chudožestvennoj literatury: *Otčet o rabote sekcii naučno-chudožestvennoj literatury za oktjabr'-nojabr' 1946 goda*).

67 RGALI, f. 631, op. 22, ed. 18, l. 7 (Pravlenie Sojuza Sovetskich Pisatelej SSSR, Sekcija naučno-chudožestvennoj literatury: *Potokoly No 1-5 [1948]*); Ebd., f. 631, op. 22., ed. 20, l. 4-7 (Pravlenie Sojuza Sovetskich Pisatelej SSSR, Sekcija naučno-chudožestvennoj literatury: *Recenzii na proizvedenija členov SSP, vydvigaemye na soiskanie Stalinskoj premii z 1948 g.*).

68 RGALI, f. 631, op. 22, ed. 22, l. 1-90 (Pravlenie Sojuza Sovetskich Pisatelej SSSR, Sekcija naučno-chudožestvennoj literatury: *Stenogramma soveščanija v Central'nom Dome Literatorov. Obsuždenie proizvedenij naučno-fantastičekoj literatury 1948 goda. 28. janv. 1949 g.*).

69 RGALI, f. 631, op. 22, ed. 21, l. 8 (Pravlenie Sojuza Sovetskich Pisatelej SSSR, Sekcija naučno-chudožestvennoj literatury: *Protokoly 1-7, bjuro [1949]*).

70 Vgl. Graham, Loren R.: *Science, Philosophy, and Human Behavior in the Soviet Union*, New York 1987, S. 82f.

1946 auch literaturpolitisch von Gewicht ist.[71] Dieser veröffentlicht im Juli 1949 eine Rezension des Buchs in der Literaturzeitschrift *Novyj Mir*, in der er den Roman ungeachtet einiger kleiner Mängel als einen geglückten Beitrag zur Popularisierung der Wissenschaften lobt.[72]

Allein dieser Publikationsort des prestigeträchtigsten Organs für Belletristik sorgte für einige Aufregung, ignorierte *Novyj Mir* doch ansonsten dieses so sehr auf künstlerische Anerkennung bedachte Genre vollkommen. Daher richteten sich zwei Grundsatzartikel zur Wissenschaftlichen Fantastik in der Sowjetunion von Apologeten der wissenschaftlich-künstlerischen Richtung, die Ende 1949 in der *Komsomol'skaja pravda* und Anfang 1950 in der Literaturzeitschrift *Oktjabr'* erschienen, auch explizit am Beispiel von Oparins Rezension gegen die Inkompetenz der Literaturkritik und hoben Bragins Roman als ausgemachtes Negativbeispiel dieses Genres hervor.[73]

Daraufhin geht im März 1950 im Sekretariat des Schriftstellerverbandes ein Protestbrief an dessen Vorsitzende, Aleksandr Aleksandrovič Fadeev und Konstantin Michajlovič Simonov, ein, welcher die schändliche und verantwortungslose Weise, mit der Oparins Rezension in den beiden Artikeln behandelt worden sei, scharf zurückweist. Unterzeichnet ist er wiederum von drei Naturwissenschaftlern, und zwar dem Direktor des Waldinstituts der Akademie der Wissenschaften und Präsidenten der Botanischen Allunionsgesellschaft, Vladimir Nikolaevič Sukačev (1880-1967), dem Stalinpreisträger und Abteilungsleiter des Ministeriums für Ackerbau A. Nikiforov sowie des Verfassers des Nachworts, Plavil'ščikov. Beigefügt ist dem Brief ein Gutachten dieser drei, in dem sie dem Buch bescheinigen, dass es vollkommen den aktuellen ideologischen und wissenschaftlichen Anforderungen genüge, sowie eine Anlage zu den Rezensionen der

71 RGALI, f. 631, op. 22, ed. 7, l. 1 (Pravlenie Sojuza Sovetskich Pisatelej SSSR, Sekcija naučno-chudožestvennoj literatury: *Otčet o rabote sekcii naučno-chudožestvennoj literatury za oktjabr'-nojabr' 1946 goda*).

72 Oparin, Aleksandr: Putešestvie v stranu dremučich trav, in: *Novyj mir* 7 (1949), S. 278-279.

73 Vgl. Ševčenko, Vladimir: Iskat' i nachodit'. Za vysokuju idejnost' i chudožestvennost' naučno-fantastičeskoj literatury, in: *Komsmol'skaja pravda* (8. 10. 1949), S. 2; Ivanov, Sergej: Fantastika i dejstvitel'nost', in: *Oktjabr'* 1 (1950), S. 155-164.

beiden genannten Kritiker, in der im einzelnen die Stichhaltigkeit von deren Kritikpunkten auseinander genommen wird. Die Auseinandersetzung um Bragins Roman endet innerhalb des Schriftstellerverbandes damit, dass der Vorsitzende der Sektion für wissenschaftlich-künstlerische Literatur eine Stellungsnahme an das Sekretariat abliefert, in der er zwar die Kritiker des Romans verteidigt und die Einmischung der Wissenschaftler in die Belange der Literatur zurückweist, aber auch zugesteht, dass man Selbstkritik üben müsse.[74] Und tatsächlich geht jetzt die allerdings nur noch intern geführte Diskussion über das Genre in der Sektion von Neuem los und wird letztendlich bis 1953 nicht entschieden, als sich die politischen Rahmenbedingungen mit Stalins Tod allmählich verschieben.

Betrachtet man die inhaltliche Seite der Auseinandersetzungen, dann ist festzustellen, dass die Kritik sich vor allem an der Art und Weise störte, wie der Roman die popularisierenden, inspirierenden und visionären Anforderungen umsetzte. Zwar wird von den Befürwortern des Romans immer wieder die wissenschaftliche Exaktheit, materialistische Weltsicht sowie künstlerische und gleichzeitig unterhaltsame Form des Romans hervorgehoben,[75] doch sind die Vorbehalte viel grundlegender gegen die Konzeption des Werkes insgesamt gerichtet.

Gegenstand der Kritik war vor allem der zentrale Kunstgriff, den Menschen zu einem Liliputaner zu machen, der physisch schwach der Mirkowelt der Insekten ausgeliefert ist. Dieses Verfahren beurteilte man jedoch nicht in Hinsicht auf seine erzählerische Funktion, sondern einzig auf symbolischer Ebene: Widersprach der Mikroskop-Mensch doch grundlegend der Metaphorik der Stalinzeit, die immer ein Höher, Weiter und Schneller, vor allem aber das Größerwerden des Menschen rhetorisch und imaginativ beschwor. Mit Hilfe der Wissenschaft und Technik und durch Anleitung der Partei konnte er die Natur bezwingen, sich unterordnen und umgestalten. Eines der zentralen, von Michail Il'in und dessen Ehefrau Elena Segal (Pseudonym von Elena Aleksandrovna Maršak, 1905-1980) verfassten po-

---

74 RGALI, f. 631, op. 22, ed. 36, l. 1-14 (Pravlenie Sojuza Sovetskich Pisatelej SSSR, Sekcija naučno-chudožestvennoj literatury: *Perepiska s sekretariatom SSP, otdelami SSP i otdel'nymi licami o prieme v členy SSP; tvorčeskich komandirovkach i po dr. organizacionno-tvorčeskim voprosam. 31 marta 1950 g. – 24 nojabrja 1950gg.*).

75 Vgl. bspw. Oparin: Putešestvie v stranu dremučich trav, S. 279.

Я отскочил. Но поздно!

Abb. 6: Illustration aus Bragins Roman (1948):
Ich sprang zurück. Doch zu spät!

pulärwissenschaftlichen Werke jener Jahre trug den Titel *Wie der Mensch zum Riesen wurde* (*Kak čelovek stal velikanom*), dessen erster Band 1940, dessen zweiter 1946 erschienen war. Hier bestand die Leitgedanke darin, dass der Mensch sich seit seinem Ursprung im Unterschied zu allen anderen Lebewesen Schritt für Schritt aus dem Gefängnis der Natur befreit habe, indem er sich mit Hilfe von künstlichen Werkzeugen seine eigene „zweite Natur" schuf und die ganze Erde untertan machte.[76]

76 Il'in und Segal grenzen ihn diesbezüglich explizit von den Insekten ab, indem sie schreiben: „Es erhebt sich die Frage: Hätten die Ameisen [...] die Möglichkeit, es dem Menschen irgendwann einmal gleichzutun, wenn er nur immer wieder ihre Arbeiten zerstören würde? [...] Wir meinen, dass es niemals dazu kommen wird. Denn zwischen Menschen und Ameisen besteht ein sehr wichtiger Unterschied. [...] Wie arbeitet der Mensch? Er arbeitet weder mit den bloßen Händen noch mit den Zähnen, sondern mit

Dieser Gedanke ergab sich aber auch aus der sowjetischen Lesart des dialektischen Materialismus der Natur, nach dem für jede evolutionäre Entwicklungsstufe eigene, qualitativ unterschiedliche Gesetze galten, die nicht einfach von einer Wissensdisziplin in eine andere übertragen werden konnten.[77] Insbesondere in den Polemiken der Ždanovzeit gegen das aus sowjetischer Sicht reduktionistische Naturverständnis der bürgerlichen Wissenschaften spielte die dialektische Auffassung von Mensch, Natur und Umwelt eine zentrale Rolle. Eben dieser qualitative Entwicklungsunterschied zwischen erster und zweiter Natur wird aber bei Bragin verwischt, wenn der Mensch aus seiner Makrowelt in die Mikrowelt der Kleintiere migriert und zwischen dem Land der Insekten als großem Vorbild für menschliche Technik und Wissenschaft und dem Überholen dieser Errungenschaften durch die Sowjetunion nur einige Jahrzehnte liegen. So wirft ein Kritiker Bragin vor, er habe den „Herrscher der Natur" niederer als die Insekten gestellt: „Dieser hilflose Mensch streunt einsam inmitten der Insekten, studiert zwar deren Gewohnheiten, ist aber abgetrennt vom Leben und in völlige Abhängigkeit von den Kräften der Natur geworfen."[78]
Die Kritik richtete sich damit gegen das von der Romanfigur Dumčev repräsentierte Wissenschaftsverständnis, wonach die Natur überhaupt als Vorbild für den Menschen herhalten könne, ja ein Wissen berge, das dem Mensch noch nicht zur Verfügung stünde. Dumčev sehne sich regelrecht nach der Natur und ziehe sie der Welt der Menschen vor. So wirft der Fantastikschriftsteller Vadim Dmitrievič Ochotnikov (1905-1964) Bragin vor, dass bei diesem nicht der Mensch, sondern die Natur Wunder schaffe:

einer Axt, einem Spaten, einem Hammer. In einem Ameisenhaufen dagegen könnt ihr suchen, soviel ihr wollt, ihr werdet keine Axt, keinen Hammer, keinen Spaten finden." Iljin, Michail; Ssegal, Elena: *Wie der Mensch zum Riesen wurde.* Bd. 1 (1940), Berlin 1949, S. 68f. Der Begriff der „zweiten Natur" geht auf Gor'kij zurück, vgl. Oushakine, Serguei A.: The Flexible and the Pliant. Disturbed Organisms of Soviet Modernity, in: *Cultural Anthropology* 19:3 (2004), S. 392-428.

77 Grundlegend für das sowjetische Verständnis der Naturwissenschaften war Friedrich Engels 1925 erstmals aus dem Nachlass in Moskau herausgegebene, unvollendete Schrift *Die Dialektik der Natur.* Vgl. Kedrow, Bofanatij: *Über Engels' Werk „Dialektik der Natur"* (1952), Berlin 1954; Graham: *Science, Philosophy*, S. 25-67.

78 „Беспомощный человек этот одиноко бродит среди насекомых, изучает, правда, их повадки, но отторгнут от жизни и поставлен в полную зависимость от сил природы." Zacharčenko, V.: K razgovoru o naučnoj fantastike, in: *Okjabr'* 2 (1953), S. 166-170, S. 168.

> […] hier existieren das Wunder und die Pflanzen und Frösche von riesigem Wuchs an irgendeinem Ort und dorthin verschlägt es den Menschen. Und die Rolle des Menschen wirkt bemitleidenswert und der Frosch bespuckt ihn./ Und überhaupt – wozu braucht man so etwas? Wie gut es doch ist, wenn ein Wunder von den Händen des Menschen geschaffen wird! Denn wir schaffen doch die ganze Zeit Wunder.[79]

Zudem sei das Motiv des einsamen Wissenschaftlers, der alleine vor sich hinforsche in seinem Labor, auf einer einsamen Insel oder eben hier in der Mikrowelt, ein klassischer Topos der westlich-bourgeoisen Science Fiction. Es biete literarische Stereotype ähnlich der „mystischen Romantik" im Stile eines E.T.A. Hoffmann, die nichts mit „unserer" Literatur zu tun hätten. „Anstatt des Kampfes mit uns fremden Theorien" fielen Autoren wie Bragin „selber in Gefangenschaft der feindlichen bourgeoisen Ideen".[80] Der prominente Literaturkritiker Kirill Andreev fasst diese Kritik dahingehend zusammen, dass die Verwandlung des Menschen in einen „Mikrozwerg" („микрокарлик") bloß „ein literarisches Verfahren, aber keine wissenschaftliche Idee" („это только литературный прием, а не научная идея") sei: „So führt diese mechanische Übernahme von Formen aus dem Westen die Autoren unfreiwillig zur Lösung der Probleme auf die Weise, dass das Hauptthema nicht der Sieg des Menschen über die Natur, sondern die Darstellung dessen ist, was die Natur geschaffen hat."[81]

---

79 „[…] тут чудо и растения и лягушки огромного роста существуют в каком-то месте и туда попадет человек. И роль человека делается жалкой и лягушка его оплевывает. А потом – зачем это нужно? Как хорошо сделать чудо руками человека! Ведь, мы же все время творим чудеса." RGALI, f. 631, op. 22, ed. 23, l. 56-57 (Pravlenie Sojuza Sovetskich Pisatelej SSSR, Sekcija naučno-chudožestvennoj literatury: *Stenogramma zasedanija Sekcii naučno-chudožestvennoj literatury, 21 maja 1949*). Sergej Ivanov geht in seiner Kritik noch weiter: Nicht nur die Natur stehe hier höher als der Mensch, der Instinkt herrsche auch über die Vernunft und der vorrevolutionäre Dumčev sei mutiger, mannhafter und klüger gezeichnet als der sowjetische Erzähler, der sich diesem unterordne. Vgl. Ivanov: Fantastika i dejstvitel'nost', in: *Oktjabr'* 1 (1950), S. 163f.

80 Kirill Andreev stellt in Bezug auf Bragin und einige andere Autoren in einer öffentlichen Diskussion fest: „Вместо борьбы с чуждыми нам теориями авторы сами попадают в плен враждебных буржуазных идей". RGALI, f. 631, op. 22, ed. 22, l. 11.

81 „Итак механическое заимствование форм на Западе поневоле приводит авторов к разрешению этих проблем таким образом, что главной темой становится не победа человека над природой, но изображение того, что создано самой приро-

Nun entsprach diese Ablehnung fremder Verfahren und feindlicher Ideen aus dem Westen ganz der offiziellen Rhetorik jener Jahre, die bei dem Kritiker Sergej Ivanov sogar soweit ging, dass er selbst Jules Verne und H. G. Wells als Vorläufer des Genres verwirft, wohingegen er eine ganz neue Genealogie der russischen Wissenschaftlichen Fantastik vorschlägt, die ihren Anfang mit Michail Vasilevič Lomonosovs Reiseberichten über das Eismeer genommen habe, in denen er damals noch „fantastische", weil unpraktikable neue Reiserouten wissenschaftlich erörterte.[82] Fantastik meint in diesem Sinne nicht mehr die literarische Fiktion möglicher Entwicklungen, sondern nur noch die wissenschaftliche Dokumentation realisierbarer Ideen.

Doch in dieser Kritik an Bragins Text kommt nicht nur die „wissenschaftlich-künstlerische" Eingrenzung des Fantastischen zum Ausdruck, sie zeigt auch, wie sich der Begriff der Wissenschaften seit Anfang der 1930er Jahre verändert hat. Allerdings erst in der Ždanovzeit versuchte man dann im Rahmen der „Games of Stalinist Democracy" (Alexei Kojevnikov) verbindliche Paradigmen einer „sowjetischen Wissenschaft" durchzusetzen.[83] Diese Paradigmen hatten für die konkrete Forschung in den einzelnen Disziplinen unterschiedlich schwerwiegende Konsequenzen.[84] Gemeinsam war ihnen aber, eine neue „plastische Sprache"[85] der Wissenschaft zu etablieren, in der die vollständige Entzauberung alles Naturgegebenen die unhintergehbare Prämisse war für die unbegrenzte Um- und Neugestaltung der Welt und damit auch für jedes wissenschaftliche oder auch künstlerische Sprechen über die Natur.[86]

дой." RGALI, f. 631, op. 22, ed. 22, l. 15.

82 Vgl. Ivanov: Fantastika i dejstvitel'nost', S. 155ff.

83 Kojevnikov, Alexei: Games of Stalinist Democracy. Ideological Discussions in Soviet Sciences, 1947-52, in: Fitzpatrick, Sheila (Hg.): *Stalinism. New Directions*, London, New York 2000, S. 142-175.

84 Vgl. hierzu die Ausführungen von Graham, Loren R.: *Science in Russia and the Soviet Union. A Short History*, Cambridge 1993.

85 Dombrowski, Paul M.: Plastic Language for Plastic Science. The Rhetoric of Comrade Lysenko, in: *Journal of Technical Writing and Communication* 31:3 (2001), S. 293-333.

86 Als Beispiel für eine künstlerische Umsetzung dieses neuen Wissenschaftsbegriffs siehe auch den Artikel über Aleksandr Dovženkos Film *Mičurin. Žizn' v cvetu* (dt. Verleihtitel *Die Welt soll blühen*) von 1949, Kepley, Vance: The Scientist as Magician. Dovzenko's „Michurin" and the Lysenko Cult, in: *Journal of Popular Film and Television* 8:2 (1980),

Ein Roman, der die Natur als ein „Land der undurchdringlichen Gräser" apostrophierte und gleichzeitig anstelle einer plastischen Sprache der Wissenschaft die dargestellte Welt mit literarischen Bildern „verzauberte", passte nicht mehr in diese Neukonzeptualisierung der Wissenschaftlichen Fantastik, selbst wenn er genau auch davon handelte, mit Hilfe künstlerischer Verfahren das undurchdringliche Land der Mikrowelt etwas durchdringlicher bzw. populärer und die transparente Makrowelt des sowjetischen Wissenschaftsalltags etwas plastischer bzw. inspirierender zu machen. Er passte vor allem auch deshalb nicht, weil die vielschichtige künstlerische Komposition des Romans durchaus auch andere Lesarten ermöglichte als diejenige, die sich vordergründig aus der Textintention ergab. Und diese Möglichkeit erklärt vielleicht auch die Heftigkeit, mit der die Kontroverse um den Roman geführt wurde, und die Vehemenz, mit der der unzeitgemäße Held des Romans – der einsame vorrevolutionäre Wissenschaftler Dumčev – in der Polemik zu einer durchweg antisowjetischen Figur erklärt wurde.[87]

Betrachtet man aber Dumčev als ein solches Gegenmodell zu den Helden der sozialistisch-realistischen Meistererzählung, verschiebt sich auch die Bedeutung der anderen Romanelemente. Dann lässt sich die Mikrowelt der undurchdringlichen Gräser metaphorisch sowohl als Alternative zur sowjetischen Markowelt als auch als deren Zerrspiegel lesen. Man vermag in der vom willkürlichen Instinkt geleiteten und ständig von Gefahren bedrohten Welt eine verschleierte Allegorie auf die Säuberungen der 1930er Jahre erkennen, wenn beispielsweise ein Ameisenhaufen als

S. 19-26; Vgl. allgemein hierzu den Beitrag von Igor J. Polianski in diesem Band.

87 Elana Gomel analysiert für einen sehr viel späteren Zeitraum solche möglichen allegorischen Lesarten in Bezug auf eine „Poetik der Zensur", die im Fall der Romane von Arkadij und Boris Strugackij letztlich zu einer Subversion ihrer (wissenschaftlich-)fantastischen Bedeutung geführt habe: „Allegory perpetually subverts its own literal sense, preventing the plot events from coalescing into an internally coherent picture of a fictional world which may be judged either realistic or fantastic." Vgl. Gomel, Elana: The Poetics of Censorship. Allegory as Form and Ideology in the Novels of Arkady and Boris Strugatzky, in: *Science Fiction Studies* 22 (1995), S. 87-105, S. 90. Gomel entwickelt ihre Begriffe in direkter Anlehnung an Tzvetan Todorovs Ausführungen zum Fantastischen und Allegorischen, auf die hier nicht näher eingegangen werden kann. Vgl. Todorov, Tzvetan: *Einführung in die fantastische Literatur* (1970), Frankfurt a.M. 1992, S. 55-68.

Abb. 7: Umschlag der 4. Auflage von Bragins Roman (1967)

ein todbringendes Gefängnis beschrieben wird, aus dem einzig der narkotisierende Saft des Ameisenbärs Rettung bringen kann.[88] Genauso kann

88 Ebenso lässt sich Dumčevs „verlorene Zeit" in der Mikrowelt als Zeit der Verbannung im GULag deuten, aus der der Wissenschaftler aufgrund des Krieges und der Erfordernisse der Rüstungsindustrie vom Erzähler wieder zurück in die sowjetischen Forschungseinrichtungen geholt wird. Dass Bragin eine solche Lesart selber intendiert haben könnte, legt sein schon erwähnter, unvollendeter zweiter Roman nahe, in dem das Thema der verlorenen Lebenszeit durch Verbannung und politische Verfolgung explizit, allerdings in Bezug auf das zaristische Russland behandelt wird. Vgl. Bragin: *Iska-*

das Gräserdickicht als utopischer Ort des Rückzugs und der Freiheit ohne Staat und Kontrolle gedeutet werden, während die stets singenden und lachenden Sowjetbürger auf den zweiten Blick leicht parodistische und paranoische Züge bekommen, vor denen nur die Flucht in die Welt der Bücher hilft.

Und so sind die undurchdringlichen Gräser nicht zuletzt eine Metapher auf die Welt der Bücher, deren künstlerische Fantasien und wissenschaftliche Visionen selbst das die ganze Welt überstrahlende Schlussbild des Romans von Moskau als Sonnenstadt mit ihrem poetischen Schleier überziehen, verweist dieses Bild doch allzu deutlich auf Tomasso Campanellas (1568-1639) utopischen Roman *La Città del Sol* (*Der Sonnenstaat*, 1602), in dem in einer kommunistischen Wissenschaftsdiktatur unter der Herrschaft eines allmächtigen „Metaphysikus" die Untertanen mit brutalen Strafen zu Gehorsam und Disziplin gezwungen werden.[89]

6. Zusammenfassung

Was sich in den hier skizzierten Auseinandersetzungen zeigt, ist eine Verschiebung nicht nur des Verhältnisses der Literatur zu den Wissenschaften, sondern auch der Begriffe der Fantastik und insbesondere der Wissenschaftlichkeit. Das F a n t a s t i s c h e bedeutete in den seit Ende der 1920er Jahre etablierten Definitionen des Genres künstlerische Einbildungskraft,

---

tel' utračennogo tysjačeletija. Weitere Interpretationsmöglichkeiten eröffnen sich, wenn man Bragins Roman mit wissenschaftlichen und parawissenschaftlichen Studien des 19. Jahrhunderts vergleicht, in denen das Leben der Insekten als eine Welt des höheren Wissens, der perfekten Formen und geheimnisvollen Maschinen dasteht, oder auch zu den romantischen oder avantgardistischen Aneignungen der Mikrowelt als einer Spiegel- und Gegenwelt zur menschlichen in Bezug setzt. Vgl. hierzu auch Hansen-Löve, Aage: Muchi – russkie, literaturnye, in: *Studia Litteraria Polono-Slavica* 4 SOW (1999), S. 95-132; Ders.: Mandel'shtam's Thanatopoetics", in: Vroon, Ronald; Malstad, John E. (Hg.): *Readings in Russian Modernism. To Honor Vladimir Fedorvich Markov*, Moscow 1993, 121-157.

89 Vgl. Campanella, Thomas: *Der Sonnenstaat*, München 1900; Gnüg, Hiltrud: *Utopie und utopischer Roman*, Stuttgart 1999, S. 67-78; Auf Campanellas Roman hat Gor'kij seinerzeit Lenin und Anatolij Lunačarskij aufmerksam gemacht, die sich nach der Revolution kulturpolitisch an ihm orientierten. *La Città del Sol* erschien 1918 gleich in zwei Übersetzungen auf Russisch. Vgl. Stites, Richard: *Revolutionary Dreams. Utopian Vision and Experimental Life in the Russian Revolution*, New York, Oxford 1989, S. 88f.

die wissenschaftliches Interesse bei den Laien und neue technische Ideen bei den Experten generieren und die visionäre Einbildungskraft der Leser inspirieren sollte. Demgegenüber stand ein auf die mystische Romantik und westliche Science Fiction bezogener Fantastikbegriff, der das Irrationale und Unheimliche betonte und als bürgerliche Dekadenz denunziert wurde. Diese gegenteiligen Bedeutungen führten dazu, dass man in den 1930er Jahren anfangs versuchte den Begriff entweder ganz zu ersetzen (durch wissenschaftlich-künstlerische Literatur) oder aber in der Nachkriegszeit bestrebt war ihn so stark einzugrenzen, dass mit „fantastisch" nur noch Entdeckungen und Erfindungen bezeichnet wurden, die es so noch nicht gab, aber demnächst wahrscheinlich geben würde. Die so genannte „Fantastik des nahen Ziels" wollte das Genre so eng wie möglich an die sowjetische Gegenwart anbinden und ganz den aktuellen volkswirtschaftlichen und planwirtschaftlichen Aufgaben unterordnen.

Entsprechend verschob sich innerhalb der Fantastik auch der Begriff des Wissenschaftlichen. Assoziierte man mit ihm anfangs noch ein Laboratorium, in dem in unterhaltsamen Experimenten mögliche Entdekkungen, neue Benennungen und Kodierungen der Natur und des Menschen produziert wurden, die dem ganzen Land zugute kommen sollten, änderte sich dies seit den 1930er Jahren. Ende der 1940er Jahre gerät genau dieses experimentelle Verständnis des wissenschaftlichen Forschens als Epistemologie massiv in die Kritik, an dessen Stelle man einen stark ontologisch geprägten Wissenschaftsbegriff setzte. Wenn der Literaturkritiker Andreev daher Bragin vorwirft, seine Verkleinerung des Menschen sei ein bloßes literarisches Verfahren, aber keine wissenschaftliche Idee, bezeichnet das genau diese Bedeutungsverschiebung. Wissenschaften meinten nicht mehr bestimmte experimentelle Verfahren zum Erkenntnisgewinn über die Natur und den Menschen, sondern sie repräsentierten eine aus dem dialektischen Materialismus abgeleitete Idee der Überlegenheit des sowjetischen Menschen über die unterworfene Welt.

Es änderte sich damit aber auch das Verhältnis der Schönen Literatur zu den Wissenschaften selber. Nicht mehr eine künstlerische Inspiration war hier gefragt, sondern eine ideelle Normierung der Wissenschaften mit Hilfe der Künste war das Ziel. An einer solchen Wissenschaftlichen Fantastik hatten jedoch weder ein Großteil der Autoren noch die mit ihr beschäftigten Wissenschaftler ein Interesse. Selbst prononcierte Befürworter eines dialektisch-materialistischen Verständnisses der Natur – wie Oparin oder Plavil'ščikov – stellten sich gegen eine Festschreibung eines absolut gesetzten Wissenschaftsbegriffs, der keine spielerischen und experimentellen fantastischen Imaginationen mehr möglich machte. Dies führte dazu, dass – wie sich in den Auseinandersetzungen um Bragins Roman zeigte – der Streit darum, was unter Wissenschaftlicher Fantastik zu verstehen sei, im Unterschied zu anderen Debatten jener Jahre letztlich nicht entschieden worden ist.

Werke, die weiterhin einem wenn auch äußerst eingeschränkten experimentellen Wissenschaftsbegriff folgten, bekamen vor diesem diskursiven Hintergrund aber eine zusätzliche Brisanz. Denn indem man das Wissenschaftlich-Fantastische nicht hinsichtlich der fiktionalen Realisierung experimenteller Fantasien beurteilte, sondern als künstlerische Popularisierung eines dogmatisch verstandenen Wissenschaftsbegriffs auffasste, wurde es auch als Metaphernressource lesbar, die andere Bedeutungen als die vordergründige ideologische Semantik transportierte. Mit der zunehmenden Politisierung der Wissenschaften in der späten Stalinzeit verstärkte jedes von der überaus rhetorisierten Formensprache abweichende Detail die Uneindeutigkeit eines Textes, der sinnbildliche Lesarten als eine erzählerische Inversion geltender Annahmen über den Menschen und seine Umwelt provoziert. Damit kommt der Wissenschaftlichen Fantastik aber schon in der Spätstalinzeit eine poetische Funktion zu, die sie dann ab dem literaturpolitischen Tauwetter und insbesondere seit der zweiten Hälfte der 1960er Jahre so sehr wie vielleicht kein anderes Genre der Massenliteratur in der Sowjetunion ausüben wird.

Anhang

Danksagung

Der vorliegende Band geht auf den Workshop *Laien, Lektüren, Laboratorien. Populäre Diskurse in Russland zwischen Wissenschaftstransposition & Wissenstransformation, 1860-1960* zurück, der im Sommer 2005 am Hermann von Helmholtz Zentrum für Kulturtechnik in Berlin stattfand. Allen Teilnehmenden des Workshops sei für Ihre Anregungen gedankt und den Autorinnen und Autoren für Ihre Beiträge. Mirjam Goller vom Institut für Slawistik der Humboldt-Universität und Georg Witte vom Osteuropa-Institut der Freien Universität Berlin sowie vom Peter Szondi-Institut für Allgemeine und Vergleichende Literaturwissenschaft haben den Workshop und die Erstellung des Bandes uneingeschränkt unterstützt. Jana Ennulat, Matthias Meindl, Jörg Silbermann und Tarek Münch haben für die hervorragende und reibungslose Durchführung des Workshops gesorgt.

Unserer besonderer Dank gilt Tarek Münch für die Lektoratsarbeit, Roman Widder für das Layout und Dmitri Dergatchev für die Gestaltung des Titelblattes.

Dank geht auch an Benjamin Kloss als Reprasentant des Peter Lang Verlages für die geduldige und großzügige Unterstützung bei der Realisierung des Bandes.

Abbildungsverzeichnis

Rüting: Disziplin in Körper, Laboratorium und Staat

Abb. 1: Rüting, Torsten: *Pavlov und der Neue Mensch. Diskurse über Disziplinierung in Sowjetrussland*, München 2002, S. 66.

Polianski: Das Unbehagen der Natur

Abb. 1: *Die große Kraft* (*Velikaja sila*), Reg.: Fridrich Ėrmler, Sowjetunion 1949; Abb. 2: *Das Akademiemitglied Ivan Pavlov* (*Akademik Ivan Pavlov*), Reg.: Grigorij Rošal', Sowjetunion 1949; Abb. 3: *Die Karnevalsnacht* (*Karnaval'naja noč'*, dt. Verleihtitel *Nun schlägt's 13!),* Reg.: Ėl'dar Rjazanov, Sowjetunion 1956.

Strätling: Hirnschrift oder Handschrift?

Abb. 1: Peters, U.: Skriptoskop (Buchstabirapparat), in: *Spiritistische Rundschau. Monatsschrift für Spiritismus und verwandte Gebiete*, 11:7 (1903), S. 166-168, hier S. 167; Abb. 2: Güldestubbe, Ludwig von: *Positive Pneumatologie. Die Realität der Geisterwelt sowie das Phänomen der directen Schrift der Geister. Historische Übersicht des Spiritualismus aller Zeiten und Völker*, 2. Aufl. hg. v. Baronin Julie von Güldenstubbe. Bern 1877 [Paris 1957].

Kursell: Nikolaj Kulbin und die Notation der freien Musik

Abb. 1: Marey, Étienne-Jules: *Du mouvement dans les fonctions de la vie. Leçons faites au Collège de France,* Paris 1868, S. 96; Abb. 2: Coiffier, Henri : *Précis d'auscultation*. Quatrième édition revue et augmentée avec 93 figures colorées, intercalées dans le texte, Paris 1897. Abb. 3 : Coiffier, Henri : *Précis d'auscultation.* Quatrième édition revue et augmentée avec 93 figures colorées, intercalées dans le texte, Paris 1897, S. 33, Fig. 13 u. 14 (Vorder- und Rückansicht der Lunge); Abb. 4: Funktion des Verhältnisses von Reiz und Empfindung nach Fechner und nach Kulbin. Aus Kul'bin,

Nikolaj: *Čuvstvitel'nost'. Očerki po psichometrii i kliničeskomu primeneniju ee dannych*, hier zitiert nach dem neu paginierten Separatdruck Sankt-Peterburg 1907.

Vöhringer: Professionalisiertes Laientum

Abb. 1: Metro Lubjanka, ehem. Dzeržinskaja, Fotografie von Margarete Vöhringer, 2003; Abb. 2: Metro Lubjanka, Tunnelansicht auf den Gleisen, aus Noever, Peter (Hg.): *Tyrannei des Schönen. Architektur der Stalin-Zeit*, Wien 1994, S. 171; Abb. 3-5: Chan-Magomedov, Selim: *Nikolaj Ladovskij*, Moskva 1984, Bildteil innen, S. 5; Abb. 6.1,2: Baumgarten, Franziska: *Psichotechnika*, Berlin 1922, S. 143f.; Abb. 7: Chan-Magomedov, Selim: *Nikolaj Ladovskij*, Moskva 1984, 521. Abb. 8: Chan-Magomedov, Selim O.: *Vchutemas. Kniga 2. 1920-1930*, Moskva 2000, S.99.

Wurm: Gastevs Medien

Abb. 1, links: Bernštejn, Nikolaj: *Obščaja biomechanika. Osnovy učenija o dviženijach čeloveka*, Moskva 1926, S. 213; Abb. 1, rechts: Bernštejn, Nikolaj: *Obščaja biomechanika. Osnovy učenija o dviženijach čeloveka*, Moskva 1926, S. 306; Abb.2, links: Gastev, Aleksej: *Trudovaja ustanovka*, Moskva 1924, Beilage; Abb. 2, rechts: Michajlov, Arkadij: *Sistema CIT*, Moskva 1932, S. 52; Abb.3: *Orga-Kalendar' CIT na 1924 god*, Moskva 1924, S. 131; Abb. 4: *Orga-Kalendar' CIT na 1924 god*, Moskva 1924, S. 138 und Fülöp-Miller, René: *Geist und Gesicht des Bolschewismus*, Wien 1926, S. 278[b], Tafel 172 (unten); Abb. 5: Fülöp-Miller, René: *Geist und Gesicht des Bolschewismus*, Wien 1926, 278c, Tafel 173 (unten); Abb. 6: Fülöp-Miller, René: *Geist und Gesicht des Bolschewismus*, Wien 1926, S. 278b, Tafel 172 (oben); Abb. 7: Bernštejn, Nikolaj: *Obščaja biomechanika. Osnovy učenija o dviženijach čeloveka*, Moskva 1926, S. 10; Abb. 8: Fülöp-Miller, René: *Geist und Gesicht des Bolschewismus*, Wien 1926, 274b, Tafel 171; Abb. 10: links, oben: *Orga-Kalendar' CIT na 1924 god*, Moskva 1924, S. 134 (links); links, unten: Ebd., S. 136; rechts, oben: Ebd., S. 134 (rechts); rechts, unten: Ebd., S. 137 (unten); Abb. 11: links, oben: *Orga-Kalendar' CIT na 1924 god*, Moskva 1924; S. 138; rechts: Ebd., S. 138 (unten).

Velminski: Krieg der Gedanken

Abb. 1: Kažinskij, Bernard: *Biologičeskaja radiosvjaz'*, Kiev 1962, S. 54; Abb. 2: Beljaev, Aleksandr: *Vlastelin mira*, Moskva 1929, S. 85; Abb. 3: Kažinskij, Bernard: *Biologičeskaja radiosvjaz'*, Kiev 1962, S. 20; Abb. 4: Beljaev, Aleksandr: *Vlastelin mira*, Moskva 1929, S. 115.

Schwartz: Im Land der undurchdringlichen Gräser

Abb. 1: Bragin, Vladimir: *V strane dremučich trav* (Biblioteka priključenij), Moskva 1948 (Umschlag, Ausschnitt); Abb. 2: Bragin, Vladimir: *V strane dremučich trav. Roman-skazka* (Biblioteka priključenij i naučnoj fantastiki, Moskva 1962 (Umschlag, Ausschnitt); Abb. 3: Končarov, Viktor: *Priključenija doktora Skal'pelja i fabzavuka Nikolki v mire malych veličin. Mikrobiologičeskaja šutka*, Moskva 1924; Abb. 4: Illustration aus Bragin, Vladimir: *V strane dremučich trav* (Biblioteka priključenij), Moskva 1948, S. 105; Abb. 5: Illustration aus Bragin, Vladimir: *V strane dremučich trav* (Biblioteka priključenij), Moskva 1948, S. 202; Abb. 6: Illustration aus Bragin, Vladimir: *V strane dremučich trav* (Biblioteka priključenij), Moskva 1948, S. 131; Abb. 7: Bragin, Vladimir: *V strane dremučich trav. Roman-skazka* (Škol'naja biblioteka dlja nerusskich škol), Moskva 1967 (Umschlag).

Namensindex

Ach, Narziss 363
Aleksandr II. Nikolaevič 10
Amar, Jules 359, 381
Anaximander 246, 255, 263
Andreev, Kirill Konstaninovič 450, 455
Apollinaire, Guillaume 281
Arnheim, Rudolf 310
Babel', Issak Ėmnuilovič 311
Barthes, Roland 73, 110
Baudrillard, Jean 412
Bayertz, Kurt 79
Bechterev, Vladimir Michajlovič 34, 311-314, 316-322, 324, 396-398, 401f.
Beljaev, Aleksandr Romanovič 394, 401, 403, 413, 416, 421, 424
Beljaev, Sergej Michajlovič 394, 407, 409
Belyj, Andrej 143, 225, 227-230, 234-236, 239, 244-259, 262-265
Benjamin, Walter 322
Berger, Hans 107, 405
Bergson, Henri 300
Bernard, Claude 45, 149f., 165
Bernštejn, Nikolaj Aleksandrovič 351-355, 357-361, 370-372, 374-376, 381, 384, 387, 390
Bianki, Vitalij Valentinovič 91
Blok, Aleksandr 143
Boborykin, Pëtr Dmitrievič 161f.
Bogdanov, Aleksandr Aleksandrovič 71, 86f., 421
Boltjanskij, Grigorij Moiseevič 311
Bólyai, János 233
Bonnet, Charles 430
Bragin, Vladimir Grigor'evič 415, 418, 428, 430, 433f., 442-447, 449-451, 455f.
Braune, Werner 359, 374f.
Britton, Lionel 311
Bucharin, Nikolaj Ivanovič 50, 52, 419
Büchner, Ludwig 13, 84f.
Bugaev, Nikolaj Vasil'evič 225-233, 235-238, 240-243, 246-248, 251f., 254, 256, 258-264
Bulgakov, Michail Afanas'evič 273, 428
Burljuk, David Davidovič 201
Burljuk, Vladimir Davidovič 201
Butlerov, Aleksandr Michajlovič 183
Campanella, Tomasso 454
Cantor, Georg Ferdinand Ludwig Philipp 239, 262, 285-289
Caroll, Lewis 430
Cassedy, Stephen 228
Černyševskij, Nikolaj Gavrilovič 16, 43-45, 47, 49, 55, 59, 165
Chaplin, Charlie 388
Charcot, Jean-Martin 314
Chauveau, Auguste 381
Chlebnikov, Velimir 201, 406
Chruščev, Nikita Sergeevič 29
Coiffier, Henri 208, 211
Comte, Isidore Marie Auguste François Xavier 84
Dante Alighieri 272-274
Darboux, Jean Gaston 258
Darwin, Charles Robert 10, 26, 30, 41, 78, 237
Darwin, Erasmus 77
Daum, Andreas 78, 81
Deleuze, Gilles 213, 300, 307, 324, 387
Demeny, Georges 308, 315
Descartes, René 248
Dostoevskij, Fëdor Michajlovič 32,

49, 147, 153, 155-160, 162f., 165, 170, 172f., 176-178, 180, 197-199
Dovženko, Aleksandr Petrovič 90
DuBois-Reymond, Emil 316
Durov, Vladimir Leonidovič 395-399, 401
Edison, Thomas Alva 348
Einstein, Albert 268, 272-274, 280, 283
Ėjzenštejn, Sergej Michajlovič 307
Engels, Friedrich 70, 95f., 104
Ėrenburg, Il'ja Grigor'evič 29
Ėrmler, Fridrich Markovič 86
Euklid 168, 235, 239, 244, 276, 285
Fadeev, Aleksandr Aleksandrovič 446
Faraday, Michael 399, 406
Fechner, Gustav Theodor 216, 276
Fëdorov, Lev Nikolaevič 67
Ferdinandov, Boris Alekseevič 389
Fersman, Aleksandr Evgenevič 91
Fiš, Gennadij Semenovič 86, 91, 94, 100
Fischer, Otto 359, 374f.
Flechsig, Paul Emil 314-316
Fleck, Ludwig 76
Florenskij, Pavel Aleksandrovič 33, 227, 233-236, 252, 254, 261, 267, 269f., 272-276, 278-296
Ford, Henry 61
Forster, Georg 77
Foucault, Michel 350
Freud, Sigmund 102, 105, 117f., 127, 138-141, 314, 332
Fridlender, Georgij Michajlovič 159
Fülöp-Miller, René 369, 372
Gagarin, Jurij Alekseevič 29
Galileo Galilei 354f.
Gan, Aleksej Michajlovič 348
Gastev, Aleksej Kapitanovič 26, 34, 59-61, 347, 349-351, 357, 359, 361-367, 369-373, 390
Gauß, Carl Friedrich 233, 279
Geißler, Heinrich 359
Elleršstejn, Solomon Grigor'evič 351
Gercen, Aleksandr Aleksandrovič 49
Gercen, Aleksandr Ivanovič 42, 49
Gilbreth, Frank Bunker 359f., 374f., 378, 382
Gleize, Albert 268, 281
Goethe, Johann Wolfgang 84, 109
Gogol', Nikolaj Vasil'evič 124, 138, 143, 197, 443
Gončarov, Viktor Alekseevič 431
Gor'kij, Maksim 50, 52, 59, 61-68, 74-77, 80, 85, 87f., 95, 100, 104, 108, 422, 424f.
Gordin, Michael D. 198
Güldenstubbe, Ludwig von 191, 195
Gutenbrunner, Siegfried 185
Haeckel, Ernst Heinrich PhilippAugust 78
Hartmann, Eduard von 192-195
Helmholtz, Hermann von 217, 275f.
Hinton, Charles 281-283
Hoffmann, Ernst Theodor Amadeus 450
Bredekamp, Horst 78
Hugo, Victor 443
Humboldt, Alexander von 84f., 91, 95f., 109
Il'f, Ilja Arnol'dovič 428
Il'in, Michail 90, 416, 423
Ivanov, Sergej 451
Jakobson, Roman 362
Jampol'skij, Michail Beneaminovič 248f.
Janssen, Pierre Jules César 355
Jouffret, Esprit 281f.
Jur'ev, Boris Nikolaevič 444
Kandinskij, Vasilij Vasil'evič 202
Kardec, Allan 186f., 191
Kassil', Lev Abramovič 91
Kataev, Valentin Petrovič 428

Kažinskij, Bernard Bernardovič 393, 397-401, 405
Kekčeev, Krikor Chacaturovič 357-359, 374, 376f., 381f.
Kittler, Friedrich 394
Klingenberg, Heinz 185
Kočetov, Vsevolod Anisimovič 91
Koch, Robert 13
Kojevnikov, Alexei 451
Kopernikus, Nikolaus 273
Kotik, Naum 396
Kovalevskaja, Sofija Vasil'evnja 225
Kracauer, Siegfried 302f., 313, 323f.
Kulbin, Nikolaj Ivanovič 32, 201-203, 206-208, 211-221
Kulešov, Lev Vladimirovič 388f.
Küpper, Sophie 302, 313
La Mettrie, Julien Offray de 359
Ladovskij, Nikolaj Aleksandrovič 34, 325-343, 345
Laennec, René Théophile Hyacinthe 208-211
Lamarck, Jean-Baptiste de 101
Larionov, Michail Fedorovič 268
Larri, Jan Leonol'dovič 433f., 442
Lasswitz, Kurt 430
Leibniz, Gottfried Wilhelm 44, 216, 237f., 240f.
Lenin, Vladimir Il'ič 44f., 50, 63-65, 70, 81, 109, 306
Lepenies, Wolf 77
Lepešinskaja, Ol'ga Borisovna 93
Link, Jürgen 174
Lissitzky, El (Lisickij, Lazar' Markovič) 284, 308, 323, 335
Livšic, Benedikt Konstantinovič 201
Lobačevskij, Nikolaj Ivanovič 233, 435f., 440
Lomonosov, Michail Vasilevič 451
Londe, Albert 315
Losskij, Nikolaj Onufrievič 237
Lourié, Arthur 220f.
Lucas, Prosper 153
Ludwig, Carl 314
Lumière, Auguste u. Louis 349
Lunačarskij, Anatolij Vasil'evič 61, 71, 93
Lysenko, Trofim Denisovič 24, 28f., 86, 93f., 100, 104, 445
Mach, Ernst 87, 276, 278
Majakovskij, Vladimir Vladimirovič 86, 97
Majewski, Erazm 431
Malevič, Kazimir Severinovič 269, 282f.
Mallarmé, Stéphane 228
Mamin-Sibirjak, Dmitrij Narkisovič 162
Marbe, Karl 363, 365
Marey, Étienne-Jules 355, 359, 374-376, 378, 380f., 387
Marr, Nikolaj Jakovlevič 87, 96
Maršak, Samuil Jakovlevič 422f., 447
Marshall, Herbert 311
Marx, Karl 70, 81, 88
Masing Delic, Irene 143
Matjušin, Michail Vasil'evič 281, 284
McLuhan, Marshall 410
Mejerchol'd, Vsevolod Emil'evič 61, 389
Mendeleev, Dmitrij Ivanovič 26
Merleau-Ponty, Maurice 248, 307
Mersch, Dieter 232, 239f., 258
Metzinger, Jean 268, 281
Michajlovskij, Nikolaj Konstantinovič 161
Michelson, Albert 273f.
Mičurin, Ivan Vladimirovič 90f., 100, 103
Moede, Walter 335
Moller, Lillian 374
Molotov, Vjačeslav Michajlovič 67
Morgans, Thomas H. 102
Morley, Edward 273f.

Mosso, Angelo 374
Münsterberg, Hugo 338f., 341f., 355, 379
Muybridge, Eadweard 308, 376, 387,
Nekrasov, Pavel Alekseevič 236
Nietzsche, Friedrich 62
Nikiforov, A. 446
Nordau, Max 62
Obručev, Vladimir Afanas'evič 90
Ochotnikov, Vadim Dmitrievič 449
Oparin, Aleksandr Ivanovič 429, 445f., 456
Orbeli, Leon Abgarovič 67
Ostwald, Wilhelm 107
Palej, Abram Ruvimovič 420, 424
Pančenko, Aleksandr Aleksandrovič 196
Panofsky, Erwin 275
Paperno, Irina 157
Pasternackij, Fëdor Ignat'evič 207
Paustovskij, Konstantin Georgievič 426
Pavliščev, Lev Nikolaevič 195
Pavlov, Ivan Petrovič 26, 30, 50-53, 56, 58f., 63f., 66-70, 90, 101f., 105-109, 111, 116-118, 121, 125-130, 134f., 138-143, 147, 314, 318, 322, 397, 402
Perel'man, Jakov Isidorovič 91
Petrov, Evgenij Petrovič 428
Pethes, Nicolas 120
Philo von Alexandrien 191
Picasso, Pablo 282
Pisarev, Dmitrij Ivanovič 12-14, 16, 41, 49
Platon 282
Platonov, Andrej Platonovič 108
Plavil'ščikov, Nikolaj Nikolaevič 429, 446, 456
Plechanov, Georgij Valentinovič 61
Pletnev, Valerian 87
Poe, Edgar Alan 437
Poincaré, Henri 258, 276, 278f., 281, 283
Pomjalovskij, Nikolaj Gerasimovič 161
Popov, Aleksandr Stepanovič 405
Puškin, Aleksandr Sergeevič 195f.
Pythagoras 230, 243
Reizov, Boris Georgievič 159
Renards, Maurice 431
Repin, Il'ja Efi movič 360
Rešetnikov, Fëdor Michajlovič 161
Rheinberger, Hans-Jörg 21, 119, 353
Riemann, Bernhard 268, 272, 276, 279, 286
Ritter, Joachim 83
Rjazanov, Ėl'dar Aleksandrovič 112
Rodčenko, Aleksandr 284
Room, Abram Matveevič 311
Rošal', Grigorij Lvovič 90, 106, 108
Ruttmann, Walter 303
Saltykov-Ščedrin, Michail Evgrafovič 162
Sarasin, Philipp 23, 79, 85
Schiller, Friedrich 84
Schlesinger, Georg 358
Schreber, Daniel Paul 314f.
Sečenov, Ivan Michajlovič 10, 45-48, 63, 314, 381
Segal, Elena 443
Serebrovskij, Aleksandr Sergeevič 58
Shinn, Terry 79
Simonov, Konstantin Michajlovič 446
Sinjavskij, Andrej Donatovič 54
Sirotkina, Irina 365
Šklovskij, Viktor Borisovič 201, 312, 426, 428, 430
Sluckij, Boris Abramovič 29
Smeljakov, Jaroslav Vasil'evič 100
Snyder, Joel 378
Sokal, Alan 76
Sokolov, Ippolit Vasil'evič 347f., 364, 381

Šostakovič, Dmitrij Dmitrievič 428
Špil'rejn, Isaak Naftulievič 351
Stalin, Iosif Vissarionovič 31, 50, 55, 57, 65, 67-70, 82, 88, 99, 104, 109, 314f., 447
Stepanova, Varvara Fedorovna 284, 388
Strugackij, Arkadij Natanovič 429
Studitskij, Aleksandr Nikolaevič 103f.
Sukačev, Vladimir Nikolaevič 446
Svilova, Elizaveta Ignat'evna 309
Swift, Jonathan 430
Szilard, Lena 228
Tairov, Aleksandr Jakovlevič 389
Taylor, Frederick Winslow 59-61, 347, 372, 376, 378
Tichonov, Nikolaj Aleksandrovič 348, 351f., 355, 357f., 370-372, 374f., 381, 384, 387, 390
Tjutčev, Fëdor Ivanovič 242, 437
Toller, Ernst 59
Tolstoj, Aleksej Nikolaevič 421
Traube, Ludwig 203
Tropl, Ludwig 83
Treves, Fratelli 379
Trockij, Lev Davidovič 55-58, 63
Turgenev, Ivan Sergeevič 9-16, 28, 48, 50, 161
Uspenskij, Petr Dem'janovič 281-283
Uznadze, Dmitrij Nikolaevič 31, 165
Vavilov, Sergej Ivanovič 90
Vernadskij, Vladimir Ivanovič 26
Verne, Jules 78, 416, 451
Vertov, Dziga 33f., 299, 301-304, 307-314, 318-324, 380, 387f.
Vinickij, Il'ja Jur'evič 182
Virchow, Rudolf Ludwig Karl 10, 97
Vogl, Joseph 22, 120
Vollmer, Carl 78
Vološin, Maksimilian Aleksandrovič 273
Voltaire 85
Vorošilov, Kliment Efremovič 67
Vygotskij, Lev Semenovič 334f.
Wagner, Rudolf 10
Weber, Max 387
Weierstraß, Karl 458f.
Weismann, August 102
Wells, Herbert George 50, 437, 451
Whitley, Richard 79
Winckelmann, Johann Joachim 77
Windholz, Geore 139
Wundt, Wilhelm 276, 314-316
Zamjatin, Evgenij Ivanovič 227, 236, 273
Ždanov, Andrej Aleksandrovič 426, 449, 451
Zola, Émile 32, 147-154, 156f., 159-163, 165, 172, 178
Zoščenko, Michail Michajlovič 31, 115-119, 121-127, 129-136, 138-143

Autorinnen und Autoren

Goller, Mirjam, Prof. Dr.; Humboldt-Universität zu Berlin; Forschungsgebiete: russische Wissens(chafts)philosophie; neue Anthropologie; Publikationen: *Gestaltetes Verstummen. Nicht-Sprechen als narrative Konstituente in der russischen Prosa der frühen Moderne.* Frankfurt a.M. 2003; Flüssige Körper. Verortungen und Verformungen des Anthropomorphen (Literatur und Literaturtheorie), in: Arns, Inke; Goller, Mirjam; Strätling, Susanne; Witte, Georg (Hg.): *Kinetographien*, Bielefeld 2004, S. 251-284; Etwas im Blick haben und Beobachter sein. Ein Blickwechsel mit russischer Philosophie (Michail Bachtin, Merab Mamardašvili, Aleksandr Pjatigorskij, in: *Beobachter - Plurale. Zeitschrift für Denkversionen* 6 (2006), S. 201-241; Email: mirjam.goller@gmx.de

Holl, Ute, Dr.; Humboldt-Universität zu Berlin; Forschungsgebiete: frühe Kino- und Wahrnehmungsgeschichte, Wissensgeschichte von Bildern, experimenteller und ethnographischer Film; Publikationen: *Kino, Trance und Kybernetik*, Berlin 2002; Neuropathologie als filmische Inszenierung, in: Heßler, Martina (Hg.): *Konstruierte Sichtbarkeiten. Wissenschafts- und Technikbilder seit der frühen Neuzeit*, München 2006, S. 217-240; Trance-Formationen. Tony Conrads The Flicker von 1966, in: *Auflösung. Realismus Studio des NGBK*, Berlin 2006, S. 29-37; Beziehungsweise Zeit. Die Rückkopplung im anthropologischen Film, in: Franz, Michael u.a. (Hg.): *Electric Laocoon. Zeichen und Medien von der Lochkarte zur Grammatologie*, München 2007, S. 118-129; Email: hollute@staff.hu-berlin.de

Kursell, Julia, Dr.; Max-Planck-Institut für Wissenschaftsgeschichte Berlin; Forschungsgebiete: Konfigurationen zwischen Wissenschaft, Musik und Technologie, Geschichte der Hörphysiologie, Akustik und Musik-

psychologie, russische Lyrik der Moderne, Musik und Komposition nach 1945; Publikationen: *Schallkunst. Eine Literaturgeschichte der Musik in der frühen russischen Avantgarde*, München, Wien 2003; Falsche Strecken, leise Töne. Die Laute in der Musiktheorie, in: Ofak, Ana; Kittler, Friedrich (Hg.): *Medien vor den Medien*, München 2007, S. 199-221; Musik der Rede. Geräuschnotationen in der russischen Avantgarde/Music of Speech. The Notation of Sounds in Russian Modernism, in: Thurmann-Jajes, Anne; Breitsameter, Sabine; Pauleit, Winfried (Hg.): *Sound Art. Zwischen Avantgarde und Popkultur*, Köln 2006, S. 51-60/61-70;
Email: kursell@mpiwg-berlin.mpg.de

Nicolosi, Riccardo, Dr.; Universität Konstanz, Fachbereich Literaturwissenschaft (Slavistik); Forschungsgebiete: Stadt und Literatur (St. Petersburg; Sarajevo), Rhetorik, Literatur und Wissenschaft; *Die Petersburg-Panegyrik. Russische Stadtliteratur im 18. Jahrhundert* (Slavische Literaturen, Bd. 25), Frankfurt a.M. u. a. 2002; zusammen mit Murašov, Jurij; Bogdanov, Konstantin (Hg.): *Russkaja literatura i medicina. Telo, predpisanija, social'naja praktika*, Moskau 2006; Nähe ohne Abstand. Intimität im Zeichen von Degeneration und Naturalismus (M.E. Saltykov-Ščedrins Gospoda Golovlevy), in: Grigor'eva, Nadežda; Schahadat, Schamma; Smirnov, Igor' P. (Hg.): *Nähe schaffen - Abstand halten. Zur Geschichte von Intimität und Nähe in der russischen Kultur* (Wiener Slawistischer Almanach, Sonderband 62), Wien, München 2005, S. 267-306;
Email: Riccardo.Nicolosi@uni-konstanz.de

Niederbudde, Anke, Dr.; Institut für Slavische Philologie, Ludwig-Maximilians-Universität München; Forschungsgebiete: russischer Symbolismus und Avantgarde (Mathematik und Literatur, Intermedialität, insbes. Theater, Tanz, Performanz); Publikationen: *Mathematische Konzeptionen in der russischen Moderne. Florenskij – Chlebnikov – Charms*, München 2006; Zählen, Erzählen, Unendlichkeit. Mathematische Grund(lagen)fragen im Werk von D. Charms, in: *Die Welt der Slaven* 2 (2004), S. 313-334; Sof'ja Kovalevskaja – Lebensstadium Wissenschaft, in: *Wiener Slawistischer Almanach* 55 (2005), S. 187-210; Email: anke.niederbudde@lmu.de

Philipp, Torben; Institut für Slawistik, Humboldt-Universität zu Berlin; Forschungsgebiete: Sichtbarkeit und Unsichtbarkeit in der visuellen Kultur Russlands des 19.Jahrhunderts in medienhistorischer Perspektive, Intermedialität in der russischen Moderne, Text-Bild-Beziehungen, Theorie und Geschichte der Fotografie; Publikationen: ‚The Music of the Face'. Beobachtete und beschriebene Gesichter bei Ivan Turgenev, in: *Plurale. Zeitschrift für Denkversionen* 6 (2006), S. 47-97;
Email: torben.philipp@rz.hu-berlin.de

Polianski, Igor J., Dr.; Zentrum für Zeithistorische Forschung Potsdam; Forschungsgebiete: Deutsche und osteuropäische Kulturgeschichte, Wissens- und Bildungsgeschichte, Weltanschauungs- und Atheismuspolitik, Kulturgeschichte der Natur sowie Geschichtspolitik und Erinnerungskultur; Publikationen: *Die Kunst, die Natur vorzustellen. Die Ästhetisierung der Pflanzenkunde um 1800*, Köln 2004; Das Rätsel DDR und die „Welträtsel". Wissenschaftlich-atheistische Aufklärung als propagandistisches Konzept der SED, in: *Deutschland Archiv* 2 (2007), S. 73-82; „Det is' der Garten Eden!" Fledermäuse, Ruinen, Planetarien. Zur politischen Semantik der Berliner Stadtlandschaft im Kalten Krieg, in: Lemke, Michael (Hg.): *Schaufenster der Systemkonkurrenz. Die Region Berlin-Brandenburg im Kalten Krieg*. Köln 2006, S. 317-342;
E-mail: ipolianski@hotmail.com

Rüting, Torsten, Dr.; Schwerpunkt für Geschichte der Naturwissenschaften, Mathematik und Technik der Universität Hamburg; Forschungsgebiete: Geschichte der Neurowissenschaften, Religion und Wissenschaft; *Pavlov und der Neue Mensch. Diskurse über Disziplinierung in Sowjetrussland*, München 2002; Pavlovs Vermächtnis und die Modernisierung Russlands, in: *Acta Historica Leopoldina* 46 (2006), S. 9-49; Ivan Pavlov. From Russian Orthodox Monastery to Big Science Laboratory, in: Rupke, Nicolaas (Hg.): *Biographical Profiles in Twentieth-Century Science & Religion*, Berlin, New York u.a. 2007, S. 177-196;
Email: rueting@math.uni-hamburg.de

Schwartz, Matthias; Osteuropa-Institut und Peter Szondi-Institut für Allgemeine und Vergleichende Literaturwissenschaft der Freien Universität Berlin; Forschungsgebiete: Sowjetische und postsowjetische Populärkultur, Science Fiction, Abenteuerliteratur, populärwissenschaftliche Literatur, Interaktionen zwischen Wissenschaften und Künsten; Publikationen: *Die Erfindung des Kosmos. Zur sowjetischen Science Fiction und populärwissenschaftlichen Publizistik vom Sputnikflug bis zum Ende der Tauwetterzeit*, Berlin 2003; Diktatur als Drogentrip. Rauschimaginationen in sowjetischer Science Fiction, in: Klimó, Árpád; Rolf, Malte (Hg.): *Rausch und Diktatur. Inszenierung, Mobilisierung und Kontrolle in totalitären Systemen*, Frankfurt a.M., New York 2006, S. 255-280; zusammen mit Polianski, Igor J.: Petersburg als Unterwasserstadt. Geologie, Katastrophe und der Homo diluvii testis: Diskursive Ausgrabungen bei Senkovskij, Puškin und Odoevskij, in: *Wiener Slawistischer Almanach* 53 (2004), S. 5-42;
Email: schwartz@zedat.fu-berlin.de

Strätling, Susanne, Dr.; Osteuropa-Institut und Peter Szondi-Institut für Allgemeine und Vergleichende Literaturwissenschaft der Freien Universität Berlin; Forschungsgebiete: Schrifttheorie, Rhetorik, Ästhetik der Acheiropoiesis; Publikationen: *Allegorien der Imagination. Lesbarkeit und Sichtbarkeit im russischen Barock*, München 2005; zusammen mit Witte, Georg (Hg.): *Die Sichtbarkeit der Schrift*, München 2006; zusammen mit Lachmann, Renate; Nicolosi, Riccardo (Hg.): *Rhetorik als kulturelle Praxis*, München 2007; Email: susastra@zedat.fu-berlin.de

Velminski, Wladimir; Helmholtz-Zentrum für Kulturtechnik an der Humboldt-Universität zu Berlin; Forschungsgebiete: Interferenzen zwischen Wissenschaft und Kunst, Ordnungssysteme der russischen Aufklärung, Diagramatik in der russischen Kultur, Schriftbildlichkeit des „verspielten" Texts; Publikationen: *Ordnungssysteme 1700,* Berlin 2007; zusammen mit Ernst, Wolfgang: *Semën Karsakov. Ideenmasche. Von der Homöopathie zum Computer,* Berlin 2007; zusammen mit von Hilgers, Philipp (Hg.): *Andrej A. Markov. Berechenbare Künste*, Berlin, Zürich 2007; Email: velminski@poetologien.de

Vöhringer, Margarete, Dr.; Zentrum für Literatur- und Kulturforschung Berlin (ZfL); Forschungsgebiete: Experimentelle Praktiken in Kunst und Wissenschaft, Bildtheorie, Technik- und Mediengeschichte, Wissenschaftsgeschichte der Wahrnehmung, Russische Avantgarde; Publikationen: *Avantgarde und Psychotechnik. Wissenschaft, Kunst und Technik der Wahrnehmungsexperimente in der frühen Sowjetunion*, Göttingen 2007; Blut und Proletkul't. Alexander Bogdanovs Arbeit am Allgemeinen, in: Hagner, Michael; Laubichler, Manfred (Hg.): *Der Hochsitz des Wissens. Das Allgemeine als wissenschaftlicher Wert*, Berlin, Zürich 2006, S. 291-313; (mit Michael Hagner) Vsevolod Pudovkins 'Mechanik des Gehirns'. Film als psychophysiologisches Experiment, in: *Bildwelten des Wissens. Kunsthistorisches Jahrbuch für Bildkritik* 2:1, Berlin 2004, S. 82-92;
Email: voehringer@zfl.gwz-berlin.de

Wurm, Barbara; Humboldt-Universität zu Berlin; Forschungsgebiete: Literatur-, Film- und Medientheorie, sowjetische Filmgeschichte, Dokumentarfilm, Wahrnehmung & politische Theorie; Publikationen: zusammen mit Österreichisches Filmmuseum, Tode, Thomas (Hg.): *Dziga Vertov. Die Vertov-Sammlung im Österreichischen Filmmuseum*, Wien 2006; Warten auf t. oder: Die Zeit, die (nicht) bleibt. Tarkovskijs Opfer / Gabe (Offret / Žertvoprinošenie), in: Grübel, Rainer; Kohler, Gun-Britt (Hg.): *Gabe und Opfer in der russischen Literatur und Kultur der Moderne*, Oldenburg 2006, S. 479-517; „Wachs/Persona: Abdruck & Pseudo-Organismus". Material-Anthropologie in Jurij Tynjanovs Voskovaja persona, in: Goller, Mirjam; Strätling, Susanne (Hg.): *Schriften - Dinge - Phantasmen. Literatur und Kultur der Moderne I*, München 2002, S. 318-358; Schauen wir uns an! Axiome der filmischen Menschwerdung (Sowjetunion 1925-1930), in: Krause, Marcus; Pethes, Nicolas (Hg.): *Dr. Münsterberg und Mr. Hyde. Zur Kinematographie des Menschenversuchs*, Bielefeld 2007 (im Druck); Email: barbara.wurm@rz.hu-berlin.de

Peter Lang · Internationaler Verlag der Wissenschaften

Russische Ansichten – Ansichten von Russland

Festschrift für Hugo Dyserinck
Herausgegeben von Elke Mehnert

Frankfurt am Main, Berlin, Bern, Bruxelles, New York, Oxford, Wien, 2007.
219 S., 1 Abb.
Studien zur Reiseliteratur- und Imagologieforschung.
Herausgegeben von Elke Mehnert und Uwe Hentschel. Bd. 7
ISBN 978-3-631-57317-4 · br. € 39.–*

Der Band ist das Resultat eines Kolloquiums zum Thema „Russlandbilder in Literaturen Deutschlands, Bulgariens, der Tschechischen Republik und Polens" (Veranstalter Forschungsgruppe „Imagologie" an der Technischen Universität Chemnitz, Leitung Elke Mehnert). Die Beiträge sind unter der Überschrift „Nachbarn in Europa" zusammengefasst. Sie werden ergänzt durch Ausführungen eines Romanisten über nationale Images bei Makine, das Russlandbild in einem angloamerikanischen Film sowie Überlegungen zum Nutzen der Imagologie im Fremdsprachenunterricht. Der umfangreichere Teil des Bandes („Fremde Freunde") präsentiert Russland- beziehungsweise Sowjetunion-Images in der deutschen Literatur des 20. und 21. Jahrhunderts. Die Publikation schließt ein Schriftenverzeichnis des Imagologen Hugo Dyserinck ab, dem diese Aufsatzsammlung zum 80. Geburtstag gewidmet ist. Mit ihr bedankt sich die Chemnitzer Forschungsgruppe für eine seit 1990 bestehende Mentorschaft.

Aus dem Inhalt: *Elke Mehnert*: Brücke heißt auf Russisch most · *Jürgen Klose*: An den Enden der Welt. Betrachtungen zu Klaus Bednarz' Bestseller-Reise-Bildern · *Janet Ilina*: Das Russlandbild in Lothar Kusches *Kein Wodka für den Staatsanwalt* und in Ingo Schulzes *33 Augenblicke des Glücks* · *Sylke Tröger*: Kollektiverfahrung Vergewaltigung 1945 und der Umgang damit in Literatur und Gesellschaft der DDR am Beispiel von Christoph Heins Erzählung *Vergewaltigung* · *Elżbieta Kapral*: Russlandbilder im literarischen Werk von Jurek Becker · *Petra Seedorff*: Das Bild Russlands beziehungsweise der Sowjetunion in den Texten von Friedrich Wolf · *u.v.a.m.*